LE PUR SANG

Flying Fox, étalon bai, par Orme et Vampire, à M. Ed. Blanc.

Ajax, étalon bai, par Flying Fox et Amie, à M. Ed. Blanc.

LE PUR SANG

HYGIÈNE, LOIS NATURELLES,
CROISEMENTS.
ÉLEVAGE. — ENTRAINEMENT. — ALIMENTATION.

PAR

Paul FOURNIER (ORMONDE)

ANCIEN CHEF DE TRAVAUX DE PHYSIOLOGIE,
RÉDACTEUR AU « SPORT UNIVERSEL ILLUSTRÉ », A LA « DÉPÊCHE DE TOULOUSE », ETC...

ET

Ed. CUROT

MÉDECIN-VÉTÉRINAIRE,
LAURÉAT DE LA SOCIÉTÉ NATIONALE D'AGRICULTURE,
OFFICIER D'ACADÉMIE,
CHEVALIER DU MÉRITE AGRICOLE.

AVEC 26 ILLUSTRATIONS
(CLICHÉS DU SPORT UNIVERSEL ILLUSTRÉ)

PARIS
LIBRAIRIE J. ROTHSCHILD
LUCIEN LAVEUR, ÉDITEUR
13, RUE DES SAINTS-PÈRES (VIe)
1906

PRÉFACE

Plus nous allons, plus l'investigation scientifique nous montre clairement que les problèmes généraux que posent l'*Hygiène*, l'*Élevage*, l'*Entraînement* et l'*Alimentation* du cheval de pur sang doivent être étudiés, et résolus sous une forme et à l'aide des méthodes nouvelles. Cette considération nous a incités à rassembler, en nous plaçant au double point de vue, théorique et pratique, les problèmes et faits généraux, les théories et hypothèses qui jusqu'ici n'avaient pas encore été réunis et exposés d'une manière très explicite, afin d'esquisser ainsi les grandes lignes d'un domaine, dans lequel convergent toutes les branches de la science relative au cheval de pur sang.

En parcourant les 43 chapitres de l'ouvrage on constatera que nous avons réuni et coordonné une foule de faits absolument inédits. En outre, diverses considérations théoriques font l'objet de discussions qui traversent toute la série des chapitres comme des fils conducteurs. En ce qui concerne ces derniers, peut-être pourra-t-on leur reprocher un caractère subjectif un peu trop accentué, et peut-être regrettera-t-on d'y entendre résonner comme un écho des polémiques de ces dix dernières années.

Nous sommes les premiers à nous en rendre compte, lorsque nous considérons notre œuvre en critiques aussi désintéressés qu'on peut l'être dans ce cas. Mais notre excuse sera, en premier lieu, que certaines doctrines actuellement en présence sont, par leur nature même, radicalement inconciliables, et ensuite, qu'il s'agit ici de questions d'une portée très étendue. Il importe à tout éleveur, à tout sportsman de se faire, sur les questions d'élevage et d'entraînement, une opinion nette, arrêtée. Nous croyons d'ailleurs que ce qui pourra être un motif de blâme aux yeux des uns, paraîtra un avantage aux yeux de beaucoup d'autres, ne fût-ce que par l'intérêt plus vif que prête aux matières traitées un mode d'exposition animé et personnel.

Le lecteur voudra bien reconnaître que nous avons tiré parti, comme point de départ et comme fondement de toutes nos considérations théoriques, de tout le matériel de faits que nous ont livré l'observation et l'expérimentation, et il conviendra que c'est sur cette base positive que nous nous sommes efforcés, dans toutes les questions traitées, de nous faire une opinion personnelle. Il nous accordera aussi que nous sommes les premiers à avoir groupé les problèmes, les observations et expériences d'importance capitale qui ne se trouvent pas dans les ouvrages déjà écrits sur le pur sang et d'en avoir fait l'objet d'un exposé coordonné, méthodique et complet.

L'élevage et l'entraînement après s'être bornés depuis près de deux siècles à la stricte observation, doivent chercher aujourd'hui à s'élever plus haut. Ces deux branches de l'industrie du cheval de course, doivent sentir que chez elles comme dans toutes les industries où la science a son rôle marqué, la constatation pure et simple des faits et des phénomènes ne saurait être le but ultime.

Évidemment la recherche explicative ne pouvait venir qu'après la recherche expérimentale qui, seule, lui fournit des bases sur lesquelles elle peut s'appuyer avec d'autant plus de confiance qu'elles comportent moins d'hypothèses et d'idées préconçues, ayant été édifiées et, pour cause, en dehors de toute préoccupation finale. Mais son temps devait venir et il est venu.

Ce travail, appuyé par des maîtres auxquels leurs travaux ont acquis une notoriété incontestable, montrera le rôle des sciences exactes dans l'étude de la production et de l'exploitation du pur sang : il fera apprécier les conquêtes de la physique et de la chimie et examiner avec soin les progrès de la physiologie et de la pathologie, comparer, étudier les modifications profondes que doivent subir l'élevage et l'entraînement sous l'influence des découvertes récentes ; il fera enfin toucher du doigt les profits que doivent en tirer les éleveurs et les propriétaires.

Dans notre exposition, nous nous sommes principalement attachés à employer un langage facile à comprendre et dont la lecture ne fût pas pénible. Cette nécessité s'impose toujours lorsqu'on veut rendre les idées consignées dans un ouvrage accessibles à un grand nombre de lecteurs. Tel est ici le cas.

Nous désirons bien que notre ouvrage s'adresse aux hommes de science et puisse leur offrir quelques idées et faits nouveaux ; mais nous avons voulu avant tout écrire un livre pouvant donner à tout lecteur versé dans les questions hippiques, qu'il soit sportsman ou éleveur, entraîneur ou stud groom, un aperçu sur les problèmes et phénomènes, théories et hypothèses qui se rapportent au cheval de pur sang : un livre enfin pouvant initier le profane, qui désire tenter l'exploitation du pur sang, aux questions si complexes de l'élevage et de l'entraînement et lui fournir pour ses entreprises toutes les données théoriques et pratiques indispensables pour en assurer le succès.

Il était difficile de satisfaire à tous ces desiderata et ce n'était guère possible qu'à la condition d'employer un langage qui pût être compris de tout lecteur instruit.

A quel point avons-nous atteint notre but et sommes-nous parvenus à présenter un travail répondant à des exigences si diverses, c'est ce que décidera le jugement du lecteur à l'indulgence duquel nous faisons appel.

Qu'il nous soit permis d'exprimer ici nos remerciements les plus empressés à tous ceux de nos amis qui se sont intéressés à la formation, au développement et à l'achèvement de notre entreprise, et surtout à notre ami M. Jean Romain, directeur du *Sport Universel Illustré*, qui nous a secondés avec la plus grande libéralité pour l'illustration de cet ouvrage.

Chacun appréciera comme nous le soin avec lequel notre éditeur M. Lucien Laveur, dont la maison est bien connue des éleveurs et des sportsmen pour ses nombreuses et luxueuses publications sportives, a su tout mettre en œuvre pour que l'exécution matérielle de l'ouvrage ne laissât rien à désirer.

P. FOURNIER. Ed. CUROT.

Paris, le 31 Octobre 1905.

———

PREMIÈRE PARTIE

HYGIÈNE — LOIS NATURELLES — CROISEMENTS

CHAPITRE PREMIER

LE CHEVAL DE PUR SANG

Dans le langage hippique, qu'il ne faut pas confondre avec la langue zootechnique, l'expression pur sang a une signification toute particulière. Elle s'applique à trois sortes de chevaux. Il y a le pur sang arabe, le pur sang anglais et le pur sang anglo-arabe, encore appelé parfois pur sang français. Nous n'avons pas l'intention d'indiquer ici les diverses acceptions de cette expression. Il convient de s'en tenir à celle dans laquelle on s'en sert le plus habituellement pour décrire l'objet qu'elle désigne. Cet objet est le cheval de course anglais (the race horse) qui le premier, sans contredit, a été qualifié de pur sang (the thorough bred horse). Quand un de ceux qui s'enorgueillissent d'être des « hommes de cheval » parle d'un pur sang sans spécifier autrement, il s'agit toujours pour lui de ce cheval-là et non point d'un autre quelconque.

Le cheval de course anglais, est dû, non au développement accidentel de caractères spéciaux, mais il a été peu à peu et successivement créé par l'homme. Son histoire physiologique est d'autant plus instructive, qu'on connaît sa généalogie authentique consignée dans un livre qui, aujourd'hui, fait loi en Angleterre comme en France, en Allemagne, en Autriche, etc., le *Stud Book*, et qui établit comme ne l'a fait aucun autre document, la régularité et la fidélité avec laquelle les formes se sont transmises d'un animal à un autre, même chez les descendants les plus éloignés. Nous verrons plus loin comment cette race a été produite en Angleterre par le mélange d'anciens chevaux du pays avec des chevaux barbes, persans, turcs et arabes, en choisissant des reproducteurs qui présentaient, à un degré plus ou moins marqué et d'une manière progressive, les caractères d'où dépendent la légèreté, l'énergie et la vitesse de la course. On est ainsi parvenu par des croisements rationnels à approprier la conformation du cheval de course au développement des qualités spéciales qu'on recherchait en lui. Mais on y a aidé en dirigeant vers le même but son traitement, sa nourriture, son éducation et c'est par la continuation des mêmes soins qu'on est parvenu à conserver et à fixer cette race que nous sommes en droit de considérer comme la plus pure de toutes les races chevalines.

Il nous reste à rappeler pour mémoire, son origine première ; nous considérerons ensuite au cours de notre étude sa nature intime actuelle.

« On a beaucoup discuté, dit William Youatt, sur l'origine du cheval de pur sang. Les uns le croient d'origine pure orientale par les mâles et par les femelles ; les autres pensent qu'il n'est autre que le cheval de pays amélioré et perfectionné par des croisements judicieux avec l'étalon barbe turc ou arabe. Le *Stud Book* qui est une autorité reconnue de tout éleveur anglais rattache à quelque origine orientale tous les anciens étalons connus, ou tout au moins il en indique la généalogie, jusqu'à ce qu'elle se perde dans l'obscurité des premiers temps de l'élevage. Quant à celle de tous les étalons de course d'aujourd'hui elle est tracée pendant un certain temps et se termine à un étalon bien connu ; ou bien si l'on remonte au-delà on le voit se rattacher à un cheval oriental, ou se perdre dans l'obscurité des temps.

« Il est maintenant admis que le cheval pur sang anglais de nos jours est un produit d'extraction étrangère amélioré et perfectionné par l'influence du climat et une culture bien entendue. Il y a à cette règle quelques exceptions, celles entres autres de *Sampson* et de *Bay Molton*, qui, bien qu'ils fussent les meilleurs chevaux de leur temps étaient le produit d'un croisement avec une race commune, mais ce ne sont là que des exceptions, je le répète, à une règle reconnue par les meilleurs éleveurs de chevaux de course, et elles ne peuvent jeter le plus léger discrédit sur l'origine des races de notre pays. C'est le climat de l'Angleterre et l'habileté de ses habitants qui ont fait le cheval pur sang ce qu'il est aujourd'hui. »

Nous dirons avec Sanson que, dans les interminables controverses théoriques sur la question de la possibilité ou de l'impossibilité de la formation des races par le croisement, controverses où les confusions sur la notion de race l'ont toujours disputé au peu de certitude sur les documents, cette origine du pur sang anglais a joué un grand rôle. Elle n'est point si obscure qu'elle le paraît, même en s'en tenant aux documents historiques.

William Youatt qui est un des plus compétents auteurs ayant écrit sur ce sujet, en a recueilli dans son ouvrage une ample moisson qui suffit à la rendre claire et qui ne dépose pas précisément en faveur de la conclusion à laquelle il s'est rangé. Mais quand, à ces documents, on ajoute ceux qui peuvent êtres tirés de l'histoire naturelle ou de la race chevaline pure, alors tout doute disparaît.

Si l'on remonte seulement jusqu'aux premières années du dix-huitième siècle, date de l'institution régulière des courses en Angleterre, l'idée admise semble incontestable. « Il ne faut pas, dit Youatt, objecter contre l'origine que nous attribuons au cheval anglais, que le nombre des étalons orientaux importés a été trop petit pour produire une lignée aussi considérable. On doit se rappeler que les myriades de chevaux sauvages qui peuplent aujourd'hui l'Amérique du Sud descendent uniquement de deux étalons et de quatre juments que les premiers aventuriers espagnols laissèrent derrière eux. Quelle que soit du reste la vérité sur l'origine du cheval de pur sang, on a mis depuis fort longtemps l'attention la plus scrupuleuse à bien établir sa généalogie. Il n'est pas possible de découvrir la plus légère tache dans la descendance de presque tous les étalons modernes et lorsque, comme cela est arrivé pour *Sampson* et *Bay Molton*, ces brillantes exceptions à la règle une goutte de sang commun est venue se mêler aux flots de sang pur, elle a pu être reconnue à l'infériorité des produits et il n'a pas fallu moins de deux ou trois générations pour laver cette tache et en faire disparaître les conséquences. »

Évidemment, l'auteur cité emploie des termes sans valeur scientifique, car il semble considérer l'union de deux sangs plutôt comme un mélange de deux liquides que comme le rapprochement de deux familles. Mais qu'importe puisque nous savons ce qu'il veut exprimer !

Quelle était cette race commune à laquelle appartenaient les mères des deux étalons nommés ? On sait pertinemment que bien avant cette époque, il avait existé en Angleterre des courses de chevaux et, par conséquent, des chevaux propres à la course. Youatt en fournit la preuve convaincante en rapportant un récit du chroniqueur Fitz Stephen, remontant au XIIe siècle et relatif au marché de Smithfield :

« En dehors d'une des portes de la ville, dit-il s'étend une plaine parfaitement unie. Tous les vendredis, à l'exception des jours de fête, on y a le beau spectacle d'une multitude de chevaux qu'on y conduit pour la vente. Les habitants de la cité, comtes, barons, chevaliers ou citoyens s'y rendent en foule soit pour acheter soit pour voir. C'est chose curieuse à voir, tous ces chevaux gais et brillants, marchant soit à l'amble, soit au trot, dernière allure plus dure pour le cavalier mais plus convenable pour l'homme qui porte les armes. On voit aussi là beaucoup de poulains encore ignorants de la bride, qui se cabrent, bondissent et donnent des signes d'ardeur et de courage; des chevaux de guerre tout dressés, de forme élégante, pleins de feu et tous animés d'une généreuse ardeur: et enfin des animaux de charrette, de gros trait et de labour et des juments accompagnées de leurs poulains qui gambadent à leurs côtés. »

Cette partie du tableau suffirait déjà pour nous fixer, mais il y a encore mieux : « Tous les dimanches de carême, après dîner, poursuit le chroniqueur, une société de jeunes hommes courent dans la plaine, montés sur des chevaux dressés pour la guerre et rapides dans leurs allures. Chacun d'eux est habile à faire tourner son cheval dans un cercle. Les fils des citoyens sortent de la ville par troupes, armés de lances et de boucliers; les plus jeunes ont leurs armes émoussées et tous se livrent à des exercices qui simulent les batailles et les escarmouches. Beaucoup de courtisans assistent à ces fêtes, lorsque la cour est voisine : l'on y voit des fils de barons et de grands personnages y faire leurs premières armes.

« Ils commencent par se diviser en troupes. Les uns s'efforcent de dépasser leurs chefs sans pouvoir les atteindre, les autres désarçonnent leurs antagonistes.

« Ensuite la course commence, un cri se fait entendre, tous les chevaux communs doivent se retirer. Deux ou trois jockeys se préparent à se disputer le prix. Les chevaux eux-mêmes frémissent d'impatience sous le frein et s'agitent sans cesse.

« Enfin le signal du départ est donné. Ils s'élancent, se précipitent et dévorent l'espace avec une rapidité sans pareille. Les jockeys, animés par le désir de la gloire et de l'espérance du succès, poussent l'éperon dans les flancs de leurs ardents coursiers, brandissant leurs fouets et les excitant de leurs cris. »

Comme Youatt le fait remarquer, « cette description animée, qui conviendrait encore aux courses de nos jours, fournit la preuve que même avant l'introduction du sang oriental, les chevaux anglais étaient soumis à des épreuves de vitesse ». Mais quels chevaux anglais? dit Sanson, à qui nous empruntons ces notes. Voilà le point auquel ni lui ni personne autre ne s'était arrêté avant que l'ethnographie craniologique des races eut été faite. Étant donnée la connaissance que nous avons maintenant des races chevalines dont l'Angleterre est peuplée depuis les temps préhistoriques, la question peut être résolue, croyons-nous, sans difficulté. Et c'est ici qu'interviennent d'abord les documents accumulés par notre auteur, sans qu'il ait saisi apparemment le rapport qu'ils pouvaient avoir avec l'histoire des origines du cheval de turf.

Une seule race chevaline peut être considérée comme originaire de la Grande-Bretagne. Une autre, plutôt Irlandaise, s'est étendue sans doute de temps immémorial au pays de Galles et à l'Écosse. Enfin une troisième dont le berceau était situé au nord des anciens Pays-Bas, y a de même pénétré avant que les îles Britanniques fussent séparées du continent. Aucune de ces trois races n'a rien de commun avec les coureurs anglais. Assurément, ce n'est à aucune d'elles que se peuvent rapporter les sujets dont a parlé Fitz Stephen. Ce n'est pas davantage à la race des chevaux introduits par les envahisseurs germains et saxons, et dont les traces sont encore visibles de nos jours. Mais il est dit que Guillaume le Conquérant et les barons normands ses compagnons, introduisirent des chevaux espagnols dans leurs nouveaux domaines. « Le cheval espagnol, dit Youatt, était alors très hautement estimé et à juste titre, en raison de sa haute stature et de son énergie. C'était presque toujours lui que l'on montait dans les joutes et dans les tournois, si en vogue, alors. » Après la conquête, il y eut donc en Angleterre des chevaux de selle, des chevaux légers tirés de l'Espagne. Or il faut noter que ces chevaux espagnols sont connus comme originaires de l'Asie et de l'Afrique. Mais n'y en avait-il pas d'asiatiques auparavant?

L'existence sur le sol de la Grande-Bretagne de monuments mégalithiques ne peut guère laisser de doute à cet égard. Les constructeurs de ces monuments, venus incontestablement d'Asie, n'ont pu manquer d'en amener avec eux, là comme ailleurs.

Quoi qu'il en soit, ces faits suffisent pour établir que les coureurs anglais n'ont point pour première origine l'importation directe d'étalons ou de juments orientaux, comme le prétendent les auteurs. Ils proviennent d'un fond beaucoup plus ancien, sur lequel évidemment ces étalons, que nous allons voir maintenant, ont agi, qu'ils ont amélioré, mais qu'ils n'ont pas été seuls à créer. Nous voulons parler uniquement du côté zoologique de la question, car pour le reste il n'est pas contestable qu'à partir de l'établissement régulier de l'institution des courses les pratiques de l'entrainement ont fait des chevaux d'hippodrome, ce que nous les voyons à présent.

Il ne paraît pas que les croisades aient fait importer en Angleterre des chevaux orientaux. Plus tard Édouard III qui, dit-on, aimait avec passion les jeux du turf et les exercices de la guerre, avait beaucoup de chevaux coureurs. Il avait consacré 1.000 mares à l'acquisition de 50 chevaux espagnols, en vue d'améliorer le sang anglais, et il y mettait tant d'importance, qu'il demanda aux rois d'Espagne et de France, un sauf conduit pour que la troupe en put traverser leurs territoires sans encombre. A leur arrivée au haras royal, ils n'avaient pas coûté moins de 13 livres 6 schellings et 8 pence par tête, soit la valeur de 160 livres (4.000 francs). Il est superflu d'ajouter qu'il s'agissait d'étalons, car, à cette époque, l'habitude de châtrer les poulains n'existait pas encore. On parle aussi des efforts que fit le roi Henri VIII (1509) pour introduire en Angleterre les plus beaux chevaux que la Turquie, Naples, l'Espagne ou les Flandres pouvaient produire.

C'est du règne d'Élisabeth que date l'institution régulière des courses. Il en fut établi d'abord à Gurterly, dans le Yorkshire, puis à Croydon et à Stamford, sous le règne de Charles Ier. Il sera peut-être curieux de savoir ce qu'en dit Youatt. « Les courses d'alors n'étaient point un système arrêté comme aujourd'hui ; il n'y avait pas de races de chevaux de course ; haquenées et chevaux de chasse pouvaient entrer en lice, aucune espèce de cheval n'était exclue. » Notre auteur fait suivre cette remarque d'une description très pittoresque des courses d'alors, qui portaient le nom de courses au clocher, dont tous nos lecteurs ont lu des récits.

A l'époque de Jacques Ier, le croisement du cheval turc et du cheval barbe avec la jument anglaise, pour produire l'espèce de chevaux la mieux adaptée aux courses de vitesse, avait donné peu de bons résultats. Ce roi résolut de faire l'essai du cheval arabe. Il en acheta un pour un prix très élevé, mais il ne fut pas suivi dans cette nouvelle voie par les éleveurs.

Plus tard il introduisit un étalon turc, appelé *the White Turk*, qui était, paraît-i, lun bel animal, et peu de temps après, le premier duc de Buckingham introduisit de son côté *the Helmsley Turk* qui fut suivi bientôt de l'étalon barbe *Fairfax's Morocco*. Pendant la Révo-

Finasseur, par Winkfield's Pride et Finaude

lution anglaise, les courses de chevaux furent suspendues, mais à la Restauration, elles reçurent une nouvelle impulsion. Des prix royaux furent distribués dans chacune des principales villes, afin d'exciter davantage l'émulation. Charles II envoya son grand-écuyer dans le Levant pour acheter des étalons et des juments qui étaient dit-on de race barbe ou turque. Pendant le règne de Jacques II, les dissensions civiles ne laissèrent guère le temps de s'occuper des choses du turf, mais Guillaume III et la reine Anne furent de zélés protecteurs des courses; sous leur règne, le système d'amélioration des races fut poursuivi avec beaucoup d'ardeur. Toutes les variétés de sang oriental furent greffées pour ainsi dire sur le sang anglais et l'expérience démontra la supériorité incontestable des produits issus des croisements nouvellement essayés sur les meilleurs rejetons de la souche primitive.

L'élevage anglais entre enfin dans la phase vraiment extraordinaire de son amélioration avec *Darley Arabian*, dont la valeur des produits a été universellement reconnue, et c'est à lui et à deux autres sires de très grand ordre, *Godolphin* et *Byerly Turk*, que nous sommes aujourd'hui redevables d'une race de chevaux à laquelle nulle autre ne saurait être comparée sous le triple rapport de la beauté, de la force et de la vitesse.

Les travaux du comte Lehndorff et de Gooz, en Allemagne, de Bruce Lowe, en Angleterre et de Touchstone, en France, basés sur la première compilation du *Stud Book*, ont établi à des degrés divers, la descendance du pur sang anglais par les souches mères (une centaine de juments environ), ainsi que par celle des trois souches pères depuis *Darley Arabian*. Tous les traités d'élevage traitant du pur sang, comportent cet historique dans tous ses détails, aussi jugeons-nous inutile de nous y étendre à cette place.

L'institution du *Stud Book* et l'importance de premier ordre accordée au pedigree, ont joué un rôle considérable depuis le XVIIIe siècle, mais ce rôle passe au second rang par rapport à celui qui appartient à l'ensemble des pratiques de l'entraînement, établies précisément d'une façon régulière à partir du moment que nous considérons.

Distribution de la race pure sur le globe. — Les représentants de chacun des types spécifiques occupent à la surface du globe un certain espace qu'on a nommé l'aire géographique de leur race et de leur espèce.

La constatation d'un tel fait est d'une grande importance pour la zootechnie. La loi qui le régit assigne à chaque race abandonnée à ses propres instincts un habitat particulier, en dehors duquel ceux-ci ne peuvent pas être satisfaits. Déterminer les conditions de cet habitat, afin de ne pas transgresser la loi dans nos entreprises d'élevage, est donc une obligation pour éviter leur échec. La race pure doit donc avoir son aire géographique; en d'autres termes c'est la délimitation des régions de l'univers où l'ont transportée les migrations imposées par l'industrie des éleveurs et où elle trouve des conditions de vie équivalentes à celles de son lieu d'origine.

Quoique n'ayant qu'un seul centre de création, elle n'est pas toutefois au point de vue strictement zoologique autochtone de l'Angleterre, et ses représentants, étant pour ainsi dire des produits de serre chaude, il paraîtra toujours possible de créer les mêmes conditions d'habitat sous toutes les latitudes, grâce aux mêmes soins assidus qu'on pourra leur prodiguer, à l'alimentation de choix dont ils feront usage, à la gymnastique fonctionnelle spéciale à laquelle ils seront soumis, en un mot, grâce au même régime artificiel.

Il est incontestable que par la multiplication toujours croissante de ses individus, la race du cheval de course tend, pour une raison économique facile à comprendre, à rayonner dans les aires de plus en plus étendues; mais elle ne pourra s'étendre que dans des régions où la barrière climatérique ne mettra pas un obstacle insurmontable à sa propagation. Car il est malgré tout, des contrées de l'Afrique ou de l'Asie, ou même de l'Europe ou de l'Amérique où elle ne saurait se développer de façon rationnelle. Et si nous comparons le groupe important de ses représentants qui constitue la souche localisée en Angleterre et celui des familles transportées dans les régions à conditions biologiques trop différentes, nous voyons que, tandis que les premiers ont conservé leur type propre, les seconds ont subi une action dégénérescente marquée, au point de créer, pour ainsi dire, une variété de la race pure, tant ils s'éloignent du type moyen de la race. C'est en quelque sorte le principe de la séparation dans l'espace ou l'isolement, une variante de la théorie de Wagner pour les espèces sauvages.

Dans certains pays où les pâturages font complètement défaut, on a essayé du système de la stabulation, c'est-à-dire de l'élevage à l'écurie; mais les conditions d'existence dans ce cas ont produit des modifications telles, dans l'économie animale, que les résultats ont toujours été désastreux. Le repos prolongé dans les écuries fait disparaître à la longue le sens génésique et il tend à faire perdre aux chevaux leur activité naturelle ; il les rend lourds et lents. L'influence de l'air chaud qu'ils respirent produit chez eux une prédominance lymphatique qui se manifeste par une constitution molle, sans ressort, sans élasticité.

Nous laisserons de côté les questions d'influence que soulève l'habitat, nous nous inquiéterons plus tard, au chapitre de la *Variation*, de savoir si elles peuvent ou non déterminer chez le pur sang des variations qualitatives ou autres. Les dissemblances morphologiques, physiologiques, etc., seront analysées expressément afin de résoudre l'action des propriétés physiques et chimiques des différents milieux : la température, la qualité des aliments, les conditions topographiques, etc. L'action de tous ces facteurs sur des familles de pur sang a amené dans certains cas un polymorphisme initial qui a une cause physiologique qu'il est essentiel de définir exactement.

L'Europe, l'Amérique, l'Australie sont les trois parties du monde où la race pure a été transportée aux différentes époques qui ont suivi l'institution des courses dans ces contrées, plus ou moins favorables au thoroughbred. Elles sont caractérisées par un ensemble de traits spéciaux qui font que la race pure se trouve dans chacune d'elles dans un milieu naturel équivalent ou différencié du milieu anglais.

Considérons tout d'abord la vieille Europe, que nous diviserons en deux zones, en tirant une ligne partant des rives de l'Atlantique, à la hauteur de Bordeaux, et aboutissant à Costenza, sur la mer Noire. Cette division nous a paru indispensable parce que, suivant que les poulains d'une même race sont nés et élevés dans la première de ces zones, par exemple, ils présentent des caractères anatomo-physiologiques un peu distincts de ceux nés dans la seconde. Cette considération est dictée par le fait que toutes les races chevalines vivant au sud de cette ligne font partie de la catégorie des chevaux dits fins ou de sang. Aucune tentative d'implantation de gros chevaux n'ayant réussi dans cette région, ce milieu affinant invariablement le cheval, le pur sang doit en subir une influence très relative il est vrai ; mais dès l'instant qu'elle existe, nous ne devons pas l'ignorer.

Dans la première zone, nous comprendrons l'Angleterre, centre d'origine, berceau de la race, une partie de la France, l'Allemagne, la Belgique, la plus grande partie de l'Autriche-Hongrie, la Russie.

La deuxième zone, située au-dessous de notre ligne de démarcation : le sud de la France, l'Espagne, l'Italie, le sud-est de l'Autriche-Hongrie et la Roumanie.

Le Royaume-Uni de la Grande-Bretagne et l'Irlande, situé au nord-ouest du continent européen, se compose, on le sait, de deux grandes îles et d'une infinité de petites îles. La principale qui est la plus orientale et par conséquent la plus voisine du continent porte le nom de Grande-Bretagne et mesure 23 millions d'hectares. Plus à l'ouest se trouve l'Irlande qui renferme 8 millions d'hectares.

A ne considérer que leur latitude, les Iles Britanniques devraient avoir des hivers rigoureux. Londres et les principales villes sont situées en effet dans des positions aussi septentrionales que Varsovie, Berlin, Copenhague, Moscou, etc... On sait que ces divers points du continent sont renommés pour la rigueur de leurs hivers; les points correspondants des Iles Britanniques ont au contraire une température moyenne d'hiver qui s'élève souvent à 3 et 4° au-dessus de zéro. Cette douceur si remarquable des hivers du Royaume-Uni est due principalement à deux causes : la position insulaire du pays et la prédominance de certains vents.

Les mers qui viennent baigner les côtes britanniques sont une inépuisable source de chaleur, qui agit constamment pour s'opposer à l'abaissement naturel de la température. Il règne en effet dans les eaux de l'Atlantique, un courant sous-marin qui venant d'Amérique apporte jusque dans les parages de la Grande-Bretagne et surtout de l'Irlande, une partie de la chaleur des régions tropicales. D'autre part, les vents chauds étant à peu près deux fois plus considérables que les vents froids, il s'ensuit que la température moyenne est très bonne. Toutefois le caractère dominant du climat britannique, en hiver comme en été, c'est une grande humidité. Les brouillards dégénèrent dans le voisinage des côtes en pluie fine presque continuelle. C'est ainsi que l'Irlande est plus humide que l'Angleterre et que, parmi les provinces anglaises, les comtés du nord-ouest et de l'est sont les districts où l'élevage ressent le plus les effets de ce climat pluvieux.

Nous nous appesantissons sur l'étude du climat anglais en raison des comparaisons nécessaires qu'il faudra établir par la suite, dans l'examen de l'élevage du pur sang dans les autres contrées du monde.

Cette grande humidité dont nous parlons plus haut donne à la végétation, dans les Iles-Britanniques, un cachet tout particulier. Aussi ne peut-on retenir son admiration lorsqu'en visitant un haras, par une journée de juin, on traverse ces vastes paddocks divisés par des haies vives où l'art a si bien su mettre à profit les ressources de la nature, en alternant avec tant d'habileté les tapis de verdure qui servent de pâturages à des chevaux célèbres, les pièces d'eau où ceux-ci vont se désaltérer, les bouquets d'arbres à l'ombre desquels ils viennent se mettre à l'abri des rayons du soleil.

Les brouillards et les pluies offrent à l'éleveur anglais des avantages énormes; cet excès d'humidité étant éminemment favorable aux prairies naturelles et artificielles, il en résulte que l'Angleterre par sa nature agricole est un pays de tout premier ordre pour l'élevage en général et du pur sang en particulier.

Les Anglais ont fait du cheval de course l'objet de l'admiration de tous les amateurs; et sa réputation s'étend aujourd'hui jusqu'aux extrémités de la terre. Créature en quelque sorte artificielle, il tes une preuve vivante de ce que peut le génie de l'homme sur les choses en apparence les moins soumises à son influence.

Nous avons présenté dans les pages qui précèdent l'histoire des diverses tentatives qui ont abouti à la formation de la race pure, aussi n'y reviendrons-nous pas à cette place.

The English Race Horse (le cheval de course anglais) se présente à nous aujourd'hui sous le nom et l'aspect des grands vainqueurs de tous les pays, mais lorsqu'on proclame le nom d'un cheval hors ligne c'est toujours un nom anglais qui frappe nos oreilles *Ormonde*, *Persimmon*, — *Flying Fox* — pour ne citer que les dernières gloires.

Nous n'insistons pas outre mesure à cette heure sur l'élevage, anglais, l'esquisse que nous avons donnée au lecteur n'étant pour ainsi dire qu'un hors d'œuvre. Il nous restera ainsi quelque chose à dire sur la race pure pour chacun des pays où nous l'étudierons au cours de ce travail.

Les principaux élevages d'Outre-Manche sont situés en Angleterre et quelques-uns en Irlande, tels que ceux de MM. Gubbins et Sullivan. Nous donnons à titre de document la liste des plus importants et des plus connus, existant actuellement ou ayant existé en ces vingt dernières années :

NOM DE L'ÉTABLISSEMENT	LOCALITÉS	PROPRIÉTAIRES
Badmington	Cheppenham, Wilts	Duc de Beaufort.
Baumber Park	Horncastle, Lincoln's	Taylor Sharpe.
Beenham	Reading	Waring.
Berrington Hall	Hertford	Lord Rodney.

NOM DE L'ÉTABLISSEMENT	LOCALITÉS	PROPRIÉTAIRES
Blankney	Sleaford, Lincoln's	H. Chaplin.
Blink Bonny	Melton Yorks	C. Perkins.
Bushey Paddocks	Hampton Court	Haras royal.
Cheveley Park	Newmarket	Mac Calmont.
Childwick	Saint-Albans	Sir Blundell Maple.
Cobham	Surrey	Allison.
Compton	Newbury, Berks	W. G. Stevens.
Corby	Kettering, Northampton	Comte Mokronswsky.
Croft	Darlington, Durham	Winteringham.
Ecchinswell House	Newbury, Berks	Brobrick Clœte.
Easton Park	Wickam Market Suffolk	Duc de Hamilton.
Eaton	Chester	Duc de Westminster.
Eltham	Surrey	Colonel North.
Fairfield	Yorks	R. C. Vyner.
Falmouth Paddocks	Newmarket	D. Baird.
Glasgow	Enfield Hertford	H. Arnold.
Habley	Hartford	Forest Todd.
Heather Farm	Bath	Freeman.
Heath House	Maryborough, Irlande	Blake.
High Lodge	Richmond	Wright.
High Wycombe	Buckinghamshire	Robinson.
Knockany	Lemerick	Gubbins.
Kremlin Paddocks	Newmarket	Prince Soltykoff.
Lanwades	Newmarket	Prince Soltykoff.
Leybourne Grange	West Malling	Phillips.
Loughton	Moneygall, Irlande	B. French.
Ludwick Hall	Hutfield, Hertford	Hobman.
Manor House	Middleham Yorks	Peacock.
Melton	Swafham, Norfolk	Lord Hastings.
Mensmore	Bucks	Lord Rosebery.
Merry Hampton	Cotturgham Hull Yorks	Simons Harrisson.
Moldron	Aske Richmond	Lord Zetland.
Oberstown House	Naces, Kildore Co, Irlande	Murphy.
Sandringham	Naces, Kildore Co, Irlande	Haras royal.
Sefton	Newmarket	Duchesse de Montrose.
Sledmere	Leighton Buzzard	L. de Rothschild.
Southcourt	Malton, Yorkshire	Sir Tatton Sykes.
Tathwell Hall	Louth Lincolns	Botterill.
Tickhill	Rotheram, Yorks	Lord Scarborough.
Warren	Epsom	Ellam.
Welbeck	Worksop, Notturghams	Duc de Portland.
Weston Under Lizard	Shefnol, Shropshire	Lord Bradford.
Whimphle	Exeter	Smith.
Worsley	Stetchworth, Bewmarket	Lord Ellesmere.
Yardley	Birmingham	Graham.

La France, située entre le 42e et le 51e degré de latitude, offre, par la configuration de son territoire, la fécondité de son sol, son voisinage des mers et sa température moyenne, les conditions les plus favorables à la production chevaline en général et à la précocité du pur sang en particulier.

Nous ne sommes plus au temps où un écrivain de sport anglais pouvait dire que « le cheval de course était autant un exotique en France que l'opéra italien en Angleterre ». La race pure est assez nombreuse en France pour répondre aux besoins de nos courses actuelles et le niveau de la qualité de la race s'est élevé de telle façon que nos chevaux peuvent être considérés comme les égaux des chevaux anglais. Nous devons, il est vrai, nos progrès rapides aux nombreuses importations d'étalons et de poulinières choisis, pour la plupart, sinon parmi les chevaux de tête, que les éleveurs britanniques vendent rarement, du moins entre les moins tarés des sujets de second ordre. Les plus grands chevaux de course d'ailleurs ne font pas toujours les meilleurs reproducteurs.

L'élevage français de pur sang se divise en deux catégories distinctes. La première est celle des haras particuliers situés aux environs de Paris, en Normandie et quelques-uns dans le centre ; la seconde comprend les petits studs du Sud-Ouest dont les juments sont servies par les étalons nationaux. Elles sont situées de part et d'autre de chaque côté de la ligne imaginaire qui, divisant l'Europe en deux zones, coupe la France également en deux.

« Grâce à de grands sacrifices et à la manière judicieuse dont l'élevage a été dirigé, on a pu obtenir en France une race nationale de pur sang, mais elle n'en est pas moins une branche détachée de la grande famille anglaise à laquelle elle ne cessera jamais d'appartenir, tout en possédant en propre des ressources suffisantes pour proclamer son indépendance.

« Par une coïncidence singulière, trois étalons ont joué, dans les origines de cette lignée française, un rôle analogue à celui qu'ont rempli au début, les trois principaux auteurs de la race pur sang », dit le très compétent auteur Touchstone dans son livre *l'élevage de pur sang en France* ; et il cite *Monarque*, *Dollar* et *Vermout*, dont il analyse avec soin l'origine, pour conclure que les deux premiers procèdent d'*Éclipse*, tandis que le pedigre de *Vermout* établit la prédominence du sang de *Hérod*.

Il n'entre pas dans notre cadre de suivre l'élevage du pur sang dans toutes ses manifestations, nos lecteurs trouveront facilement ces détails dans les excellents travaux de l'auteur précédemment cité. Nous dirons simplement que les périodes de formation de la race pure en France peuvent être fixées de la manière suivante : de

1818 à 1840, époque des tâtonnements et des incertitudes ; de 1842 à 1860, des importations de sujets de valeur font faire des progrès énormes à cette difficile entreprise qui se trouve, à dater de ce moment, établie sur des bases qui lui permettront bientôt de lutter à armes égales avec l'élevage anglais jusque-là sans rival.

Nous donnons comme pour l'Angleterre l'énumération de nos principaux établissements d'élevage afin de marquer les régions favorables à cette entreprise :

NOMS DES HARAS	PROPRIÉTAIRES	LOCALITÉS
Allouville	Vicomtesse de Rainneville	Près Amiens.
Almenèches	Deschamps	Orne.
Barbazan	Bruno	Hautes-Pyrénées.
Barbeville	Comte Foy	Près Bayeux.
Bagnères-de-Bigorre	P. Comet	Bagnères-de-Bigorre.
Bécheville	Dousdebès	Les Mureaux (Seine-et-Oise).
Bel-Sito	Guestier	Gironde.
Bois-Roussel	Delamarre et Comte Rœderer	Sées (Orne).
Bois-Rouaud	Prince d'Arenberg	Loire-Inférieure.
Buff (Le)	Robert Lebaudy	Près Alençon (Orne).
Capeyron	Dick de Gernon	Gironde.
Caumont	Marquis de Castelbajac	Gers.
Cazaubon	Bedout	Gers.
Celle-Saint-Cloud (La)	Baron de Rothschild	Seine-et-Oise.
Chamant	Baronne de Forest	Près Senlis.
Champagné	Hastron-Lamorlière	Vienne.
Chapelle (La)	Vicomtesse de Chenelette	Près Sées (Orne).
Cheffreville	Comte de Berteux	Près Lisieux.
Chesnaye (La)	Exshaw	Gironde.
Colombelles	J. Le Gonidec	Gironde.
Commes	Comte Foy et Gosset	Près Bayeux.
Dangu	M. Ephrussi	Près Gisors.
Fercocq	Duc de Feltre	Près Lamballe.
Fougerette	Comte G. de Ganay	»
Fould	A. Fould	Tarbes.
Gargenville	Delorme et Delapalme	Seine-et-Oise.
Gaujac	Loubon	Gers.
Gazon (Du)	Ephrussi	Montabard (Orne).
Huez	Comte de Saint-Phalle	Près Nevers.
Jardy	E. Blanc	Seine-et-Oise.
Joyenval	C. Blanc	Seine-et-Oise.
Kerveno	Vicomte Foy	Finistère.
Langé	Baron Finot	Indre.
Lastours	Comte de Lastours	Castres.
Lessard-le-Chêne	J. Prat	Calvados.
Lormoy	Veuve Henry Say	Seine-et-Oise.
Lonray	Comte Le Marois et Caillault	Près Alençon (Orne).
Loulans	Prince de Nissolle	Haute-Savoie.

NOMS DES HARAS	LOCALITÉS	PROPRIÉTAIRES
Puchof	Bavière	M. J. Jager.
Romolkwitz	Silésie	Comte Henckel von Donnersmark.
Rœmerhof	Près Cologne	G. Bleichrœder.
Schlenderhan	Près Cologne	Baron Oppenheim.
Slaventzitz	Près Ujest-Silésie	Prince Hohenlohe.
Steinort	Prusse Orientale	Comte Lehndorff.
Trakehnen	Prusse Orientale	Haras royal.
Welsleben	Près Magdebourg	F. Bothe.

Pris dans son ensemble, l'État autrichien appartient aux climats tempérés. Toutefois, vu son étendue et les zones auxquelles se rattachent les diverses contrées, il y a entre elles des différences considérables. La Galicie a le climat froid de la Pologne, la Dalmatie celui de l'Italie. Dans les plaines de Hongrie, la moyenne température est de 13°; en Bohême et en Moravie, elle est de 9°. Les pluies sont relativement rares dans les diverses provinces où sont les studs qui nous intéressent, mais la rosée est fort abondante. Les hivers y ont à peu près la même durée qu'en Normandie.

L'Autriche-Hongrie possède une population chevaline très nombreuse et justement renommée. Les nations étrangères limitrophes viennent y acheter un grand nombre de chevaux; la France elle-même a été tributaire de ce pays pendant assez longtemps.

La production de pur sang est sinon des plus considérables, du moins excellemment réputée pour ses qualités d'endurance et de structure. Elle semble avoir commencé en 1853 à Kisber. En 1854 on acheta pour la première fois des étalons et des poulinières anglaises. Depuis, *Buccaneer*, *Cambiscan*, *Graig Millear*, *Verneuil*, *Doncaster*, *Galaor*, *Bona-Vista*, *Saintrailles*, *Matchbox*, etc., sont venus porter leur sang précieux. Les éleveurs autrichiens se sont, dès l'origine, attachés à importer des juments réunissant deux grandes qualités : la quintescence du sang et la force de conformation. Une remarque qui a son intérêt : L'administration des Haras de Hongrie n'entreprend aucune modification sans avoir, au préalable, pris l'avis des éleveurs. A cet effet, tous les deux ans, elle provoque à Budapesth un Congrès hippique, formé de tous les présidents des comices d'élevage, dont on recueille le sentiment. Il y aurait là un exemple à suivre en France et ailleurs, où les administrations des haras ne demandent conseil à personne.

Les grands studs de pur sang se répartissent de la manière suivante :

LOCALITÉS	PAYS	PROPRIÉTAIRES
Czaslau	Autriche	Fred Wagner.
Napageld	Autriche	A. Baltazzi.
Bucsany	Hongrie	Baron G. Springer.
Calburg	Hongrie	Comte H. Henckel.
Kengyel	Hongrie	M. Nicolas von Blascovitz.
Keszthely	Hongrie	Comte Tassilo Festetics.
Kisber	Hongrie	Haras royal.
Papa	Hongrie	Comte N. Esterhazy.
Szent-Marton	Hongrie	M. von Blascovitz.
Tordas	Hongrie	M. Dreher.
Totis	Hongrie	Comte Nicolas Esterhazy.

Le centre et le sud de la Russie sont les contrées où les herbages permettent l'élevage du cheval dans des conditions satisfaisantes. Quoique moins froids que le nord de l'empire, les gouvernements de Charkow, de Pensa, de Tula, de Livonie, etc., subissent des hivers rigoureux qui forcent les éleveurs à laisser leurs pensionnaires dans les écuries plus longtemps qu'il ne faudrait. Les bons pâturages sont rares en Russie, ils ne sont considérables qu'en Livonie et en Courlande où ils couvrent une sixième partie de la surface du sol. Très riche en prairies, la Pologne paraît beaucoup plus propre à l'élevage du pur sang.

Le développement vraiment tangible de l'industrie du cheval de course date de l'époque relativement récente où les étalons *Rehampton*, *Peut-être*, *Marshall*, *Scott*, *Incendiary*, *Venison*, *Braconnier*, *Paladin*, *Faugh a Ballagh*, etc., furent importés en Russie. Comme dans les autres États d'Europe, c'est à l'introduction de juments achetées en Angleterre et en France, qu'on doit les premiers éléments de cette entreprise. Depuis quelques années, les éleveurs ont donné de préférence aux étalons que compte la Russie les juments de pur sang indigènes. Le nombre des individus qui forment la race de course est encore trop restreint pour y constituer une ramification spéciale de pur sang. Malgré les sacrifices de l'État pour l'achat de quelques étalons de valeur, tel *Galtee-Moore* payé 500.000 francs, l'élevage du pur sang doit encore être considéré comme étant dans la période de formation.

Les studs situés en Pologne et en Russie proprement dits sont les suivants :

POLOGNE

NOMS DES HARAS	LOCALITÉS	PROPRIÉTAIRES
Antoniny	Volkynis	Comte J. Potocki.
Borowno	Protskow	Jean de Reszké.
Jablonna	Varsovie	Comte A. Potocki.
Janow	Sudliecki	Haras imperial.
Krasne	Plock	Comte Krasinski.
Los'	Varsovie	M. W. Mysyrowics.
Serniki	Lublin	M. L. Grabowski.
Skaki	Gradno	M. A. Niemcewicz.
Woronkowre	Volhynie	J. Dorozinski.

RUSSIE

NOMS DES HARAS	LOCALITÉS	PROPRIÉTAIRES
Derkulsk	Charkow	Haras imperial.
Laszna	Penza	Général Arapow.
Michajlawskoe	Tula	Princesse Chilkow.
Palna	Orlow	M. Stachowicz.
Swiatyje-Gory	Charkow	Comte Ribeaupierre.
Tekelfer	Livonie	Baron Wulf.
Zujewkra	Charkow	MM. Ilowajski.
Nierod	Orlow	Comte A. Nierod.

Bien que la Belgique ait à proprement parler quatre saisons météorologiques, elle se rapproche de la zone où il n'en existe plus que deux : l'été est chaud mais court, l'hiver long et rigoureux. Les plaines de la Belgique, riches en pâturages toujours verts, offrent grâce à leur climat humide et tempéré un ensemble d'éléments que l'on semble avoir négligé en partie, du moins en ce qui concerne le cheval d'hippodrome.

Voisine de la France, la Belgique ne devait pas tarder à créer des champs de courses. C'est ce qu'elle a fait ; mais la modicité des allocations n'a pas poussé les éleveurs à l'achat de reproducteurs de grand ordre comme dans les autres contrées de l'Europe. Cependant la qualité des produits belges s'affirme d'année en année et il n'est pas douteux que l'élevage flamand parvienne un jour aux premiers rangs de la production de pur sang du continent.

Comme pour les autres États, nous donnons la liste des établissements d'élevage existant actuellement en Belgique ou ayant existé :

LOCALITÉS	PAYS	PROPRIÉTAIRES
Casteau	Hainaut	Vicomte H. de Buisseret.
Coolkerke	Flandre Occidentale	J. Veretraet.
Lungerbrugge	Flandre Orientale	Baron Van Loo.
Mariemont	Hainaut	G. Warocqué.
Mons	Hainaut	F. Coppée.
Perck	Brabant	Comte de Ribeaucourt.
Regelsbrugge	Flandre Orientale	Ch. Liénart.
Seneffe	Hainaut	Vicomte L. de Buisseret.

Nous avons, pour les besoins de la cause, divisé l'Europe en deux zones par une ligne imaginaire partant de Bordeaux à Costenza. Après avoir passé en revue les pays situés au Nord de cette ligne, examinons rapidement l'élevage de pur sang de ceux situés au Sud.

L'Italie a un climat très varié selon les lieux : presque uniforme aux environs de Pise, de Bologne, des Abruzzes, de Milan, il est très inconstant dans le nord de la péninsule. Les régions où sont placés les haras de pur sang jouissent d'une température plutôt chaude, qui convient on ne peut mieux aux animaux atteints dans les voies respiratoires. On cite le cas d'un étalon de pur sang corneur qui guérit de son affection pendant son séjour en Italie. Ce pays offre des ressources chevalines restreintes. Sous ce rapport il peut être considéré comme l'une des puissances les moins favorisées de l'Europe. Depuis une trentaine d'années on a fait des efforts pour améliorer la production et perfectionner l'élevage. Le Gouvernement a encouragé dans la plus large mesure possible la production du pur sang et l'achat de reproducteurs de haute qualité, comme *Melton* payé 250.000 francs, prouve les sacrifices qu'il s'est imposé. Mais les importateurs de juments n'ont pas su rechercher chez elles l'essence qui fait les bonnes reproductrices. Ils ont paru ignorer que c'est surtout par les femelles qu'on améliore une race. C'est à Pise que se trouvent les étalons de pur sang appartenant à l'État.

Les studs de pur sang connus :

NOMS DES HARAS	LOCALITÉS	PROPRIÉTAIRES
Barbaricina	Près Pise	Duc de Marino Torlonia.
Bisciglieto	Abruzzes	Baron del Sordo.
Caprile	Près Florence	Marquis Ridolfi.

NOMS DES HARAS	LOCALITÉS	PROPRIÉTAIRES
—	—	—
Casilina	Près Rome	M. C. Plowden.
Castellazo	Près Milan	Sir Rholand.
Cazalecchio	Près Bologne	Comte Denis Talon.
Cologna-Ferrarèse	Près Ferrare	Ch. Calderoni.
Maltraverso	Près Milan	Comte Durati.
Nugola	Près Florence	Prince Strozzi.
Passirano	Près Brescia	Marquis Fassati.
Poggio Montone	Près Orviéto	Chevalier Cesare Bertone.
San Salva	Près Turin	Comte de Sambuy.

L'Espagne a tous les climats à partir du demi-torride sur les côtes d'Andalousie jusqu'au froid vif sur les plateaux. Les rares élevages de pur sang sont situés dans la région qui supporte la plus faible sécheresse, mais les conditions climatériques font, en résumé, ce pays peu propice à l'élève du cheval de course.

Les chevaux espagnols ont eu pendant le XVIe et le XVIIe siècle une renommée presque universelle. Au VIIIe siècle les Arabes introduisirent une grande quantité de chevaux du type barbe qui firent souche. Elle est aujourd'hui totalement déchue de son antique renommée.

Le Gouvernement a importé il y a une vingtaine d'années plusieurs étalons de pur sang achetés en France pour des sommes modestes. La création du *Stud Book* date de 1884. *Fervacques*, *Prévy*, *Noirmoutiers*, *Fitz Plutus*, *Lisbon*, ce dernier acquis en Angleterre, sont les étalons les plus connus ayant servi les juments du royaume. Le nombre de ces dernières est d'environ 600.

MM. le comte de Mejorada, Garwey sont les deux principaux éleveurs.

Par sa position à l'Orient de l'Europe, à proximité de la Russie, la Roumanie est destinée à jouir d'une température présentant quelques affinités avec le climat méditerranéen. Dans l'ensemble, c'est un pays peu pluvieux ; les seules contrées où l'on rencontre un peu d'humidité sont la Valachie occidentale et les districts montagneux de la Moldavie. La luminosité du ciel est une des particularités du climat roumain. Nous verrons plus loin le rôle de la sérénité et de la nébulosité et nous étudierons leur influence en élevage. Bucharest et Costenza ont une température moyenne de 10,05 et 11 degrés. On est, en matière de pur sang, dans la période des tâtonnements, mais on a déjà importé de très bonnes poulinières et quelques étalons de qualité qui nous fourniront sous peu l'occasion de porter une appréciation sur les produits de ce pays.

Comme l'Europe, l'Amérique est divisée en deux zones encore plus distinctes au point de vue climatérique : les États-Unis dans l'Amérique du Nord et Le Rio de la Plata et l'Uruguay dans l'Amérique du Sud.

La température des États-Unis est des plus changeantes ; une variation de 10° au thermomètre Réaumur compte parmi les choses ordinaires. Cependant les provinces de Tennessee, du Kentucky, de la Californie, de l'Ohio, etc..., jouissent d'un climat salubre et tempéré. Les vastes pâturages de ces régions sont arrosés par d'abondantes pluies, que mènent les vents du Sud-Ouest, et qui les rendent luxuriants.

Les premiers pur sang furent importés dans les États de Maryland et de Virginie. D'abord *Spark* (1750), puis *Sélim*, *Othello* (1755), et quelques autres.

Vers 1783, les achats de reproducteurs en Angleterre devinrent considérables, et leur influence sur la production indigène fut très grande. Actuellement, les acquisitions sont plutôt chose rare, et les éleveurs anglais ont au contraire une tendance qui s'accentue tous les jours à se procurer des étalons américains.

Le cheval de pur sang existe en grand nombre aux États-Unis et l'on évalue à 2.500 environ le chiffre des naissances annuelles. Cette race très employée pour les croisements a, sur la production locale, une influence d'autant plus heureuse et d'autant plus effective qu'elle est, à peu près partout, remarquablement représentée. C'est, en effet, un point tout à fait digne d'observation, qu'en Amérique, les propriétaires des haras de pur sang, possèdent en général des étalons admirablement choisis et des poulinières superbes et de grande origine. Leurs sires sont presque tous construits en pères incomparables. Compacts, admirablement musclés, près de terre pour la plupart, ils ont la régularité des lignes et la longueur essentielle des rayons ; presque tous ont une puissante musculature.

Aussi la moyenne des bons produits qui galopent, paraît-elle plus élevée qu'en Angleterre ou en France. L'action améliolatrice du pur sang s'exerce sur une étendue d'autant plus considérable, que ceux qui ne sont pas conservés pour les courses, sont vendus dans le commerce et deviennent, à leur tour, une précieuse cause de perfectionnement pour les races locales environnantes.

Les étalons de pur sang se rencontrent un peu partout dans l'Amérique du Nord, mais principalement dans le Kentucky et le

Tennessee ; puis dans le Missouri, l'Illinois, l'Ohio, le Minnesota, l'Iowa, la Virginie, la Pensylvanie, le New-York et la province d'Ontario (Canada). On en a importé aussi un grand nombre dans la Californie, le Texas, dans les prairies du Nébraska et le Nord du Wyoming. Là, ces chevaux vivent en liberté au milieu de véritables troupeaux de juments de pays.

Sous l'influence du système d'élevage, du climat et de l'alimentation, le pur sang élevé en Amérique diffère de son congénère d'Angleterre par une structure plus solide, plus résistante, mieux trempée.

Les principaux haras :

LOCALITÉS	PAYS	PROPRIÉTAIRES
Avondale stock farm	Tennessee	M. E. S. Gardner.
Beaumont	Kentucky	H. P. Headley.
Belle Meade	Nashville (Tennessee)	P. Lorillard.
Bowling-Brook	Maryland	M. Waldon.
Brookdale	New-Jersey	Col. Thomson.
Elmendorf	Kentucky	C. J. Enricht (Manager).
Fairview	Californie	Macdonough.
Hantford	Californie	Mac Calmout.
Hartland	Kentucky	J. V. Camden.
Hurricane	New-York	S. Stamford.
Iroquois	Kentucky	James Clay.
Kingston	Kentucky	B. Ferguson.
La Belle	Kentucky	E. Leigh.
Longstreet Farm	New-Jersey	Gedeon et Daly.
Maggrahiania	Kentucky	Milton Young.
Nantura	Kentucky	F. B. Harper.
Neponsett	Près Boston	H. Forbes.
Nursery	Kentucky	Th. W. Shreeve.
Pasadina	Californie	S. G. Reed.
Rancho del Paso.	Californie	J. B. Haggin.
Silver Brook	Californie	L. O. Appleby.

Dans l'Amérique du Sud :

Le Rio de la Plata est l'un des plus vastes territoires de l'Amérique méridionale. La propagation étonnante des chevaux soit domestiques soit sauvages est un grand trait qui fait connaître les avantages de ce pays pour l'élevage du cheval. L'hiver y est très sec et l'été très long et très chaud. Dans les endroits où les rivières fertilisent les campagnes, le pays est rempli de pâturages excellents. Dans les pays trop secs comme celui dont nous nous occupons en ce moment, les variations de température sont énormes. La chaleur est défavorable à la bonne venue des pur sang, qui deviennent mous et languissants. Cet alanguissement est provoqué par l'imprégnation d'eau que doivent acquérir les tissus des sujets importés pour que l'aptitude à supporter la chaleur devienne parfaite. Cette absorption d'eau par les tissus s'étend sûrement aux cellules sexuelles et elle a une influence directe sur les générations.

Pour ces raisons le cheval de course élevé au Rio de la Plata ne vaudra jamais ses ancêtres d'Angleterre ou de France.

Sans avoir la même importance qu'aux États-Unis, l'élevage a pris sous l'impulsion de quelques grands propriétaires argentins un rapide développement. Rappelons les noms des principaux étalons achetés en Angleterre : *Ormonde* (750.000 francs), *Gay Hermit*, *Saint Mirin*, *Saint-Gall*, *Achéron*, etc... Les juments importées ont été choisies dans les meilleures familles anglaises et françaises.

A la Plata les chevaux prennent leur âge à partir du 1er août et la monte a lieu en automne. C'est ainsi que M. Saturnino J. Unzue de Buenos-Ayres, a envoyé ces dernières années cinq juments à l'étalon de M. Edmond Blanc, *Flying Fox*. Ces juments ont été saillies en octobre dernier.

LOCALITÉS	PAYS	PROPRIÉTAIRES
Curumalan	Buenos-Ayres	MM. T. Casey.
La Quinua	Buenos-Ayres	S. Luro.
Las Rosas	Santa-Fé	G. Kemmis.
Nacional	Buenos-Ayres	Société Privée.
...	Buenos-Ayres	S. J. Unzue.

L'Uruguay jouit comme la République Argentine d'un climat chaud, mais il est tempéré par l'humidité des rivières qui sillonnent le territoire et par le voisinage de l'océan.

Le premier volume du *Stud Book* paru en 1895 montre que ce n'est que vers 1888 que les importations de juments de pur sang ont eu lieu dans cette partie de l'Amérique du Sud, en vue de l'élevage. Tous les sangs, fashionables ou non, d'Angleterre et de France y ont des représentants de qualité médiocre. Les étalons et poulinières importés sont sans aucune valeur. Dans la liste des propriétaires nous relevons le nom de l'universel M. J. Lieux, l'heureux et habile propriétaire français.

Le cheval de course est devenu, comme l'Anglais son créateur, un cosmopolite ; aussi le trouvons-nous sous les latitudes les plus extrêmes, en Australie notamment.

Dans cette partie du globe, l'été a lieu en décembre, janvier et février, et correspond à l'hiver de l'hémisphère Nord. Nous ne considérerons que le climat des régions qui s'adonnent à l'élevage. A Sydney, dont le climat est comparé à celui de Naples, la température moyenne de l'année est de 17°. De mars à novembre, la saison y est cependant relativement froide. Melbourne, situé plus au sud, a une moyenne de 14°,5, le mois de juillet étant le plus froid de l'année. On compare son climat à celui de Marseille et de Bordeaux selon les époques. La Cordillière a le privilège de fixer les nuées; la pluie tombe en abondance pendant les mois d'hiver, et entretient les prairies en excellent état.

Le climat et le sol sont de tout premier ordre, aussi les éleveurs ont-ils su en tirer parti d'une manière remarquable. Les courses très importantes qui ont eu lieu, ont rendu prospère l'élevage des pur sang qui sont aujourd'hui très appréciés en Amérique et en Angleterre où on ne compte plus leurs succès dans les grandes épreuves. Plus encore peut-être que le cheval de course né en Amérique, il possède au plus haut degré un tempérament énergique, une constitution robuste unis à une taille plus élevée.

Les principaux studs sont à Queensland, dans la Nouvelle-Galles du Sud, à Victoria, dans l'Australie méridionale, dans l'île de Tasmanie et dans la Nouvelle-Zélande.

Ainsi se répartit à peu près dans tout l'Univers l'élevage du cheval de pur sang « cette perfection que le monde ignorait avant les Anglais » dit Percival.

D'après la statistique des *Stud-Books* officiels, on peut évaluer le nombre des reproducteurs actuellement aux haras dans le monde entier à 24.000 environ, dont 3.000 étalons et 21.000 poulinières en chiffres ronds.

En ce qui concerne la recherche des familles qui conviennent le mieux aux diverses contrées que nous venons de passer en revue, nous ne pourrions encore qu'en donner une explication insuffisante et prématurée. Il est indispensable de bien connaître au préalable tous les problèmes de biologie générale adaptés à la race chevaline pure pour aborder cet intéressant sujet dont la solution est reportée plus loin. Nous en dirons de même sur l'influence que peuvent avoir les importations américaines et australiennes en vue du croisement dans la race pure en Angleterre. Toutefois, nous pouvons pour cette dernière question fournir quelques éclaircissements préliminaires.

Ici le mot croisement paraît tout d'abord impropre puisqu'il s'agit d'une seule et même race, mais il est bon de distinguer que les unions des familles anciennes d'Amérique avec celles de la souche anglaise constituent un croisement qui n'a rien de fictif, les représentants respectifs de ces familles offrant des caractères physiologiques sensiblement distincts. Leurs attributs physiologiques sont différenciés parce que la température, la pression atmosphérique et surtout le régime alimentaire peuvent être des causes importantes de la variation produite.

Le froid et la chaleur provoquent certainement des variations mais elles ne sont qu'indirectes. Autant leur influence est faible et aléatoire, autant peut être intense celle du régime et surtout de l'alimentation.

La question est importante et mériterait d'être examinée avec le plus grand soin.

Elle se ramène aux deux suivantes : 1° Les variations dans la nature des aliments peuvent-elles modifier la composition du sang ; 2° les variations dans la composition du sang peuvent-elles modifier la constitution physico-chimique des cellules et par suite leurs propriétés ?

Or, à ces deux questions on peut répondre par l'affirmative.

Qu'est-ce que le sang, en somme? C'est la substance des aliments remaniée par voie de dyalise et de fermentation.

Le cheval de pur sang australien et américain qui broute une herbe différente de celle de l'Angleterre et qui a pour base de sa nourriture le maïs, doit être un peu modifié par rapport à celui qui ne broute que les graminées ordinaires et dont l'avoine est la principale nourriture. Assurément le changement est minime, son influence peut n'être que très relative. Pour le moment la question n'est pas là. Nous y reviendrons plus tard. Mais ce qui est certain c'est qu'elle existe et nous pouvons affirmer que l'alimentation a une action morphogène.

Plus d'un, trouvera cela excessif, mais nous croyons fortement avec Delage que les caractères de race des Irlandais, des Bretons des Arabes, etc., sont dus en partie à leur régime, principalement à leur nourriture qui contribue à leur donner une physionomie commune. Ce qui est vrai pour l'espèce humaine doit l'être pour l'espèce chevaline. Si l'alimentation est changée, si à une qualité d'herbes ou de grains en est substituée une autre de composition différente, la constitution physico-chimique de la cellule est un peu changée : elle fonctionne un peu autrement, se divise un peu autrement, livre à ses cellules filles des lots de substances un peu autrement constitués. Celles-ci déjà modifiées à leur naissance, continuent à l'être sous l'action persistante du changement de nourriture. Cela continue ainsi indéfiniment et aboutit aux modifications qu'il nous est permis de définir lorsque nous étudions au point de vue morphologique un pur sang né en Australie et un pur sang né en Angleterre.

La substitution du maïs et des autres denrées employées par les Américains du Nord et du Sud et par les Australiens aux aliments d'Angleterre ou de France introduisent, nous l'avons déjà dit, dans la composition du sang, un changement dans la constitution physico-chimique de toutes leurs cellules y compris des germinales. Il y a tout à parier que le changement somatique soit extrêmement minime, et que les modifications certaines et portant sur tous les organes qui en résultent inévitablement, passent tout d'abord inaperçues : il faudrait le microscope, des mensurations rigoureuses, des analyses complètes pour les déceler. Il en est de même pour le changement des cellules germinales, en présence de la même cause et pour les modifications que présenteront les jeunes poulains qui naissent à la suite des exportations, qui sont la raison du changement de nourriture et de régime. La nouvelle alimentation contenant une proportion suffisante de principes actifs, les modifications prennent dès le début une valeur. Tout d'abord il ne s'est point produit des modifications apparentes, mais ce qu'il faut remarquer, c'est que ces modifications si minimes, sont forcément cumulatives : elles portent forcément sur tous les représentants de la race et sur toutes les générations, tout l'ensemble des différents groupes d'Australie et d'Amérique, s'est donc transformé d'un mouvement lent et continu jusqu'à ce qu'il ait atteint l'état définitif d'équilibre correspondant au régime nouveau.

Cette explication venue trop tôt est très incomplète, aussi reviendrons-nous sur cette question en temps opportun, après l'étude des phénomènes physiologiques dont la connaissance est nécessaire pour l'exposé de sa solution.

Il nous suffit pour l'instant de savoir qu'il y a différenciation entre les sujets de pur sang d'Amérique, d'Australie et d'Angleterre. En ce qui concerne ceux d'Australie et des États-Unis, ce changement se traduit par une taille plus élevée, un tempérament plus énergique et une constitution générale plus robuste, leur introduction en Angleterre ne peut être que bienfaisante, puisque par la voie de génération ils apportent des éléments susceptibles de corriger la nervosité qui domine le pur sang d'Angleterre à l'heure actuelle. Or, comme nous le verrons plus loin, les faits d'influence des nerfs sur les cellules provoquent une dégénérescence consécutive qu'il est bon d'enrayer. Cette dégénérescence s'est manifestée et préoccupe aujourd'hui les hippologues et les sportsmen qui attribuent seulement la défectuosité du modèle chez le cheval anglais à l'abus des courses de vitesse.

CHAPITRE II

HYGIÈNE DU CHEVAL DE PUR SANG

On a ainsi défini l'hygiène : la partie des sciences qui a pour but d'étudier les moyens de conserver et de perfectionner la santé. Une autre définition plus courte a été énoncée : l'hygiène est l'art de conserver la santé.

Nous croyons inutile d'insister plus longtemps sur le choix d'une bonne définition ; ces discussions étant toujours oiseuses et au fond bien inutiles. Le but essentiel de l'hygiène, c'est d'assurer le complet et régulier développement de l'individu et de l'espèce. Or ce but ne peut être atteint que par une connaissance approfondie du fonctionnement de l'organisme du cheval. Établir les réactions de l'individu aux différentes variations du milieu ambiant, calculer le bilan de ses dépenses et de ses besoins ; reconnaître les conditions *optima* qui assurent l'équilibre des fonctions, tels sont principalement les problèmes que tend à résoudre la physiologie, et c'est d'après les données de cette science que l'on peut déduire les règles hygiéniques.

Mais la santé de l'animal n'est pas encore complètement assurée, quand les fonctions biologiques trouvent les conditions favorables à leur développement ; il faut encore tenir compte des dangers que présentent les microorganismes pathogènes, détruire leur foyer, empêcher leur dissémination et leur propagation, et c'est par la bactériologie que nous pouvons étudier, connaître les procédés utilisables dans cette lutte contre les infiniments petits.

L'hygiène du cheval a une étendue tellement vaste qu'il est difficile d'en fixer les limites. Son programme embrasse l'ensemble presque complet des connaissances physiques, puisqu'il a pour objet l'étude générale des modificateurs capables d'influencer l'être vivant et qui, pour ce motif, sont appelés agents de l'hygiène. Ces modificateurs forment la matière de l'hygiène. Ils sont rangés en plusieurs groupes désignés par les noms d'*ingesta*, de *circumfusa*, d'*excreta*, d'*applicata*, de *gesta*, de *percepta* et de *genitalia*.

Les *ingesta* sont tous les agents de l'hygiène, introduits dans l'économie par les voies digestives. Leur étude comprend celle des aliments, des boissons, des condiments et celle de leurs effets. En somme, c'est le traité d'alimentation qui fera une des grandes divisions de ce livre : la dernière.

Les *circumfusa* sont les modificateurs qui entourent l'être vivant. Ils embrassent l'atmosphère, les eaux, le sol, le climat, les localités, les habitations. Cela comprend la météorologie, l'hydrologie l'agrologie et l'architecture.

Sous le nom d'*excreta* on étudie, au point de vue de l'hygiène, les diverses secrétions et excrétions de l'économie, on recherche quels sont les agents et quelles sont les circonstances qui peuvent les modifier, et l'on fait connaître les soins qu'il faut donner aux chevaux en vue de ces secrétions. Les bains généraux ou locaux, les lotions, le pansage, les massages, les opérations qui ont pour objet de faire la toilette des animaux, sont les principales questions, dont l'étude se rattache à celle des *excreta*.

Nous les étudierons sous leurs divers points de vue aux chapitres relatifs à l'élevage et à l'entraînement du cheval de course, ainsi que les *applicata* et les *gesta*.

Les *applicata* sont tous les agents de l'hygiène, que l'on applique directement sur le corps des chevaux pour les protéger contre les intempéries, pour les dresser, les maintenir, les mettre dans l'impossibilité de s'éloigner, ou pour leur faire accomplir leur travail.

Les *gesta* sont les actes que les chevaux accomplissent de leur propre mouvement ou sous la direction de l'homme, entraîneur ou stud groom. L'exercice et le travail envisagés d'une manière générale, la fatigue, le repos, le sommeil rentrent dans la classe des *gesta*.

Les *percepta* comprennent les sensations variées perçues à l'aide des organes des sens, les manifestations de l'intelligence et des instincts. Et c'est ici qu'il faut placer plus particulièrement l'exposé des moyens rationnels que l'on emploie pour dresser les poulains et les rendre propres, par l'éducation spéciale de l'entraînement, à nos systèmes de courses.

Enfin les *genitalia* comprennent tout ce qui se rapporte à la génération.

Des agents de l'hygiène. — Les animaux naissent, vivent et se développent, travaillent et se reproduisent au milieu d'agents hygiéniques, tels que l'air, la lumière, la température, l'eau, le sol, etc..., qui exercent une grande influence sur leur organisme.

DE L'AIR

On appelle air atmosphérique le fluide invisible, transparent, inodore, insipide, pesant, élastique, compressible et dilatable qui entoure le globe terrestre sur une épaisseur d'environ 65 à 80 kilomètres. L'air agit sur les animaux par son état de pureté, sa densité, sa pesanteur, sa température, son hygrométricité ; sa propriété de transmettre les sons et les odeurs ; par ses conditions d'agitation, d'électricité, de lumière et surtout par les altérations de composition dont il est susceptible.

L'air à l'état de pureté est un mélange en poids de 23 0/0 d'oxygène, 76,9 d'azote et 4 à 5 0/000 d'acide carbonique.

Il contient, en outre, une certaine quantité de vapeur d'eau et aussi, dit-on, des traces d'hydrogène pur ou carboné, d'azotate d'ammoniaque, d'oxygène ozoné.

L'air vif, pur et sec est celui qui convient le mieux à l'organisme du cheval. Cependant l'atmosphère maritime paraît exercer une action tonifiante sur ses tissus comme sur ceux de tous les mammifères.

Densité et pesanteur. — La densité de l'air diminue à mesure qu'on s'élève dans l'atmosphère. En dehors de cette loi générale, elle peut subir des variations locales sous l'influence de nombreuses causes.

Au niveau de la mer et à la température de 0°, 1 décimètre cube d'air pèse $1^{gr},2991$, et le poids d'une colonne atmosphérique est égal à celui d'une colonne de mercure de même diamètre ayant $0^{m},760$ de hauteur ou d'une colonne d'eau distillée ayant $10^{m},4$ de hauteur. Il suit de là qu'une surface de 1 décimètre carré supporte, de la part de l'atmosphère, une pression représentée par le poids d'une colonne ayant comme base 1 décimètre et comme hauteur $0^{m},760$ si on la suppose composée de mercure, $10^{m},4$ si on la suppose composée d'eau distillée.

Comme 1 décimètre cube d'eau pèse 1 kilogramme, chaque décimètre carré de surface supporte 104 kilogrammes. Si donc nous supposons un cheval de 4 mètres carrés de surface, soit 400 décimètre carrés, la pression atmosphérique pèsera sur lui d'un poids égal à 400 × 104kg 300 = 41.600 kilogrammes. Mais cette pression s'exerçant dans tous les sens, il n'en résulte aucun obstacle à l'équilibre des corps animés ou inanimés, aucune gêne dans les mouvements que ceux-là sont appelés à exécuter. D'autre part, la pression extérieure exercée en tous sens sur le corps du cheval est contrebalancée de l'intérieur par « l'incompressibilité des liquides, leur tendance à se dilater sous l'influence de la chaleur et par l'élasticité des gaz contenus » (Rochas).

Nous avons dit que la densité de l'air varie avec l'altitude ; elle peut être influencée aussi par des mélanges de vapeurs ou de gaz étrangers. L'air pur est d'autant plus fortifiant qu'il est plus dense, par conséquent qu'on s'élève moins au-dessus du niveau de la mer, sauf des variations locales. Au delà de 2.000 mètres d'altitude, l'atmosphère, trop raréfiée, est affaiblissante. Elle devient peu à peu irrespirable, passé 4.000 à 5.000 mètres.

L'air condensé exige, pour le même effet physiologique, un nombre moins grand de respirations et de battements du cœur. Il produit une sensation de froid et se montre essentiellement favorable à la santé. On le rencontre habituellement dans les régions montagneuses.

L'air raréfié accélère la respiration et la circulation, déprime l'organisme, lui enlève toute résistance aux causes de maladies, prédispose aux hémorragies extérieures, peut occasionner la syncope et même la mort.

Température de l'air. — La température moyenne de l'air en France est de 12°,5, notre pays se trouvant situé entre les deux lignes isothermes de 10° et de 15° C. qui passent : la première à Dunkerque, la seconde à Toulon. Elle décroît de l'équateur aux pôles et varie d'ailleurs suivant la latitude et l'altitude des lieux, selon les saisons, les mois, les heures du jour, etc. Dans les couches inférieures de l'atmosphère, la température dépend non seulement du rayonnement terrestre et du rayonnement céleste, mais encore du rayonnement direct du soleil. Par suite du rayonnement terrestre, la température de l'air s'accroît avec la hauteur jusqu'à 21 mètres. Elle diminue ensuite d'environ 1° par 200 mètres d'élévation, quand il y a pas de nuages.

La température atmosphérique peut être *moyenne*, *chaude* ou *froide*.

1° *Température atmosphérique moyenne.* — Elle est au médium entre 12 et 22° sous une pression barométrique de 760 à 780 millimètres. Lorsqu'elle atteint graduellement le dernier terme et qu'elle présente quelques alternatives d'abaissement, toutes les fonctions du cheval sont activées : il a de la vigueur, de la gaîté, un bon appétit, un poil luisant, fin et court. Cette température convient particulièrement aux jeunes chevaux dont le développement n'est pas achevé, à ceux affaiblis par l'âge, les maladies, aux tempéraments lymphatiques, aux convalescents. Elle est moins favorable aux chevaux de tempérament sanguin, qu'elle prédispose aux maladies inflammatoires.

2° *Température chaude.* — L'air est chaud lorsque le thermomètre marque de 20 à 25° C. et plus ; son action sur les chevaux est d'autant plus grande que la température est plus élevée. Sous son influence on constate des sueurs fréquentes et abondantes, l'activité de l'absorption interstitielle, la sécheresse des excréments solides, la rareté des urines, la faiblesse et l'alanguissement des organes musculeux, la diminution de l'appétit, l'augmentation de la soif, l'accélération de la respiration et de la circulation, la propension au sommeil, etc. : toutes choses qui fatiguent beaucoup les chevaux de pur sang.

L'air chaud facilite aussi la décomposition des matières organiques, les exhalations miasmatiques, le développement des affections cutanées, des inflammations intestinales, des congestions cérébrales ou autres, la propagation des maladies contagieuses, etc. A la condition de ne pas dépasser certaines limites, il convient aux chevaux faibles, languissants, lymphatiques, atteints d'affections chroniques des organes respiratoires ou de la circulation.

Pendant la durée de la chaleur et pour en atténuer les effets, il faut placer autant que possible les chevaux à l'ombre ; fermer les portes et les fenêtres des boxes qui donnent accès aux rayons solaires ; faire usage, dans le même but, de toiles ou écrans ; laver plusieurs fois par jour les yeux, les naseaux, les lèvres, les parties génitales des chevaux, et en général, toutes les parties dénudées de poils ; arroser de temps à autre le sol des boxes ; asperger le foin et la paille avec de l'eau salée ; donner des aliments peu excitants plutôt substantiels, rafraîchissants, et d'une facile digestion, tels que des carottes, des mashes, surtout au repas du soir ; faire prendre aux chevaux, si possible, des bains de rivière ou de mer, d'autant plus fréquents et prolongés que la température est plus élevée ; modérer quelque peu le travail. Il sera bon de ne pas desseller de suite les chevaux à la rentrée du travail, à moins qu'on ne puisse suffisamment les bouchonner, les masser, et les envelopper de couvertures en toile amples et légères. En tout cas, on ne les exposera pas en sueur dans des courants d'air et on devra autant que possible les sortir après le coucher du soleil, afin d'aérer complètement les écuries. Il va de soi que les bons pansages, surtout à la main ont une grande utilité.

3° *Température froide*. — L'air modérément froid, accusant 5 à 6° au thermomètre, est à la fois dense, pur, excitant. Il abaisse la température extérieure du corps et entraîne des échanges moléculaires plus actifs. Sous son influence, la peau se resserre, la respiration est plus facile et plus lente, la transpiration diminue, la sécrétion urinaire devient plus abondante, l'urine plus claire; l'appétit est plus marqué, plus soutenu; les forces musculaires sont plus énergiques et il en résulte plus de gaieté et de vigueur.

Cet air convient surtout aux animaux adultes, bien constitués, d'un tempérament sanguin et nerveux, etc. Il est plutôt nuisible aux chevaux faibles, trop jeunes ou vieux, languissants et se nourrissant mal.

Air très froid. — Lorsque le froid est encore plus intense (0° et au-dessous), on constate de l'abattement, des frissons, des tremblements, la cessation de la transpiration cutanée insensible, etc. Il peut se produire aussi des congestions du poumon, des plèvres, du cerveau, l'insensibilité et la mort. L'air très froid a donc plus d'inconvénients que d'avantages. On a dit que les chevaux de pur sang du Midi supportent mieux les effets du froid que ceux du Nord.

Par les temps froids, il est indiqué de ne pas tenir longtemps les chevaux immobiles hors des écuries : on doit, au contraire, les faire marcher, même pendant les périodes de repos que comportent les courses; les mettre à l'abri des courants d'air; les couvrir à l'écurie; les faire travailler autant que possible aux heures les moins froides de la journée; leur donner un supplément de nourriture réclamé par l'activité de la digestion, les nécessités de la calorification, etc.; enfin il est indispensable de régler d'une façon judicieuse l'aération des écuries.

Humidité de l'air. — L'air, qu'il soit chaud, froid ou tempéré, est constamment défavorable à la santé des chevaux, lorsqu'il est chargé d'humidité.

Sous son influence, on constate la déchéance organique, le ralentissement, l'état de gêne et de malaise des principales fonctions, surtout l'indolence et l'exaltation par intermittence des sécrétions de la peau, du foie, des fonctions nerveuses, le peu d'activité de la digestion, les difficultés de l'hématose, enfin une faiblesse générale, ainsi que l'apparition de certaines maladies chroniques, d'engorgements lymphatiques, d'hydropisies et de quelques affections ataxo-adynamiques. L'air saturé de vapeur d'eau favorise la décomposition des matières organiques et se charge facilement de matières miasmatiques ou virulentes. L'humidité agit aussi sur les plantes, qui deviennent grandes, poreuses, aqueuses, et moins nourrissantes.

Sous un air froid et humide, les répercussions cutanées sont fort à craindre ; il peut se produire des modifications importantes jusque dans la forme, la structure intime, le tempérament des animaux.

L'état hygrométrique de l'atmosphère est en général subordonné à l'abondance des *brouillards*, aux *pluies continuelles* ou *torrentielles*, aux *météores aqueux*, aux *inondations*. Il dépend aussi du voisinage des grandes *forêts*, des *fleuves*, des *grandes rivières*, des *lacs*, des *marais*. Ces derniers ont une action souvent pernicieuse.

Pour combattre les effets d'une atmosphère saturée d'humidité ou ceux des pluies froides du printemps, de l'automne et de l'hiver, il est bon d'augmenter la ration surtout en avoine ; de faire usage du sel marin dans les aliments ; d'aérer largement les écuries ; de couvrir les chevaux ; de donner un exercice soutenu et modéré ; de faire de bons pansages ; de sécher les chevaux par un énergique bouchonnage à leur rentrée à l'écurie, etc. Il est aussi indiqué de ne pas laisser passer la nuit dehors aux chevaux qui sont en prairie, mais sous ce rapport il ne faut pas se montrer timoré, car les chevaux prennent de l'endurance lorsqu'on les expose raisonnablement à une existence un peu dure.

Transmission des sons et des odeurs. — L'air sert à transmettre les sons et les odeurs. Les chevaux en sont plus ou moins impressionnés et d'une manière différente, suivant leur sensibilité et leur éducation.

État d'agitation de l'air. — L'air est agité par les *vents*, qui influent sur les animaux en raison de leur température, de leur degré d'humidité, de leur direction et de leur vitesse.

On distingue :

1° *D'après leur direction :* des vents du nord, du sud, de l'est et de l'ouest, du nord-est, du nord-ouest, du sud-est et du sud-ouest, etc.

2° *D'après leur vitesse :* des vents faibles, modérés, forts, violents ; des vents d'orage, la tempête et l'ouragan ;

3° *D'après leur température :* des vents froids, tièdes, chauds et brûlants ;

4° *D'après leur degré d'humidité :* des vents secs et humides ;

5° *D'après la régularité de leur apparition :* des vents alizés ou généraux, périodiques ou moussons, irréguliers ou variables.

Nature des vents. — En France, les vents du nord-est sont froids et secs ; ceux du sud, chauds et humides ; ceux de l'ouest et du nord-ouest, froids et humides. En Algérie, le *sirocco*, vent du sud, est d'une chaleur brûlante ; il amène parfois des pluies abondantes dans la vallée du Rhône.

Les vents modérés, en mélangeant les différentes couches d'air, en tempérant les fortes chaleurs, sont en principe favorables à la santé des chevaux ; leur action est en général subordonnée à la configuration du sol, à son élévation relative, à la proximité de forêts épaisses et étendues ou de lacs, de grands étangs, de vastes marais, de la mer, etc.

Les *vents de plaine* sont généralement réguliers et uniformes. Ceux des pays montagneux, soufflant par bouffées, par rafales, sont plus froids et plus violents. Les vents produisent des effets analogues à ceux de l'air, dont ils ont la température et le degré d'humidité ; mais avec une intensité d'autant plus grande, qu'ils sont plus forts. Ils sont la cause fréquente de refroidissements, d'arrêts de transpiration, surtout lorsque les chevaux ne se trouvent pas dans les conditions d'une bonne hygiène. Les vents d'orage ont également des effets nuisibles.

On sait que les chevaux à la prairie cherchent instinctivement à se soustraire à l'action des vents ; de là l'indication de les placer autant que possible dans des lieux abrités, de les couvrir et de les promener, lorsqu'ils sont en sueur, etc.

État électrique de l'air. — L'électricité qui existe sans cesse dans l'air peut transformer une certaine quantité d'oxygène en ozone (oxygène électrisé ou condensé). On dit qu'en raison de son pouvoir désinfectant la présence de l'ozone dans l'atmosphère purifie celle-ci. L'ozone est plus abondant dans l'air des campagnes que dans celui des villes, pendant le printemps et l'été qu'en automne et en hiver.

Par les temps d'orage on doit s'abstenir d'abriter les chevaux sous les arbres, éviter les allures trop rapides; les déplacements et courants d'air, rentrer les chevaux qui sont en prairie.

Les organismes vivants, sont des générateurs d'électricité.

Toutes les manifestations vitales du protaplasma s'accompagnent de phénomènes chimiques corrélatifs, de manifestations électrogéniques.

Il en résulte que, plus l'activité chimique est intense, plus les phénomènes d'électrogénèse cellulaire sont accentués.

Or comme la fermentation cellulaire est portée à son maximum d'activité pendant la croissance, c'est à cette période de la vie que la production d'électricité est la plus intense.

Nous étudierons chez les animaux, les sources de cette électrogénèse qui sont multiples, lorsque nous examinerons les nombreux faits d'observation et d'expérimentation qui confirment le rôle de l'électricité dans la croissance.

Altérations de l'air. — L'air peut être altéré :

1° *Par des modifications dans la composition de ses éléments :* diminution d'oxygène, excès d'azote, d'acide carbonique, de vapeur d'eau ;

2° *Par les émanations ou sécrétions animales*, provenant de la respiration, de la peau, des plaies, des diverses excrétions normales ou anormales ;

3° *Par les émanations gazeuses* (miasmes putrides et effluviens), résultant des matières excrémentitielles ou des matières organiques en putréfaction ;

4° *Par les émanations* (miasmes paludéens) qui se produisent à la surface des eaux stagnantes (marais, étangs, mares, bas-fonds, sols argileux) ;

5° *Par les particules solides et plus ou moins morbifiques*, vivantes ou inertes qu'il tient en suspension (bactéries, spores cryptogamiques, semences de moisissures, etc.) ;

6° *Par les miasmes nosocomiaux, telluriques*, etc., encore mal définis et qui ont une action indéniable sur les accidents tétaniques, septiques, gangreneux, etc. :

7° *Par la présence de substances pulvérulentes* qui peuvent varier selon la saison, la température et les conditions météoriques, telles que le sable, la poussière, etc. ;

8° *Par la combustion des corps servant au chauffage et à l'éclairage*, etc.

Ces altérations se produisent surtout pendant les saisons chaudes, dans des écuries étroites, basses, dans la cale des navires, etc. Elles sont d'autant plus à redouter qu'il y a agglomération, encombrement, défaut d'aération ou de ventilation, misère physiologique des sujets, que l'alimentation laisse à désirer, etc. Toutes ont sur l'organisme une action plus ou moins profonde, d'où peuvent résulter des diarrhées, dysenteries, des angines, des bronchites, des ophtalmies, des éruptions, divers états fébriles, infectieux et surtout la contagion.

L'air est malsain et irrespirable lorsqu'il est privé de 1/100e d'oxygène, lorsqu'il renferme 2 et même 1 0/0 d'acide carbonique, 1/10 000e d'ozone, ainsi que certains produits de l'industrie, de la combustion, de la décomposition organique, tels que l'oxyde de carbone, les gaz sulfurés et ammoniacaux, l'hydrogène carboné, sulfuré, phosphoré, etc.

Pour éviter les altérations de l'air et leurs conséquences, il est utile de tenir les écuries dans les meilleures conditions de propreté, d'aération, de lumière, d'orientation, et aussi éloignées que possible des latrines, égouts, cuisines, fosses à fumier ; d'y maintenir une ventilation large et permanente ; de souvent laver le sol, les parois et les mangeoires avec de l'eau phéniquée ou crésylée ou seulement de l'eau pure ; de faire usage pour les chevaux de bains ou lavages généraux ou partiels, surtout après la rentrée du travail (yeux, naseaux, parties génitales, membres) ; de secouer ou d'arroser les fourrages avec de l'eau salée avant les distributions ; d'isoler les animaux malades en ayant soin de bien désinfecter leurs boxes et tout ce qui les a touchés ; de soumettre les animaux sains à un régime tonique et à un exercice rationnel, etc.

Considérations générales. — L'action de l'air est plus marquée sur les chevaux très jeunes, très vieux, faibles, maladifs, que sur ceux qui sont dans des conditions opposées. Elle est d'autant plus vivement ressentie que l'agitation de l'air est moindre, ses changements d'état plus brusques et la durée des divers états particuliers plus prolongée et plus constante.

LUMIÈRE

L'homme, dès son apparition sur la terre, a eu conscience du rôle immense de la lumière dans l'univers, et même les poètes des premiers âges ont admis instinctivement une corrélation étroite de cause à effet entre la lumière et la vie.

Cette corrélation, pressentie et chantée par l'imagination des poètes, est affirmée par la science. Quand nous nous demandons : d'où provient l'énergie de nos muscles, qui nous permet de nous mouvoir, il faut répondre : du sang, qui apporte incessamment des matériaux nutritifs à tous nos organes, du sang sans le flux et le reflux duquel toute activité s'arrêterait presque immédiatement. Si ensuite nous cherchons d'où vient le sang ? Du chyle, nous répondra-t-on. Mais le chyle lui-même, d'où vient-il, sinon des aliments que nous absorbons et cela par toute une série de transformations et de phénomènes, dont le caractère physiologique aussi bien que chimique nous est parfaitement connu ? Le cheval subit la même loi. En nous enquérant de la provenance des aliments que ce dernier consomme, nous ferons un pas de plus. Or, tous ces aliments sont tirés du monde végétal. C'est donc la plante qui est la source unique et dernière de toutes les ressources alimentaires de notre race pure. Mais la plante vient en ligne directe du soleil. Elle se nourrit grâce à la lumière et à la chaleur. Sous l'action de ces deux puissants facteurs naturels la plante décompose, comme on le sait, l'acide carbonique contenu dans l'atmosphère, elle met en liberté l'oxygène et le fixe dans ses parties constituantes. En un mot, la force vive du soleil se transforme en force de tension dans les substances fabriquées par la plante et ces substances servent à l'alimentation de l'animal.

On ne peut donc aujourd'hui concevoir l'évolution de la plus humble plante sans l'intervention de l'agent lumineux. Les animaux supérieurs, le cheval par conséquent, sont soumis à la même loi. C'est à l'énergie solaire transformée par les végétaux qui servent à son alimentation qu'il emprunte et sa chaleur et sa force musculaire, ainsi que nous venons de le dire.

L'influence de la lumière n'a pas encore été, par des recherches expérimentales suffisantes, bien démêlée de la chaleur qui l'accompagne toujours, dans les conditions normales. Nous ne savons donc à son sujet que bien peu de choses précises. Mais ce qui n'est pas douteux, c'est l'action directe qu'elle exerce sur l'étendue des échanges respiratoires. L'attention des physiologistes est en ce moment vivement attirée sur le sujet. Nous passerons en revue tous les travaux qui ont été publiés tant en France qu'à l'étranger. Malgré les difficultés inhérentes à l'expérimentation, il y a lieu d'être convaincu qu'aux résultats de détail dont nous sommes en possession s'en joindront bientôt d'autres qui mettront en évidence l'importance considérable des actions qu'exercent les phénomènes lumineux sur les êtres vivants. Dès à présent, nous pouvons être convaincus surtout d'après l'observation des faits zootechniques relatifs au développement du foal et à la sécrétion du lait, qu'une lumière active les pertes de l'économie, et qu'il y a pour chaque race, à cet égard, une moyenne normale, à laquelle elle est accoutumée. Nous verrons quelle est la moyenne qui convient à la race pure.

Lilie et Knoulton ont établi des courbes applicables aux grandes espèces, qui indiquent soit la durée du développement d'un organe, soit un accroissement de longueur, sous l'influence d'une température normale croissante. Or, la température est en raison directe de la luminarité. Pour chaque grand filon du tableau généalogique de la race pure, nous avons après de patientes recherches pu reconnaître un minimum de température au-dessous duquel le développement est incomplet, une température optimum où le développement est le plus rapide ou le plus considérable, et enfin une température maximum au-dessus de laquelle le développement n'est plus normal. Le développement de certains poulains étant plus rapide à une température plus basse que celle nécessaire à certains autres, nous avons cru intéressant d'établir, en regard des tables ethnologiques qui seront publiées dans un autre travail, le degré approximatif de température qui convient le mieux aux différents tempéraments qu'offre la grande famille du pur sang. Nous nous sommes inspirés des travaux de Chiocugi et Livini qui montrent que l'influence de la lumière, et partant de la température sur le développement, n'est pas uniforme et générale et produit des effets différents selon les familles et le moment du développement.

En faisant l'analyse de l'influence que la lumière exerce sur les diverses fonctions de l'organisme, nous nous proposons de rendre plus facile, dans une certaine mesure, l'interprétation des phénomènes que les chevaux présentent selon les variations de la température extérieure. Nous pourrons, en même temps, nous convaincre que la limite de résistance de chaque cellule à la chaleur n'est pas la même, et que cette limite, quoique relativement faible, est toujours beaucoup plus forte que celle de l'organisme tout entier. Cette notion à elle seule offre, à notre avis, une importance considérable.

Moleschott, Milne-Edwards, Béclard et, en ces derniers temps, Flammarion ont démontré l'influence de la lumière sur le développement et l'accroissement des animaux.

Flammarion croit pouvoir même formuler une action des diverses radiations lumineuses sur la fécondité des femelles et sur la distribution des sexes, chez certains petits animaux.

Les travaux des bactériologistes établissent également l'influence de la lumière sur le développement des bactéries, mais dans un sens négatif.

Les excitants chimiques et lumineux agissent sur la formation des globules rouges du sang, cela n'est point douteux, si l'on prend les belles expériences de Kronecker et Marti qui ont établi que : 1° les excitations faibles de la peau provoquent la formation des globules qu'elles modifient de façons diverses, la formation de l'hémoglobine ; 2° les excitations fortes déterminent une diminution des globules rouges et, à un moindre degré, la quantité d'hémoglobine ; 3° l'exposition à la lumière intense et prolongée active la formation des globules, et, à un moindre degré, celle de l'hémoglobine.

Nous avons, plus haut, fait allusion aux expériences de Flammarion sur l'action spéciale exercée par les diverses couleurs du spectre. Il y a plus de cinquante ans que le général anglais Pleasonton en avait tenté de semblables, avec moins de rigueur scientifique sans doute, mais avec plus de portée au point de vue pratique. Le général s'attacha surtout à prouver l'action de la lumière violette sur la croissance des animaux.

Voici l'intéressante expérience qu'il fit sur un jeune taureau *Alderney*. L'animal, né le 26 janvier, et tellement malingre, qu'il semblait ne pouvoir pas être élevé, fut placé sous des verres violets. Au bout de vingt-quatre heures, un changement sensible avait déjà eu lieu : l'animal s'était relevé, se promenait et prenait lui-même sa nourriture ; au bout de quelques jours, la faiblesse avait complètement disparu. On le fit mesurer le 31 mars, deux mois et cinq jours après sa naissance ; le 20 mai suivant, cinquante jours après, il avait grandi de six pouces.

Le 1er avril de l'année suivante, à l'âge de quatorze mois, le taureau était un des plus beaux types que l'on pût trouver. Des expériences sur des poulains confirmèrent les résultats de cette intéressante découverte. Les vitrages à verres violets employés eurent pour résultats de donner une lumière plus douce, plus favorable à la somnolence des animaux très nerveux, soumis à l'expérience. Toutefois l'action de cette lumière n'a pu être clairement établie. Il est également vrai que les expériences tentées pour rechercher l'action de la lumière sur la nutrition des animaux supérieurs, n'ont pas encore donné tous les résultats qu'on est en droit d'attendre.

La lumière solaire est indispensable au cheval pour son développement et sa santé. En effet, voyez le poulain élevé à l'écurie, il s'étiole, dépérit, son sang s'appauvrit, le nombre des globules rouges diminue. Il en est de même de la proportion de l'albumine du sérum du sang et cette diminution explique le lymphatisme des chevaux nés dans les contrées trop froides, privées de soleil par conséquent!

On ne sait, en somme, quel est l'effet exact produit par la lumière : agit-elle directement ou a-t-elle seulement pour effet de modifier l'intensité de certaines fonctions, telles que la respiration? C'est ce que l'on ne sait pas encore d'une manière certaine. Mais on peut à cette heure établir la proposition suivante :

L'influence de la lumière sur les grands animaux doit se manifester par l'action qu'elle exerce sur la respiration pulmonaire ou cutanée. Il nous suffira de signaler les différences d'accroissement qui existent entre les foals qui sont soumis à la lumière éclatante de nos contrées méridionales où à l'éclat moindre des rayons solaires qui parviennent en Normandie ou en Angleterre. La précocité des premiers contraste avec le retard des seconds.

Mais nous ne devons pas attribuer à l'action de la lumière seule les différences que nous venons de signaler bien rapidement. Il faut en effet remarquer qu'à la diversité d'action de la lumière se joint la qualité du lait que les foals consomment. Et s'il est vrai que les poulinières de pur sang qui vivent en Normandie ou dans les environs de Paris, sont en général meilleures laitières, l'humidité et les brouillards, favorisant cette sécrétion, il est bon d'ajouter que le lait des juments méridionales est beaucoup plus riche en principes albuminoïdes et partant plus favorable au développement rapide du nourrisson.

Nous trouverons peut-être dans cette dernière donnée la raison du succès au haras des juments de pur sang, que l'on importe d'Angleterre pour les placer sous un ciel moins brumeux. Nourrices médiocres en Angleterre, elles deviennent après l'acclimatement, des mères de premier ordre par suite de la composition plus riche de leur sang et de leur lait.

On peut dégager en somme de ce problème quelques conclusions pratiques d'un certain intérêt pour l'élevage :

1° D'abord qu'un pays clair et ensoleillé, mais sans excès, est favorable à la production du foal, mais du foal seulement. Nous verrons plus loin, la luminarité qui convient au yearling, pour que son accroissement soit aussi intense que possible;

2° Cette question nous amène à considérer l'intensité et la variabilité de la lumière du soleil qui président aux dispositions à adopter pour l'éclairage des boxes, suivant les régions d'élevage.

Une lumière trop vive fatigue la vue, en exagérant les impressions lumineuses reçues par la rétine et provoque une surexcitation qui peut devenir nuisible pour des poulains nerveux; une lumière trop faible demande au mécanisme d'accommodation de l'œil du poulain des efforts incessants pour distinguer les détails des objets sur lesquels se portent involontairement ses regards. Il y a par suite un juste milieu dans l'intensité lumineuse que l'architecte réalise pour les dimensions des impostes qui éclairent les boxes dans les haras. Les petits stores, rideaux, etc., sont autant d'artifices qui permettent de régler convenablement l'éclairage des boxes et montrent par leur généralité l'intensité de l'action exercée par la lumière sur l'organisme.

La direction de la lumière présente autant d'importance que son intensité. Un boxe qui serait constamment éclairé par une lumière horizontale serait à peu près inhabitable pour le cheval. Les regards se portent, en effet, de préférence, sur les objets situés dans un plan voisin du niveau de son œil, plutôt au-dessous qu'au-dessus, et si les rayons du soleil pénétraient horizontalement par les ouvertures, les animaux seraient à chaque instant aveuglés par ces rayons directs. Les rayons du soleil sont, pendant la plus grande partie de la journée, assez fortement inclinés sur l'horizon et ce n'est guère que vers les premières heures de la matinée et les dernières heures de la soirée qu'ils se confondent avec l'horizon.

A ce moment, du reste, ils sont assez faibles et moins gênants, surtout dans les régions septentrionales où la brume du matin ou du soir voile les rayons du soleil levant et couchant. Dans les contrées méridionales où la lumière du soleil présente un vif éclat dans les premières et dernières heures du jour, un éclairement horizontal peut devenir incommode pour les poulains. On peut s'affranchir de ces inconvénients en adoptant des dispositions différentes pour l'éclairage des écuries suivant les régions. Dans le Nord, où le plein jour est moins blessant, l'exposition des ouvertures vitrées devrait être Est-Ouest, afin que les rayons solaires puissent pénétrer profondément dans les boxes. Dans les contrées méridionales, on éviterait les inconvénients d'un éclairage trop intense en exposant les façades des écuries au Nord et au Sud.

Comme au cours de ce travail nous aurons à revenir sur certaines questions qui sont connexes à celle de la luminarité, nous avons volontairement négligé certaines théories qu'il aurait peut-être été nécessaire d'exposer, pour la démonstration spéculative de cet intéressant sujet. C'est à dessein également que nous avons pour l'instant laissé de côté l'influence de l'éclairage artificiel dans les haras.

CLIMATS

On appelle *climat* l'étendue de pays dans laquelle la température et toutes les autres conditions atmosphériques sont à peu près identiques et produisent des effets analogues sur les êtres organisés.

Les climats sont à envisager sous le point de vue *astronomique* ou *géographique* et sous le point de vue à la fois *agricole* et *zootechnique*.

1° CLIMATS ASTRONOMIQUES OU GÉOGRAPHIQUES

On leur donne encore le nom de *zones terrestres de température*, et on distingue :

Une zone ou un *climat glacial*, dont la température moyenne annuelle est au-dessous de 0° ;

Une zone ou un *climat froid*, dont la température moyenne annuelle varie entre 0° et + 5° ;

Une zone ou un *climat tempéré*, dont la température moyenne annuelle varie entre + 5 et + 15° ;

Une zone ou un *climat chaud*, dont la température moyenne annuelle varie entre + 15 et + 22°, 5 ;

Une zone ou un *climat très chaud*, dont la température moyenne annuelle varie entre + 22°, 5 et + 27°, 5 ;

Une zone ou un *climat brûlant* ou *torride*, dont la température moyenne annuelle dépasse + 27°, 5.

D'ailleurs, un climat quelconque peut être : *égal*, *uniforme* ou *variable* ; *extrême* ou *modéré*.

Influence des climats. — Les climats agissent sur les qualités et les défauts des animaux, sur le sol et par contre-coup sur les plantes auxquelles ils donnent l'abondance ou la richesse des sucs alimentaires.

Leur action est subordonnée à une foule d'influences, telles que : la *latitude* et l'*altitude*, la *situation insulaire*, *maritime* ou *continentale*, les *saisons*, l'*exposition solaire* et la *configuration des contrées* ; la *forme et l'orientation des gorges*, *des versants* ou *des vallées* ; les *conditions générales des vents* ; le *voisinage des montagnes*, *des mers*, *des coteaux*, *des fleuves*, *des marais*, et *des lacs* ; le *boisement* ou la *nudité du sol* ; le *genre de culture*, etc.

2° CLIMATS AGRICOLES ET ZOOTECHNIQUES

Climat de la France. — Le climat de la France est tempéré et quelque peu humide. Il est loin d'être uniforme à cause des différences d'altitude, de l'influence des mers, des vents, des vallées, etc.

On y distingue cinq régions climatoriales ou agricoles, savoir : a) *le climat méditerranéen ou région de l'olivier* ; b) *le climat océanique ou région des pâturages* ; c) *le climat des plateaux ou région des céréales* ; d) *le climat des coteaux ou région des vignes* ; e) *le climat des montagnes ou région des pelouses et des forêts*.

a) *Climat méditerranéen ou région de l'olivier*. — Ce climat existe sur tout le littoral de la Méditerranée. On y trouve une température douce, des hivers de peu de durée, mais pluvieux ; des étés pas trop chauds à cause du voisinage de la mer.

Les fourrages y sont rares à moins d'irrigations.

Les vents dominants, frais et salubres, sont : le *mistral* du nord-ouest, qui provient des Alpes, des Cévennes et des Pyrénées, et le vent d'*autan* ou vent *marin* qui souffle très fort du sud et sud-est.

Les chevaux des races indigènes y sont en général peu volumineux.

b) Climat océanique ou région des pâturages. — Cette région, limitrophe de la Manche et de l'Atlantique, comprend les anciennes provinces de Flandre, d'Artois, de Picardie, de la Basse-Normandie, de la Bretagne et de la Vendée.

Sous ce climat, l'été est doux, l'hiver brumeux, la température modérée et constante ; les pluies sont abondantes au printemps et en automne ; les vents d'est plus froids en hiver que les vents d'ouest et du sud-ouest, à cause surtout du courant marin le *Gulf-stream* qui amène et répand sur nos côtes les eaux échauffées de la mer des Antilles et du golfe du Mexique.

Cette région est la plus riche en fourrages, en prairies, en pâturages. La production et l'élevage des chevaux de pur sang s'y fait avec succès, mais d'un tempérament peu résistant dans le jeune âge à cause de l'état aqueux des fourrages.

c) Climat des plateaux ou régions des céréales. — Cette région comprend tout le plateau central formé par la Haute-Normandie, l'Isle-de-France, la Champagne, quelques parties de la Lorraine et de la Bretagne et le bassin de la Garonne.

La température, quelque peu variable, y est modérée en été ; l'air froid et sec en hiver. Les pluies sont fréquentes surtout au printemps, le sol est très fertile en graines et en fourrages de bonne qualité.

Les chevaux sont en général d'une bonne constitution, d'un bon tempérament, forts, robustes et résistants.

d) Climat des coteaux. — Ce climat, peu intéressant au point de vue de la production chevaline, existe au pied des Pyrénées, des Alpes, des Vosges, etc. Il est caractérisé par des étés assez chauds et des hivers longs et rigoureux.

e) Climat des montagnes ou régions des pelouses et des forêts. — A cause de leur altitude et de leur éloignement de la mer, les montagnes offrent une température toujours relativement basse. On y trouve des forêts et des pâturages dont la végétation est entretenue par l'humidité provenant des rosées abondantes et des brouillards fréquents. Sous ce climat on ne produit pas de chevaux de pur sang.

DU SOL

Le sol agit sur les animaux par sa nature, son état de culture, de fertilité ou de stérilité, etc.

En général, il est silico-argileux dans les vallées, argilo-calcaire sur les pentes des coteaux et sur les plateaux.

Au point de vue de la production et de l'élevage des chevaux, le sol le plus favorable est celui qui réunit le sable à l'argile et au calcaire, comme celui d'une petite plaine de Normandie, située entre le Merlerault et Nonant.

Les terres modérément argileuses conviennent bien aux prairies naturelles et souvent la nature argilo-calcaire du sol est compensée par un excès d'humidité. Les terrains gras, lourds et compacts, ceux qui sont arides, sablonneux et marécageux paraissent peu favorables au cheval.

Dans certaines contrées, on a conseillé avec succès, outre l'assainissement du sol, l'amendement des terrains par les engrais chimiques, pour donner aux chevaux la résistance qui leur manque, surtout en ce qui concerne la densité du système osseux, dans ce cas il faut avoir recours aux phosphates calcaires ou ammoniacaux.

Le drainage est surtout propre à l'assèchement des prairies basses pour obtenir un meilleur rendement en qualité et quantité.

DES LOCALITÉS

L'action des localités vient s'ajouter à d'autres influences pour agir sur les animaux, modifier leurs conditions de vie et leur nature.

Cette action est d'autant plus accusée que la population chevaline est mieux établie dans la contrée, que ses caractères ont déjà subi depuis plus longtemps l'empreinte des milieux ambiants.

L'influence des agents extérieurs est toujours profonde et certaine dans ses résultats, quoique souvent obscure et insaisissable.

Dans certaines contrées fertiles en pâturages, telles que la Normandie, les agents modificateurs poussent au développement de la taille, et de la fibre musculaire, à la densité des os, à l'ampleur des formes. Ailleurs l'influence locale s'exerce en sens inverse.

DES SAISONS

En France, il y a quatre saisons, savoir :

Le *printemps*, qui commence le 21 mars, et pendant lequel les jours et la température vont en augmentant;

L'*été*, qui commence le 20 juin, et offre des jours longs et chauds;

L'*automne*, qui commence le 22 septembre, et pendant lequel les jours et la température diminuent;

L'*hiver*, qui part du 21 décembre, et qui est caractérisé par sa température froide avec des jours très courts.

Les saisons qui sont déterminées par la hauteur du soleil et le temps pendant lequel il reste au-dessus de l'horizon, agissent sur les animaux par l'état du sol et de l'atmosphère et éprouvent, de la part des climats, dans leur cours, dans leur durée et dans leur température, des modifications importantes qui les font participer aux caractères des divisions territoriales.

Dans les *régions du Nord*, l'été est moins chaud, l'hiver empiète fréquemment sur le printemps et l'influence de ce dernier et plus tardive.

Dans les *zones méridionales* et en Algérie, l'été toujours très chaud, empiète sur l'automne, les hivers sont peu rigoureux, de sorte qu'il n'y a guère que deux saisons : celle de la chaleur ou de la sécheresse, celle du froid ou des pluies.

1° **Printemps.** — Le printemps est favorable à tous les chevaux, qu'ils soient en bon ou mauvais état, en santé ou malades, jeunes, adultes ou vieux. Sous son influence, les fonctions redoublent d'activité, surtout celles de la peau, de la respiration, de la circulation. Le sang devient plus riche, les poils sont plus courts et plus brillants, les digestions plus faciles et plus complètes, surtout si l'alimentation par le vert intervient. Il en résulte un certain embonpoint, plus de gaîté, de vivacité et d'énergie.

Le printemps est l'époque de la mise-bas et celle où se manifestent, chez les femelles, les ardeurs génésiques.

Au printemps, les chevaux sont exposés aux brusques variations de température, aux pluies froides, aux giboulées, aux refroidissements cutanés et aux arrêts de transpiration ; ils contractent souvent des angines, des coryzas, des bronchites, des pneumonies, la gourme, des coliques, et les jeunes sujets sont prédisposés aux diarrhées et aux synovites.

2° **Automne.** — L'automne, chaud au début, froid au déclin, est moins favorable aux chevaux que le printemps, à cause de ses nuits fraîches, de ses pluies froides, de ses brouillards souvent abondants, de son humidité plus ou moins grande et constante, de ses alternatives de chaleur et de froid, des émanations provoquées par les chaleurs passées de l'été, par le dessèchement des mares, etc.

En automne, les chevaux prennent leurs poils d'hiver.

Les maladies qu'on voit apparaître pendant sa durée sont sensiblement les mêmes qu'au printemps, mais il y a une tendance particulière à la *gangrène*, aux *infections*, *hydropisies*, engorgements chroniques des membres, surtout dans les pays marécageux.

Les chevaux demandent à être couverts, bien pansés et bien nourris.

3° **Été.** — En été, la température, tantôt sèche, tantôt humide, est généralement élevée. La chaleur affaiblit et altère le cheval, diminue son appétit, augmente sa transpiration cutanée. D'autre part, les mouches le tourmentent, il repose mal et maigrit.

Les boissons sont souvent impures, les émanations effluviennes abondantes. Enfin les terrains sont durs, les pieds se dessèchent. De là la fréquence des maladies infectieuses et contagieuses en général, des indigestions, coliques, maladies du foie, boiteries, plaies estivales ou granuleuses, congestions de toutes sortes, coups de sang, etc.

On doit, en été, tenir les écuries très propres, les aérer complètement, mitiger la lumière trop intense en voilant les ouvertures avec de la grosse toile ou des paillassons et arroser le sol, mouiller les fourrages avec de l'eau salée ou vinaigrée ; donner aux chevaux des rafraîchissants (barbotages, eau blanchie, ferrée, goudronnée ou vinaigrée) ; faire travailler autant que possible le matin de très bonne heure, en évitant les grandes routes à cause de la poussière ; faire des lavages fréquents (queue, crinière) ; donner des bains généraux, etc.

4° Hiver. — En hiver, la plupart des fonctions languissent : la sueur reste longtemps à la surface du corps. Mais en raison de l'action stimulante de l'air froid, l'appétit est augmenté et les animaux sont plus vifs, plus énergiques. Les hivers froids et secs conviennent mieux au cheval que les hivers humides. L'hiver est surtout nuisible aux animaux jeunes, faibles, âgés ou fatigués. Les maladies hivernales, généralement graves, sont : les inflammations des voies respiratoires et intestinales, les congestions du poumon et de la moelle, les maladies éruptives, les affections du pied, des membres (crevasses), les maladies contagieuses à cause de l'air confiné dans lequel vivent les animaux.

En hiver, les écuries doivent être propres et aérées ; les pansages complets et bien exécutés. Il faut avoir soin de bien couvrir les chevaux, de ne pas les laisser immobiles lorsqu'ils sont dehors, de les sortir tous les jours, d'augmenter leur ration d'avoine lorsque la température descend très bas, de les abreuver avec précaution, etc.

L'ÉCURIE

Tout a été dit et écrit sur l'installation rationnelle d'une écurie et si les constructions anciennes, même transformées, ne répondent pas encore à tous les desiderata modernes, les établissements nouvellement créés répondent à tout le confort et à toutes les règles de l'hygiène.

De l'air, et encore de l'air.

Le boxe vaste, élevé et surtout ventilé est devenu depuis l'application des méthodes américaines, le seul logement du pur sang.

Il peut s'y mouvoir, s'y reposer à son aise, et si la fâcheuse maladie survient, la contamination n'est pas immédiate.

Mais cet isolement même, cette solitude constitue un inconvénient. Il faut au cheval, pour lui conserver son bon caractère, sa bonne humeur, son appétit, le voisinage et la société.

Si la cour n'est pas trop vaste, lorsque les portes sont ouvertes, il a la vue des camarades d'en face et de ceux des boxes voisins.

Une bonne précaution est d'avoir une écurie isolée pour les nouveaux venus : les poulains arrivant au dressage, les chevaux arrivant d'un déplacement, les juments arrivant d'autres haras ; c'est du dehors que viennent les germes morbides, il faut les arrêter à la porte.

Le soleil purificateur doit pénétrer en maître, quand c'est possible, dans les plus petits recoins, et les désinfections fréquentes lui viennent en aide et au besoin le suppléent.

La ventilation indispensable doit être continuelle; si le cheval a froid, on le couvre.

En résumé, la lumière et l'air pur sont essentiels à la santé de tout animal, qu'il soit foal, yearling, poulain à l'entraînement, étalon ou poulinière. Néanmoins, autrefois que la science était encore peu répandue, certains propriétaires de chevaux avaient la cruauté de barricader leurs animaux dans des écuries basses, étroites et mal bâties, en un mot insuffisantes à tous les points de vue : les ventilateurs étaient trop petits, en trop petit nombre, mal placés et les fenêtres ne s'ouvraient jamais. Nous avons connu des entraîneurs qui, dans leur zèle pour la santé de leurs chevaux, allaient jusqu'à boucher le trou de la serrure avec du foin ou de la paille ; la porte était barricadée comme pour résister à l'attaque d'un ennemi terrible; ils ne faisaient enlever le fumier qu'au bout de plusieurs jours, dans le but d'obtenir une plus haute température par la fermentation, et ainsi ils empoisonnaient l'air ambiant que la nature avait donné pur. Le résultat : on obtenait 15° de chaleur, mais il se développait de tels gaz ammoniacaux que l'on ne pouvait pas respirer et que les larmes vous venaient aux yeux. La sensation est si terrible que l'on n'a qu'une idée, celle de s'en aller. Jugez donc, par l'impression que cela vous cause pendant quelques minutes seulement, ce que doivent souffrir les animaux qui vivent dans cette atmosphère ou plutôt qui y meurent à petit feu, ou en tout cas y deviennent aveugles.

Un observateur superficiel et même un connaisseur s'y laissent parfois prendre. Les chevaux ont le poil comme du satin, leur peau est tendue par une mauvaise graisse qu'il ne faut pas prendre pour des muscles, comme cela arrive souvent. On ne songe pas à la faiblesse, au manque d'appétit qu'ont ces chevaux qui souffrent continuellement de respirer sans cesse le même air empoisonné; chaque jour les principes destructeurs de la vie augmentent. Partout l'eau suinte; on voit des gouttes d'eau sur les couvertures, sur les crinières, les murs, le plafond; enfin tous les objets enfermés dans cette atmosphère fermentée sont humides et malsains.

M. Burns, un écrivain anglais, a fait un livre, il y a vingt ans, sur la ventilation. Nous pensons ne pas pouvoir mieux faire que d'en citer le passage suivant :

« La quantité suffisante d'air pur, dit l'auteur, est incontestablement aussi nécessaire aux animaux inférieurs qu'elle l'est à l'homme. L'influence de l'air impur est aussi nuisible aux animaux qu'à l'homme. Beaucoup de maladies qui se déclarent chez le cheval ont pour cause unique la mauvaise ventilation. »

Nous voyons combien ce point est important et se recommande à l'étude de tous ceux qui s'intéressent à la santé de leurs animaux.

Voici encore un passage tiré d'un ouvrage sur cette question :

« Le principe de la ventilation, dit l'écrivain, n'a été bien compris que tout récemment. Si nous ventilons par trop, nous courons le risque de refroidir l'atmosphère de l'écurie au-dessous de la température nécessaire. Il ne faut pas pour cela que la chaleur soit telle qu'on puisse priver les chevaux de nourriture, car, quoiqu'on dise que ce soit un moyen d'économiser l'avoine et d'engraisser les chevaux que de les tenir dans la chaleur, rien ne leur est plus nuisible. On ne fait pas assez la distinction que l'on devrait entre l'air chaud et l'air pur. L'air chaud n'est pas toujours impur, de même que l'air froid est souvent funeste. Le fait est que toutes choses étant égales d'ailleurs, 1 mètre cube d'air chaud est certainement moins nourrissant que 1 mètre cube d'air froid, parce qu'étant plus raréfié, le premier contient nécessairement moins de principe vivificateur : l'oxygène. »

L'atmosphère à l'état pur doit contenir, dans 100 parties, 73 parties d'azote et 27 d'oxygène environ. Il y a ordinairement plus ou moins d'acide carbonique mêlé à ces deux gaz ; rarement cependant plus de 1 0/0.

Plus l'air est chaud dans un endroit fermé, plus il est raréfié. De là, une écurie remplie d'air chaud contiendra moins d'oxygène qu'une autre remplie d'air froid quoique aucune des deux ne sera impure.

La respiration consomme l'oxygène et le remplace par un air empoisonné appelé gaz acide carbonique ; ce gaz est très lourd. Il restera au fond de l'écurie, à moins qu'on ne le chasse en haut, tandis que les vapeurs et l'air chaud tendent à monter, qu'il y ait ou non une ouverture. Donc, tant que la température de l'écurie sera la même que celle de l'atmosphère extérieure, il y aura peu de ventilation. C'est l'échange d'air chaud et d'air froid qui établit un courant ventilateur. Aussi, le meilleur mode de ventilation est celui qui consiste à amener de l'air froid par le fond du bâtiment et à laisser échapper l'air chaud par le haut. C'est une erreur aussi de se figurer que le mauvais air d'une écurie peut s'échapper si on n'introduit pas de l'air frais et pur.

Tout commentaire serait inutile après un exposé aussi clair. Ayant dans une certaine mesure établi les bases de la question, nous discuterons les effets qui résultent de la négligence de ces règles.

Il est facile d'abord de voir l'effet immédiat. Retirez un cheval qui est au froid et mettez-le dans une écurie chaude, il toussera inévitablement : cela prouve assez le mal que cela lui fait. On pourra trouver notre raisonnement paradoxal, mais il est vrai, et en conséquence il vaut bien la peine d'attirer l'attention de tous ceux qui s'occupent de chevaux. Néanmoins, une seule considération, « l'apparence », fait qu'on ne veut pas y croire. Rien ne fera admettre ce principe à ceux qui tiennent avant tout au coup d'œil.

On comprend fort bien que ce soit tentant. L'effet mirifique que produit une écurie chaude sur le poil des chevaux est réel et à ce point de vue prime tout raisonnement, mais ce que peu de personnes savent, ce sont les nombreuses maladies dont cette pratique est la cause.

Dans cet état, le cheval est pour ainsi dire constamment dans la mue, ce qui le rend faible et énervé : en un mot, il est plutôt dans un état de maladie que de santé.

Il y a une mesure en tout. On ne doit pas pour éviter un extrême se jeter aveuglément dans un autre, et pour éviter d'avoir des écuries trop chaudes, les avoir trop froides. Mais quand la température est basse, qu'il fait frais, mettez une couverture de plus, plutôt que de fermer les fenêtres et les ventilateurs. Vous n'aurez peut-être pas des poils aussi luisants, mais vous ne risquerez pas de faire perdre à vos chevaux l'appétit, la condition, leur vie elle-même est en jeu.

Malgré le blâme qu'on porte aujourd'hui sur cette pratique d'un autre âge, on l'applique beaucoup trop.

Les hommes croient trop souvent que ce qu'ils désirent est la vérité, et que la chaleur et l'obscurité engraissent.

Cette opinion peut être bonne, à en juger par les anciennes écuries, toutes mal construites, basses et peu ventilées : mais à côté du plaisir de voir des chevaux reluisants, on comptait pour peu sans doute, la douleur de voir leur santé se détériorer, car la lumière et l'air pur sont deux éléments essentiels à la vie.

Nous craignons qu'on ait de la peine à abandonner cette coutume.

Nous venons de décrire les écuries et nous avons parlé de la nécessité d'y introduire l'air et la lumière, pour le bien-être des animaux qui les occupent. Nous verrons au cours des études de l'élevage et de l'entraînement, ce qui s'y passe et nous examinerons leur économie intérieure. Nous verrons quels sont les différents systèmes et quel est celui auquel on doit accorder la préférence.

CHAPITRE III

PHYSIOLOGIE

Avant d'aborder l'étude théorique et pratique de l'élevage du cheval de pur sang, nous croyons nécessaire d'exposer pour la clarté de nos démonstrations futures, les notions indispensables de physiologie et de zootechnie générales, qui nous feront connaître les lois naturelles dans ce qu'elles ont d'essentiel.

LA CELLULE, L'OVOGENÈSE, LA SPERMATOGENÈSE, LA FÉCONDATION, LA SEXUALITÉ

L'individu et la race sont deux des termes de complication à propos desquels se posent ces problèmes. Mais avant eux, en premier rang, vient *la cellule*.

Nous n'entrerons pas ici dans l'étude de la cellule. Ce sujet serait trop ardu, trop spécial pour le grand public. Nous nous contenterons d'exposer plus loin les diverses théories que sa connaissance a permis d'établir sur la question de l'hérédité. Mais néanmoins, nous prions nos lecteurs de nous prêter quelques instants d'attention, la compréhension de ce chapitre étant indispensable pour la suite de ce travail.

On sait la profonde révolution qui s'est opérée dans les sciences naturelles depuis cinquante ans. Nul n'ignore plus que la substance de tout être vivant, animal ou plante, est formée par l'assemblage ou la réunion d'un nombre considérable de parties constituantes qui ont reçu le nom de cellules.

Sans entrer dans le détail des théories diverses, nous admettrons celles le plus généralement adoptées et, sans les discuter, nous les exposerons.

Chaque cellule représente, en réalité, un être vivant. Dans l'espèce qui nous occupe, le cheval de pur sang doit donc être regardé — au point de vue anatomique — comme une réunion, une fédération d'éléments vivants, variés dans leurs formes et leurs attributs. C'est l'activité, les vies individuelles de tous ces éléments qui constituent, pour le physiologiste, la vie de l'animal. La vie physiologique est donc considérée comme la résultante de toutes les vies individuelles des cellules.

En effet, la cellule par ses agglomérations, forme les tissus. Les tissus eux-mêmes s'associent pour former les organes, et l'associaciation des organes fait le cheval tel qu'il est.

On se rend compte de l'intérêt de l'étude de la cellule qui est le point de départ.

L'histoire de la cellule ne date que du microscope. Les éléments cellulaires sont d'ordinaire invisibles à l'œil nu.

On vit d'abord la cellule végétale et on ne la considéra, dans le principe, qu'en tant que cavité, d'où son nom. Au bout de dix ans, on découvrit que la cellule était un corps isolable possédant des parois. Ensuite on constata la présence, dans la cellule, d'un suc, d'un noyau et d'une nucléole, petit corps arrondi qu'on aperçoit sous forme de tache dans le noyau. Puis, que cette substance qui remplit la cellule est vivante, organisée, c'est le *protoplasma*.

C'est à ce moment que se précise la théorie que tous les tissus sont formés de cellules, que toutes ces cellules dérivent les unes des autres et primitivement de l'œuf.

Plus récemment, on a reconnu que c'est le protoplosma même, la substance qui remplit la cellule, qui est la base physique de la vie (suivant Huxley) ou l'agent des manifestations vitales de la cellule (suivant Claude Bernard). En tout cas, le protoplasma a un caractère essentiel : *il est vivant* et *perd ses propriétés avec la vie*.

C'est dans sa structure, dans sa composition chimique, que résident les causes *physiques* de la vie. Il prend toujours la forme de cellule. Et l'agencement de masses protoplasmiques sous forme de cellules est indispensable aux fonctions des organismes.

Toutes les théories biologiques s'appuient sur la structure de la cellule ou du protoplasma.

Nous le répétons, l'importance d'une connaissance approfondie de la cellule ou du protoplasma, de sa constitution, de son développement, de sa multiplication, des phénomènes physiques et chimiques qui se passent en elle aux différentes phases de son existence, ne saurait échapper à ceux de nos lecteurs qui ont quelques notions d'histoire naturelle. Puisque tout l'organisme du cheval se réduit en définitive à la cellule, bien connaître celle-ci amènerait fatalement à percer les mystères que celui-là recèle. C'est en elle, en effet, que se passent les phénomènes vitaux de la nutrition. N'est-elle pas le siège des phénomènes encore si mystérieux de la fécondation? Ce n'est donc qu'à la suite d'une étude suivie et persistante de la cellule, que l'on peut espérer arriver à

Omnium II après le prix du Conseil municipal, en 1895.

la solution de ces importantes questions, ou du moins se rapprocher de plus en plus de la vérité.

L'énumération des questions qu'elle pose suffira à montrer l'intérêt que cette étude comporte :

Constitution de la cellule, structure et composition chimique;

Physiologie de la cellule : sécrétion, excrétion, mouvements protoplasmiques, assimilation et accroissement de la cellule entière. Réactions de la cellule en présence des divers agents normaux et pathologiques;

Comment la cellule se divise et pourquoi elle se divise ;

L'origine des produits sexuels, depuis l'œuf qui donne naissance à l'individu ; les phénomènes qu'ils subissent pendant la maturation de cet individu, jusqu'à leur structure une fois cette maturation survenue.

Tous ces phénomènes ont une importance capitale pour expliquer sous quelle forme les éléments sexuels accumulent les substances ou les énergies potentielles qui formeront le futur poulain. Le problème de l'hérédité est subordonné à la connaissance de ces faits. Voyons rapidement comment se forment les éléments sexuels ; c'est-à-dire quels sont les phénomènes d'évolution cellulaire qui aboutissent à leur constitution et qui portent le nom de spermatogenèse et d'ovogenèse.

La spermatogenèse est surtout bien connue chez certains animaux inférieurs comme l'ascaris, grâce aux recherches de Van Beneden, de Julin, de O. Hertwig, de Boveri, de Brauer, etc. Au fond de la poche glandulaire on trouve comme toujours des éléments jeunes que l'on peut nommer cellules germinales. Ce sont les cellules primitives d'où doivent dériver les éléments sexuels. Leur transformation progressive se fait en quatre phases : une de multiplication, une d'accroissement, une de réduction et une de maturation.

Les cellules germinales commencent à se diviser un très grand nombre de fois et se multiplient beaucoup en diminuant de volume.

En cet état elles constituent les spermatogonies.

Arrivées à un certain degré de petitesse, les spermatogonies cessent de se diviser et se mettent à grossir considérablement : elles se transforment ainsi en un nombre égal de spermatocytes dits de premier ordre ; ces spermatocytes sont les cellules grand'mères des spermatozoïdes ; elles se divisent exactement deux fois ; leurs filles au nombre de 2, se nomment les spermatocytes de deuxième ordre, et leurs petites filles, au nombre de 4, les spermatides ou spermatozoïdes non mûrs qui se transforment chacune en un seul spermatozoïde mûr, sans se diviser et par une simple modification dans la forme, le volume et l'arrangement des parties constituantes.

Bien que la spermatogenèse ait été étudiée chez le cheval d'une façon incomplète, il semble que tous les faits autorisent à généraliser la description précédente dans ses traits essentiels. Il semble y avoir toujours une multiplication des éléments primitifs qui tapissent les poches des organes mâles, puis un accroissement de volume suivi de deux divisions coup sur coup donnant naissance aux spermatides. Ces spermatides sont des cellules d'aspect ordinaire, mais elles ont ceci de particulier que chez elles le nombre des segments se trouve réduit de moitié. Nous verrons bientôt par suite de quoi il en est ainsi.

Le spermatozoïde mûr diffère beaucoup de la spermatide par l'aspect et la constitution.

Sous sa forme typique et la plus complète un spermatozoïde comprend les parties suivantes : En avant est une tête, effilée antérieurement, obtuse en arrière, où elle donne insection à un long flagellum, la queue. A la pointe de la tête est un petit globule clair, entre la tête et la queue une zone étroite, le segment intermédiaire. La queue se compose d'un long filament axile souvent strié en long entouré dans sa partie supérieure d'une gaîne protoplasmique qui laisse, vers le bout, le filament axile à nu.

Ce filament traverse le segment intermédiaire et va s'attacher directement à l'extrémité obtuse de la tête. Le spermatozoïde lorsqu'il est mobile progresse, la tête en avant, poussé par les ondulations de son flagellum.

L'ovogenèse est calquée sur la spermatogenèse, les cellules germinales se divisant de façon analogue. On se rangeait volontiers à la doctrine de Waldeyer, admettant dans l'ovaire de tous les mammifères, durant toute la période de la fécondité, un tissu fondamental privilégié, immuable, contenant sous la tache blanche une zone de formations primordiales. Paladino entreprit l'étude de l'ovaire de la jument sous l'influence de cette doctrine et parvint à des conclusions différentes. Pour cet auteur, le parenchyme ou tissu ovarien est constamment le siège d'un double mouvement de destruction et de régénération variable suivant que la famille ou la lignée est plus ou moins prolifique et que les individus sont dans un état de santé plus ou moins satisfaisant. Ce double travail n'est pas uniformément réparti dans tous les points de l'organe. Le type de structure est le type tubulaire, et les tubes ovariques sont des formations primaires et non secondaires. L'œuf et le revêtement cellulaire de la granuleuse ont une genèse commune. Le corps jaune a une signification élevée, parce qu'il prépare la déchirure des formations en voie de développement et ensuite leur cicatrisation.

L'examen de la fécondation et de la sexualité trouvera sa place dans la partie de cet ouvrage relative à l'élevage. Nous avons tenu à réserver ces questions, pour pouvoir les traiter surtout pratiquement afin que l'éleveur puisse mieux se rendre compte de leur importance économique.

CARACTÈRES ZOOLOGIQUES. — TEMPÉRATURE. — POULS. — RESPIRATION. — REPRODUCTION. — DÉVELOPPEMENT ET CROISSANCE. — NUTRITION. — ASSIMILATION. — SÉCRÉTIONS. — PRODUCTION D'ÉNERGIE.

C'est par la physiologie qu'on étudie le mode d'activité des diverses parties du corps, abstraction faite de leur forme et de leur structure. C'est par la physiologie qu'on se rendra compte des rapports du cheval de pur sang avec le milieu externe et du rôle particulier joué à cet effet par les diverses parties du corps.

Le cheval est un mammifère ongulé à doigts impairs, reposant sur le médium beaucoup plus développé que les autres et enfermé dans un sabot. En 1700, les premiers anatomistes vétérinaires décrivaient sept os au tarse ; cette règle (devenue aujourd'hui l'exception, car il n'y a plus que 2 0/0 des chevaux qui ont sept os tarsiens) est particulièrement fréquente chez les chevaux de pur sang anglais. Il est possible que l'évolution qui se continue de nos jours ait pour effet final de retirer la prééminence au cheval qui galope le mieux pour laisser sa place à un type moins étroitement spécialisé.

Les zoologistes, en décrivant les caractères zoologiques du cheval, représentent sa tête comme dépourvue de cornes frontales. Or, on a souvent signalé sur le front, au-dessus et en dedans des yeux une paire de petites protubérances osseuses ou cartilagineuses de un à deux centimètres de saillie et recouvertes par une peau normale ou un petit étui corné.

L'examen minutieux d'une série de crânes de sujets adultes ou de poulains aurait montré à L. Blanc que les noyaux osseux ou cartilagineux de ces petites cornes rudimentaires étaient en relation, lorsqu'il y avait soudure, non pas avec le frontal, mais avec les ailes du sphénoïde antérieur, c'est-à-dire avec le sommet des apophyses d'Ingrassias qui, normalement, s'engagent dans une rainure du frontal et qui, parfois, par une sorte d'allongement exagéré, vont le perforer entièrement ; ce serait alors qu'il y aurait formation de cornes.

L. Blanc indique que l'axe squelettique des cornes du cheval est formé par un noyau cartilagineux qui s'ossifie chez les sujets avancés en âge. Ce nodus semble implanté dans le frontal à la façon d'une dent dans son alvéole. Cette observation viendrait à l'appui de la théorie de Lataste sur l'origine cutanée des cornes de tous les mammifères.

Le cheval présente trois sortes de dents excepté dans la femelle, qui peut manquer de canines. La formule dentaire est la suivante :

$$\frac{3.1.4 - 3.3}{3.1.4 - 3.3}$$

Les molaires sont très longues, prismatiques, à racine unique, protégées dans plusieurs points par une abondante couche de cément, à table plate, relevée de bandes d'émail disposées en B gothique avec un appendice à la boucle antérieure. Quelques auteurs ont avancé que les juments bréhaignes, c'est-à-dire celles qui portent les crochets, étaient souvent stériles ; nous verrons plus loin ce que l'on doit retenir de cette remarque.

La colonne vertébrale lombaire compte tantôt cinq, tantôt six vertèbres chez le pur sang. Cette différenciation squelettique rattacherait aux types originels, barbes et asiatiques, les chevaux de course, chez lesquels on l'observe la race africaine ne comptant en général que cinq vertèbres.

La robe dépourvue de raies est constituée par les poils qui présentent une bande colorée toujours située sur leur côté aplati. Lors du changement périodique des poils, il est de règle qu'ils offrent un fort aplatissement de leur région médullaire moyenne, tandis que la base et le sommet, là où il n'y a pas de moelle, font une section circulaire. Nathusius discute la question de savoir si cet aplatissement est en rapport avec la présence d'une moelle. La queue est garnie de crin sur toute sa longueur, la crinière est de moyenne longueur, flottante, fine et soyeuse ; des châtaignes existent aux quatre membres ; les oreilles sont courtes et mobiles. Tels sont les principaux attributs zoologiques du cheval de pur sang.

La température moyenne centrale de cet animal oscille, à l'état de santé, entre 37°,5 et 38°. A la surface de la peau et sous les poils, elle varie avec la région. En hiver, par une température ambiante voisine de 0°, elle va de 11°.5 (minimum à la face inférieure du pied), à 35°.2 (maximum sur les côtés de la poitrine). Par un froid de 4 à 5° au-dessous de 0, ces températures se sont abaissées à 4°,2 et 3°,2 (J. Colin). Dans le tissu cellulaire sous-cutané, le thermomètre marque généralement un demi degré à un degré de plus que sous les poils.

Nocard, Humbert, Kaufmann, Cameny, Patapenko, etc., ont fait des observations sur les variations de la température. Le premier affirme qu'un cheval exposé à la pluie, au vent et au brouillard peut se refroidir de 1° à 1°,5, parfois 2° ; exposé directement au soleil, sa température peut s'élever, au contraire, de la même quantité. Le second a constaté que l'injection des aliments et des boissons entraîne une chute de la température. Sur des juments en gestation, Humbert a noté en plein été des variations diurnes de 1° à 2°. Si l'on en croit Cameny, les chevaux à robe noire ont une température plus élevée que les chevaux à robe claire.

D'après les explorations de J. Colin, une légère différence de température, de 1 à 4 ou 5 dixièmes, s'est présentée tantôt en faveur du ventricule droit, tantôt en faveur du gauche. Ce renversement de l'excès de température tient aux changements que subissent les causes d'échauffement et de refroidissement à la surface des différentes régions de l'organisme ; car, au fond, la chaleur ne cesse d'avoir sa source dans les tissus, au contact des réseaux capillaires et d'être ramenée au centre par les vaisseaux veineux.

Boussingault a calculé la quantité de chaleur fabriquée par le cheval en partant des quantités de carbone et d'oxygène engagées dans les combustions organiques. Un cheval de pur sang, par exemple, brûle en vingt-quatre heures 2.465 grammes de carbone et produit 2^{cal},102 par kilogramme et par heure, soit 20.784^{cal}.579 par vingt-quatre heures. Dans cette évolution n'entrent pas en ligne les transformations du potentiel alimentaire qui dégagent une certaine quantité d'énergie. Les recherches faites depuis Boussingault, par d'autres procédés, ont conduit à des résultats fort voisins des précédents.

Chauveau dit que de la production du travail physiologique résulte une quantité de calorique considérable, si les voies de dispersion de ce calorique sont insuffisantes, la température s'élève de plus en plus dans l'économie animale et peut s'accumuler au point de devenir nuisible. C'est ce qui arrive certainement assez souvent chez les chevaux forcés dans une épreuve, car on en voit qui présentent des symptômes identiques à ceux des sujets dont on élève la température de 5 à 6°.

L'échauffement par insuffisance des voies de dispersion de la chaleur que le travail accumule dans les organes, n'est pas étranger à la mort d'un grand nombre de chevaux de course surmenés.

Nous reviendrons sur cette intéressante question dans l'étude du travail physiologique, mais nous pouvons d'ores et déjà dire que les racers qui offrent le plus de résistance aux efforts violents et prolongés d'une course, sont sans doute les sujets chez lesquels l'accumulation de la chaleur survient le plus tardivement. Qui sait si la thermométrie rectale ne constituerait pas un bon moyen d'apprécier le fond des chevaux destinés aux courses plates?

Le cheval lutte très bien contre le froid et supporte très bien une température de 10 à 12° sous nos climats et de 25° dans le Nord de l'Europe, mais à la condition qu'il soit alimenté proportionnellement à l'abaissement de la température et qu'on restreigne la déperdition par la peau, en laissant à ce tégument les poils aussi longs que la nature les lui a donnés. On supplée du reste à cela par des couvertures confortables; le cheval de pur sang est d'ailleurs presque toujours garanti des rigueurs de la température par un habillement plus ou moins compliqué. Au point que l'habitude de mettre des couvertures a fait que, depuis une centaine d'années, la production pileuse a tendance à subir une diminution. De nombreuses observations rigoureusement établies à l'aide du microscope ont démontré que le nombre des poils, par centimètre carré, est moindre chez les chevaux de pur sang de nos jours; leur longueur a également aussi subi un amoindrissement relatif. Cette remarque tiendrait à confirmer la théorie des Américains Eaton et Hammond.

Nous nous sommes livrés à un calcul approximatif fantaisiste sans doute, qui nous autoriserait presque de prédire, que si les conditions artificielles dans lesquelles sont tenus nos pur sang se continuent, vers l'an 4.000 le cheval de course sera glabre.

A propos de cheval glabre, le *Scientific American* donnait, il y a quelques années la description d'un cheval absolument dépourvu de système pileux. « Non seulement, dit le journal yankee, le cou et la queue de cet animal sont privés de poils, mais le corps lui-même n'en porte aucune trace. La peau presque entièrement noire est brillante et lisse.

« On constate chez ce cheval un phénomène assez curieux : quelle que soit la fatigue à laquelle il est soumis, il ne transpire jamais. A la modification anatomique de sa peau, s'est ajouté un changement dans les fonctions physiologiques de cet organe. La perte de vapeur d'eau, et par suite de chaleur produite habituellement par la transpiration et qui est la condition de la continuité d'une dépense de force active, doit avoir lieu chez ce cheval, comme chez le chien, par la surface pulmonaire. »

Le cheval résiste, sous les climats chauds, à des températures de 45 à 50° et même, dit-on, de 60° (Jacoulet). La transpiration cutanée et la respiration pulmonaire qui sont les grandes voies de déperdition du calorique, provoquée par la température trop élevée, ne peuvent pas être activées au-delà d'une certaine limite. Les quelques essais de l'application du bain turc aux chevaux de course, l'ont du reste surabondamment démontré. L'aptitude à supporter les chaleurs excessives n'est parfaite que lorsque les tissus ont pu acquérir une imprégnation d'eau suffisante.

Le général Daumas a constaté que les chevaux de couleur foncée supportaient beaucoup mieux que ceux de couleur claire les grandes chaleurs atmosphériques. Hayes confirme cette observation sans en donner une explication plausible. Quand la température de l'air ambiant, dit cet auteur, est beaucoup plus élevée que celle du corps de l'animal, le fait que ce dernier a une robe foncée paraît *a priori*, plutôt un désavantage puisque l'absorption de la chaleur doit être plus grande que pour une robe de couleur claire. Son pouvoir émissif est évidemment plus grand que sa puissance d'absorption. On sait que la couleur des animaux tropicaux est plus foncée que celle des animaux des régions froides. En parlant des chevaux de couleur claire, il fait allusion à la robe et non à la peau : l'absence du pigment dans la peau paraît diminuer la résistance du cheval aux effets de la chaleur atmosphérique.

Pour terminer la question de la température du corps, disons qu'une foule de causes peuvent la faire varier. Le rut, la chaleur ambiante, le travail, la digestion, l'âge adulte, etc., l'élèvent tandis que l'inaction, l'insuffisance d'alimentation, le froid, le sommeil et nombre d'affections la font baisser. Sous l'influence de certains médicaments ou drogues, la chaleur du corps peut s'élever ou s'abaisser ainsi que nous le verrons au problème du « doping ».

Les chevaux malades ne résistent pas à une hyperhémie qui dépasse 42 ou 43°.

La température du fœtus varie d'après Vicarelli, d'après l'âge des mères.

On trouve au cheval une odeur *sui generis* qui n'a rien de déplaisant, mais difficile à définir. Les pieds ont une odeur plutôt *désa-*

gréable, celle des antérieurs diffère de celle des postérieurs comme chez un grand nombre de mammifères.

On détermine le nombre de pulsations du pouls par la palpation ou l'auscultation du cœur : ou bien en explorant l'artère faciale quand elle s'infléchit sur le bord du maxillaire inférieur, ou l'artère transversale de la face, ou l'artère digitale quand elle s'incurve en dehors de l'articulation métacarpo-phalangienne.

Loin d'avoir des caractères constants, le pouls présente des variations nombreuses sous l'influence de conditions particulières qui résultent de l'état d'activité ou de repos des diverses fonctions.

La fréquence du pouls varie avec l'âge. Les jeunes ont un plus grand nombre de pulsations que les sujets adultes et ceux-ci que les animaux vieux. Bourgelat a trouvé 55 à 65 pulsations aux poulains. Héring cité par Zundel a constaté 100 à 120 pulsations par minute sur le poulain nouveau-né. Müller a fixé les chiffres suivants pour le poulain :

AGE	NOMBRE MOYEN de pulsations par minute	AGE	NOMBRE MOYEN de pulsations par minute
Après la naissance	160	1 an	48 à 56
15 jours	90 à 108	2 ans 1/2	40 48
1 mois	" "		
3 mois	68 76	4 ans	38 50 (Müller)
6 mois	64 72		32 40 (Héring)

Les recherches de Rigot complétées par celles de Delafond ont permis de dresser ces chiffres :

NOMBRE MOYEN DE PULSATIONS PAR MINUTE

Jeune âge	Age adulte	Vieillesse
60 à 72	36 à 40	32 à 38

Comme on le voit, les pulsations vont en se ralentissant avec l'âge. On a essayé d'expliquer ce résultat par l'élasticité des parois artérielles qui diminue progressivement du jeune âge à la vieillesse.

Il faut signaler quelques variations individuelles. Il n'est pas rare de trouver des sujets bien portants dont le nombre des pulsations est sensiblement inférieur ou supérieur aux moyennes ci-dessus, sans qu'il soit possible d'en reconnaître la cause.

D'après quelques recherches de Leisering, Héring, etc., le pouls des femelles serait un peu plus fréquent que celui des mâles. D'après Vises, les artères de la jument donnent de 3 à 4 pulsations de plus par minute que celles du cheval. Delafond dit n'avoir jamais constaté de différence appréciable entre le pouls des femelles et celui des mâles de même espèce placés dans des conditions semblables.

Les chevaux entiers, étalons, présentent une remarquable lenteur de pouls, Leisering en a vu chez lesquels le pouls était descendu à 23 par minute. Le pouls le plus accéléré qu'il ait observé battait 33 fois par minute. Ces chiffres concordent avec ceux de Schwarzeneter qui affirme que sur les étalons le pouls oscille entre 24 et 36 par minute.

Pourtant le pouls des étalons offre quelques variations intéressantes pendant la durée de la monte. Voici quelques observations recueillies par Labat à la station de monte de Toulouse :

NOMBRE MOYEN DE PULSATIONS PAR MINUTE

	DÉBUT	MI-PÉRIODE	FIN
El Nimr, pur sang arabe	33	37	34
Harfousch, — —	34	36	34
Son Excellence, — anglais....	33	36	37
Fingal, — arabe	29	34	29
Doge, demi-sang —	32	35	33

Le pouls s'accélère donc depuis le début de la monte au fur et à mesure de l'accroissement du nombre de juments que l'étalon doit couvrir, pour diminuer ensuite progressivement jusqu'à la fin de cette période d'activité. A ce moment, les pulsations retombent au chiffre qu'elles avaient au point de départ. Seul l'étalon *Son Excellence* a fait exception à la règle. L'exception peut être expliquée sans doute par cette raison que le cheval était fort apprécié et fort recherché par les éleveurs, et que, jusqu'aux derniers jours de la monte, des juments très nombreuses lui ont été présentées.

Les femelles pleines ont, au moins pendant les dernières périodes de la gestation, un pouls manifestement accéléré. Delafond a remarqué pour la jument qu'à partir du cinquième mois de la gestation le pouls augmentait de 4 à 5 en moyenne par mois, jusqu'à la mise à bas. Les pulsations sont plus fortes, l'artère est plus tendue et plus roulante.

Joly croit avoir trouvé dans l'état du pouls un dynamoscope suffisamment exact de la vigueur sexuelle. Labat, que nous citons plus haut, montre que le nombre de pulsations des étalons varie en concordance avec leur puissance héréditaire sexuelle. Si le mâle, dit Joly, a un pouls lent et plein, il naîtra des mâles; si la femelle a des pulsations petites et fréquemment répétées, il naîtra des femelles. Ce vétérinaire a remarqué que chaque fois qu'une jument avait au-dessus de 39 pulsations, il naissait des poulains, et au-dessous de 39 des pouliches.

Les animaux à tempérament sanguin ont un système circulatoire développé; l'artère est volumineuse; le pouls est plein et large. Les animaux à tempérament lymphatique ont une artère moins développée: le pouls est plus lent et moins fort. Les chevaux à tempérament nerveux ont une artère moyennement développée, mais tendue: le pouls est dur, saccadé et parfois inégal.

Dans l'espèce chevaline la force du pouls est en raison directe de la taille. Les animaux de grande taille ont le pouls plein, les petits chevaux l'ont plus petit et plus fréquent. D'après Labéreblaine, entre deux individus, l'un très grand et l'autre très petit, la différence peut aller jusqu'à 12 et 15 pulsations par minute. Nos observations sur la race pure nous ont confirmé cette particularité.

La gêne au passage de l'air dans les voies respiratoires, d'après Marey, diminue la pression intra-artérielle pendant l'inspiration: pendant l'expiration la pression se relève peu à peu: le pouls est plus fort pendant le premier temps de la respiration. Dans la respiration costo-abdominale, lorsqu'une cause quelconque provoque des inspirations énergiques ou que le diaphragme se contracte avec force, la tension augmente pendant l'inspiration et la pulsation diminue proportionnellement d'amplitude.

Après l'ingestion des aliments on observe une accélération marquée, surtout si le repas était composé de denrées abondantes et substantielles. L'alimentation sèche occasionne un pouls plus fréquent que l'alimentation verte.

Pendant le travail et pendant les premiers moments qui suivent le travail, le pouls présente une force et une fréquence extrêmes.

Cet état peut persister pendant une demi-heure et plus, après la cessation de l'exercice. La cause de cette accélération est bien connue : lorsqu'un muscle se contracte, le sang le traverse avec plus de rapidité; les artérioles dilatées livrent au sang un passage plus facile et le cœur se contracte plus librement et plus vite. Le repos ralentit et régularise les impulsions cardiaques. Le simple changement de position provoque pour un instant une accélération parfois énorme.

La colère, la peur, la joie modifient singulièrement le pouls; la frayeur peut, d'après Müller, porter le pouls à un très grand nombre de pulsations. Le pouls est plus lent en hiver qu'en été. Le séjour dans des écuries étroites et surchauffées accélère la respiration et la circulation. Nous avons noté dans ces circonstances une accélération du pouls d'un tiers au-delà des chiffres moyens normaux. On a remarqué enfin que le pouls s'accélère pendant les temps orageux.

Respiration. — Nous n'entreprendrons pas ici l'explication des phénomènes mécaniques physiques et chimiques de la respiration, elle nous mènerait trop loin. Nous noterons simplement les résultats d'observations afin de poser d'ores et déjà les termes des énoncés de quelques-uns de nos problèmes à résoudre.

L'expiration succède à l'inspiration après une pause très courte, et la succession de ces mouvements constitue la respiration proprement dite. L'inspiration est d'un quart plus brève que l'expiration. On compte alors chez le cheval au repos : 10 à 12 inspirations par minute pour le poulain, et 9 à 10 pour l'adulte. D'après Sanson la production de l'acide carbonique est deux fois plus considérable chez les foals que chez les sujets arrivés à complet développement.

Chez le poulain l'intensité des combustions excède la mesure qu'elle obtient chez la pouliche. Sous l'influence du sommeil la respiration se ralentit et le nombre des mouvements respiratoires diminue d'environ un quart.

L'influence du travail musculaire sur la respiration est de notion courante. Les expériences de quelques physiologistes démontrent que les échanges respiratoires deviennent cinq, six et même sept fois plus considérables. Colin a pu compter sur un cheval, quatre-vingt-seize respirations à la minute, après un exercice violent, une course plate.

Sous l'influence de la tonte, l'intensité des combustions augmente ainsi que les dépenses chimiques de l'organisme. De là l'indication de compenser l'excès de ces dépenses par un supplément de ration sous peine de provoquer l'amaigrissement. Nous insisterons dans une autre partie de ce travail sur tous les effets physiologiques de la tonte.

Le quotient respiratoire chez le cheval de course est, tout le monde le sait, très élevé : nous aurons à interpréter ce fait dans tous ses détails lorsque nous étudierons les sources chimiques du travail musculaire et l'influence de la gymnastique fonctionnelle de l'appareil de la respiration.

Reproduction. — La reproduction constitue un problème biologique du plus haut intérêt et malheureusement d'une difficulté inouïe. Nos lecteurs trouveront plus loin toute la partie théorique relative à cette question et ils verront comment on a cherché à la résoudre.

L'aptitude à la reproduction dans l'espèce chevaline, commence entre quinze et dix-huit mois. Mais on connaît des exemples de poulains âgés d'un an qui ont sailli fructueusement des pouliches d'un an, de onze et de dix-mois. Le cas de *Condé* qui, âgé de quatorze mois, saillit avec succès une pouliche yearling comme lui est présent à la mémoire de tous les *turfistes*. L'État a fixé l'âge auquel les pouliches pourront être livrées à la reproduction à l'âge de trois ans. Cornevin estime qu'il serait désirable que la limite fût abaissée à deux ans. Nous ne sommes pas de cet avis : le développement du fœtus se ressent toujours de l'imperfection de l'organisme maternel incomplètement formé.

On connaît mal l'âge auquel disparaît l'aptitude à la reproduction chez l'étalon et chez la jument, car il est assez rare que l'on consacre ces animaux à la reproduction au-delà d'une certaine période de leur vie. Nous pourrions citer des étalons qui remplissaient encore convenablement leur fonction à l'âge de vingt-deux, vingt-trois et même vingt-cinq ans, et des juments qui donnèrent un poulain à un âge très avancé. Cornevin signale une jument de trente ans qui a pu produire et Dégive une jument de trente-huit ans.

La durée moyenne de la gestation chez la jument est de 347 jours. Le temps le plus faible signalé par les éleveurs est de 307 : le plus élevé 390. Les poulains naissent viables du 300e au 310e jour. La gestation pour un produit mâle est un peu plus longue que pour un produit femelle en général.

Développement et croissance. — Gurlt ayant mesuré la longueur du fœtus à des époques successives de la vie intra-utérine, a donné les chiffres suivants :

			MILLIMÈTRES
1re	à 2e	semaine	2,2
3e	4e	—	12
5e	6e	—	54
9e	13e	—	162
13e	22e	—	352
23e	34e	—	650
35e	48e	—	1.137

A la naissance, le poids du fœtus varie suivant le poids et la taille de la mère. Le poids moyen oscille entre 38 et 45 kilogrammes. D'après Franck, le poids du poulain serait à celui de la mère : 1 : 14,6 ; la mère étant pesée avant l'accouchement.

Saint-Cyr a cherché les relations entre la taille de la mère et le poids du poulain à terme. Pour une taille moyenne de $0^m,57$, le poids moyen du poulain est de $43^{kg},800$.

Nous avons pu, grâce à l'obligeance d'un de nos grands éleveurs, nous procurer des renseignements sur la croissance du poulain. Ces observations sont réunies dans le tableau ci-dessous :

DATE DES OBSERVATIONS	POIDS VIF	HAUTEUR DU GARROT à terre	LONGUEUR DE LA NUQUE à la pointe de l'ischium	POURTOUR de la POITRINE	DISTANCE DU SOL au sternum
PENDANT L'ALLAITEMENT					
	KILOGR.	MÈTRES	MÈTRES	MÈTRES	MÈTRES
1899 15 mars	55	1,03	1,02	0,86	0,67
— 29 —	90	1,09	1,10	1,00	0,69
— 13 avril	100	1,17	1,22	1,07	0,73
— 3 mai	130	1,26	1,28	1,15	0,73
— 2 juin	165	1,30	1,48	1,27	0,74
Sevré le 10 juillet.					
APRÈS LE SEVRAGE					
1900 19 juillet	205	1,36	1,55	1,57	0,77
— 2 septembre	226	1,42	1,66	1,43	0,82
— 10 novembre	250	1,48	1,74	1,48	0,86
1901 14 mars	300	1,58	1,79	1,58	0,88
— 1er avril	345	1,62	1,81	1,63	0,88
— août	408	1,67	2,15	1,80	0,89

Pendant la première année le poids de ce poulain est de 55 à 250 kilogrammes, pendant la seconde de 250 à 400 kilogrammes. Durant ces deux périodes, la taille a passé de $1^m,03$ à $1^m,58$ et de $1^m,58$ à $1^m,60$.

Cornevin a étudié l'accroissement relatif des principales régions de l'organisme. Il a remarqué que la croissance de la colonne vertébrale est plus rapide que celle des membres, que celle des rayons supérieurs des membres est plus prompte que l'élongation des rayons inférieurs, élongation qui diminue beaucoup la seconde année pour devenir insignifiante la troisième. La circonférence thoracique croît rapidement jusqu'au seixième mois, puis subit un temps d'arrêt jusqu'à deux ans; à partir de ce moment, la croissance reprend avec activité.

X. Lesbre, de son côté, a dressé des tableaux de la croissance de taille, du périmètre thoracique et de la longueur du tronc, de l'omoplate à l'ischium.

La taille du sol au garrot est :

à la naissance.............	$0^m,55$ à $0^m,60$	de la taille définitive
de 1 à 2 mois.............	$0^m,70$	—
de 3 à 4 mois.............	$0^m,80$	—
de 6 à 7 mois.............	$0^m,85$	—
vers 1 an.................	$0^m,90$	—
à 2 ans...................	$0^m,95$	—
à 3 ans...................	$0^m,98$	—
à 4 ans...................	$0^m,99$	—
à 5 ans...................	$1^m,00$	(croissance achevée).

Le périmètre thoracique en arrière du garrot est :

à la naissance.............	$0^m,45$	
à 2 mois..................	2/3	du périmètre définitif.
à 6 mois..................	3/4	—
de 12 à 15 mois...........	4/5	—
à 2 ans...................	7/8	—
à 3 ans...................	95/100	—
à 4 ans...................	98/100	—
à 5 ans...................	100/100	(croissance achevée).

La longueur du tronc est :

à la naissance.............	$0^m,45$	
à 3 mois..................	2/3	de la longueur définitive.
de 6 à 7 mois.............	3/4	—
à 1 an....................	4/5	—
à 2 ans...................	9/10	—
à 3 ans...................	95/100	—
à 4 ans...................	98/100	—
à 5 ans...................	100/100	(croissance achevée).

La longueur du corps et le périmètre thoracique, nous dit Arloing, continuent à se développer le plus longtemps. L'accroissement de la partie libre des membres s'arrête plus tôt.

Nous reproduisons ci-dessous le tableau de la croissance d'un poulain de pur sang nous ayant appartenu. La taille à la naissance était de $0^m,98$ et à quatre ans $1^m,60$:

AGES	TAILLE AU GARROT	LONGUEUR SCAPULO-ISCHIALE	PÉRIMÈTRE THORACIQUE	HAUTEUR de la POITRINE	DISTANCE DU STERNUM au sol
	MÈTRES	MÈTRES	MÈTRES	MÈTRES	MÈTRES
A la naissance.....	0,98	0,75	0,81	0,32	0,63
A 1 mois..........	1,08	0,90	1, »	0,40	0,68
A 2 —	1,16	1, »	1,12	0,475	0,685
A 3 —	1,24	1,08	1,25	0,54	0,70
A 4 —	1,30	1,14	1,30	0,57	0,73
A 6 —	1,36	1,20	1,35	0,59	0,77
A 8 —	1,40	1,26	1,40	0,61	0,79
A 1 an............	1,45	1,33	1,50	0,63	0,82
A 1 an et demi....	1,52	1,50	1,64	0,67	0,85
A 2 ans...........	1,57	1,58	1,78	0,71	0,86
A 3 ans...........	1,585	1,63	1,84	0,74	0,845
A 4 ans...........	1,60	1,66	1,88	0,76	0,84

La croissance du poulain continue jusqu'à l'âge de quatre ans, en diminuant graduellement d'importance. Vers quatre ans, les progrès de l'ossification sont achevés. Toussaint a remarqué que la soudure des épiphyses dans les os principaux du cheval s'opérait aux époques suivantes : du douzième au quinzième mois, dans la deuxième phalange, puis dans la première ; du quinzième au dix-huitième mois, dans le métacarpien principal et ensuite dans le métatarsien, à l'extrémité supérieure du radius et à l'extrémité inférieure de l'humérus ; du vingtième au vingt-quatrième mois, à l'extrémité inférieure du tibia ; de trois à trois ans et demi à l'extrémité supérieure de l'humérus, aux deux extrémités du fémur et à l'extrémité supérieure du tibia ; vers cinq ans enfin, dans le corps des vertèbres et dans le coxal.

X. Lesbre a déterminé, avec autant de soin qu'il a pu, le moment de la soudure des épiphyses des principales régions ou pièces squelettiques du cheval ; ses études sont résumées dans le tableau ci-dessous :

Humérus..........	Extrémité supérieure..	vers 3 ans 1/2.
	— inférieure...	— 15 à 20 mois.
Radius............	— supérieure..	— 15 à 18 mois.
	— inférieure...	— 3 ans 1/2.
Cubitus...........	Sommet de l'olécrâne..	— 3 ans 1/2.
Métac. Médian.....	Extrémité inférieure...	— 15 à 18 mois.
1re phalange antre..	— supérieure..	— 15 à 18 mois.
Coxal............	Crête et épine iliaques. / Tubérosité ischiale....	— 4 ans 1/2 à 5 ans.
Fémur............	Extrémité supérieure..	— 3 ans 1/2.
	— inférieure...	— 3 ans 1/2.
Tibia............	— supérieure..	— 3 ans 1/2.
	— inférieure...	— 2 ans.
Calcanéum........	Sommet	— 3 ans 1/2.
Corps vertébraux..	Cavité cotyloïde .... / Tête....	— 4 ans 1/2 à 5 ans.
Apophyses épineuses du garrot............		— 4 ans 1/2 à 5 ans.

Lesbre a traduit graphiquement les renseignements numériques contenus dans un tableau identique à l'un des nôtres.

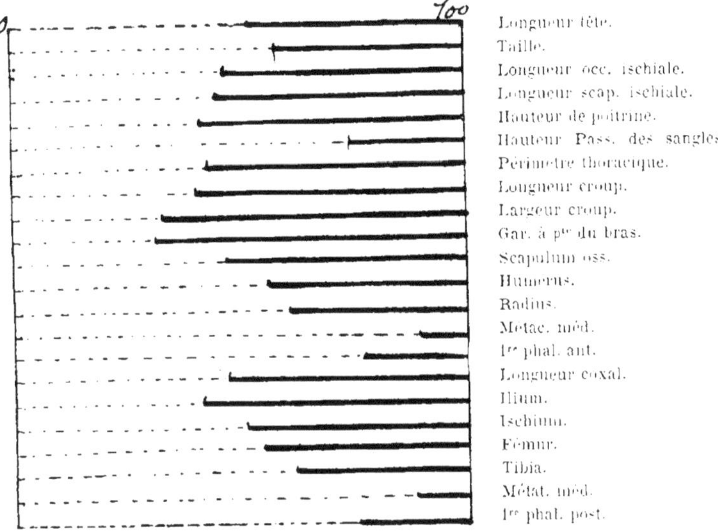

Schéma de l'accroissement des principales régions.

Les lignes pointillées expriment le développement des régions au moment de la naissance ; les lignes pleines le développement des mêmes régions de la naissance à l'âge adulte.

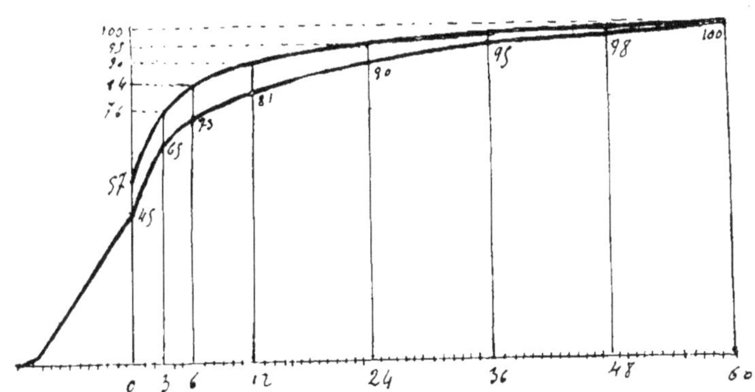

Courbes exprimant l'accroissement de la taille (du sol au garrot) et l'allongement du tronc (de la pointe de l'épaule à la pointe ischiale).

Sur la ligne d'abscisse on a marqué le temps en mois à droite du zéro, à gauche du zéro, on a marqué le temps de la vie intra utérine. Sur la ligne des ordonnées, la croissance est exprimée en centièmes (Lesbre).

Sanson nous dit que la soudure des épiphyses a lieu avec l'éruption des incisives de la deuxième période de dentition et se termine en même temps qu'elle, soit entre trois et cinq ans. Toussaint avait déjà établi que ces deux phénomènes ne marchent pas toujours ensemble. Les observations de Lesbre confirment les assertions de Toussaint et sont en parfaite harmonie avec les phénomènes qu'il nous a été donné de considérer chez le cheval de pur sang.

Les chiffres et les tableaux qui précèdent nous montrent parfaitement que la croissance a une limite : elle se fait au cours d'une période qui varie en longueur : quelques mois par-ci, quelques mois par-là ; mais une fois que la soudure des apophyses est faite, la stature ne croît plus et l'augmentation en poids cesse à peu près en même temps, exception faite pour l'augmentation qui est due au dépôt de la graisse, lequel n'est point un phénomène de croissance.

L'heure viendra où nous aurons à envisager les moyens alimentaires à employer pour activer la croissance des poulains chétifs : nous allons, pour l'instant, considérer simplement les phénomènes naturels qui influent sur le développement.

On a beaucoup discuté sur l'influence que peuvent exercer la nutrition ou l'alimentation. Tous les auteurs sont aujourd'hui d'accord pour déclarer que la taille est plus haute et la croissance plus active dans les centres d'élevage les plus riches, où les chevaux sont mieux nourris et mieux protégés contre les intempéries. Quelques expériences précises ont été faites sur l'influence de l'alimentation, sur le développement et la croissance du squelette.

Nos expériences sur des poulains sacrifiés par un grand éleveur de nos amis, nous ont montré que les animaux suralimentés ont les os plus denses et plus minéralisés. Von Tschinniski a vu l'influence de la bonne nourriture sur les os longs et leur croissance. La nature des aliments, c'est-à-dire leur composition chimique, agit donc sur la croissance ; mais nous ne sommes pas encore en mesure de formuler des indications très précises pour définir les préparations artificielles qui sont de nature à compenser les lacunes dans les aliments. Pour le phosphate de chaux, par exemple, si nécessaire à l'organisme, on ne sait sous quelle forme le donner. Le mieux est de l'administrer sous forme de fourrage en forçant les prairies au phosphate, mais il ne servira utilement que s'il n'y a pas de vice de nutrition. Pour qu'un aliment, soit favorable il faut qu'il soit assimilable ; qu'il soit assimilé ; et bien des causes peuvent empêcher l'assimilation. La question est extrêmement complexe, de là tant d'applications incertaines dans les modes d'alimentation appliqués dans les haras.

Dans les tableaux donnés plus haut, nous n'avons pas établi la différence des phénomènes de la croissance pour les deux sexes. Le point de départ, la marche du développement, ni le terme de celui-ci ne sont cependant pas les mêmes. Les pouliches ont une taille moins élevée que les poulains et parviennent plus vite que ceux-ci à la fin de la croissance.

De nombreuses observations nous ont permis d'établir que la taille des mâles est plus grande à l'époque du sevrage : mais vers le douzième mois les femelles se rattrapent; elles sont dépassées à seize mois. Au mois de janvier de leur deuxième année elles acquièrent une plus haute taille et la conservent en général jusqu'à trois ans, après quoi les poulains les dépassent. Elles croissent plus tôt, mais moins que ces derniers, car après trois ans et demie elles gagnent peu en stature, alors que les chevaux continuent à croître jusqu'à la fin de leur quatrième année. Pendant les vingt premiers mois de la vie, le mâle a la supériorité sur la femelle pour l'accroissement total en poids, en périmètre thoracique, et, mais à un moindre degré, pour la longueur du corps, tandis que la femelle s'élève plus rapidement en hauteur, ce qui fait que chez elle la terminaison de l'accroissement en taille est plus localisée que chez le mâle.

Passons à l'influence de la famille et de l'hérédité. Il est assez difficile de séparer ces deux facteurs : famille et hérédité : ne sont-ce pas certaines particularités de l'hérédité qui constituent les familles dans la race de pur sang.

L'existence de quelques familles grandes et de familles plus petites est chose bien certaine dans la race pure et tous les sportsmen ont des données à cet égard!

Cette différence de taille ne saurait toujours être attribuée à un arrêt dans la croissance, mais le plus souvent à l'hérédité. Nous verrons ailleurs tout ce qui revient à cette dernière. Mais nous pouvons dire qu'il y a des familles plus précoces les unes que les autres; cette précocité est un caractère acquis héréditaire. Il serait en tout cas puéril de vouloir corriger uniquement par la suralimentation le défaut de taille d'une lignée. Un retour au sang de *Melbourne*, de *Stockwell*, de *Touchstone*, etc., aidera à obtenir ce résultat.

L'influence individuelle du progéniteur est marquée, bien qu'inégale, quand elle n'est pas par surcroît troublée par l'atavisme. Les procréateurs grands ont plus souvent des produits grands; les produits de reproducteurs dissemblables se rapprochent plutôt, d'une façon générale de la poulinière. C'est donc par les mères ayant une puissance héréditaire élevée que l'on pourra corriger le manque de taille.

Le climat n'exerce pas une bien grande action sur la croissance. « Théoriquement, dit Peckham, une température basse devrait rabougrir la race, puisque une grande partie de l'énergie se dépenserait à maintenir la chaleur animale. » Mais l'exemple des chevaux de pur sang élevés en Russie ou dans le Nord des État-Unis, prouve qu'il n'y a pas de rapport constant entre la latitute et la stature. Pour ce qui est des pays chauds, il se pourrait qu'il existe une influence indirecte déterminée par le genre de vie et le mode d'entraînement. Mais nous n'avons point en ce qui nous concerne, de faits qui nous permettent de l'admettre.

Toutefois il est loisible d'observer que les foals du Midi sont plus précoces que ceux de Normandie. Ce développement plus hâtif, est dû à la plus grande richesse en albumine du lait des juments méridionales.

Quant à l'influence des saisons, elle est certaine : la belle saison favorise l'accroissement. Par quel mécanisme? Nous ne le rechercherons pas ici. Les éleveurs savent qu'en hiver la croissance se ralentit de façon marquée, et ils expliquent ce fait par la différence et la diminution des rations. Assurément, cette circonstance joue un rôle considérable, mais elle n'intervient pas seule. Car dans les haras de pur sang, où l'on corrige cette influence en donnant la nourriture à discrétion, on voit quand même se manifester l'action retardataire de l'hiver.

Aristote, dont les théories nous étonnent encore, attribuait à la gestation une influence sur la croissance. Des faits précis contredisent cette opinion. Nous avons pu constater que les gestations précoces dans les familles de race pure n'ont fait en rien souffrir les mères : elles ont atteint leur développement normal, mais la nécessité d'une nourriture abondante s'impose.

La question a son importance : Herbert Spencer et d'autres ont opposé la nutrition à la reproduction, les considérant comme processus connexes dans le fond, et s'excluant mutuellement, en bonne physiologie. En théorie cette opposition paraît juste : mais les faits sont là pour montrer que, dans la pratique, on peut n'en pas tenir compte, dans certaines limites et dans certaines conditions.

Nous ne nous appesantirons pas à cette place sur l'action de la consanguinité, car il est évident qu'elle n'a pas d'influence. S'il y a chez les reproducteurs consanguins tendance à donner une taille au-dessous de la moyenne, elle se manifestera plus intense chez la progéniture.

La castration pratiquée sur des jeunes poulains leur fait acquérir certains attributs physiques et moraux des femelles. D'autre part, la croissance n'est pas influencée dans le sens négatif au ; contraire, elle est plus prolongée et plus intense. Sence dit que les nombreuses observations qu'il a recueillies tendraient à établir que la castration hâtive favorise la croissance, la taille et le volume du corps. Si on adopte les conclusions de Godard et de Ecker, la castration produirait l'allongement des membres. Il y a donc entre la sexualité et la croissance des rapports importants.

L'influence favorable d'un exercice bien choisi sur le développement du corps pendant la période de développement ne se discute plus. Le poulain, par son exubérance naturelle, et l'agitation qui est le résultat d'une impulsion intérieure témoigne de son besoin de mouvement. Il faut donc proportionner l'entraînement aux forces du corps, afin qu'il ne présente point d'inconvénients pour tel ou tel système, chose dont nous n'avons pas à nous occuper à cette place. Le travail favorise l'augmentation de la capacité respiratoire, il fait tomber la graisse, il accélère et régularise la circulation, il calme et fortifie le système nerveux; il hâte la formation des muscles, et la nutrition générale subit une excitation satisfaisante.

Cette question est des plus intéressante, et nous la traiterons dans l'étude de la physiologie de l'entraînement.

Dans ces dernières années, Beyer à Annapolis, comparant les statistiques de 188 cadets, qui subirent pendant trois ans un entraînement spécial avec celles de 4.537 cadets des années précédentes qui n'avaient point subi cet entraînement, a vu que l'augmentation de la taille a été de $26^{mm}.6$ seulement, alors que la force musculaire était cinq fois plus grande.

Pour nos chevaux d'hippodrome, il n'est pas douteux que l'entraînement développe leur taille et augmente l'étendue des rayons.

Certains états pathologiques ont une influence sur la croissance, nous étudierons dans une autre partie de ce travail, cette question comme il convient, afin de fixer les moyens thérapeutiques propres à ramener le développement dans sa voie normale.

Nutrition. — La nutrition proprement dite consiste dans les échanges de matières qui s'établissent entre le milieu intérieur et les éléments anatomiques. Les matériaux nutritifs provenant des aliments sont fixés dans les tissus qui les utilisent pour leur fonctionnement et leur accroissement; d'autre part, les produits d'usure des éléments anatomiques, leurs matériaux de déchet sont rejetés dans le milieu intérieur pour être éliminés.

Il se produit dans l'organisme du cheval un double mouvement de composition et de décomposition, et la nutrition intime des tissus comprend deux actes : l'un de construction organique qui est l'assimilation, l'autre de destruction organique que l'on nomme désassimilation.

La digestion des substances alimentaires sous l'influence des ferments n'est qu'une préparation au processus de l'assimilation. Ce n'est qu'après être passé à l'état où ils peuvent exercer une action chimique, c'est-à-dire après avoir été dissous, que les matériaux nutritifs peuvent commencer à servir à la construction de la matière vivante.

Le processus de l'assimilation revêt naturellement une forme très variable suivant les différents caractères des aliments absorbés.

Comment la molécule d'albumine formée par synthèse est-elle utilisée ultérieurement pour la formation de la matière vivante ? C'est sur quoi nous ne saurions jusqu'à présent fournir le moindre éclaircissement, en raison de l'extrême insuffisance de nos connaissances sur la constitution chimique des matières albuminoïdes; ici s'ouvre pour les recherches physiologiques à venir un domaine extrêmement vaste.

Nos connaissances relatives au processus de la désassimilation de la matière vivante sont encore plus restreintes que pour le processus d'assimilation. A proprement parler, nous savons seulement que la matière vivante se décompose continuellement d'elle-même, car cela ressort de l'élimination des produits de destruction.

Mais, pour ce qui est de la voie suivie par cette destruction depuis les combinaisons albuminoïdes complexes jusqu'à leurs produits ultimes, pour ce qui concerne les transformations chimiques spéciales qui ont lieu dans ce processus, nous ne possédons sur ce sujet que des notions tout à fait insuffisantes, puisque nous connaissons encore si peu la composition chimique des matières albuminoïdes elles-mêmes.

Mais, du moins, il est un fait établi dès maintenant avec

certitude, c'est que la plupart des substances qui dérivent de la destruction de la molécule d'albumine, ne représentent pas simplement des groupes atomiques détachés de cette molécule, dans laquelle ils se trouveraient déjà à l'avance et préformés; mais qu'elles proviennent seulement par synthèses consécutives de certains produits de dédoublement, soit au moment de la destruction par transposition des atomes dans la molécule d'albumine elle-même, comme nous le savons par exemple de l'acide carbonique, soit seulement plus tard en dehors de la molécule d'albumine par union avec d'autres produits de dédoublement et transposition simultanée des atomes, comme c'est le cas par exemple pour la formation de l'acide urique. Mais il n'y a pas un seul produit de décomposition des albuminoïdes dont nous puissions dire jusqu'à présent qu'il provienne d'une simple séparation de groupes atomiques préformés.

Il est important de connaître au moins les produits les plus essentiels qui dérivent de la destruction de la molécule d'albumine. Comme nous le verrons dans l'étude des substances connues que renferme la matière vivante, nous pouvons distinguer parmi ces produits de décomposition de l'albumine deux grands groupes, des produits azotés et non azotés. De ces deux groupes il y a des représentants dans chaque cellule; seule leur composition peut différer suivant les cas, d'après le mode caractéristique des échanges nutritifs de la cellule.

Parmi les matériaux azotés, les plus répandus sont l'urée, l'acide urique, l'acide hippurique, la créatine et les bases nucléiniques : xanthine, hypoxanthine ou sarcine, guanine et adénine. Pour la plupart de ces matières, nous ignorons jusqu'ici comment elles proviennent de la destruction des albuminoïdes; nous avons cependant pour quelques-unes d'entre elles du moins, des présomptions sur leurs stades intermédiaires. Par exemple, d'après le fait découvert par Schröder que le carbonate d'ammoniaque traversant le foie d'un chien fraîchement excité et encore vivant, reparaît sous forme d'urée, il est à présumer que le carbonate d'ammoniaque est un précurseur de l'urée aux dépens duquel les cellules hépatiques forment cette dernière substance par transposition des atomes avec élimination de deux molécules d'eau :

$$AzH^4\ CO^3 - 2\ H^2O = AzH^2\ {}^2CO.$$

Mais cette conclusion n'est pas absolument forcée et ne représente qu'une présomption, car la possibilité que dans l'organisme même d'autres substances servent encore à la synthèse de l'urée ne saurait être exclue jusqu'à nouvel ordre.

Par contre, nous connaissons d'une manière un peu plus certaine le précurseur de l'acide urique, produit d'excrétion qui, chez les reptiles et les oiseaux, renferme la masse principale de l'azote provenant de la destruction de l'albumine. Ce corps précurseur est le lactate d'ammoniaque. Il résulte des recherches de Gaglio, instituées sur des chiens, que l'acide lactique du sang provient de la destruction de l'albumine, car la teneur en acide lactique du sang s'élève et s'abaisse avec la quantité des aliments albuminoïdes et est complètement indépendante de la quantité des hydrates de carbone ingérés. Or, tandis qu'il existe toujours de l'acide lactique dans le sang, il ne s'en trouve jamais aucune trace dans l'urine dans les conditions normales; l'acide lactique doit donc subir une transformation avant d'être éliminé. Ces faits reçoivent leur explication par une expérience de Minkowski: cet auteur montra que des oies, après l'extirpation du foie, n'excrètent plus qu'une quantité tout à fait insignifiante d'acide urique, mais à la place de ce dernier, de grandes quantités d'acide lactique et d'ammoniaque, sous forme de lactate d'ammoniaque. De ce fait important, Minkowski déduit avec raison que le lactate d'ammoniaque représente un stade intermédiaire dans la formation de l'acide urique et que ce dernier en dériverait par transposition des atomes. Pour l'acide hippurique qui résulte de la destruction de l'albumine, particulièrement chez le cheval, nous pouvons aussi nous en représenter la synthèse d'une façon très vraisemblable. L'acide hippurique est dédoublé par l'ébullition avec les acides minéraux ou les alcalis avec absorption d'eau en acide benzoïque et glycocolle, et ces deux derniers peuvent être réunis de nouveau en acide hippurique avec élimination d'eau par le chauffage sous haute pression. On est donc conduit à supposer que l'acide hippurique se forme aussi par synthèse de ces deux substances dans le corps du cheval, où se trouvent réunies les conditions pour la production, d'une part de l'acide benzoïque aux dépens de l'albumine ou des combinaisons aromatiques des aliments, d'autre part du glycocolle aux dépens des substances qui donnent de la gélatine et qui dérivent des albuminoïdes. Et effectivement, on peut provoquer artificiellement la formation d'acide hippurique non seulement chez les herbivores, mais aussi chez les carnivores: il suffit d'introduire de l'acide benzoïque dans l'estomac, cette substance s'unit alors au glycocolle dans les tissus, pour former de l'acide hippurique, quoique on ignore encore où se produit cette combinaison.

Par contre, nous ne connaissons encore rien sur l'origine de la créatine. La créatine qui en dérive par élimination d'eau, représentent les substances par lesquelles les cellules musculaires éliminent la masse principale de l'azote qui provient de la destruction de leur albumine. Mais, quant à la destinée de la créatine après sa formation, on n'en sait pas davantage que sur son origine même; car, bien que la créatine se trouve en quantités considérables dans les muscles, il n'en apparaît que de minimes proportions dans l'urine. Elle semble donc subir quelque transformation dans l'organisme lui-même. Enfin, pour les bases nucléiniques, nous savons seulement qu'elles proviennent de la destruction de la nucléine et de ses dérivés: mais, quant aux processus chimiques qui président à leur formation, nous n'en savons pas davantage pour la xanthine et l'hypoxanthine que pour la guanine et l'adénine.

Parmi les produits de transformation non azotés des matières albuminoïdes, les plus importants sont : les graisses, les hydrates de carbone, l'acide lactique et l'acide carbonique. Ceux-ci ne naissent pas non plus par simple séparation d'avec la molécule d'albumine, mais bien par des transpositions intra-moléculaires et des processus synthétiques. On a souvent contesté que la graisse puisse naître par transformation des matières albuminoïdes. En face du processus pathologique, dit métamorphose graisseuse des cellules, où à la place des matières albuminoïdes apparaît de la graisse, de telle sorte qu'à la fin du processus morbide la cellule en est remplie et meurt, on devrait sans parti pris être conduit à cette conception qu'ici l'albumine se transforme en graisse. Mais on pourrait élever l'objection que l'albumine de la cellule, dans le courant de la maladie, est seulement déplacée par la graisse venue du dehors. Cette importante question a cependant été tranchée par l'expérience en faveur de la première hypothèse. Dans ce but, Léo mit à profit le fait que l'empoisonnement par le phosphore détermine une métamorphose graisseuse extrêmement rapide, particulièrement des cellules hépatiques. Il choisit dans un lot de grenouilles six individus d'égale taille et d'égal poids, les sacrifia et détermina leur teneur en graisse. Puis il prit six autres individus, les empoisonna avec du phosphore et les sacrifia au bout de trois jours : le dosage donna une teneur en graisse notablement plus élevée que chez les six premières grenouilles. Cette expérience prouve qu'il doit se former effectivement de la graisse dans l'organisme empoisonné par le phophore. Mais Franz Hofmann institua une expérience qui montre plus directement cette origine de la graisse aux dépens de l'albumine. Il prit un amas d'œufs de mouches à viande (*Musca vomitoria*) et le partagea sur la balance en deux lots d'égal poids. Un des lots servit pour la détermination de la teneur initiale en graisse, l'autre fut placé sur du sang dont la faible teneur en graisse fut également appréciée. Les vers nés de ces œufs se nourrirent du sang, s'accrurent et lorsqu'ils eurent achevé leur développement, Hofmann détermina pareillement leur contenance en graisse : il se trouva alors qu'ils en renfermaient dix fois autant que les œufs et le sang réunis. Le sucre du sang, en raison de sa faible quantité, ne peut pas entrer en ligne de compte pour cette formation de graisse. Celle-ci n'avait donc pu se former qu'aux dépens de l'albumine du sang.

D'après ces expériences, il est maintenant indubitable que la graisse peut naître de l'albumine. De même, il ne peut exister aucun doute sur la formation des hydrates de carbone (glycose et glycogène) aux dépens de l'albumine. On sait déjà depuis longtemps que dans la forme grave du diabète sucré, même avec exclusion absolue des hydrates de carbone de l'alimentation l'augmentation de la quantité d'albumine ingérée, élève notablement l'excrétion du sucre dans l'urine. D'autre part, Cl. Bernard a observé que chez les chiens, dépouillés de leur glycogène par le jeûne, cet hydrate de carbone se dépose de nouveau en grande quantité lorsque les animaux sont abondamment nourris d'albumine pure, et Méring trouva plus de 16 grammes de glycogène dans le foie d'un chien qui, après vingt et un jours de jeûne, avait été durant quatre jours nourri exclusivement de fibrine. Il a été fait un grand nombre d'observations analogues, de sorte que la formation des hydrates de carbone aux dépens de l'albumine est maintenant établie d'une manière certaine. La formation de l'acide lactique aux dépens de l'albumine nous a déjà été démontrée par les recherches de Gaglio, desquelles il résulte que la teneur en acide lactique du sang dépend seulement de la quantité d'albumine des aliments et non des hydrates de carbone ingérés ; qu'enfin, l'acide carbonique, que tout organisme sans exception exhale pendant la vie, provienne de la destruction de l'albumine et non point uniquement des substances non azotées. C'est ce que démontre, sans aller plus loin, le fait que chez les carnivores, la vie peut être entretenue d'une manière durable avec une nourriture exclusive d'albuminoïdes. En somme, ce fait important contient la preuve que l'albumine peut servir à former aussi bien toutes les substances qui sont continuellement éliminées de l'organisme que toutes celles qui sont nécessaires pour l'entretien de la vie. Il n'en est pas tout à fait de même pour les herbivores, ainsi que nous le verrons dans la quatrième partie de l'ouvrage.

Sécrétions. — Certains organes appelés glandes ont pour fonction de séparer du sang, ou de former de toutes pièces aux dépens des matériaux du sang, différentes substances destinées à être éliminées ou déversées de nouveau dans le torrent circulatoire. Telle est la sécrétion.

Énergie. — La science a déjà distingué depuis longtemps différentes forces d'où dérivent les phénomènes de mouvement. Le mot de « force » dans le langage scientifique n'est qu'une expression pour désigner la cause d'un mouvement, car en réalité nous ne connaissons rien autre chose d'une force si ce n'est qu'elle est une cause de mouvement. Dans ces derniers temps, on a remplacé avec avantage, conformément à l'usage introduit par Young et Thomson, l'ancien mot de « force », qui prêtait à confusion, par celui « d'énergie », et les différentes variétés de forces autrefois admises ont été considérées comme des modalités diverses de l'énergie. Parmi toutes les formes de l'énergie, nous n'avons à en considérer qu'une seule : celle qui donne naissance à l'activité vitale.

L'apport d'énergie se fait de deux manières dans l'organisme : 1° Apport d'énergie chimique par les matériaux nutritifs ; 2° Apport de la lumière et de la chaleur. Les autres apports dans la conjugaison vitale ont à peine quelque importance. Nos lecteurs trouveront dans le cours de l'ouvrage l'exposé complet de ces théories intéressantes au premier chef. Il nous est pour le moment impossible d'embrasser d'un coup d'œil les voies si compliquées que parcourt l'énergie dans ses échanges à travers l'économie. Il nous faudra accumuler les recherches spéciales analytiques avant de pouvoir nous former un tableau d'ensemble de la circulation de l'énergie dans l'organisme. Le domaine de l'énergétique physiologique réserve pour l'avenir une riche moisson à ceux qui en aborderont les problèmes jusqu'ici à peine effleurés. Nous ne connaissons encore avec certitude que les termes ultimes des transformations que subit l'énergie introduite dans l'organisme, c'est-à-dire les manifestations extérieures de l'activité vitale.

CHAPITRE IV

HÉRÉDITÉ

Tout ce qui concerne la race, définie comme elle l'a été, repose sur un fait d'observation banale, que tout le monde a toujours connu, mais dont Darwin a le premier fait sentir toute l'importance : l'être engendré est semblable à ses générateurs, mais il ne leur est pas identique. De là découle la division de notre travail : 1° L'Hérédité traitant des ressemblances du produit avec ses parents ; 2° La Variation étudiant les caractères nouveaux qui se trouvent dans l'être engendré.

De ces deux questions, la plus grave est celle de l'Hérédité. Qu'est-ce que l'Hérédité ? Comment et sous quelle forme sont contenus dans les produits sexuels, les caractères si minutieux et si variés dont l'observation journalière nous montre la transmission? Si les caractères acquis sont transmissibles, comment les modifications produites dans le corps peuvent-elles se transmettre avec une précision si admirable, aux cellules germinales qui ne contiennent encore aucun des organes qui auront à les subir? S'ils ne le sont pas, par quels moyens peuvent se faire les progrès de l'adaptation des êtres à leur milieu? Quelle est l'origine de la Variation? A-t-elle des limites ? Peut-elle se majorer, se fixer et comment ? Comment se forment les familles dans la race pure ? Comment se concilie leur fixité évidente avec les nécessités de la descendance ? Nous indiquons rapidement ici ces problèmes théoriques, mais nous les abandonnons pour le moment.

La question de l'Hérédité peut être envisagée sous deux points de vue, celui de l'héritage et celui de l'héritier. Il est naturel de se demander d'abord de quoi le premier se compose avant de chercher quelle part revient au second.

La première question est celle de la transmissibilité des caractères, envisagée en elle-même et sans égard à l'application qui en sera faite dans chaque cas particulier. Tous les caractères sont-ils transmissibles : Sinon, lesquels le sont, lesquels ne le sont pas? La transmissibilité a-t-elle des degrés? Est-elle indéfinie ou limitée dans le temps, et de quelle manière? Les caractères se transmettent-ils indépendamment les uns des autres, ou sont-ils associés de telle façon que certains d'entre eux aient une tendance à s'accompagner? etc.

La seconde question est celle de la Transmission des caractères, ou si l'on veut la question des caractères du produit par rapport aux parents. Car il s'en faut de beaucoup que tous les caractères transmissibles soient transmis. Lesquels sont certainement et habituellement dans les produits de race pure transmis?

Quelle est la part respective des deux parents et des ancêtres dans les caractères du produit? Celui-ci tient-il plus ou moins de celui de ses parents qui est du même sexe que lui? etc., etc. On le voit, ces divers problèmes forment deux catégories bien distinctes qu'il faut étudier séparément.

L'hérédité est aussi générale que la vie; pour les êtres inférieurs, on peut dire que c'est la vie même, car les êtres unicellulaires ne diffèrent des corps dits bruts par aucune propriété essentielle en dehors de celles qui se manifestent dans les phénomènes d'hérédité.

Chez les êtres supérieurs, chez le cheval par conséquent, on réserve le nom d'hérédité à un ensemble de propriétés très spéciales, qui se manifestent durant des périodes plus ou moins restreintes de la vie des individus, les périodes de reproduction; il semble donc que, dans le cas de ces êtres supérieurs, les phénomènes d'hérédité puissent être considérés comme distincts des phénomènes essentiels de la vie; mais c'est là une illusion, que fait évanouir une analyse approfondie des faits. Les mêmes propriétés essentielles des substances vivantes, qui se manifestent par les phénomènes spéciaux des périodes de reproduction sont celles qui, au cours du développement individuel, déterminent l'ontogenèse, la formation de toutes les parties du corps, et sont aussi celles qui, une fois l'état adulte obtenu, entretiennent cet état adulte et règlent le fonctionnement de la machine animale.

Nous croyons donc qu'il est tout à fait illogique de chercher une explication de l'hérédité qui ne soit pas en même temps celle de la vie; c'est une erreur fondamentale de la théorie des particules représentatives que cette théorie soit signée de Darwin, Weissmann de Vries ou de tout autre nom illustre), que d'avoir supposé, dans la cellule douée des propriétés de la vie dite végétative, des corpuscules représentatifs d'autres propriétés qui seraient la cause de l'hérédité. Cette erreur a, sans doute, résulté du fait que les phénomènes appelés proprement phénomènes d'hérédité chez les êtres supérieurs se manifestent pendant une partie seulement de l'existence individuelle, ou même pas du tout comme chez les êtres stériles, qui sont néanmoins vivants; il a donc paru possible de considérer, l'hérédité comme une propriété sur-ajoutée pour ainsi dire à celle qui nous fait appeler vivants tous les animaux et végétaux et non comme une conséquence directe de la première.

« Je crois, dit Le Dantec, qu'il est possible, par des déductions simples, de prévoir l'existence de l'hérédité chez les êtres supérieurs, en partant uniquement de la constatation des propriétés par lesquelles les corps vivants se distinguent des corps bruts ; mais je crois aussi qu'il est possible ensuite, en tenant compte des phénomènes d'observation courante connus sous le nom de phénomènes d'hérédité chez les êtres supérieurs, et en considérant ces phénomènes comme des faits indéniables desquels on a le droit de tirer des conclusions, d'arriver, en suivant une marche inverse, à une conception de la nature des substances vivantes plus précise et plus serrée que celle qui nous aura servi de point de départ dans notre première série de déductions. Nous procéderons ainsi par approximations successives, ce qui est, à mon avis, le seul moyen de tirer de la méthode déductive tout ce qu'elle peut donner en Biologie ; nous partirons donc de la notion simple de la vie élémentaire pour arriver, par une première série de déductions, à concevoir les phénomènes d'hérédité chez les êtres pluricellulaires, absolument comme les géomètres arrivent à établir une suite de théorèmes en partant du postulatum d'Euclide et de quelques définitions; mais nous aurons plus beau jeu que les géomètres qui, partis d'abstractions et de définitions conventionnelles, ne trouvent, en dernière analyse, dans les résultats de leurs recherches, exactement que ce qu'ils y ont mis en partant; en Biologie, nous partirons d'une première action simple, tirée de l'observation des faits les plus simples, c'est-à-dire de faits, certains et indiscutables ; mais cette première notion, pour être certaine, devra rester jusqu'à un certain point, dans le vague; les déductions faites avec ce point de départ nous conduiront à des conclusions se rapportant, non plus à des abstractions comme en géométrie, mais à des êtres qui existent effectivement et dont l'observation directe est possible et ceci nous permettra de faire deux choses que les géomètres ne peuvent pas faire et dont ils n'ont d'ailleurs aucun besoin :

« Nous constaterons que notre notion première était juste et générale, si les déductions que nous en avons tirées cadrent bien avec les faits d'observation; ceci, je le répète, les géomètres n'en ont que faire; ils partent de définitions *a priori ;* nous partons, au contraire, de définitions *a posteriori*, tirées de l'observation d'un nombre de faits limité; nous devons contrôler nos définitions, en constatant que les déductions dont elles sont le point de départ sont en harmonie avec des faits d'observation autres que ceux qui ont servi à les établir : si cela se réalise partout et toujours, nous conserverons nos définitions premières comme bonnes; autrement, nous les abandonnerons.

« Il est possible (et nous verrons que cela a lieu en effet) que les phénomènes observés comme contrôle soient susceptibles d'une description plus précise que celle à laquelle nous ont conduits les déductions tirées d'une première définition forcément assez vague; ceci nous amènera à refaire en sens inverse le chemin primitif, prenant cette fois comme point de départ cette nouvelle notion plus précise, tirée de l'observation de nouveaux faits, et nous arriverons peut-être ainsi à rendre plus précises nos définitions premières, à serrer les faits de plus près, tout en restant dans les propriétés absolument générales. Ce sont surtout les faits d'hérédité qui nous donneront ces précieuses indications; nous serons alors mieux armés pour faire de nouvelles déductions, nous menant à des conclusions plus voisines des faits réels de la Nature, mais susceptibles néanmoins d'être précisées encore par l'interprétation d'autres faits plus suggestifs que les premiers; et ainsi de suite, en employant plusieurs fois cette méthode qui consiste à faire la navette entre les définitions premières, de moins en moins vagues, et les faits complexes de la Nature, nous arriverons, je l'espère, à une connaissance de la structure intime et des propriétés des substances vivantes bien plus approfondie que celle dont aurait pu nous doter la seule étude brutale des préparations histologiques; les phénomènes de variation, de sexualité, nous paraîtront beaucoup plus compréhensibles à la lumière de faits qui n'en sont cependant que des conséquences très lointaines. »

Nous négligerons ici l'exposé de toutes ces théories pour examiner de suite les conclusions qu'elles permettent de déterminer c'est-à-dire les lois générales de la reproduction. Cette étude est absolument nécessaire car elle permet à l'éleveur d'échapper à bien des écueils et à des déceptions qui sont trop souvent le résultat de l'empirisme appliqué à la reproduction dans la race pure.

Les manifestations de l'hérédité sont nombreuses, nous les examinerons toutes, en nous plaçant d'abord à un point de vue très général, de façon à déduire toutes les données qui nous seront nécessaires pour l'étude particulière de l'hérédité dans la race pure.

Les caractères de race sont tous transmissibles. — Par race, nous entendons, comme cela a été convenu, le groupe vaste auquel appartient le poulain. Non seulement les caractères de race sont tous transmissibles, mais ils sont toujours transmis, sauf le cas où le produit est un monstre. Dans ce cas, la race peut n'être pas reconnaissable, mais les caractères tératologiques sont toujours des altérations des caractères normaux de la race à quelque moment de son ontogenèse.

La question de la transmissibilité est donc ici très simple. Elle ne se complique un peu que lorsqu'elle s'adresse aux caractères individuels.

Il n'y a pas de loi générale pour la transmissibilité des caractères individuels. Il faut examiner séparément les diverses catégories et en distinguer surtout deux principales. Les caractères innés et les caractères acquis. Les caractères innés sont ceux qui, sous une forme quelconque, connue ou non, peu importe, étaient contenus dans l'œuf fécondé. Les caractères acquis sont ceux qui se sont développés uniquement par l'action des conditions ambiantes. Cette définition suffit pour l'heure, elle sera complétée en temps et lieu. D'une manière générale les caractères innés sont transmissibles. Il est facile de le prouver par des exemples pour chaque sorte en particulier.

L'hérédité porte sur tout ce qui constitue l'être, tant au point de vue de la structure que du dynamisme. Elle porte sur le physique, sur la conformation d'ensemble et sur celle des diverses parties, sur les proportions du corps, la couleur de la peau, des productions épidermiques, sur la force, la vigueur, les aptitudes diverses des animaux, l'activité et la perfection de leurs sens, sur leurs facultés intellectuelles, sur leurs instincts, leur caractère, leurs qualités, leurs défauts, leurs maladies, leurs prédispositions morbides.

D'abord l'ensemble de la conformation, avec tout ce qui s'y rattache, se transmet fidèlement chez les animaux sauvages, même chez les animaux domestiques, quand l'intervention de l'homme et de diverses causes ne vient pas modifier le jeu de l'hérédité. Le produit a la taille, les proportions des ascendants, la forme de la tête, des yeux, du front, des membres, des pieds. Chaque particularité dans la disposition d'une partie se transmet comme l'ensemble. On reconnaît le cheval de course à la forme de l'encolure, de la poitrine, de la direction de la croupe ; — le bœuf Durham à la petitesse de la tête, à la minceur des cornes, à la largeur de la poitrine, du garrot et du dos, à la brièveté, à la finesse des régions inférieures des membres. Les races bovines de la Suisse, de la Franche-Comté, de l'Auvergne, du Poitou ; les races équestres de l'Espagne, de certaines parties de l'Allemagne ; les races de moutons de nos contrées ; les races de chiens, malgré la facilité de leurs croisements réciproques, se distinguent encore : le lévrier, le mâtin, le dogue, le terre-neuve, l'épagneul, conservent assez nettement leurs caractères distinctifs.

La couleur de la peau et des poils ; la longueur des crins, la finesse se perpétuent également ; les taches, les marques particulières reparaissent.

Les aptitudes spéciales des chevaux de course, la fécondité, la stérilité momentanée et restreinte, sont dans le même cas. Telles familles sont très prolifiques, telles autres donnent beaucoup de produits stériles. Dans telles familles, l'aptitude aux gestations gémellaires ou aux portées très nombreuses se perpétue. La finesse des sens, celle de l'odorat, chez le chien est héréditaire, comme on le sait.

L'hérédité s'étend au tempérament, à la constitution ; elle transmet les vices de conformation, la longueur excessive des oreilles, la brièveté de la queue, le pouce du pied de derrière du chien, la fente du nez, les cornes supplémentaires, les déviations des membres, les défectuosités du pied ; — chez l'homme, le strabisme, la myopie, l'aptitude à l'alopécie et à la calvitie précoces, la prédisposition à contracter telle ou telle maladie, même alors que les ascendants ne les ont point encore.

Cette transmissibilité, facile à concevoir en ce qui concerne l'organisation s'explique, en ce qui a trait aux aptitudes, aux facultés intellectuelles, aux prédispositions morbides par l'intermédiaire de l'organisation. C'est parce que l'hérédité répète les formes de la tête, qu'elle répète les facultés cérébrales, c'est parce qu'elle donne telle constitution, telle particularité anatomique du poumon, des viscères, qu'elle transmet la prédisposition à tel mode vicieux de fonctionnement, à telle maladie, etc.

L'influence héréditaire, exercée sur les produits de la génération n'est pas seulement celle des deux ascendants qui se trouvent en cause. C'est aussi, à un certain degré, celle des ascendants plus éloignés, celle des aïeux ou de la race. En façonnant les produits, la nature ne copie pas très exactement les producteurs immédiats; elle se souvient des ancêtres, et souvent de très loin; aussi elle reproduit fréquemment leurs traits. Un reproducteur bien conformé donne des animaux défectueux qui restituent l'aïeul ou le bisaïeul; des animaux à robes noires donnent des pies si parmi les ancêtres se trouvaient des blancs. Nous avons vu plusieurs lapines blanches, accouplées avec des mâles noirs, donner constamment, dans chaque portée, parmi les petits de leur poil, des petits roux, ressemblant au grand-père qui avait ce pelage. Girou cite une chienne braque qui, accouplée avec un chien de même race, donna des épagneuls, car le grand-père était épagneul. Dans les races à laine fine reviennent de temps en temps des individus à toison grossière rappelant celle des ancêtres. C'est là ce qu'on appelle l'atavisme.

Cette hérédité de race, trop souvent méconnue, joue un rôle considérable au point de vue de l'amélioration des animaux. C'est par elle que les reproducteurs pris d'ancienne date transmettent, avec leurs caractères et leurs qualités propres, les caractères et les qualités de leur race, tandis que les reproducteurs, améliorés de quelques générations seulement, ne fixent pas sûrement les leurs dans leur descendance.

La transmission des formes, des particularités de conformation, des aptitudes, des qualités des animaux, est simple quand elle résulte d'un seul ascendant, du mâle ou de la femelle, double si elle vient des deux. Elle peut être continue ou interrompue, suivant qu'elle a lieu dans toutes les générations qui se succèdent et sur tous les individus qui les composent, ou suivant qu'elle laisse passer une génération pour agir sur la suivante, etc.

La transmission du naturel propre à chaque espèce et à chaque race, de son caractère, de ses instincts et de son intelligence n'est pas moins remarquable. Parmi les animaux sauvages, tout se perpétue sans la moindre altération sensible. Ce que les plus anciens naturalistes nous ont appris des mœurs, des habitudes de ces êtres, est encore vrai aujourd'hui. Chaque animal a toujours le même genre de vie, les mêmes moyens d'attaque et de défense, les mêmes ruses pour surprendre ses ennemis ou pour se mettre à l'abri de leurs agressions. L'abeille construit toujours sa ruche sur le même plan; le castor élève ses habitations d'après la même architecture; c'est toujours au même lieu et avec les mêmes matériaux que l'oiseau construit son nid; c'est toujours de la même manière qu'il nourrit, protège et élève ses petits. Une longue série de siècles n'a point adouci le naturel du lion ni des autres carnassiers ; le voisinage de l'homme, l'influence de la domesticité n'ont rien ajouté à l'intelligence obtuse de la brebis. Les modifications imprimées à certaines races sont devenues transmissibles au même titre que les dispositions innées et primitives. L'aptitude à reconnaître et à suivre la piste du gibier est devenue héréditaire chez le chien de chasse, et c'est par l'hérédité que l'animal domestique communique à ses descendants l'empreinte qu'il a reçu de la domination humaine. Les animaux souples et dociles transmettent à leurs produits un caractère analogue au leur.

Les bêtes jouissent donc de la faculté de communiquer à leurs descendants, par la voie de la génération, leur organisation, leurs formes, leur naturel, leurs instincts, leur intelligence, leurs aptitudes, leurs qualités et leurs prédispositions diverses. Mais cette transmission tient-elle à l'influence du mâle ou de la femelle, ou à celle des deux à la fois ? La part d'action des deux facteurs est-elle la même dans toutes les espèces, dans toutes les races et dans toutes les conditions ; c'est ce qu'il importe ici de rechercher.

Le mâle et la femelle paraissent exercer chacun une influence particulière sur le produit de la fécondation. Le mâle donne, dit-on, à ses descendants la vigueur, l'énergie, la conformation générale du corps, principalement celle de la tête, de l'encolure et des membres antérieurs ; la femelle donne la taille et imprime ses formes à la partie postérieure du corps.

Pour apprécier exactement la part d'action de chacun des ascendants sur leur produit, il importe de l'étudier isolément dans les diverses conditions où elle devient saisissable : 1° lorsqu'il y a union entre les animaux sauvages, de même espèce ; 2° lorsqu'il y a accouplement entre les animaux, soit sauvages, soit domestiques, de même espèce, mais de races ou de variétés différentes ; 3° enfin lorsqu'il y a alliance entre les animaux appartenant à des espèces voisines.

Macdonald II, par Bay Ronald et Myrtledine.

Dans la première condition, qui est la plus naturelle et la plus générale, l'influence du mâle se démêle difficilement de celle de la femelle, quand les deux sexes se ressemblent par leur taille, leur conformation, la couleur de la peau ou des poils; et, dans le même cas, ces deux influences ne se distinguent guère mieux lorsque le mâle diffère considérablement de la femelle : le produit ressemble au père s'il est mâle et à la mère s'il est femelle. Ainsi, dans l'espèce du lion, le jeune mâle prend la crinière et la physionomie du père, la femelle prend la robe et le caractère de la lionne.

Dans l'espèce du cerf le mâle et la femelle, après avoir présenté la même conformation et porté le même pelage, se différencient l'un de l'autre : le mâle devient semblable au cerf par la forme de sa tête, par la présence des bois; la femelle prend l'aspect de la biche.

Après cette course rapide à travers les faits, une question se pose : La transmission héréditaire a-t-elle des lois? Il ne s'agit pas évidemment de lois scientifiques. Leur détermination est absolument impossible et la complexité du problème est telle que nous n'avons ni actuellement ni dans un avenir prochain aucun espoir d'y atteindre. Seule la loi scientifique donnerait la prévision ? Seule elle permettrait de dire : tels parents, ayant tels antécédents, dans telles circonstances, transmettront à leurs enfants tels caractères. Qui oserait risquer une pareille prédiction? A la vérité, les éleveurs habiles ont su prévoir sur plusieurs points, et leur art est la plus belle démonstration pratique des lois de l'hérédité. Les lois qui vont être formulées sont donc purement empiriques c'est-à-dire un simple résultat de l'observation, un moyen commode de classer les faits.

En général, on en reconnaît quatre (Haeckel les porte à huit, mais sa nomenclature peut être simplifiée).

Loi de l'hérédité directe et immédiate. — Les parents ont une tendance à léguer à leurs produits tous leurs caractères généraux et individuels, anciens et nouvellement acquis : c'est la loi idéale, théorique, posée d'après de simples données rationnelles, où l'on trouverait chez le descendant une moyenne, un parfait équilibre des qualités paternelles et maternelles. On n'a aucune preuve de fait que cela se rencontre.

Ainsi, dans les croisements entre deux races humaines, blanche et noire, le métissage chez les enfants est loin de se produire avec une régularité mathématique, c'est-à-dire par fractions égales : il y a presque toujours prépondérance de l'un des parents. Dans d'autres cas, il semble que l'un des ascendants lègue les formes extérieures, et l'autre les qualités mentales ; ainsi, dans un croisement de bouledogues et de lévriers, au bout de sept générations, toute forme du bouledogue avait disparu, mais ses qualités de courage et de ténacité étaient fixées (Darwin). On a souvent cité aussi le cas de Lislet-Geoffroy, fils d'un blanc et d'une négresse bornée : au physique, nègre comme sa mère, il devint un ingénieur remarquable et mourut membre correspondant de l'Académie des Sciences.

Loi de prépondérance dans la transmission des caractères. — L'un des parents peut avoir une influence prépondérante sur la constitution du descendant. Il résulte de ce qui précède que celle-ci est la véritable loi pratique, et il est clair, par son énoncé même que deux cas peuvent se présenter : ou bien la prépondérance est celle d'un sexe sur le sexe du même nom, ou bien elle va d'un sexe au sexe de nom contraire ; elle est « croisée ». C'est une opinion assez répandue dans le monde des éleveurs que l'hérédité croisée est la règle, que la pouliche tient du père et que le poulain ressemble à la jument, en général.

Rien ne justifie cette hypothèse, quoiqu'elle ait été soutenue par beaucoup d'auteurs (Buffon, P. Lucas, etc.). Michelet, qui l'a appliquée à l'histoire, prétendait que le roi étant toujours le fils d'une étrangère, « la succession a l'effet d'une invasion ». On peut assurément relever dans la vie courante et dans l'histoire des transmissions croisées qui ne paraissent guère douteuses ; on en remplirait des pages ; mais il ne faut pas oublier qu'il serait aussi facile de dresser un tableau probant en faveur de l'hérédité qui suit le sexe. Les recherches statistiques, quelque imparfaites et limitées qu'elles soient, ne sont guère favorables à l'opinion commune et vont plutôt dans le sens contraire.

Il est plus commun de rencontrer de l'inégalité dans la puissance héréditaire. Il peut se faire que l'un des reproducteurs donne les formes extérieures, l'autre les aptitudes ; quand les deux reproducteurs sont dissemblables et que les formes ne sont pas adéquates aux aptitudes, on a des sujets pleins d'ardeur, mais que les membres trahissent, ou inversement des animaux de belle prestance, mais mous. Il arrive que chaque sexe apporte une part très inégale de sa conformation au produit, et si elle est différente, on a des produits décousus qui posséderont, je suppose, une lourde tête à l'extrémité d'une encolure effilée ou des membres fins sous un tronc épais.

L'observation des modalités de l'hérédité bilatérale conduit à l'examen de la part du mâle et de la femelle dans la production d'un nouvel être. Y a-t-il quelque partie qui soit transmise sûrement, avec fixité, par l'un des reproducteurs ? Buffon chercha à répondre à cette question en observant ce qui se passe lors de l'accouplement de l'âne et de la jument. Il a conclu en disant que le père donne la tête, le train antérieur, la robe et les viscères ; la mère, la taille et le train postérieur.

L'hybridation nous fournit des renseignements très précis et nous montre que dans chaque sorte de ces animaux, il y a toujours une espèce dominante, le mulet et le bardot tiennent plus l'un de l'autre que du cheval.

L'influence spécifique l'emporte sur l'influence sexuelle, et ce n'est point par les opérations d'hybridation qu'on pourra résoudre la question ; elles sont peu comparables à celles où les deux reproducteurs sont de même espèce. Par exemple la robe du mulet tient davantage de celle de l'âne que de celle de la jument ; dans les opérations où le cheval et la jument sont mis en présence, les résultats sont tout autres. Les observations de Vilkens sur la transmissibilité des robes chevalines, qui portent sur 59.000 cas, ont montré que le père a donné 372 fois sur mille sa robe, et la mère 543 fois la sienne. La puissance de transmission de la robe est donc, quand il s'agit de l'espèce chevaline, supérieure du côté de la femelle.

Il est des personnes, qui s'appuyant sur la durée de gestation, sur les rapports entre la mère et le fœtus pendant la vie intra-utérine et même plus tard pendant l'allaitement, pensent que la part de la mère est dominante dans la procréation d'un nouvel être. En Angleterre on a paru un moment attacher plus d'importance à la ligne maternelle. D'autres personnes donnent la prédominence à l'étalon. C'est surtout l'opinion des Orientaux auxquels, à tort ou à raison, on accorde de la compétence dans les questions hippiques. Les officiers des haras, les sportsmen en général, sont aussi des partisans décidés de la prépondérance du mâle.

En réfléchissant à ces deux croyances opposées et en pesant les faits sur lesquels elles s'appuient, nous avions pensé un moment qu'elles venaient à l'appui de l'hypothèse de Stéphen dans laquelle la mère donnerait à ses produits les organes de la nutrition, le père ceux de la locomotion et les deux reproducteurs influeraient ensemble sur le système nerveux. Mais, en examinant de plus près les choses et en instituant quelques expériences, nous avons reconnu que cette répartition n'obéit point à une telle loi.

En examinant dans l'espèce chevaline les produits issus des étalons, en général bien choisis que possède l'État et des juments communes, on voit qu'il s'en faut de beaucoup que tous les produits aient l'appareil locomoteur du père. Si cela était, avec les 2.000 étalons fins de l'Administration des Haras, on devrait avoir assez de chevaux bien réussis pour le service de l'armée et les besoins du luxe, il est loin d'en être ainsi.

Il résulte donc que par lui-même le sexe n'a pas d'influence prépondérante sur le produit engendré ; la prépondérance, quand elle existe, appartient au père ou à la mère, elle est le résultat de l'individualité. Si, dans la pratique, on met plus de soin dans le choix du mâle, cela tient à ce qu'il est destiné à féconder plusieurs femelles et que les chances de transmission de ses propriétés sont plus grandes puisqu'elles se disséminent sur un terrain plus vaste.

Pour se faire une idée très claire du problème de l'hérédité, il faut distinguer nettement dans la notion de l'hérédité deux séries de faits, d'ordre différent, ainsi que l'ont établi, dans ces dernières années, beaucoup d'auteurs et notamment Weissmann. Il faut distinguer, d'une part, la transmission des caractères hérités ou ancestraux et, d'autre part, la transmission des caractères acquis. Nous devrons examiner ces deux parties du problème avec le plus grand soin, si nous voulons être armés pour la discussion et la critique scientifique des travaux empiriques des auteurs qui, en ces dernières années, ont publié soit en Angleterre, soit en Allemagne, soit en France, des ouvrages que les éleveurs ont paru, un moment, prendre au sérieux.

Transmission des caractères hérités ou ancestraux; la continuité des générations. — Les parents transmettent à leurs produits les caractères qu'ils ont eux-mêmes hérité de leurs ancêtres; en procréant, ils transmettent simplement la substance héréditaire dans l'état de constitution où elle leur avait été transmise à eux-mêmes par leurs propres parents.

La ressemblance qui existe entre les individus nés les uns des autres et qui se remplacent dans le cours du temps s'explique très simplement par ce fait qu'ils proviennent toujours d'une même substance formatrice qui se transmet par hérédité, d'individu à individu, de génération à génération. Les différents représentants d'une série de générations doivent être semblables, d'après la loi fondamentale : le semblable engendre le semblable.

Si l'on considère de ce point de vue ce qu'est une série de générations, dit Nægeli, le mot hérédité n'a qu'une signification figurée. Certes l'exposé scientifique ne peut pas se passer de cette image sans modifier essentiellement la conception que l'on s'est faite jusqu'ici de l'hérédité ; cependant, en fait, cette image ne rend nullement la réalité. En effet au lieu de dire que les parents transmettent à leurs produits une partie de leurs caractères, il serait plus exact de dire que c'est le même idioplasma qui forme, selon son essence, d'abord le corps de l'ascendant, puis, à la génération suivante, le corps du descendant, lequel, par ce fait même, doit être identique à celui de l'ascendant.

Toute la série des générations n'est, en somme, qu'un même individu, continu, formé d'idioplasma, qui s'accroît, se multiplie et se modifie ensuite et qui, à charge de génération, revêt une nouvelle livrée, un nouvel habit, c'est-à-dire prend un corps nouveau, individuel. « Weissmann dit avec raison que la loi de la continuité du protoplasme des cellules germinatives explique jusqu'à un certain point, en principe, tout au moins le fait de l'hérédité : « car elle le ramène, en réalité, à un phénomène de croissance. On a aujourd'hui de bonnes raisons pour considérer la reproduction comme une croissance qui a lieu au-delà de l'individu. » C'est une expression très juste, dont Haeckel s'est servi le premier dans sa *Morphologie générale*. L'idée que le développement des espèces et l'hérédité reposent sur le principe de la continuité est admise dans presque toutes les théories du développement organique. Les différentes formes de la théorie de la préformation aussi bien que l'épigenèse, l'hypothèse de la pangenèse de Darwin, comme la théorie de la stirp de Galton, la théorie du plasma germinatif de Weissmann, et la théorie de la biogenèse de O. Hertwig expliquent par leur continuité la ressemblance des formes qui se succèdent dans le cours des générations.

Prétendre que le développement a pour fondement la continuité c'est plus qu'une hypothèse, c'est un fait d'observation générale. En effet, l'observation nous montre qu'un organisme ne peut se former qu'aux dépens d'un organisme de même espèce. C'est ce que l'on a traduit depuis longtemps en langage scientifique : *Omne vivum e vivo. Omne vivo ex ovo.*

Ce n'est pas la continuité de la vie en elle-même qui est un fait d'observation, mais bien la façon de la continuité ; cette base fondamentale de l'équivalence spécifique, se transmet aux différents membres d'une série de générations, qui constitue le grand problème que les diverses théories résolvent de façons si différentes.

Les anciens évolutionnistes se représentaient la continuité de la manière suivante : Ils croyaient que chaque individu portait en soi tous les descendants des générations suivantes, qui s'y trouvaient pour ainsi dire emboîtés et représentés en miniature. Ils admettaient qu'ils se ressemblaient tous, parce qu'au jour de la création tous les représentants d'une même espèce d'organismes avaient été créés en même temps et de telle sorte que, dans le cours des âges ils se développaient en se déboîtant progressivement les uns des autres. Dans sa théorie de l'épigenèse, C.-F. Wolf, comme son successeur Blumenbach, admettait aussi une continuité. Toutefois Wolf et Blumenbach la comprenaient d'une toute autre façon que les évolutionnistes. Pour eux, la continuité entre deux organismes issus l'un de l'autre se faisait par l'intermédiaire d'une substance non organisée qui se détachait de l'organisme adulte et était douée d'une puissance formatrice, grâce à laquelle elle s'organisait peu à peu et reproduisait la forme de l'ascendant.

Ceux qui, au siècle dernier, ne pouvaient, pour des raisons de principes, adopter l'idée des évolutionnistes, devaient, nous semble-t-il, trouver naturelle la théorie de Wolf, parce qu'elle était conforme à l'état de la science à cette époque. En effet, l'on n'avait alors, pour ainsi dire, aucune idée de la fine organisation des plantes et des animaux, pas plus que de la constitution chimique des corps. Il était donc rationnel d'attribuer à la matière non organisée des propriétés qui, nous le savons maintenant, n'appartiennent qu'à la matière déjà hautement organisée.

Pour bien juger cette théorie, nous ne devons pas oublier que nos connaissances relatives à la fine organisation des substances constitutives du corps sont de date très récente. Pour Wolf, un foie, un rein ou un organe quelconque, une fois séparé des vaisseaux, n'était rien autre qu'un amas de matière, pouvant, il est vrai, posséder les propriétés de la substance animale, mais qui ne présente pas plus d'organisation ou de structure qu'une masse de cire.

Toute différente est l'idée que Darwin se fait dans sa théorie de la pangenèse, relativement à la nature de la continuité entre les représentants d'une série de générations. Il cherche à expliquer cette continuité en admettant que de tous les organes de l'organisme complètement formé, se détachent de très petites particules, des gemmules qui s'accumulent en certains points du corps, spécialement dans les glandes sexuelles et s'unissent pour constituer des complexes d'ébauches qui sont les produits sexuels. L'organisme fils, qui en provient, doit être semblable à ses parents, parce qu'il contient en lui les ébauches de toutes les parties de ces derniers.

La pangenèse de Darwin est, comme les anciennes théories de la préformation, un bel exemple d'une hypothèse bâtie artificiellement. Si on l'admet, tous les faits d'hérédité peuvent s'expliquer par la même formule. Mais ce n'est qu'une explication apparente, au même titre que la théorie des germes emboîtés; car l'hypothèse sur laquelle est basée la théorie de la pangenèse, c'est-à-dire la séparation et le transport des gemmules, est en contradiction avec les résultats fournis par l'anatomie et la physiologie générales, et particulièrement par les deux sciences fondamentales, l'embryologie et l'histologie. Il est vrai que ces sciences n'ont pris leur plus grand développement que dans les dernières années de la vie de Darwin et qu'en raison même de la direction de ses travaux et de ses idées, Darwin n'a pu apprécier à leur juste valeur les conquêtes de ces sciences.

L'anatomie et la physiologie générales, sont, en dernière analyse, les bases fondamentales d'une théorie du développement et de l'hérédité. Le riche trésor des faits que leur étude a fournis à la science dans le courant du dernier siècle, sont des bases solides sur lesquelles on peut fonder une théorie du développement et de l'hérédité, s'appuyant sur la théorie cellulaire. La continuité dans le développement ne s'effectue ni par des êtres en miniature emboîtés les uns dans les autres, ni par la sécrétion d'une substance non organisée, douée d'un *nisus formativus*, ni par une substance composée de gemmules et représentant une sorte d'extrait du corps, mais bien par la cellule, organisme élémentaire vivant, qui se multiplie et dont les produits de division s'unissent pour constituer les êtres vivants, tant végétaux qu'animaux.

La continuité du développement organique et de la vie repose donc sur ce principe fondamental : *omnis cellula e cellula*. C'est par la cellule que les caractères des parents sont transmis aux enfants. La cellule porte en elle toute la masse des tendances héréditaires et, par conséquent, des caractères par lesquels une espèce vivante diffère des autres. Ce qui faisait dire à Hertwig dans son ouvrage *Zeit und Streitfragen der Biologie* : Une théorie de l'hérédité doit être en parfaite harmonie avec la théorie cellulaire; celui qui veut démontrer la valeur explicative et l'exactitude de la pangenèse de Darwin, de la théorie de la « stirp » de Galton, de la théorie de l'idioplasma de Nægeli, de la théorie du plasma germinatif ou de la théorie de la mosaïque, se trouve donc toujours en présence de cette question : comment ces théories s'accordent-elles avec notre conception de l'organisation et de la fonction de la cellule? C'est parce que la cellule avec ses caractères et ses propriétés constitue la base de toute théorie de l'hérédité, que Hertwig a réservé à sa théorie le nom de « théorie de la Biogenèse ». Il a voulu exprimer par là que la formation des organismes complexes doit s'expliquer par les propriétés d'un être vivant élémentaire, la cellule.

Toutes les récentes tentatives d'explication du développement et de l'hérédité sont, il est vrai, plus ou moins basées sur la théorie cellulaire; mais, en dépit de cette base commune, elles présentent cependant des différences telles qu'on peut les classer en deux groupes, dont l'un a pour défenseurs Nussbraunn, Weissmann, Roux, et l'autre, Nægeli, O. Hertwig, de Vries, Driesch, etc. Comme nous l'avons déjà dit, le désaccord entre les divers auteurs est dû en grande partie à ce que, pour le moment, il règne encore de l'incertitude sur l'idée qu'il faut se faire de l'essence et de l'organisation de la cellule.

Sur la loi d'hérédité ancestrale. — Dans un mémoire intéressant, Pearson est arrivé à des conclusions en désaccord avec celles de la « nature inhéritance » de Galton, et y trouve même quelques contradictions ; mais après un récent article de ce dernier auteur sur *l'Hérédité dans une race de chiens*, Pearson trouve, par une nouvelle étude de la question, qu'une bonne interprétation de la loi de l'hérédité ancestrale de Galton fait disparaître toutes les discordances. La loi de Galton permet de prédire *a priori* les valeurs de tous les coefficients de corrélation de l'hérédité. Pearson exprime par une formule mathématique la loi de Galton sous une forme généralisée. Cette loi dit que « chaque parent contribue en moyenne pour un quart ou 0,5², chaque grand-parent pour un seizième ou

$(0,5)^4$ et ainsi de suite, et en général tout ancêtre placé au n^{me} degré (n étant un nombre quelconque), contribue pour un $(0,5)^{2n}$ au patrimoine héréditaire ».

C'est-à-dire que les deux parents contribuent ensemble pour 1/2 ; les quatre grands-parents pour 1/4 et en général tous les 2^n ancêtres du n^{me} degré pour $1/2^n$ du total héréditaire.

En termes généraux, une moitié de l'héritage correspond à l'apport des deux parents, et l'autre moitié à tous les autres ancêtres.

Plusieurs exemples et conséquences de cette loi, mathématiquement étudiés par Pearson, démontrent suffisamment la vaste étendue des applications de la loi de Galton. Si cette loi (ou la modification proposée par Pearson) est exacte dans ce qu'elle a d'essentiel, elle domine toute la théorie de l'Hérédité, puisqu'elle relie sous un énoncé simple, un nombre immense de faits, ce qui est l'objet fondamental d'une grande loi de la nature. Il est vrai que, pour son application pratique, on peut trouver quelques difficultés, comme par exemple les deux suivantes.

D'après la loi de Galton, la quantité à hériter est une constante absolue pour chaque couple, c'est-à-dire qu'elle ne se présente pas comme un caractère de race ou d'espèce et ne paraît pas capable de modification par la sélection naturelle. Pour Pearson, cette constante est peu probable, et il croit plutôt qu'une hérédité plus forte ou plus faible des qualités ancestrales doit constituer un avantage ou un désavantage, et que l'hérédité sera par là soumise au principe de l'évolution.

Cette difficulté peut être tournée par l'introduction dans les formules d'un coefficient d'hérédité différent, pour chaque caractère et pour chaque race. La loi énoncée par Galton serait ainsi un cas particulier (coefficient égal à l'unité) de cette formule plus générale, qui sera employée de préférence jusqu'à ce qu'on démontre que la force héréditaire est la même pour tous les caractères et pour toutes les races. L'observation doit démontrer cette fixité absolue, au cas où elle existe.

Miss Alice Lee a étudié récemment 6.000 hommes et 4.000 femmes pour mesurer l'hérédité de la fécondité des parents par leur descendance. Elle est arrivée à conclure que la fécondité est probablement un caractère héréditaire, mais la corrélation entre les parents et la descendance est à peine le dixième de ce qu'elle devrait être selon la loi de Galton. Les difficultés pour déterminer exactement la fécondité héréditaire de l'homme, dans les conditions artificielles actuelles, sont sans doute très grandes, mais, malgré cela, Pearson croit que la fécondité est héréditaire dans l'homme, quoique à un degré plus faible que celui requis par la loi de Galton. Cet exemple nous prouve qu'il faut procéder avec extrême prudence avant d'affirmer que le coefficient d'hérédité est toujours exactement égal à l'unité. Pearson considère que la loi de l'hérédité ancestrale est une des plus brillantes découvertes de Galton, et que c'est probablement la formule descriptive qui permettra de concentrer en un seul foyer toutes les lignes complexes de l'influence héréditaire. « Puisque l'évolution darwinienne repose sur la sélection naturelle combinée avec l'hérédité, l'énoncé unique qui embrasse tout le champ de l'hérédité doit ouvrir pour le biologiste une nouvelle époque, comme la loi de la gravitation l'ouvrit pour l'astronome. »

Sans adopter complètement la loi mathématique de Galton, qui semblerait établir pour chaque ascendant une part constante, on peut dire que la transmission des caractères hérités ou ancestraux est un fait indiscutable admis par tous, mais que l'on a cherché à expliquer de différentes façons. L'espèce humaine nous offre dans toutes les familles des exemples frappants.

La race anglo-normande nous donne également des preuves non douteuses de la loi d'hérédité ancestrale. Depuis le commencement du dernier siècle, la population chevaline de la Normandie, comme celle de l'Allemagne du Nord, et auparavant celle de quelques contrées de l'est de l'Angleterre, est formée d'un mélange d'individus dissemblables, dont les uns ont le profil droit, tandis que les autres ont le profil courbe ou busqué. Anciennement, tous les chevaux normands, de même que ceux des autres contrées susnommées, étaient dolichocéphales et avaient le profil busqué. Que s'est-il donc passé ? C'est que, au commencement du XIXe siècle, il a été introduit en Normandie des étalons étrangers à profil droit, en vue d'améliorer la population sous le double rapport de l'élégance des formes et de l'énergie du tempérament.

Après de nombreuses combinaisons, dans le détail desquelles nous n'avons pas à entrer dans cette étude, pour fixer les caractères intermédiaires ou moyens, résultant de l'accouplement des deux souches paternelle et maternelle dissemblables, les descendants de ces deux souches ont été et sont encore accouplés entre eux. Comptant sur leur puissance héréditaire individuelle, on espérait en obtenir des individus toujours semblables à leurs parents directs.

Au lieu de cela, ce qui est arrivé et ce qui devait nécessairement arriver, en raison de la loi de reversion, c'est que les uns ont ressemblé à leur aïeul paternel, tandis que les autres ressemblaient à leur aïeule maternelle.

Pour se convaincre qu'il en est encore ainsi malgré la sélection, il suffit de visiter un de nos régiments de cavalerie dont les chevaux se recrutent en Normandie et de noter sur un groupe de ces chevaux pris sans choix, les ressemblances. Dans une telle recherche, il ne s'agit pas seulement de nuances plus ou moins difficiles à saisir et prêtant par conséquent aux appréciations erronées : les différences sont très nettement tranchées.

Il serait oiseux de vouloir citer les nombreux cas de transmission ancestrale que les éleveurs et les sportsmen constatent chaque jour, dans la race pure. Ce sont des ressemblances souvent très accentuées qui frappent les observateurs et ils donnent le nom d'hérédité à la force mystérieuse qui les produit. Écoutez les conversations des connaisseurs dans le paddock : « Le poulain X... a la tête et tout le devant de son père *Saint-Simon ;* il tient son épaule et la couleur grise de sa robe de sa mère, une *Le Sancy*, par exemple ; la forme de son dessus, de son rein et de sa croupe, de son grand-père *Galopin* » ; ou bien : « C'est tout le portrait de sa mère : il est du côté *Le Sancy* », etc... L'hérédité est donc, dans le langage courant, une divinité capricieuse, qui choisit des éléments au hasard dans les divers membres d'une famille, et les associe à d'autres éléments nouveaux pour fabriquer un nouvel individu.

En réalité, le poulain provient de l'œuf : l'œuf contient des quantités équivalentes des substances paternelles et des substances maternelles, et, dans la tête du poulain X..., il y a, malgré la ressemblance unilatérale, autant de substance issue de la mère, que dans une autre partie du corps qui a la ressemblance unilatérale inverse.

Cela n'empêche pas, d'ailleurs, que ces ressemblances capricieuses ne soient un indice fort intéressant du hasard qui préside toujours à la reproduction sexuelle ; en accouplant un étalon et une poulinière suivant les méthodes indiquées par Lowe, Gooz, Lottery, etc.... on ne sait jamais d'avance quel produit on obtiendra (du moins quant aux détails de son organisation ou de sa qualité coureuse), mais, puisque c'est de l'œuf que proviennent toutes les particularités héréditaires, nous revenons à dire que c'est dans la formation de l'œuf qu'il faut chercher la source de ces mélanges capricieux :

c'est là ce qu'on appelle les hasards de l'amphimixie ou du mélange des sexes.

Nous sommes amenés par ce qui précède, à parler d'une singulière doctrine, acceptée par la presque unanimité des éleveurs, qui consiste à admettre que dans l'hérédité les formes dissemblables se compensent et qu'il en résulte nécessairement une moyenne dans le produit, pour chacune des formes en particulier; que, par exemple, d'un étalon à garrot trop élevé ou à dos convexe, et d'une jument à garrot trop bas ou à dos ensellé, il résultera un poulain à garrot ni trop haut ni trop bas, ou à dos droit. Ainsi pour toutes les autres. On a nommé appareillement la méthode ayant pour objet de corriger de cette façon les défectuosités de l'un des reproducteurs par des beautés correspondantes ou des défectuosités inverses existant chez l'autre. Ce serait, à proprement parler, la doctrine des compensations.

Il est clair, d'après ce que nous avons dit plus haut, que la conception sur laquelle cette doctrine s'appuie, n'a aucun fondement. Les plus fortes chances sont pour que, dans le plus grand nombre des cas, l'hérédité soit unilatérale, par conséquent pour qu'il n'y ait aucune compensation des défectuosités inverses, et que ce soit l'une ou l'autre qui se reproduise intégralement. S'il s'agit d'une beauté réelle, opposée à une défectuosité correspondante, ce qui arrivera dépendra des puissances héréditaires réciproques. Le résultat sera donc toujours incertain.

Transmission des caractères acquis. — Le problème qui va nous occuper a été très anciennement posé. Déjà Aristote admettait, dans certains cas, la transmissibilité aux enfants des marques dues à des mutilations subies par les parents dans le cours de leur vie. Cette opinion, qui fut celle d'Hippocrate et de beaucoup de médecins, a été défendue au XVIIIe siècle par Maupertuis, mais combattue par Bonnet. Le principe des modifications acquises a été adopté par Lamarck, en 1806, il est même devenu le fondement de sa *Philosophie zoologique*.

Pendant la première moitié du XIXe siècle, les observations et expériences, faites par les médecins, les vétérinaires, les naturalistes (Sedwick, Lucas, Baker, Meckel, Grognier, Lafont-Poulotti, Pichard, Flourens, Girou de Buzareignes, Brown-Séquard) paraissaient plaider en faveur de la transmission des caractères acquis; aussi Darwin n'hésita-t-il pas à admettre cette transmissibilité qui pouvait consolider ses conceptions théoriques.

C'est à partir de 1874 que ce principe a de nouveau été remis en question. Galton a alors affirmé que les caractères acquis sont seulement « faintly heritable », héritables en apparence et il a cherché à prouver « the almost complete non transmission of acquired modications », la presque complète non transmission des modifications acquises. En 1880, Pflüger écrit que pas un seul fait ne démontre la transmission des caractères acquis. Cette manière de voir est aussi adoptée par Dubois-Reymond en 1881. Dans ces derniers temps, divers auteurs ont prétendu que ce problème doit être complètement abandonné, parce qu'ils nient la possibilité même de la transmissibilité des caractères acquis.

Celui qui sur ce sujet s'est exprimé de la façon la plus catégorique, c'est Weissmann, qui a eu le mérite de rouvrir une discussion sérieuse sur le problème de l'hérédité, de formuler nettement une foule de questions et de renverser maint préjugé. Il a cherché à montrer que la transmission des caractères acquis est une hypothèse impossible, parce qu'il ne peut concevoir aucun mécanisme, par lequel les changements d'état des autres parties du corps pourraient se communiquer aux cellules germinatives, de façon que la substance du germe subit des modifications adéquates. En outre, il se voit empêché par une série de faits, d'admettre que cette transmission ait réellement lieu.

Les idées de Weissmann ont rencontré beaucoup d'adeptes, et ils sont nombreux ceux qui considèrent la transmissibilité des caractères acquis comme une doctrine qui ne peut se défendre scientifiquement. Delage, Lankestir et Wallace sont du nombre de ceux qui considèrent l'hérédité acquise comme inconcevable. De tels témoignages sont bien inquiétants pour ceux qui se sont portés défenseurs de l'opinion d'Aristote. Ces défenseurs sont cependant nombreux. En Amérique, il s'est formé autour de Cope une énergique légion de défenseurs du concept de Lamarck. En Allemagne, Virchow, Haeckel, Hertwig, etc., sont des partisans de l'hérédité des caractères acquis. En Angleterre, nous pouvons citer parmi les adeptes des mêmes doctrines, Spencer, Cunningham, Henslow et Romanes.

On voit donc qu'actuellement, depuis le triomphe des idées transformistes, deux écoles se partagent le monde savant. Quel parti prendre entre ces deux écoles?

Nous n'avons pas l'intention de discuter longuement dans ces pages ce problème difficile : mais, comme cette question a une importance capitale en élevage, nous ne pouvons pas la passer sous silence. Nous ne ferons d'ailleurs qu'analyser les faits et citer les exemples, en insistant brièvement sur certains points. Au nombre des questions auxquelles ce problème nous permettra de répondre, nous trouvons celle relative à l'explication physiologique du processus par lequel le corps du cheval peut s'immuniser contre différents poisons employés comme « doping ». L'immunité étant considérée comme un caractère acquis transmissible, la race pure se sera enrichie d'une nouvelle propriété, d'une nouvelle tendance.

Avec Darwin, Spencer, Virchow, Hertwig et autres, nous croyons que les caractères acquis peuvent être hérités par les descendants, qu'ils sont transmissibles au germe. Si nous ne l'admettions pas, un élément essentiel manquerait à notre théorie, et nous devrions abandonner l'un des principes les plus importants pour l'explication de l'évolution, de la race pure.

Loin de nous la pensée de considérer comme vrai tout ce qu'on a écrit sur l'hérédité des caractères acquis ; nous pensons avec Weissmann que les exemples de transmission de mutilations, de lésions accidentelles, de telle ou telle maladie, sont absolument erronés ou ne doivent être admis que sous les plus expresses réserves.

L'on a fait, contre la transmissibilité des caractères acquis cette objection de principe, qu'il est impossible de se représenter par quel mécanisme pourrait se faire la transmission de la partie personnelle à la partie générale du corps de l'individu.

Nous reconnaissons que l'explication de cette transmission est des plus difficiles à fournir : mais nous ferons remarquer qu'il y a la même difficulté à expliquer le phénomène inverse, à savoir comment des ébauches ou tendances, existant invisibles dans la substance ancestrale de la cellule, peuvent se développer et devenir les caractères visibles de la partie personnelle.

Quelqu'un peut-il, en effet, se représenter « mécaniquement » comment s'y prend le germe pour former un œil ou un cerveau avec ses millions de fibres nerveuses à trajet si complexes et parfaitement disposées en vue du rôle qu'elles ne rempliront que plus tard?

Dans l'un comme dans l'autre cas, nous sommes encore bien loin de savoir ce qui se passe dans le laboratoire de la nature, et nous devons nous estimer bien heureux lorsque nous pouvons soulever un coin du voile qui le recouvre. Voyons si les exemples puisés dans la race chevaline peuvent nous aider.

Le pur sang nous fournit un exemple frappant de la transmission des caractères acquis. Dérivant, ainsi que nous l'avons établi au début de cet ouvrage du cheval oriental, il a acquis des caractères qui le distinguent de son ancêtre originel. Presque toujours plus haut de taille, le thoroughbred a les lignes du corps plus allongées, moins courbes. Moins souple, moins élégant dans ses mouvements, il semble fait uniquement pour aller de l'avant.

La gymnastique du galop de course a imprimé à la direction de ses fémurs une déviation devenue héréditaire. Cette direction du fémur qui est moins oblique pour une longueur égale, allonge la cuisse, redresse le coxal, élève la croupe et leur communique des formes qui sont tout à fait particulières au cheval anglais.

Enfin, plus volumineux que l'arabe dans toutes ses parties, il en diffère encore d'une façon générale par sa robe, où le bai et l'alezan, avec leurs diverses nuances, sont dominants. Du reste, il a toute la noblesse, toute la distinction et toute la finesse de l'arabe, ainsi que sa vigueur et son énergie foncière, moins la rusticité et la sobriété que ne comporte point le régime auquel il a été soumis depuis deux siècles.

Le cheval de course de nos jours ne ressemble même plus au racer du milieu du XVIIIe siècle. Le grand principe aujourd'hui, étant d'obtenir de la vitesse, c'est aux conditions de la vitesse qu'on s'est principalement attaché dans le choix des reproducteurs. La conséquence de ce système a été la création d'un cheval aux formes allongées, aussi beau, sinon plus, que le cheval puissant d'autrefois, mais laissant voir des muscles moins développés, des tendons moins saillants, un garrot plus tranchant, des aplombs moins parfaits, etc., etc. Voilà pour les formes. Si l'on considère la vitesse dont le pur sang actuel doit faire preuve pour être adapté aux courses de courte et de moyenne distance, on voit qu'elle a dû être portée au degré le plus extrême.

Les trotteurs américains nous offrent un exemple encore plus frappant de l'hérédité des caractères acquis. Tous les poulains trotteurs héritent, en effet, des mouvements coordonnés de cette allure acquise qu'est le trot de course. Suivons M. Cope dans son étude sur les progrès du trotteur depuis le commencement du XIXe siècle : En 1796, Lawrence, dans son *Traité sur le Cheval*, disait que le meilleur trotteur anglais mettait trois minutes à faire un mile. Avec le dernier siècle commença l'entraînement en vue des courses, et, en 1824, la même distance était parcourue par les chevaux les plus rapides en 2' 34". En un quart de siècle, il y avait donc eu un accroissement de vitesse déjà très appréciable de 26". A quoi était due cette supériorité des chevaux d'hippodrome? On peut admettre, sans aucune difficulté, que la sélection habile y a eu la plus grande part; que, grâce à cette méthode, l'hérédité des tendances de certains individus a pu être mise en lumière; et c'est ainsi que ces progrès très notables de la vitesse ont été réalisés en si peu d'années. L'entraînement a joué ici comme dans le galop le rôle principal en ce qu'il a aidé à l'affermissement des muscles qui permettent à l'animal d'allonger son trot, de régler sa respiration pour un violent effort, d'affermir la souplesse par l'usage.

Rien ne peut faire supposer qu'ici l'exercice de la fonction n'a pas été un facteur de l'évolution. Ce qui manifeste ce résultat, c'est qu'en 1848, on comptait deux ou trois chevaux ayant parcouru un mile en 2' 30", tandis qu'aujourd'hui il y en a plus de 10.000. A l'heure actuelle, 800 chevaux ont atteint la vitesse de 2' 20"; encore assez nombreux sont ceux qui ont une vitesse en moins de 2' 10"; et nous avons appris ces temps derniers que le record du mile en 2' venait d'être battu.

Comment se fait-il qu'en accouplant deux sujets de vitesse égale à 2' 30" par exemple, on puisse avoir dans la descendance une vitesse de 2' 20" et ainsi de suite? Les fils ont donc quelque chose que ne possédaient pas les parents? D'où cela leur vient-il? Quel est l'origine de ce mystérieux progrès que les chiffres précédents permettent de constater? Pourquoi, malgré tous les efforts de l'éleveur, n'y a-t-il pas de période de recul? Comment faire admettre qu'en perfectionnant par l'entraînement les caractères anatomiques des parents au point de vue de la course, l'éleveur n'a pas eu d'action sur la descendance.

Il faut donc admettre que ces caractères si étroitement liés à l'aptitude sont transmis avec d'autant plus de persistance qu'on a opéré avec une plus longue série d'ancêtres. Chaque génération a fait faire un nouveau progrès à l'adaptation de la vitesse dans la race trotteuse, et tous ces petits progrès expliquent l'évolution de celle-ci.

Nous avons dit plus haut que nous étions loin de considérer comme vrai tout ce qu'on a écrit sur l'hérédité des caractères acquis, nous pensons que nombre d'exemples de lésions accidentelles, de mutilations sont dépourvus de tout fondement. Chacun sait qu'un cheval ou une jument atteints d'un effort de tendon ou devenus borgnes n'engendreront pas des poulains « claqués » ou privés d'un œil. On sait aussi que les cicatrices, les fractures, luxations, destructions des bulbes pileux par brûlure ou corrosion, etc., etc... s'éteignent avec celui qui les porte. Mais la question ne peut pas être jugée par ces exemples vulgaires. Du reste il y a des cas où certaines mutilations se sont trouvées héréditaires. *Le Sport Universel Illustré* a, l'année dernière, fixé par la photographie, un fait qui rapporte à la théorie de l'hérédité des caractères acquis une preuve très significative. Il s'agit de l'apparition chez une pouliche de lésions analogues à celles qui se sont présentées chez sa mère à

Le Sancy, par Atlantic et Gem of Gems.

la suite d'un accident survenu à cette dernière pendant la gestation. La chose s'est produite au haras de Meautry : les copies des lettres adressées par le stud groom Balchin au directeur du haras de Saint-Lô en font foi. Le 27 mai 1900, la jument de pur sang, *Mascarade*, par *Mask* et *Shephard's Bush*, de robe alezane, s'est heurté le côté gauche de la tête contre une branche de pommier, sur laquelle elle est arrivée au galop à toute allure. Le choc a été tellement violent que la branche a été dépouillée de son écorce à l'endroit du heurt.

Après la guérison de la contusion, on a constaté une dépression très accusée au niveau du lacrymal avec un certain affaissement de l'apophyse orbitaire. Comme il arrive en pareil cas, la nutrition de l'œil a été gravement altérée ; le globe oculaire est aujourd'hui très atrophié ainsi que le montrent les photographies, qui ont été publiées. Aucun symptôme n'a pu faire supposer à aucun moment, que les centres nerveux aient été atteints.

Au mois d'avril, le 19 et le 21, *Mascarade* avait reçu deux fois l'étalon *Le Nicham*, bai brun.

Ces saillies l'avaient fécondée, et la gestation était par conséquent dans sa sixième semaine lorsqu'elle a été blessée. Une pouliche de couleur baie est née le 13 mars 1901 ; nous la trouvons inscrite au *Stud Book* sous le nom de *La Courtille*. Dès sa naissance, *La Courtille* a offert sur la face gauche de la tête des lésions ressemblant au plus haut point à celles établies chez sa mère. La dépression lacrymale est moins marquée, mais l'arcade orbitaire est encore plus rentrée que pour *Mascarade ;* la petite cavité désignée sous le nom de salière encore très apparente chez la mère, n'existe pour ainsi dire plus chez la fille. Pour cette dernière, la grosseur de l'œil ne dépasse pas le volume d'une lentille.

Ce cas n'est-il pas d'une haute signification ? Nous nous rangeons donc volontiers à l'avis que M. Le Hello, formule dans sa communication à l'Académie des Sciences, à savoir : que c'est là une forme très marquée des impressions nerveuses dont la réalité a été niée par un grand nombre d'auteurs. Comme quelques autres cas de ce genre, celui-ci motivera toutes sortes d'objections. Ces cas ne se présentant que très exceptionnellement, épars dans la masse des faits contradictoires, on a tendance à les considérer comme de simples coïncidences.

Ce n'est pas la première fois d'ailleurs qu'on a à enregistrer un cas d'hérédité ayant porté sur l'organe de la vision. Une jument dont on ne donne ni le nom ni l'origine, est citée par tous les auteurs qui ont traité de l'hérédité, comme ayant à la suite d'une grave blessure à l'œil en dehors de la gestation, donné naissance à un produit borgne.

Nous nous contenterons, par la suite, de citer pour mémoire quelques cas de mutilations assez intéressants, et nous conclurons immédiatement sur les diverses parties de cet intéressant problème sans énumérer tous les faits sur lesquels sera appuyée notre opinion.

C'est la mode, dans beaucoup de pays, de couper la queue aux moutons, aux chevaux, les oreilles à certaines races de chiens, etc. ;

cependant ces animaux naissent avec une queue et des oreilles normales.

Le pied des Chinoises n'a encore subi aucune déformation congénitale malgré des siècles de déformation opératoire. Il en est de même pour les autres mutilations ethniques. A ce dernier exemple bien connu nous pourrions en ajouter deux plus frappants encore : la conservation du prépuce dans la race israélite, malgré sa circoncision ; celle de l'hymen chez toutes les femmes.

Tierz raconte que, dans l'Eifel, les paysans croient que les chats ont, dans le bout de la queue, un ver qui les empêche de prendre les souris ; aussi la leur coupe-t-on à tous sans exception. Or, dans ce pays, les petits naissent souvent avec une queue atrophiée. Il est difficile de croire que l'explication proposée par Dingfelder pour des cas analogues soit vraiment suffisante.

Cet auteur fait remarquer que, dans le pays où on coupe la queue aux animaux, on ne sacrifie pas ceux qui auraient cet appendice peu développé, en sorte que la particularité innée correspondante a toute facilité de se développer.

Mais il en est de même à l'état sauvage. Or, on ne voit guère de loups et de chacals sans queue.

Quelques faits néanmoins sont en opposition avec ceux-là. Il naît assez fréquemment des chiens, des chats, des moutons, des chevaux à queue courte et comme atrophiée, tandis qu'il n'en est pas de même chez les autres races domestiques ou dans les espèces naturelles.

Bonnet déclare que tous ces chiens, chats, chevaux, etc., nés sans queue de parents à queue coupée, ne prouvent pas grand'chose en faveur de l'hérédité des mutilations, car, selon lui, chez la plupart de nos animaux domestiques, la queue est un organe en voie de régression et les réductions sporadiques ne sont qu'une anticipation de ce qui arrivera chez tous après un nombre suffisant de générations.

Dingfelder, au contraire, trouve singulier que cela n'arrive que chez les races soumises à une mutilation fréquente de cet appendice.

Quoi qu'il en soit de ces interprétations, il est évident que le petit nombre d'exemples de transmission pèse bien peu en face de la masse des faits de non transmission et nous conclurons, avec un tout petit point de doute : les mutilations qui ne sont pas héréditaires dès les premières générations ne semblent pas le devenir, même si on les répète à chaque génération pendant très longtemps.

Il semble que, si les mutilations restent réfractaires à l'hérédité malgré une longue répétition, elles ne peuvent se trouver par hasard héréditaires dès la première fois qu'on les pratique. Il n'en est pas ainsi cependant, du moins en apparence.

Certaines amputations pratiquées une seule fois se sont reproduites chez un ou plusieurs descendants, pendant une ou quelques générations.

En faisant l'analyse de cas où des mutilations se sont montrées héréditaires, on constate que dans un bon nombre d'entre eux, elles ont été suivies d'altérations morbides telles que gangrènes, suppurations, et surtout de retentissement sur le système nerveux.

Albrecht Thaer en a publié un cas remarquable souvent cité : une jeune vache de trois ans eut la corne gauche détruite par une inflammation suppurative. Elle engendra à la suite de cela trois veaux qui avaient, en place de corne, et du même côté que la mère, de petites masses dures rattachées au front par une peau molle. Hoffmann en rapporte un autre communiqué à lui par le Dr Kratz de Lich : un verrat avait eu la queue non coupée, mais lentement rongée par des rats ; il engendra à la suite de cela des petits sans queue.

Sans nous arrêter à ces exemples, passons à ceux de Brown-Séquard contre lesquels aucune objection n'a pu prévaloir.

Ce physiologiste au cours de ses expériences sur l'épilepsie spinale des cobayes dont nous allons parler dans un instant, a constaté les faits suivants : à la suite de la section du nerf sciatique, la patte postérieure était devenue insensible, ces animaux détruisirent leurs orteils en les rongeant; leurs petits naquirent dépourvus de phalanges ou d'orteils à la patte postérieure. A la suite de la section du corps retiforme la cornée devient opaque, puis l'œil se rapetisse et peu à peu s'atrophie, sans inflammation ; chez les descendants se montrent des altérations également non inflammatoires, tantôt identiques (opacité cornéenne, résorption de l'œil) tantôt analogues (altérations des humeurs et du cristallin) mais toujours purement nutritives et sans ophtalmie. A la suite de la section partielle du bulbe rachidien, il observe une exophtalmie chez les parents, et une exophtalmie identique chez les descendants. Enfin des altérations diverses des paupières à la suite de la lésion du corps retiforme ou du sympathique cervical ont été transmises identiques aux descendants. Ces altérations se sont étendues à un nombre considérable d'individus et à cinq ou six générations ; dans de nombreuses expériences elles n'ont jamais manqué de se produire ; or, jamais on ne les a vues se montrer spontanément. Ces conditions ne laissent aucune place à l'hypothèse de coïncidence, pas même avec l'interprétation de Platt-Ball. Ce dernier, adversaire systématique de l'hérédité des caractères acquis, objecte que ce sont là des faits isolés, très particuliers qui demandent une explication spéciale et ne prouvent rien pour l'hérédité des autres caractères. Nous lui accordons volontiers tout cela. Il ne s'agit pas ici d'explication, mais de faits et le fait est celui-ci : Des caractères anatomiques ayant la forme de mutilations, peuvent être héréditaires lorsqu'ils s'accompagnent de troubles ou de lésions du système nerveux.

Nous avons vu comment les maladies constitutionnelles peuvent être héréditaires. En dehors du microbe, les dispositions anatomiques ou les caractères chimiques (innés les uns et les autres), créent la prédisposition, sont transmissibles. En est-il de même des maladies acquises ?

La difficulté est ici de distinguer les maladies vraiment acquises de celles qui ne le sont qu'en apparence. Comment savoir, lorsqu'une affection se développe, si elle est le résultat de l'évolution lente et tardive d'une tendance contenue dans le germe avec la seule aide de ces conditions adjuvantes banales que chacun trouve partout, ou si elle est créée de toutes pièces par des conditions ambiantes déterminées ? Cette indécision ôte presque toute valeur aux trois quarts des observations souvent présentées comme concluantes. Nous ne les énumérerons pas à cette place.

Il est, toutefois, un certain nombre d'affections et de tares acquises qui sont transmissibles héréditairement que l'on peut suivre à travers plusieurs générations. On cite, dans la race pure, des juments et des étalons corneurs ayant communiqué leur vice à leurs descendants. Signalons, à ce propos, les conclusions d'une magistrale leçon de M. Labat, sur l'hérédité du cornage :

« Il n'est pas impossible que les parents corneurs, dit le distingué professeur de Toulouse, en transmettant une conformation défectueuse, engendrent des corneurs de naissance.

« Dans l'extrême majorité des cas, le cornage chronique est dû à la paralysie du larynx et les parents atteints de cette affection ne transmettent pas l'affection elle-même, mais une aptitude très réelle à l'acquérir, c'est l'hérédo-prédisposition au cornage.

« L'analyse des causes du cornage a fait constater qu'un petit nombre d'entre elles sont susceptibles de se transmettre par voie de génération : vice de conformation et surtout la prédisposition à la paralysie du larynx. Par conséquent, tous les cornages chroniques ne sont pas héréditaires ; il y a des cornages non héréditaires et des cornages héréditaires.

« Enfin, l'hérédo-prédisposition constitue le facteur le plus important dans la genèse du cornage chronique ; elle se montre comme condition préparatoire et prédisposante dans le plus grand nombre des cas de paralysie du larynx ; et la paralysie laryngienne est incontestablement la cause la plus fréquente du cornage chronique.

« C'est avec raison que la loi interdit la monte aux étalons corneurs, quelle que soit la cause du cornage. Il est à regretter, vu la part de la jument égale à celle de l'étalon dans la production du vice, que celle-ci ne puisse être également exclue de la reproduction lorsqu'elle est atteinte du cornage. »

Il est reconnu de tous, que des étalons porteurs de formes, d'éparvins, de jardes ont engendré des poulains atteints de ces tares. La plus commune est la jarde. C'est une maladie des mauvais jarrets que quelques étalons fameux ont transmis à presque tous leurs produits. Les fils de *Saxifrage*, de *The Bard*, etc., ont souvent hérité de la jarde, et nombreux sont les poulains qui portent en naissant ce défaut observé chez leurs parents, chez qui la tare osseuse avait apparu accidentellement. Donc, cette maladie accidentelle est héréditaire, et Joly, le distingué vétérinaire de Saumur, qui a traité cet intéressant problème, s'exprime en ces termes :

« La chose peut être expliquée, par ce fait, que la jarde peut accompagner l'ostéo-arthrite ankylosante et que celle-ci frappe tous les tissus, toutes les articulations d'une déchéance organique ; ou bien que, chez ces organismes osséitiques, les tissus ligamenteux subissent, comme le tissu osseux, le vice de nutrition hérité de l'ancêtre. »

Nous ne nous appesantirons pas sur les autres tares : suros, éparvins, etc., qui sont le plus souvent héréditaires. Nos lecteurs trouveront des explications très complètes dans l'intéressant ouvrage que Joly a publié récemment sur les *Maladies du cheval de troupe*, au chapitre de l'ostéite de fatigue. Les considérations de cet auteur, basées sur des observations rigoureuses, ont une importance capitale et s'ajoutent aux nombreux faits qui démontrent l'hérédité des caractères acquis.

Les tics, la méchanceté, l'aptitude à galoper sur un pied plutôt que sur l'autre[1], l'amour de la lutte pendant la course, et une foule d'autres particularités acquises peuvent être également héréditaires.

On ne saurait insister avec trop de force sur ce problème de l'hérédité acquise qui, s'enchaînant avec celui de la variation, est de nature à orienter la science de l'élevage dans une voie nouvelle.

Il ne suffit plus, peut-on dire à l'heure présente d'admettre l'évolution de la race pure, il faut tacher de savoir comment elle s'opère. Doit-on dire que les causes de la variation des êtres vivants sont en dehors de notre atteinte et y resteront toujours ; n'est-il pas plus scientifique de croire qu'elles sont accessibles et que la science doit découvrir vers quelles rives inconnues l'évolution entraîne la race du cheval de course ? C'est ce que la variation nous démontrera.

Nous terminerons enfin le problème de l'hérédité des caractères acquis par l'explication physiologique du processus par lequel le corps du cheval de courses peut s'immuniser contre les différentes substances employées comme « doping », et nous aborderons ensuite l'étude du phénomène auquel on a donné le nom de télégonie.

La transmission des caractères acquis se démontre expérimentalement, non seulement chez les organismes monocellulaires, mais aussi chez les organismes les plus élevés, du moins dans des cas spéciaux. Nous voulons parler de l'immunité acquise.

Tizzoni a montré, par une série d'expériences, que des souris et des lapins immunisés transmettent en héritage à leurs descendants l'immunité acquise contre les toxines. Behring a observé des faits semblables, mais ce sont surtout les expériences de Ehrlich sur l'action de la ricine et de l'abrine chez les souris, qui sont particulièrement intéressantes.

La ricine et l'abrine, même à de très faibles doses, sont un poison violent pour les souris. Si on les mélange à leurs aliments, elles déterminent une inflammation intense du tube digestif, puis la mort. Toutefois, les souris auxquelles on en a fait prendre, pendant longtemps des doses extrêmement minimes, que l'on a augmentées progressivement, deviennent tellement réfractaires à l'action du poison qu'elles peuvent en supporter, sans en être incommodées, des quantités relativement considérables, qui détermine-

1. Ce qui a fait dire qu'il y avait des chevaux gauchers et des chevaux droitiers.

raient la mort rapide chez des souris neuves, c'est-à-dire n'ayant pas subi ce traitement préalable. Elles sont immunisées contre la ricine et l'abrine, ce qui signifie qu'elles ont acquis un certain degré d'immunité contre l'influence toxique de la ricine et de l'abrine.

L'immunité contre la ricine — et c'est le point qui nous intéresse spécialement ici — est une propriété acquise, non seulement par les parois du tube digestif avec lesquelles la ricine est mise en contact immédiat, mais encore par le corps tout entier.

Ehrlich, à la suite de ses expériences, a abordé la question importante, qui d'ailleurs se posait aussitôt, de savoir si l'immunité acquise par ces animaux se transmet à leurs descendants par l'intermédiaire de l'œuf et du spermatozoïde.

A cet égard, les œufs et les spermatozoïdes se sont comportés de façon différente. En accouplant des mâles parfaitement immunisés contre l'abrine et la ricine, avec des femelles non immunisées, les jeunes ne présentaient aucune trace d'immunité contre le poison. Le germe des spermatozoïdes n'est donc pas susceptible de transmettre à la descendance l'immunité acquise par le père.

Le résultat fut tout autre pour les produits de l'accouplement des femelles immunisées avec des mâles normaux. Les jeunes, six à huit semaines après la naissance, étaient encore, sans exception, immunisés.

La différence que présentent, sous ce rapport, les œufs et les spermatozoïdes, trouve, à notre avis, son explication dans ce fait que le poison, qui circule avec les liquides plasmatiques, n'a pu, vu la courte durée de l'expérience, exercer son influence que sur le plasma nutritif des cellules. Par contre, l'idioplasma, plus stable et certainement moins exposé à l'action directe des agents externes, n'a pu encore se modifier. Les œufs, abondamment pourvus de protoplasme, peuvent donc bien transmettre, par l'intermédiaire de ce protoplasme modifié, leur immunité aux cellules embryonnaires qui en proviennent, ce qui est impossible aux spermatozoïdes dont la substance nucléaire est seule active dans le processus de la fécondation.

Lorsqu'en 1900 parurent, dans *The Sportsman*, les controverses provoquées par l'emploi des alcaloïdes administrés comme *doping*, par les professionnels yankees, nous eûmes l'idée d'appliquer les expériences citées plus haut à des chevaux de pur sang. Nous expérimentâmes l'immunité envers la caféine, la cocaïne, la strychnine et leurs dérivés qui sont le plus communément employés, sur trois juments et trois étalons sans valeur qui furent mis à notre disposition par un généreux éleveur de nos amis, dont nous ne sommes pas autorisés à publier le nom. Quoique fort éloignés de nous douter que la question du *doping* aurait l'importance qu'on lui accorde aujourd'hui, nous voulions, dès cette époque, nous assurer que sous l'influence des alcaloïdes précités : 1° l'état général de l'organisme du cheval de course avait été modifié par la caféine, la cocaïne où la strychnine qui avaient été introduites dans le corps ; 2° que chaque tissu, chaque cellule avait subi leur influence ; 3° enfin que l'organisme avait acquis une propriété nouvelle, l'immunité contre les agents usités et qu'il pouvait transmettre cette propriété acquise dès qu'elle est devenue commune à toutes ses cellules, y compris ses cellules sexuelles.

Nous avons tenté l'immunité envers chacun des trois alcaloïdes sur une jument et un cheval entier pour établir des expériences comparatives. Elle fut obtenue très régulièrement pour la caféine et la strychnine, de telle sorte qu'au bout de trois mois de traitement nos chevaux prenaient des doses très élevées, qui eussent été mortelles pour des chevaux qui n'auraient pas subi le traitement préalable. En ce qui concerne la cocaïne, le mâle et la femelle qui furent soumis à l'expérience purent acquérir l'accoutumance, mais jamais nous ne vîmes survenir d'immunité envers une dose de beaucoup supérieure à celle dernièrement employée.

Après un traitement de cinq mois, les quatre sujets, les deux mâles et les deux femelles expérimentés avec la caféine et la strychnine, furent accouplés au printemps de 1901 avec des individus normaux. Nous avons obtenus des produits, un poulain et trois pouliches. Le mâle et l'une des pouliches présentent de légères malformations osseuses et chez les quatre sujets on constate un retard très net dans le développement. Nous verrons plus loin ce qu'on doit déduire de la notation de ces stigmates de dégénérescence. Le *doping* : caféine et strychnine, a été tout récemment expérimenté sur eux. Le résultat du premier contrôle n'est pas conforme en tous points aux conclusions d'Ehrlich, car nous pouvons dire que chez les parents, les œufs et les spermatozoïdes ont été impressionnés d'une manière presque identique puisque l'excitabilité des systèmes nerveux et musculaire n'a été obtenue qu'à l'aide d'une dose très élevée chez les quatre produits. Nous devons faire remarquer, toutefois, que c'est grâce à la longue durée de l'expérience que les spermatozoïdes ont subi l'action des deux alcaloïdes ; nous sommes donc autorisés à conclure que les mâles sont, en général, plus réfractaires au *doping* que les femelles, et qu'au point de vue de la génération, il sera plus préjudiciable à ces dernières.

Nous pouvons donc formuler la proposition suivante : De même que la cellule est sensible à l'action des poisons employés comme *doping* et subit dans cette action une modification matérielle qu'elle transmet sous forme d'immunité ; de même, toute cellule de l'organisme du cheval est sensible à l'action de l'état général du corps et subit dans sa substance spécialement réceptive, c'est-à-dire dans sa substance héréditaire, des modifications matérielles correspondant aux causes qui les ont produites. Si l'emploi du *doping* s'était généralisé, il se serait produit une modification durable dans l'idioplasma et il en serait résulté l'apparition d'un caractère nouveau, acquis, qui aurait enrichi la race pure d'une nouvelle propriété, d'une nouvelle tendance.

Ayant envisagé ce problème au seul point de vue de l'hérédité acquise, nous n'avons pas à considérer à cette place la question du *doping* dans la génération, c'est-à-dire à rechercher les troubles que provoqueront dans la race pure les sujets qui, dopés à l'entraînement, auront été ensuite envoyés au haras. Nos lecteurs trouveront plus loin ces notions à l'article *doping*, inscrit dans le plan de cet ouvrage à une époque où cette question des drogues passionnait seulement les turfistes anglais.

Cédant aux instances d'un vétérinaire anglais au service d'un des plus grands propriétaires d'Outre-Manche, nous fûmes amenés dès l'automne 1900 à entreprendre cette intéressante étude que nous avons traitée avec la plus rigoureuse exactitude et une grande abondance de détails. Nous pourrons donc passer utilement en revue l'action des stimulants : caféine, kola, coca, cocaïne, strychnine, avénine, vanadate, éther, etc., ainsi que celle des excitants organiques mis en lumière par les plus récentes découvertes biologiques. Nous étudierons les « ipoh » employés par la tribu des Semanhs et par celle des Dayaks à Bornéo.

La digitaline, très utile au printemps pour les pouliches à l'entraînement, comme modérateur génésique fera l'objet d'une recherche très complète. Nous publierons les doses qui conviennent à chaque tempérament et suivant les saisons, nous décrirons les troubles observés, les symptômes qui décèlent le *doping* avant la course, enfin le traitement qu'il convient de faire subir aux racers pour provoquer une élimination plus rapide des stimulants toxiques employés.

Télégonie. — La télégonie, c'est ce qu'on appelle l'influence du premier mâle qui a couvert une femelle, sur les produits ultérieurs de cette femelle. En réalité, il ne faut pas dire influence du premier mâle, mais influence du premier père, car si le premier accouplement a été infécond, il n'y a pas télégonie.

Voici donc le schéma du phénomène : une jument de race pure de famille A est fécondée par un étalon de famille B et porte dans son utérus un produit A × B. Si, ultérieurement, la même femelle est fécondée par un mâle de famille C, elle donne quelquefois des produits qui ont certains caractères de la famille B.

C'est que, pendant la longue durée de la gestation première, la jument et son fœtus ne formant qu'un individu au point de vue de la corrélation générale, l'unification tend à se faire dans le patrimoine héréditaire de l'ensemble, c'est-à-dire que le fils A × B prend quelques propriétés de la mère A, et la mère A quelques propriétés du poulain A × B. Ainsi, la mère acquiert partiellement des caractères de la famille du fils et elle n'est plus, après la gestation, de famille absolument pure A, mais a quelques propriétés de la famille B, et pourra les transmettre à ses produits ultérieurs. Avant d'aller plus loin dans l'explication du phénomène, citons quelques cas :

... Darwin rapporte le cas authentique d'une truie de M. Giles, qui, saillie par des verrats de sa race, a toujours donné des petits noirs et blancs comme elle et comme toute sa race avec une constance parfaite. Elle fut saillie un jour par un sanglier et donna des métis. Livrée ensuite derechef à un verrat de sa race, elle fit une portée dans laquelle se rencontrèrent des petits à robe marron uniforme...

Le cas le plus célèbre est celui de la jument du lord comte de Morton. Cette jument alezan ayant 7/8 de sang arabe et 1/8 de sang anglais, fut saillie en 1815 par un couagga, sorte de zèbre moins rayé que l'espèce ordinaire et fit un métis. Livrée ensuite à un étalon noir du même sang qu'elle, elle fit successivement, en 1817 et 1818, deux petits que lord Morton, qui avait cédé sa jument à sir Gore Ouseley, le propriétaire de l'étalon, vit, lorsque l'un avait deux ans et l'autre un an. Tous les deux avaient, d'après le comte de Morton, autant de ressemblance avec le couagga que s'ils avaient eu 1/16 du sang de cet animal. Ils étaient de couleur baie, marqués comme le couagga, de taches foncées disséminées, de bandes noires, l'une le long de l'échine, les autres sur les épaules et la partie postérieure des jambes. La crinière aussi rappelait celle du couagga qui est dure et dressée. Saillie de nouveau, en 1823, elle eut encore un petit qui rappelait le premier père, huit ans après l'intervention de celui-ci. L'authenticité de ce cas n'est pas douteuse, mais on peut objecter que les ressemblances avec le couagga étaient peu accentuées et que des rayures semblables se rencontrent parfois spontanément, d'aucuns disent par atavisme chez les chevaux qui n'ont jamais eu de couagga dans leur lignée depuis l'origine de leur espèce. Cependant, le fait que trois produits successifs ont montré ces caractères rend plus difficile de croire qu'il s'agit là de coïncidence ou même d'atavisme.

Le professeur Cossar Ewart s'est occupé depuis plusieurs années du problème de la télégonie en croisant des chevaux et des zèbres. Les expériences ont été coûteuses, car les zèbres sont rares. Mais elles n'ont épuisé ni l'ardeur ni la patience de l'expérimentateur.

Les recherches diverses entreprises sur une grande échelle dans la propriété de Penycuick, portent sur les diverses questions qui concernent les hybrides; les sujets sont les hybrides obtenus par le croisement du zèbre mâle et de la jument. Dans le mémoire lu à la *Royal Society*, l'auteur dit qu'en ce qui concerne la télégonie les résultats obtenus ne sont pas favorables à cette théorie, si généralement admise: ils conduisent à une interprétation différente, celle d'une reversion vers des ancêtres de la femelle. Ewart soumet à une critique détaillée le cas que nous venons de citer de la jument de lord Morton, dont les poulains portaient des raies qui n'offraient pas la disposition de celles du couagga, et des raies pareilles se retrouvent de temps à autre chez des individus de la race à laquelle appartient la jument. Un fait plus probant serait l'aspect de la crinière de l'un des poulains qui rappelait celle du zèbre.

Dans les expériences de Penycuick, deux poulains nés d'un étalon arabe et d'une jument de West Highland, qui avait donné antérieurement un hybride de zèbre, ont présenté des raies plus ou moins distinctes dont plusieurs sont visibles seulement par certains artifices d'éclairage; elles diffèrent d'ailleurs beaucoup de celle de l'hybride antérieur et du zèbre dont celui-ci provenait. Ces bandes ont une tendance à s'effacer avec l'âge. Mais on a pu arriver à les voir disparaître avant la fin de la première année dans le cas du sujet où elles étaient le plus accusées, celui-ci étant mort à l'âge de cinq mois : cette disparition est la règle chez les poulains qui présentent des marques analogues. D'autre part, deux pouliches, nées du même étalon et d'autres juments de la race du West Highland, qui n'avaient jamais été accouplées avec un zèbre, ont présenté des bandes presque identiques. Il y a plus : une jument de la race des poneys de Shetland avait produit, avant tout croisement, des poulains portant des bandes transversales plus ou moins distinctes : après la naissance d'un hybride elle donna naissance à des poulains qui ne portaient plus aucune bande.

Des expériences identiques tentées chez M. de Parana, au Brésil, et chez Lady Meux, en Angleterre, ont donné, comme à Penycuick les mêmes résultats : on a toujours obtenu après la naissance d'un hybride, des poulains portant des zébrures. Nous ne nous arrêterons donc pas aux conclusions du professeur Ewart d'Edimbourg, qui, à notre avis, se représente mal la marche des choses dans cet intéressant problème. Et nous démontrerons plus loin qu'on ne saurait nier que le produit, provenant d'une première fécondation, détermine des modifications durables, et persistant à l'état latent, dans l'organisme maternel, avec lequel il se trouve longtemps en relation d'échanges nutritifs lors de son développement, et sur lequel, par ce fait, il exerce des excitations organiques. L'organisme maternel ainsi modifié légèrement dans sa constitution, exerce ensuite à son tour, et par la même voie, une influence sur l'embryon issu ultérieurement d'une seconde fécondation et lui transmet des caractères de la famille du premier étalon.

Kunstler signale le cas suivant : Une chienne braque française est couverte successivement par un setter irlandais, puis par un braque bleu d'Auvergne, puis par un setter gordon et encore par un setter irlandais; il paraît que sur les sept petits de la troisième portée (setter gordon), il en est un qui, par sa couleur, sa forme, etc., reproduisait fidèlement les caractères des petits irlandais de la première portée; parmi les petits de la quatrième portée (setter irlandais), il en est un qui rappelle les caractères du setter gordon, père de la portée précédente. Quoique les races de chiens en raison des nombreux métissages qui ont précédé leur formation, constituent un très mauvais matériel d'expérience, nous croyons que, étant donnés les détails rigoureux sur les ancêtres de la mère et des différents pères, dans le cas qui nous occupe, nous sommes en présence d'un cas véritable de télégonie.

Nous ne citerons pas toutes les expériences qui ont été faites sur des souris blanches, sur des chiens, sur des chats anoures, etc., etc., dont les résultats ont été communiqués à l'Académie des Sciences ; nous nous bornerons aux exemples que nous offre la race chevaline pure. Avant de signaler les nombreux cas qui ont été observés dans les haras français, — depuis la jument *Catty Sark* en 1826 jusqu'à *Lina Hacket*, — nous allons rapporter, tout au long, en laissant à la traduction son sens littéral, les motifs qui ont fait de Bruce Lowe, dont nous déplorons, soit dit en passant, le manque absolu de sens scientifique, un partisan de la télégonie.

« La consultation du *Stud Book*, dit l'auteur australien, révèle ce fait que, dans bien peu de cas, deux propres frères ont été à peu près d'un égal mérite, lorsque la mère a été successivement livrée au même étalon et après avoir produit un bon cheval de course lors de sa première conception. L'une des exceptions a été celle de *Whalebone* et *Whisker* (deux gagnants du Derby), par *Wary* et *Pénelope*. Dans ce cas, il s'écoula entre les deux, un intervalle de cinq années, pendant lesquelles la mère produisit *Web*, *Woful*, *Wilful* et *Whire*, tous par *Wary* et tous bons performers. Bien que je puisse paraître inexact en disant que *Whisker* était un cheval de course inférieur à *Whalebone*, démontrant ainsi que cette production réitérée de *Wary* avait sursaturé *Pénelope*, je ferai ressortir plus loin comment et pourquoi ce mariage triompha si longtemps des mauvais effets de la saturation.

« Qu'on me permette une comparaison familière : les efforts des propriétaires de haras pour produire le cheval de course peuvent être comparés à ce qui se passe dans la fabrication du plum-pudding. Les pruneaux (plums) représentent les courants de Stockwell qu'ils cherchent à introduire des deux côtés du tableau du pedigree, c'est-à-dire à trois ou quatre degrés. Si cette infusion réussit une première fois, la quantité voulue de pruneaux a été introduite dans la combinaison, et il en résulte un grand cheval de course, où, si vous voulez, un excellent pudding. Si je suis dans le vrai, en supposant qu'il y a eu saturation chez la mère, elle contiendra évidemment plus d'éléments de *Stockwell* dans son organisme qu'avant la conception ou en d'autres termes, l'influence de *Stockwell* ou la nature du mâle ayant trouvé chez la femelle par l'intermédiaire du fœtus ses affinités, l'organisme de la femelle est devenu plus intensifié et plus puissant en influx de Stockwell, qu'il n'était auparavant. Nous redonnons cette jument au même étalon. Cette fois, elle absorbe encore davantage de la nature de Stockwell, mais le second produit, malheureusement, est de beaucoup inférieur au premier. En d'autres termes, il y a *trop de pruneaux* dans le pudding cette fois; c'est un insuccès, qui s'accentuera à chaque nouveau mariage de ce genre.

« Citons un cas notable en Australie. Un premier produit (*Richmond*), par *Maribyrnong* et *The Fawn* s'est montré cheval de course de très haute classe. Le second produit par le même étalon — *Richmond Belle*, je crois, — n'a jamais été entraîné. Le troisième, *Bosworth* (vainqueur du Léger) du même père encore, quoique bon cheval de course, était de 12 livres ou une stone inférieur à son aîné, et ils ont continué ainsi à dégénérer de plus en plus. Les acheteurs se présentaient chaque année le sourire aux lèvres, et payaient les poulains de mille à quinze cents guinées, mais peu ont payé l'avoine qu'ils ont consommée pendant leur entraînement. Le *Stud-Book* anglais foisonne de cas semblables, notamment *West-Australian*, qui fut un grand cheval de course, tandis que ses sœurs cadettes, *Marley-Hill*, *Aurifex*, *Victoria* et *Go-Ahead*, furent très inférieures comme chevaux de course. Si nous revenons à la mère d'*Isonomy*, *Isola-Bella*, nous trouvons son premier produit avec *Sterling*, *Isonomy*, un animal de haute classe, tandis que les produits suivants du même père *The Pyx*, *Fernandez*, *Isola Madre*, *Privilège*, etc., etc., sont d'un mérite très inégal à celui de leur aîné.

« Mais la théorie de la saturation se réduirait à rien, si, dans certains cas, elle n'agissait en sens inverse et si elle n'améliorait quelquefois les chances des progénitures cadettes. Le cas s'est présenté, en Australie, avec les mères de *Carbine*, *Commotion*, *Le Grand* et *Grand Flâneur;* tous ces chevaux ont été extraordinaires et dans chacun de ces cas, ils venaient troisièmes et quatrièmes produits du même mariage — démontrant clairement que dans la première conception l'influx paternel n'était pas encore assez prononcé, mais qu'il devenait plus fort à chaque nouveau contact. Comme pour corroborer ma thèse, dans chacun de ces cas, le comble du succès ayant enfin été atteint, la dégénérescence est survenue, et les successeurs immédiats de ces grands chevaux ont été de beaucoup inférieurs, comme chevaux de course. Il ne faut pas de profondes recherches pour trouver l'explication de cette apparente contradiction à ma théorie, si toutefois elle est déjà acceptée comme plausible. Par exemple, dans le cas de *Pénelope*, elle fut produite en dehors de tout courant de sang du puissant *Éclipse*, par ceux de *Godolphin* et *Byerly Turk*. Son père *Trumpator* était un mâle descendant de *Godolphin* et la mère *Brunette* était de *Dore*, par *Matchless*, fils de *Godolphin Barb*. La mère de *Pénelope*, *Prunella*, était par *Highflyer*, fils d'*Hérod*, d'une mère par *Blank*, fils de *God. B.* et d'une sœur de *Southby Regulus*, fils de *God. B.* La grand-mère de *Pénelope* était par *Snap*, et *Julia* par *Blank-God. B.* Cette combinaison donne quatre courants très rapprochés de *Godolphin Barb*, greffés sur l'efféminée ligne n° 1. N'importe quel novice déciderait à première vue que *Pénelope* avait besoin d'être croisée avec un proche descendant du robuste *Éclipse* et par un heureux à-propos on lui choisit *Wary*. Le premier produit *Whalebone*, qui n'avait que quinze mains et un demi-pouce (1m,53) de taille, fut un brillant cheval de course. A trois ans, il gagna les riches Newmarket Stakes et le Derby, plusieurs matches, et d'autres bonnes courses, jusqu'à l'âge de six ans. Il fut de beaucoup un cheval de course de plus haute classe qu'aucun autre de ses frères et sœurs, excepté *Whisker;* il est vrai qu'on peut aisément se figurer que la série de ces chevaux procédant d'un tel mariage et d'une ligne aussi splendidement coureuse que le numéro 1 devait avoir facilement raison des chevaux de course de cette époque moins bien favorisés dans leurs lignées, — dans le cas d'*Isola Bella*, les conditions étaient inverses. J'ai indiqué de quel sang robuste elle était issue, beaucoup plus en cela que *Sterling* à qui elle fut donnée, quoiqu'il fut le produit d'un double croisement de la propre famille d'*Éclipse* (n° 12). Heureusement, sa première production avec *Isola Bella* fut *Isonomy;* par suite, il n'était guère probable avec des conditions telles de saturation que la progéniture suivante par le même père fût aussi bonne que la première. Dans *Pénelope*, il fallait corriger le manque de puissance; dans *Isola Bella*, la puissance devait être intensifiée à chaque nouvelle portée jusqu'à détruire l'équilibre des conditions requises.

« Un cas très analogue à celui de *Pénelope* est celui de la jument *Alexander*, mère de ce merveilleux quatuor consécutif de chevaux: *Castrel*, *Selim*, *Bronze* (Oaks) et *Rubens*, tous par *Buzzard*. Ils descendent en ligne féminine de la *Barb de Burton* de la ligne n° 2.

« The Druid a décrit *Woodpecker*, un cheval gros, commun,

oreillard, qui ne se signala guère, qu'en produisant *Buzzard*, avec la jument *Aeto* (3), et c'était dans les règles de l'art, puisqu'il n'avait pas lui-même de courant masculin dans les veines. L'on peut préciser que *Buzzard*, comme la majorité de la production de *Woodpecker*, devait être commun et corpulent, et par conséquent bien assorti pour une haridelle comme la jument *Alexander*, qui fut offerte pour la misère de 25 livres sterling, et finalement donnée par le duc de Queensberry à son chirurgien. Nous n'avons rien su des mérites de son premier produit, par *Buzzard*, *Piccadilly*, né en 1800, mais elle changea de face l'année suivante, en donnant le magnifique alezan *Castrel*, 1m,60 de taille, avec une « grande qualité », et si ce n'eût été son cornage, bien peu le valaient sur le turf, dit The Druid.

« Le produit suivant, *Selim*, était aussi considérablement vite, et le même auteur ajoute : « Il était plein de qualité et de proportions si majestueuses que personne n'aurait pu le suspecter de se tenir si bien sur toutes les distances. » Son portrait et ses performances sont donnés dans cet excellent ouvrage : *Portrait des Chevaux de course célèbres*.

« Le faite du succès de cette union paraîtrait avoir été atteint, dans ce troisième rejeton, *Selim*, car ni *Bronze* (Oaks), ni *Rubens*, n'étaient d'aussi haute classe, bien que ce dernier fut phénoménalement vite sur les courtes distances. A quelque point de vue qu'on se place, d'ailleurs, le pedigree de cette série de chevaux, offre une si heureuse combinaison des lignes coureuses supérieures (1), (2) et (3), aussi bien que des conditions physiques, que le plus mauvais des quatre aurait pu surpasser la grande majorité des chevaux de l'époque, comme je l'ai déjà dit de *Whalebone*, ses frères et ses sœurs. Dans l'ouvrage dont je viens de parler, se trouvent les portraits des trois frères, et ce qui est digne de remarque, c'est que *Castrel* et *Selim*, sont représentés en chevaux « plein de qualité », très peu en chair, tandis que *Rubens*, le sixième fils du gros et charnu *Buzzard*, était modelé de la même façon que son père. Sa description est donnée comme suit : « Cheval corpulent et charnu, taille seize mains (1m,60), vite comme l'éclair. » Quelle déduction pourrait-on tirer de ce cas, si ce n'est de présumer que la mère de race robuste, mais frêle et délicate s'est, à chaque portée, imbibée de plus en plus de l'essence forte, musculeuse, saine, de *Buzzard*. Au fait, ce cas est presque le pendant de celui que j'ai cité précédemment — de la femme délicate, mariée avec un homme sain et robuste.

« Je sais bien que nombre de cas pourraient être cités, présentant en apparence des résultats contraires, mais ils ne sauraient nullement amoindrir ceux que j'ai rapportés dans les pages précédentes, et l'on doit toujours se rappeler que le manque de santé de l'un des parents, peut faire dévier l'accomplissement des lois de la nature, comme je m'efforce de le démontrer par des exemples. Dans la race humaine en effet, quand on voit dans une famille quatre ou cinq filles nées consécutivement et que survient un garçon, une enquête fera généralement jaillir ce fait que, dans l'année avant la naissance de ce dernier, le mari a été en proie à une maladie grave ou à quelque pénible préoccupation mentale, ayant eu pour résultat de rompre l'harmonie de la loi naturelle, existant auparavant.

« Si j'élevais des chevaux de course et que je réussisse une première fois un produit de haute classe, immédiatement je croiserai la mère avec un étalon, dont le sang fût d'un caractère distinctement opposé, mais contenant l'un des meilleurs courants du premier père. *Isola Bella* aurait dû être donnée une ou deux fois à un cheval tel que *Petrarch*, aussitôt qu'*Isonomy* eût développé des moyens et fait preuve de supériorité. *Petrarch* n'était pas riche en courants masculins et sa provenance était décidément efféminée, de sorte qu'il aurait, presque à coup sûr, donné un bon résultat avec cette jument, pour le plus grand bénéfice de qui de droit. Au cours de ces dix dernières années, en Australie, deux chevaux de haute classe étaient propres frères — *Navigator* et *Trident* — par *Robinson Crusoë* et *Cocoanut* par *Nutbourne*. Pendant qu'il était yearling, *Navigator* était très petit, ce qui probablement détermina son éleveur, M. de Mestre, à donner la jument, à un fort étalon de son haras, nommé *Picastor; Cocoanut* ayant dans cet intervalle, mis bas d'une pouliche, propre sœur de *Navigator*. Tout petit qu'il était, *Navigator* fut un brillant deux et trois ans, de sorte que naturellement la jument fut redonnée à *Robinson Crusoë*, ce qui eut pour splendide résultat de produire *Trident*, un plus grand et meilleur cheval que son propre frère. Le second produit de *Robinson Crusoë*, la pouliche *Copra*, fut une jument de course inférieure, mais se montra ensuite vraie bonne reproductrice, son fils *Camoola* gagnant les A.J.C. et V.R.C. Derbys et le A.J.C. Léger, démontrant que probablement la saturation avait été en jeu, mais qu'elle avait été contrecarrée par la livraison accidentelle de *Cocoanut* à *Piscator*.

« La saillie de *Piscator*, produisit *Coir*, un beau cheval, bien conformé, mais de deuxième classe seulement. *Cocoanut*, elle-même, était grande et délicate d'apparence et je ne puis m'empêcher de croire que cette portée, due au gros, puissant et robuste *Piscator*, n'ait communiqué à la constitution de la jument, de la force et de la vigueur et qu'elle n'ait ensuite transmis une partie de cette vigueur, dont elle venait de s'imbiber, à son produit suivant, *Trident*, un bien plus précieux cheval que son propre frère, *Navigator*. — Mon ami, M.A.C. White, dont j'ai parlé plus d'une fois, est possesseur d'une jument de grande qualité et de délicate apparence nommée *Avaline*, par *Yelverton* (fils de *Gemma de Vergy* et *Déceptive*, par *Venison* et une jument par *Défence* — tous courants de qualité). M. White n'étant pas satisfait de sa production avec un cheval de sang, se décida à lui faire produire des chevaux de trait, et la croisa avec un étalon hackney anglais, *Flying Shales*. S'en étant repenti, il la donna ensuite au pur sang *Grandmaster*, et il eut de cette union un merveilleux sprinter, sous de forts poids, le fameux *Bungebah*, un épais et musculeux alezan aux membres postérieux droits, aux crins rudes, les fanons garnis de touffes de poils, et présentant tout à fait des traces non équivoques de sang hackney dans ses veines. Son éleveur et moi avons bien souvent échangé nos vues à ce sujet et mes convictions sur la saturation furent grandement corroborées par ce fait et par d'autres qui m'ont été signalés par M. White, dont toute la vie a été consacrée à l'élevage en grand des trois espèces bovine, ovine, et chevaline, et qui a eu des occasions exceptionnelles d'observer les curieux effets de la production répétée par le même étalon. Il croit avec moi qu'une jument de pur sang délicatement constituée, peut actuellement être avantagée par sa livraison à un robuste étalon hackney. Qui pourrait affirmer avec quelque certitude que les juments anglaises originelles, qui ont servi de souches, aux familles masculines, étaient complètement exemptes de toute immixtion du sang des chevaux bais de la race du Cleveland, avec leurs magnifiques épaules, leurs côtes arrondies et leurs longs quartiers. Les bonnes épaules de nos modernes chevaux de course de haute classe ne proviennent certes pas de l'Arabe et du Barbe. Elles sont indubitablement l'héritage de la race primitive anglaise, quelle qu'elle fût, et que certains auteurs pensent avoir fourni le *dextrier quar* assez fort pour porter les chevaliers bardés de fer : or, rien moins qu'un cheval de Flandre ou un bai Cleveland ne pouvaient suffire à cette tâche. Le gouvernement d'Australie dans les premiers temps de l'occupation coloniale, éleva des chevaux de troupe excellents et d'élégants hacks de maître, produits d'un étalon arabe, *Satellite*, de demi sangs bais Cleveland et de juments de sang. Un vieux colon, très bon juge en la matière, m'a assuré que les chevaux du gouvernement étaient capables à cette époque de gagner des steeple-chases et que c'étaient des routiers pleins de cœur et d'endurance.

« Je ne tiens pas à passer pour l'avocat du croisement de notre production de pur sang, destinée aux courses, avec des étalons Cleveland ou hackneys. Je serais le premier à considérer cette conduite comme rétrograde et ne devant même pas être prise en considération, si ce n'était dans les circonstances exceptionnelles qui ont entouré le cas de *Bungebah* et même alors je choisirais de préférence et toujours un sain et robuste pur sang. Ce cas a été cité uniquement pour démontrer que la trace de l'étalon hackney était clairement visible dans le produit suivant de l'étalon de sang — et ce fut sans doute un facteur important. cause du peu de fond de *Bungebah*. Au cours de ces sept ou huit dernières années, j'ai observé des preuves si manifestes des effets de la saturation à la fois chez les hommes et chez les animaux, que je ne puis m'empêcher d'espérer que ce sera bientôt un fait parfaitement admis en physiologie. L'un de mes plus rudes contradicteurs dans la controverse mentionnée au commencement de ce chapitre, me fit trois années plus tard le compliment de m'avouer « qu'il était tout à fait converti à ma théorie », et qu'il ne visitait jamais un haras de pur sang sans rencontrer à chaque pas des preuves à l'appui. Elle n'est pas moins remarquable dans l'espèce bovine. A l'exposition Royale d'Agriculture, il y a quelques années, un éleveur bien connu, me conduisit à travers les parquements pour me montrer trois lots de génisses Shorthorn (courtes cornes) : quatre à peine sevrées, quatre d'un an et quatre de deux ans, toutes ces génisses provenant du même taureau. Ces génisses venaient d'un petit troupeau de vaches sélectionnées. Un nouveau courant de sang y avait été introduit quelque quatre ou cinq années auparavant par la voie d'un taureau rouan très clair, infusé de quelque race blanche.

« La plus jeune production présentait des traces si évidentes des effets de la saturation, que je n'eus aucune peine à me convaincre que le taureau devait être de robe beaucoup plus claire que les vaches, déduisant de ce fait que les génisses de deux ans étaient d'un rouan sombre, celles d'un an de couleur considérablement plus claire et les nouvelles sevrées presque blanches ou rouan très pâle.

L'éleveur confirma l'exactitude de mes déductions en me disant, que le seul reproche qu'il devait faire à son taureau, c'était cette tendance à produire des robes claires, tirant sur le blanc, et aussi que toutes les mères de ces génisses avaient porté des produits de ce taureau pendant au moins trois années consécutives.

« S'il peut être clairement démontré, poursuit Bruce Lowe, que chaque conception procure pendant son développement, une addition d'influence à la précédente ou à la première, alors évidemment, existeront d'immenses probabilités de pouvoir se servir de cet important facteur pour la production d'animaux de haute classe. Le propriétaire de haras pourra en toute raison se dire : « Si cette théorie est exacte, une jument peut bien ne pas être tout ce qu'on la croit? » En d'autres termes : « La jument par *Hermit* que je me propose d'acheter pour la donner à *Saint-Simon*, contient, selon votre théorie, une forte immixtion du sang de *Sterling*, puisqu'elle a été donnée quatre fois consécutives à ce dernier étalon. » Voilà précisément quel serait le résultat de ces accouplements répétés, si mes suppositions sont exactes, et je suis convaincu que les éleveurs ne sauraient être trop attentifs en choisissant des juments, de s'assurer par quels étalons elles ont été précédemment fécondées.

« Pour ma part, si j'avais un étalon de grande classe, j'achèterais des pouliches, pour la simple raison qu'il n'y a pas encore d'influence en œuvre. Il est vrai qu'en poursuivant l'argument jusqu'à son entière conclusion logique, cette même jeune pouliche que j'achète pour son sang de *Petrarch* peut effectivement en contenir une partie de celui de *Galopin*, étant donné que ce dernier cheval a fécondé sa mère cinq ou six années de suite avant de l'être par *Petrarch*. En admettant même qu'il en soit ainsi, je diminue considérablement le mal en ne donnant que des pouliches à mon étalon.

« La théorie de la saturation donne la seule explication satisfaisante des centaines et des milliers d'insuccès dans la production des chevaux de course, qui pourtant avaient été mis au monde dans les conditions en apparence les plus favorables en ce qui touche la haute origine, les performances du père et de la mère, la recherche des alliances de sang les plus renommées pour leurs succès, des conditions climatériques et sanitaires les meilleures, enfin de l'élevage, de l'entraînement, etc. Mais peut-être, ce que l'on peut trouver de plus ridicule (si ce n'était malfaisant) dans la voie de l'élevage, c'est la naïveté avec laquelle un simple amateur se lance dans l'affaire compliquée et réellement scientifique de l'élevage du cheval de course. Si un malade se présentait à ce même homme, se plaignant d'une maladie grave, et lui demandait son avis, il réponderait fort naturellement : « Adressez-vous à un médecin, je ne connais ni cette profession, ni le premier mot de la médecine. » Et pourtant il entreprend lui-même avec la plus grande présomption la chose qui exige les connaissances techniques les plus étendues des lois de la nature et des secrets les plus intimes des stud-books, ainsi que l'aptitude naturelle de l'œil qu'il faut encore cultiver pour lire d'un regard la symétrie et le caractère dans la race chevaline. Toutefois, comme du mal peut occasionnellement sortir le bien, si ce n'était peut-être les bévues stupides d'amateurs donnant les juments à leurs pères et les frères à leurs sœurs ou demi-sœurs, dans le but avéré de produire quelque chose d'extraordinaire, nous n'aurions pas eu des chevaux de course phénoménaux, tels que *Flying Childers* et *Gladiateur*.

« Je ne puis clore ce sujet de la saturation sans citer d'autres exemples de l'action des lois naturelles dans ce sens, démontrés par la pratique de feu lord Falmouth, qui rarement livra ses juments plus de deux fois consécutives au même étalon, donnant ainsi à entendre qu'il considérait l'usage de la continuation du même père, comme un obstacle aux brillants succès qu'il a obtenus comme éleveur de chevaux de course. Si nous consultons le *Stud-Book général anglais* (p. 360, vol. XIII), et que nous examinions le cas de l'illustre *Queen Bertha*, nous verrons que, de 1866 à 1877 — dix ans — elle fut livrée à cinq étalons différents, produisant comme suit :

Queen Bertha, élevée par lord Falmouth, en 1860, par *Kingston*; sa mère *Flax*, par *Surplice* (par *Touchstone*) et *Odessa* (par *Sultan*), etc.

1867. — Pouliche baie, *Gertrude*, par *Saunterer*.
1869. — Poulain bai, *Queen's Messenger*, par *Trumpeter*.
1870. — Poulain alezan, *Paladin*, par *Fitz Roland*.
1871. — Pouliche baie, *Blanchefleur*, par *Saunterer*.
1872. — Pouliche baie, *Spinaway*, par *Macaroni*.
1873. — Pouliche baie, *Fame*, par *Trumpeter*.
1874. — Poulain alezan, *Queen's Herald*, par *Trumpeter*.
1876. — Pouliche baie *Wheel of Fortune*, par *Adventurer*.
(En 1868, poulain mort : fut vide en 1875.)

« Je suis fortement d'avis que, si l'on eût continué la paternité de *Saunterer* pendant deux saisons après la production de *Gertrude*, le résultat eut été encore plus heureux étant donné que cet étalon apportait dans la combinaison un courant *Birdcatcher* et *Vélocipède*. Tandis que *Trumpeter* et *Fitz Roland* étaient tous les deux comme *Queen Bertha* de la ligne n° 1 et d'ailleurs très infusés du courant grêle de *Castrel* et *Selim* par *Orlando* — un sang assez mal assorti pour une jument d'une telle provenance. Il s'ensuivit que, lorsqu'elle fut donnée une seconde fois à *Saunterer*, elle avait été affaiblie par l'absorption des courants efféminés des deux étalons intermédiaires et le produit *Blanchefleur* fut une jument de course de beaucoup inférieure à sa propre sœur *Gertrude*. Au contraire *Macaroni* profita du fait de venir après l'influence des courants de *Birdcatcher* et *Blacklock* contenu dans *Saunterer*, deux courants de sang qui ont toujours paru lui convenir, ainsi que le démontre le cas de la mère d'*Ormonde*. — Que le lecteur se reporte aux numéros précédents où j'ai traité de la partialité (ou convenance particulière) que montrait *Adventurer* pour la pure descendance des numéros 1, 2, et 4, il comprendra d'autant plus aisément comment cet étalon réalisa un aussi splendide succès que la production de *Wheel of Fortune* avec *Queen Bertha* aussi saturée qu'elle était par deux portées successives d'un père de la ligne n° 1, comme *Trumpeter*, infusé lui-même des frères *Castrel* et *Selim* n° 2.

« En Australie, au haras de M. Frank Reynolds, de Tocal, près Sydney, nous trouvons un autre cas, *Melody* par *The Barb* et *Mermaid* par *Fisherman*.

Melody, 1879. — Poulain alezan, *Trumpet Major*, par *Goldsborough*.

1880. — Pouliche alezane, *Music*, par *Goldsborough*.

1881. — Poulain alezan, *The Broker*, par *Goldsborough*.

1882. — Pouliche alezane, *Melodious*, par *Goldsborough*.

1883. — Poulain alezan, *Minstrel Boy*, par *The Drummer*.

1884. — Pouliche baie, *Leidertafel*, par *The Drummer*.

1885. — *Melos* cheval de course de 1re classe, par *Goldsborough*.

« Il est intéressant d'observer les détails de cet exemple. Le premier des *Goldsborough* qui montra quelque bonne forme fut *The Broker*. Parmi ses meilleures victoires, notons le Saint-Léger d'Adélaïde. Mais il ne fut jamais qu'un cheval de 2e ou 3e classe en comparaison de son propre frère *Melos* (Derby et Léger) qui eut le désavantage d'avoir à lutter contre *Carbine* et *Abercorn* à leur apogée, mais qui malgré cela courut contre eux quelques courses désespérées et les défit tous les deux une fois dans une course de championnat (trois milles) à Flemington-Victoria. Comment expliquer raisonnablement cette supériorité si ce n'est par la théorie de la saturation? Avant l'arrivée de *Melos* sur la scène, sa mère avait été donnée deux années de suite à *The Drummer* (fils de *Rataplan*), un cheval de la ligne n° 1, et ainsi pleine des courants qui ont valu à *Goldsborough* la plupart de ses réussites, témoin son fils *Arsenal* (vainqueur du Melbourne Cup), d'une jument de *Blinkoolie* (par *Rataplan*). Je cite encore plus bas le cas de *Cocoanut* dont j'ai déjà parlé.

« *Cocoanut* était par *Nutbourne* et *Miss Vivian*, par *Battle* et *Subterfuge*, par *sir Hercules*. *Robinson Crusoë* était par *Angler* et *Chrysolite*, par *Stockwell*, et *Juliet* par *Touchstone*.

COCOANUT, 1874. — Poulain bai, *James I*, par *King o'Scots*.

1875. — Pouliche brune, *Queen o'Scots*, par *King o'Scots*.

1876. — Poulain bai (mort), par *King o'Scots*.

1877. — Pouliche brune, *The Shell*, par *The Marquis ou Angler*.

1878. — Pouliche brune, *Kernal*, par *Angler*.

1879. — Poulain brun, *Navigator* (D. et L.), par *Robinson Crusoë* (1), fils d'*Angler*.

1880. — Pouliche alezane, *Copra*, par *Robinson Crusoë*.

1881. — Poulain brun, *Coir*, par *Piscator*, par *Angler* ou *The Marquis*.

1882. — Poulain alezan, *Trident* (D. et L.), par *Robinson Crusoë*.

« La substitution de *Piscator* à *Robinson Crusoë* pour une saison fit que *Trident* fut un meilleur cheval de course que *Navigator* à tous égards. Les deux furent des vainqueurs classiques et des chevaux de haute classe. *Copra* était d'une constitution délicate et bien inférieure comme jument de course à ses frères; *Coir* n'était pas non plus un succès. Il existe en Amérique deux ou trois cas bien connus de mères donnant une série de chevaux de course avec le même étalon, mais il va sans dire que leur degré d'excellence n'est pas le même dans chacun. Je note que, partout où cette excellence a été continue avec le même étalon, comme dans le cas de *Pénelope* et *Alexander* (mère de *Castrel*, etc.), et dans les autres cas que je cite, la provenance et la conformation du père et de la mère offrent toujours un contraste frappant.

« La théorie de la saturation étant admise, cette particularité explique pourquoi, dans certains cas, elle est profitable tandis qu'elle est nuisible dans d'autres. J'ai mis en lumière, par ailleurs, comment *Pénelope* infusée du *God. Barb* et *Herod* pouvait facilement supporter les absorptions répétées des infusions du courant d'*Éclipse* par la voie de *Waxy*, sans encourir les funestes effets qui se sont produits dans le cas d'*Isola Bella*. C'est tout simplement une autre phase de cette loi naturelle qui veut le mélange des opposés si l'on désire maintenir le succès. Il est aisé de comprendre que le père et la mère, provenant de lignes très similaires, peuvent produire un bon animal, une première fois, mais il s'ensuit aussi naturellement que l'équilibre existant dans ces conditions même de similarité peut être plus facilement rompu que lors du mariage des contrastes. Le premier cas peut bien être comparé à une paire de plateaux de balance bien équilibrés; c'est-à-dire les courants forts et doux sont également bien distribués dans les pedigree des deux. Nous supposerons qu'*Isonomy* figure des deux côtés du pedigree et représente la force. Si, au cours de la première portée, la mère a absorbé plus de sang d'*Isonomy* qu'elle n'en possédait auparavant, elle l'emportera sur l'étalon en puissance d'*Éclipse*, et non seulement l'équilibre sera troublé, mais ce trouble s'accentuera à chaque nouvelle union, comme dans le cas de la mère de *Richmond*, déjà cité. Maintenant, dans le cas d'union des opposés comme *Pénelope* et *Waxy*, la jument étant puissamment infusée de son courant, était capable d'absorber impunément des infusions répétées du courant inverse. Le cas américain suivant est analogue à celui de *Pénelope* par rapport au contraste entre l'étalon et la jument. La jument, peut-être la plus remarquable des États-Unis, est *Marion* une véritable mine de fils et de filles glorieux. Elle a produit les suivants dans l'ordre que je donne, tous bons chevaux de course, dont trois : *Emperor of Norfolk*, *Czar*, et *El Rio Rey* de très haute classe.

Marion, 1878. — *Duke of Norfolk*, par *Norfolk* (bon cheval de course).

1879. — *Duchesse of Norfolk*, par *Norfolk* (très bonne jument).

1881. — *Prince of Norfolk*, par *Norfolk* (un très bon cheval).

1883. — *King of Norfolk* par *Norfolk* (également très bon).

1884. — *Vera*, par *Norfolk* (fut simplement bonne).

1885. — *Emperor of Norfolk*, par *Norfolk* (première classe, gagnant Derby).

1886. — *Czar* (D.), par *Norfolk* (jamais battu, gagna Derby Californie en 2' 36).

1887. — *El Rio Rey*, par *Norfolk* (imbattu, fut le meilleur du lot; sabot brisé, ne courut qu'à deux ans).

1888. — *Rey del Reyes*, par *Norfolk* (deuxième classe seulement).

1889. — *Yo Tambien* par *Joe Hooker* (jument de première classe).

« De la liste précédente, six furent de bons chevaux de course. Le faîte du succès semble avoir été atteint avec *The Emperor of Norfolk* (vainqueur du Derby et autres courses). Les deux poulains suivants, *Czar* et *El Rio Rey*, étaient remarquablement vites, mais n'ont pas été de la classe de *Emperor*. *Rey del Reyes* était tout à fait de seconde classe. *Marion* était de provenance beaucoup plus masculine que *Norfolk*. La plupart de ses principaux courants remontent à *Éclipse* et à la base de son pedigree se trouve *Tramp*, l'un des chevaux les plus infusés de sang robuste de son époque. *Norfolk* de l'autre côté vient tout à fait d'*Herod*. Sa grand'mère et son aïeule procédaient incestueusement de *Sir Archy*, avec une forte infusion du même cheval par la voie de *Lexington*; de sorte qu'il était produit de la même façon que les grands chevaux de course; et il ne fut jamais battu. Cette consanguinité avec *Sir Archy* fut à plus d'un point de vue un avantage, parce que cet influx en même temps que celui d'*Herod* corroborait la ligne de l'étalon, et nous avons vu, tout le long de cet ouvrage, que cette ligne mâle n'avait dû sa survivance qu'à des juments fortement infusées d'*Éclipse*; rien donc de plus heureux que cette union de *Norfolk* et de *Marion*. Le profond contraste des courants a encore permis de répéter très souvent cette union sans rompre la série des succès. Ce pedigree est toute une leçon pratique, d'autant plus qu'on y voit combinées plusieurs phases de la science de l'accouplement que j'ai essayé de mettre en lumière. La clause du phénomène s'y trouve, puisqu'il y a consanguinité incestueuse à la base du pedigree du père, avec retour au même sang, par *Sir Archy* et *Diomed* (encore un inceste) à la base de celui de la mère. Il y a aussi très peu de sang masculin aux trois degrés, et il était bon que l'infusion en dessous vienne de *Tramp* (3) et *Sir Archy* (11). Le pedigree éloigné de *Marion* est obscur, mais M. Joseph Carne Simpson de San Francisco, qui a élevé la jument, m'a assuré qu'elle remontait à une jument importée de haute origine et en cela, je suis sûr qu'il dit la vérité, car on ne saurait trouver en Amérique un gentleman plus digne de foi, plus intelligent et plus enthousiaste de l'élevage.

« *Idalia*, importée en Nouvelle-Zélande, produisit plusieurs chevaux de course de haute classe, des saillies successives de *Tra-*

ducer. Le premier, *Betrayer* (Derby), était petit, mais bon cheval de course; *Sir Modred*, le produit suivant, fut l'un des plus beaux chevaux qui ait jamais regardé à travers une bride et un remarquable cheval de course. Il gagna le Derby (Nouvelle-Zélande) et le Sydney Metropolitan avec la plus grande aisance, galopant tout simplement par dessus ses adversaires. Un autre fils, *Cheviot*, gagna un Derby en Nouvelle Zélande et fut ensuite en Amérique le père de *Rey el Santa Anita*, vainqueur du Derby en 1894. Les autres deux frères, *Idalium* et *July*, furent tous les deux des vainqueurs. L'aïeule d'*Idalia*, *The Biddy*, était très consanguine de *Sir Peter* (et son père *Highflyer*), et *Traducer* également, par conséquent *Sir Modred* fut procréé de la même façon que les autres chevaux de course phénomènes.

« *Traducer* pour son époque, réunissait plus de courants combinés de *Sir Peter* et *Herod* qu'aucun autre cheval parti des rivages d'Angleterre. Il procède d'*Herod* par dix lignes principales dont six par la voie de *Sir Peter*. Sa conjointe, *Idalia*, au contraire, procède d'*Éclipse* par presque toutes ses lignes principales, avec la ligne de *Sir Peter*, avec en dessous de ces bonnes juments, *The Biddy* et *Idalia* (mère de *Pantaloon*); le nom de *Sir Peter* figure du haut en bas du pedigree de *Sir Modred*. *The Biddy* était la grand'mère de *Regalia*, vainqueur des Oaks. Il serait trop long de citer la dixième partie des cas, offerts par les *Stud-Books* d'Angleterre, d'Amérique et d'Australie, se rapportant à cette importante particularité de l'élevage. Les propriétaires de haras et les studieux du pedigree reconnaîtront, en poursuivant leurs recherches dans ce sens, que je suis surtout exact quand j'avance que cette supériorité soutenue d'une série de trois ou plusieurs frères ou sœurs par le même père et la même mère, ne se voit que lors de l'union de deux courants opposés.

« Dans presque chaque cas où les pedigrees de l'étalon et de la jument sont à peu près les mêmes, quant à la puissance d'*Éclipse* ou *Herod* ou *Matchem* — un seul ou tout au plus deux chevaux de course de haute classe peuvent être obtenus du même père et de la même mère, sans recourir au changement d'étalon. Pour nous résumer brièvement, il paraîtrait que le produit non encore né laisse dans l'organisme de la mère, probablement par certains canaux de la circulation du sang, quelque essence du père, et que, de plus, cette essence croît et se développe à chaque nouvelle portée du même père, jusqu'à ce qu'elle arrive à en être saturée, tôt ou tard. Que là où existe une profonde divergence dans la nature des courants indiqués dans les pedigrees du père et de la mère — en d'autres termes, — là où les opposés sont conjoints — l'union peut-être continuée pendant une plus longue période, sans que les résultats soient mauvais, lors même que la première union aura produit un cheval de course de haute classe.

« Dans d'autres cas, par exemple, quand le pedigree du père ou de la mère est également balancé et que le maître du haras juge à propos de nouer ensemble ces deux courants les plus forts et les plus puissants, tels que ceux de *Stockwell* ou *Blacklock*, et qu'il résulte de ce premier essai un cheval de course de première classe, il devrait immédiatement changer d'étalon et en choisir un autre dont les courants de sang seraient jugés les plus convenables pour croiser ceux de *Stockwell* et *Blacklock*. Après un ou deux croisements de cette sorte, le premier étalon devrait être employé de nouveau. Partout où cette ligne de conduite a été suivie, ou par hasard ou à bon escient, le résultat a été généralement avantageux ; tandis que, des unions répétées sans ce croisement donnent généralement un insuccès; ou bien lorsqu'on s'aperçoit que le premier essai d'une union produit un animal de belle apparence, quoiqu'il ne soit pas cheval de course de haute classe, alors le même étalon devrait être employé jusqu'à ce que le résultat désiré soit obtenu, comme dans le cas de *Carbine*, *Commotion*, *Stromboli* (troisième produit, et sans conteste le meilleur), *Le Grand*, etc., tous troisièmes et quatrièmes produits et les meilleurs de leurs mères respectives. »

Les nombreux faits cités par Bruce Lowe et présentés par cet auteur avec beaucoup d'ingéniosité à défaut d'une technologie scientifique suffisante, montrent qu'on est fondé à accepter la doctrine de la saturation comme positive.

Notre *Stud Book* abonde également en faits analogues et souvent similaires à ceux que nous venons d'énumérer, qui viennent confirmer la théorie que nous poursuivons. Nous nous dispenserons de les citer, la consultation de notre livre généalogique permettant à nos lecteurs de les trouver facilement.

Nous nous bornerons à établir que ces faits de télégonie s'expliquent très simplement de la même manière que l'immunité et l'hérédité des caractères acquis.

Pendant toute la période de la gestation, il y a de telles communications entre les milieux intérieurs de la jument et du fœtus qu'on peut les considérer tous deux, au point de vue du milieu intérieur, comme formant un individu unique, dans lequel la sélection adaptive établit la corrélation générale. Or, par le fait même de la gestation, les conditions se trouvant modifiées, il intervient naturellement une variation quantitative, tant chez la mère sous l'influence du fœtus que chez le fœtus sous l'influence de la mère. Dans cet individu formé de deux êtres, il s'établit donc, pendant la longue durée de la gestation, une sorte d'équilibre qui dépend naturellement de l'ascendance de la mère et du fœtus. La sélection naturelle détermine donc une variation quantitative tout à fait comparable à celle qui produit l'immunité.

Une fois que la mise bas a eu lieu, la cause qui déterminait cette variation n'existant plus, cette variation pourra disparaître, surtout si une autre cause détermine une sélection dans une autre direction : or, il est évident que le cas est tout à fait parallèle à celui de l'immunité qui résulte de la guérison d'une maladie : la variation quantitative produite par la lutte des tissus contre l'élément pathogène disparaît petit à petit quand l'élément pathogène a été éliminé par la guérison, mais nous savons cependant qu'elle dure plusieurs années en certains cas, et il n'y a rien d'étonnant à ce que les juments citées par Bruce Lowe aient encore été sous l'influence de leur première gestation, un certain nombre d'années après qu'elles avaient été fécondées par les étalons que nous signale l'auteur australien.

De plus, nous avons été amenés à considérer que dans un individu à milieu intérieur limité, comme c'est le cas chez la jument, il y a, quand l'état adulte est définitivement obtenu, unité de race entre les éléments. Dans le cas de l'être double formé d'une poulinière et de son embryon, il est donc tout naturel que la race tende à s'unifier entre les éléments des deux individus unis et comme la gestation est longue, cette unification peut être assez avancée au moment de la mise bas, pour que les autres éléments sexuels de la mère aient acquis beaucoup des caractères de la race du père et les conservent assez longtemps.

De sorte que la poulinière elle-même, par le fait de sa gestation, acquerrait dans tous ses tissus, quelques-uns des caractères de la race de l'étalon. Mais, disent les adversaires de la théorie de l'imprégnation, on ne voit pas que la mère revête elle-même ces caractères. C'est que, par suite de l'état résistant du squelette de la jument adulte, ces caractères entrent dans la catégorie de ceux que l'on a appelés avec raison, spécifiquement acquis, mais morphologiquement latents. Et d'ailleurs, ne cite-t-on pas souvent dans l'espèce humaine, le cas d'une ressemblance assez vague acquise à la longue par deux époux qui ont eu une nombreuse progéniture ?

Il y a autre chose : on ne pense pas le plus souvent, quand l'utérus, débarrassé de son fardeau, reprend plus ou moins ses dimensions normales, on ne pense pas, dirons-nous, qu'il puisse lui rester de trace bien précise de la gestation passée. Cependant, il ne faut pas oublier que les substances squelettiques ne se détruisent pas ; le squelette qui s'est construit dans l'utérus pendant la gestation ne disparaît pas ; il se replie pour ainsi dire sur lui-même ; mais qu'une nouvelle gestation se réalise et ce squelette persistant en modifiera les conditions et les rendra plus semblables à celles de la portée précédente.

Enfin, si le fœtus a une influence sur la jument, la jument a aussi, indépendamment de l'hérédité, pour les mêmes raisons de corrélation, une influence sur le fœtus, c'est-à-dire que si l'on pouvait faire développer dans l'utérus d'une poulinière donnée un œuf fécondé provenant d'une autre jument, le produit tiendrait des caractères de cette dernière par hérédité et de ceux de la première par corrélation. Les récentes expériences de Heape ont donné une confirmation à cette hypothèse.

En résumé, on ne peut pas admettre que les poulains qui naissent à partir de la seconde gestation, ne tiennent aucun caractère de l'étalon qui a fécondé, pour la première fois, la poulinière qui les a produits. Remarquez encore que ce n'est pas seulement le premier mâle qui influe sur les produits futurs, sauf quant au squelette de l'utérus, mais bien tout étalon ayant fécondé antérieurement la jument. Donc, un poulain naissant d'une poulinière qui a eu antérieurement plusieurs produits de divers étalons peut tenir des caractères de tous ces pères antérieurs.

Nous terminerons cet important problème de la télégonie par l'exposé des différentes opinions des principaux biologistes du monde, qui ont cherché à expliquer de diverses manières cette influence du premier mâle.

Weissmann invoque une fécondation incomplète d'œufs non mûrs. Mais ce que l'on sait de la fécondation interdit d'ajouter foi à cette explication.

Ryder invoque de nouveau le métabolisme qui pas plus ici que pour l'hérédité des caractères acquis ne met une explication plus claire à la place des faits obscurs.

Spencer pense que le fœtus modifie la mère à son image et lui communique quelques caractères du père qu'elle transmet ensuite à ses autres produits.

Turner, croit que la modification porte non pas sur la mère, mais sur les œufs non mûrs des portées suivantes et les échanges nutritifs entre elle et son premier fœtus sont les intermédiaires de cette modification.

Romanes au contraire, cherche l'agent de cette modification dans la substance des spermatozoïdes superflus du premier accouplement. Ces spermatozoïdes meurent, mais leur substance ne meurt pas et, absorbée par les œufs à la manière d'un aliment, pourrait les modifier. Le liquide spermatique qui a pénétré dans l'utérus équivaut, en effet, à une de ces injections séquardiennes dont on connaît les effets sur l'organisme. Il n'est pas impossible que les produits sexuels non mûrs ne soient en quelque chose modifiés par elle. Mais on ne peut croire que ceux-ci absorbent vraiment du plasma germinatif qui se mêle au leur et prenne rang à côté de celui-ci et à titre égal, comme dans la fécondation. L'idée est vraisemblable mais l'explication est insuffisamment creusée.

Enfin Bard, croit trouver une explication dans une force particulière qu'il appelle l'Induction vitale. Selon cet auteur la vie du protoplasma se manifeste par des forces ayant des modalités beaucoup plus variées que dans les phénomènes physiques où on les a étudiées. Ces forces peuvent agir les unes sur les autres par une action comparable à l'influence électrique et qui constitue l'induction vitale. Cette induction vitale se montre nettement par l'action des organes reproducteurs sur les caractères sexuels secondaires, exprimés dans le soma : elle se montre par ses effets négatifs dans la castration. Or, comme il n'y a pas d'action sans réaction, on doit admettre que réciproquement, le soma et ses modifications peuvent agir à distance sur les cellules sexuelles, par induction vitale et les modifier.

L'infection de la mère par un premier accouplement s'explique, d'après Montia, par une modification dans la modalité fonctionnelle des organes génitaux maternels sous l'action du liquide spermatique, à la manière dont un organisme est modifié par des microbes ou même par des toxines sécrétées par eux.

Les phénomènes d'imprégnation dit Jæger s'expliquent aisément par le fait, que le produit de la première conception émet des gemmules qui vont se condenser dans les ovules non mûrs de l'ovaire.

Est-il logique, d'après tout ce que nous venons de voir, en examinant les divers modes d'hérédité, d'admettre en élevage les théories qui ont été publiées ces dernières années en Angleterre, en Allemagne et en France.

Nous essayerons de montrer que ces théories sont, malgré leur extrême ingéniosité, des théories fantaisistes, à cause de l'hypothèse qui leur a servi de base.

Cette hypothèse, en réalité, n'en est pas une; ce n'est qu'une manière de parler prétentieuse et antiscientifique à laquelle nous refusons toute valeur.

Avant d'aborder la discussion de ces travaux, nous voulons terminer le chapitre de l'Hérédité. En appendice à cette importante question, nous devons encore examiner les faits relatifs à quelques questions qui s'y rattachent et qui sont, en outre, intimement unies entre elles.

L'observation la plus superficielle, faite tous les jours par les personnes les moins habituées aux procédés scientifiques, a montré que le poulain peut ressembler à son père ou à sa mère par n'importe lequel de ses traits, sous réserve bien entendu, des caractères sexuels. Cette vérité banale a cependant été méconnue bien longtemps et l'est encore quelquefois aujourd'hui par des auteurs aveuglés par leurs théories systématiques.

L'antiquité tout entière et les temps modernes jusqu'à l'origine de ce siècle ont eu sur la génération les idées les plus erronées. Les idées sur l'hérédité, forcément modelées sur les théories de la génération, ont donc été bizarres et même absurdes pendant cette longue période. Les uns attribuaient à l'étalon seul, les autres à la jument seule, une influence exclusive sur le poulain. D'autres, enfin partageaient l'influence héréditaire entre les deux parents, mais en attribuant à chacun d'eux un domaine distinct. Ceci dépendait du père, cela ne pouvait venir que de la mère et une barrière infranchissable s'opposait aux empiètements.

Ces opinions systématiques ont duré encore quelque temps après que l'on eût découvert le fait essentiel de la fécondation. Mais quand on eut bien compris que la participation matérielle à la formation du germe fécondé, est non seulement double, mais égale de la part des deux parents, il a bien fallu abandonner ces distinctions tranchées. On s'est rejeté alors sur les tendances de chaque parent, a transmettre ceci ou cela soit indépendamment du sexe, soit de préférence au produit de même sexe ou à celui de sexe opposé, et l'on a formulé les lois de ces tendances. En réalité, il n'y a pas de loi de ressemblance entre le poulain et ses procréateurs ; tout est possible, depuis une différence si grande qu'il n'y ait aucun trait commun entre eux et lui jusqu'à une presque identité entre lui et l'un quelconque d'entre eux, en passant par tous les intermédiaires de mélanges des caractères et de combinaison des ressemblances.

Force héréditaire. — En étudiant les faits d'hérédité, on remarque que certains caractères se transmettent avec une insistance remarquable, quels que soient les individus qui les lèguent ; et que, d'autre part, certains étalons transmettent avec une ténacité remarquable leurs caractères, quels que soient ces derniers. On a conclu de là à l'existence d'une force héréditaire pouvant résider soit dans les caractères, soit dans les individus. Les pigeons tambours croisés avec les autres races transmettent avec une grande énergie leurs caractères sauf deux, la touffe de plumes de leur bec et leur roucoulement si particulier ; ces deux caractères font défaut dans les métis. D'autre part, on sait combien la force héréditaire était grande dans la race des Bourbons dont le nez se transmettait à tous leurs descendants même lorsqu'ils épousaient des femmes plus robustes qu'eux. Tous leurs bâtards avaient aussi le nez de la race. Aussi de toutes les femmes qui leur ont donné des descendants légitimes ou non, aucune n'a pu les supplanter et léguer aux enfants le nez de la race maternelle.

Dans les unions croisées, les Nègres, les Chinois, les Juifs, montrent d'ordinaire une force héréditaire plus grande que leurs conjoints.

La race pure nous offre de nombreux exemples de cette manifestation de la force héréditaire qui est l'apanage des grands étalons et des poulinières célèbres. *Touchstone*, *Stockwell*, *Dollar*, *Monarque*, *Galopin*, *Saint-Simon*, *Le Sancy* ont légué leurs caractères extérieurs et leur aptitude « coureuse » avec une persistance qui confirme les faits cités plus haut.

Influence des états transitoires des parents sur le produit. — C'était autrefois une opinion très généralement répandue, même parmi les vétérinaires, que le poulain pouvait hériter des dispositions transitoires dans lesquelles se trouvaient les parents au moment de la conception, lorsque ces dispositions étaient suffisamment accentuées. Nous disons hériter, car on ne croyait pas seulement à une influence générale, vague ou peu déterminée, mais à un rapport très précis avec les caractères futurs du poulain.

Au sujet des dispositions maladives, on ne voit rien de positif. Les observations qui ont été publiées sont rarement authentiques. En somme : l'influence des conditions transitoires des parents, au moment de la conception, sur le poulain n'est pas suffisamment établie. Il est difficile de juger d'un changement moral chez le cheval, changement qui, d'ailleurs, ne peut avoir aucune influence. Pour les dispositions de santé, on ne sait rien de précis, l'état d'intoxication dû à des affections insuffisamment caractérisées en a peut-être une, mais elle n'est pas démontrée par des observations suffisamment nombreuses et irrécusables.

Influence héréditaire des substances introduites dans l'organisme des parents. — Personne ne conteste que certaines substances nocives, introduites dans l'organisme, n'influencent le produit dans ses caractères anatomiques et physiologiques. Le fait est démontré surtout pour ce qu'on est convenu d'appeler le doping. Les chevaux ayant subi les pratiques de « dopage » engendreront une plus grande proportion de poulains mal conformés que les chevaux sains, et les expériences qui se poursuivent en Europe et en Amérique montrent qu'il ne s'agit pas de simples coïncidences.

On a constaté une forte proportion de cas d'hémitérie et d'arrêts de développement. C'est là d'ailleurs de la tératogénèse et non de l'hérédité, car il n'y a aucune ressemblance entre la modification acquise par le parent et celle héritée par le produit. Mais il n'en est pas de même pour les affections nerveuses. Les poulains de parents qui ont été dopés avec l'arséniate de strychnine, par exemple, sont souvent des dégénérés; ils seront relativement inféconds.

L'emploi du doping conduit les chevaux qui ont été soumis à ses effets à des affections nerveuses graves, il endort les désirs vénériens, et produit chez eux une déchéance génitale profonde. Il y a assez de ressemblance entre les états du parent et du poulain pour que l'on puisse appeler cela de l'hérédité, surtout si l'on admet la notion des transformations d'hérédité démontrée par tant d'autres exemples. En tout cas, il y a un fait admirable ; c'est le même système que frappe le doping chez le parent et chez le produit, et cependant il n'y a pas plus de système nerveux dans la cellule germinale, pour attirer du doping, qu'il n'y a de queue pour recevoir les effets de l'amputation de cet appendice. Ces faits se démontrent pour la cocaïne, la caféine, la strychnine, etc... Cela autorise à conclure que des systèmes, des tissus, des organes même, peuvent être spécialement influencés dans la cellule germinale, bien qu'ils ne soient représentés en elle par aucun rudiment déterminé visible.

Ressemblance avec les collatéraux. — Ces faits de ressemblance sont connus de tous et tout le monde est d'accord que les traits communs ne peuvent venir que par hérédité directe d'un ancêtre commun. Mais il ne suffit pas d'une ressemblance entre collatéraux pour qu'il y ait hérédité collatérale, bien que plusieurs auteurs définissent la chose ainsi. S'il y a un ancêtre commun qui ait eu les lignes que l'on trouve communes entre les collatéraux, c'est une double hérédité directe et rien de plus. Pour qu'il y ait vraiment hérédité collatérale, il faut que les traits communs ne se retrouvent pas dans un ancêtre commun, comme si le collatéral le plus âgé était le seul parent dont le collatéral cadet pût tenir sa ressemblance. Comme le bon sens indique que cela ne se peut pas, il semble qu'il y ait là une difficulté insoluble. La connaissance des caractères latents rend la chose toute simple à comprendre. L'hérédité collatérale n'est rien de plus que la transmission à deux collatéraux, par leur ancêtre commun, de caractères qui sont restés latents chez celui-ci. La transmission des caractères latents ayant été démontrée plus haut, l'hérédité collatérale n'a plus besoin ni d'exemples, ni d'explications.

Atavisme. — Nous nous sommes arrêtés longuement sur cette question et nous avons démontré son existence par des exemples nombreux et irréfutables. Nous voulons citer à cette place des faits établis par Galton pour les familles humaines, faits qui doivent se démontrer dans la race pure comme dans toutes les races domestiques.

Il a sollicité par la voie des journaux des renseignements détaillés, en promettant des prix d'une valeur totale de 500 livres sterling aux auteurs des meilleurs documents. Il est arrivé d'abord à cette conclusion que les deux parents ont une influence égale sur le produit. Soit maintenant M le degré moyen de la qualité étudiée dans la race. ± Q la quantité dont l'individu s'écarte de cette moyenne, les deux parents ayant une influence égale, on peut prendre leur moyenne et considérer un parent moyen idéal, unique qui sera Q' étant le mâle et Q'' la femelle :

$$\frac{(M \pm Q') + (M \pm Q'')}{2} \qquad M \pm 2/3\, Q.$$

Le produit de ce parent moyen sera $M \pm 2/3\, Q$.

Il y aura donc 2/3 transmis par l'hérédité et 1/3 supprimé par l'atavisme. Ces 2/3 se partageant entre deux parents, on peut admettre que chaque parent et l'atavisme ont une influence semblable, égale pour chacun à 1/3 de l'excès de la qualité exceptionnelle sur la moyenne.

Puis, l'auteur avec des calculs à l'appui, des détails intéressants sur la taille, des chiffres donne la mesure de la décroissance de l'influence héréditaire que l'on soupçonne sans pouvoir l'évaluer. Un individu A a 2 parents ou ancêtres du 1er degré, 4 grands-parents ou ancêtres du 2e degré, 8 ancêtres du 3e degré, 16 du 4e, ..., 2^n du n^e. Admettons, pour faciliter la discussion, la continuité du plasma germinatif. Le plasma de A était réparti tout entier dans ses deux parents, tout entier dans ses 4 grands-parents, tout entier dans l'ensemble de ses ancêtres de chaque génération. Si l'influence héréditaire ne subissait avec le temps aucune décroissance, celles des 2 parents, des 4 grands-parents, des 8 aïeux, des 2^n ancêtres seraient toutes égales entre elles ; l'influence héréditaire se diviserait donc en autant de parts égales qu'il y a de générations et, dans chaque génération, cette part se répartirait entre la totalité des ancêtres de même degré qui la représentent. S'il y avait seulement 4 générations, chacune aurait 1/4 d'influence, mais ce quart serait partagé en 2 entre les parents qui en auraient chacun 1/8, en 4 entre les grands parents qui en auraient 1/16, en 8 entre les aïeux du 3e degré, qui en auraient chacun 1/32, etc... Le nombre des générations antérieures à la dernière étant très considérable, la part d'influence de celle-ci serait presque nulle dans cette hypothèse. Les ancêtres qui représentent, en somme, la race avec ses caractères moyens, l'emporteraient de beaucoup sur les parents immédiats et l'atavisme serait plus fort que l'hérédité immédiate. S'il n'en est pas ainsi, c'est que l'influence s'atténue rapidement à mesure que le degré de parenté directe s'accroît. Galton nous apprend que la part de l'ensemble des générations antérieures n'est que 1/3 de l'influence totale. Encore ce chiffre serait-il sans doute bien moins élevé s'il n'intervenait ici un autre facteur. Un individu de très grande taille ne naît pas d'ordinaire aussi brusquement, dans une famille où, depuis de longues générations, la taille était moyenne. Ses parents, grands-parents et aïeux, jusqu'à un certain degré, étaient aussi sans doute de grande taille, en sorte que l'atavisme éloigné tend seul à ramener la taille à un niveau beaucoup plus bas. Nous verrons si, dans la race pure, cette théorie se confirme.

Dans l'atavisme tératologique, toutes les fois qu'une hémitérie rappelle un caractère qui était normal dans les espèces dont dérive celle où on l'observe, on la considère comme engendrée par l'atavisme. L'hipparion est censé reparaître dans les chevaux à trois doigts : l'anchithérium dans ceux à cinq doigts, dont on a observé plusieurs exemples sans compter le cheval d'Alexandre. Il faut avouer que rien n'est moins démontré que ces assimilations. Il n'est pas douteux que le cheval descend d'un mammifère à cinq doigts, et il est bien probable que c'est pour cela qu'à un moment de son ontogenèse, il a cinq doigts séparés. Mais, si ces doigts au lieu de se rapprocher, de se souder, et de disparaître, continuent à s'accroître, est-ce parce qu'il possède dans son plasma germinatif un reste de celui de cet ancêtre éloigné, reste qui, pour des raisons inconnues, se serait tout à coup développé, après être resté latent et inactif, pendant les innombrables générations intermédiaires.

Les formes et les couleurs des poils envisagées comme critérium de l'hérédité chez les chevaux. — C'est une opinion fort répandue que les productions pileuses appartiennent aux parties les plus variables de l'organisme animal. La vérité serait cependant et jusqu'à un certain point peu conforme à cette manière de voir. A la suite de ses observations sur les formes et les couleurs des poils des équidés domestiques et sauvages (chevaux, ânes, mulets), W. von Nathusius se voit, en effet, forcé d'admettre que les productions pileuses peuvent présenter des caractères déterminés constants et importants au point de vue taxinomique. Dès lors, comme à son avis les efforts tentés pour remonter à l'origine des races par l'étude des caractères crâniologiques sont restés infructueux, il pense qu'on irait plus loin dans l'étude de cette question en observant la forme et la coloration des poils. Admirablement préparé à des recherches de ce genre par des recherches classiques sur les productions pileuses du mouton, Nathusius, s'est mis à l'œuvre. Dans le travail qu'il publie, après avoir indiqué la technique, il donne les résultats des observations qu'il a faites jusqu'ici. Bien que nombreuses et fort intéressantes ces observations ne permettent pas encore de tirer des conclusions précises.

Hérédité des unions consanguines. — La consanguinité étant intermédiaire, par sa nature, entre la génération parthénogénétique et la reproduction anphimixique, produit des effets intermédiaires. Elle conserve avec beaucoup de précision les caractères des familles et conduit à une grande uniformité dans les produits. On l'a accusée d'aboutir à l'abâtardissement, à la dégénérescence et tout au moins à la stérilité; et les exemples fourmillent de tares attribuées à son action. Mais des exemples plus nombreux montrent qu'elle est compatible avec une conservation parfaite de toutes les qualités de la race ; et l'opinion qui tend à prévaloir, c'est quelle concentre simplement les vices diathésiques et que, là où il n'y a point de tares constitutionnelles, elle ne produit aucun mal. Comme l'absence de tares constitutionnelles est rare dans les familles de pur sang et que la même tare a beaucoup de chances de se rencontrer dans un étalon et une poulinière proches parents, il s'ensuit que pris en bloc les accouplements consanguins doivent avoir des inconvénients, que tempère l'infusion du sang étranger, si tant est qu'il y ait du sang étranger dans la race pure. Mais il n'est pas démontré que ces inconvénients dérivent du fait de la consanguinité. Si deux chevaux tarés et parents à un degré assez rapproché sont accouplés, la chose ne sera peut-être pas plus funeste que s'ils étaient unis à des sujets appartenant à d'autres familles, aussi tarés qu'eux-mêmes. On peut donc conclure de suite : la consanguinité additionne les tendances généralement similaires des sujets accouplés ; en elle-même elle ne paraît avoir ni inconvénients ni avantages ; tout dépend de l'état individuel des individus sur lesquels on la pratique.

Une étude attentive des pedigrees des grands étalons du monde révèle ce fait, que la plupart ne sont pas consanguins dans le sens que nous donnons à ce terme. Le comte Lehndorff, dans ses *Mémoires sur l'élevage du cheval*, nous a dotés d'un tableau très utile sur les grands étalons anglais, qui démontre que la majorité des sires de haute classe, remontent de quatre à six degrés avant que l'on ne trouve quelque ancêtre commun, dans l'une ou dans l'autre des deux branches de leur arbre généalogique. Le livre de Touchstone nous fait faire la même remarque, à peu de chose près, en ce qui concerne les étalons français. Ces faits frapperont quiconque observera de près les pedigrees. Nous trouvons dans Bruce Lowe, quelques exemples connus de cas non consanguins, nous citerons celui de *The Miner* un des plus connus :

THE MINER

Manganese (4) 1er degré		Rataplan (3) 1er degré	
Moonbeam (2e degré)	Birdcatcher (11) (2e degré)	The Baron (24) (2e degré)	Birdcatcher (11) (3e degré)

« Ici, dit l'auteur australien, nous avons *Birdcatcher* à 2 et 3 degrés. *The Miner* fut un insuccès aussi prononcé comme étalon que ses sœurs *Mandragora* et *Mineral* étaient de grands succès. *Orest* et *Knight of Saint-George* viennent au même degré de consanguinité. *Wisdom* père de *Surefoot* et *Sir Hugo* est même de consanguinité plus proche, étant par *Blinkhoolie* (fils de *Rataplan*) et *Aline* par *Stockwell*, frère de *Rataplan*, mais ces deux courants paraissent mieux que tout autre s'accommoder d'une consanguinité réciproque.

« Quelques-uns des consanguins à un degré plus éloigné, c'est-à-dire à 3 degrés, tels que *Galopin* (consanguin par *Voltaire* à 3 degrés), *Partisan* (consanguin par *Highflyer* à 3 degrés) *Petrarch* (*Touchstone* à 3 degrés), et *The Baron* (*Whalebone* et *Whisker* à 3 degrés), sont à peu près les meilleurs d'une courte liste. Le comte Lehndorff y a compris *Priam*, mais à tort, car il est consanguin par *Whiskey* à 2 et à 4 degrés, et l'expérience a démontré que ce n'est pas aussi désavantageux qu'à 3 degrés au point de vue de l'excellence coureuse.

« Dans la liste des étalons consanguins au 3e et 4e degrés sont : *Vedette* (*Blacklock*, 3e et 4e), *Orlando* (*Castrel* et *Selim*), *Isonomy* (*Birdcatcher*, 3e et 4e), *Weatherbit* (*Orville*, une fois au 3e et deux au 4e), *Lexington* (*Sir Archy* au 3e et 4e), *King Tom* (*Whisker* et *Web* au 3e et 4e), *The Flying Dutchman* (*Selim* au 3e et 4e), *Emilius* (*Highflyer* au 3e et 4e), *Tramp* (*Éclipse* au 3e et 4e), *Windhound* (*Peruvian*, 3e et 4e) et beaucoup d'autres, y compris *Blacklock* (*Highflyer*, 3e et 4e).

« En dehors de ceux-ci sont : *Sultane* (*Highflyer*, et *Éclipse* au 4e), *Pantaloon* (*Highflyer* et *Éclipse* au 4e), *Lanercost* (*Gohanna*, 4e), *Wild Dayrell* (*Selim* au 4e), *Flatcatcher* (*Wary* au 4e), *Cambuscan* (*Whalebone* au 4e), *The Palmer* (*Priam* au 4e), *Sir Hercule* (*Éclipse* au 4e deux fois et au 5e une fois), *Touchstone* (*Éclipse*, 4e et 5e), *Harkaway* (*Pot-8-Os* au 4e et 5e), *Voltigeur* (*Hambletonian* au 4e et 5e), *Saunterer* (*Wary* au 4e et 5e), *Plenipotentiary* (*High-

flyer au 4e une fois et quatre fois au 5e degré). *Plenipotentiary* était encore plus consanguin de *Highflyer* qu'*Emilius*, ayant deux courants de *Highflyer* au 3e et 4e. *Venison* était encore consanguin de *Highflyer* au 4e degré, *Sterling* (*Whalebone* au 4e et au 5e), *Kingston* (*Sir Peter* au 4e et 5e), *Stockwell* (consanguin de *Whalebone*, *Whisker* et *Web* au 4e degré), *Macaroni* (*Castrel* et *Selim* au 3e et 5e), *Blair Athol* (*Whalebone* deux fois et *Whisker* une fois au 5e), *Saint-Albans* (*Castrel* et *Selim* au 4e une fois et au 5e deux fois et encore *Whalebone* au 5e), *Favonius* (*Wire* au 4e, *Whisker* trois fois et *Whalebone* au 5e), *Hermit* (*Sultan* au 4^e et au 5^e, et *Whalebone* au 4^e et 6^e), *Lord Clifden* (*Orville* au 5^e et 6^e), *Yattendon* (*Partisan* au 4^e), *Chester* (*Whisker* et *Whalebone* quatre fois au 5^e et deux fois au 6^e), (aussi *Orville* au 5^e et 6^e, et *Sultan* au 5^e), *Musket* (*Touchstone* au 4^e), *Carbine* (*Touchstone* au 3^e et 5^e); *Spendthrift* (*Emilius* 4^e et 5^e), *Leamington* (*Sir Peter* au 5^e), *Sir Modred* (*Idalia* au 4^e et 5^e) *Saint-Simon* (*Blacklock*, deux fois au 5e, une fois au 6e), *Iroquois* (*Whalebone* et *Whisker* au 4e et 5e), *Orme* (*Pocahontas* au 4e et 5e), *Ormonde* (*Birdcatcher*, 4e et 5e), *Common* (*Touchstone*, 4e et 5e), *Springfield* (*Camel* au 5e), *Peter* (*Belshazzard* au 4e et 5e).

« Les exemples précédents tendent à établir que les grands étalons sont généralement, ou modérément consanguins, ou bien non-consanguins. En même temps, il faut accorder que, parmi les proches consanguins, c'est-à-dire, procréés entre cousins, quelques-uns sont réellement de haute classe, tels que *Galopin*, *Wisdom*, *Partisan*, *Petrarch;* nous ne devons pas non plus négliger de mentionner ce fait, que la plupart des éleveurs modernes ont été plutôt adversaires de la proche consanguinité : et par conséquent on en trouverait peu de cas aujourd'hui. Quoi qu'il en soit et jusqu'à preuve du contraire, il est avéré que les non-consanguins ont été les meilleurs étalons.

« La tendance des étalons consanguins est de donner des sprinters (chevaux de vitesse) plutôt que des stayers (chevaux de fond) et pour cette raison, il est probable qu'ils deviendront plus fashionables dans nos jours de courses à courte distance. Tandis que les étalons non consanguins détiennent la palme sous le rapport de la bonne reproduction, le contraire semblerait prévaloir du côté des mères. Les pages du *Stud Book* foisonnent d'exemples à l'appui, et les cas nombreux que j'ai cités dans ce traité semblent le confirmer. Quelle raison solide pourrait en être donnée ? En cherchant la solution de tout écart apparent des fonctionnements généraux de la nature, nous sommes amenés à étudier les lois naturelles qui touchent à ce sujet et à en observer les résultats chez les animaux dont la sélection est livrée à elle-même. La plupart, sinon tous les animaux qui vivent par bandes à l'état sauvage, sont procréés incestueusement, et il s'ensuit que les femelles du troupeau deviennent plus consanguines que les mâles. Prenons le cas d'un étalon sauvage avec un harem de femelles ; en présumant qu'il retienne sa vigueur et sa domination sur le troupeau jusqu'à l'âge de quinze ans au moins, il va sans dire que vers cet âge il cohabitera avec ses filles, ses petites-filles et ses arrière-petites-filles. Par conséquent, tandis qu'il se maintient avec ses courants de sang, ses épouses tendront à devenir de plus en plus consanguines. Plus tard, un autre mâle plus jeune, du même troupeau probablement, le dépouillera de son droit de seigneur, et bien que cet usurpateur soit aussi consanguin que les femelles du troupeau, la consanguinité reprendra de plus en plus sa marche progressive, qui ne pourra être interrompue que par les incursions de quelque troupeau voisin, important quelque courant de sang nouveau et arrêtant quelque peu la marche de la consanguinité. Bien que la nature ait organisé la femelle, de telle façon qu'elle peut mieux que le mâle surmonter les effets de la consanguinité, et si je suis dans le vrai, en supposant que le seul fait de portées répétées du même mâle, produit une sorte de consanguinité avec lui, il semblerait certain, à moins de l'intervention d'une certaine force de compensation, que les plus jeunes membres d'une nombreuse famille du même père et de la même mère devraient rapidement dégénérer. Nous avons déjà démontré, en traitant de la loi de la saturation, que lorsque les pedigrees du père et de la mère sont très similaires, le résultat est tel, mais lorsqu'ils diffèrent largement quant aux courants de sang, les accouplements successifs, ou bien améliorent fréquemment la production, ou peuvent être continués impunément jusqu'à un certain point. Ceci expliquerait pourquoi dans l'espèce humaine on ne remarque pas de dépréciation apparente dans les plus jeunes rejetons d'une nombreuse famille, parce qu'il est rare qu'il y ait consanguinité chez les parents. Et nous pouvons admettre comme certain, que la dégénérescence dans la production entre cousins s'accentuera infailliblement à chaque conception, à moins que le mâle ne soit physiquement et intellectuellement de beaucoup supérieur à la femelle, et, dans ce cas, les plus jeunes fils seront supérieurs à leurs aînés.

« Vers ma soixante-dixième année, j'avais un intérêt dans un haras de pur sang. Mon associé, sans me consulter, livra une jument (*Preserve*) à *Yattendon*. Lorsque j'en fus informé, j'osai prédire que le produit serait trop consanguin pour courir, mais que si c'était une pouliche, il était à peu près certain qu'elle serait bonne poulinière. Ce fut une pouliche (*Persephone*), une très belle baie, mais un complet insuccès comme jument de course.

« Elle a tout de même bien fait dans la jumenterie de M. Tom Cook (N. S. W.) et est la mère d'une jument très vite (*Vespasia*) par *Vespasian*, un excellent croisement pour cette mère consanguine. Les courants de sang dans le père et la mère étaient très similaires, et au 4e degré des deux côtés nous trouvons répétés les noms de *Cap a Pie* et son père *The Colonel*, aussi *Tros*, *Rous's Emigrant* et à quelque distance plus loin *Partisan* (quatre fois), *Emilius*, *Whisker* et *Whalebone*. Mais nous n'avons qu'à nous reporter aux nombreux exemples que j'ai cités de l'excellence de certaines mères consanguines telles que : *Vulture* (la mère d'*Orlando*), proche consanguine de *Selim* et *Castrel*, la mère de *Flying Childers*, la mère de *Highflyer* (consanguine de *Godolphin Barb*) et la mère de *Whalebone* et de ses frères consanguins de ce même courant. Il semblerait, d'après ces exemples, que les conditions requises pour produire des étalons et des mères supérieurs, sont grandement différentes, sinon tout à fait opposées, et la seule solution rationnelle de ce problème, est la possibilité de l'existence de quelque loi naturelle de compensation chez les animaux, qui arrête l'inévitable et rapide dégénérescence que ne manquerait pas d'entraîner l'accouplement incestueux. »

On peut voir par ce chapitre du *Breeding racehorses*, que nous avons reproduit en entier, que l'auteur australien ne prend pas franchement position pour ou contre la consanguinité.

Si les éleveurs de pur sang ont été longtemps très divisés sur l'interprétation de cette règle, il n'en est plus ainsi, et l'opinion qui attache toutes sortes de méfaits aux alliances consanguines ne mérite pas d'être prise en considération. Tout le monde est partisan de l'in-breeding. Les « forts » en élevage ne jurent que par l'in-breeding : hors de l'in-breeding, point de gagnants. Quelques auteurs ont cherché à établir que, pour produire de bons chevaux, la consanguinité devait être pratiquée à un degré assez rapproché, disent les uns, assez éloigné prétendent les autres. L'un d'eux, même, en a fixé le degré.

Ils négligent tous ce fait, que les sujets qu'on accouple peuvent avoir hérité de leurs ancêtres communs des constitutions et des aptitudes très semblables ou très différentes, selon les hasards de l'élection héréditaire. C'est, du reste, ce qui explique la très grande discordance des résultats des unions consanguines qui ont été tentées dans la race pure.

Nous nous garderons de préconiser les unions entre proches. Nous avons vu au cours de ce chapitre sur l'hérédité, que les courants de sang étrangers relevaient ordinairement la vigueur et presque toujours la fécondité des couples. La fécondité étant intimement liée à la prospérité de la race, nous sommes partisans du croisement entre familles aussi différenciées que possible au point de vue physiologique.

Recherches expérimentales sur l'hérédité d'après la loi de Mendel. — Nos connaissances sur l'hérédité ont fait récemment de tels progrès, qu'il nous a paru intéressant de résumer les recherches nouvelles qui pourront peut-être servir de base à l'explication du problème héréditaire que pose l'élevage du cheval en général. Elles permettront d'introduire dans les phénomènes d'hérédité la précision mathématique et la possibilité de prévoir, là où l'on ne voyait que hasard et caprice ; elles permettront de la façon la plus claire d'interpréter un grand nombre de cas d'hérédité, auxquels ne s'appliquent pas du tout les lois empiriques qui, pendant un temps, ont été ou sont encore présentées comme des solutions universelles. L'on va même, dans le monde scientifique, jusqu'à dire, et ce n'est pas exagéré à notre sens, que les expériences fondamentales de Mendel sont dignes de prendre place à côté de celles qui servent de base à la chimie atomique.

Par une singulière rencontre, trois auteurs, Correns, De Vries et Tschermak, en même temps et indépendamment les uns des autres, ont publié, en 1900, des recherches expérimentales qui, dans l'ensemble, confirment celles qu'un moine augustin, Gregor Mendel, avait faites, quarante ans auparavant, dans le jardin de son cloître de Brünn. Les deux publications de Mendel parues en 1866 et 1870, aussi remarquables par leur précision que par leur géniale simplicité, ont été insérées dans un recueil local peu répandu et sont restées tout à fait ignorées, de sorte qu'elles n'ont exercé aucune influence sur le développement des théories de l'hérédité, comme celle de Weismann, pour ne citer que la plus célèbre, ni sur la recherche empirique des lois de l'hérédité, basée sur l'interprétation de statistiques, suivant la méthode de Galton.

Ces expériences d'hybridation ont non seulement résolu quelques problèmes d'hérédité et révélé le fait inattendu de la disjonction des caractères dans les gamètes; mais, de plus, elles ouvrent une voie féconde et sûre qui ne peut manquer de donner encore des résultats intéressants, tant pour la théorie que pour la pratique de l'élevage de pur sang et surtout de demi-sang trotteur. Nous nous expliquerons plus loin.

L'exposé de la loi de Mendel sera mieux compris par le lecteur lorsque nous aurons mis sous ses yeux les résultats des expériences qui ont été faites avec des souris grises et des souris albinos.

Jusqu'ici, les recherches sur les applications de la loi de Mendel avaient toutes porté sur le règne végétal, et on ne savait pas si ce mode d'hérédité se rencontrait aussi chez les animaux. Depuis deux ans, on a expérimenté avec un matériel très favorable, qui a permis de répondre par l'affirmative.

Le caractère différentiel le plus frappant (et peut-être unique) entre les souris grises des maisons et les souris albinos à yeux rouges, est la présence de pigment (noir et jaune) chez les premières, son absence totale chez les secondes : or, si l'on croise une souris grise (mâle ou femelle) avec une souris blanche (femelle ou mâle), on obtient *toujours sans exception* des produits gris, parfaitement semblables aux parents gris. Le caractère *pigment* est donc dominant par rapport au caractère *absence de pigment*.

Si nous appelons g le caractère dominant, et b le caractère dominé, les produits de croisement entre gris et albinos ont la formule $(g + b)$. On croise entre eux ces métis gris; s'il y a disjonction dans les gamètes, le calcul des probabilités enseigne que les produits de ce deuxième croisement doivent comprendre :

$$N(g + g) + 2\,N(g + b) + N(b + b),$$

c'est-à-dire 25 0/0 d'albinos et 75 0/0 de gris, ces derniers comprenant 25 0/0 de gris plus $(g + g)$ et 50 0/0 de gris mixtes $(g + b)$, qu'il sera impossible de différencier extérieurement.

L'expérience confirme tout à fait cette prévision : on a obtenu 270 petits, qui comprennent 198 gris et 72 albinos, soit 26,6 0/0 de ces derniers. Les albinos sont de race pure, sans trace de sang gris : en effet, croisés entre eux, ils donnent toujours, sans exception, des albinos. Pour démontrer qu'il y a des gris de race pure et des gris mixtes, c'est un peu plus compliqué que chez les plantes, puisqu'on ne peut pas recourir à l'autofécondation : on a dû croiser entre eux un certain nombre de ces gris de deuxième génération, *pris absolument au hasard* : conformément aux probabilités, à peu près la moitié des couples n'a donné que des petits gris (189), ce qui prouve que l'un des parents ou tous les deux n'avaient que des gamètes g ; l'autre moitié des couples a donné à la fois, à chaque portée, des gris et des blancs (162 gris et 57 albinos), ce qui prouve que chacun des deux parents avait des gamètes g et b. Cette fois encore, conformément aux probabilités, le nombre des gris est triple de celui des albinos (74 et 26 0/0).

La disjonction des caractères dans les gamètes des métis de gris et d'albinos peut être vérifiée, par une série d'expériences différentes de celles que nous venons d'indiquer.

Appelons demi-sang la souris grise issue du croisement d'une grise sauvage avec un albinos : ce demi-sang, accouplé avec albinos, donne des albinos et des grises, qui ont trois quarts de sang blanc ; une grise trois quarts de sang accouplée avec un albinos, donne encore des albinos et des grises, qui ont un huitième de sang blanc, etc. Or, s'il y a disjonction des caractères, on a croisé chaque fois des gamètes à caractère b (ceux de l'albinos) par des gamètes b et g (ceux de la grise) ; et si la glande génitale de cette dernière renferme autant de gamètes des deux types, on doit obtenir toujours, à chaque croisement, autant d'albinos ($b + b$), que de gris ($b + g$).

Les expériences concordent parfaitement, cette fois encore, avec la prévision théorique : pendant cinq générations successives, l'introduction répétée de sang albinos, ne diminue en rien le nombre des gris dans les portées.

La disjonction des caractères dominant et dominé permet de prévoir et de comprendre des faits qui paraîtront paradoxaux aux éleveurs : une souris albinos, dont les ancêtres, pendant un nombre de générations aussi grand qu'on voudra, ont été gris, est cependant un albinos de race absolument pure, qui ne présentera jamais d'atavisme gris ; en croisant deux souris grises, renfermant chacune $\frac{n-1}{2}$ de sang blanc, n étant aussi grand qu'on voudra, on peut obtenir des grises de race absolument pure ($g + g$), qui ne présenteront jamais de retour à l'albinisme.

Nous ne doutons pas que la loi de Mendel, quand on la connaîtra mieux, ne trouve d'intéressantes applications zootechniques : son importance théorique est considérable par l'appui qu'elle apporte aux théories de l'hérédité basées sur l'hypothèse des particules représentatives. Enfin on voit que deux variétés de même espèce, qui ne diffèrent entre elles que par un caractère soumis à la loi de Mendel, sont incapables de se mélanger et de donner une forme mixte, bien qu'indéfiniment fécondes entre elles.

CHAPITRE V

HÉRÉDITÉ PATHOLOGIQUE

L'hérédité pathologique, offre comme l'hérédité physiologique des manifestations physiques ou psychiques anciennes ou nouvellement acquises. Elle relève donc et dépend comme elle de l'influence ancestrale, des conditions de milieu, de climat, de nourriture, de l'éducation, etc.

Les lois de l'hérédité pathologique nous sont encore actuellement bien mal connues. Celle-ci relève de causes qui créent manifestement chez les sujets la prédisposition pouvant préparer le terrain psychopatique. Cette transmission se fait par les divers modes de l'hérédité, par l'hérédité directe ou individuelle des ascendants, par l'hérédité en retour ou atavisme, par l'hérédité consanguine. Aux legs héréditaires s'ajoutent les acquisitions individuelles (fatigue précoce, tares osseuses, indices de surmenage physique, etc.), qui favorisent singulièrement l'action héréditaire si tant est, que quelques-unes de ces acquisitions ne soient pas elles-mêmes héréditaires.

La part relative des sexes dans la transmission des maladies a été diversement interprétée, certains admettent la prépondérance de la mère, d'autres regardent l'influence du père comme principale.

En matière d'hérédité normale, les éleveurs admettent peut-être à tort, la suprématie de l'influence paternelle; mais quand il s'agit d'hérédité morbide, dit M. Drouin, il n'est pas douteux que l'influence de la mère est prépondérante. C'est que l'embryon reçoit l'aliment du placenta maternel. Tout ce qui est susceptible de pénétrer dans le sang de la mère peut pénétrer dans le sang du fœtus soit par simple filtration soit par effraction.

Néanmoins, malgré cette théorie, bien des auteurs admettent que le père ou la mère peuvent être aussi bien l'un que l'autre la source de transmission de toutes les maladies, indistinctement.

L'hérédité morbide n'atteint pas nécessairement tous les descendants ; elle peut se présenter avec des omissions, des interruptions qui témoignent de la participation des procréateurs diversement doués et constitués ; mais la transmission est évidemment continue.

L'homochronie, en tant que manifestation héréditaire spéciale, a été souvent constatée chez les animaux. « Des étalons, dit Cornevin, atteints de pousse, de cornage, d'éparvins engendrent des poulains qui auront ces tares, à leur tour, à un certain âge. » On connaît des chevaux issus d'une même famille qui fort doux dans leur jeunesse, sont tous devenus méchants à un âge à peu près identique. M. Thierry a rapporté l'histoire d'une jument dont les trois produits succombèrent au même âge à une invagination intestinale et qui, elle-même, périt de cet accident.

Quelle est l'époque d'apparition des affections héréditaires ?

Cette époque varie dans une large mesure suivant les différents genres de lésions, l'hygiène et le travail.

Les exostoses font leur apparition dès le début du dressage du yearling ; l'emphysème commence dans un délai variable avec le travail fourni à l'entraînement.

L'apparition de l'emphysème est hâtée par certaines maladies de l'appareil respiratoire : bronchites, etc.

Nous allons étudier brièvement dans ce chapitre sous le nom d'hérédité morbide les affections dont la transmission héréditaire n'est pas douteuse.

Dans ce groupe rentrent :

Les anomalies, les maladies se traduisant par des dégénérescences organiques, par des déchéances physiques, certains troubles psychiques, la pathogénie des tares osseuses et les diverses affections héréditaires, emphysème, cornage, fluxion périodique, tic, etc.

La question de l'hérédité ou de la non-hérédité des tares et spécialement celle des tares osseuses, est importante en zootechnie, vu l'intérêt qui s'attache au choix des reproducteurs.

D'après l'état actuel de la question deux opinions sont en présence :

1° La tare (suros, éparvin, etc.), n'est pas héréditaire : ce qui est transmissible, c'est la conformation défectueuse qui prédispose la région à l'acquisition précoce de la tare.

Sous le rapport de la reproduction il suffirait d'exclure avec rigueur les jarrets mal conformés, les membrures grêles, les mauvais aplombs, que les sujets soient ou non porteurs d'éparvins (Barrier).

M. Sanson est d'avis qu'il faut faire les plus grandes réserves en ce qui concerne le pouvoir héréditaire des tares osseuses. Il a toujours cru, et il ne manque pas d'adeptes, que c'est la prédisposition qui est héréditaire.

En admettant cette idée comme fondée, il n'en est pas moins vrai que l'influence de l'hérédité existe puisqu'il y a prédisposition.

M. Cagny admet chez certains sujets une diathèse osseuse particulière. Pour lui, l'hérédité jouerait un rôle manifeste dans son apparition. Mais, chose assez étrange, M. Cagny avance que l'hérédité maternelle ne peut guère se constater, alors qu'il en est tout autrement pour l'hérédité paternelle. Il cite le cas de l'étalon *Milan II* dont presque tous les poulains étaient difficiles à entraîner: il fallait à chaque instant les arrêter dans leur travail pour des boiteries à siège inconnu. Il rappelle également que les produits de *Claymore* ont presque tous été réformés pour des déformations du boulet ou des pâturons survenus en cours d'entraînement.

M. Lavalard croit plutôt que la présence des lésions osseuses et ligamenteuses est due à un exercice mal dirigé; il ne pense pas que l'hérédité présente l'influence que lui attribue M. Cagny. Ce serait donc pour M. Lavalard le surmenage violent que font subir à ces chevaux les entraîneurs, qui ne savent pas modérer les exercices suivant l'âge, et surtout la manière dont le cheval supporte l'entraînement, qui serait cause des tares osseuses et ligamenteuses.

A l'appui de l'hérédité des tares osseuses, on peut citer l'opinion de M. Sipière. Il y a beaucoup de poulains qui naissent avec des tares osseuses, notamment avec des jardons et des éparvins qui persistent toute la vie. D'autres n'apportent pas de tares en venant au monde, mais se trouvent sous l'influence d'une prédisposition funeste qui facilite leur apparition dès l'âge d'un an à quinze mois, ou plutôt dès que les poulains sont soumis au moindre travail. Les suros de naissance ne sont pas très communs, mais cette espèce de tare se montre de bonne heure sur les membres antérieurs.

La forme est assez heureusement rare à la naissance: nous l'avons cependant observée sur plusieurs produits, et la même remarque a été faite par plusieurs confrères qui nous ont communiqué leurs observations à ce sujet. Cette tare paraît être celle qui se développe le plus indistinctement à toutes les époques de la vie.

Les altérations persistantes survenues sous l'influence du milieu ou par le fait de l'usure doivent être considérées comme héréditaires. De ce nombre, toutes les tares qui apparaissent lentement. éparvins et formes cartilagineuses.

On admet évidemment que la mauvaise conformation prédispose aux tares; mais on admet en outre, que cette tare elle-même est transmissible, et tandis que les partisans de la non-hérédité des tares déclarent accepter pour la reproduction un étalon porteur d'éparvins, si par ailleurs « sa conformation, ses aplombs, ses allures, ses performances dénotent des aptitudes supérieures » (Barrier), leurs contradicteurs se prononcent catégoriquement pour le rejet de ces reproducteurs (Joly); il faut exclure de la reproduction, avec les sujets mal conformés, les étalons et les juments porteurs d'exostoses.

Toutes les fois que la maladie et la tare détériorent considérablement les tissus, elles sont susceptibles de se transmettre dans la descendance ? Quand elles apparaissent sur des sujets jeunes, chez lesquels les causes déterminantes ou occasionnelles n'ont pas encore agi, l'hérédité n'est pas douteuse. Lorsque les premières manifestations surviennent à un âge plus avancé, les sujets étant en service depuis quelque temps et soumis à toutes les influences extérieures que l'entraînement comporte, il n'est pas fatal que ces influences soient seules agissantes, et que l'hérédité puisse être niée; car on peut se trouver en présence de cas d'hérédité homochrone. l'altération des tissus survenant chez les descendants à l'âge où elle a apparu chez les géniteurs.

L'hérédité homochrone étant admise dans l'espèce humaine, pour certaines affections, elle nous permettra d'interpréter favorablement à la thèse de l'hérédité, l'apparition des tares chez les équidés.

Les maladies, se traduisant par des dégénérescences organiques, par des déchéances physiques ou morales, sont transmises.

Cornevin cite le cas d'un verrat Yorkshire atteint d'ostéite généralisée qui a transmis cette dégénérescence du système osseux à tous ses descendants.

L'hérédité joue un rôle dominant dans l'étiologie des diathèses. Il convient de signaler l'intéressante communication de M. Darmagnac, vétérinaire en second à la jumenterie de Tiaret. Cet auteur relate la transmission héréditaire de la diathèse arthritique à 3 poulains par la voie maternelle.

La jument *Orangno*, de pur sang arabe est sujette aux coliques et a été traitée plusieurs fois pour des manifestations certaines d'herpétisme.

Elle a eu 3 poulains qui ont présenté les signes cliniques suivants : eczéma squameux, coliques violentes de nature nerveuse, boiteries rhumatismales au cours de l'entraînement.

L'auteur s'exprime ainsi : la nature héréditaire des affections chez ces 3 sujets nous paraît indéniable. Il y a transmission, de la mère à ses produits, de cet état pathologique qui a reçu le nom de diathèse arthritique et dont la complexité des manifestations n'est plus à démontrer.

Les liens qui unissent à l'arthritisme, les affections cutanées eczémateuses, le rhumatisme sous toutes ses formes (musculaire, cardiaque), l'entéralgie, etc., ne sont plus discutés.

Sipière s'exprime ainsi sur ce point : « Les causes prédisposantes à l'apparition des tares osseuses sont nombreuses, et il s'en trouve auxquelles nous attribuons une grande part dans la formation des exostoses. »

La principale est cette prédisposition dont nous avons déjà parlé en traitant de l'hérédité ? Rien ne l'annonce ordinairement à la naissance, mais au premier travail, à la moindre fatigue, on voit surgir une ou plusieurs de ces tumeurs, sur une région dans laquelle on n'en soupçonnait pas le germe ; et cette apparition subite, qui paraît la suite d'une cause déterminante quelquefois toute légère, est le résultat de la faiblesse organique, d'une espèce de diathèse morbide laissée par le père ou la mère, dans la région du poulain où s'est manifestée l'exostose. Cette prédisposition n'est pas contestable ; elle est admise par tous les hommes pratiques que nous avons consultés, et nous nous sommes adressés à un grand nombre, parmi lesquels il y en a qui font autorité en pareille matière.

M. Joly, dans son travail sur l'éparvin, disait à ce propos :

« La prédisposition individuelle aux tares osseuses provenant de la constitution intime des tissus a été notée et doit être exacte, car nous connaissons, à l'École, au moins 3 chevaux normands qui, dès leur mise en dressage, sont devenus porteurs de tares dures sur tous leurs rayons osseux et sur toutes leurs articulations.

« L'un d'eux étant venu à mourir cette année, à l'âge de cinq ans, j'ai pu conserver de lui des formes cartilagineuses, des suros et des exostoses variés et des éparvins. »

Les os des sujets atteints d'ostéo-arthrite présentent des signes manifestes d'une constitution anormale se traduisant par une fragilité particulière et surtout par une sensibilité réactionnelle excessive aux effets du travail locomoteur.

La coïncidence manifeste qui se produit souvent entre l'apparition des ostéo-arthrites ankylosantes des jarrets et le développement d'autres tares osseuses des autres régions, et même des autres membres est connue depuis longtemps des utilisateurs du cheval, lesquels vous disent que tel sujet « fait de l'os », c'est-à-dire qu'il est prédisposé aux tares osseuses en général, et à chacune d'elles en particulier.

L'hérédité des tares osseuses accidentelles a été niée pendant longtemps.

La *Presse vétérinaire* signale à l'attention de ses lecteurs une intéressante étude sur l'hérédité des tares osseuses accidentelles, où on lit ceci :

« Les auteurs de ces travaux ont montré par des exemples précis, accompagnés d'autopsies, qu'un étalon ou une jument frappé de tares acquises par fatigue personnelle peut produire des descendants qui, sans avoir accompli absolument aucun travail, présentent néanmoins les lésions primaires des formes cartilagineuses, des formes de pâturon, des suros, des éparvins, etc.

« Ces auteurs ont démontré que toutes ces tares et d'autres encore étaient de simples manifestations extérieures d'une ostéite profonde, toujours de même nature, soit qu'elle fût produite par le surmenage individuel, soit qu'elle fût héritée d'un ancêtre surmené, soit qu'elle fût mixte et tînt à la fois de ces 2 modes de production. Cette ostéite a été dite « de fatigue » pour exprimer son origine chez l'ancêtre ou chez l'individu surmené. »

M. Joly a prouvé par des faits très nombreux que la constitution du squelette pouvait être profondément modifiée par l'ostéite de fatigue dans l'individu d'abord et dans sa descendance ensuite.

La transmission héréditaire de cette diathèse morbide explique pourquoi certaines familles sont reconnues par les entraîneurs comme difficiles à entraîner. Cette ostéite en diminuant la résistance du tissu osseux détermine l'apparition, même sous l'influence d'un travail léger, d'exostoses qui se traduisent par des troubles de l'appareil locomoteur.

Nous allons étudier brièvement les diverses exostoses dont la transmission héréditaire est indéniable :

Éparvin. — Jarde. — Nombre d'auteurs s'accordent à dire que l'éparvin est fréquemment héréditaire. Pourtant Dieckerhoff se refuse à admettre l'hérédité de l'éparvin en tant que tumeur, celle-ci étant secondaire ; l'hérédité de la prédisposition serait seule possible. La prédisposition se manifesterait par un vice de structure du jarret, caractérisé par un manque de dimension de celui-ci, par un défaut d'aplomb ou par quelque vice histologique.

Il est reconnu de tous, que les étalons porteurs d'éparvins, de jardes, ont engendré des poulains atteints de ces tares. La plus commune est la jarde. C'est une maladie des mauvais jarrets que quelques étalons fameux ont transmise à presque tous leurs produits. Les fils de *Saxifrage*, de *The Bard*, etc., ont souvent hérité de la jarde et nombreux sont les poulains qui portent en naissant ce défaut observé chez leur mère, chez qui la tare osseuse avait apparu accidentellement. Donc, cette maladie accidentelle est héréditaire, et Joly, le distingué vétérinaire de Saumur, qui a traité cet intéressant problème, s'exprime en ces termes :

« La chose peut être expliquée, par ce fait que la jarde peut accompagner l'ostéo-arthrite ankylosante et que celle-ci frappe tous les tissus, toutes les articulations d'une déchéance organique ; ou bien que, chez ces organismes osséitiques, les tissus ligamenteux subissent, comme le tissu osseux, le vice de nutrition hérité de l'ancêtre. »

Hérédité des suros. — Les chevaux de la République Argentine n'avaient pas de suros jusqu'au moment de l'importation des étalons anglais. Les demi-sang eurent des suros quand on les mit au travail, et la preuve de la transmission de cette exostose était si évidente que tout cheval atteint de suros avait une plus grande valeur, car cela prouvait qu'il avait du sang anglais.

Hérédité des formes. — L'hérédité joue un rôle très important dans la production des formes comme dans celle des jardes et des éparvins.

Ces exostoses se transmettent avec une grande fidélité.

Un vétérinaire anglais, Dufield [1], a signalé chez les poulains une

1. Huntig. *The Veterinarian*, may, 1898 ; — Montmartin. *Journal de Médecine vétérinaire*, décembre 1897

véritable enzootie de tares osseuses et il en attribue le développement à la sursaturation des eaux par le chlorure de calcium, le sulfate et le carbonate de chaux. Mais ces données n'ont pas été confirmées, et il est probable qu'elles résultent d'une fausse interprétation procédant de ce que l'on n'a pas fait une part assez large à l'hérédité.

L'influence de l'hérédité est depuis longtemps reconnue, certaines familles de chevaux par suite d'accouplements mal entendus transmettent invariablement cette tare à leurs descendants.

Le pronostic des exostoses est toujours grave ; pendant la durée de l'ostéite qui les prépare et les édifie, elles déterminent une boiterie ; plus tard quand l'inflammation a disparu elles peuvent encore gêner les tendons, empêcher le fonctionnement régulier des articulations, comprimer des vaisseaux ou des nerfs.

En résumé l'intégrité de l'appareil locomoteur, si indispensable au pur sang, est compromise dans une large mesure.

Ces données sur la pathogénie des tares osseuses montrent qu'il faut écarter de la reproduction tout individu affecté d'exostoses, soit congénitales, soit accidentelles, et après cette sélection, le nombre des sujets tarés diminuera de jour en jour. Les mécomptes dans l'élevage du cheval sont si nombreux, ils résultent si fréquemment du développement des tares osseuses, qu'on ne saurait trop se prémunir contre le fait de l'hérédité, l'une des causes les plus actives de leur propagation.

Hérédité psychique. — Les causes des vices sont encore bien peu connues, par suite de leur complexité extrême.

La plupart des auteurs qui se sont occupés de cette question font jouer un rôle dominant à l'hérédité.

Tout cheval, dit de Lafont-Pouloti, qui est mou, indocile, timide, de mauvaise bouche, rétif, ombrageux, traître, etc., est à rejeter; quelque superbe qu'il soit, il produit des poulains qui ont le même naturel.

Hartmann pense également que le produit peut hériter des bonnes qualités aussi bien que des mauvaises.

Brugnone veut qu'on repousse de la reproduction les sujets ombrageux, trop ardents, méchants, indociles, rueurs, mordeurs, de même que les paresseux, les irascibles ou les poltrons.

Demoussy avance que la ressemblance physique n'est pas la seule à se transmettre aux descendants, et que ceux-ci héritent, en outre, des qualités morales de leur procréateur.

Le professeur Grognier parle des qualités morales qui, transmises par de longues générations, sont parvenues à constituer des caractères de race : telles sont la douceur et la docilité chez le carrossier du Cotentin, l'indocilité du cheval camargue. C'est très rarement, ajoute-t-il, que des poulains méchants et rétifs naissent d'étalons doux et dociles, tandis qu'on en voit tous les jours disposés à ruer et à mordre, dont les pères et les mères étaient affectés des mêmes vices. Un étalon entretenu à Alfort était méchant et il a transmis ce défaut à la plus grande partie de ses produits. On a recueilli en Angleterre, des exemples de familles de chevaux très distingués d'ailleurs, mais de père en fils vicieux et compromettant la vie de ceux qui étaient condamnés à les monter et à les soigner.

Toutes ces affirmations sont d'une haute importance pour guider le producteur dans le choix de l'étalon et de la jument.

Il ne faut pas négliger les caractères psychiques car l'impressionnabilité excessive, l'irritabilité native sont bien souvent encore le point de départ de vices graves et ne tardent pas à provoquer l'indocilité, la colère, l'agression, la vengeance.

L'influence psychique des procréateurs sur la qualité de leurs produits n'est plus à démontrer, aussi convient-il de faire une sélection sévère et d'éliminer les dégénérés.

Bassi a attiré l'attention sur la fréquence de l'asymétrie cranienne (région du pariétal) chez les chevaux épileptiques, immobiles, ombrageux, rétifs ou sujets à s'emporter. Pastore rapporte cinq observations qui confirment cette théorie (*Il moderno Zonatro*, 1904).

Les produits résultant d'ascendants trop nerveux donnent un rendement énergétique très variable : la présence du public les impressionne aussi se livrent-ils beaucoup plus volontiers à l'exercice que sur l'hippodrome. Ainsi s'expliquent les déceptions qu'ils causent à leur écurie à laquelle d'après leurs essais, ils avaient inspiré confiance.

La nervosité excessive paralyse les moyens des sujets pour lesquels on prend des précautions spéciales pour éviter leur irritabilité. Tenus soigneusement à l'écart dans les écuries réservées du paddock, on les conduit directement au poteau où ils se livrent généralement à une série d'incartades qui retardent le départ ; au signal ils partent à regret, perdent plusieurs longueurs et compromettent le résultat final. Les « rogues » forment un contingent assez élevé et quels que soient leur origine, leurs succès, leur belle apparence, on doit les écarter de la reproduction.

Les animaux mordeurs, outre les accidents graves qu'ils peuvent occasionner, gardent généralement un mauvais souvenir de la cravache, leur crainte se mélange de colère et c'est un mauvais état d'esprit pour entrer en lice.

Les annales sportives relatent un certain nombre de mordeurs qui ont transmis ce vice à leurs descendants.

On doit écarter, si parfaite soient leur conformation, leur origine, ces névrosés de la reproduction, car le nervosisme exagéré constitue une tare psychique héréditaire qui compromet, ainsi que nous l'avons vu, l'avenir du sujet.

Lésions nerveuses. — Les lésions nerveuses persistantes peuvent se transmettre héréditairement. Richard du Cantal cite le cas d'une jument du haras du Puy atteinte de paralysie latérale qui a transmis ce défaut à toute sa descendance.

Cette observation clinique correspond au type d'hérédité des lésions nerveuses organiques ou traumatiques.

Nymphomanie. — La nymphomanie peut être considérée dans la série animale comme le type d'hérédité des névroses et cette affection présente au point de vue héréditaire une grande analogie avec l'hystérie observée en médecine humaine.

Outre les causes occasionnelles de nymphomanie (privation du mâle, attouchements excessifs de ce dernier, kystes ovariques, défaut de fécondation, etc.), il convient de signaler un facteur étiologique important : l'hérédité.

La nymphomanie est héréditaire, mais elle l'est à un degré faible, car cet état entraîne, dans la majorité des cas, la stérilité. Malgré cette particularité, il est sage d'écarter de la reproduction les sujets affectés de cette anomalie sexuelle dont les signes cliniques seront étudiés ultérieurement.

Outre la stérilité relative consécutive à la nymphomanie cette affection détermine une irritabilité, un nervosisme exagéré qui compromettent dans une large mesure les succès sportifs.

Hérédité des mutilations. — Les expériences et les recherches établies à ce sujet montrent que les mutilations ne sont que très rarement héréditaires. Depuis de nombreuses générations, on raccourcit par amputation la queue des jeunes moutons mérinos et aucun agneau n'a pu naître avec une queue d'une longueur réduite (Nathusius); il en est de même pour les chevaux chez lesquels on ampute également un certain nombre de vertèbres coccygiennes.

La mutilation des oreilles, pratiquée chez certaines variétés canines, bouledogues, ratiers, danois, etc., ne se transmet pas héréditairement; l'amputation des cornes, poursuivie pendant vingt ans sur une famille de reproducteurs bovins, n'a pu arrêter leur évolution chez les sujets procréés (expériences de Neumann, de Colin, de Cornevin).

Il semble cependant nécessaire d'établir une distinction entre les mutilations superficielles, qui ne sont pas héréditaires, et les mutilations profondes pouvant se transmettre parfois avec une certaine fixité. Des femelles de cobayes, rendues épileptiques par la blessure de la moelle épinière ont pu donner naissance à des sujets chez lesquels l'attaque d'épilepsie pouvait être aisément provoquée (Brown-Séquard); il en est de même de l'atrophie du cerveau résultant de la section du sympathique cervical chez le cobaye (Dupuy) ou des changements que provoque dans la grandeur de l'œil la section de certains nerfs.

Il est intéressant de signaler à la suite de ces faits expérimentaux le cas rapporté par M. Le Hello qui revêt un caractère pratique. Une dépression très accusée du lacrymal produite par un heurt de la tête d'une jument pleine contre un obstacle détermina une atrophie partielle de l'œil; cette particularité put se remarquer chez le poulain mis au monde quelque temps après l'accident. Nous avons précédemment cité ce cas en examinant la question des caractères acquis.

Anomalies. — Les anomalies sont transmissibles quand elles déterminent une variation accusée, sans cependant tomber dans la monstruosité vraie.

Cornevin signale chez le cheval comme transmissible héréditairement la dentition incomplète (absence de la dent mitoyenne gauche).

Nous avons observé, la transmission d'anomalies musculaires chez une jument de pur sang.

Emphysème. — Cette affection diminue dans une large mesure le coefficient respiratoire, condition qui rend impossible le travail régulier de l'entraînement, l'intégrité de l'appareil respiratoire étant une condition essentielle pour les moteurs utilisés en mode de vitesse et spécialement pour le cheval de course.

La transmission héréditaire de cette affection n'est pas douteuse et les étalons de l'État atteints d'emphysème pulmonaire sont retirés de la reproduction.

Cette exclusion dans l'intérêt de l'élevage ne devrait pas être réservée aux mâles et devrait s'étendre aux femelles qui sont des agents de transmission bien plus actifs que l'étalon, car pendant toute la durée elles transmettent cette tare à leurs générations.

Ce vœu a été émis bien des fois et n'a jamais été réalisé, au grand préjudice de l'élevage.

Un corneur peut encore être utilisé, mais un poussif doit être éliminé à tout jamais.

Cornage. — L'hérédité du cornage se trouve péremptoirement établie dans un intéressant mémoire dont nous avons déjà résumé la partie relative à notre sujet, mais que nous allons citer à nouveau.

« L'hérédité, dit M. Labat, joue un grand rôle dans la genèse du cornage chronique, et certainement s'il est devenu aussi fréquent chez les chevaux de certaines races, cela tient à ce qu'on a méconnu la puissance de ce mode de transmission. »

Bien que considéré comme héréditaire par la majorité des hippologues qui ont pour mission d'augmenter et d'améliorer la production chevaline, tous n'ont pas toujours pris, à l'égard des reproducteurs atteints de ce vice, les mesures restrictives que comporte la facilité avec laquelle il se transmet par voie d'hérédité.

La liste des étalons qui ont produit des corneurs serait longue à énumérer.

M. Labat émet au sujet de l'hérédité du cornage les conclusions suivantes que nous avons déjà citées :

1° Il n'est pas impossible que les parents corneurs, en transmettant une conformation défectueuse, engendrent des corneurs de naissance.

2° Dans l'extrême majorité des cas, le cornage est dû à la paralysie du larynx et les parents atteints de cette affection ne transmettent pas l'affection elle-même, mais une aptitude très réelle à l'acquérir ; c'est l'« hérédoprédisposition » au cornage.

3° L'analyse des causes du cornage a fait constater qu'un petit nombre d'entre elles, sont susceptibles de se transmettre par voie de génération : vice de conformation et surtout la prédisposition à la paralysie du larynx. Par conséquent, tous les cornages chroniques ne sont pas héréditaires : il y a des cornages héréditaires et des cornages non héréditaires.

4° Enfin, l'hérédoprédisposition constitue le facteur le plus important dans la genèse du cornage chronique ; elle se montre comme condition préparatoire et prédisposante dans le plus grand nombre de cas de paralysie du larynx ; et la paralysie du larynx est incontestablement la cause la plus fréquente du cornage chronique.

C'est avec raison que la loi interdit la monte aux étalons corneurs, quelle que soit la cause du cornage. Il est à regretter, vu la part de la jument égale à celle de l'étalon dans la production du vice, que celle-ci ne puisse être également exclue de la reproduction lorsqu'elle est atteinte de cornage.

On cite dans la race pure des juments et des étalons corneurs ayant communiqué leur vice à leurs descendants.

Certains états pathologiques (angine, bronchite, pneumonie gourmeuse) peuvent produire des cornages symptomatiques qui ne se transmettent pas héréditairement ; de même la présence de certaines tumeurs dans les cavités nasales peut amener une gêne respiratoire non transmissible. Mais il ne faut pas oublier que la paralysie laryngienne fournit le plus fort contingent parmi les corneurs.

Il est inutile de faire remarquer l'inconvénient grave pour le cheval de course résultant du cornage, cette affection entraînant la diminution du coefficient respiratoire. L'aptitude et la résistance au travail sont réduits dans une large mesure.

Le tic. — Le tic peut être considéré comme le type des affections héréditaires du système nerveux.

Les chevaux de sang, les chevaux de races distinguées, surtout ceux de tempérament nerveux, sont plus prédisposés au tic que les chevaux de trait.

Mais le facteur le plus important est l'hérédité, cette question est encore très discutée et nous empruntons au travail du Dr Dieckerhoff, professeur de l'école vétérinaire supérieure de Berlin, traduit par Joly les renseignements suivants.

On pouvait toujours prétendre que beaucoup de chevaux tiqueurs sont issus de progéniteurs qui ne l'étaient pas, et que les jeunes chevaux tiqueurs issus d'une jument ou d'un étalon atteint de ce vice avaient bien pu acquérir cette habitude vicieuse, pendant leur long séjour à l'écurie, et sans qu'il soit besoin d'invoquer une influence héréditaire.

Cependant on put fermement établir par l'examen de chevaux placés dans des conditions d'existence identiques, que le nombre des tiqueurs issus de parents tiqueurs était plus grand que celui des tiqueurs issus de parents indemnes de ce vice. Farges rapporte qu'un étalon tiqueur féconda 11 juments et quatre des produits devinrent tiqueurs. L'année suivante le même étalon saillit 2 juments et un des 2 poulains qui en résultèrent fut également affecté de tic.

Cadéac reconnaît comme exacte la nature héréditaire de ce vice.

Weber (*Recueil*, 1878), cite le cas d'un étalon tiqueur dont tous les produits sans exception l'ont été également.

Colin (*Journal de Lyon*, 1883) a fourni des faits importants, à l'appui de cette opinion. En quelques années l'étalon tiqueur *Rhum* a produit 45 poulains tiqueurs.

Au contraire, Zundel fournit des faits négatifs relevés en 1873-1874, au haras de Strasbourg, où de nombreux étalons tiqueurs ne donnèrent aucune preuve de l'hérédité de leur vice. Le tic bien souvent répète-t-il, naît chez des chevaux dont les parents n'en étaient pas atteints. Déjà depuis le siècle dernier on sait que les poulains issus de juments et d'étalons tiqueurs ne le deviennent pas tous. Dieckerhoff a connu une belle jument de demi sang qui tiquait à l'appui dès l'âge de trois ans, et donna 5 produits en six ans. De ces 5 produits un seul devint tiqueur, les 4 autres, qu'il a observés pendant dix ans, ne le devinrent pas.

On peut, en somme, reconnaître que les progéniteurs affectés de tic donnent à leurs produits une plus grande propension à apprendre ce vice que ceux qui ne le possèdent pas.

Comme terme minimum de l'apparition du tic à bruit spécifique, Dieckerhoff accepte six ou neuf mois. Rarement les animaux commencent à tiquer avant deux ans, plus souvent deux à trois ans.

Comme causes occasionnelles, il faut citer la stabulation permanente à l'écurie, l'oisiveté et l'imitation.

Le nombre des tiquages opérés par les animaux est très variable, il peut être extrêmement considérable : 10, 20 fois à la minute.

Quelques tiqueurs le sont surtout au moment des repas et les autres dans l'intervalle.

Ceux qui ouvrent la bouche en tiquant pendant le repas d'avoine laissent tomber en partie leur nourriture sur le sol.

L'usure des dents est très variable.

Les tiqueurs ne se livrent pas à leur mauvaise habitude quand ils sont malades ou souffrants, mais ils l'exécutent à nouveau dès leur convalescence.

Dans l'obscurité complète, les tiqueurs ne tiquent plus, mais le moindre éclairage suffit à réveiller le vice des tiqueurs invérés.

Examinons les troubles pathologiques consécutifs au tic : la déglutition de l'air, qui peut être permanente dans l'acte des tiqueurs exceptionnels, se traduit par de bruyants borborygmes, du météorisme ou enfin des coliques flatulentes.

L'air est expulsé par le rectum une demi-heure ou une heure après sa déglutition. Mais les coliques peuvent survenir par paralysie des fibres musculaires dilatées. Les tiqueurs ballonnés ne tiquent plus; sitôt vides, ils recommencent. Le pronostic est grave, car les chevaux qui se sont livrés une fois au plaisir du tic n'en perdent plus le souvenir et tous les moyens de guérison employés contre le tic sont vains.

Le traitement peut être prohibitif, opératoire ou prophylactique.

Les moyens prohibitifs des plus employés sont :

Le badigeonnage de la mangeoire au coaltar; l'établissement d'une mangeoire mobile; le séjour dans un boxe à murs lisses; la fixation de la mangeoire au sol; la muselière en fer; le licol anti-tiqueur; le mors anti-tiqueur; le collier anti-tiqueur. Ce dernier appareil convenablement serré ne s'oppose pas à la déglutition des aliments et des boissons; il empêche la descente du larynx, et du pharynx et s'oppose à la déglutition de l'air.

Cet appareil peut s'utiliser aussi bien contre le tic à l'appui que que contre le tic en l'air.

Dans le but de guérir définitivement le tic, Hertwig a pratiqué la section des sterno-maxillaires, mais quand après guérison la soudure des tendons est effectuée à nouveau, les opérés recommencent à tiquer.

Le traitement prophylactique consiste en l'élimination des haras des juments et surtout des étalons tiqueurs.

Tic de l'ours. — Chomel et F. Rudler (*Bulletin de la Société centrale de médecine vétérinaire*, 1903) se proposent de rechercher si le tic de l'ours du cheval peut être assimilé aux tics par imitation de l'homme. Leurs observations portent sur 9 chevaux de huit à neuf ans, de conformations très diverses.

Ces auteurs retrouvent dans cette habitude vicieuse du cheval

« des phénomènes moteurs, des phénomènes psychiques, des troubles de la sensibilité, de la réflectivité, etc., et des stigmates physiques ». Les phénomènes moteurs consistent dans des attitudes spéciales et les mouvements de balancement anormaux bien connus Les manifestations psychiques se traduisent par une impressionnabilité différente suivant les sujets, de l'instabilité motrice, une agitation insolite, un nervosisme spécial. La réflectivité et la sensibilité, consultées par la flexion du rein, l'épreuve du dynamomètre caudal (queue soulevée par les crins, à une certaine distance de sa base) la sensibilité du nez à la piqûre, les réflexes de l'encolure, du pied et de la pupille paraissent peu modifiés ; toutefois, le reflexe lombaire semble exagéré et la résistance au soulèvement de la queue fortement diminuée. Les stigmates physiques de dégénérescence, presque constants chez l'homme atteint de tic, existent chez les chevaux affectés du tic de l'ours qui sont tous asymétriques ou dysharmoniques (asymétrie du crâne, de la face, de l'épaule ou de la hanche).

D'autre part une étiologie à peu près universellement acceptée enseigne que le tic de l'ours est dû à l'*imitation*. Les constatations de MM. Chomel et Rudler confirment ces faits ; les auteurs relatent la transmission de ce tic à 6 chevaux indemnes, par des voisins d'écurie affectés.

Au bout d'un certain temps, variable avec chaque cheval, par la répétition, l'acte devient automatique ; le tic est constitué, il résiste à l'isolement.

Ce n'est qu'un symptôme d'inquiétude naturelle, et par suite peu de chevaux affectés de ce défaut se nourrissent bien et travaillent de même.

Maladie naviculaire. — Parmi les affections héréditaires de l'appareil digité, il convient de signaler la maladie naviculaire : on a souvent vu celle-ci apparaître, peu après la mise en service, sur des chevaux provenant de sujets qui en étaient atteints.

Le pronostic de cette affection est toujours grave et constitue une entrave sérieuse au moment des épreuves sévères de l'entraînement.

Mélanose. — Il convient de citer parmi les affections héréditaires la mélanose ; « Golner raconte, d'après une communication de Gallety-Latournelle, qu'un jeune étalon blanc, atteint de tumeurs noires, transmit la maladie à tous ses descendants de robe blanche, tandis que tous ceux qui étaient d'une autre couleur en restèrent indemnes. La maladie se répandit de là dans les contrées voisines » (Virchow). Brugnone, Noack et d'autres vétérinaires, regardent également la maladie comme héréditaire. Golnier avance que, dans les cas héréditaires, les descendants sont atteints de tumeurs mélaniques vers l'âge de deux ou trois ans, tandis que chez les ascendants la première apparition est plus tardive.

La robe grise, très rare chez le pur sang, diminue dans une large mesure les chances héréditaires de la mélanose.

Fluxion périodique. — L'hérédité, l'humidité, la nature argileuse des lieux, sont les causes étiologiques les plus fréquentes.

On ne sait encore si l'affection est de nature rhumatismale ou infectieuse. Koch croit en avoir isolé le microbe pathogène. L'infection se ferait par les fourrages; l'agent spécifique trouverait dans l'œil un milieu favorable.

Les agents hygiéniques et le choix des reproducteurs dominent la prophylaxie de cette affection. On écartera de la reproduction les juments et les étalons fluxionnaires.

L'examen de l'appareil oculaire a donc une grande importance et comprend une série d'explications méthodiques : 1° examen extérieur de l'œil à la lumière directe et sans instrument; 2° exploration des culs de sac conjonctivaux; 3° examen des parties antérieures par l'éclairage latéral; 4° examen des régions profondes avec l'ophthalmoscope; 5° la tanométrie ou étude de la tension du globe.

Ces différents examens permettront de reconnaître les procréateurs fluxionnaires, et de les éliminer, car, outre son caractère héréditaire, la fluxion périodique diminue l'intégrité visuelle si nécessaire aux chevaux de steeple-chase.

CHAPITRE VI

VARIATION ET SÉLECTION

Les attributs individuels susceptibles de subir des variations dépendent d'aptitudes ou d'activités physiologiques dont les limites peuvent être facilement déterminées, dans l'état actuel de la science. Ces variations sont gouvernées par la loi d'accommodation, dont l'action a été suffisamment définie et mesurée. Et c'est là ce qui ruine les hypothèses ou les croyances sur la variabilité de la race de pur sang, sur la dégénération du type ou une déviation constante de ce type.

Les attributs qui varient, chez les animaux, sont ceux de la taille du squelette, du volume des organes.

L'influence particulière qu'ont eue les courses de vitesse sur le modèle des chevaux fait, tous les ans, l'objet de polémiques intéressantes. Leurs auteurs s'accordent, en général, à reconnaître que cette influence n'a peut-être pas été suffisamment prise en considération par ceux qui ont pour mission de veiller, sinon à l'amélioration de la race, du moins à la conservation de l'amélioration acquise.

Il est, en effet, certain que dans tous les pays où les courses sont en honneur, le pur sang nous offre le spectacle d'une élite peu nombreuse de sujets ayant résisté, par la perfection exceptionnelle de leur conformation et par la solidité de leur constitution, aux épreuves prématurées ou excessives et à un entraînement sévère, le reste n'est trop souvent composé que d'individus insuffisants, aux membres grêles et tarés, d'une susceptibilité irritable à l'excès. Doit-on attribuer cet abâtardissement de la race aux courses de vitesse ?

Les différences de formes et de tempéraments, qui se sont produites depuis une quarantaine d'années, montrent bien que les courses ont eu une influence sur le modèle. Nous verrons, tout à l'heure, dans quel sens elle s'est exercée. Mais on peut dire déjà, que ces différences constituent une preuve expérimentale du grand problème de la Variation qui n'a rencontré jusqu'ici que l'indifférence et l'insouciance des praticiens.

Lorsque, il y a quelques années, nous avons été amenés à constater les succès des importations d'Outre-Manche, tant étalons que poulinières, nous avons écrit que ces succès devaient être attribués à l'adaptation plus parfaite des familles anglaises aux distances moyennes ou inférieures à la moyenne. La sélection intervenant avec une recherche de plus en plus marquée pour les étalons anglais, les individus s'adaptent sans interruption et dans tous leurs organes, sous l'influence des conditions de distance; la race entière s'adaptera peu à peu, son adaptation provenant de la fixation des adaptations individuelles qui sont héréditaires. Le fond, l'endurance, la rusticité qui étaient les attributs de la race française tendront à disparaître.

Il est incontestable que, comme l'individu, chaque famille s'adapte dans la mesure de sa plasticité, mais il est possible que certaines lignées françaises de stayers soient en partie réfractaires à la variation qu'a fait naître la vitesse exigée par les courses actuelles; c'est ce qui expliquerait l'insuccès de certaines d'entre elles en ces dernières années. C'est un fait indéniable que, lorsque les conditions d'exercice changent, en vertu d'un phénomène de mécanomorphose, les organes et les tissus qui se meuvent activement se modifient dans le sens de leur nouvelle fonction.

Le modèle du cheval de pur sang a donc subi des transformations assez importantes sous l'influence des conditions mécaniques dans lesquelles il est obligé de disputer les courses. Le type a varié. Lorsqu'on examine l'ensemble de cette variation, on voit qu'elle s'est faite vers un modèle léger, moyen, défectueux d'aplombs qui représente aujourd'hui la forme normale de la race.

Par l'analyse mathématique des courbes, on pourrait émettre sur les oscillations des chevaux de course autour d'une sorte de point d'équilibre, des idées intéressantes.

Si l'on s'était attaché tant en France qu'en Angleterre à conserver un plus grand nombre d'épreuves à longue distance, l'équilibre spécifique n'ayant pas été ébranlé, le type de nos racers aurait subi une modification moins sensible. Nous aurions encore le puissant animal qu'était le cheval de course au milieu du dernier siècle. Nous verrons du reste au problème de l'alimentation qu'il est possible de ramener le modèle du pur sang à l'importance qu'il avait autrefois à l'aide d'une nourriture rationnelle bien comprise.

La variation acquise étant héréditaire, se transmet à chaque génération; si la cause déterminante de la variation initiale est maintenue, la variation peut s'exagérer pendant les générations qui suivent et devenir funeste à la race pure. Il faudrait donc qu'on s'attachât à revenir à l'élément fondamental du bon cheval fort et puissamment membré, en augmentant la distance dans une mesure donnée ou en supprimant la plupart des épreuves à courte distance, qui exigent de la part des centres nerveux un surcroît de travail, une exagération préjudiciables.

Les phénomènes de variation pourraient un jour être classés et beaucoup mieux connus, si l'on conservait les squelettes des grands vainqueurs du turf. On avait parlé de fonder le musée du cheval. Pourquoi ne fonderait-on pas à Chantilly le musée du pur sang où seraient réunies, habilement préparées ou disséquées, les dépouilles des chevaux illustres? Des portraits, des croquis, des photographies d'étalons et de poulinières; des instantanés montrant l'arrivée des grandes épreuves, etc., pourraient y être consultés par l'éleveur, le sportsman, le professionnel avec un intérêt qui serait profitable au développement des connaissances hippiques et à l'histoire de la race pure. Les hommes d'étude y trouveraient des éléments de travail pour leurs recherches personnelles les plus approfondies.

Dans une intéressante étude qui a pour titre *de l'Action des courses sur le modèle des chevaux*, un auteur qui signe « Sincère » se demande si nos chevaux de pur sang sont en dégénérescence. Il pose ainsi le problème de la variation.

« Sans doute, dit Sincère, à n'envisager que le principe actif inhérent à la race pure ou la somme de vitalité, une comparaison entre les chevaux de course de notre époque tels que *Stuart*, *Ténébreuse*, *Omnium* ou *La Camargo* et leurs devanciers, *Fitz Emilius*, *Eylau*, *Gigès* ou *Jouvence*, serait chose difficile à établir. Et quant à vouloir déterminer une supériorité en faveur des uns ou des autres, il faudrait avoir la possibilité de peser exactement la valeur de nombreuses considérations d'ordre différent. Quoiqu'il en soit, on peut affirmer, ce nous semble, que l'examen des performances n'est pas fait pour nous alarmer. De nos jours, en effet, sous le poids réglementaire de 58 kilogrammes, alors qu'anciennеnement il n'était que de 54 kilogrammes, la vitesse s'est considérablement accrue et, en même temps, la fréquence des épreuves, quand parfois elle n'est pas préjudiciable, donne trop souvent à quelques-uns de nos performers l'occasion de manifester une endurance vraiment extraordinaire. Aussi bien, peu nous importe qu'on veuille attribuer, soit aux nouvelles méthodes d'entraînement, soit à toute autre cause, ces résultats heureux. Disons seulement, qu'en mettant exclusivement de côté la question des performances, on ne saurait méconnaître, d'une façon générale, les bons effets résultant des perfectionnements récemment apportés à nos modes d'élevage, et en particulier l'action bienfaisante des sélections judicieusement pratiquées dans la plupart des effectifs de nos haras. D'ailleurs, pour nous qui avons une conception élevée de ce que doit être le cheval de course, nous nous complaisons dans la pensée que l'espèce de pur sang, créée pour les luttes de l'hippodrome, du fait même de sa destination est vouée au progrès, en ce qui concerne le principe qui l'anime. Nous n'admettons donc pas qu'on puisse la soupçonner d'être sur son déclin, quand tout démontre au contraire que sa qualité intrinsèque n'a pu que s'accroître.

« Cependant, si nous sommes amené à reconnaître que sa qualité intrinsèque, sa valeur morale pour ainsi dire a progressé, il faut bien nous rendre à l'évidence et convenir que ses aptitudes et son modèle ont subi, en une période de quelques années, une tranformation vraiment sensible. Bien des personnes compétentes ont été frappées de ce fait : dans son rapport de mission de 1902, l'envoyé de l'empereur d'Allemagne en renouvelle après tant d'autres l'observation, et regrette de ne plus trouver en France, parmi les sujets de cette espèce, les beaux modèles d'autrefois. Il est certain qu'aujourd'hui les descendants d'*Hermit*, ou de *Galopin* n'offrent plus les caractères de conformation qu'on rencontrait naguère chez les dérivés de *Monarque*, de *Fitz Gladiator*, d'*Emilius* ou de *The Baron*. De là sans doute ce reproche qui s'adresse injustement à notre sens au cheval de pur sang pris dans tout son être, alors que seuls ses caractères extérieurs peuvent être momentanément l'objet d'une défaveur.

« Dès lors on conçoit aisément l'intérêt qui s'attache à la recherche des causes qui ont pu occasionner cette évolution dans le type du cheval de pur sang. »

Dans une première partie théorique, Sincère démontre que les changements constatés dans la conformation de nos chevaux, succédant à une orientation nouvelle donnée aux courses, s'expliquent par l'étroite corrélation qui s'établit entre les aptitudes, les modèles et les conditions des épreuves.

Dans une seconde partie, il démontre que l'historique aussi bien que les résultats des courses confirment cette théorie. « Il nous sera donné de constater, dit cet auteur, qu'un grand nombre de chevaux anglais, spécialistes des courtes distances, ont été appelés en France, au cours des trente dernières années, par d'incessantes créations de courses réduisant très sensiblement les parcours antérieurement adoptés, et que, par suite, les caractères de conformation propres aux chevaux de vitesse, c'est-à-dire un modèle raccourci dans les lignes, un système osseux allégé, une arrière-main hors de proportion avec l'avant-main, ont remplacé chez nos racers l'étendue des rayons, l'ossature développée, la structure plus harmonieuse et mieux équilibrée des chevaux de fond que nous possédions. » Cette remarque, qui découle de la stricte observation des faits, nous paraît être une indication sûre que le modèle dans un cheval n'est pas indépendant ou quelconque, mais qu'il s'accorde toujours avec une aptitude particulière dont il seconde la manifestation.

La transmission des caractères hérités ou ancestraux, s'éclaire d'une lumière plus vive encore si l'on admet que les caractères acquis par l'individu déterminent des modifications matérielles dans la substance héréditaire de la cellule, persistent et se transmettent aux générations suivantes. Ainsi, se comprend bien mieux l'ensemble de l'évolution du pur sang, avec la série continue des générations.

Si les caractères acquis par un individu deviennent parties intégrantes et définitives de la substance héréditaire de ses cellules et peuvent comme tels, être transmis aux générations suivantes, il est clair que ses caractères hérités ou ancestraux doivent être aussi considérés comme ayant été progressivement acquis par les générations qui ont précédé l'espèce, par suite de leur adaptation aux causes externes dans le cours du cycle évolutif.

Si nous poussons plus loin cet ordre d'idées nous pouvons conclure, en outre, que la substance héréditaire du cheval de course, dès ses premiers débuts, s'est progressivement enrichie de nouveaux caractères, s'est modifiée dans sa structure matérielle, de génération en génération, en recevant constamment de nouvelles impressions.

Telle est pour nous la véritable signification de la grandiose conception fondée surtout par l'école de Darwin, à savoir que toute la série des formes par lesquelles passe régulièrement et successivement tout organisme supérieur, à partir du stade où il n'est qu'un œuf simple jusqu'à ce qu'il ait acquis sa structure définitive si complexe.

Un coup d'œil jeté sur le modèle du cheval arabe qui est la souche du pur sang anglais actuel, nous montre quelle importante modification de formes a subi ce dernier sous l'influence de la gymnastique fonctionnelle de l'entraînement, combien les racers de nos jours en ce qui concerne leur forme et leur organisation se sont différenciés.

La théorie de la sélection de Darwin nous avait déjà donné une explication naturelle pour l'intelligence de ce phénomène. Partant de ce fait que tous les individus de la race et même tous les descendants d'un même couple de parents, présentent entre eux des différences plus ou moins sensibles, phénomène connu sous le nom de variété individuelle, et apparaissent en partie comme la conséquence du mélange sexuel, en partie, comme le résultat des *influences extérieures*, qui agissent sur l'organisme des parents, — partant de ce fait, on peut dire que parmi les individus plus ou moins différents de la même génération, ceux-là seuls fournissent des vainqueurs, qui sont le mieux adaptés aux conditions des courses par leur aptitude, tandis que ceux qui sont moins bien doués restent dans l'obscurité. De la sorte, ce ne sont que les mieux adaptés aux exigences du turf qui arrivent à se multiplier et à pouvoir transmettre leurs caractères à leurs descendants.

C'est dans ce choix des individus les mieux adaptés que consiste la sélection.

Aptitude coureuse et origine fashionable, telles sont les deux conditions de la sélection. C'est au respect absolu de ces deux conditions que les éleveurs de pur sang, sont depuis longtemps arrivés empiriquement ; pour en faciliter la pratique le *Stud Book* a été créé.

Voici comment s'exprime Darwin sur la sélection :

« Chez les chevaux de course la sélection a été méthodiquement poursuivie en vue d'augmenter la vitesse, et nos chevaux actuels battraient facilement leurs ancêtres. L'augmentation de taille et l'apparence différente du cheval de course anglais sont telles, qu'il serait impossible de concevoir actuellement qu'il descend de l'union du cheval arabe avec la jument africaine. La sélection inconsciente, c'est-à-dire les efforts faits dans chaque génération pour produire des chevaux aussi beaux que possible, jointe à une nourriture abondante et à un entraînement régulier, sans aucune intention préconçue de leur donner l'apparence qu'ils ont aujourd'hui, a probablement joué un grand rôle dans l'élevage du cheval. Youatt affirme que l'importation, au temps de Cromwell, de 3 étalons célèbres venant d'Orient, modifia promptement la race anglaise, car lord Karleigh se plaignait que le grand cheval disparût rapidement. C'est là une preuve excellente de la façon rigoureuse avec laquelle on a appliqué la sélection, car, autrement, les traces d'une si petite infusion de sang oriental n'eussent pas tardé à disparaître et à être absorbées, bien que le climat de l'Angleterre n'ait jamais été considéré comme particulièrement favorable au cheval, une sélection longtemps soutenue, tant méthodique qu'inconsciente, succédant à celle pratiquée par les Arabes, dès une époque très reculée, n'en a pas moins fini par nous donner une des meilleures races de chevaux qui soit au monde, Macaulay fait à ce sujet la remarque suivante : « Deux hommes qui étaient réputés de grandes autorités dans la matière, le duc de Newcastle et sir J. Fenwich, avaient prononcé que la moindre rosse, venant de Tanger, donnerait une meilleure descendance que celle qu'on pourrait espérer du meilleur étalon indigène, ils étaient loin de prévoir qu'il viendrait un temps où les princes et les nobles des pays voisins seraient aussi désireux de se procurer des chevaux anglais, que les Anglais d'alors de se procurer des chevaux arabes. »

CHAPITRE VII

LES CROISEMENTS

Lorsqu'il s'agit de production de pur sang, tous les auteurs spéciaux sont d'accord sur la signification théorique du terme de croisement : ils l'emploient tous pour désigner la méthode de reproduction qui consiste à accoupler seulement des individus appartenant à des familles différentes.

Au point de vue zootechnique, cette application manque de justesse et de précision : il n'y a en réalité croisement que toutes les fois que les deux reproducteurs accouplés ne sont pas de même espèce. A *fortiori*, deux individus sont de même race, comme c'est le cas dans toutes les unions de race pure, le terme de croisement est impropre. Cela va de soi. Toutefois, nous savons que chacun, dans sa famille, peut se distinguer par un ensemble de caractères différents, par une aptitude coureuse différente. Les croisements entre familles n'ont donc rien de fictif, puisque les représentants de ces familles offrent le plus souvent des caractères physiologiques sensiblement distincts.

Avant d'aller plus loin, nous croyons nécessaire de définir la famille. Au sens le plus restreint le mot famille signifie en langue française, un groupe composé d'un homme, d'une femme et de leurs enfants. Par extension, il comprend aussi les collatéraux, c'est-à-dire les oncles, tantes, neveux et nièces, c'est-à-dire toutes les personnes unies entre elles par ce qu'on appelle les liens du sang ou de la parenté. Mais en ce sens étendu au delà d'un petit nombre de générations, il ne s'applique qu'aux familles nobles ou illustres particulièrement divisées en plusieurs branches, parce que son application exige l'existence d'une généalogie conservée avec soin, la parenté éloignée se perdant facilement lorsqu'elle ne peut se conserver que par la tradition orale. C'est pourquoi la législation a fixé au 12e degré, la parenté ouvrant le droit de succéder aux biens.

C'est en ce dernier sens surtout que la notion de famille est comprise pour les chevaux de pur sang. A la tête de chaque famille, il y a un chef plus ou moins renommé qui lui donne son nom; et l'on dit communément que les descendants de ces chefs de famille sont de leur sang, ce que le livre généalogique, *Stud Book*, a pour but de constater. Les éleveurs ont trouvé plus exact et plus commode pour la pratique, la méthode qui consiste à choisir la mère comme souche de famille, et c'est d'après cette méthode que sont dressés les pedigrees.

Cette notion de la famille, ainsi définie, a une grande importance au point de vue du fonctionnement des lois de l'hérédité, en particulier à celui de la constance des qualités en propriétés physiologiques acquises, dont la puissance héréditaire est, comme nous le savons, en raison de leur ancienneté dans la famille à laquelle appartient le reproducteur considéré. Elle précise le sens du mot origine, dont il est fait un fréquent usage dans le langage des éleveurs.

La notion de famille implique nécessairement chez les sujets auxquels elle s'applique, l'idée de descendance par génération sexuelle et celle de commencement par un couple. La notoriété est plus ou moins grande selon les qualités reconnues ou attribuées aux ancêtres jusqu'auxquels on la fait remonter; et la conservation de la mémoire de ces mêmes ancêtres par tradition orale, mais surtout par écrit, au moyen du *Stud Book*, est précisément ce qui marque d'une manière précise les limites des familles; car, sans cela, leur notion se confondrait avec une autre de même ordre, que nous avons définie dans la définition de la race de pur sang.

Trois hommes se sont trouvés, il y a quelques années, pour rechercher presque à la même époque, l'origine des chevaux de pur sang en ligne maternelle : l'australien Bruce Lowe et deux allemands Hermann Goos et Frentzel. Enfin, un auteur français, Lottery, a cherché en se basant sur l'étude approfondie et poussée très loin de la généalogie à obtenir dans un croisement, une proportion définie du sang de tous les grands chevaux anciens et il a cru pouvoir établir les bases d'un croisement rationnel.

Nous allons examiner les différents systèmes, pour déterminer leur valeur respective au point de vue scientifique.

Le système de Bruce Lowe. — Nous ne saurions mieux faire que de publier un article paru dans le *Sport-Welt*, commentaire intéressant dû à Hermann Goos sur le système d'élevage de Bruce Lowe, dont voici les passages essentiels :

« Comme on le sait depuis longtemps, tous les chevaux de pur sang descendent des trois orientaux : *Godolphin Arabian*, *Byerly Turk*, *Darley Arabian*. Trois grandes familles se sont donc formées d'après la descendance paternelle, et il y a lieu de classer chaque cheval de pur sang anglais dans une de ces trois familles. Si maintenant, on examine la descendance des chevaux de courses d'après la ligne directe féminine, on trouve environ cinquante juments. De même que les trois étalons ci-dessus nommés sont les pères primitifs du cheval anglais de pur sang, de même ces cinquante juments en sont les mères primitives. On peut en conséquence, former cinquante grandes familles et chaque cheval anglais de ce siècle peut être incorporé dans une de ces familles. Le tableau de ces familles, d'après les mères primitives, fait l'objet de nos tables d'élevage, dont j'ai publié la première édition en 1885, sous le titre : *Die Stamm-Mutter des Englischen Vollblutpferdes ;* ces familles forment la base du système de M. Bruce Lowe. Il n'a appris à connaître mes tables de reproduction que plus tard, lorsqu'il avait presque terminé son ouvrage, et il s'est probablement représenté comme moi ces tables de familles dressées d'après les mères primitives. Il a donné un numéro à chaque famille et ces numéros indiquent les nombres du système.

« Plus loin, il a établi combien chacune de ces familles en ligne directe maternelle a fourni de vainqueurs aux trois plus célèbres courses : Derby, Oaks, Saint-Léger. Il a classé les familles d'après le chiffre des vainqueurs. De sorte que la famille n° 1 renferme le plus grand nombre de vainqueurs dans ces courses. Par conséquent plus le numéro de la famille est élevé, moins elle a produit de vainqueurs et quelques familles même ne peuvent citer aucun vainqueur dans l'une des trois courses classiques. En examinant une grande quantité de généalogies, dans lesquelles il a fait entrer chaque cheval avec son numéro familial, il a établi de plus que vingt de ces familles jouent un rôle important dans les généalogies modernes, et que parmi ces vingt familles, il n'y en a que neuf qui figurent en si grand nombre et si généralement, qu'elles sont absolument indispensables pour dresser une table de descendance moderne : c'est-à dire qu'il n'y a pas dans ce siècle un seul cheval de courses ou un reproducteur d'une valeur supérieure qui ne renferme des courants de sang puissant de ces neuf familles.

« Les chiffres de ces neuf familles sont :

1, 2, **3**, 4, 5, **8**, **11**, **12**, **14**.

« Les mères primitives de ces neuf familles sont :

1.	*Tregonwell's Natural Barb Mare*	a fourni	42	grandes courses.
2.	*Burton's Barb Mare*	—	44	—
3.	*Byerly Turk Mare, dam of the two True Blues*	—	42	—
4.	*Laiton* (violet) *Barb Mare*	—	28	—
5.	*Massey Mare by M. Massey's Black Barb.*	—	24	—
8.	*Bustler Mare*	—	13	—
11.	*Sedbury Royal Mare*	—	9	—
12.	*Royal Mare*	—	9	—
14.	*The Oldfield Mare*	—	6	—

comme on voit, le numéro ne correspond pas toujours avec le nombre des vainqueurs, probablement parce que M. Bruce Lowe a commencé sa classification à une date antérieure à 1894.

« M. Bruce Lowe divise ces neuf familles en deux classes : Runnings (chevaux de vitesse, performers, etc.), et Sires (chevaux de fond, excellents reproducteurs) : j'ai dû conserver ces deux expressions originales, un peu à regret j'en conviens, mais je ne trouve pas d'expression allemande correspondante qui rende d'une manière aussi concise le sens du mot Sire et du mot Running, et qui soit d'un emploie aussi commode.

« Les familles de Runnings sont : 1, 2, **3**, 4, 5.

« Les familles de Sires sont ; **3, 8, 11, 12, 14.**

« Les numéros Sires, pour mieux appeler l'attention, seront dorénavant imprimés en caractères gras.

« La famille **3** réunit les deux qualités : elle est à la fois Runnings et Sires.

« Les numéros 1, 2, 4, 5, se rapportent à des juments orientales importées ; les numéros **3**, **8** et **14** sont de vieille origine anglaise.

« Les numéros **11**, **12**, sont appelés juments Royales (*Royal Mare*).

« Il appelle Outsides toutes les autres familles, c'est-à-dire celles qui ne sont ni Runnings, ni Sires.

« Les Running family 1, 2, **3**, 4 et 5 ont mérité cette désignation par suite du rang distingué qu'elles ont pris par la production de la plupart des gagnants des trois courses : Derby, Oaks, Saint-Léger. Comme toute la race a été formée par environ cent juments et que ces cent juments ont été à même, dès le commencement de devenir des juments primitives et d'engendrer des vainqueurs, il y a là un tour de force véritablement extraordinaire que ce soit ces cinq familles qui à elles seules, aient fourni 180 vainqueurs et par conséquent plus de la moitié des 348 vainqueurs des trois courses.

« Les numéros 1, 2, 3 ont fait dans cette lutte pour la production des vainqueurs, une course pour ainsi dire à tombeau ouvert, puisqu'elles ont livré chacune plus de quarante sujets, par conséquent toutes les trois ensemble 37 0/0. »

« Les Sires family n°s 3, 8, 11, 12, 14 doivent l'honneur de cette distinction à ceci, c'est qu'à peu près tous les plus fameux étalons du monde sont descendus directement, depuis et y compris *Éclipse*, de ces cinq familles par la ligne directe féminine, ou bien que ces étalons sont étroitement apparentés à ces cinq lignées par le père ou les grands-pères. S'il y a à cela quelques exceptions, ces étalons d'exception se sont distingués dans la reproduction, quand ils ont été accouplés avec des juments qui étaient fortement imprégnées du sang de Sire.

« M. Bruce Lowe est arrivé à cette constatation en examinant avec le plus grand soin la généalogie et la suite des produits obtenus par tous les étalons d'élite jusqu'à *Éclipse*, le roi des Sires.

« Il qualifie d'Outside family, les numéros 6, 7, 9, 13, 15 et les suivants, ainsi que toutes les autres familles. C'est ce qui, avant que j'eusse appris à connaître le livre de Bruce Lowe, m'avait prévenu contre son système ; car il me semblait absurde au premier chef, qu'il flétrit du nom d'outside ce qu'on était habitué à regarder comme exceptionnel, par exemple : The Queen Mary Family ou The Agnès Family. Si on examine la chose de plus près, on verra qu'il n'y a pas là de mauvaise intention de sa part, car il écrit lui-même : « Du fait que ces familles sont désignées sous le nom d'outside, il ne faut pas conclure qu'elles ne jouent aucun rôle dans les pedigrees. Beaucoup des plus célèbres chevaux de course remontent, par la ligne directe féminine à ces oustide family ; on prouvera dans tous les cas de ce genre que les pedigrees de ces chevaux sont fortement traversés de numéros Runnings et Sires et que je n'ai pas pu trouver un seul exemple d'un grand cheval de course de ce siècle provenant de la production intérieure des outside family qui ne contiennent pas, dans les trois premiers rangs de son pedigree un nombre Running ou un nombre Sire. »

« De plus, j'ajoute, et il ne faut pas l'oublier, que M. Bruce Lowe a fixé les nombres d'après l'état actuel de la reproduction. Il est possible et même vraisemblable qu'après un certain nombre d'années, cet ordre soit renversé ; que plus tard, certaines familles méritent la qualification de Running ou de Sire, qui sont encore comprises actuellement dans les Outside family. Il ne faut donc pas négliger les familles qui sont en train de percer.

« Les produits de la famille 10, par exemple, sont encore récents ; ils proviennent principalement de *Queen Mary* (1843) et de *Tornament* (1859).

« La famille 18 doit ses principaux succès à *Agnès* et à *Carcarrella* toutes deux nées en 1844. De plus les familles 6, 7, 9, et plusieurs autres, peuvent encore s'élever à une haute distinction.

« Les nombres dont l'origine a été développée plus haut et dont la signification a été expliquée, seront inscrits de la manière suivante dans le pedigree d'un cheval, comme exemple je choisis le célèbre ancien cheval d'Oertzen :

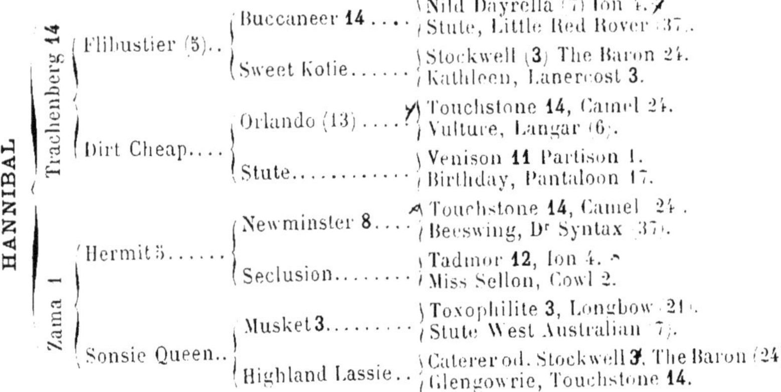

ou bien, suivant le procédé de Bruce Lowe :

$$\text{Hannibal } 1 \ \frac{\mathbf{14.}\ 5.\ \mathbf{14.}\ 13\ -\ \mathbf{11.}\ \mathbf{14.}\ \mathbf{3.}\ 7.}{5.\ \mathbf{8},\ \mathbf{3}\ -\ \mathbf{3},\ \mathbf{3},\ \mathbf{12.}\ \mathbf{14}}$$

« L'image devient encore plus claire si on indique les chiffres de Sires en rouge, les chiffres de Runnings en bleu et les nombres Outside en noir. *Trachenberg*, le père d'*Hannibal*, appartient donc à la famille Sire 14, sa mère et lui-même, par conséquent à la meilleure famille Running 1. Ses deux grands-pères, appartiennent tous les deux à la Running family 5. De ces quatre arrière grands-pères il y a trois Sires et un Outside. Des huit arrière-arrière grands-pères, il y a sept Sires et un Outside. Des seize arrière-arrière-arrière grands-pères, il y a deux Sires, quatre Runnings et dix Outsides.

« On ne joint pas les nombres aux noms des juments, parce que, d'après leur signification, les nombres des juments sont les mêmes que ceux de leurs fils ou de leurs filles, on voit du premier coup d'œil, quelles sont les familles qui ont concouru à la production d'*Hannibal*. On se rend compte immédiatement si *Hannibal* a une forte dose de sang de Sire ou de sang de Running. J'ai étudié de cette manière une quantité de pedigrees, et le jeu des nombres est quelquefois des plus intéressants et des plus surprenants. Le cadre d'un article de journal serait loin de suffire, si je voulais m'étendre davantage sur les preuves et les exemples nombreux que M. Bruce Lowe cite à l'appui de sa théorie. Cela occupe une grande partie du livre, et c'est très intéressant. Ceux que la chose intéresse suffisamment, pourront se procurer le livre ; il vaut la peine d'être lu. Il est en outre des plus commodes et devrait se trouver dans la bibliothèque de tous les éleveurs de pur sang.

« Pour l'explication des nombres de Sires qui me paraissent la chose la plus importante dans toute l'affaire, je vais citer encore quelques uns des exemples les plus frappants.

« Tout éleveur de chevaux de pur sang sait qu'*Éclipse* vient en tête dans la ligne directe masculine, et qu'il a laissé bien loin derrière lui ses deux rivaux *Herod* et *Matchem*. Si on examine les trois tableaux suivants, on sera surpris de voir avec quelle simplicité Bruce Lowe a expliqué ce fait au moyen de ses nombres.

« La mère d'*Éclipse*, et par conséquent lui-même, son père, ses deux grands-pères, appartiennent à des familles de Sire, tandis que le pedigree d'*Herod* ne représente que des nombres Outsides avec un nombre Sire au quatrième rang. Le pedigree de *Matchem* présente un numéro Running, aucun de Sire, mais seulement des nombres Outsides. (Quand il se trouve une croix au lieu des nombres cela indique que la famille est éteinte en ligne maternelle.)

« Quant à la descendance d'*Herod* et de *Matchem* en ligne masculine directe, qui est parvenue jusqu'à nous, elle résulte d'une adjonction essentielle de sang de Sire.

« Les fils qui ont obtenu le plus de succès comme reproducteurs, *Brutandorff* 11, *Vélocipède* 3, *Voltaire* 12, *Buzard* 8, *Belshazzar* 11, proviennent tous de familles de Sires.

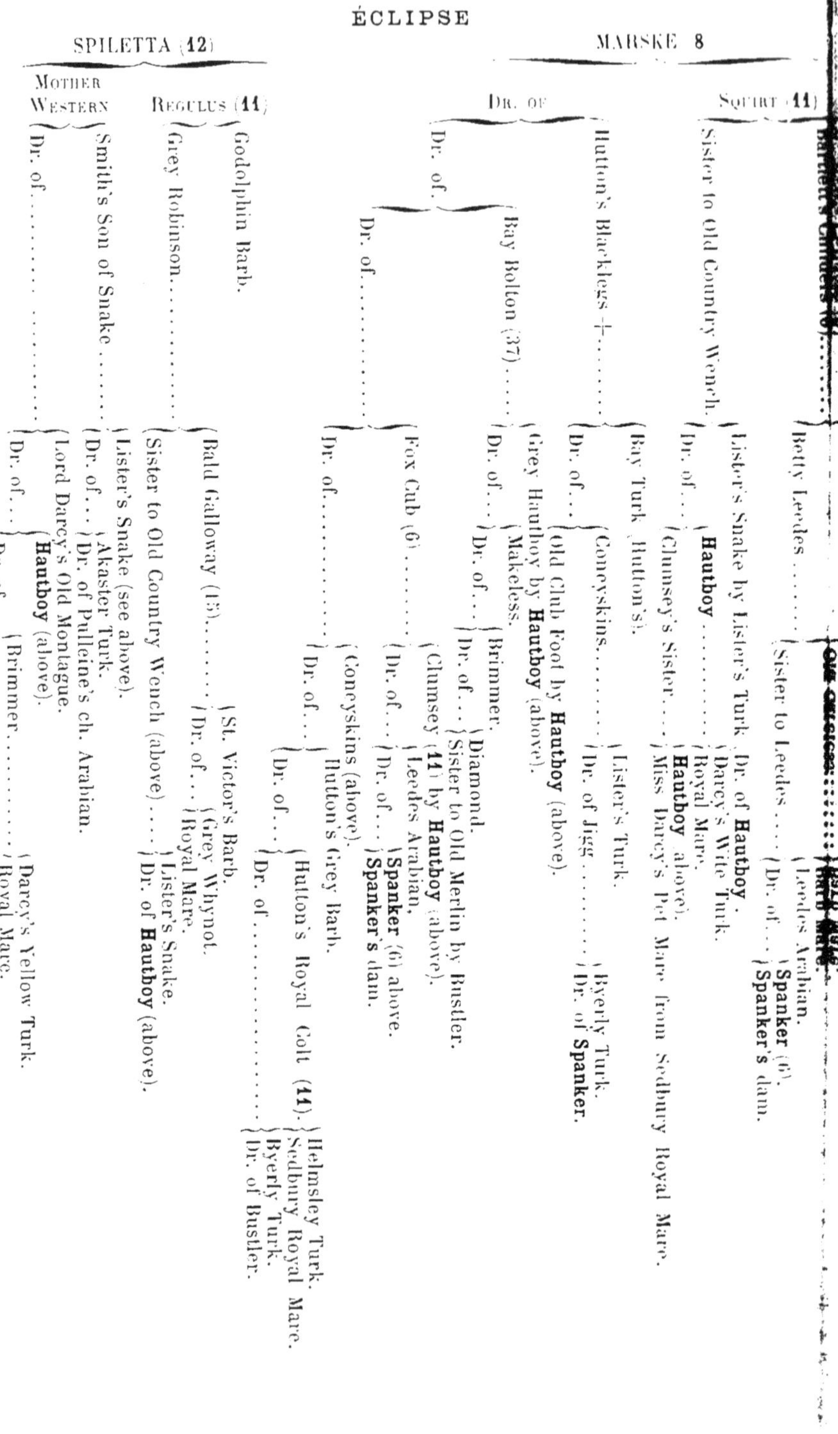

ÉCLIPSE

- MARSKE 8
  - SQUIRT (11)
    - Bartlett's Childers (6)........
      - Old Childers
      - Barb Mare.
    - Betty Leedes ....
      - Sister to Leedes ....
        - Leedes Arabian.
        - Dr. of...
          - **Spanker** (6).
          - **Spanker's** dam.
    - Sister to Old Country Wench.
      - Lister's Snake by Lister's Turk. Dr. of **Hautboy**.
      - Dr. of...
        - **Hautboy** ....
          - Darcy's Wite Turk.
          - Royal Mare.
        - Clumsey's Sister....
          - **Hautboy** (above).
          - Miss Darcy's Pet Mare from Sedbury Royal Mare.
  - DR. OF
    - Hutton's Blacklegs +........
      - Bay Turk (Hutton's).
      - Dr. of...
        - Coneyskins.........
          - Lister's Turk.
          - Dr. of Jigg..........
            - Byerly Turk.
            - Dr. of **Spanker**.
        - Old Club Foot by **Hautboy** (above).
    - Dr. of.
      - Bay Bolton (37).....
        - Grey Hautboy by **Hautboy** (above).
        - Dr. of...
          - Makeless.
          - Dr. of...
            - Brimmer.
            - Dr. of...
              - Diamond.
              - Sister to Old Merlin by Bustler.
      - Dr. of..............
        - Fox Cub (6)........
          - Clumsey (**11**) by **Hautboy** (above).
          - Dr. of...
            - Leedes Arabian.
            - Dr. of...
              - **Spanker** (6) above.
              - **Spanker's** dam.
        - Dr. of.............
          - Coneyskins (above).
          - Dr. of...
            - Hutton's Grey Barb.
            - Dr. of...
              - Hutton's Royal Colt (**11**).
                - Helmsley Turk.
                - Sedbury Royal Mare.
              - Dr. of.................
                - Byerly Turk.
                - Dr. of Bustler.
- SPILETTA (12)
  - REGULUS (11)
    - Godolphin Barb.
    - Grey Robinson.............
      - Bald Galloway (15)........
        - St. Victor's Barb.
        - Dr. of...
          - Grey Whynot.
          - Royal Mare.
      - Sister to Old Country Wench (above)....
        - Lister's Snake.
        - Dr. of **Hautboy** (above).
  - MOTHER WESTERN
    - Smith's Son of Snake.......
      - Lister's Snake (see above).
      - Dr. of...
        - Akaster Turk.
        - Dr. of Pulleine's ch. Arabian.
    - Dr. of.....................
      - Lord Darcy's Old Montague.
      - Dr. of...
        - **Hautboy** (above).
        - Dr. of...
          - Brimmer...........
            - Darcy's Yellow Turk.
            - Royal Mare.
          - Royal Mare.

HERODD

TARTAR (?) — PARTNER (9) / MELIORA

CYPRON (26) — BLAZE / SELINA

UNDERNEATH ARE THE PEDIGREES OF SOME OF HEROD'S BEST RACEHORSES

	Horse	Pedigree	Remarks
	Weazle	Herod 26. Dr. of... 39: Eclipse 12, 8, 11. Dr. of: Brilliant by Crab (9) by Alcock Arabian. Dr. of Shepherd's Crab (4) by Crab (9) by Alcock Arabian.	
	Evergreen	" Angelica 3)........: Snap (1) by Snip (9) by Childers. Dr. of: Regulus (11) by God. Barb. Dr. of Bartlett's Childers (6).	
Neverbeaten	Highflyer	" Rachel (13)..: Blank (15). Dr. of. Regulus (11)	Highflyer's greatest son was Sir Peter Teazle, dam in the (3) line. Another good son off Highflyer was Traveller dam from the (11) family.
Sire of Buzzard	Woodpecker	" Miss Ramsden (1).: Cade (6) by God. Barb. Dr. of Lonsdale Bay Arab.	Woodpecker's lack of sire blood demanded a return through the dam of his greatest son Buzzard (3).
Dam of Whiskey	Calash	" Teresa (2)..: Matchem (4) by Cade (6) by God. Barb. Dr. of Regulus (11) by God. Barb.	Wiskey was by Saltram (7) by Eclipse (12, 8, 11)
Leger, 1783	Phenomenon	" Frenzy (2).............: Eclipse (12, 8, 11). Dr. of Engineer (36).	
Oaks, 1776	Bridget	" Jemima (8)....: Snap (1) by Snip (9) by Childers (6). Dr. of: Matchem (4) by Cade (6) by God. Barb. Dr. of Regulus (11).	
Oaks, 1783	Maid of the Oaks	" Rarity (3)..: Matchem (4) by Cade (6) by God. Barb. Snapdragon...: Snap (1) by Snip (9) by Childers. Dr. of Regulus (11) by God. Barb.	
Oaks, 1793	Cœlia	" Proserpine, sister to Eclipse 12, 8, 11	N. B. — Whenever the name of Eclipse occurs I propose to group the three figures of his dam (12), his sire (8) and grandsire (11).
Oaks, 1781	Faith	" Curiosity 3: Snap (1) by Snip (9) by Childers (6). Miss Belsea: Regulus (11) by Godolphin Barb. Dr. of Bartlett's Childers (6).	Justice was full brother to Faith above.

MATCHEM

MISS PARTNER (4): Dr. of Makeless (+); Partner (9), Jigg (+)

CADE (6): Dr. of Bald Galloway (15); God. Barb

Dam of Bagot	**Marotte**	**Matchem** (4). Dr. of (41) { Traveller (23). Dr. of Hartley's Blind Horse (41).
Fourth Dam of Touchstone	**Mayfly**	" Dr. of (**14**) { Ancaster Starling (2). Dr. of Grasshopper (2) by Crab (9).
Dam of Matron	**Maiden**	" Dr. of (42) { Squirt (**11**) / Dr. of { Childers (6). Mogul (15) by God. Barb. — Maiden had several noted brothers and sisters, Ranthos, Enigma, Riddle, Purity, and Rasselas.
Second Dam of Whitelock	**Atalanta**	" Lass of the Mill. (2) { Oroonoko. (7) / Dr. of { Old Traveller. Miss Makeless by son of Greyhound Barb.
In-bred to Hartley's Blind Horse	**Giantess**	" Dr. of. (6) { Babraham (15). { God. Barb. Dr. of Hartley's Blind Horse (41) by Holderness Turk. / Dr. of Hartley's Blind Horse (41) by Holderness Turk.
Dam of Calash	**Teresa**	" Brown Regulus (2) { Regulus (**11**). / Sister to Starling. { Bay Bolton (37). Dr. of Partner (9).
Second dam of Bridget (Oaks)	**Matchem Middleton**	" Miss Middleton. **3** { Regulus (**11**) by God. Barb. / Bay Camilla { Bay Bolton (37). Dr. of Bartlet's Childers (6).
Dam of Stargazer	**Miss West**	" Sister to Favorite. (3) { Regulus (**11**) by God. Barb. / Young Ebony by. { Crab (9). Ebony by Childers (6)
His best Sons	**Conductor and Alfred**	" Dr. of (**12**) { Snap (1) below). Dr. of Cullen Arabian.
Dam of Maid of the Oaks	**Rarety**	" Snapdragon (**3**) { Snap (1) by Snip (9) by Childers (6). Dr. of Regulus (**11**) by God. Barb.

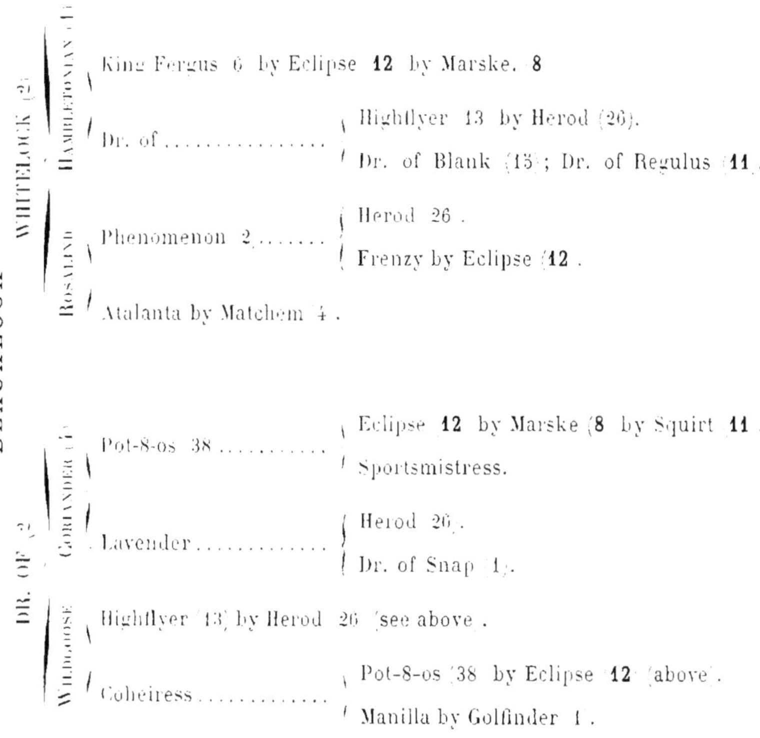

« Le célèbre *Gladiateur*, vainqueur des 2.000 guinées, Derby, Grand-Prix et Saint-Léger, avait par sa mère beaucoup de sang Running mais très peu de sang de Sires : c'est par là que Bruce Lowe explique son fiasco complet de reproducteur en comparaison de ses succès sur le turf. Parmi ses fils qui méritent d'être cités, il nomme *Grand Master* 14, provient de *Cellerima* 14 par *Stockwell* 3 ; *Lorg Gough* 12, provient de sa mère 12 par *Rataplan* 3, de sa grand-mère 12 par *Faugh-a-Ballagh* 11, j'ajoute encore *Highborn* 5, dont la mère était par *Faugh-a-Ballagh* 11, il a fallu aussi ici un mélange important de sang de Sire, pour lui permettre d'arriver à certains résultats.

« Pour rendre encore plus compréhensible, la classification des familles, nous allons en emprunter à Bruce Lowe lui-même l'explication :

« Maintenant que je me suis occupé des diverses familles en détail, que j'ai signalé leurs spécialités, leurs particularités, et caractérisé chacune par un chiffre, je me propose de les classer sous trois titres généraux : Running, Sire et Outside.

« Les familles Runnings 1, 2, 3, 4, 5, ont droit à cette distinction en raison du rang éminent qu'elles occupent comme victorieuses de courses classiques. Comme je l'ai dit plus haut, 1, 2 et 3, ont gagné chacune respectivement 42, 44, 42 des trois grandes épreuves classiques. Le numéro 4 vient ensuite avec 28 succès et le numéro 5 suit avec 24 victoires. Les numéros 6 et 7 sont ceux qui se rapprochent le plus de ceux-ci, le premier a 17 gains, le second 14. Les victoires de la famille 6 ont été obtenues dans la première époque par *Diomed*, *Éléonore*, *Priam*, etc., mais pendant les cinquante dernières années, elle a été à l'exception de *Musjid* (vainqueur du Derby en 1859), inféconde en vainqueurs classiques et ne mérite pas de figurer sous le titre de Running.

« La famille numéro 7 a été aussi stérile en vainqueurs depuis *West Australian*, en 1853 (à part *Donovan*, Derby et Saint-Léger).

« Les familles de Sires **3**, **8**, **11**, **12**, **14**, ont bien mérité cette distinction, attendu que presque tous les Sires du monde qui ont remporté des succès depuis et y compris *Éclipse*, descendent directement des juments de ces familles, ou bien si elles n'appartenaient pas directement à ces familles, leurs pères ou les pères de leurs mères faisaient partie de l'une de ces cinq familles.

« Quand on rencontre quelques exceptions à cette règle, l'étalon ainsi engendré n'a eu de succès que quand il a été accouplé avec des juments sorties d'une famille Sire et ayant à l'origine un fort *inbred* sur des familles de Sires, ce qui prouve clairement que les grands Sires ne peuvent être engendrées sans l'aide de familles en question.

« Afin de mieux faire voir la quantité de sang de Sires et sa position dans une généalogie, j'ai cru à propos d'écrire les nombres Sires en chiffres gras.

« Les nombres Outsides renferment tous les nombres en dehors de ceux de Runnings et de Sires. De ce qu'ils occupent cette position, il ne faut pas supposer qu'ils ne jouent aucun rôle dans les généalogies. Beaucoup des chevaux de courses phénomènes de l'histoire du turf remontent à ces familles Outsides en ligne féminine directe.

« On montrera cependant que, dans tous les cas de ce genre, il y a eu un *inbred* très violent sur les familles de Runnings et de Sires.

« Je ne peux pas trouver dans ce siècle un seul exemple de grands chevaux de courses *inbred* sur ces familles Outsides seules dans les trois premiers rangs des ancètres et sans l'aide des familles Runnings ou Sires à un degré rapproché.

« Il est facile d'expliquer le fait d'après les lois d'hérédité.

« Par suite de l'obscurité de leur origine, on peut supposer qu'il a dû y avoir de nombreux croisements avec une origine commune grossière, avant la création du *Stud Book*, par conséquent lorsque, même de nos jours, on les allie trop étroitement entre elles, leur tendance est de reproduire le type original de la famille, qu'il soit poney, flamand ou carrossier.

« La même loi naturelle peut s'appliquer aux familles Running pures 1, 2 et 4, bien qu'admirables comme familles de gagnants de courses, leurs descendants sont destinés à un échec comme reproducteurs s'ils sont trop *inbred* sur eux-mêmes sans de fortes infusions de **3**, **8**, **11**, **12**, **14**, parce que un trop grand *inbred* tendrait ainsi à reproduire la caractéristique de leur pure origine orientale.

« Comme de nos jours aucun propriétaire de haras ne donnerait un étalon arabe à des juments dans l'espérance d'obtenir comme résultat immédiat des chevaux de course de premier ordre, il doit de même éviter de prendre comme étalon tout cheval de course trop étroitement *inbred* sur ces trois lignes pures 1, 2, 4, dans ses parents les plus proches.

« En poussant ce raisonnement jusqu'à sa conclusion logique, quelles que soient les qualités excellentes que possèdent les familles de Sires, qualités qui les rendent si précieuses à cet égard, elles seront certainement fortifiées et affermies par un *inbreeding* étroit l'un sur l'autre ; du reste, comme nous allons le voir, la plupart des Sires illustres du *Stud Book* ont été obtenus de cette manière.

« Ceux qui s'occupent de l'étude des origines comprendront facilement que quand on a commencé à réunir tous les éléments actuels du cheval de course anglais, plusieurs membres individuels des familles Sires et Runnings étaient rencontrés rarement dans n'importe quelle généalogie ; maintenant il n'est pas rare de rencontrer dans un pedigree une agglomération de membres de la même famille. Il est donc nécessaire d'attirer l'attention de l'éleveur sur ce fait pour qu'il puisse apprécier plus complètement la grande valeur de certains noms anciens qui se trouvent dans le *Stud Book*, entre autres *Éclipse*, *Blacklock*, *Whalebone* et *Sir Hercules*.

« Ce throwing-bak (retour) de forme et de caractères naturels des ancêtres antérieurs, est un sujet auquel la plus grande partie des éleveurs n'ont pas accordé l'attention qu'il mérite, peut-être par la raison que très peu d'entre eux ont à la disposition les portraits des célébrités du turf ou du stud leur permettant de faire les comparaisons nécessaires.

« Pendant mon séjour en Angleterre, en 1882-1883, je visitai la plupart des établissements d'élevage et je n'avais pas beaucoup de peine à identifier les races de sang ou de parenté de la plupart des juments d'après leur apparence et leur aspect général. En visitant le haras de Burgley-Paddocks le propriétaire me dit, après que j'eus établi la parenté de plusieurs juments : « Je crois que je puis dire en toute assurance que vous ne découvrirez pas l'origine de cette jument. » Il me montrait une baie brune. Je lui répondis : « Elle est trop jeune pour être une *Wild-Dayrell*, elle provient probablement d'un de ses fils. » En effet, on reconnut qu'elle provenait d'une fille de *Wild-Dayrell*, quoique obtenue par un cheval arabe ou le fils d'un arabe récemment importé. Ce qui montre combien il est difficile de faire disparaître les traits de famille. Un grand nombre des *Wild-Dayrell* que j'avais déjà vus en Australie et en Angleterre avaient la couleur et les traits caractéristiques de la jument en question.

« J'avais chez moi, en Californie, une collection de portraits de célèbres chevaux de course ; un de mes amis, M. Siméon Beedit, déclare qu'un nouveau champ était ainsi ouvert à lui dans l'étude du cheval et, certainement les portraits de *Herring* et de *Hall* permettent de faire des comparaisons entre les chevaux d'aujourd'hui et ceux d'autrefois et cela d'une manière qui aide beaucoup l'éleveur à reconnaître à quel ancêtre il doit reporter son poulain. Il y a une chose qu'il faut surtout remarquer, c'est la supériorité générale de l'aspect des membres des familles Sires ou de celles qui y sont fortement *inbred* à partir d'*Éclipse*. Pour ceux qui sont familiers avec ces vieux portraits, je n'ai besoin que d'indiquer des noms comme *Marske* (8), *Éclipse* (12), *Sedbury* (12), (décrit comme un cheval d'une beauté exquise, d'une grande symétrie de formes et le meilleur cheval de sa taille), *Pot-8-Os* (38) par *Éclipse* (12) par *Marske* (8), par *Squirt* (11) : également *Gohanna* (24), par *Eclipse*, *Orville* (8), *Walton* (7) par *Sir Peter* (3), *Whalebone* et *Whisker* (1) provenant de *Pénelope* par *Trumpator* (14) par *Conductor* (12), etc. » (BRUCE LOWE, *Breeding Race horse by the figure system*.)

Le système des nombres est comme on pourra s'en rendre compte une excellente simplification pour l'étude du *Stud Book*. Il contient des données qui peuvent indiquer dans certains cas à l'éleveur la meilleure ligne à suivre et le préserver de quelques méprises, dans la combinaison des familles Sires et Runnings.

Pour juger de la valeur des familles, Bruce Lowe, aurait dû fixer pour ses lignées femelles, le même nombre de juments. De la sorte, la famille qui arriverait en tête comme chiffre de vainqueurs serait évidemment la meilleure. La méthode a pour point de départ une hypothèse dont rien, au cours de l'ouvrage, ne peut démontrer la valeur ni prouver le bien fondé.

Cette classification ne peut paraître sérieuse qu'à la condition qu'on n'ait aucune notion sur les lois de l'hérédité : sur lesquelles toute étude généalogique doit forcément s'appuyer. Or il n'est pas rationnel d'attribuer la valeur d'un cheval de course à l'influence exclusive de sa ligne maternelle. Si l'on suppose une forte puissance héréditaire individuelle chez le représentant de la ligne paternelle et une faible chez celui de la ligne maternelle, dès la première génération, il se pourra que l'atavisme maternel soit presque totalement éliminé. Que le même cas de la prédominance paternelle se renouvelle en présence d'une femelle qui lui est consanguine et chez laquelle l'atavisme maternel n'existe plus qu'à un faible degré, évidemment la puissance individuelle et l'atavisme paternel agissant dans le même sens, élimineront pour toujours cet atavisme maternel, et le produit sera dès lors arrivé à la pureté de sa ligne paternelle.

C'est pourquoi, pour l'excellence des croisements basés sur les mères, il importe beaucoup théoriquement, d'avoir toujours égard aux puissances héréditaires individuelles, en recherchant parmi les femelles qui doivent fournir les mères, celles qui ont hérité au plus haut degré des caractères de leur ligne maternelle.

La lignée d'un cheval de course n'est pas simple, un cheval de course provient de deux parents, qui, chacun pour son compte, avaient également deux parents et ainsi de suite; sa lignée ascendante est infiniment dichotome ; au tarif de quatre générations par demi-siècle, cela fait pour chaque sujet actuel, plusieurs milliers d'ancêtres directs dont l'étude, ainsi que celle des générations intermédiaires, serait indispensable à l'établissement de toutes les influences ancestrales.

En remontant assez haut, on peut dire presque sans exagération que, pour connaître les influences ancestrales susceptibles de se manifester dans un sujet d'aujourd'hui, il faudrait avoir passé en revue tous les chevaux qui composent son ascendance.

A ce problème insoluble nous en substituerons donc un autre, grâce à une constatation facile à faire. Le phénomène sexuel de la fusion de deux lignées est encore à notre époque entouré de bien des ténèbres. Du moins est-il un point qui paraît indiscutable, c'est que les propriétés communes aux deux lignées se transmettent sans modification à la lignée résultant de leur fusion. Ces propriétés communes, ce sont les propriétés spécifiques et même les propriétés de race dans les unions de race pure.

Nous nous proposerons de rechercher plus loin quel est le résultat du mélange sexuel lorsqu'il s'agit de propriétés qui ne sont plus communes aux deux lignées ; là, nous constaterons la plus grande variabilité, la lignée nouvelle pourra posséder telle propriété de l'une des précédentes, telle propriété de l'autre et même telle propriété nouvelle ayant apparu dans le mélange même, la variabilité sera telle que nous devrons parler des hasards de l'amphimyxie, deux fécondations sucessives entre deux lignées données, produisant des résultats entièrement différents : nous constaterons notre impuissance à prévoir le produit de l'union de deux générateurs.

Nous ne pouvons pas entreprendre une critique complète de l'ouvrage de Bruce Lowe. Une pareille entreprise nécessiterait une place dont le cadre de ce livre ne nous permet pas de disposer.

Les incursions de l'auteur australien dans le domaine scientifique ne sont pas toujours très heureuses ; les chapitres relatifs à la saturation et à la loi du sexe, contiennent néanmoins quelques curieux éléments qu'il est bon de retenir. Nos lecteurs trouveront ces deux dernières questions condensées dans une autre partie de ce travail. Des nombreux points traités par Bruce Lowe, nous croyons intéressant de reproduire la traduction de celui où il discute la source de la vitalité chez le cheval de course anglais. Elle vaut surtout par son ingéniosité, par sa facture originale, mais ne saurait résoudre l'important problème physiologique qu'elle pose.

Pourquoi un cheval de course est-il si supérieur à ses contemporains ? « Telle est la question qui s'impose dès l'apparition de tout cheval dont les performances sont extraordinaires. L'accumulation plus considérable de force vitale dans les veines d'un animal que dans les veines d'un autre, est démontrée jusqu'à l'évidence à chaque épreuve de courses. Cette supériorité de puissance à la course ne repose pas nécessairement sur une conformation plus parfaite ou sur une condition meilleure ; car nous voyons fréquemment le cheval plus petit et de moindre apparence vaincre ses adversaires plus grands, mieux faits, à conditions égales. Cela doit incontestablement être attribué à une plus grande concentration de *vitalité* ou *de force nerveuse* chez cet animal. Une étude approfondie des pedigrees des grands chevaux de course, révèlerait toujours les excellents motifs de cette supériorité et d'où leur vient cette vitalité.

« La principale difficulté pour ceux qui se sont livrés à cette étude a été de décider, entre tant de courants de sang, quels étaient les plus puissants. Quelques auteurs ont basé leur théorie sur la plus ou moins grande prédominance du sang d'*Éclipse* dans les pedigrees, d'autres inclinent pour *Herod* ou *Matchem*. L'un prétendra que la mère fournit toutes les qualités coureuses, tandis qu'un autre vous dira : « Qu'on me donne un bon étalon et je produirai des chevaux de course avec des juments de toute sorte et de toute condition. »

« Il y a assurément du vrai dans chacune de ces assertions, mais ce ne sont après tout que des théories, dont la plupart ne sont basées que sur des cas exceptionnels choisis à dessein, comme preuve à l'appui de certaines prétentions, tandis que bon nombre d'exemples pourraient être cités pour démontrer le contraire.

« Pour être d'une réelle valeur, une théorie doit être basée sur le roc solide de résultats parfaitement avérés et indéniables, tels que le fait que la lignée d'*Éclipse* est la lignée dominante des trois grandes lignées mâles. Cette théorie est effectivement la seule incontestablement prouvée en fait d'élevage. Personne ne peut hasarder le moindre doute à cet égard. Ce fait n'est plus une théorie, c'est une constatation statistique !

« D'une façon analogue, je puis prétendre que le système des chiffres est édifié sur les résultats statistiques des trois grandes épreuves classiques anglaises : Derby, Oaks et Léger, depuis leur inauguration en 1776, 1779 et 1780, et il est par conséquent basé lui aussi sur le sain principe du jugement d'après les résultats.

« Lors de la première compilation du *Stud Book* anglais, il ne signalait pas plus d'une centaine de juments souches. De celles-ci, près de 50 sont représentées dans le dernier volume du *Stud Book*, et parmi ce nombre moins de 20 jouent quelque rôle notable dans les pedigrees des chevaux modernes ; tandis qu'en somme, 9 seulement paraissent être *indispensables* dans le pedigree, de tout cheval de première classe de notre époque. Tout cheval de course de nos jours présente, en effet, dans sa carte d'origine, la trace de ces 9 mères, soit directement, soit par la voie des branches collatérales plus ou moins éloignées. Mais, mon opinion est que quelques-unes des branches de ces familles d'élite doivent être représentées dans *l'un des trois premiers degrés de parenté*, et que la somme de vitalité de chaque individu sera en raison directe de son plus ou moins de consanguinité avec ces quelques familles d'élite — toutes autres conditions étant d'ailleurs égales. Ce que doivent être ces conditions, nous l'expliquerons plus loin. — J'ai divisé ces 9 familles en deux classes (Running) coureurs et (Sire) pères, ou en d'autres termes, féminine et masculine. Ces deux qualités sont les deux grands facteurs de la nature et sans le concours des deux il ne pourrait certes point y avoir de reproduction, ni dans la vie animale, ni dans la vie végétale. Il ne s'ensuit pas, cependant, de ce qu'une jument est une jument, qu'elle sera nécessairement féminine dans son tempérament. Les éleveurs comprendront ce que je veux dire quand j'avance que nous trouvons souvent du *côté des mères*, dans un pedigree, cette robuste constitution, qui est inhérente au sang d'*Éclipse* (un courant de sang vraiment masculin), tandis que nous trouvons du côté des pères, les courants mous, frêles, efféminés, qui, dans *Bay Middleton*, *Orlando*, etc., distinguent la lignée d'*Herod*. — Il est très évident pour moi que la féminité est dérivée de l'origine barbe, à l'encontre de l'ancienne race *Royale* ou ancienne race anglaise, tandis que les familles descendant des trois juments barbes importées se sont montrées plus productives de vainqueurs des épreuves classiques, les grands étalons du *Stud Book Anglais* sont pour la plupart issus des juments royales, de l'espèce aborigène d'Angleterre. Les races arabe et barbe sont la plus pure forme connue de ce qu'on appelle chevaux de pur sang. Toutes les autres variétés procèdent de ces deux, et les profondes différences que l'on observe aujourd'hui dans la forme et les dimensions des diverses espèces de chevaux de gros trait, de carrosse, de selle, etc., sont surtout le résultat de l'évolution, due aux effets du climat, de l'éducation et du pâturage. L'Arabe et le Barbe sont pratiquement identiques comme race et caractères généraux et peuvent être classés sous le même titre. Ils représentent jusque de nos jours dans toute sa pureté, la grande source d'où découle notre cheval de course actuel.

« Donc, en fait de pure race, notre pur sang si vanté ne saurait l'emporter sur un vrai spécimen du Nedjid ou un Anazeh arabe, ou sur les coursiers d'Abd-el-Kader. Il est vrai qu'un cheval de course de première classe anglais, distancerait sur un parcours de 1 à 10 milles le meilleur coureur du désert, mais, néanmoins, le cheval anglais doit cette même supériorité aux infusions de sang oriental dans les veines de la race « Royale » indigène d'Angleterre. Bien que ce sang du désert ait joué un rôle si important dans la création du cheval de course de nos jours, il n'a pu que dans trois cas seulement, s'affirmer comme il a été déjà démontré dans la ligne mâle, par *Darley Arabian*, *Byerly Turk* et *Godolphin Barb*, et encore de ces trois chevaux la descendance du premier est en train de réduire lentement mais sûrement, la descendance des deux autres, à néant.

« Examinons maintenant la question des probabilités de l'introduction de juments orientales, dans les âges antérieurs. Il est possible que quelques-unes des juments désignées sous le titre de « juments royales » étaient de pure race orientale, mais en l'absence de documents certains à l'appui, il n'a pas été jugé opportun de les désigner comme telles, et c'est avec raison. — Dans l'édition revue du 1er volume du *Stud Book* anglais (éditée en 1791), il est dit que Charles Ier possédait trois juments marocaines à Tutbury en 1643, mais nous n'en retrouvons point la moindre trace. Les seules authentiques sont les juments « *Barbe Naturelle de M. Tregonwell* », la *Barbe de Burton*, *Barbe de Layton*, une jument Barbe (mère de *Old Bald Peg*, voir Flying Childers), une jument Barbe mère de *Dodsworth*, encore deux autres qualifiées de juments barbes naturelles. Les descendants des trois dernières ont à peu près disparu. Tandis que nous comptons sept juments barbes, nous ne trouvons pas de documents signalant la présence de juments arabes, aucune du moins, aussi loin que j'ai pu pousser mes recherches, n'est mentionnée dans le volume XVII du *Stud Book* anglais. Cela peut être attribué sans doute à la difficulté de se procurer des purs Arabes, des juments surtout au XVIIe siècle, car il semble que les éleveurs du désert avaient parfaitement compris dès lors, qu'en se défaisant de leurs bonnes poulinières, ils risquaient de perdre cette suprématie chevaline dont ils étaient jaloux.

« C'est un axiome, admis par les physiologistes et par tous les éleveurs pratiques d'animaux quelconques, que la valeur de chaque famille est en raison directe de la *pureté de son origine*. En ce qui touche les chevaux de pur sang, cette loi fondamentale de la nature a été amplement confirmée par ce fait que les descendants de la jument *Barbe Naturelle de Tregonwell*, de la *Barbe de Burton* et de la *Barbe de Layton* ont gagné près du tiers des courses classiques anglaises (Derby, Oaks, Léger) depuis leur établissement. On admettra que ce résultat est d'autant plus extraordinaire, quand on songe que ces familles ont eu à lutter contre au moins cent familles rivales. — Dans le volume I de l'édition revue, que nous avons cité plus haut, on essaie de prouver que la jument de Byerly Turk, mère de *Two True Blues* (famille de *Stockwell* en ligne femelle) descend de la jument barbe de Burton. Cette assertion n'est pas appuyée de preuves suffisantes et jusqu'à plus ample évidence, cette famille doit être classée à part. S'il faut, néanmoins, en juger par ses succès dans les courses classiques, elle peut hautement prétendre qu'elle est de pure race, étant donné que non moins de quarante-deux grandes épreuves classiques (Derby, Oaks et Léger) sont échues à ses descendants. Ceux qui se livrent à l'étude des pedigrees seront, j'en suis sûr, intéressés à savoir que ces trois splendides lignées coureuses, ayant respectivement pour souches les juments : *Barbe de Tregonwell*, la *Barbe de Burton* et la mère de *Two True Blues* ont effectivement couru un dead heat pour la suprématie dans cette grande lutte classique commencée en 1776 et continuée jusqu'en 1894 inclusivement, gagnant un peu plus d'un tiers sur toutes les autres familles réunies. Il n'est plus si surprenant, si nous poussons plus loin nos recherches, de constater qu'à l'instar de leurs grands contemporains des lignes masculines, leurs rivaux dans la bataille pour les honneurs du turf, ces familles ont réussi par leur réel mérite et la supériorité de leurs succès, à faire mettre de côté la plupart de leurs compétiteurs.

« Ces titres caractéristiques plaidaient sans nul doute fortement en leur faveur, mais quoi qu'il en soit, il est acquis qu'elles surpassent aujourd'hui de beaucoup en nombre les représentants des autres familles, excepté toutefois celle de la jument barbe de Layton qui marche sur les talons des trois autres. Les quatre réunies fournissent beaucoup plus que le tiers des juments inscrites sur le dernier volume du *Stud Book* anglais. Une précieuse leçon se dégage de ces faits. De même que pour les pères, nous recourons à la ligne d'*Éclipse*, de préférence aux lignes d'*Herod* et de *Matchem*, parce que c'est la ligne dominante, de même nous devrions choisir les juments dans les lignes qui ont eu le plus de succès parmi les lignes coureuses (et masculines) si nous voulons réussir dans la production du cheval de course.

« Pour démontrer les résultats pratiques de ce système, citons les

expériences des quatre éleveurs qui ont obtenu les plus grands succès en Angleterre : le duc de Grafton, les lords Jersey, Egremont et Falmouth. Ces nobles lords dans leurs respectives époques, eurent presque le monopole des 1.000 et 2.000 Guinées, du Derby, des Oaks et Léger. Il est clair qu'ils connaissaient parfaitement la valeur des juments provenant des trois lignes principales, *Barbe Naturelle de Tregonwell*, *Barbe de Burton*, et mère de *Two True Blues*, puisque la plupart de leurs vainqueurs venaient de ces trois lignes.

« Lord Jersey s'attacha particulièrement à la production de la première famille, par les fils de *Prunella*, et ses principales victoires furent re[illegible] par les animaux suivants de la descendance de la jument [illegible]*gonwell* : *Riddlesworth* (2.000 Guinées en 1831), *Glencoe* (2.0[illegible]uinées, 1834), *Ibrahim*, *Bay Middleton* et *Achmad* en 1835-36-37 ; *Cobweb* et *Charlotte West*, les 1.000 guinées ; *Middleton* et *Bay Middleton*, le Derby et *Cobweb*, les Oaks. Le duc de Grafton fut même plus heureux avec cette famille, car il a gagné les 2.000 Guinées cinq fois avec *Pindarrie*, *Reginald*, *Pastille*, *Dervise* et *Turcoman* ; les 1.000 Guinées quatre fois avec *Rowena*, *Whizgig*, *Tontine* et *Problem* ; le Derby trois fois avec *Pop*, *Whalebone* et *Whisker*. Il ne lui échut pas moins de six Oaks avec l'aide de *Pelisse*, *Morel*, *Music*, *Minuet*, *Pastille* et *Turquoise*. Lord Grosvenon gagna les Oaks avec *Ceres*, le Derby avec *Rhadamanthus* et *Dædalus*. Lord Egremont ne remporta pas de victoires classiques avec les descendants de cette famille. Mais avec ceux de la mère de *Two True Blues*, il gagna trois Derby et un Oaks. On ignore généralement que le duc de Grafton réalisa le fait sans précédent de gagner, cinq fois successivement les 1.000 Guinées, de les perdre ensuite une année et de remporter depuis trois victoires successives dans la même épreuve.

« Lord Falmouth fut dans toute l'acception du mot un habile éleveur, non seulement il se confina principalement dans la production de ces trois premières lignées ; mais il est aussi tout à fait évident que le croisement de ces juments repose sur des principes scientifiques ; et son succès est amplement démontré par la liste formidable des courses classiques et autres : *Queen Bertha* (Oaks), *Spinaway* (1.000 Guinées et Oaks), *Wheel of Fortune* (1.000 et Oaks), *Jeannette* (Oaks et Léger), *Busybody* (1.000 et Oaks), *Charibert* (2.000), *Silvia* (Derby et Léger), également *Queen's Messenger*, *Blanchefleur*, *Gertrude* (une jument de haute classe *Paladin*,

Fame, *Silverhair*, *Cherisaume*. Les vainqueurs ci-dessus et beaucoup d'autres descendent de *Tregonwell's Natural Barb mare*.

« Les descendants de *Burton's Barb mare* ont produit pour lui *Cantinière* et sa fille volante *Ball Gal*, encore *Dutch Oven* (Léger). A la mère de *Two True Blues* est due *Hurricane* (1.000) et *Atlantic* (2.000), *King Ban* (envoyé en Amérique où il s'est affirmé grand étalon) et autres trop nombreux pour les mentionner. Les exemples ci-dessus de la sagesse de suivre les lignées femelles victorieuses indiquent la ligne de conduite aux éleveurs, qui doivent l'imiter.

« Autant que mon jugement et mes études peuvent me permettre de donner une opinion, il me semble que la vitalité de tout cheval de course (jusqu'à un certain point) est en proportion de la somme de sang de ces quatre grandes lignes coureuses contenues dans ses veines. Je ne voudrais pas, cependant, qu'un éleveur puisse conclure de ceci, que ces familles dussent être croisées entre elles à l'exclusion des autres familles, même si la chose était possible. Parce qu'il est essentiel que les lignes coureuses moins favorisées sur les hippodromes, dont j'en distinguerai cinq, comme lignes masculines, fussent judicieusement croisées avec les premières pour produire de grands chevaux de course. C'est ainsi que l'on appliquera la loi naturelle connue des physiologistes, sous la dénomination de « croisement des opposés » (sujet qui a été admirablement traité par Starkweater dans la *Loi du sexe*) ; et de même qu'on obtiendrait de mauvais résultats en croisant deux êtres humains trop grands et trop anguleux du même tempérament, de même il serait désastreux de croiser, en fait de chevaux, un cheval du type de Melbourne à longue ossature et d'une taille de 1^{m},60 avec une jument construite de la même façon. Nous lui choisirons plutôt un croisement infusé de sang de qualité comme *Sweetmeat*, *Kingston*, *Macaroni*, etc., et en agissant ainsi chaque individu fournira à l'autre les éléments qui lui manquent. »

Les tables de Hermann Goos. — Le travail de Hermann Goos est un essai destiné à indiquer la descendance du cheval anglais de pur sang, en remontant jusqu'aux mères primitives de la race ; comme on a souvent exposé, par des tables l'origine paternelle en remontant aux trois pères primitifs *Godolphin Arabian*, *Byerly Turk* et *Darley Arabian*. L'auteur allemand dit qu'il importe à l'éleveur de chevaux de pur sang, de savoir si tel ou tel cheval destiné à la reproduction est sorti par la mère d'une famille qui a déjà donné plus ou moins de bons chevaux de course ou d'étalons remarquables ; il espère, en conséquence, fournir par ces tables un moyen grâce auquel l'éleveur pourra constater, promptement et facilement, cette qualité à laquelle il aura affaire, sans pour cela être obligé de consulter péniblement le *Stud Book* et le calendrier des courses. Les tables donnent, dans leurs différentes indications de famille ou de reproducteur, le cadre pour les constructions des courants de sang maternels que recommande le comte Lehndorf, et comme dans les tables, le père de chaque cheval est indiqué au-dessous du nom, on reconnait en même temps quels sont les croisements qui ont le mieux réussi entre les différentes familles.

Ces tables se laissent tout aussi bien utiliser pour dresser les pedigrees complets ou pour utiliser le système des nombres de de Bruce Lowe dont nous venons de nous occuper. Si on examine les soixante-dix-huit groupes de chevaux figurant dans les tables, on peut raisonnablement prétendre qu'ils représentent l'élite des chevaux de pur sang des pays suivants : Angleterre, France, Amérique, Australie, Allemagne, Autriche-Hongrie, Scandinavie, etc., et on peut dire que les cinquante juments primitives des cinquante familles figurant dans les tables, sont les origines maternelles du cheval de pur sang anglais, de la même manière qu'on regarde les trois célèbres chevaux orientaux comme les pères de la race.

Au contraire, on ne peut pas poser en principe que tous les chevaux anglais de pur sang peuvent être ramenés à ces trois étalons et à ces cinquante juments, car les chevaux qui ont commencé la race, en tête de la généalogie complète de chaque cheval pur sang anglais, ne devraient comprendre que ces trois étalons et ces cinquante juments, ce qui n'est nullement le cas. Mais de même que *Godolphin Arabian*, *Byerly Turk*, *Darley Arabian* parmi les nombreux chevaux arabes, barbes, turcs, employés au commencement, ont prouvé que tous les chevaux de pur sang actuellement vites, remontent à ces trois en ligne droite directe des mâles, de même ces cinquante juments ont été tellement supérieures à toutes les autres par leur production, que tous les chevaux de pur sang actuellement vivants remontent à une de ces juments par la ligne des femelles.

On peut voir, par la différence de grandeur des tables, que l'importance des juments originelles varie d'une manière extraordinaire et que beaucoup n'ont plus aucun intérêt à l'époque actuelle.

Les familles 1, 2, 3 et 4 dépassent absolument le niveau des autres, et le petit tableau ci-dessous le prouve par des nombres d'une manière plus évidente.

	RÉSUMÉ des 50 TABLES	TABLE 1	TABLE 2	TABLE 3	TABLE 4	LES TABLES 1, 2, 3, 4, RÉUNIES	
TOTAL des chevaux..........	5.458	341	523	323	517	1.708	
En tant pour cent...........	100 0/0	6 0/0	12 0/0	6 0/0	9 0/0	31 0/0	*b*
Vainqueurs des 2.000 guinées.	77	17	7	5	9	38	
» des 1.000 guinées.	72	14	4	8	12	38	
» Derby..........	106	12	9	5	13	39	
» Oaks...........	107	16	16	8	12	52	
» Saint-Léger	107	12	18	6	10	46	
TOTAL de tous les vainqueurs des cinq courses..........	469	71	54	32	56	213	
Expression en tant pour cent.	100 0/0	15 0/0	12 0/0	7 0/0	12 0,0	46 0/0	*a*

Ces quatre familles 1, 2, 3, 4, renferment donc environ 1/3 de tous les chevaux qu'on a fait figurer dans les tables réunies, et ont fourni 46 0/0, par conséquent à peu près la moitié de tous les vainqueurs des cinq courses : 2.000 guinées, 1.000 guinées, Derby, Oaks et Saint-Léger.

Si on désigne les rapports des deux pourcentages ci-dessus, comme rapport de qualité, par a et b, si on suppose toutes les familles réunies, $a = b$, et naturellement $\frac{a}{b} = 1$. Mais dans le cas du présent tableau pour les quatre familles prises ensemble, $\frac{a}{b} = \frac{46}{31} = 1,48$, c'est-à-dire près de 1 1/2.

De même pour la famille 3, le rapport de bonté $\frac{a}{b} = \frac{7}{6}$ 1,17.

Pour la famille 2, ce rapport de qualité est de $\frac{a}{b} = \frac{12}{10} = 1,20$.

Pour la famille 4, il est $\frac{a}{b} = \frac{12}{9} = 1,33$.

Mais c'est la famille n° 1 qui remporte la palme, car dans celle-ci le rapport de la qualité est de $\frac{15}{6} = 2,50$. Cela veut dire que cette famille, avec le moindre effectif, a fourni la quantité la plus élevée de vainqueurs des courses ci-dessus, ou bien si l'on peut s'exprimer ainsi, le succès de reproduction est représenté dans cette famille de la façon la plus concentrée.

A mentionner la manière de classer les poulinières, qui permet facilement au chercheur de retrouver sans fatigue à quelle famille appartient le ou les chevaux qu'il a besoin de connaître.

Comme dans tous les travaux de ce genre, il s'y trouve forcément des lacunes et disons-le quelques fautes. Plusieurs bons chevaux lui ont échappé ; mais le critique doit se montrer indulgent pour ce

Le Samaritain, étalon gris, né en 1895, par Le Sancy et Clementina.

travail qui est empreint de la plus grande sincérité et de la plus louable conviction. Les tables de Goos n'ayant pas, ainsi que le dit avec modestie leur auteur, la prétention d'être autre chose qu'un travail de statistique, nous bornerons là notre examen. Nous dirons enfin qu'il est nécessaire de consulter ces tables si l'on veut comprendre le système de Bruce Lowe qu'elles complètent et avec lequel elles sont complètement en harmonie tant pour le numérotage des familles que pour le principe qui a servi de base à leur élaboration.

Les croisements rationnels de Lottery. — Dans *l'Avant-Propos* de son très important travail, l'auteur nous expose le but qu'il se propose : « Quinze années de recherches assidues nous ont démontré entre autres choses que les différentes proportions des sangs des grands chevaux anciens contenues dans les pedigrees de tous les produits de classe actuels sont sensiblement les mêmes pour chacun de ces produits. Ces proportions ne varient guère en effet que de 1/128 par rapport à une moyenne générale. Par leur fixité, elles nous ont amené tout naturellement à la conception de la théorie du moteur et du mécanisme, le moteur n'étant autre que le sang lui-même, le mécanisme se composant de tout ce qui est indépendant du sang, soit dans une machine des bielles, des roues et des accessoires, dans un cheval de la charpente, de la musculature, du tempérament, etc. De même que si l'on fait varier tant soit peu la proportion du suc de certaines plantes contenu dans une liqueur de marque, on n'obtient plus qu'une contrefaçon de cette liqueur, de même, si la proportion du sang des grands chevaux anciens n'est pas exactement reproduite dans la composition du sang d'un animal, on n'a plus qu'une contrefaçon du moteur type. C'est ce moteur type que nous devons constituer avant tout lorsque nous étudions un croisement.

« Pourquoi deux propres frères n'ont-ils pas la même valeur au stud ? Parce qu'il n'est pas possible qu'ils aient un mécanisme absolument identique. Pourquoi un cheval de demi-sang, plus racing like qu'un cheval de pur sang, mieux proportionné ayant un influx nerveux supérieur, ne peut-il se mesurer avec un cheval de pur sang ? Parce qu'il n'a pas le moteur voulu. Le grand cheval est obtenu lorsqu'un mécanisme parfait est adjoint au moteur type.

« On ne peut, dans la pratique, rien n'est parfait, chercher à obtenir dans un croisement, une proportion nettement définie du sang de tous les grands chevaux anciens. L'étude en serait beaucoup trop longue, nous nous sommes donc borné à envisager les grands chevaux d'autrefois dont le sang entre pour le plus fort coefficient dans les pedigrees actuels, et nous avons été amenés à nous arrêter sur *Herod*, *Éclipse* et *Higflyer*. De ce que les proportions du sang de ces 3 grands chevaux sont parfaitement réglées dans un croisement, il n'en résulte pas évidemment que le moteur du produit sera parfait, mais on peut avoir au moins la certitude qu'il ne laissera rien à désirer de ce côté.

« Le dosage des sangs se précisant avec les années, il nous a été permis en outre de déterminer les proportions du sang de certains grands chevaux de la première moitié du siècle dernier vers lesquels il est nécessaire de tendre d'ores et déjà. Ces grands chevaux sont : *Birdcatcher*, *Touchstone*, *Pocahontas*, *Voltaire*, *Pantaloon*, *Melbourne*, *Bay Middleton*, *Gladiator*. » Et, plus loin, Lottery nous montre qu'il « était préoccupé de cette pensée que dans un accouplement, les deux animaux ne participent pas au même degré à la formation du sujet, mais que l'influence de l'un est parfois supérieure à celle de l'autre, Elle paraît se manifester en effet tantôt d'un côté tantôt de l'autre suivant que le produit ressemble au père ou à la mère, mais cette manifestation est toute de surface et la composition du sang du poulain tient bien exactement et dans la même proportion de l'un et de l'autre. » Les tableaux de dosage établissent que la composition du sang d'un cheval de classe est déterminée par des proportions parfaitement définies et excessivement peu variables du sang des étalons du début véritablement hors de pair.

« Il y a lieu d'envisager à mon sens, poursuit cet auteur, deux éléments très différents dans un cheval de pur sang ; d'une part le moteur, de l'autre le mécanisme. Le moteur est produit par la composition du sang lui-même, le mécanisme par la charpente, la musculature, le tempérament, tout ce qui en un mot est indépendant du sang, de l'âme de l'animal. Le moteur de deux propres frères est absolument identique. Le mécanisme diffère toujours. Cela explique pourquoi la qualité n'est jamais la même. Le mécanisme est le propre de l'étalon et de la poulinière. Il est indépendant de la volonté de l'éleveur ; le moteur au contraire, peut varier à son gré. Il importe par conséquent de rechercher la composition des moteurs depuis l'origine jusqu'à nos jours et de déterminer la loi qui préside à leur qualité. »

Il est à peine besoin de signaler le sens que cet auteur donne au mot sang qui, selon lui, doit jouer le rôle omnipotent et est la source de toute perfection chez le racer. Jusqu'à ce jour, les hippologues avaient conservé l'expression de sang, pour indiquer l'excitabilité nerveuse qui caractérise le cheval noble, le cheval de course par conséquent. Or, cette excitabilité nerveuse ou influx nerveux n'est pas en raison directe de la richesse physiologique du sang considéré comme fluide, comme aliment complet de la substance vivante. Quelle est la nature de cet influx nerveux? Est-ce un phénomène physique, est-ce un phénomène chimique par combinaisons et décompositions successives? Nous ne le savons pas encore. Ce qu'il y a de certain, c'est que cet influx nerveux, arrivé dans une cellule d'un centre se transmet aux cellules voisines par les points de moindre résistance, suivant l'état de contiguïté résultant de la disposition des prolongements cellulaires au moment considéré. En d'autres termes, la distribution de l'influx nerveux, dont on a plein la bouche dans le monde des sportsmen, ne peut être prévue parce qu'on ne connaît pas exactement le processus de ce phénomène.

Si l'on avait besoin de savoir où est le moteur chez le cheval, il ne faudrait évidemment pas se contenter de l'explication de Lottery, mais bien s'engager dans une tout autre voie. Il n'y a qu'une route et cette route nous l'avons déjà indiquée, lorsque nous avons résumé la physiologie applicable au cheval de course. C'est à la cellule que nous ramène toujours l'étude de chaque fonction de l'organisme. Pour étudier comme il conviendrait cette question du « moteur », c'est donc toute la Physiologie Cellulaire que nous serions forcés d'exposer ici.

Nous nous bornerons, d'après cela, à dire qu'il y a dans l'animal trois grandes manifestations dynamiques : la production de chaleur, la contraction musculaire, l'action nerveuse. Sans sortir un instant du cercle de l'observation la plus rigoureuse, sans invoquer d'autre appui que celui des faits sévèrement contrôlés et définitivement acquis à la science, on peut établir que ces trois grandes modalités dynamiques, dérivent directement des réactions chimiques du travail nutritif, du conflit de l'oxygène de l'air avec les matériaux organiques des tissus. La contractilité de la fibre musculaire, les activités propres de la fibre et de la cellule nerveuses, sont évidemment des modalités dynamiques spéciales, qu'il n'est pas permis de confondre avec d'autres.

Les réactions chimiques si nombreuses et si variées, incessamment effectuées dans l'intimité de l'économie, constituent la seule source de force dont le cheval puisse disposer. Pour accomplir tout le travail intérieur et extérieur nécessaire à la nutrition et au développement de l'individu, à la propagation de l'espèce et à son fonctionnement comme racer, le cheval puise la force dépensée dans le conflit de l'oxygène emprunté à l'air et des éléments de ses tissus, dérivés eux-mêmes des substances alimentaires fournies par le règne végétal. Mais, en reprenant leurs formes minérales primitives sous l'influence de l'action comburante de l'oxygène, ces principes alimentaires ne peuvent reproduire et mettre à la disposition de l'animal que la quantité de force empruntée par la plante à la radiation solaire pour faire passer la matière minérale à l'état de matière organique. C'est uniquement la force empruntée par le végétal à la radiation solaire, emmagasinée, sous forme d'affinité, dans la matière organique, et rendue libre par les combustions du travail nutritif, que le cheval utilise pour se mouvoir, pour résister aux causes extérieures, pour remplir sa fonction de moteur animé sur les champs de courses.

Chaque cheval ayant une activité chimique propre, qu'il tient de ses ascendants par voie d'hérédité, c'est donc l'union des énergies chimiques ancestrales qu'on réalise dans tout croisement. Or, comme la matière dont sont formés les procréateurs et la force où l'énergie qui y est inhérente sont dans un état d'incessantes transformations et qu'en outre, l'œuf, produit de leur union, contient en lui une multitude de possibilités d'évolution, on ne peut qu'enregistrer les résultats parfois déconcertants des croisements, sans pouvoir donner la raison exacte du succès ou de l'insuccès.

La valeur d'un cheval ne peut donc être établie que par l'évaluation de l'énergie accumulée en lui, et dont il a donné les preuves en course. Au stud, il pourra transmettre à sa descendance l'aptitude à cette accumulation d'énergie.

C'est en réunissant les forces agissantes et les forces radicales ou de réserve que l'on a le système entier des forces vitales. Nos lecteurs connaissent des chevaux qui ont toutes les apparences de la constitution la plus robuste; chez qui chaque fonction paraît s'accomplir avec une énergie extrême; à en juger par les forces agissantes, le capital de ces chevaux serait considérable. Eh bien, en course, ils arrivent derniers; un rien paralyse pour ainsi dire l'action de toutes leurs forces. C'est que toutes leurs forces sont en étalage; ils les dépensent toutes très rapidement n'en ayant point en réserve; ils ont de brillantes forces agissantes et de pitoyables forces radicales.

Que de poulains au contraire, qui, grêles, légers, d'un tempérament nerveux, semblent d'après leur aspect ne pas pouvoir disputer une course. Leurs forces semblent attachées à un fil et ils paraissent devoir être battus par des chevaux d'allure virile, solides et bien bâtis. Les forces agissantes sont mesquines, réduites; mais les provisions sont énormes. Ces chevaux-là supporteront le travail de l'entraînement avec une facilité qui étonne : ils ont de puissantes forces radicales. Pour avoir une idée complète de la qualité du véritable lutteur d'hippodrome, il faut toujours considérer à la fois les forces agissantes et les forces radicales ou de réserve, que les très grands chevaux doivent posséder réunies.

Lottery se demande pourquoi deux propres frères n'ont pas la même valeur? La courte explication qu'il nous donne paraîtra bien insuffisante! Essayons d'en donner la raison. Étant donné deux procréateurs, il se forme autant d'œufs différents qu'il y a de fécondations d'un ovule de l'un par un spermatozoïde de l'autre ; chaque œuf fécondé est bien effectivement quelque chose de spécial, quelque chose de nouveau, qui n'a jamais existé et ne se reproduira plus jamais; tous les poulains résultant de l'union de deux parents sont différents par suite de divergences possibles dans ce qu'il y a de plus intime dans leur structure, par le patrimoine héréditaire qu'ils tiennent de leur œuf. Dans la génération sexuelle, il ne se produit jamais deux individus identiques, tant au point de vue de la composition histologique, que des formes extérieures (*mécanisme*) que de l'aptitude « coureuse » et que de la force héréditaire. Il n'y a pas du reste que le fait de la différence des œufs qui soit à considérer. Une fois l'œuf produit, un nouvel individu commence et cet individu pourra présenter certains caractères spéciaux dus aux conditions dans lesquelles se produira son évolution individuelle: tel œuf qui eût donné un cheval bien constitué et bon de course dans des conditions favorables pourra produire un animal inférieur, mal conformé et ayant un patrimoine héréditaire différent, dans des conditions défavorables. Même si les animaux que peuvent produire deux œufs se ressemblaient extérieurement, il n'y a aucune raison pour que leurs différences intérieures ne soient pas considérables à cause de l'action du milieu dans lequel s'est faite leur évolution individuelle.

Quant à nous demander comment peut être moléculairement construite une substance qui a le cheval pour forme d'équilibre définitive, c'est là une question à laquelle la chimie actuelle ne peut donner réponse. Nous ne pouvons pas *a fortiori* répondre à la question de savoir comment sont distribuées dans un cheval donné les diverses substances dont le mélange en proportions définies, détermine la personnalité du cheval et lui donne une valeur comme racer. Il nous est de plus, impossible de définir ces proportions autrement que sur le papier, en établissant le pedigree. C'est pourquoi le dosage des croisements rationnels ne saurait avoir la valeur, qu'on a bien voulu lui accorder dans les milieux sportifs. Mais il est intéressant à retenir, parce qu'il donne l'application de la formule mathématique de l'hérédité qu'ont établi quelques auteurs, en Angleterre notamment.

Suivant la méthode de Lottery, nous avons examiné les pedigrees d'un nombre assez considérable de chevaux de pur sang, qui n'ont jamais vu l'hippodrome en raison de leur incapacité de course. Or, nous sommes arrivés à cette constatation : c'est que le pedigree du plus grand nombre d'entre eux, se rapproche du dosage type préconisé par Lottery.

On est en droit de se demander en terminant pourquoi Lottery qui considère le « sang » dans son sens propre n'a pas cherché à établir la quantité de ce liquide dont chaque ascendant avait fait l'apport dans le corps d'un cheval de course. On sait que la quantité de sang d'un cheval est en moyenne de 1/18e du poids du corps; le calcul était donc facile à faire.

Le travail de Lottery témoigne d'une patience qui peut classer son auteur comme un des premiers statisticiens de France. Un bénédictin eût reculé devant la tâche qu'il s'était assignée, lui est allé jusqu'au bout. Il n'a pas à regretter son effort, car l'accueil que le grand public des courses et de l'élevage a fait à son livre a été excellent. Certains chapitres d'un réel intérêt permettent des constatations vraiment utiles pour l'éleveur de pur sang.

Les trois systèmes que nous venons d'étudier pris séparément ou adaptés les uns aux autres ne sauraient ainsi que le lecteur a pu s'en rendre compte nous donner la solution du croisement tel qu'il doit être pratiqué dans les haras de pur sang. La méthode que nous avons étudiée et que nous exposerons dans la partie de cet ouvrage consacrée à l'Élevage, permet de résoudre autant que faire se peut, le difficile problème du croisement. Son application judicieuse n'est ni délicate ni bien difficile. Il suffira, pour que notre tâche soit remplie, que nous en montrions la justification théorique. Aux éleveurs il appartiendra de mettre en œuvre les notions scientifiques. Il suffira à celles-ci d'être justes et vraies.

DEUXIÈME PARTIE

ÉLEVAGE

CHAPITRE I

LE HARAS

L'inventaire détaillé des théories sur lesquelles l'industrie des éleveurs de pur sang doit s'appuyer étant fait, nous pouvons appliquer les préceptes que nous venons d'étudier et entrer dans la pratique de l'élevage.

Choix du sol convenable à un haras. — La question dominante en élevage est celle du sol et du climat ; nous avons déjà analysé dans la première partie de ce travail l'influence prépondérante de ces deux facteurs. Les terrains pauvres en phosphates produisent par l'intermédiaire de la végétation, des chevaux de petite taille, et peu développés : si donc, on veut faire pousser des pur sang sur un sol ingrat il faut le phosphater convenablement.

On verra dans la suite comment, par ce procédé, on peut accroître notablement la taille en mettant dans le sol des substances qui, par des synthèses dont nous indiquerons le mécanisme vont constituer les principes qui aident à augmenter la croissance.

Il faut choisir pour l'établissement d'un haras, un terrain plutôt montueux que bas, plus sec qu'humide et qui ne soit pas trop exposé aux vents du nord ; qu'on ait la faculté d'y faire venir de l'eau abondamment, non seulement pour abreuver les chevaux, mais encore pour l'irrigation des prés et pâturages ; qu'il soit éloigné des grandes routes et des villes très commerçantes afin que les passants, les chiens, les automobiles n'interrompent pas les animaux pendant qu'ils paissent.

Nous avons dit que le terrain d'un haras devait être plutôt sec qu'humide. On ne peut nier que, dans les pâturages humides, les chevaux deviennent plus grands et plus étoffés ; mais ils sont généralement plus défectueux dans leur structure, ils sont plus viandeux, leurs jambes sont sujettes aux engorgements, aux crevasses ; les pieds sont larges ; leur tempérament est mou, sans vigueur et résiste peu à la fatigue des courses, ils « claquent » plus facilement. Nous voyons au contraire, que les chevaux nés et nourris dans les pâturages secs sont forts, légers, durs au travail. Nous croyons inutile d'insister plus longuement sur les différences que produit un climat sec ou humide sur le tempérament et la conformation des chevaux.

Pâturages : leur étendue, leur division, leur composition. — Après avoir trouvé un lieu convenable pour l'établissement, il faut s'inquiéter des pâturages. Pour les chevaux il y a deux sortes de pâturages : d'abord ceux qu'on qualifie de naturels, de beaucoup les plus répandus sur la surface du globe, puis les artificiels, restreints à certaines régions de l'Europe.

Il faut mettre en pâturage un espace de terrain proportionné au nombre de poulinières qu'on veut y nourrir, et conséquemment des poulains qui en naîtront. Il est impossible de faire un calcul exact de l'étendue de sol nécessaire pour donner à paître toute l'année à un nombre déterminé d'animaux. Il faudrait pour cela que la quantité d'herbe produite chaque année fût constante et de plus que la qualité fût invariable. Or on sait que le foin provenant d'une même prairie n'a pas tous les ans la même composition et la même valeur nutritive. On a calculé que les matières azotées, entre autres, peuvent varier de 5 à 7 0/0. En outre, chaque animal mange des plantes auxquelles les autres ne touchent pas. Le cheval en liberté dans les pacages mange plus volontiers l'herbe tendre et courte que celle qui est forte et haute ; à peine a-t-on lâché un groupe de juments et de poulains dans la prairie, quelque abondante qu'en soit l'herbe, ils ne s'y mettent à manger qu'après l'avoir parcourue dans toute son étendue et de cette manière ils en foulent une grande quantité ; ajoutons que les chevaux mangent avec répugnance les plantes d'une prairie nouvellement engraissée de fumier de cheval et n'ont pas le même dégoût pour celui des bœufs ; qu'enfin ils laissent l'herbe sur laquelle tombe leur crottin ou leur urine. Il faudrait donc défalquer de la quantité d'herbe que produit un pâturage toutes les plantes rebutées ou foulées, et comme il est impossible de déterminer la quantité de ces dernières, on voit qu'on ne peut pas davantage fixer la quantité de terrain nécessaire pour un nombre donné de juments et de poulains. D'après cela, il faut faire un gros calcul fondé sur la quantité de foin qu'un cheval mange par an, sur le terrain dont on dispose et en prendre une beaucoup plus grande étendue, par la raison qu'il vaut mieux avoir trop de prairies que d'en manquer.

On peut néanmoins dire, sans s'éloigner beaucoup de la vérité, qu'il faut un hectare d'herbage pour nourrir toute l'année une jument et son poulain ; que chaque poulain sevré, consomme dans l'année, partie dans les pacages et partie dans le box, le produit de la moitié d'un hectare.

Une judicieuse division des paddocks étant faite, dans les plus abondants et les plus gras on mettra, en les séparant, les juments qui nourrissent et celles qui sont pleines sans être suitées. Elles ont autant besoin les unes que les autres d'une bonne nourriture : les premières pour que leur lait soit abondant, et les autres pour bien nourrir le fœtus qu'elles portent.

Les nourrices doivent être séparées de celles qui sont pleines, non seulement afin que celles-ci ne blessent pas les foals qui tètent, mais encore, ce qui arrive assez fréquemment, pour que les mères très attachées à leur nourrisson n'attaquent pas par jalousie, à coups de pied et à coups de dent, les juments pleines que les atteintes pourraient faire avorter.

Les juments qui ne sont ni pleines ni nourrices, ainsi que les pouliches, doivent être mises dans une prairie moins grasse. Les parties les plus maigres des pacages d'un haras seront réservées aux yearlings, auxquels l'avoine, le maïs et la cossette de betterave assureront le précoce développement qui leur est indispensable à dix-huit mois, âge auquel doit commencer pour eux la nouvelle existence de travail, d'entraînement méthodique.

Des arbres doivent être placés en bordure des paddocks pour que l'ombre qu'ils donnent serve à mettre les animaux à l'abri de la grande chaleur et des mouches. Vers les dix ou onze heures du matin, les chevaux ont coutume de se rassembler et de rester là sans bouger pendant deux ou trois heures de suite. Comment pourraient-ils sans arbres conserver leur santé, si pendant le temps qu'ils prennent le repos et que s'opère la digestion, ils étaient constamment tourmentés par les mouches et exposés aux rayons du soleil ! Sans cet abri les juments nourrices seraient dans une grande

3° MÉLANGE POUR SOL ARGILEUX, SUPERFICIEL

ESPÈCES CHOISIES	QUANTITÉ À SEMER quand on sème la plante seule	PROPORTION à INTRODUIRE	QUANTITÉ à SEMER
Fléole	10 Kg.	15 0/0	1 k. 500
Dactyle	40 »	5 »	2 k. 000
Agrastide Traçante	10 »	15 »	1 k. 500
Ray Grass anglais	60 »	15 »	9 k. 000
Trèfle hybride	14 »	20 »	2 k. 800
Trèfle des prés	20 »	20 »	4 k. 000
Chicorée sauvage	15 »	10 »	1 k. 500

La bonté et l'abondance des herbes des paddocks d'un haras dureraient bien peu et on serait souvent dans le cas de les renouveler, si on ne prenait pas le soin de les conserver. Nous ne voulons pas seulement parler du temps et de la manière de les fumer ou des autres moyens généralement connus de tous les éleveurs, mais des moyens particuliers pour prévenir leur prompte détérioration en vue de leur faire produire, durant la saison, le maximum d'herbe.

Il a été observé d'une manière certaine que les chevaux laissent l'herbe qui a été touchée par leurs déjections ; en outre, en broutant très près de terre, ils ne mangent que l'herbe tendre et basse et laissent celle qui est grosse, dure et haute. En mûrissant, cette dernière répand sa semence qui, l'année suivante, en produit en plus grande quantité et ainsi de suite, jusqu'à ce qu'ayant prodigieusement multiplié et étouffé celle qui est tendre et basse ; de sorte qu'un bon pâturage qui n'a jamais été brouté que par des chevaux se trouve en peu d'années rempli de jacées, de carottes, de panais, de scabieuses, d'orvales et autres plantes semblables dont la tige est dure, grosse et haute. Afin de prévenir de pareils dégâts et conserver les pâturages dans toute leur bonté, il est nécessaire d'y faire paître alternativement une année, des chevaux et l'autre des bœufs, ou, ce qui vaut mieux encore, de faire entrer un troupeau de bœufs dans la prairie d'où l'on sort les chevaux.

Les bœufs en broutant font de leur langue une espèce de faucille avec laquelle ils ramassent, comme en un tas, l'herbe la plus grosse et la plus haute ; ils la coupent et la mangent avant sa maturité et empêchent par là qu'elle ne se multiplie trop. Le dégât que les chevaux font dans les pâturages est si généralement connu, que, dans presque tous les haras d'Italie et d'Allemagne, on met paître ensemble les bœufs et les chevaux. Le bœuf mange presque toutes les mêmes plantes que le cheval ; conséquemment, dans une prairie d'où sort un troupeau de chevaux, un troupeau de bœufs y entrant, y trouvera encore beaucoup de plantes trop mûres et dures, que, pour cette raison, le cheval aura laissées, ainsi que toutes celles qui ne lui plaisent pas, mais que les bœufs affectionnent ; car, quelque soin que l'on mette à la composition des prairies, il n'est pas possible d'empêcher d'y croître certaines plantes que le cheval n'aime pas ; ajoutez à cela que la fiente et l'urine des bœufs, loin de faire tort aux prés les bonifient, et que les bœufs mangent volontiers l'herbe d'un pré qui vient d'être fumé avec du fumier de cheval, de même que celui-ci ne refuse pas l'herbe engraissée avec du fumier de bœuf. Sans compter le grand bien qui résulte pour les pâturages en y mettant des bœufs, soit en même temps, soit après que les chevaux en sont sortis, soit encore une année les uns et une année les autres, il entrera toujours dans une économie bien entendue d'élever et des chevaux et des bœufs, quand ce ne serait que pour défrayer par le produit de ceux-ci une partie des grandes dépenses qu'exige le haras, et faire par le mélange de ces deux espèces d'animaux un meilleur engrais pour les prairies.

Qualité de l'eau. — Il doit y avoir dans le voisinage des prairies, ou, comme nous l'avons dit, dans les fossés qui séparent les enceintes, des eaux courantes de fontaine ou de rivière pour alimenter le haras. Les eaux stagnantes, troubles ou bourbeuses, outre le mal qu'elles font lorsque les chevaux en boivent, causent souvent par les exhalaisons putrides qui en émanent, des maladies épizootiques ; les eaux trop froides et vives, comme celles qui viennent des fontes de neige ou de glace, sont dangereuses ; elles donnent souvent de violentes coliques et font avorter les juments pleines. Ces accidents funestes sont aussi causés par les eaux minérales qui traversent des couches géologiques où gisent des principes dangereux.

Modes d'exploitation. — En matière d'élevage de pur sang les modes d'exploitation varient avec le but que l'éleveur se propose. Ces différents modes peuvent être classés de la manière suivante :

1° Le haras destiné à alimenter l'écurie de courses de son propriétaire, comprenant étalons et poulinières :

2° Le haras dont tous les produits sont vendus en vente publique : comprenant étalons et poulinières :

3° Les jumenteries dont les élèves sont vendus yearlings ou au moment du sevrage :

4° Les petites jumenteries, qui ont des juments en cheptel, avec un droit d'option fixé à l'avance pour les produits à naître ;

5° Les haras de pension, où, moyennant une mensualité déterminée, des entrepreneurs spéciaux élèvent pour le compte de petits propriétaires qui ne possèdent pas de stud. En général, tous les haras de pension possèdent des étalons d'une certaine valeur, presque uniquement destinés à des juments étrangères.

Saraband, étalon alezan, par Muncaster et Highland Flying.

Bâtiments d'un haras. — On peut laisser à l'habileté de l'architecte le soin de choisir les matériaux de construction d'un haras, de distribuer selon les règles de son art, les logements du personnel, ainsi que la forge, les greniers à foin, à avoine, etc. — Nous dirons seulement quelques mots de la construction, et de la distribution des écuries. Pour les mêmes raisons que nous avons données, au sujet de la division des paddocks, on a besoin de différentes catégories de boxes savoir : la première pour les étalons, la seconde pour les juments pleines, la troisième pour les juments suitées, la quatrième pour les yearlings mâles, la cinquième pour les pouliches yearlings. Les boxes destinés aux étalons, seront exposés au levant; on évite par cette orientation les vents du midi et du nord; l'air est plus tempéré. Ils seront vastes et hauts de plafond. Le sol devra être sec et un peu au-dessus du niveau du sol, pavé en briques posées sur champ. Les murs pourront être lambrissés ou recevoir un revêtement en feutre épais, ou en plaques de déchets de liège comprimés. L'application de ces plaques de liège à été faite au haras de Jardy sur toute la surface des murs ainsi qu'au plafond des boxes des étalons.

Le système d'écurie où sont logés les sires de ce haras est une sorte d'écurie à couloir comprenant des boxes, très vastes, séparés par une cloison épaisse, avec, sur la surface externe, une grille à hauteur de 1^{m},40 environ; devant, un large couloir, avec une large porte de sortie. Grâce aux dimensions de la porte principale et à la largeur du vasistas dans la muraille opposée, l'aération est parfaite. Cette disposition permet aux étalons de communiquer entre eux, de sentir qu'il ne sont pas seuls. On ne saurait trop le repéter, les animaux souffrent de l'isolement.

Les portes très larges sont protégées aux arêtes par des rouleaux verticaux donnant sur une sorte de large parterre.

Les boxes des poulinières sont très spacieux et bien aérés par de larges ouvertures, percées à une hauteur suffisante pour assurer la ventilation sans inconvénients pour la jument.

Le râtelier est fixé au-dessous de la fenêtre ; aux encoignures 2 auges en ciment pour l'avoine et le barbotage, très faciles à nettoyer ; pour la même raison les murs sont jusqu'à 1^{m},80 de hauteur environ, revêtus d'un enduit de ciment ; il est très simple de les entretenir propres

La partie supérieure des cloisons latérales est par groupes, de trois ou quatre boxes, fermée par des grilles. On à soin de placer à côté les uns des autres les boxes des juments qui sympathisent le mieux et qui peuvent ainsi constamment communiquer entre elles.

Les boxes sont pavés en briques droites, assurant aux pieds des animaux une prise facile ; devant les écuries sur une largeur de 1^{m},20, une couche de mâchefer mélangé de sable, de ciment et de chaux, forme un excellent pavage propre, toujours sec sur lequel les chevaux peuvent marcher sans crainte de glissade ou de faux pas.

Dans chaque boxe, se trouve une grande auge de ciment dont l'eau est constamment renouvelée. Les clôtures sont en bois goudronné. Enfin un petit volet, glissant sur une rainure, permet à l'homme de garde de voir ce que fait le l'animal sans le déranger.

Le système d'éloigner les habitations chevalines exclut tout danger de contagion en cas d'épidémie.

Dans certains haras, les poulains vivent séparés : ils ont chacun leur boxe, ils se voient par des treillages, mais n'ont aucune communication. C'est ainsi que les poulains chétifs sont préservés des tracasseries des poulains plus forts.

Dans une intéressante brochure le lieutenant-colonel Hennebert après avoir critiqué l'installation vicieuse des écuries (défaut d'aération), s'exprime ainsi :

« Parallèlement à ces multiples et tristes résultats morbides, il y a matière à constatation d'effets moraux dont l'éleveur ne peut pas se dispenser de tenir compte. Les mauvaises conditions d'établissement de l'écurie influent singulièrement sur le caractère de l'élève ; l'air vicié qu'il respire, la fatigue permanente qu'il subit en guise de repos, lui sont une cause de surexcitation nerveuse. Il s'agite, piétine sans cesse, frappe du pied, ne se couche guère. Du fait de la stabulation qui lui est infligée, son énergie native s'affaisse vite, sa physionomie s'empreint d'un cachet de tristesse, sa constitution s'étiole. »

Il est regrettable de constater, dans des établissements d'élevage pour lesquels on a dépensé des millions, l'insalubrité des écuries.

M. de Saint-Albin dans son livre, *les Courses de chevaux*, s'exprime ainsi au sujet de l'hygiène des écuries.

« J'ai entendu dire bien souvent, en parlant de plusieurs de nos haras les plus considérables : il n'est pas compréhensible que des établissements de cette importance ne donnent pas de meilleurs résultats : il doit y avoir un vice.

« On a parlé de la qualité des herbages trop gras ou trop maigres ; de l'air plus ou moins vif du pays ; du trop grand nombre de poulinières ou de poulains réunis dans un herbage. A-t-on suffisamment étudié la question de la salubrité des boxes ? »

Colin dit qu'un cheval pesant environ 450 kilogrammes aspire en vingt-quatre heures 95,59 litres d'air. Il ajoute qu'un cheval enfermé dans un espace ayant 4 mètres de longueur, autant de largeur sur 3^m,125 de hauteur, aurait, si le local était parfaitement clos, 50 mètres cubes d'air à sa disposition.

En vingt-quatre heures cet animal absorberait à peu près 5 mètres cubes d'oxygène et exhalerait un peu moins de 5 mètres cubes d'acide carbonique. Or au bout de ce laps de temps, l'air n'aurait plus que 10,5 0/0 d'oxygène et serait saturé de 10 centièmes d'acide carbonique, il serait arrivé par conséquent au degré d'altération qui détermine l'asphyxie.

« Il est évident, dit encore M. Colin, qu'il faudrait donner aux habitations des animaux des proportions énormes, si ces habitations exactement fermées, s'opposaient au renouvellement de l'air. Il importe donc, à défaut d'espace, de faciliter le renouvellement de l'air, non seulement pour remplacer l'oxygène consommé et disperser l'acide carbonique produit, mais aussi pour limiter l'élévation de la température du milieu et entraîner à l'extérieur les émanations animales qui le vicient souvent autant que les actes de la respiration. Les interstices ou les jointures des portes et fenêtres suffisent déjà, même dans les espaces fort restreints, à un renouvellement d'air tel que ce fluide reste à peine chargé d'un centième d'acide carbonique et privé d'un équivalent d'oxygène. »

Mais dans les cas qui nous occupent l'aération, malgré les ouvertures dont nous venons de parler, laisse presque toujours à désirer.

Les modifications profondes de l'air expiré que nous allons étudier brièvement, montrent la nécessité de l'aération du milieu.

L'air expiré diffère de l'air inspiré et par sa température, par son humidité et par sa composition.

La température de l'air expiré est toujours très rapprochée de celle du corps lui-même, puisque pendant l'inspiration, l'air s'échauffe au contact des surfaces muqueuses des voies respiratoires et que, pendant tout son séjour dans les poumons, il tend à se mettre en équilibre de température avec le sang.

La teneur en vapeur d'eau de l'air expiré est toujours supérieure à celle de l'air inspiré : en effet, l'air séjourne assez longtemps dans l'appareil respiratoire pour se saturer de vapeur d'eau au contact des surfaces muqueuses.

Dans la composition de l'air expiré, le fait le plus frappant, c'est la présence d'une proportion relativement considérable d'acide carbonique.

Les dosages et les analyses montrent que l'air en passant dans les poumons et à la suite de ses échanges avec le sang, a perdu de son oxygène et s'est chargé d'acide carbonique; il s'est chargé aussi d'une plus grande quantité d'azote; mais sur ce dernier point les résultats ne sont pas concordants.

Après ce que nous avons dit au sujet des altérations de l'air, il serait fastidieux d'insister sur la nécessité de pratiquer l'aération continue des habitations.

Le but à réaliser est de limiter l'élévation de la température tout en favorisant l'issue des émanations animales (acides valérianique, caproïque, caprylique, ammoniaque) qui vicient le milieu respirable.

Le point capital, en l'espèce, est de régler la ventilation selon les besoins des animaux et de veiller à ce qu'il ne s'établisse point de courants d'air.

On distingue une ventilation naturelle et une ventilation artificielle.

Mais la mise en mouvement de l'air nécessaire à la ventilation, est toujours le résultat de changements dans sa densité ou, ce qui revient au même, dans sa température. L'air chaud ou raréfié tend à s'élever, pressé par l'air plus dense et froid. Aussi sont-ce les mêmes forces qui président à la ventilation naturelle et artificielle, et elles agissent de la même façon.

Quels que soient les procédés auxquels on ait recours, la ventilation d'une écurie se compose de deux termes: admission de l'air neuf et expulsion de l'air vicié. La quantité nécessaire d'air neuf, est ce qu'on peut appeler la « ration d'air »; le coefficient d'aération, varie suivant un assez grand nombre de circonstances dont les principales sont : 1° la capacité du local ; 2° la durée du séjour ; 3° l'importance des surfaces d'aération naturelle; 4° la température de l'écurie ; 5° la disposition des orifices de ventilation; 6° la température de l'air introduit.

La température de l'écurie a une importance hygiénique considérable, aussi un thermomètre placé à demeure doit-il en indiquer les variations. Les écarts thermiques ont une répercussion très nette sur l'organisme. Un animal exposé à une température trop basse, au-dessous de 10° par exemple, éprouve une sensation pénible qu'il manifeste par une attitude particulière ; le dos est voûté, la queue est serrée contre les fesses, les membres sont rapprochés.

Le système tégumentaire est impressionné, la peau semble hérissée, les poils se redressent, si l'action du froid est intense ou prolongée on constate de légers frissons et des mouvements convulsifs.

Des troubles des grandes fonctions peuvent se manifester et être le point de départ d'affections internes graves. Si la température basse est nuisible, la température élevée n'est pas exempte d'inconvénients. Elle amène la transpiration et par suite l'affaiblissement. Le manque d'aération, le cube d'air restreint sont en plus du mode de chauffage adopté, dans certaines écuries, les causes de l'élévation de la température de l'écurie. Le coefficient de pureté de l'air des écuries surchauffées est très restreint et pour cette raison l'organisme est débilité, déprimé.

Pour les parturientes et leurs produits, la température de l'air doit être plus élevée, elle doit osciller entre 15 à 20°.

On sait que la parturition entraîne une congestion des organes génitaux et des annexes par suite du travail physiologique accompli. Pour cette raison le contact du froid doit être soigneusement évité; s'il en était autrement, des complications graves pourraient se manifester et compromettre l'existence du sujet.

Si l'action du froid est néfaste pour la mère, il est facile de comprendre qu'il en est de même pour le jeune produit qui quitte la vie intra-utérine (température : 38°) pour subir sans transition le contact de l'air.

Dans ce cas particulier seul, une température élevée doit être réalisée pendant quelques jours, pour revenir progressivement à une température plus douce.

La température de 16° est celle qui devrait toujours être réalisée dans les haras, d'autant plus que si l'on admet que le pur sang est plus impressionnable au froid, il faut tenir compte qu'il est toujours muni de couvertures à l'écurie, pour cette raison, il vaut mieux avoir une température moyenne qu'élevée.

Personnel. — Contrairement à ce qui a lieu dans les écuries d'entraînement où le personnel est toujours très nombreux, celui des studs se trouve le plus souvent réduit à sa plus simple expression.

Le nombre de personnes nécessaires au service d'un haras ne saurait être fixé. On doit toutefois, compter sur un stud groom, un étalonnier, un accoucheur et plusieurs palefreniers. Le caractère de tous les employés subalternes importe plus, que leur expérience acquise. Il faut s'attacher surtout à recruter des hommes jeunes, vigoureux, agiles, sobres, patients et doux avec les animaux. Quoique complètement étrangers à leur nouveau métier, il sera aisé au stud groom de tirer rapidement le meilleur parti des qualités de son personnel, s'il a l'autorité et la compétence que nécessitent la direction d'un haras de pur sang.

Le stud groom est le chef dont tous les autres dépendent. Il doit avoir, non seulement les connaissances qu'exige la direction des étalons, poulinières, yearlings et foals, mais encore des notions élémentaires d'agronomie, car c'est à lui de donner les ordres pour l'entretien des prairies : c'est à lui de juger de la bonne ou mauvaise qualité des denrées consommées par les pensionnaires du haras ; il doit régler la ration nutritive de chaque sujet, suivant sa fonction, son âge, son sexe et son tempérament ; il juge les juments qui sont en chaleur par l'épreuve de la barre, il assiste à la saillie. Le stud groom reconnaît après la saison de monte autant que faire se peut, les juments qui ont retenu, les sépare lorsqu'il les croit prêtes à mettre bas ; assiste à l'accouchement, dont il doit connaître la pratique ; donne des ordres pour les soins aux nouveau-nés ; marque au fur et à mesure les naissances ; il rend enfin au stud master un compte journalier de tout ce qui se passe dans l'établissement.

Un des meilleurs moyens, pour rendre l'observation du stud groom, utile, fructueuse et profitable à tous, serait de l'obliger à suivre constamment chaque étalon, chaque jument, chaque poulain, pour découvrir tous les cas intéressants qui peuvent avoir une importance quelconque, si minime soit-elle, tant au point de vue pratique, qu'au point de vue théorique. Déterminer les causes qui produisent les accidents, noter les ressemblances, et tous les cas de transmission héréditaire, s'assurer si certaines particularités tiennent à des caractères transmis par les parents ou sont acquis par « l'éducation » ; quelles sont les maladies les plus fréquentes dans le haras et des moyens d'y remédier, etc., etc.

Il est donc nécessaire que le stud groom tienne un registre des étalons et des juments pleines : un second, des naissances de l'année ; un troisième, des yearlings.

Dans le premier registre, doivent être décrits et notés avec les circonstances les plus minutieuses, l'entrée au haras, les habitudes, le tempérament, le caractère, le degré de fécondité, etc., des étalons et des juments. Le service de monte doit être tenu constamment à jour aussi minutieusement que possible en indiquant quelles sont les juments qui n'ont pas été saillies et quelles sont les raisons auxquelles on peut attribuer leur frigidité. Noter celles qui sont vides et celles qui sont pleines; si dans le courant de l'année elles ont eu des maladies, ou si elles avortent; inscrire également tous les accidents qui peuvent leur arriver. Conduites ainsi jusqu'au moment de leur mise-bas, on en marquera les circonstances, s'il a été normal ou pathologique, et on notera sur le registre des naissances de l'année, le signalement complet et les observations sur chaque produit dont on aura soin de marquer tous les mois, les changements qui s'opèrent en lui, sous l'influence de la croissance, etc. A l'égard des pouliches destinées à demeurer au haras, le stud groom, après avoir extrait mot à mot toutes leurs notes des registres antérieurs, portera tous les renseignements les concernant sur le livre des juments poulinières, pour les suivre dans leur production jusqu'au moment de leur mort ou de leur réforme. De ces registres qui ne sont que la division d'un seul qui doit être tenu tous les ans, se tireront tous les renseignements, toutes les données que la science pourra s'attacher à expliquer, aidant ainsi à corriger et a déraciner la routine qui règne encore en maîtresse dans la plupart des haras de pur sang en France.

Hygiène générale des animaux du haras. — L'éleveur doit se conformer aux lois de l'hygiène que nous avons définies dans la première partie de cet ouvrage. Il doit s'attacher à faire mener aux animaux dont il dirige l'exploitation, une vie de grand air. Les chevaux peuvent être sortis tous les jours quelle que soit la température, sauf toutefois par les temps de neige et de pluie trop persistante ou froide. L'exercice étant nécessaire au bon fonctionnement des grands systèmes de l'organisme, nous prescrirons pour chaque catégorie d'animaux: étalons, poulinières et poulains, les sorties et les rentrées suivant la température et la gymnastique à laquelle chaque groupe d'animaux doit être soumis.

Sans vouloir nier les bons effets du pansage, nous ne croyons pas qu'il soit d'une grande utilité chez les animaux du haras, qui vivent et se développent dans des conditions qui doivent se rapprocher autant que possible des conditions naturelles. Si l'on applique le pansage, il devra être aussi peu compliqué que possible; la brosse en chiendent seule devra être employée.

Les litières protègent le corps des animaux contre les excoriations qui résulteraient d'un contact prolongé de celui-ci avec le sol des écuries; elles s'opposent au refroidissement de l'organisme, en raison de leur faible conductibilité. En même temps elles procurent aux animaux le moyen de se reposer des fatigues journalières et de puiser dans un sommeil réparateur des forces nouvelles.

Pour remplir ce rôle complexe elles doivent satisfaire à plusieurs conditions, savoir: être souples, élastiques, non vulnérantes et douées de propriétés absorbantes.

Les pailles des céréales : blé, avoine, orge, seigle sont usitées indistinctivement dans quelques localités. Il y a lieu pourtant de faire un choix. Au premier rang on doit placer la paille de froment qui est modérément rigide, élastique, conserve sa forme tubulaire et ne se tasse que lentement sous le poids des animaux.

Les excréta étant une cause de viciation de l'air ne doivent pas séjourner dans les écuries.

Le pouvoir absorbant des litières a une importance hygiénique capitale.

Les pieds des animaux doivent être l'objet de soins spéciaux. Chez les étalons et les poulinières ils doivent être parés toutes les fois que la corne dépasse la longueur normale. Chez les poulains, lorsqu'il y a excès de longueur, ou irrégularité de la forme du sabot, les conditions d'appui du membre sont détruites, le fonctionnement des articulations est troublé et leur développement vicié.

Beaucoup de tares qui se montrent de bonne heure à ces articulations n'ont pas d'autre motif déterminant. L'altération dans la direction des leviers osseux, ainsi produite par la forme anormale du sabot, agit d'autant plus efficacement, qu'à ce moment les principales épiphyses ne sont pas encore soudées, qu'elles sont le siège d'un travail actif d'accroissement et que par conséquent elles sont plus sensibles à l'irritation produites par les tiraillements. C'est donc une pratique tout à fait à recommander que celle de faire parer les pieds des poulains, toutes les fois qu'ils tendent à devenir trop longs ou qu'ils s'usent irrégulièrement, toutes les fois, en un mot, qu'ils s'écartent de la forme normale, telle qu'elle nous est connue.

A l'avantage physique dont nous venons de parler et sur lequel il n'est sans doute pas nécessaire d'insister, en raison de son évidence, se joint en faveur de cette pratique celle d'habituer les jeunes animaux à se laisser docilement lever les pieds, à obéir à l'homme.

Mais il importe beaucoup, pour qu'il en soit ainsi, d'éviter de la faire exécuter par des maréchaux inintelligents et brutaux. La violence et les mauvais traitements de ceux-ci auraient pour conséquence à peu près sûre, de rendre tout dressage ultérieur extrêmement difficile, sinon impossible. On ne doit confier qu'à des hommes doux et bienveillants, calmes, patients, les opérations à pratiquer sur les jeunes animaux, qui sont toujours, faute d'éducation, plus irritables et moins soumis que les plus âgés.

Aux indications générales que nous avons données sur l'Hygiène se joint la question de la régularité des repas, dont il est inutile de souligner l'importance.

De la direction d'un haras suivant Bruce Lowe. — Au sujet du choix de l'emplacement et de la direction des haras voici ce qu'écrit Bruce Lowe, dans son *Breeding Race Horse* :

« J'ai toujours eu le privilège d'être plus ou moins intéressé à l'élevage du cheval de sang et, dans mes voyages, j'ai visité la plupart des haras d'Angleterre, d'Amérique, d'Australie et de la Nouvelle-Zélande. Du choix de l'emplacement du haras dépend en grande partie le succès ou l'insuccès dans l'avenir. Il a été généralement reconnu qu'un sol de composition calcaire est le plus convenable pour donner des os et de la vigueur aux produits. Comme il n'est pas toujours facile de trouver un semblable terrain, le mieux est, après cela, de choisir pour votre emplacement des vallées fertiles ou les rives unies d'un cours d'eau bordé de pentes onduleuses. Les sources principales de n'importe quelle rivière traversent des couches de terrains calcaires et les crues périodiques fournissent la chaux au sol, aussi bien que d'autres matières reconstituantes, qui, par le fait, sont moins sujettes à être épuisées par la surabondance du bétail pendant de longues années. C'est une erreur, cependant, de croire qu'on ne peut pas obtenir de grandes charpentes sans une quantité considérable de calcaire dans le sol. Une grande partie de la gracilité et de la petite ossature qu'on rencontre chez les pur sang provient de l'infusion du sang de qualité comme celui de *Sweetmeat* et *Kingston*, et s'écartant de celui de *Melbourne*, *Stockwell*, *Toxophilite*, *West Australian*, etc. Un retour à *Melbourne*, ferait plus en un seul croisement pour ramener l'ossature aux proportions voulues que dix années d'élevage sur un sol calcaire sans une telle aide.

« En fait d'emplacement, je connais peu d'endroits qui puissent être comparés au « Rancho del Paso », l'immense haras de M. J.-B. Haggin (de New-York), dirigé par M. John Mackay. La partie réservée à l'élevage est principalement située dans les riches et profondes vallées de la Rivière Américaine (un des affluents du Sacramento). Ces plaines sont la plus grande partie de l'année couvertes de luzerne et fournissent d'excellents pâturages aux juments et à leurs produits. Le haras consiste en de nombreux petits enclos, séparés les uns des autres par des passages et dont la contenance varie depuis 2 et 3 arpents jusqu'à 20, 50 et 100 arpents par paddock. Les plus petits d'entre eux servent à isoler les chevaux qui ruent et ceux qui sont malades; les plus grands sont à l'usage des juments qui sont ou non en cours de gestation. A des distances convenables, sont de vastes hangars contenant chacun de vingt à quarante stalles libres dans lesquelles on met la nuit les juments et leurs produits. Après le sevrage, elles sont occupées par les jeunes poulains que l'on lâche par fournées dans les enclos pendant le jour où ils peuvent jouer des jambes et simuler des courses. L'avenir de plus d'un de ces précoces coureurs sera pronostiqué par l'observation de leurs ébats. Libre, bien exercé au grand air, le poulain fortifie ses jambes et sa constitution et acquiert des muscles au lieu de prendre de la viande et de la graisse.

« Ce système est aussi appliqué en Australie où le climat permet au jeune stock de tournoyer dans les enclos pendant le jour, hiver comme été.

« L'avenir du cheval de course dépendant énormément de son traitement après le sevrage, on ne saurait trop apporter de sollicitude sur ce point important, sinon l'art de choisir les pères et les mères serait sans valeur. Si je suis partisan de la nourriture verte et succulente pour la mère, surtout lorsqu'elle allaite son produit, je cesserai certainement ce régime au sevrage si ce n'est comme médecine pour lui conserver la santé. Les conditions anormales actuelles de courses des « deux ans » exigent que le jeune produit soit traité d'une façon anormale aussi. Au lieu de le laisser se développer tout naturellement dans de verts pâturages, il faut que le poulain soit rendu précoce à l'aide d'une nourriture sèche, stimulante, susceptible de produire un développement rapide des os et des muscles et de le rendre apte à porter comme « deux ans » 8 et 9 « stones » sur une distance de 6 et 7 « furlongs » et à aller à une vitesse telle que plus tard il n'en obtiendra peut-être jamais de plus grande. Ce développement précoce ne saurait être obtenu si on lui faisait manger de l'orge bouillie, du froment ou en le mettant au vert, puisque cette nourriture ne donne que de la viande, de la graisse, des os mous et une petite quantité de muscles. Dans plusieurs haras que j'ai visités, cette dernière nourriture est la seule adoptée et les propriétaires s'étonnent que leurs produits ne gagnent pas de courses. Il faut que l'entraîneur prenne un soin tout spécial pour lui faire perdre son excès de viande et de graisse ou le poulain sera hors d'usage.

« En 1883, j'ai été voir le haras d'un grand éleveur, en Angleterre, et j'ai demandé au stud groom ce qu'il pensait de l'obésité des poulains d'un an et de ces grosses crêtes de graisse qu'avaient plusieurs d'entre eux. Il m'a répondu qu'il croyait que c'était une grande erreur de les engraisser ainsi, mais, qu'en agissant de la sorte, il ne faisait qu'obéir aux ordres de son patron. Ces poulains et ces pouliches n'ayant que peu ou pas d'exercice en liberté dans les paddocks, il s'ensuit que beaucoup succombent à leur première préparation. Chaque haras devrait avoir une piste en forme de vautour, d'environ trois quarts de mille, contiguë au département des produits d'un an et dont le cou de l'oiseau donnerait sur le circuit d'un paddock d'un acre au moins, ce qui permettrait à une douzaine de « youngsters », un peu avant le repas, d'aller courir tout autour de la piste et de tirer bon profit de cet exercice, après lequel ils reviendraient boire et manger. La perspective de la nourriture agissant comme stimulant leur causerait une émulation considérable. En hiver, la piste devrait être recouverte d'une couche de tan en ayant soin de ne l'arroser que rarement, selon les besoins. Afin d'empêcher les « youngsters » de se blesser, on leur met des appareils en cuir aux jambes de derrière et au cou-de-pied. Les poulains ainsi traités seraient à moitié entraînés pour leurs premiers engagements et auraient une valeur double pour leurs propriétaires et pour leurs entraîneurs au moment de leur vente. M. William Kent, dans ses *Causeries sur Lord George Bentinck*, dit que ce grand homme de courses n'a jamais engagé un « youngster » sans avoir tiré de lui tout ce qu'il pouvait dans un essai préalable et l'on peut prédire que le stud groom qui suivra le traitement que je viens d'indiquer aura une ligne exacte des aptitudes de ses poulains et pouliches.

« Alors que les poulains courent avec leurs mères et pendant la saison où l'on fait saillir ces dernières, un homme expérimenté devrait être envoyé tous les jours pour promener chaque animal avec le licol. C'est une méthode qui est adoptée dans la propriété d'élevage, —

agitation, leur lait diminuerait beaucoup et les foals subiraient les conséquences néfastes de cet état de choses.

La réussite et la prospérité d'un haras, dépendront de l'abondance et de la bonne qualité d'herbe dont les paddocks sont formés. Les graminées, les papillionacées, et les chicoracées sont de toutes les plantes les plus agréables et les plus salutaires aux chevaux. Ajoutons que les meilleures constitutions chevalines viennent des meilleurs pâturages, c'est-à-dire de ceux qui croissent sur les terrains de substances calcaires et ensuite de ceux produits par les terrains sablonneux rouges.

Nous donnons quelques formules de mélanges à semer dans les types des principaux terrains; aux agriculteurs qui connaissent l'ensemble des conditions dans lesquelles seront placées les prairies, à compléter ces mélanges en les appropriant exactement à la situation.

1° MÉLANGE POUR SOL SILICEUX, LÉGER, SUPERFICIEL

ESPÈCES CHOISIES	QUANTITÉ À SEMER quand on sème la plante seule	PROPORTION à INTRODUIRE	QUANTITÉ à SEMER
Haulque laineuse	20 Kg.	10 0 0	2 k. 000
Fétuque ovine	30 »	15 »	4 k. 500
Ray Grass vivace	65 »	25 »	16 k. 250
Dactyle pelotonne	40 »	15 »	6 k. 000
Trèfle blanc	14 »	15 »	2 k. 000
Trèfle hybride	14 »	10 »	1 k. 400
Plantain lanciolé	20 »	5 »	1 k. 000
Centaurée Jacée	10 »	5 »	0 k. 500

2° MÉLANGE POUR SOL CALCAIRE SEC

ESPÈCES CHOISIES	QUANTITÉ À SEMER quand on sème la plante seule	PROPORTION à INTRODUIRE	QUANTITÉ à SEMER
Avoine élevée	100 Kg.	15 0 0	15 k. 000
Braine des prés	60 »	15 »	9 k. 000
Fétuque ovine	30 »	15 »	4 k. 500
Trèfle blanc	14 »	15 »	2 k. 100
Sainfoin	180 »	10 »	18 k. 000
Anthyllide	15 »	10 »	1 k. 500
Minette	20 »	10 »	2 k. 000
Primprenelle	30 »	10 »	3 k. 000

contenant plus de 1.600 têtes, — de mon vieil ami M. Thomas Cook, de Furanville, près de Sydney, N. W. S. Il n'y a aucun risque à agir ainsi. Il a un vieux stud groom, excessivement patient, qui accoutume au licol, sans qu'ils s'en méfient, les poulains les plus réfractaires, en les faisant marcher çà et là avec un vieux morceau de sac jeté sur leur dos. En répétant ce traitement plusieurs fois, le poulain perd son état nerveux, et il s'établit alors une confiance entre l'animal et l'homme, qui dure généralement toute la vie. La plupart des chevaux vicieux ou rogues que vous rencontrez sur les champs de courses ont été amenés à cet état par un traitement impatient ou barbare quand ils étaient jeunes. La plus grande caractéristique intellectuelle du cheval est sa mémoire ; il n'oublie jamais les bons ou les mauvais traitements. Conduisez-le seulement une fois sur une route nouvelle pour lui, il se souviendra pendant des années de l'endroit exact où il a abandonné le sentier battu, quoiqu'il n'y ait rien qui puisse le guider, tant son instinct est étonnant.

« J'ai passé la moitié de ma vie à cheval ; je connais les habitudes des chevaux aussi bien que n'importe qui, et souvent j'ai eu à regretter mon emportement, qui me poussait à éperonner un bon cheval parce qu'il avait fait un faux pas ou qu'il s'était jeté de côté. A moins que vous n'ayiez assez d'empire sur vous-même dans de telles circonstances, il deviendra bientôt ombrageux déterminé, ou dangereux parce qu'il trébuchera, à cause de l'éperon qu'il redoute au plus petit faux pas et, pour éviter cette punition, il s'enfuira en s'échappant par la tangente. Combien de courses ont été perdues par la punition sévère et inutile d'un bon et courageux cheval faisant tout son possible pour arriver premier ? S'il réussit à gagner la course à l'aide de la cravache et de l'éperon appliqués sans merci, cinq fois sur dix il s'intimide et se décourage : son cœur se sent toujours défaillir après le premier coup de cravache et s'il est craintif, un écart sera sa seule réponse. Si, au contraire, il est vicieux, il rejettera ses oreilles en arrière et cessera de courir juste au moment de la victoire, qu'il aurait peut-être remportée, s'il avait été encouragé avec bienveillance au lieu d'être cravaché et éperonné. Ce cher vieil original Dr West, de la Nouvelle Galles du Sud, jeta une fois les hauts cris quand il vit un vieux jockey venir comme un novice gagner une course au poteau par une tête, sous le châtiment tranchant de la cravache et de l'éperon. Un jockey ne devrait jamais être autorisé à porter une cravache, mais par Dieu, ceci est l'exception et le vieux digne Docteur était très près de la vérité, car l'on perd plus de courses que l'on n'en gagne par l'usage de la cravache.

« Dans la gestion d'un haras, un des éléments de succès les plus importants est, sans contredit, l'exercice convenable des étalons. En fait, depuis sa naissance jusqu'à son retrait du champ de courses, aucun animal ne prend autant d'exercice volontaire ou contraint que le cheval. Dans trop de circonstances il est envoyé au haras où il doit changer d'existence et d'habitudes. Combien n'ai-je pas vu de chevaux de courses, plus d'une fois vainqueurs, condamnés à passer le reste de leurs jours à élever leurs cous en vain pour regarder par une fenêtre de 8 pieds de hauteur, ou à passer tristement leur vie devant des grillages étroits, ne leur donnant qu'une illusion fugitive des verts pâturages, alors qu'ils y prenaient leurs ébats, en liberté, dans leur jeunesse? Tout au plus, leur permet-on, en matière d'exercice, une promenade monotone autour d'une cour de 30 pieds de diamètre, bordée de solides murs de 10 pieds de haut, sans qu'ils puissent regarder autour d'eux.

« Est-il étonnant qu'ils deviennent fous par le bruit de sabots venu du dehors, témoignant ainsi de la liberté de leurs compagnons et qu'ils finissent par effaroucher leurs palefreniers? Telle la sympathie de chacun se portant sur l'étalon établé ou sur le chien courant enchaîné hurlant à la porte du chenil! Tristes spectacles! complètement inutiles, si les propriétaires étaient plus soucieux de leurs intérêts réels ou avaient plus d'humanité.

« Règle générale, si l'exercice du cheval de course n'est pas interrompu par son transfert du training au stud sa santé et son tempérament n'en souffriront pas. Les étalons aiment énormément leur promenade quotidienne. J'en ai connu qui, dès qu'ils en étaient privés, soit par un temps humide, soit pour tout autre motif frappaient du pied et lançaient des ruades aux cloisons de leurs stalles jusqu'à ce qu'on les fasse sortir comme d'habitude. Un des étalons du meilleur naturel que j'aie vu, *Cliveden*, frère de *Chester*, que j'ai importé en Amérique, en 1893, ne manque jamais de donner des coups de pied à sa stalle si on le néglige quelques jours.

Il est difficile de concevoir un traitement plus pernicieux qu'un changement subit dans les habitudes du plus actif de tous les animaux domestiques. Les habitudes vicieuses amènent la perte de la santé, des muscles, du tempérament, augmentent les risques d'attraper des rhumes, de souffrir de la constipation et d'une foule d'autres maladies, propres à réduire la valeur de l'animal ; de le rendre pour ainsi dire inutile dans la transmission de ces splendides qualités coureuses qui le font acheter et de le mener à une mort prématurée. Comme preuve de ce que vaut l'exercice, j'ai entendu dire par des gens dignes de foi que les étalons qui font le tour d'un district pour saillir des juments produisent une plus grande moyenne de poulains que les étalons qui restent à la maison. »

CHAPITRE II

CHOIX DES REPRODUCTEURS

Les prairies, les bâtiments étant prêts à recevoir les animaux, il faut se procurer les meilleurs étalons et les meilleures juments. Le choix des reproducteurs est un des principes fondamentaux de tout élevage et un des éléments indispensables de succès ; mais de même qu'en cette difficile entreprise, il n'y a ni règle fixe, ni théorie absolue, on ne saurait non plus accepter comme infaillible la sélection établie par les luttes des hippodromes qui sont cependant le critérium le meilleur et le plus concluant qui soit à notre portée.

Un système de courses bien compris permet de mettre en relief dans chaque production les meilleurs chevaux, qui se trouvent par cela même désignés comme de futurs reproducteurs ; toutefois, il n'établit en réalité leur qualité que d'une manière relative, laissant à notre jugement et à notre expérience l'appréciation de leur valeur exacte.

Il est évident, en effet, que dans une génération qui a à sa tête un animal hors de pair comme *The Flying Dutchman*, *Gladiateur*, *Ormonde* ou *Flying Fox*, il peut se trouver des animaux d'excellente classe, qui dans une année ordinaire auraient occupé sans conteste, le premier rang et qui se trouvent relégués en seconde ligne, par la présence d'un cheval phénomène.

« On trouve par contre, dit S.-F. Touchstone, des générations médiocres, dont les animaux de tête, quelques brillants que soient leurs succès ne sont eux-mêmes que des médiocrités. C'est surtout pour cette raison, qu'il n'est pas de principe plus faux pour établir la valeur d'un reproducteur que de prendre pour base les sommes qu'il a gagnées pendant sa carrière de courses.

« Elles fournissent une indication dont l'utilité n'est pas discutable, mais elles ne constituent qu'un des éléments d'appréciation. La qualité des adversaires, qu'il a battus, la manière dont ses victoires ont été remportées, sa conformation, ses aptitudes, son tempérament et son origine sont autant de questions essentielles qu'il convient d'examiner avec le plus grand soin. Le résultat matériel acquis ne représente pour ainsi dire qu'une épreuve préliminaire, qui permet d'éliminer les nullités et les non-valeurs, une sorte d'examen de premier degré, conférant un titre sérieux, mais non définitif. Le reste est laissé à l'appréciation des éleveurs et l'on sait que les juges les plus experts, les mieux doués et les plus autorisés, ne sont jamais infaillibles.

« Tout imparfaite qu'elle soit, la sélection par les courses n'en est pas moins, je le repète, la meilleure et la seule vraiment pratique, mais comme elle n'est pas d'une exactitude absolue, il est à peu près hors de doute qu'on élimine assez fréquemment un certain nombre d'animaux qui auraient rendu d'excellents services, tandis qu'on en conserve d'autres qui ne sont d'aucune utilité.

« Ces erreurs sont surtout sensibles dans le choix des reproducteurs mâles pour lesquels la sélection prétend être particulièrement rigoureuse ; de ceux-là surtout on s'occupe avec un soin jaloux. Il n'est pas dans ma pensée de vouloir contester la très grande importance des épreuves publiques et la nécessité absolue de n'accepter un étalon qu'après un examen sévère et on ne saurait se montrer trop exigeant; mais j'estime qu'il y a une sorte de préjugé à s'inquiéter par trop exclusivement du reproducteur mâle, alors que le rôle de la poulinière a une importance souvent égale, parfois même supérieure. Il est certain, en tout cas, que la sélection étant moins stricte en ce qui les concerne, les juments sont, après leur carrière de courses, envoyées au haras en bien plus grand nombre que les mâles. Elles permettent donc d'apprécier d'une manière plus exacte la valeur de l'influence du sang qu'elles possèdent et des familles auxquelles elles appartiennent, car elles sont moins exposées que les étalons aux caprices de la sélection et aux erreurs des jugements humains.

« Il y a longtemps qu'on a fait justice de cette théorie du sac, qui assimilait la poulinière à une sorte de machine à produire, en lui refusant toute action personnelle et toute influence dans une œuvre où elle joue au contraire un rôle des plus actifs. A cet égard, le doute n'est plus permis et les travaux de Hermann Goos, ont confirmé d'une manière péremptoire et presque mathématique ce que la simple étude des lois de la nature avait permis de constater. La mère a sur la qualité, le tempérament et la valeur générale du produit une part indiscutable au moins égale, et, je le répète, souvent même supérieure à celle de l'étalon, quand elle possède à un plus haut degré que lui la nervosité, le sang, l'énergie, en un mot, tout ce qui constitue l'influx vital. M. Goos a constaté, en effet, que sur les 8,563 poulinières, qui, pendant ces dernières années, ont donné les gagnants de tous les prix un peu importants dans les pays où on élève du pur sang anglais, près d'un tiers descendent en ligne maternelle directe de 4 juments seulement : la mère des deux *True Blue*, la *Burton Bay Barb mare*, la *Layton Barb mare*, et la *Natural Barb mare*, alors qu'il est admis que la race pur sang tout entière est issue de 61 juments, dont l'action peut être assimilée à celle des trois grands auteurs mâles, les *Godolphin* et *Darley Arabian*, et le *Byerley Turk*. Il n'est donc pas contestable que les familles de ces 4 juments possèdent sur les autres une supériorité qui mérite sérieuse attention, et que ce sont les poulinières qui en descendent auxquelles on doit s'adresser de préférence. Comme je ne saurais trop le dire, aucune théorie ne doit être absolue en matière d'élevage, mais il est évident qu'en prenant une moyenne des résultats obtenus, on peut en déduire certains principes d'une réelle portée.

« Ce qui précède doit, en tout cas, suffire pour montrer que si l'on veut juger d'une manière exacte la valeur d'un étalon et apprécier avec profit son action et son influence, il importe de baser cette appréciation non pas seulement sur les étalons issus de lui, qui représentent une partie fort brillante, mais très faible en même temps, de sa production, mais aussi sur ses filles, dont le nombre permet d'établir un critérium plus large, plus juste et peut-être aussi plus impartial, pour pouvoir étudier avec quelque utilité la formation de la race française de pur sang, et la suivre dans son développement et ses progrès, pour établir en pleine connaissance de cause l'importance du rôle des divers étalons qui y ont contribué, il était par suite indispensable de connaître exactement tous les reproducteurs qui leur ont permis d'exercer leur influence sur l'ensemble de la race. On a souvent parlé de leurs fils et de leurs descendants mâles ; rarement on s'est occupé de leurs filles, et on l'a fait d'une manière si incomplète qu'il était impossible de formuler à cet égard une opinion quelconque. » Touchstone avait parfaitement raison d'écrire cela. Jusqu'en ces dernières années, on avait en effet considéré la jument comme une quantité négligeable dans un accouplement. Il n'en est fort heureusement plus ainsi. Nous avons vu du reste au chapitre relatif à l'hérédité, ce qu'il faut penser d'une pareille théorie. N'anticipons pas et procédons par ordre.

Les reproducteurs seront sains, en bon état d'entretien, ni trop gras, ni trop maigres. Il est nécessaire de rechercher en eux, par une sélection éclairée, les qualités et particularités qu'on désire obtenir chez les produits. mais par dessus tout un bon tempérament. l'harmonie dans les formes, la perfection des sens, etc. Dans le choix qu'on en fera, on tiendra grand compte du pedigree et des performances.

L'âge des reproducteurs a une grande influence sur leur valeur : c'est entre cinq et quinze ans qu'ils sont le plus prolifiques et le plus aptes à engendrer de bons produits ; cependant on a vu des étalons et des juments de pur sang très bien produire à trois ou quatre ans, et à vingt ou même vingt-deux ans.

Parmi les jeunes étalons qui ont donné des vainqueurs dès leur première année de monte à quatre ans, nous pouvons citer en ces dernières années, *Omnium*, *Flying Fox*, *Persimmon*, *Saint-Frusquin*.

Comme exemples de précocité sexuelle nous pouvons citer le cas de *Condé*, qui, âgé de quatorze mois, féconda une pouliche yearling d'un mois plus jeune que lui, et les deux cas suivants, que donne *The Veterinary Record* (3 décembre 1904) :

1° Dès l'âge de six semaines, un poulain commençait à caresser sa mère et bientôt après la servait comme un étalon. On ne sut pas toutefois s'il éjaculait. A trois mois, il courait après les génisses comme après les pouliches, et on fut obligé de le châtrer.

2° Un poulain de pur sang, dès l'âge de deux mois, commence à se masturber et, depuis lors, conserve cette mauvaise habitude, bien qu'il n'ait jamais reçu de nourriture échauffante, puisqu'il est au pré avec sa mère. Pour se livrer à cet acte, il a le dos arqué et les membres postérieurs engagés sous le corps; il hennit avec plaisir. Son état général ne semble pas très affecté par ce défaut, quoique naturellement il n'ait pas un aspect tout à fait satisfaisant.

On connaît mal l'âge auquel disparaît l'aptitude à la reproduction chez l'étalon et chez la jument, car il est assez rare que l'on consacre ces animaux à la reproduction au-delà d'une certaine période de leur ...rions citer les étalons qui remplissaient encore convenablement leur fonction à l'âge de vingt-deux, vingt-trois et même vingt-cinq ans, et des juments qui donnèrent un poulain à un âge très avancé. Cornevin signale une jument de trente ans qui a pu produire, et Dégive une jument de trente-huit ans.

Choix de l'étalon en particulier. — L'étalon est la première, la principale et la plus importante base de toute production et de toute amélioration. Il existe de longues et interminables discussions sur la part plus ou moins prédominante que l'on doit attribuer au mâle ou à la femelle dans l'acte de la génération. Nous n'avons pas à entrer ici dans cette polémique; une question, d'ailleurs, la domine toute entière. La reproduction et l'amélioration doivent s'appuyer forcément sur l'étalon, par la raison très simple qu'un cheval saillissant trente ou quarante juments par saison, peut créer, sinon autant de poulains que de saillies, plus de deux tiers au moins, tandis qu'une jument, si bonne qu'elle puisse être, ne donnera jamais le jour qu'à un poulain par an.

Le choix d'un étalon est donc d'une extrême importance :

On s'assurera que les organes génitaux sont normalement conformés. Nous verrons plus loin le moyen de déterminer le degré de fécondité du liquide qu'ils secrètent.

On choisira de préférence les chevaux qui présenteront une bonne taille, des formes anguleuses et brusques, un squelette puissant, un système musculaire développé, poils rudes, une peau rugueuse et foncée, et des articulations fortes... Les éleveurs ont cru remarquer qu'un cheval est d'autant plus prolifique et bon reproducteur qu'il a la nuque plus forte.

S'il est vrai qu'il existe un type mâle et un type femelle, il n'est pas évident *a priori* qu'il n'y aura pas d'exception au parallélisme, entre la nature des organes génitaux et les caractères superficiels du corps; en autres termes qu'il existe des animaux mâles qui ont des caractères féminins et *vice versa*. Ce fait est d'observation courante dans les haras et dans toutes les entreprises zootechniques en général. L'étalon tel qu'on le conçoit est rude, abrupt, masculin, viril... tandis que l'étalon chez lequel s'est manifesté le phénomène de variation corrélative qui porte le nom de féminisme est, au contraire, plus tendre, plus mou. Il a un faciès de jument, le regard est sans feu. Effilé, aminci, gracile de la tête et de l'encolure, puis légèrement serré dans la poitrine, dilaté dans ses lombes et sa croupe, il présente un système pileux moins abondant, une voix plus grêle, une peau plus fine et de couleur moins brune. Enfin son système nerveux révèle en lui une manière d'être plus passive, toute différente du vrai mâle, ainsi qu'une tendance à la paresse.

Voyons, si dans cette différence des caractères extérieurs, nous pouvons trouver des indices suffisants d'infériorité reproductrice chez les sujets qui présentent les particularités que nous avons signalées en dernier lieu.

Il semble, avant d'aller plus loin, nécessaire d'établir qu'il y a un lien entre le sexe génital et le sexe somatique. Les exceptions moins rares qu'on ne croit, permettent de répondre affirmativement à cette question qui conduit à une des plus importantes de la biologie générale : la corrélation.

Le sexe somatique dure sans modification sensible, mais il se manifeste temporairement chez le cheval avec une intensité plus grande, au moment du fonctionnement plus intense des glandes génitales. On dit dans ce cas, que les étalons chez lesquels se présente ce phénomène revêtent leur parure de noces, ils la perdent dès que le fonctionnement génital retombe au taux ordinaire. Nous avons là une première donnée positive sur la corrélation entre le fonctionnement génital et le sexe somatique. Nous n'aurons pas à discuter par quelle voie et par quelle forme se manifeste cette influence, ni à expliquer comment les caractères sexuels secondaires mâles ou femelles se développent selon que les cellules germinales deviennent des ovules ou des spermatozoïdes ; comment ils s'effacent ou s'atténuent à la suite de la castration sénile ou opératoire. Ces explications se trouvent exposées dans un ouvrage en préparation.

Lorsque nous sommes en présence d'un étalon d'une masculinité exubérante, résultat d'une vigueur reproductrice surabondante, nous lui trouvons une attitude vive, altière. En sortant de son boxe pour accomplir l'œuvre de la génération, il roue l'encolure, porte la queue en panache, se cabre ; à peine si le palefrenier peut le contenir et modérer son ardeur amoureuse. Il hennit avec force aussitôt qu'il aperçoit l'objet de sa convoitise, ses flancs battent, sa respiration devient bruyante, ses facultés vitales semblent subitement augmentées. Le voilà aux prises en vigoureux athlète...

L'étalon qui n'est pas franchement mâle, celui dont les caractères extérieurs sont des affleurements à la constitution des femelles, est au contraire calme, manque d'ardeur, et il nous est impossible de découvrir chez lui cette modification des lignes que nous avons remarquées chez le premier. En dehors des organes générateurs chez lesquels s'opérera un changement laborieux, nous ne trouverons pas chez lui le complément habituel de la parure de noces dont nous avons déjà parlé pour l'étalon vigoureux. Ce sera donc un mâle indécis, puisque son sexe génital n'a pas assez d'influence pour lui donner, même temporairement, les caractères superficiels inhérents à son vrai sexe. Quelques explications sont nécessaires :

Étant donnée la notion aujourd'hui acquise du rapport qui existe entre la forme somatique et ses éléments histologiques, nous devrons admettre une différence de même ordre entre les éléments somatiques des individus différents comme caractères extérieurs. Il y aurait donc un élément musculaire mâle et un élément musculaire femelle correspondant aux somas mâle et femelle chez les étalons.

L'ablation expérimentale du tissu génital nous le démontre d'une manière essentielle et suffisante. Tout le monde connaît les résultats de la castration sur le cheval. Ils plaident tous dans le sens de l'absence de sexe du soma proprement dit, et des modifications profondes que subissent les formes corporelles. Mais, chez les chevaux, l'opération de la castration est toujours tardive, postérieure au moins, à l'apparition de quelques caractères sexuels importants. Les remarquables phénomènes de castration parasitaire, si ingénieusement mis en lumière par Delage et Giard donnent des résultats plus complets. Nous ne pouvons analyser ici les admirables mémoires des deux savants professeurs. Nous retiendrons seulement les faits indispensables à l'explication de notre thèse. La castration parasitaire peut amener l'arrêt du développement des caractères sexuels secondaires de l'un et de l'autre sexe, dans ce cas, son étude jettera quelque lumière sur la question du dimorphisme spécial aux étalons féminiformes. Sans nous arrêter aux expériences pleines d'intérêt fournies par la castration parasitaire, nous ne prendrons que la conclusion qui en découle savoir : que le dimorphisme sexuel du soma tout entier est uniquement le résultat de l'influence du tissu génital dans la corrélation générale. Il nous faudrait sans doute pénétrer plus avant, c'est-à-dire jusqu'aux cellules sexuelles. Quand celles-ci auraient été examinées en elles-mêmes, nous pourrions fixer la différence histologique des tissus génitaux des étalons à caractères franchement masculins avec ceux des étalons à formes féminines. Dans l'hermaphrodisme superficiel constaté chez les derniers, la dissection et l'analyse histologique montrent que le mélange des caractères mâles et femelles du soma s'accompagne en général d'une imperfection plus ou moins caractérisée de certains éléments histologiques des cellules sexuelles. En outre, l'arrêt de la maturité, la diminution des fonctions reproductrices, la maladie des organes essentiels, qui en sont la conséquence auront pu modifier les caractères superficiels du soma.

L'influence de la poussée sexuelle sur la forme du corps étant certaine, les anomalies que nous observons chez les mâles comme chez les femelles seront donc l'indice certain de l'imperfection par défaut de maturité différentielle des glandes sexuelles. Ces dernières n'en accomplissent pas moins leur fonction, mais avec une activité moindre, par le fait qu'elles sont saturées de substances de sexe contraire. C'est cette saturation qui enlève aux sujets qui la recèlent dans leur milieu génital, la supériorité reproductrice qui caractérise les grands étalons et les poulinières célèbres.

Nous avons déjà, par l'examen des différences générales extérieures, une raison suffisante de rejeter l'étalon incomplet qu'est l'étalon féminiforme. Considérons maintenant le rapport caché qui existe entre le fonctionnement des organes génitaux et la production pileuse. La crinière de l'étalon vigoureux est beaucoup plus longue et plus fournie que celle de l'étalon indécis. La quantité de poils est également moindre chez ce dernier.

A. Gauthier, à la suite de diverses observations, a été amené à penser, en effet, qu'il existait un rapport entre le fonctionnement des organes générateurs, celui de la glande thyroïde et la croissance des poils. Par une méthode de dosage très sensible il a recherché la teneur en arsenic de différents organes et sécrétions chez les mammifères normaux. Cet arsenic se condense dans les organes spéciaux et doit remplir une fonction importante, la santé générale étant incompatible avec la disparition complète de l'arsenic ; pas de thyroïde sans arsenic et pas de santé sans thyroïde.

Les protéines arsenicales et iodées activent la vie générale et la reproduction des tissus, mais elles sont plus particulièrement attirées par les organes d'origine ectodermique, principalement par la peau. Celle-ci les utilise à la poussée des poils et à la formation du derme. L'arsenic et l'iode de cette origine se portent, chez l'étalon, vers la production pileuse. Chez la jument, le surplus de ces principes richement phosphorés, arsenicaux ou iodés, se détourne vers les organes génitaux qui les utilisent pour le développement du fœtus.

Il faut remarquer que les poils, appendices de la peau, croissent avant la saison de la monte pour se reproduire ensuite lentement dans les mois qui précèdent le printemps suivant. On dit que les chevaux perdent leur poil d'hiver dès qu'il fait chaud et le revêtent aux premiers froids. C'est là une constatation non une explication. La relation entre le fonctionnement des organes de la génération et la croissance des poils expliquerait donc ce phénomène!

Puisque, d'après Gautier, ce rapport existe et qu'en outre il y a suppléance entre ces fonctions, nous pourrons en déduire que, pour les étalons, l'abondance du poil indiquera l'activité prédominante qui caractérise le sexe masculin. Donc chez les étalons aux formes adoucies qui présentent en outre une robe trop fine, une crinière moins abondante, les facultés génitales seront moins actives. Cette constatation vient corroborer ce que nous disions plus haut au sujet de la saturation en substances femelles des glandes sexuelles. Les quelques éléments femelles de ces dernières attireraient donc à eux les principes qui accélèrent la pousse des poils. La réciproque est vraie pour les poulinières masculiniformes qui, souvent atteintes de mélanisme, possèdent une robe serrée, une crinière abondante, puisque le surplus des éléments qui doivent être utilisés pour le développement du fœtus se détourne en partie vers la production pileuse, comme chez les mâles rigoureusement normaux.

Sans nous appesantir ici sur cette explication que nous aurions voulu donner plus complète, nous pourrons en tirer quelques enseignements pour l'élevage du cheval en général, dans la pratique des accouplements. Nous pourrons aussi en dégager deux propositions qui ont leur utilité croyons-nous : 1° La tonte donnant à la crue du poil un essor nouveau qui absorbera les principes arsenicaux et iodés, influera sur la saison en la retardant. Si cette notion n'est d'aucune utilité, au haras, elle pourra être de quelque profit pour les pouliches en travail; 2° pour provoquer cette même saison elle nous indique un médicament actif : la teinture d'iode, qui, prise à l'intérieur ou absorbée par la peau, donne d'excellents résultats chez les femelles. Nous aurons à revenir ailleurs sur ce sujet tout spécial, lorsque nous traiterons des moyens à employer pour provoquer les chaleurs.

Hasse a noté l'influence du volume des poumons et l'amplitude des mouvements respiratoires sur la forme du squelette, en particulier de l'encolure du bassin, des côtes et du rachis ainsi que sur la forme et la fonction des viscères thoraciques et abdominaux. Cette influence se manifesterait donc, d'après la théorie de ce savant, sur l'encolure et le poitrail chez l'étalon, tandis que chez la jument elle s'exercerait sur le bassin, les côtes, et sur les autres parties du corps que nous venons de citer, d'une manière à peu près identique, pour les deux sexes.

Aux différences que nous avons passées en revue s'ajoute celle du hennissement. Tout le monde sait quelle relation existe entre les organes génitaux et la voix. Il suffit, pour être convaincu, de se rappeler la maîtrise spéciale de la Chapelle Sixtine. Nous retrouvons dans les discussions de la Société Zoologique de Londres quelques faits qui prouvent que les chevaux présentent cette particularité. Au lieu de ce timbre mâle que prend la voix chez le poulain après la puberté, on retrouve le plus souvent, un son grêle parmi les étalons fémelins. Les cryptorchides, étalons incomplets, n'offrent-ils pas cette circonstance? Or la cryptorchidie peut être regardée comme un des premiers degrés de l'hermaphrodisme.

A propos de l'hermaphrodisme qui a été souvent nié, chez le cheval, ajoutons en passant que Violet a publié le cas d'un cheval atteint d'hermaphrodisme apparent. Ce sujet mis alternativement en présence d'un étalon et d'une jument, prenait chaque fois des attitudes opposées, se montrant mâle avec la femelle et devenant femelle avec le mâle.

Tous les caractères secondaires superficiels du corps des étalons féminiformes sont sûrement l'indice d'une dégénérescence marquée. Cette dégénérescence est-elle héréditaire ? Sans être constante la chose n'est pas douteuse. Pourquoi ces dégénérés ne transmettraient-ils pas à leur descendance ces stigmates de variation corrélative, pourquoi n'engendreraient-ils pas des poulains semblables à leur image? Cependant, cette transmission est relativement peu fréquente La raison en est des plus simples. Le fémelin ayant une force héréditaire presque nulle, sa variation se transmettra rarement. C'est ce que nous démontre l'étude de l'Hérédité.

Nous pouvons affirmer que le défaut de parallélisme dans le type que nous avons étudié dans les deux sexes ne saurait se fixer. Il n'est en tout état de cause, ni utile, ni attrayant pour l'harmonie d'amour. Les caprices de certains étalons qui repoussent une jument trop virile et ceux des juments normales qui sont insensibles aux avances des étalons dégénérés le prouvent surabondamment.

En résumé, le plus grand nombre de poulains vigoureux résultant de l'union des mâles les plus forts et des femelles normales vigoureuses et bien soignées, ce serait le pire des accouplements si l'on venait à faire saillir une jument « virago » par un mâle à caractères féminins.

Passons aux exemples que nous offre l'élevage du pur sang en France et en Angleterre.

Nous avons vu, en tête de ce travail, que le premier étalon qui figure à la première page du *Stud Book* est *Darley Arabian* étalon né en Syrie, qui a joui d'une grande réputation. Parmi ses descendants immédiats on cite *Devonshire* ou *Flying Childers* père d'une longue lignée de *Flying* célèbres, *Bleeding* ou *Bartlett's Childers*. Ces derniers ont eu pour descendants un autre *Childers Blaze*, *Snaps*, *Sampson* et le fameux *Éclipse* qui est resté le type du beau cheval de course et le plus renommé de tous, par ses succès d'hippodrome et ses admirables proportions, en même temps que par son modèle puissant de sire, de vrai mâle.

Puis vinrent *Byerley Turk* et *Godolphin Barb* qui avec *Darley Arabian* ont produit par croisement les familles existantes. Y a-t-il de ces trois lignées, une d'elles qui ait dominé les deux autres? On peut répondre catégoriquement, que la lignée de *Darley* représentée si magnifiquement par *Éclipse* a absorbé en partie les lignées de *Goldophin* et de *Byerley Turk* dont *Matchem* et *Herod* ont été les représentants qualifiés. Cette absorption va toujours grandissant et l'on est en droit de se demander quel sera l'avenir de la descendance de ces deux derniers étalons. Nous limiterons à cette heure la question en ne considérant que le rôle de la masculinité des familles qui dominent et envahissent de plus en plus la race pure tout entière.

Les succès des lignées des trois grands étalons : *Éclipse*, *Herod*, *Matchem*, semble donner entière satisfaction à la démonstration que nous avons entreprise. Le nombre des vainqueurs paraît être, en effet, en raison directe du degré de masculinité de ces trois pères. Si l'on s'en rapporte aux portraits que nous ont laissé Geo Stubbs et Sartorius de ces chevaux, *Éclipse* est le mâle exubérant, *Herod* est d'une virilité moyenne, *Matchem* est gracile et sa conformation légère rappelle le type femelle en de nombreux points.

La même observation se retrouve dans toute leur descendance mâle avec une régularité frappante, ainsi que nous l'établirons avec photographies à l'appui dans un ouvrage actuellement en préparation. Le décroissement graduel des lignées mâles de *Herod* et *Mat-*

chem provient, d'après ce que nous avons établi, d'un amoindrissement de fécondité provoquée par leur défaut de masculinité. En outre, avec le système de courses actuel, l'extinction de ces branches ira en s'accentuant, par le fait que les familles qui en descendent pouvaient briller au premier rang dans la première moitié du XIXe siècle, mais sont incapables de s'adapter aux conditions nouvelles qui caractérisent la période actuelle. Les changements de distances, le nombre des courses qu'un bon cheval doit disputer ont rendu impossible à beaucoup de représentants de ces familles l'accès du haras et il en est résulté la dégénération que nous constatons aujourd'hui. Les progrès certains qui ont été effectués, ont contribué à différencier les caractères des trois lignées mâles et à développer graduellement cette différenciation.

L'évolution ayant été favorable à la descendance du plus vigoureux, du plus mâle, à la descendance d'*Éclipse* plus qu'à celle des deux autres chefs des lignées masculines, nous devons donc conclure qu'il faudra rechercher les pères dans la branche du fils de *Marske* en les choisissant aussi virils que possible. Cette conclusion trouve d'ailleurs un puissant appui dans l'étude sur la théorie de la descendance. Cette théorie, fondée sur le principe de la sélection a déjà depuis longtemps, sur le terrain morphologique, produit la plus puissante révolution dans toute la recherche, et avant tout, a imprimé à la morphologie spéciale de la race pure sa physionomie caractéristique. Elle montre que la valeur des étalons et des poulinières dérive par descendance et est en relation de la parenté. La théorie de la sélection, nous donne comme raison fondamentale de l'immense différence reproductrice des sujets dans la race pure, le triage artificiel plus ou moins rigoureux opéré par la lutte sur le turf. Celle-ci fait que, pour chaque génération, ceux-là seuls sont destinés au haras qui correspondent le mieux aux conditions extérieures du moment, c'est-à-dire sont le mieux adaptés à leur but, en un mot, sont les plus aptes au système des courses de l'heure présente. C'est donc dans le choix des sujets les mieux adaptés que consiste la sélection, et il est évident que, par la continuation de la sélection, les organismes doivent acquérir une adaptation de plus en plus étendue aux conditions des courses actuelles. Tous les caractères de la race pure se suivent donc dans la plus étroite corrélation avec les besoins de l'hippodrome ; ceux-ci se modifient-ils, les caractères de la race doivent alors se transformer d'une manière correspondante.

Choix de la poulinière en particulier. — D'ordinaire, la jument de pur sang passe à l'état de poulinière quand sa carrière de courses est terminée par la force des choses ou par suite d'accident.

Le mérite des juments comme poulinières, a donné lieu à deux opinions opposées très controversées, au sujet de la supériorité de celles n'ayant jamais été entraînées sur celles, au contraire, qui auraient été soumises à une préparation longue et sévère. Des observations superficielles ont été faites à ce sujet, sans jamais amener une lumière bien positive sur la question. Il est d'ailleurs difficile, dit Pearson avec raison, de mettre en pratique un principe de la nature de celui qui prétend qu'une jument pour conserver toutes ses facultés de reproduction, doit n'avoir pas travaillé, du moins en vue des luttes de l'hippodrome. On serait réduit alors à ne profiter des qualités d'aucune jument et à ne pas les faire entraîner. Les avantages d'une semblable doctrine sont au moins problématiques, et le dommage qui en résulterait positif. Ce serait réduire le rôle de la mère à celui d'un moule, sans tenir aucun compte de sa qualité individuelle, qu'elle est, peut-être, plus apte à transmettre que le mâle lui-même. Si on ne faisait pas courir une poulinière, on ne serait jamais certain de son mérite, et l'on risquerait ainsi d'employer à la reproduction beaucoup d'entre elles que l'on eût rejetées, après s'être assuré de leur infériorité absolue.

Il est incontestable, d'un autre côté, que les juments dont le séjour à l'entraînement s'est prolongé au delà de l'âge de quatre ans, et qui par conséquent n'ont pas été saillies à cinq ans, ont eu, d'une manière générale, une production insignifiante au moins pendant deux ou trois ans. Il leur a fallu un assez long espace de temps pour que tout leur organisme perdît les traces de l'état artificiel de l'entraînement et que les organes revinssent à l'état naturel indispensable pour une poulinière. Si cet état transitoire constitue une perte momentanée pour l'éleveur, elle est compensée et au delà le plus souvent, par les bénéfices qu'ont pu lui procurer les succès de la jument, pendant tout le cours de sa carrière active.

La vérité existe, comme presque toujours, entre les deux opinions extrêmes. Une jument sur laquelle on fonde un grand espoir comme poulinière, doit être entraînée comme tout cheval élevé en vue des courses. Mais il est préférable de ne pas la maintenir à l'entraînement, passé l'âge de quatre ans. A cette époque s'accomplit la dernière phase du développement de tout son organisme, et il vaut mieux que ce moment ne la trouve pas dans cet état artificiel, dont l'effet est toujours de surexciter le système nerveux et de paralyser la vie végétative. Cette règle est au reste difficile à mettre en pratique; les exigences d'une écurie de courses comportent peu de semblables ménagements, et quand il y a intérêt majeur à maintenir une jument en état de courir, il est presque impossible de s'en dispenser. Néanmoins les courses sont organisées en France de telle sorte qu'en général, après l'âge de quatre ans, à moins d'un animal exceptionnel, il est toujours plus avantageux, pour un propriétaire, de le retirer que de le laisser en travail.

Nous devrions, pour être fidèles à notre programme, examiner l'étude de cette question en commençant par la description sommaire des phénomènes physiologiques dont l'ensemble marque l'ère de l'aptitude à la fécondation chez la jument de pur sang; une telle description impliquerait forcément un aperçu anatomo-histologique complet des organes qui concourent à la production de ces phénomènes. Ici, nous dirons simplement que l'organe essentiel de la reproduction est, chez la pouliche à l'âge de trois et quatre ans, la partie vers laquelle tout converge. Le corps tout entier lui paraît asservi et ne semble fonctionner que pour lui, en vue de la conception imminente à laquelle la jument doit d'après le plan de la nature, se trouver exposée à cet âge. Aussi la moindre atteinte en une partie quelconque de l'organisme, ne manque-t-elle généralement pas de retentir tout d'abord sur le principal organe et ses annexes.

L'entraînement rationnellement combiné ne peut être que favorable à la pouliche, mais il faut que le travail soit proportionné à la force du sujet. Cette condition n'est malheureusement pas le souci prédominant de l'entraîneur, ni même du propriétaire. Les excès de travail peuvent provoquer des arrêts et des vices de développement de l'utérus, qui, même lorsqu'ils permettent la conception, peuvent occasionner la stérilité relative, en entravant l'incubation de l'œuf fécondé. Les grands efforts que produisent les femelles à l'entraînement peuvent provoquer une maladie du muscle utérin, qui est de nature à mettre obstacle à l'implantation de l'ovule ou empêcher l'organe d'où dépend ce muscle de se plier aux nécessités de la gestation. Ils font quelquefois naître des états inflammatoires qui sont accompagnés de ramollissement ou d'induration du parenchyme de l'organe essentiel; de congestion et d'épaississement qui sont un empêchement plus ou moins insurmontable à l'incubation normale. L'énumération des accidents dus à l'excès de fatigue, nous explique les difficultés que l'on rencontre souvent, pour opérer la fécondation des juments, pendant les premières années de leur vie au haras. Il n'y a sûrement pas de règle fixe à cet égard, mais les premiers produits sont en général inférieurs à ceux qui les suivent, surtout quand la mère vient de terminer une carrière de courses un peu longue. Nous pourrions citer quelques heureuses exceptions évidemment. Nous pouvons donc conclure, qu'une carrière de courses pénible diminue la fécondation chez la jument et lui procure une stérilité relative. Qu'une jument non soumise au travail est sans doute bien préparée à la reproduction, mais qu'en tout état de cause, nous donnerons la préférence à celle qui a subi les exercices physiques modérés de l'entraînement rationnel. Ces exercices auront aidé au développement normal de l'appareil générateur et les courses nous auront donné le critérium de la qualité coureuse. Ce problème a une certaine importance, car il faut lorsqu'on élève, s'entourer de toutes les précautions utiles pour augmenter autant que possible le nombre de naissances d'un haras. Et cela à plusieurs points de vue : d'abord au point de vue zoo-économique, ensuite pour contribuer à la perfectibilité de la race. Une race comme la race du cheval de course, perd de sa richesse quand ses familles sont peu nombreuses, c'est-à-dire quand chaque poulinière a peu de produits, parce qu'alors la sélection s'exerce sur un nombre plus restreint et l'énergie de la race est différentiellement amoindrie, par la diminution de la concurrence, que créée l'absence des cracks qu'auraient pu produire les juments infécondes.

La plupart des auteurs, indiquent une conformation toute spéciale pour la jument propre à la fonction de poulinière. Dans la pratique, il arrive, au contraire, que cette fonction est dévolue à toutes les femelles de bonne origine, quels que soient leurs tares ou leurs défauts. Les formes corporelles de la jument destinée à la reproduction sont purement et simplement celles de son sexe dans la variété chevaline de pur sang. Si ces formes sont correctes, se rapprochant le plus possible du schéma de la perfection que tous les sportsmen ont dans l'œil, le bassin sera assez large pour que la parturition soit facile. Il n'y a donc pas lieu de se préoccuper de la largeur des hanches, sur laquelle les auteurs insistent songeant à cette même parturition. Ayant, en principe, pour ce qui regarde ces formes, une puissance héréditaire égale à celle de l'étalon, la poulinière ne fera sûrement de beaux poulains, que si elle les possède elle-même. Dans le cas contraire, il n'y aura que la moitié des chances pour qu'il en soit ainsi. La sélection zootechnique à ce point de vue, a donc autant d'importance pour la femelle que pour le mâle. Il n'y a pas d'autre différence que celle qui concerne les formes spéciales de la première.

Toutefois, comme la fonction ne se borne point à transmettre héréditairement les qualités par la gestation ; comme en outre la poulinière doit nourrir de son lait le foal qu'elle a porté, étant donné que la valeur de celui-ci dépend pour une forte part de son allaitement, l'une des principales qualités à rechercher, sinon la plus importante, est celle de forte nourrice. On pourrait dire en vérité que toutes les poulinières bonnes nourrices font de bons poulains. On ne saurait donc accorder trop d'attention à l'examen des signes qui promettent une forte lactation.

La vocation de la jument de course est double : comme racer elle a en produisant de la force une vocation masculine; au haras, au contraire, où elle doit se montrer excellente nourrice, elle accomplit une vocation essentiellement féminine. Or, les deux vocations exigent des caractères opposés en partie. S'il est donc admis, que la jument d'hippodrome doit être virile, la poulinière devra avoir une physionomie féminine. Selon la prédominance des uns ou des autres caractères ou leur mélange à peu près égal, les pouliches se trouveront donc plus ou moins caractérisées comme reproductrices.

La jument dont la taille est élevée, les formes massives, les lignes anguleuses et brusques, le squelette puissant, le système musculaire très développé, la tête relativement grosse, les poils un peu rudes, la peau épaisse, le poitrail très ouvert, le dessus parfaitement rectiligne, les articulations et les extrémités fortes, pourra être une excellente jument d'hippodrome et sera sûrement classée par le turfiste comme un animal très complet. Comme poulinière, elle ne réalisera pas notre idéal parce qu'il n'y a pas accord nécessaire entre les parties dans le type spécifique.

En visitant les studs de pur sang, nous avons pu nous rendre compte que le modèle du plus grand nombre des mères des bons vainqueurs, forme un contraste avec le tableau que nous avons donné ci-dessus. Il y a bien quelques exceptions, mais elles confirment la règle. Plus petite de taille, plus fine de formes, les contours arrondis, le squelette moins fort, la tête moins grosse et le regard plus doux, le poil fin, la peau fine, l'encolure légère, la poitrine relativement étroite, le défaut de hauteur et de largeur du bassin, le dos légèrement concave, les attaches solides sans être grossières, etc., tel est le modèle général de la bonne poulinière.

Ce dernier type de jument est celui qu'ont préconisé tous les auteurs anglais qui ont écrit sur l'élevage du pur sang. La poulinière ayant montré sur le turf des qualités de vitesse est, en effet, celle que les grands éleveurs recherchent le plus, pour produire les bons chevaux de course. Or, le modèle du « flyer » est dans ses grandes lignes celui que nous avons donné pour la « mare » à rechercher. Ajoutons que les signes ethniques que l'on retrouve chez elle, semblent provenir des juments barbes qui ont contribué à la formation de la race. Il ressort donc de ce que nous avons établi plus haut, que les juments trop viriles, ces êtres indécis qui tiennent par leur conformation masculiniforme, le milieu entre les deux sexes, devront être rejetées autant que faire se pourra, parce qu'elles tendent à créer une variation corrélative, qu'on peut définir par l'expression d'hermaphrodisme partiel et superficiel des caractères extérieurs.

Nous avons expliqué, au cours du problème précédent, pourquoi l'harmonicité fait défaut dans les deux sexes. Terminons cette question par l'examen des caractères qui peuvent renseigner sur la valeur laitière d'une jument. Les mamelles sont à peu près les seuls organes qu'on doit considérer. Celles qui sont globuleuses et dont la forme rappelle la mamelle de la femme européenne, sont considérées comme les meilleures. Mamelles courtes, rondes, bien collées au ventre, avec des trayons bien détachés et le plus écartés possible, voilà ce que l'on doit rechercher. A propos de cet écartement des mamelons, un savant observateur a vu une relation avec les dimensions du bassin, et nous croyons qu'il est dans le vrai.

Le toucher renseigne également : grosses, globuleuses et souples, les mamelles sont bonnes. L'organe est recouvert d'une peau souple, formant en arrière une poche lâche ; des poils fins et courts la rendent douce au toucher.

Les veines mammaires sont, comme chez la vache, recherchées aussi grosses et aussi flexueuses que possible. En résumé, toutes les qualités que l'on devra exiger de la mamelle de la jument, sont identiques à celles des autres femelles laitières.

Chez la vache, l'écusson périnéen de Guénon, est très marqué, sa valeur est bien connue. M. Dechambre, le distingué professeur de zootechnie de Grignon a relaté des particularités de cet ordre observées sur des ânesses et sur des juments.

Campanule, poulinière baie, née en 1894, par The Bard et Saint Lucia.

« Le poil, dit cet auteur, qui recouvre la mamelle et le périnée de l'ânesse est très court, très fin, de couleur argentée ; cette couleur différente du poil, tranchant sur le noir ou le fauve foncé dessine en dessous et de chaque côté de la vulve une figure, qui rappelle l'écusson de flandrine. Cette pigmentation n'est pas un caractère individuel, elle est en harmonie avec la présence d'une auréole blanchâtre immédiatement au-dessus des naseaux et au pourtour des lèvres; pourtant on rencontre, et c'est cela qu'il faut signaler, des individus qui ont la zone claire périnéenne moins étendue que d'autres.

« Chez tous également la ligne médiane du périnée est ou paraît glabre : les poils divergent à droite et à gauche de cette ligne; l'espace est d'étendue variable, large seulement de quelques millimètres chez certaines femelles, il est chez d'autres large de 2 ou 3 centimètres. »

En examinant des périnées de juments, nous avons constaté le même fait : les juments communes, généralement de robe grise, ont le périnée entièrement ou à peu près entièrement couvert de poils; chez un sujet même, ces poils étaient longs et fins. Chez les juments nobles, de robe baie ou alezane, nous avons trouvé le périnée glabre sur une largeur de 3 à 5 centimètres, le reste était recouvert de poils courts.

Les femelles distinguées, aux extrémités fines et à la peau mince, ont donc le périnée dépourvu de poils sur une étendue appréciable, les femelles à peau grossière et aux extrémités épaisses ayant par contre, la même région entièrement ou presque entièrement velue.

La souplesse, la finesse, la mobilité de la peau de la région costale renseignent bien sur la valeur laitière de la jument comme sur celle de la vache; peut-être les particularités présentées par le périnée sont-elles de même ordre — et pourront être consultées avec fruit par les praticiens. D'autres faits cités par Dechambre viennent encore apporter une nouvelle preuve à l'appui de cette idée exprimée par Baron, savoir : que la région ombilico-vulvaire des femelles constitue une sorte de région sexuelle où certains caractères viennent prédilectivement se fixer.

Conformation à rechercher chez les procréateurs. — Nous allons étudier brièvement les facteurs de la vitesse et, en nous basant sur les principes d'hippo-mécanique, déterminer l'extérieur dont les procréateurs devront se rapprocher le plus possible. Nous dirons toutefois que la symétrie parfaite est une beauté absolue, mais que trop accusée, elle a l'inconvénient de supprimer l'exagération de longueur de certaines lignes, qui sont presque toujours l'apanage des racers de grande classe.

La durée du moteur étant intimement liée à sa bonne conformation et à l'intégrité de l'appareil locomoteur, tous les procréateurs. ne possédant pas ces deux éléments indispensables pour obtenir un élevage rationnel, doivent être écartés.

L'avenir et la valeur du produit résidant dans son plus grand potentiel énergétique, tout ce qui est une cause de dépression organique (tares héréditaires) doit être sévèrement éliminé.

Tête. — Elle doit être sèche, expressive ; peu importe, dit Digby Collins, qu'elle soit un peu grande, du moment où elle n'est pas disproportionnée avec l'ensemble de la conformation. Cet auteur a même une prévention contre les petites têtes arabes qui sont, d'après lui, un indice de faiblesse ou de méchanceté.

La largeur du front est une beauté absolue parce que son développement transversal indique celui des sinus frontaux, dépendances de l'appareil respiratoire.

La direction ou la forme du chanfrein a fait donner à la tête des noms particuliers. Lorsqu'il est droit, la tête est carrée ; lorsqu'il est convexe dans le même sens, la tête est moutonnée, si la convexité est limitée au chanfrein ; on la dit busquée, au contraire, si cette convexité porte en même temps sur le front. Enfin, lorsqu'il est le siège d'une dépression ou d'une concavité sur le milieu de sa longueur, la tête est de rhinocéros.

Celle-ci peut être congénitale ou acquise. Dans ce dernier cas, elle est due à la compression des os du nez, conséquence de l'emploi de la muserole ou de l'usage brutal du caveçon ; heureusement, elle ne donne lieu a aucun inconvénient et les cavités nasales sont tout aussi spacieuses que dans l'état ordinaire. Mais il n'en serait pas de même si elle était occasionnée par la fracture des sus-naseaux.

Quoique la direction rectiligne, que comporte surtout la tête carrée, paraisse la plus agréable à l'œil, les autres formes du chanfrein n'impliquent en rien un plus faible développement de l'appareil respiratoire. Proportionnelle à celle du front, elle est dans tous les cas, un indice de capacité respiratoire. L'étroitesse constitue une défectuosité absolue. Mais nous ne saurions trop combattre l'opinion erronée des auteurs qui considèrent un chanfrein convexe comme une cause prédisposante au cornage. La pathogénie de cette affection montre qu'elle n'a pas son siège dans les cavités nasales.

Les naseaux sont les ouvertures extérieures des cavités nasales et les seules voies par lesquelles l'air arrive au poumon chez les solipèdes, la respiration buccale, par suite de la longueur du voile du palais, étant impossible.

La beauté absolue du naseau réside dans sa largeur ou dans l'écartement de ses lèvres, car elle est proportionnelle à la capacité de l'appareil respiratoire.

Nous continuerons l'examen du corps sans nous astreindre à diviser le cheval en régions comme l'ont fait les hippologues qui ont traité de l'extérieur.

Pied. — Chez le cheval de course, le sabot n'a pas une aussi grande signification que pour le cheval de service, cependant plus d'une course a été perdue par suite de la faiblesse de cet organe. On doit donc rechercher de beaux pieds bien épanouis, etc.

Les pieds défectueux sont une cause de soins perpétuels pendant la période sévère de l'entraînement. Nous examinerons cette question à fond en traitant de la ferrure.

Paturon. — Le paturon, dont la première phalange en forme la base osseuse, est situé entre le boulet et la couronne.

Le paturon doit être large, épais, de longueur moyenne, bien dirigé, sec et net. La largeur indique le volume de la première phalange, et des tendons qui passent sur ces deux faces. L'épaisseur qui implique l'étendue transversale des surfaces articulaires est corrélative de celle du boulet et de celle de la couronne. Or la condition de solidité à réaliser dans les membres du cheval, c'est le volume des os et des liens fibreux chargés de les unir ou de soutenir leurs angles locomoteurs. Pour ces raisons il faut donc rechercher le grand développement de ces deux dimensions.

Nous allons montrer les avantages ou les inconvénients qu'entraînent les variations de longueur du paturon.

Un cheval dont les paturons sont trop longs est dit long jointé : il est court jointé dans le cas contraire. Chacune de ces conformations est considérée comme une défectuosité absolue.

L'excès de longueur du paturon, ainsi que le prouve la mécanique musculaire, augmente l'intensité des réactions et la fatigue des tendons et des ligaments.

Le défaut de longueur du paturon a évidemment des inconvénients inverses. Le cheval court-jointé, surcharge ses os outre mesure : il manque de souplesse, par suite de l'insuffisance de son boulet comme appareil d'amortissement.

En définitive, l'excès de longueur du paturon détermine le surmenage de l'appareil tendineux : le manque de longueur, le surmenage du système osseux ; dans les deux cas l'intégrité de l'appareil locomoteur est fortement compromise.

Les inconvénients de la longue jointure et de la courte jointure n'ont pas, à beaucoup près, la même importance dans les deux sortes de membres, à cause de leur inégal éloignement du centre de gravité. Il est hors de doute que les extrémités antérieures, incomparablement plus surchargées que les postérieures dans le soutènement de la masse, ressentiront plus vite et plus gravement les effets nuisibles de ces défectuosités.

La direction est intimement liée à la longueur, c'est-à-dire, qu'un paturon long est le plus souvent horizontal, tandis qu'il se rapproche de la verticale lorsqu'il est trop court. Dans le premier cas le cheval est dit bas-jointé, dans le second cas on le qualifie de droit-jointé.

Le paturon long et oblique rend le cheval plus souple, plus agréable comme monture ; il lui permet de supporter plus facilement les percussions violentes de la locomotion à grande vitesse ; et il serait à rechercher pour l'hippodrome, si ce n'étaient les dangers qu'il présente pour les tendons.

Les exostoses de la première phalange causent ou non des claudications, selon la gêne qu'éprouvent les tendons et les jointures articulaires.

D'après D. Gibbins, les paturons doivent être larges, obliques et jamais verticaux ; dans ce dernier cas, le cheval perd de son élasticité et donne peu de vitesse.

Sur une trentaine de pur sang, qui n'ont pu subir avec succès l'entraînement, D. Gibbins en a trouvé 28 de courts jointés ; mais il y a des exceptions.

Boulet. — Cette région située entre le canon et le paturon a pour base anatomique l'articulation métacarpo — ou métatarso — phalangienne et résulte de l'opposition de l'extrémité inférieure de l'os du canon et de l'extrémité supérieure de la première phalange que complètent, en arrière, les grands sésamoïdes.

L'appareil ligamenteux et tendineux qui existe en arrière de l'angle métacarpo-phalangien transforme par sa ténacité aussi bien que par son élasticité, la jointure articulaire en un véritable ressort admirablement bien disposé pour le soutènement du corps, l'amortissement des réactions et l'impulsion de la masse.

Comme toutes les articulations, le boulet pour être beau, doit se montrer large, épais, bien dirigé, sec et net.

La largeur du boulet dépend de deux éléments : du volume de l'extrémité inférieure du canon et de celui des grands sésamoïdes ; d'où il appert, qu'il faut la rechercher considérable, car elle est proportionnelle à la solidité de l'appui, à l'étendue des mouvements. Lorsque la région est étroite, le tendon semble collé au canon, l'animal peu solide, manque de force et est exposé à une usure locomotrice prématurée.

L'épaisseur dénote de larges surfaces articulaires, un appui solide et sûr. Le boulet qui pèche par défaut de largeur et d'épaisseur, par défaut de volume, en un mot, est dit grêle, rond, coulé.

Un autre élément, la direction des rayons qui concourent à former l'articulation, a une importance considérable. Lorsque les branches du ressort représenté par le boulet se redressent l'une sur l'autre, leur angle devient de plus en plus obtus et tend même à s'effacer. L'animal est alors droit ou piqué sur ses membres, sur ses boulets. Mais, dans certains cas, la déviation des rayons est telle, que leur obliquité a lieu dans des sens opposés à ceux qu'ils affectaient tout d'abord ; le sommet de l'angle articulaire est dirigé en avant. C'est là une dépression assez commune à laquelle on a donné le nom de bouleture.

Les lésions les plus communes du boulet, celles qui indiquent au premier chef la fatigue de cette articulation, l'usure prématurée du membre sont sans contredit les dilatations synoviales, tendineuses ou articulaires, qui ont reçu la dénomination générique de molettes.

Leur pronostic varie avec la nature (molettes tendineuses, articulaires) et avec leur degré d'induration. Les lésions de cette articulation même bien conformée sont fréquentes pendant la période de l'entraînement et nécessitent des soins préventifs (douches, massages) sérieux.

On ne saurait attacher trop d'importance à cette articulation, car ses défectuosités sont devenues souvent une cause d'insuccès et de ruine pour des chevaux de course, doués de grandes qualités.

Canon et Tendon. — Le canon est la région des membres qui s'étend verticalement du genou ou du jarret au boulet.

Il a pour base anatomique les os métacarpiens ou métatarsiens, au nombre de trois, ainsi que les tendons des différents muscles moteurs des phalanges et un très fort ligament connu sous le nom de suspenseur du boulet, à cause de ses fonctions.

Le canon est un levier locomoteur qui joue un des rôles les plus importants pendant la progression, la station et lors de l'impulsion. Pour être beau, il faut que le canon soit vertical, court, large, épais, sec et net; que sa partie postérieure, le tendon, forme une saillie rectiligne de haut en bas, étroite et arrondie d'un côté à l'autre. La direction doit être perpendiculaire au sol pour la sustentation convenable du poids du corps, surtout dans les membres antérieurs, eu égard à leur rôle et à leur situation plus rapprochée du centre de gravité.

La longueur absolue du canon mérite d'être prise en considération quand il s'agit du pur sang. Il devra être le plus court possible, en admettant qu'il y ait harmonie avec la longueur de la jambe ou du bras. Mais c'est surtout la longueur relative du canon envisagée par rapport au rayon qui le surmonte : jambe ou bras qui mérite d'être envisagée. Nous savons déjà que la longueur du levier brisé radio-métacarpien ou tibio-métatarsien tient, chez les sujets de vitesse, au développement de l'os supérieur tibia ou radius. Il faut donc en pareil cas que le canon soit court. Quand il en est ainsi, on sait que les muscles éprouvent moins de fatigue et se contractent davantage. Un canon court est plus léger, oscille plus vite, se développe mieux.

Aussi y a-t-il utilité, comme le font remarquer MM. Goubaux et Barrier, à rechercher, dans le pendule examiné, la grande étendue de ce que ces auteurs appellent sa partie *active*; sa partie *passive*, le canon, rayon inerte, étant incapable d'accélérer ou de ralentir le mouvement qui lui est communiqué. La largeur du canon se mesure d'avant en arrière, en considérant l'animal de profil. Elle provient de l'écartement de l'os principal de la région et des tendons fléchisseurs des phalanges, ce qui fait qualifier ceux-ci de *bien détachés*.

Mais si, en principe, la largeur du canon, dans le membre antérieur, coïncide généralement avec celle du boulet, il est possible que malgré le développement de celui-ci, le premier pèche par une trop grande étroitesse de sa partie supérieure. Alors les tendons fléchisseurs, trop fortement bridés dans le pli du genou par la bride carpienne, descendent obliquement sur les sésamoïdes, en s'écartant graduellement du métacarpe, vice de conformation qui fait qualifier le tendon de failli.

Le sujet affecté de ce défaut paraît grêle dans sa membrure, manque de solidité et est d'un entraînement difficile.

L'épaisseur du canon est toujours plus considérable dans les membres de devant, colonnes de soutien, que dans ceux de derrière, agents d'impulsion.

Un canon épais constitue une beauté absolue qui dénote une grande solidité de membres.

Lorsque la région pèche par défaut de largeur et d'épaisseur, on dit le canon grêle, étroit, mince; dans ces conditions elle prédispose aux accidents graves (fractures) dont les annales sportives relatent malheureusement assez fréquemment la présence.

La fermeté et la netteté du tendon dénotent la densité des tissus, l'énergie, la résistance de la constitution. On s'en assure par le toucher.

Enfin la netteté, c'est-à-dire, l'absence de tares est la plus importante condition que doit réaliser le canon. Il est indispensable qu'à la vue et au toucher ses contours soient normaux, que les reliefs, les sillons s'y montrent purs de toute altération.

Outre les lésions de la peau résultant de la contusion de coups donnés, il faut signaler les atteintes dont le pronostic varie dans une large mesure selon le degré de la lésion.

Les distensions tendineuses du canon désignées sous le nom d'effort de tendon sont fréquentes sur les membres antérieurs et proviennent de tiraillements, de déchirures partielles des fibres tendineuses, pendant les efforts violents de la locomotion à grande vitesse. De cette altération du tendon ou des parties situées plus profondément (bride carpienne), dérive une inflammation plus ou moins aiguë, accompagnée d'une vive claudication au début, et à laquelle succède bientôt un engorgement qui rend l'organe noueux et toujours très sensible. Au bout d'un certain temps les symptômes s'atténuent, mais l'engorgement et la claudication persistent, pendant que s'opèrent la rétraction de la corde tendineuse et la déformation consécutive de l'angle du boulet.

On dit vulgairement du cheval d'hippodrome, qui contracte une nerf-férure, sur le champ de courses, qu'il s'est claqué un tendon, qu'il est claqué.

Ces brèves données sur la pathogénie de l'effort de tendon, dont la fréquence chez les chevaux de course constitue un écueil permanent et compromet l'avenir du sujet, montrent l'importance qu'il faut attacher à la bonne direction du canon, à son épaisseur, à sa largeur, éléments qui donnent au tendon le maximum de résistance.

L'autre tare la plus commune du canon, se traduit par la présence des tumeurs connues sous le nom de *suros*.

Dans la majorité des cas, ces exostoses ont leur siège sur le ligament interosseux qui unit le métacarpien ou le métatarsien rudimentaire à l'os principal du canon.

Leur disposition est très variable : tantôt il n'en existe qu'un seul (suros simple) tantôt il y en a deux situés presqu'à la même hauteur de chaque côté du membre (suros chevillé) ; d'autres fois plusieurs se succèdent, de haut en bas, sur la même face et avec un volume à peu près uniforme (suros en chapelet).

Quoi qu'il en soit, ces tumeurs sont d'autant plus graves qu'elles se rapprochent des articulations carpiennes ou tarsiennes et se développent dans l'espèce de gouttière réservée au ligament suspenseur du boulet.

Le plus ordinairement le suros ne fait boiter que dès le principe, alors que le travail inflammatoire du périoste est encore en pleine activité ; la marche, à moins d'obstacle mécanique dû à son siège, redevient normale, aussitôt que la tumeur est définitivement constituée.

Quant aux dilatations synoviales du canon, elles appartiennent en propre à l'une ou à l'autre des articulations, entre lesquelles cette région est placée.

Genou. — Le genou pour être beau doit être sec, épais, large, bien dirigé et net.

La sécheresse est à rechercher, d'une manière générale, pour toutes les articulations, car elle dénote qu'elles sont formées des seules parties qui doivent les constituer. Elle réside dans la saillie apparente des reliefs squelettiques, ligamenteux et tendineux normaux, ce qui implique la finesse de la peau, le peu d'abondance, la densité du tissu conjonctif qui les recouvre.

L'épaisseur mesurée de dehors en dedans doit être considérable ; elle est en rapport avec le développement transversal des surfaces articulaires, avec des assises osseuses puissantes et, conséquemment, avec la solidité de l'appui, la sûreté de l'allure. Lorsque cette région est mince, l'animal est exposé à une ruine précoce de ses extrémités, trop faibles, pour supporter le poids de la masse, animée d'une certaine vitesse.

Une grande largeur mesurée d'avant en arrière, indique le développement antéro-postérieur des surfaces articulaires.

On appelle genou de veau, celui qui pèche par la largeur. l'épaisseur et l'effacement de toutes ses parties osseuses; il dénote la faiblesse générale du membre, le volume d'une articulation commandant aussi celui des régions qui y confinent.

La verticalité de l'avant-bras et du canon, à n'en pas douter, est une des principales conditions de solidité des membres antérieurs. Cela est si vrai, que tout est agencé dans les articulations du carpe pour faciliter ce mode de superposition des rayons osseux. Cependant, telle n'est pas toujours la direction du genou. Tantôt elle se dévie en avant ou en arrière de la verticale; tantôt c'est en dedans ou en dehors. Il en résulte des vices d'aplombs graves auxquels on a donné des noms particuliers.

Ainsi on appelle arqué, brassicourt, le cheval dont cette région se projette en avant. On réserve la qualification d'arqué, à l'animal chez lequel elle provient de la fatigue, de l'usure; on le dit au contraire brassicourt, quand elle est de nature congénitale. Dans le premier cas, on a affaire à une défectuosité grave qui témoigne de la faiblesse musculaire du membre ou de la rétraction de ses cordes tendineuses postérieures; les sujets sont dénués de solidité; ils n'offrent aucune sécurité pour le cavalier, et se trouvent à chaque instant exposés à des chutes sur les genoux, ainsi que l'accusent ordinairement les traces indélébiles dont ils sont tarés. — Quand ce défaut d'aplombs est de nature congénitale, la défectuosité n'est qu'apparente; elle ne nuit en rien à la solidité de l'appui, à la liberté des mouvements.

Si, contrairement à ce que nous venons de voir, le genou se dévie en arrière de la verticale, on le dit effacé, enfoncé, creux ou de mouton. Cette conformation est nuisible à la vitesse et compromet l'intégrité de l'appareil locomoteur.

Les mêmes reproches s'appliquent au genou dévié en dedans, dit genou de bœuf ou de veau. Les chevaux, d'après D. Collins, qui ont des genoux de veau ou qui ont des genoux creux doivent être rejetés des courses, alors qu'ils auraient même les proportions régulières des membres, parce que l'effort imposé aux tendons est trop intense pour n'avoir pas souvent, à la longue, un effet nuisible.

Le genou doit donc être net, c'est-à-dire pur dans ses lignes extérieures, qu'on le regarde de face ou de profil. Toute déformation, même légère, doit être considérée comme grave, car elle est l'indice de la faiblesse, de la ruine du membre sur lequel on la constate.

Il n'entre pas dans le cadre de cette étude de faire la pathogénie des affections diverses de cette région (lésions articulaires, tendineuses, osseuses), nous renvoyons le lecteur aux traités de pathologie.

Avant-bras. — Cette région est le siège de deux mouvements : la flexion et l'extension.

La première, d'autant plus étendue que ses agents sont eux-mêmes plus longs, et que l'angle huméro-radial est plus ouvert, porte le genou en avant et en haut, pour permettre au pied tout entier d'entamer le terrain; elle est accomplie quelque peu avant le poser du pied.

La seconde agit surtout pendant la dernière moitié de l'appui ainsi que le montrent les photographies instantanées, elle contribue donc dans une certaine mesure à l'impulsion, puisqu'à cette période le membre tout entier est oblique en arrière et en bas.

Pour se trouver dans les meilleures conditions sous le rapport de la vitesse, l'avant-bras doit-être long, large, épais et bien dirigé.

Il faut rechercher la longueur aussi grande que possible, d'abord en raison de ce fait qu'un rayon parcourt un chemin proportionnel à sa longueur; ensuite parce que cette longueur entraîne forcément celle des muscles qui le recouvrent. La vitesse dépend surtout de la valeur de ces deux données.

Si l'avant-bras est court, son oscillation, il est vrai, sera plus rapide, mais à chaque pas l'animal perdra du terrain ; il ne pourra conserver de vélocité qu'à la condition de répéter ses mouvements, de se fatiguer davantage.

Envisageons maintenant la longueur de l'avant-bras par rapport au canon.

Pour une même longueur il faut donner la préférence à un avant-bras long et à un canon court.

Avec un avant-bras long, le membre à l'appui pourra supporter plus facilement, plus longtemps, le poids du corps, et sans une plus grande dépense de force, s'incliner davantage avant de se lever, condition qui permettra à la colonne locomotrice d'entamer ensuite beaucoup plus de terrain.

La largeur et l'épaisseur de l'avant-bras sont intimement liées au développement des muscles de cette région. Un avant-bras grêle caractérise ordinairement un cheval sans énergie, à membres longs disproportionnés, une ficelle suivant l'expression consacrée, manquant de puissance, de solidité, et défectueux dans la plupart de ses autres régions.

La direction de l'avant-bras est une beauté aussi importante à exiger que sa longueur et sa largeur. Elle doit être verticale quand on examine le cheval de profil, parallèle au plan médian du corps quand on le considère de face. Dans ce cas les aplombs sont réguliers, les membres bien placés pour supporter le poids de la masse.

Bras. — En principe le bras doit être aussi long que possible pour donner plus d'étendue à ceux de ses muscles qui se portent sur l'avant-bras, et pour décrire à son extrémité inférieure un arc de cercle considérable. Mais sa longueur serait défectueuse si elle devenait excessive, c'est-à-dire disproportionnée relativement à l'épaule.

L'inclinaison de l'humérus ne sera pas excessive chez le cheval de vitesse, et c'est dans l'épaule qu'il faudra rechercher les conditions d'une bonne orientation scapulo-humérale.

Cela nous explique pourquoi, certains sujets en apparence bien dotés sous le rapport des angles articulaires, ne confirment pas les présomptions qu'on avait fondées sur eux. Il ne suffit pas, comme le font remarquer MM. Goubaux et Barrier dans leur *Traité de l'extérieur du cheval*[1], que les angles puissent jouer dans une large mesure, il faut encore qu'ils soient capables de le faire dans le sens du mouvement. Si leur orientation par rapport à la verticale du centre de mouvement est défectueuse, tous les avantages mécaniques de l'ensemble sont perdus pour le but final à atteindre, la vitesse.

La direction du bras par rapport au plan médian du corps a une importance considérable. Pour que les déplacements du bras puissent s'effectuer convenablement, il faut que son grand axe soit à peu près parallèle au plan médian du corps. Si son extrémité inférieure se projette trop en dehors, tout le membre se dévie dans la même mesure, les aplombs ne sont plus réguliers et le pied se tourne en dedans (cheval cagneux). Si au contraire, le coude est dejeté en dedans, la partie inférieure du membre se tourne en dehors (cheval panard).

Coudes. — Ne doivent être ni en dehors ni en dedans. Si nous avions à choisir entre deux chevaux ayant ces défauts, nous préfé-

1. Asselin et Houzeau, Paris.

rerions encore le dernier comme meilleur pour la course, quoique ne réunissant pas encore les qualités voulues.

Épaule. — La première condition à exiger de cette région, c'est sa longueur, ou en d'autres termes, son grand développement depuis le sommet du garrot jusqu'à sa pointe.

Et d'abord, à cause du développement corrélatif des muscles intrinsèques, dont l'étendue de contraction se montre directement proportionnelle aux mouvements de l'humérus. Ensuite, parce que l'amplitude des oscillations scapulaires tient sous sa dépendance celle du membre entier, et que les chemins parcourus par les extrémités d'un levier osseux, se mouvant autour d'un point déterminé, sont d'autant plus considérables que le rayon représenté par ce levier offre lui-même plus de longueur.

Enfin, parce que cette longueur, d'ailleurs en rapport avec la hauteur de la poitrine, a encore pour effet de rendre l'épaule plus oblique, autre beauté dont nous ferons ressortir les avantages chez les chevaux de vitesse.

Envisageons maintenant la longueur de l'épaule par rapport au bras. En thèse générale, l'épaule et le bras doivent être longs, d'une manière absolue pour favoriser la vitesse ; mais pour une même longueur totale des deux rayons, il vaut mieux que l'épaule soit longue et le bras court.

Une autre condition de beauté inhérente à l'épaule du cheval de vitesse réside dans son obliquité ; à l'obliquité de l'épaule est intimement liée la vitesse du moteur, l'étude des angles articulaires portant comparativement sur des épaules diversement inclinées ne laisse aucun doute à ce sujet.

De tout ce qui précède, il résulte que la direction de l'épaule est en relation intime avec la vitesse. Cette région sera donc recherchée chez les procréateurs aussi inclinée que possible, car son obliquité comportera une extension humérale étendue ; elle permettra au membre de se soulever dans une grande mesure et lui laissera accomplir tout son jeu avant son retour sur le sol ; elle le projettera fortement, sera compatible avec une bonne orientation de l'angle scapulo-huméral, enfin donnera de la souplesse, de l'ampleur aux allures, en même temps qu'elle atténuera les réactions.

L'obliquité scapulaire, accompagne d'ordinaire un garrot élevé, une grande hauteur de poitrine, facteur dont l'importance est considérable pour le pur sang.

D. Collins s'élève contre les auteurs qui affirment que les épaules nettes ou, pour mieux dire, maigres, faibles, osseuses, sont celles qui conviennent au cheval de course ; il préfère l'épaule fortement musclée et cite à l'appui de sa thèse, des familles qui possédaient cette qualité et ont fourni de longues générations de vainqueurs.

Il est partisan de l'épaule suffisamment oblique.

Encolure. — Digby Collins insiste sur la relation étroite qui existe sur le bord inférieur de l'encolure et le développement de l'appareil respiratoire.

L'influence du balancier cervical est signalée par cet auteur qui s'exprime ainsi : « Je n'ai jamais vu une bonne encolure chez un mauvais cheval, et jamais une mauvaise chez un bon. »

Par une bonne encolure cet auteur désigne un cou puissant, profond, large qui rejoint droit et graduellement les épaules; une encolure musculeuse, d'après lui est un signe de force et le contraire un symptôme indéniable de faiblesse.

Il déteste les encolures de mouton, de paon.

Les exemples des chevaux de grande classe ayant une courte mais musculeuse encolure abondent dans la race pure. On peut citer notamment toute la lignée mâle de *Flying-Fox*, *Orme*, *Ormonde*, *Bend'Or*, etc.

Poitrine. — Certains auteurs n'attachent qu'une importance relative à la poitrine du cheval de course, ils prétendent que l'activité respiratoire dépend plus du perfectionnement et du développement des muscles environnants, que de sa construction. La poitrine, dit l'un d'eux, doit posséder une largeur suffisante pour faciliter le travail incessant de l'appareil respiratoire ; mais je ne suis pas partisan de cette poitrine large, vue de face, attendu qu'il ne m'est point démontré comment, avec cette conformation, sa structure peut être aussi compacte qu'on doit le désirer, et que c'est nécessaire pour supporter de continuels efforts.

On peut poser en axiome que le quotient respiratoire est intimement lié à la conformation de la cage thoracique, plus elle aura d'ampleur, plus le cheval sera apte aux grands efforts pulmonaires. Or on sait que les chevaux de course galopent plutôt avec leurs poumons qu'avec leurs jambes.

Dos et côtes. — Le dos doit avoir l'inflexion juste suffisante; le dos manquant de rectitude ne peut communiquer toute entière à l'avant-main, l'impulsion fournie par une croupe puissante. La rectitude de la tige rachidienne, organe de transmission, est une beauté absolue. D. Collins résume la beauté du dos dans sa grande largeur, sa longueur et sa direction rectiligne, et dit qu'il n'y a pas un défaut plus grand pour le cheval de course qu'une mauvaise conformation de cette région. Le dos de carpe est considéré comme un indice d'actions courtes, par conséquent de faiblesse ; il diminue la sûreté de l'allure. La conformation du dos et des reins a une grande importance chez l'étalon, non seulement à cause de la transmission héréditaire, mais à cause de ses fonctions de procréateur. On sait le rôle important que jouent ces régions dans le cabrer, temps préliminaire de la saillie, où elles sont soumises à une fatigue considérable.

On comprend pourquoi les entraîneurs et jockeys voient avec déplaisir une côte insuffisante et cela avec raison, car cela prouve un développement imparfait des muscles intercostaux, qui concourent au fonctionnement de l'appareil respiratoire, qui doit avoir pour conséquence, avec le temps, de mettre l'animal dans l'impossibilité de fournir de grands et durables efforts.

Les fausses côtes doivent à partir des sangles aller en s'effaçant, autrement dit, les fausses côtes ne doivent pas apparaître en saillie en faisant ressortir le ventre.

Reins. — Les reins d'un cheval de course doivent être larges, bien arrondis L'attache des reins imparfaite rend pénible tout effort chez le sujet. Le rein, en plus d'une bonne largeur, doit être bombé, bien garni et court.

Croupe. — Elle se mesure de l'angle de la hanche à la pointe de la fesse.

La grande longueur du coxal est, sans conteste, le facteur le plus important de la vitesse.

Cette qualité est du reste bien appréciée des Arabes. Le cheval dont la croupe est aussi longue que le dos et les reins réunis, disent-ils, dans leur langage imagé : « prends-le les yeux fermés, c'est une bénédiction »

Il ne faut voir dans cette métaphore que l'idée juste qui s'y cache, c'est-à-dire le conseil de rechercher la croupe aux grandes lignes à l'exclusion des autres.

La raison en est facile à saisir. Ce grand développement d'avant en arrière est en rapport avec la longueur des muscles croupiens, notamment des fessiers, les principaux extenseurs du fémur. Ce sont eux qui, de concert avec les autres extenseurs du membre, concourent à communiquer au tronc l'impulsion qui le porte en avant, par l'ouverture de tous les angles locomoteurs. Plus leur

Citronelle, poulinière alezane, née en 1880, par Mars et Bijou.

longueur sera considérable, plus ils seront capables de se raccourcir en vue d'opérer une détente fémorale étendue.

La longueur croupienne, comme le font remarquer judicieusement MM. Goubaux et Barrier, est fonction de trois causes principales : 1° du degré d'ouverture de l'angle ilio-ischial ; 2° de la longueur de l'ilium ; 3° de celle de l'ischium.

L'ouverture ilio-ischiale est d'autant plus accusée que la vélocité est plus grande.

Cette disposition paraît mieux convenir à l'exécution du galop et du saut, par des modifications qu'elle imprime à la longueur des muscles, à leurs incidences sur les leviers osseux et au jeu des angles locomoteurs de l'arrière-main.

Dans la direction de la croupe, toute inclinaison osseuse qui impliquera de longs muscles fessiers, de longs ischio-tibiaux, une grande extension fémorale et une transmission d'impulsion aussi horizontale que possible, devra être considérée comme réalisant une condition primordiale de vitesse.

La croupe nettement horizontale est dans ce cas.

D'après Vallon, une croupe oblique, longue, puissante, élevée, est capable de chasser fortement la masse, de communiquer une grande vitesse, pourvu que l'avant-main soit bas et léger.

La longueur des rayons locomoteurs, le degré d'ouverture des angles articulaires, la position des membres sous le tronc, la musculature du dessus, et bien d'autres facteurs de la vitesse, peuvent accompagner une croupe à ilium oblique et faire plus ou moins défaut chez le sujet à croupe horizontale.

Il serait puéril de vouloir rattacher une aptitude quelconque à la conformation d'une seule région et à *fortiori* de prétendre qu'elle dépend exclusivement d'une inclinaison osseuse particulière.

La direction de la croupe n'est pas toujours congénitale, elle se modifie souvent par le fait de l'utilisation, elle tend à devenir horizontale chez les sujets de course.

Lorsque les hanches et les pointes des fesses sont sur deux lignes tendant au parallélisme, et qu'en même temps la région est large et longue, le facteur vitesse est porté à son maximum (Rivet).

Hanche. — Bornant en arrière le creux du flanc, confondue, au contraire, avec la croupe, elle forme, sur les individus d'une constitution sèche, une légère saillie qui la fait qualifier de bien sortie.

Dans d'autres cas, cette région affecte une disposition opposée : elle n'est pas assez saillante et devient alors effacée, noyée, coulée, fondue.

L'examen de cette région a une importance pour les poulinières ; si l'on constate un cas d'asymétrie des hanches (abaissements), on peut craindre que ces modifications ne soient dues à une fracture dont le cal pourrait être un obstacle pour la parturition.

Cuisse et Fesse. — Sous le rapport de la locomotion, la région qui nous occupe est des plus intéressantes à considérer. Elle décrit deux mouvements principaux dont le centre est l'articulation coxo-fémorale : ce sont la flexion et l'extension.

Pendant la flexion, le fémur se place angulairement pour entamer le pas. Il arrive au terme de sa course, un peu avant que le pied ne revienne à l'appui, de façon à permettre l'extension de la jambe, qui n'est pas encore achevée au moment où la flexion fémorale est accomplie.

Pendant l'extension, les phénomènes sont d'ordre inverse : le fémur se porte en arrière, ouvrant ainsi fortement l'angle coxo-fémoral ; son obliquité a changé de direction ; il est devenu vertical et se trouve même incliné en arrière, et en bas, lorsque le membre va se lever. L'extension de la cuisse se produit donc pendant la dernière phase de l'appui ; elle cesse dès que le pied quitte le sol pour effectuer un nouveau pas. Les muscles qui la déterminent sont plus volumineux, plus forts, que ceux qui opèrent la flexion, fait qui n'a rien d'extraordinaire, ces puissances ayant à lutter contre le poids du corps, à vaincre l'inertie de la masse, tandis que dans le second cas, elles ont seulement à soulever le membre postérieur, et à le projeter en avant.

De l'énergie et de l'étendue de leur contraction dépendront l'intensité, l'amplitude de la détente fémorale, qui communique au tronc, de concert avec le jarret et le grasset, l'impulsion initiale, la *chasse*, comme on est dans l'habitude de le dire.

La direction de la cuisse doit satisfaire aux principales exigences suivantes :

1° Donner à l'angle coxo-fémoral, déjà réduit par suite de l'horizontalité de la croupe, une ouverture suffisante :

2° Permettre à l'angle fémoro-tibial un grand écartement de ses branches, tout en laissant à la jambe une faible obliquité ;

3° Ne pas nuire à la régularité des aplombs, laquelle implique la tangence du jarret à la verticale tombant de la pointe de la fesse :

4° Enfin maintenir le grasset dans un certain état d'écartement du plan médian.

D'après MM. Goubaux et Barrier une cuisse peu oblique serait la direction la plus favorable; elle permettrait de longues enjambées, une grande détente, une chasse puissante et de bons aplombs.

La longueur de la cuisse, on le comprend, est en relation étroite avec l'amplitude des oscillations dont elles est capable; d'autre part elle commande l'étendue des déplacements du tibia. Ses variations se traduisent surtout au niveau de son bord postérieur. Aussi, est-on dans l'habitude de les caractériser, en qualifiant la fesse de longue ou bien descendue ce qui constitue pour cette région une beauté de premier ordre, dont les chevaux de pur sang, offrent un remarquable exemple.

La largeur et l'épaisseur de la cuisse décèlent le développement musculaire de la région, et, par conséquent, la puissance impulsive de l'arrière-main ; sa chair doit être dense, ferme, élastique.

Les cuisses coupées un peu haut constituent une défectuosité coïncidant avec la brièveté des rayons osseux, condition peu favorable à la vitesse.

L'ampleur des quartiers, la musculature d'une cuisse naturellement roulée, descendue, puissante sont des facteurs importants de vitesse.

Grasset. — Cette région répond à l'articulation fémoro-rotulienne, et se trouve comprise entre l'extrémité inférieure de la cuisse et la partie supérieure de la jambe.

Sous le rapport de la conformation, le grasset n'offre à considérer ni beautés ni défectuosité, sa hauteur au-dessus du sol est ordinairement égale, d'après MM. Goubaux et Barrier, à celle du coude aussi bien chez les chevaux de vitesse que chez les autres quoi qu'on en ait dit.

Mais, si la netteté de cette région est une qualité à rechercher, il ne faut pas négliger non plus d'en examiner la direction. On préfère avec raison un grasset rapproché du ventre, légèrement dévié en dehors, à celui qui est bas, dévié en dedans, ou même parallèle au plan médian. La première direction indique, en effet, une grande longueur, une belle obliquité de la cuisse beaucoup d'aisance pour les mouvements de flexion de ce rayon. Dans le second cas, il se trouve exposé à rencontrer les parois du ventre, inconvénient qui ne laisse pas que d'avoir une certaine importance sur la rapidité de l'allure, car il borne le déplacement de la cuisse en avant, d'autant qu'il coïncide souvent avec un fémur court et oblique.

Chez le cheval de course, l'angle du grasset doit offrir une plus grande ouverture. Si dans le membre abdominal, en effet, il faut rechercher une certaine horizontalité de la croupe en vue d'augmenter la puissance, l'étendue de contraction des muscles, il n'en est plus de même des rayons inférieurs, fémur, tibia, canon, qui réclament peu d'obliquité, pour pouvoir jouer l'un sur l'autre dans une grande mesure, lorsque le pied quitte le sol. C'est pour cela que l'angle fémoro-tibial est beaucoup plus ouvert chez les chevaux de course que chez les autres.

Jambe. — On doit la rechercher aussi développée que possible chez l'animal de vitesse. Elle commande en effet l'étendue des déplacements subis par son extrémité inférieure, en même temps qu'elle implique une longueur proportionnelle des muscles qui recouvrent le rayon tibial. Et, comme ces muscles sont destinés à mouvoir le canon, il s'ensuit qu'une jambe longue est indispensable pour l'élément vitesse.

La longueur de la jambe mérite encore d'être envisagée par rapport à celle du canon. Tous les auteurs qui en ont parlé s'accordent à reconnaître qu'un canon court est une beauté à l'extrémité d'une jambe longue.

La largeur et l'épaisseur de la jambe indiquent le développement musculaire dans la zone correspondante, et l'on sait que la densité, le volume, la fermeté des muscles sont, pour les sections supérieures des membres, des beautés de premier ordre.

La direction de la jambe a une importance sur l'action du cheval.

Pour favoriser la vitesse, il faut, en outre, que l'angle tibio-tarsien soit très ouvert, autre condition qui implique la direction peu inclinée de la jambe. Alors le canon se fléchit fortement, embrasse beaucoup de terrain ; l'enjambée est considérable, surtout si le tibia est long, bien musclé.

D'après les mensurations de MM. Goubaux et Barrier, l'angle tibio-tarsien oscille autour de 155 ou de 160° chez les meilleurs performers.

Jarret. — Le jarret répond aux diverses articulations tarsiennes, supporte les os de la jambe et forme le centre des grands mouvements du pied.

Au point de vue de ces fonctions, il constitue surtout une région d'amortissement et de détente. C'est sur lui que se concentrent les efforts des muscles extenseurs qui impriment l'impulsion à la masse ; qu'aboutissent les réactions locomotrices, au moment où cette masse, animée d'une grande vitesse et projetée en avant, retombe sur le sol : enfin que, pendant le cabrer, tout le poids du corps vient accumuler une si grande somme de pressions.

A ces divers titres, son étude est pleine d'intérêt, tant sous le rapport de la mécanique animale que sous celui de la pathologie.

Le jarret est un centre de mouvement dont la parfaite intégrité est tellement importante au point de vue de l'utilisation du pur sang que l'œil doit en posséder et en connaître la forme normale jusque dans ses moindres détails.

La connaissance anatomique de cette région s'impose donc afin d'éviter de prendre pour des tares commençantes des saillies, des dépressions, qui ne sont que la manifestation d'une des premières beautés de la région : sa netteté.

Pour être bien conformé le jarret doit être net, sec, large, épais, bien ouvert et bien dirigé.

Le jarret est dit net, bien évidé quand il reproduit exactement la disposition anatomique de la région ; en pareil cas, il est exempt de tares ; son creux est très prononcé.

Cette région est, de plus, qualifiée de sèche, lorsque toutes ses saillies et dépressions normales sont bien accusées, recouvertes par une peau fine, souple, cohérente aux parties sous-jacentes. La netteté indique l'intégrité des pièces de l'appareil tarsien, la sécheresse implique, au contraire, la finesse de la constitution, l'énergie, l'excitabilité de l'individu. On rencontre fréquemment chez le pur sang, la sécheresse et rarement la netteté de cette région.

La largeur tarsienne est une beauté absolue, mais il est indispensable, pour l'apprécier que le cheval soit placé dans ses aplombs réguliers. Elle se mesure, en effet, de la pointe au pli de la région. En plus de cette dimension, il faut encore évaluer la distance comprise entre la corde et le profil intérieur de la jambe, d'une part ; le tendon et le profil intérieur du canon, de l'autre. En d'autres termes, il est indispensable de rechercher la largeur du jarret en haut, au milieu et en bas. Si ces trois conditions ne sont pas remplies, la région ne peut être qualifiée de *large*, car elle est éminemment défectueuse, par la disproportion même de ses parties.

D'ordinaire, c'est inférieurement au niveau de sa base, qu'elle montre une étroitesse anormale, ce qui la fait appeler *étranglée*; cette disposition vicieuse des assises tarsiennes prédispose le jarret à se tarer.

Quand la région manque de largeur dans toute son étendue, elle est dite *grêle*, *étroite*; cette conformation compromet dans une large mesure la solidité du jarret principalement chez les étalons.

L'épaisseur tarsienne, qui se mesure d'une face latérale à l'autre, indique celle de la jambe, du canon, du boulet et du pâturon. Elle dénote la solidité des assises postérieures à tous les étages du membre, tandis que la largeur commande, en outre, l'étendue des mouvements, puisque ceux-ci s'opèrent d'avant en arrière ou d'arrière en avant.

Nous allons étudier maintenant les variations de l'ouverture de l'angle tibio-tarsien et montrer leur influence sur la vitesse.

L'angle tibio-tarsien peut être plus ou moins ouvert selon la situation du tibia qui en constitue la branche supérieure.

Lorsque l'obliquité du tibia est peu marquée (65 à 70° environ) le jarret qui lui correspond est dit *droit*; l'angle qu'il forme est très ouvert. Une semblable conformation est favorable à la vitesse, car elle permet de grandes enjambées, pendant lesquelles les calcanéums deviennent de plus en plus perpendiculaires aux muscles chargés de les mouvoir. De plus, le pied, en arrivant sur le sol, se trouve fortement fléchi sur la jambe, ce qui donne au jarret une détente énergique et étendue.

Les chevaux de course ont d'ordinaire cette région ainsi disposée; leur angle tibio-tarsien est d'environ 155 à 160°.

Le jarret droit, enfin, a cet autre avantage au point de vue de la vitesse, qu'il comporte d'habitude un membre postérieur long, capable de larges enjambées. En supposant égales, disent MM. Goubaux et Barrier, les longueurs des rayons crural, tibial et métatarsien, il est évident que leur superposition, d'après le mode plus ou moins vertical, donnera au total, une hauteur plus considérable au membre. D'où il découle qu'un moteur, ayant ses os ainsi articulés, aura son appareil locomoteur plus développé, relativement à son corps, et sera pour cela plus rapide.

La direction du jarret mérite d'être envisagée à deux points de vue différents : par rapport au plan médian du corps, et par rapport à l'axe du membre.

Relativement au plan médian du corps, le jarret peut affecter les trois situations suivantes :

Il est parallèle et alors bien dirigé; il est dévié en dedans et qualifié de clos, de crochu ou enfin, il est dévié en dehors, ce qui rend le cheval ouvert du derrière.

Dans le cas où le jarret est parallèle à la ligne médiane, l'impulsion fournie par l'arrière-main se transmet sans oscillations latérales au rachis dont elle suit la direction, et il n'y a aucune déperdition de force dans la projection du corps en avant. Le jeu des extrémités est facile ; les pieds ne sont pas exposés à s'atteindre ; leur appui est égal ; les allures sont franches, règulières, et l'appareil tarsien résiste à un long entraînement.

Les déviations relatives à l'axe du membre ne transmettent pas au corps une direction convenable et les membres se meuvent d'une façon très disgracieuse. Les altérations dont le jarret peut être le siège sont nombreuses, variées, souvent d'une gravité extrême. On les rencontre dans toutes les parties constitutives de cet appareil complexe, les os, les synoviales, les ligaments, les tendons et leur gaine de glissement, enfin, dans le tissu cellulaire sous cutané. La peau, elle-même, en présente quelquefois, mais d'une importance secondaire, quand on les compare à celles des pièces intrinsèques de la région.

Le nombre, la gravité de ces altérations s'expliquent par le rôle si important du jarret dans la fonction locomotrice et reproductrice (saillie).

Les tares osseuses par leur transmission héréditaire, présentent un caractère de gravité exceptionnelle.

La courbe est une périostose de la tubérosité inférieure et interne du tibia, qui se développe sous l'influence d'une violence extérieure ou d'un effort de l'articulation. Elle se traduit extérieurement par une saillie plus accusée qu'à l'état normal, lorsqu'on examine le jarret de face ou de biais. Au début, elle est souvent difficile à reconnaître, à cause de ses faibles dimensions, ce qui rend nécessaire la comparaison des deux jarrets. La courbe ne fait boiter que dans le principe; une fois développée, la claudication disparaît. Néanmoins, il en est qui, par l'extension qu'elles affectent, couvrent de leurs végétations les marges de la surface articulaire tibiale et mettent ainsi plus ou moins obstacle à la liberté des mouvements.

La périostose qui se manifeste à la base et à la partie interne du jarret est désignée sous le nom d'éparvin. Elle envahit habituellement toute la portion des os du tarse et du métatarse et détermine l'ankylose véritable.

Au début de sa formation, et avant l'apparition de toute tumeur extérieure, l'éparvin détermine une claudication généralement très intense sur la nature de laquelle il est presque impossible de se prononcer avec certitude. Ce n'est qu'au bout d'un certain temps que l'exostose se profile sur le côté interne du jarret, ce qui fait qualifier l'éparvin de sorti.

La jarde ou le jardon n'est pas, comme tout le monde le croit à tort, une tumeur osseuse reproduisant identiquement, sur le côté externe du jarret, la saillie que l'éparvin forme sur le côté interne de la même région, c'est une périostose plus ou moins étendue de la tête du métatarsien rudimentaire externe.

Les tumeurs osseuses, de la grosseur d'un œuf de poule environ, qu'on voit parfois à la face interne des deux tibias, méritent la plus grande attention de la part du professionnel. Bien que leur présence puisse se rattacher à une simple violence extérieure, elle est souvent l'expression d'un véritable cal, c'est-à-dire d'un travail de consolidation, qui s'est établi dans un point où l'os s'est trouvé fêlé à la suite d'un choc plus ou moins intense. L'expérience démontre que les os incomplètement fracturés, mal consolidés, peuvent se briser tout à fait sous l'influence de la seule contraction musculaire. Il importe donc de différer l'acquisition d'un procréateur qui serait ainsi taré.

CHAPITRE III

DIFFÉRENTS MODES D'ACHAT DES REPRODUCTEURS

Après avoir examiné les qualités de tout ordre à rechercher chez les reproducteurs, nous allons passer en revue les différents modes d'achat employés par les éleveurs.

L'étalon est généralement acheté à l'amiable après une carrière bien remplie. Les grands éleveurs s'attachent surtout à rechercher les gagnants des épreuves classiques : Jockey-Club et Grand Prix de Paris. Mais, comme il ne peut y avoir qu'un très petit nombre de chevaux inscrits sur la liste des vainqueurs de ces évents, les gagnants des Poules, du Prix du Conseil Municipal, et les chevaux ayant montré une grande endurance, à défaut d'une haute qualité, ont la faveur des propriétaires de studs.

On constate depuis quelques années une tendance de plus en plus marquée pour les achats d'étalons en Angleterre. Le nombre des performers de classe moyenne, étant en plus grand nombre de l'autre côté du « Channel », les éleveurs peuvent acquérir pour un prix moyen un animal ayant montré de bonnes qualités sur le turf et possédant une origine toujours fashionable.

On doit convenir toutefois, qu'on a abusé de l'importation anglaise, en introduisant en France quelques animaux d'une valeur douteuse, qui semblent avoir été choisis sur les simples mérites d'une bonne conformation ou d'une origine brillante.

Le prix d'achat d'un étalon est une chose conventionnelle, et l'estimation d'un reproducteur illustre paraît exagérée et même monstrueusement arbitraire aux yeux de l'homme qui n'est pas du métier. Un performer célèbre ou un étalon ayant donné de bonnes preuves au haras ne se paie guère moins de 500.000 francs. Lorsque *Ormonde* fut payé 750.000 on crut que ce prix ne serait jamais dépassé. M. Ed. Blanc donna pourtant un million pour *Flying Fox ;* plusieurs offres de près d'un million ont été faites ces temps derniers pour *Ajax*, fils du célèbre étalon de Jardy; *Cyllene* a été vendu 750.000 francs, mais des offres plus importantes venues de France et d'Amérique ont été déclinées, son propriétaire ayant mis dans les conditions de vente que le cheval ne devrait pas quitter l'Angleterre.

Il serait oiseux de parler de *Flying Fox* qui est à cette heure le premier étalon du monde, mais nous pouvons en passant citer quelques importations heureuses : *The Bard*, *Saint Damien*, *Gullicer*, *Chesterfield*, *Winkfield's Pride*. *The Bard* et *Winkfield's Pride* ont été payés des prix assez élevés; l'acquisition des autres n'a pas nécessité une grosse mise de fonds. La valeur d'un étalon n'est pas toujours en relation directe de son prix d'achat. Ce prix d'achat lorsqu'il est très élevé, contribue toutefois à mettre l'animal en relief; on lui envoie de bonnes juments et les chances de bien produire sont pour lui bien plus grandes, évidemment.

L'achat de l'étalon peut, avons-nous dit, avoir lieu à l'amiable, en France ou en Angleterre, ou encore dans les ventes aux enchères publiques de l'établissement Chéri, au Tattersall, au Sporting Français ou chez MM. Tattersall de l'autre côté du détroit.

La jument gagnante de grandes épreuves est généralement conservée par son propriétaire pour la reproduction, s'il est possesseur d'un haras. Lorsque le propriétaire n'est pas éleveur il le devient à cette occasion, le plus ordinairement. Le fait de posséder une grande jument est le point de départ d'une entreprise d'élevage.

L'éleveur peut se procurer des juments vierges dans les ventes publiques, dans les prix à réclamer, dans les ventes amiables. Les réformes de grands haras ne sont pas à recommander, les poulinières étant vendues en général pour un vice organique. Comme pour les étalons, les importations d'Angleterre offrent à l'éleveur le moyen de peupler son stud d'excellentes origines à des prix relativement modérés.

Étalons nationaux de pur sang. — Leur achat est fait tous les ans en juillet et en novembre, à Paris, au Tattersall, et à Chantilly, dans l'établissement de M. Aumont ou chez les entraîneurs, lorsqu'il s'agit de chevaux de classe. La Commission achète surtout des étalons de croisement, mais elle choisit tous les ans des performers ayant montré de la qualité, quelquefois même des gagnants de grandes épreuves, dont quelques-uns deviennent des reproducteurs de grand mérite. Elle importe également des chevaux anglais de bonne origine. Les acquisitions faites outre-Manche, en ces dernières années, n'ont pas été heureuses. Les meilleurs étalons sont envoyés au Pin, à Tarbes, à Pau...

Les dépôts sont répartis en 22 circonscriptions chevalines opérant chacune sur un certain nombre de départements et subdivisées elles-mêmes en stations de monte, ainsi que l'indique le tableau suivant :

DÉPOTS	CIRCONSCRIPTIONS	STATIONS DE MONTE
1er	Le Pin	Calvados, rive droite de l'Orne, Eure, Orne, Sarthe (canton de la Fresnaye et de Saint-Paterne), Seine, Seine-et-Oise, Seine-Inférieure.
	Saint-Lô	Calvados, rive gauche de l'Orne, Manche.
2e	Annecy	Basses-Alpes, Hautes-Alpes, Drôme, Isère, Savoie, Haute-Savoie.
	Blois	Cher, Eure-et-Loir, Indre, Indre-et-Loire, Loir-et-Cher, Loire.
	Cluny	Ain, Allier, Loire, Nièvre, Rhône, Saône-et-Loire.
	Pompadour	Corrèze, Creuse, Haute-Vienne.
3e	Angers	Maine-et-Loire, Mayenne, Sarthe, moins deux cantons : La Fresnaye et Saint-Paterne.
	Hennebont	Finistère (arrondissements de Quimper, Châteaulin, Quimperlé) ; Ille-et-Vilaine, Morbihan.
	Lamballe	Côtes-du-Nord, Finistère (arrondissements de Brest et de Morlaix).
	La Roche-sur-Yon	Loire-Inférieure, Deux-Sèvres, Vendée.
4e	Saintes	Charente-Inférieure, Charente, Vienne.
	Libourne	Dordogne, Gironde.
	Pau	Landes, Basses-Pyrénées.
	Tarbes	Ariège, Haute-Garonne, Gers, Hautes-Pyrénées.
	Villeneuve-sur-Lot	Lot, Lot-et-Garonne, Tarn-et-Garonne.
5e	Aurillac	Cantal, Puy-de-Dôme, Haute-Loire.
	Perpignan	Alpes-Maritimes, Aude, Bouches-du-Rhône, Gard, Hérault, Pyrénées-Orientales, Var, Vaucluse.
	Rodez	Ardèche, Aveyron, Lozère, Tarn.
	Ajaccio (station permanente d')	Corse.
6e	Besançon	Territoire de Belfort, Côte-d'Or, Doubs, Jura, Haute-Saône.
	Compiègne	Aisne, Oise, Nord, Pas-de-Calais, Somme, Seine-et-Marne.
	Montier-en-Der	Ardennes, Aube, Marne, Haute-Marne, Yonne.
	Rosières	Meurthe-et-Moselle, Meuse, Vosges.

Conditions générales d'inscription pour les juments destinées aux étalons nationaux. — Les services des étalons nationaux sont exclusivement réservés aux juments appartenant à des éleveurs domiciliés en France.

Les juments de dix-huit ans et au-dessus, vides les deux années qui précèdent l'inscription, et les juments de dix ans et au-dessus n'ayant pas encore donné de produits, seront refusées.

Aucune jument de pur sang ne sera admise à la monte des étalons de l'État, que si elle est inscrite au *Stud Book français*, ou si son propriétaire présente les papiers nécessaires pour l'y faire inscrire :

Les éleveurs ne devront inscrire chaque jument que pour un seul étalon, à quelque établissement des haras qu'il appartienne.

Aucune inscription ne sera reçue qu'autant que tous les renseignements exigés seront complets et régulièrement établis.

Au fur et à mesure des demandes d'inscriptions les juments seront classées pour chaque étalon en catégories établies ainsi qu'il suit :

Première catégorie. — Les poulinières ayant donné avec l'étalon demandé un vainqueur d'un prix d'au moins 10.000 francs ou d'une somme, en un ou plusieurs prix, de 20.000 francs en plat, ou de 30.000 francs tant en plat qu'en obstacles; celles ayant gagné un prix d'au moins 10.000 francs ou une somme, en un ou plusieurs prix, de 30.000 francs en plat, ou de 40.000 francs, tant en plat qu'en obstacles, ou arrivées secondes dans un prix s'élevant à 40.000 francs et au-dessus; ou mères de produit ayant gagné pareil prix ou pareilles sommes ou ayant été placé second dans un prix de 40.000 francs et au-dessus. (Gains calculés conformément aux dispositions du Code des courses de la Société d'encouragement pour les courses plates, et celles du Code des Steeple-Chases pour les courses à obstacles.)

A partir de cette année, les juments au-dessus de quinze ans ne seront pas admises dans la première catégorie, à moins qu'elles n'aient produit avec l'étalon demandé, un vainqueur d'un prix d'au moins 10.000 francs en plat ou d'une somme, en un ou plusieurs prix, de 20.000 francs en plat.

Deuxième catégorie. — Les poulinières ayant donné avec l'étalon demandé un vainqueur d'un prix d'au moins 5.000 francs, ou d'une somme, en un ou plusieurs prix, de 7.000 francs en plat, ou de 10.000 francs, tant en plat qu'en obstacles; celles ayant gagné un prix d'au moins 5.000 francs ou une somme en un ou plusieurs prix, de 10.000 francs en courses plates, ou de 15.000 francs tant en plat qu'en obstacles, ou arrivées troisième dans un prix s'élevant à

40.000 francs et au-dessus ; celles ayant produit un vainqueur d'une somme, en un ou plusieurs prix, de 8.000 francs en courses plates, ou de 12.000 francs, tant en plat qu'en obstacles ; ou mères d'un animal placé troisième dans un prix s'élevant à 40.000 francs et au-dessus (gains calculés conformément aux dispositions du Code des courses de la Société d'encouragement pour les courses plates, et à celles du Code des Steeple-Chases pour les courses à obstacles).

Troisième catégorie. — Les poulinières ne rentrant pas dans les deux catégories précédentes.

Lorsque le nombre des juments inscrites dépassera le nombre des cartes attribuées à chaque étalon, ce nombre sera augmenté de 5 unités, et par suite les cartes non utilisées en cas de défections seront annulées. Il sera ensuite procédé à la répartition de ces cartes d'après l'ordre des catégories, de telle sorte qu'aucune jument d'une catégorie inférieure ne puisse être admise qu'autant que toutes les juments de la catégorie immédiatement supérieure auront été déjà pourvues.

Lorsque, par suite de leur nombre trop considérable, toutes les juments d'une même catégorie ne pourront être admises, les cartes disponibles seront attribuées ainsi qu'il suit : 1° une carte à chacun des propriétaires ayant au moins une jument inscrite dans ladite catégorie ; 2° une seconde carte à ceux ayant au moins deux juments ; 3° une troisième à ceux en ayant trois, et ainsi de suite jusqu'à ce que le nombre voulu soit atteint.

Comme il pourra arriver qu'à la fin de cette opération, le nombre des dernières cartes à attribuer soit inférieur à celui des propriétaires ayant encore (toujours dans la même catégorie) des juments non pourvues, il sera procédé alors à un tirage au sort entre ces propriétaires, à raison d'une carte pour chacun d'eux.

Les juments qui, à la suite de cette répartition, n'auront pu être admises pour l'étalon demandé, pourront être reportées dans la catégorie correspondante d'un autre étalon et participer à la répartition des cartes de cet étalon, dans la catégorie à laquelle elles appartiennent, mais seulement après que les juments primitivement inscrites dans la même catégorie dudit étalon auront été pourvues. Cette opération ne pourra se faire qu'au moment du tirage au sort.

Dans le cas au contraire où le nombre des juments admises n'atteindrait pas le nombre des cartes attribuées à chaque étalon, les cartes non demandées et restant disponibles seront laissées à la disposition du Directeur de l'établissement auquel appartient l'étalon, qui les répartira, suivant son appréciation, au mieux des intérêts de l'élevage. Il en sera de même si le chiffre des manquants était supérieur à la majoration des cinq cartes supplémentaires prévues à l'article 9. Mais, dans ce cas, le choix du directeur ne pourra porter que sur des juments appartenant à des catégories ayant participé au tirage au sort.

Les propriétaires auront le droit de substituer une jument à une autre de la même espèce, après en avoir prévenu le directeur, à la condition que cette jument leur appartienne réellement et remplisse les conditions voulues pour être inscrite soit dans la catégorie de celle qu'elle est appelée à remplacer, soit dans une catégorie supérieure.

Tout propriétaire qui, pour une raison de force majeure, reconnaîtra qu'il ne peut profiter des cartes qui lui auront été attribuées, devra en prévenir immédiatement le directeur intéressé et au plus tard le 15 avril.

Seront exclues de toute participation au service des étalons de l'État, pendant une période de cinq ans, les juments de tout propriétaire convaincu d'avoir fait de fausses déclarations, d'avoir fait inscrire la même jument pour plusieurs étalons, d'avoir fait inscrire des juments qu'il n'avait pas l'intention de faire saillir et d'avoir laissé par sa faute, en ne prévenant pas en temps voulu, des cartes sans emploi. Lorsque l'un ou l'autre de ces faits sera constaté avant que les juments aient été saillies, toutes les inscriptions faites par ce propriétaire pour l'année seront rayées d'office.

CHAPITRE IV

CROISEMENT

La base de l'élevage de pur sang est la production de beaux et bons poulains, quoique les bons poulains ne soient pas toujours nécessairement beaux. C'est cette partie des méthodes de reproduction qui porte le nom de croisement et qui consiste à discerner les accouplements qui représentent le plus de chances possible pour provoquer la naissance d'un cheval de course de grande classe.

Il ne saurait y avoir en cette matière, de règles fixes, ni de théories précises; il n'y a peut-être pas d'entreprise où le hasard joue un plus grand rôle, où les faits démentent d'une manière plus irritante les raisonnements les plus serrés et les espérances les mieux fondées. La prétention de certains auteurs à soumettre ce hasard aux rigidités du calcul est donc une pure utopie, car nous sommes dans l'impossibilité absolue de prévoir le résultat d'un croisement. Voici pourquoi :

Nous avons déjà vu qu'un poulain provient d'un œuf dans lequel se sont mélangés des morceaux de substances vivantes empruntés à deux individus; ces deux individus sont physiologiquement différents et ont des patrimoines héréditaires différents; l'œuf qui résulte du mélange doit donc avoir des propriétés qui varient suivant les proportions dans lesquelles s'est effectué le mélange et, en effet, deux œufs résultant de deux fécondations successives d'un même parent par un même parent, ont des patrimoines héréditaires différents.

Ici donc, il n'y a plus à proprement parler de lignée, quoique la continuité de la substance vivante reste vérifiée comme dans le cas des générations agames. Chaque fécondation produit quelque chose de nouveau, un patrimoine héréditaire dans la confection duquel le hasard du mélange amphimixique joue un rôle très considérable.

Nous ne connaissons pas assez la structure des substances vivantes et la nature du phénomène sexuel pour prévoir le résultat des amphimixies, même si nous connaissions exactement les proportions et toutes les conditions d'une fécondation donnée, mais l'observation prouve :

1° Que le poulain a un patrimoine héréditaire propre ;

2° Que, dans ce patrimoine héréditaire, on peut reconnaître, suivant les cas, telle ou telle particularité d'origine paternelle, telle ou telle particularité d'origine maternelle, en même temps que des propriétés nouvelles qui n'appartenaient ni au père ni à la mère. C'est l'accumulation de ces propriétés nouvelles dans la race, qui ajoutée à l'influence télégonique que nous avons étudiée en son lieu, rend les théories de croisement parues sur le pur sang, purement fantaisistes ;

3° Que ce qui était commun aux patrimoines héréditaires des deux procréateurs se retrouve dans le patrimoine héréditaire du poulain ; mais que, pour des particularités individuelles différentes chez les deux parents, il est impossible de prévoir quel en sera l'équivalent chez le produit.

Il ne faut pas oublier que du fait des hasards de l'amphimixie, chaque fécondation crée quelque chose de nouveau : et puisque ce qui nous intéresse c'est l'hérédité de la haute aptitude « coureuse » qui caractérise le cheval de classe, nous voyons qu'une nouvelle question doit s'ajouter aux précédentes. Lorsque nous accouplons des individus qui débutent au haras, des sujets de classe qui n'ont pas encore fait leurs preuves comme procréateurs, non seulement il sera nécessaire de se demander si l'aptitude qui donne la classe constatée chez un parent s'est inscrite dans le patrimoine héréditaire de ce parent, ce qui est déjà assez souvent problématique ; il faudra encore, toutes les fois qu'un poulain naîtra, se demander si la particularité correspondant à l'aptitude d'un parent s'est transmise au patrimoine héréditaire de tel produit résultant des hasards de telle amphimixie ; il se pourra que cette aptitude se transmette à un poulain et pas à ses frères ; il se pourra qu'elle ne se transmette à aucun d'eux ou qu'elle se transmette à tous à un degré plus ou moins intense ; les hasards de l'amphimixie nous défendent de rien prévoir.

C'est pourquoi lorsque nous aurons un accouplement à indiquer, nous chercherons des reproducteurs ayant donné des preuves de la force héréditaire qui les rend aptes à transmettre la classe. Pour les étalons la chose est encore assez aisée en y mettant le prix, mais pour les juments il n'est pas toujours facile de se procurer des grandes poulinières, par la raison que les éleveurs qui les possèdent les conservent jalousement. On devra donc rechercher les filles de ces grandes poulinières. Là ne se bornent pas toutefois, toutes les conditions qui permettent de réduire dans des limites assez restreintes d'ailleurs la part que le hasard s'est faite si large.

Il faut encore que les juments choisies aient dans leur ascendance directe et collatérale des animaux ayant montré à un assez haut degré l'aptitude à transmettre la classe, de façon à n'opérer qu'avec des mères chez lesquelles cette aptitude soit devenue un caractère acquis partant parfaitement transmissible à leur progéniture.

En ce qui concerne les mâles, il éclot parfois subitement dans certaines familles obscures des performers extraordinaires dont la haute qualité ne peut pas toujours être rattachée à l'hérédité. Parfois cette qualité est une simple variation dont les causes nous échappent, souvent aussi elle résulte d'un atavisme plus ou moins lointain. Généralement ces sujets ne font pas souche de grands vainqueurs. Aussi sera-t-il préférable, de rechercher, même si sa classe est moindre, un étalon qui descend d'une lignée de grands vainqueurs de préférence à un cheval phénomène issu de procréateurs modestes.

Nous arrivons enfin à la mystérieuse question des combinaisons de sang. Nous n'essaierons pas d'établir un système, un dogme quelconque. Il n'y a pas de loi qui régisse ce que l'on est convenu d'appeler les courants de sang, chaque accouplement motivant un problème spécial, dans la solution duquel l'intuition joue un rôle plus considérable qu'on ne croit en général. Nous laisserons à l'éleveur le soin de se faire une opinion personnelle d'après ce que nous avons écrit et ce qui va suivre.

D'aucuns ont dit que le meilleur et le plus prompt moyen de produire des vainqueurs est d'introduire dans le pedigree du produit à naître les noms des chevaux doués des qualités, tenue ou vitesse, qui manquent dans celui de la jument sur laquelle on opère. Cette méthode, qu'on pourrait appeler la méthode des compensations, a certainement du bon, en l'examinant à la lumière des lois de l'hérédité. Il faudra donc rechercher un étalon qui apporte dans son pedigree les courants qui permettent de réaliser cette donnée. Il y a là, pour l'éleveur qui crée un haras, une première indication pour la recherche des origines des juments poulinières qu'il destine à un étalon donné. Mais, comme il faut, en outre, pour satisfaire aux exigences de la mode, produire des sujets dont le pedigree se rapproche le plus possible de ceux des grands vainqueurs de l'année, le problème, en se compliquant, nous montre l'embarras où se trouve l'éleveur de pur sang malgré les ingénieuses méthodes qui lui indiquent pour rien, le moyen de produire des cracks.

On a préconisé le croisement in-and-in ou in-breeding qui permet de multiplier les tendances et d'augmenter les chances d'hérédité des qualités qu'on recherche chez le produit. Il semble prouvé que, chez le cheval de course, les unions consanguines ont pour résultat de faire disparaître ou tout au moins de reléguer à l'arrière-plan des familles ainsi formées, tandis qu'elles paraissent, au contraire, épanouir les autres avec une énergie nouvelle. Il y a donc des familles mal douées et des familles bien douées pour la consanguinité.

Ce double phénomène, bien démontré par les observations, explique parfaitement, d'une part, les apparentes contradictions des faits et des conclusions opposées des observateurs ; il rend compte aussi de cet autre fait, non moins certain, de familles très bien douées et sorties tout entières de la consanguinité.

On peut résumer et synthétiser tous ces phénomènes par cette idée, que la consanguinité apparaît comme un moyen de sélection fort puissant à faire vite évoluer le fond et le tréfond organique des familles : c'est une pierre de touche signalant tout de suite certaines impuretés d'un sang qui, sans cette épreuve pouvait, par une sorte de diffusion, les entraîner dans la masse, tandis que les familles indemnes de ces vices retrempent, doublent, au contraire, dans la consanguinité leur résistance et en sortent plus fécondes, plus saines que jamais. Voilà la théorie qui nous semble résumer tous les faits.

Voyons maintenant ce qui importe à la pratique. Comment distinguer une famille que la consanguinité doit terrasser et celle qu'elle doit fortifier? Ici, où nous serions si intéressés à savoir, notre ignorance apparaît cruellement, et le mieux est de l'avouer, afin de stimuler nos efforts. Provisoirement, nous pourrons présumer, d'accord avec les notions les plus certaines de la science, que le danger qui pèse sur toute alliance consanguine décroît avec le nombre des ascendants connus comme indemnes des affections propres à l'hérédité ou de toutes autres paraissant aptes à se transformer en l'une quelconque de ces affections. Cependant, malgré cette décroissance, nous ne prétendons pas que le danger s'annule jamais. Qui pourrait dire jusqu'à quel ancètre un double atavisme peut remonter pour emprunter des caractères organiques? Il y a pourtant une connaissance facile à acquérir, et que notre ignorance, précédemment constatée, rendrait très désirable : c'est la probabilité respective qu'une famille saine, qui affronte la consanguinité, a de s'y anéantir ou d'y prospérer; aujourd'hui, il n'est pas possible de répondre à cette question.

Le propriétaire-éleveur qui exploite la carrière des poulains qu'il fait naître possède le plus souvent un étalon d'une plus ou moins grande valeur, dont il utilise les services pour ses meilleures juments, afin d'augmenter les chances de succès de son sire. Il envoie en outre, un certain nombre de juments à des étalons étrangers suivant l'engouement général, ce qui lui permet d'introduire des sangs nouveaux dans son stud.

L'éleveur de yearlings, qui vend annuellement, possède en général simplement une jumenterie. Il peut à sa guise choisir, au dehors, un étalon pour chacune de ses juments et effectuer les croisements qui lui conviennent. Il est indispensable que, poursuivant sans cesse la sélection la plus rigoureuse, il donne ses juments à des pères de premier ordre, quel que soit leur prix de saillie. Il ne faut pas qu'il oublie que les produits d'un étalon réputé sont estampillés à l'avance et toujours assurés d'un bon débouché. Les reproducteurs inférieurs eussent-ils l'extérieur le plus avantageux, sont des débiteurs auxquels les acheteurs n'accordent aucune créance. Satisfaire l'acheteur voilà pour l'éleveur la véritable loi.

Que l'éleveur qui désire avoir de beaux et bons poulains choisisse donc de belles juments appartenant à des lignées de mères de grands vainqueurs et qu'il les donne sans s'inquiéter du dosage, ni du numérotage, ni du degré de consanguinité à un grand vainqueur, solide, résistant, ayant toutes les qualités du mâle tel que nous l'avons déjà décrit, il mettra toutes les chances de son côté; *l'entraînement* et *l'alimentation* feront le reste.

Nous savons bien qu'il y a certains croisements appelés classiques qu'on doit rechercher, mais l'erreur qui consiste à reconstituer les pedigrees des grands vainqueurs avec des animaux qui ne sont que des parents plus ou moins rapprochés des auteurs de ces cracks, tend à disparaître peu à peu.

Les lois de l'hérédité et de la variation individuelle nous ont suffisamment démontré l'inefficacité de ces croisements classiques, aussi croyons-nous inutile de citer des exemples.

Nous pourrons donc conclure :

L'esprit de méthode est indispensable en élevage plus qu'en toute industrie peut-être, et cela précisément parce que les chances contraires sont plus nombreuses, l'expérience prouve en effet, que les seuls éleveurs qui réussissent d'une manière suivie sont ceux qui ont adopté un système et des principes dont ils s'écartent le moins possible. Un succès accidentel n'a par contre aucune signification et jamais, en quelque sorte, il ne se retrouve deux fois chez l'éleveur qui s'en rapporte exclusivement au hasard, ce qui, par malheur, est loin d'être une exception.

CHAPITRE V

HYGIÈNE DES REPRODUCTEURS

Hygiène de l'étalon. — Lorsqu'on achète un étalon, il y a tout d'abord lieu de considérer la différence qui existe entre un étalon qui vient de l'entraînement et celui qui vient du stud.

Lorsqu'il revient de l'entraînement son existence change complètement. Il faut que la transition s'opère doucement si l'on veut éviter des mécomptes.

Dès le premier jour de l'arrivée du cheval, se garder de le mettre en box sans le sortir. Une longue promenade en main est donc indispensable. Le soir même de son arrivée, on lui donnera une mash bien composée qui préparera l'animal à la nourriture aqueuse de l'herbage, s'il doit être à l'herbage. Il est en tout cas urgent de le préparer à un régime moins excitant.

Il faut bannir les purgations violentes qui peuvent irriter le tube intestinal, et le soumettre de préférence à un régime laxatif. La gymnastique doit préoccuper ensuite le stud groom qui a le choix entre ces différents systèmes : 1° promenades en main ; 2° stabulation permanente avec un exercice quotidien artificiel qui peut consister en travail monté à la longe ou au manège ; 3° existence au dehors, dans un paddock spécial, pendant la plus grande partie de la journée.

Les promenades en main doivent être très longues, quatre heures par jour sur des routes paisibles. Les animaux doivent être conduits par des hommes très sûrs. Ce système n'est possible qu'avec des étalons tranquilles, qui ne se cabrent pas. Il offre l'avantage de les laisser au retour, sans pansage, dans un box très aéré.

Le travail à la longe a pour but d'arriver à une sudation abondante, d'où obligation presque totale d'avoir une écurie fermée, ou de soumettre le cheval au régime des couvertures. Cette méthode permet de maintenir les animaux légers, condition qui peut satisfaire l'œil au point de vue esthétique, mais qui offre de graves inconvénients au point de vue de la santé générale.

On peut tirer tout le profit du travail monté pour un jeune étalon, en le soumettant à un exercice qui devra durer environ deux heures, aux allures modérées, sur un bon terrain et dans une région n'offrant pas le danger de rencontres fâcheuses. Il est indispensable d'avoir sous la main un homme léger qui soit bon cavalier. Ce système permet de donner au cheval un travail complet sans fatigue ni surmenage ; il continue à former son caractère, à le rendre plus maniable, plus docile, à conserver chez lui l'aptitude au travail qu'il pourra transmettre plus sûrement à ses produits. Il y a des cas où ce régime est difficile à suivre, soit que le cheval soit difficile à monter, soit que la situation du haras ne permette pas de sortir l'étalon sans crainte des accidents que peuvent présenter le passage des trains et des automobiles, ou ceux qui peuvent se produire sur un terrain de mauvaise nature.

On a souvent prétendu que le travail monté est mauvais pour les reins du cheval. Nous croyons que c'est là une erreur. Il n'y a aucun inconvénient, à la condition de mettre sur l'animal un poids léger.

Quand ce système ne peut pas être adopté, certains éleveurs soumettent l'étalon au travail de la longe dont les avantages sont restreints. On obtient il est vrai une dépense d'énergie assez grande en très peu de temps, si l'exercice est énergiquement donné ; mais il y a des dangers d'efforts de tendons, d'atteintes, de prises de longe. Le cheval s'abrutit rapidement et l'on peut provoquer chez lui des congestions fatales.

La plupart des chevaux tournent mieux sur un pied que sur l'autre ; il est bon que les hommes les forcent à tourner des deux côtés. Au retour, le cheval étant mouillé, le pansage doit être long et consciencieux, le sire doit être placé dans une écurie fermée, et recouvert de couvertures.

Il est inutile d'insister sur les inconvénients de ce système qui prive l'animal de l'aération qui est nécessaire au bon entretien de ses fonctions. Le travail au manège provoque des sudations inutiles et favorise l'introduction de la poussière dans les voies respiratoires. Il est bon de veiller aux dangers des tournants pour les chevaux violents et de parer aux arrêts brusques.

Caïus, étalon alezan, par Révérend et Choice.

Si l'on désire mettre le cheval en liberté dans un paddock, il est nécessaire que l'enceinte soit clôturée par des palissades très élevées. Cette enceinte doit être grande pour permettre à l'étalon de prendre son exercice sans ennui. Certains sujets ne prenant pas d'eux-mêmes l'exercice voulu, il faut les exciter; d'autres s'excitant trop prennent des galops qui vont jusqu'à la fatigue. Il sera facile de parer au premier inconvénient en passant une ou deux fois par jour avec une chambrière pour faire travailler le cheval; le second disparaît lorsque l'animal a pris l'habitude du paddock. Un des grands avantages du paddock, c'est qu'il permet aux animaux de manger de l'herbe, nourriture rafraîchissante par excellence.

Soumis à un régime alimentaire échauffant, privé d'exercice, le cheval devient irritable. Si l'on ajoute à cela l'agacement journalier du pansage et parfois la brutalité des hommes, on ne sera pas autrement surpris de constater qu'un étalon très doux au début de sa carrière est devenu méchant. Sa fécondité est moindre, il peut en outre être sujet à des affections nerveuses qui peuvent devenir graves avec le temps. L'exercice est donc indispensable. La nourriture doit être rafraîchissante et variée; et il est bon que l'étalon soit soigné et servi toujours par le même homme.

En résumé les étalons seront soumis à un travail modéré en rapport avec la force musculaire dont ils peuvent disposer. C'est pour eux une condition de santé.

En théorie, un étalon ne devrait effectuer la saillie que tous les deux jours, mais il est de nombreux exemples de chevaux ayant sailli avec succès deux ou trois juments par jour et même plus. On peut admettre pour un cheval la faculté de deux saillies par jour lorsque la saison de la monte ne doit pas être trop prolongée.

En général, il faut ménager les étalons plutôt que de les surmener; ne pas trop s'en rapporter à leur ardeur, à la promptitude avec laquelle ils se jettent sur les juments, et il serait imprudent de ne pas s'assurer au préalable que les juments sont disposées à recevoir l'étalon non seulement sans aucune résistance, mais volontiers.

Pendant la saison de la monte, l'étalon recevra une nourriture très substantielle, de bonne qualité et plus copieuse en avoine; mais s'il est nourri abondamment, il faut lui donner de temps à autre des barbotages et un peu de vert.

Les principales causes de stérilité chez l'étalon sont dues à la grande fréquence des saillies ou à un engraissement excessif si contraire à la fois aux bonnes règles de l'hygiène et de la production.

Cet excès d'embonpoint dû, non seulement à une surabondance de nourriture, mais surtout au manque d'exercice, est fréquent chez les chevaux de nos haras.

Autrefois on employait pendant la monte, pour exciter les étalons, des substances échauffantes ou très substantielles, telles que les graines de chènevis, l'ail, le poivre, la poudre de cantharides, le blé ou les féveroles; puis, après la monte, il était de rigueur de saigner, d'administrer des rafraîchissants à l'intérieur. Aujourd'hui, on est revenu de ces habitudes, au moins inutiles et souvent nuisibles. Tous ces moyens tendent, les uns à forcer la nature, les autres à l'épuiser davantage.

Hygiène de la poulinière. — Comme pour l'étalon il sera bon de distinguer les poulinières qui viennent de l'entraînement de celles qui sont à la prairie. Pour les premières, on devra, dès leur arrivée au stud, leur faire suivre un régime de transition au point de vue alimentaire. Le régime jusqu'à la saison de monte sera rafraîchissant. Le bol alimentaire pourra augmenter graduellement de volume jusqu'à la limite normale, afin d'assurer l'intégrité fonctionnelle de l'appareil digestif brûlé par l'alimentation trop riche du training. Elles seront déferrées et mises dans un paddock dès le premier jour.

La poulinière qui a déjà produit sera soumise à un régime alimentaire spécial aussitôt après le sevrage en vue de la préparation pour la monte suivante. Pendant le premier mois qui suit le sevrage, on doit diminuer la richesse de la ration et administrer quelques purgatifs légers accompagnés de mashes, afin de prévenir les accidents que peut provoquer la cessation de la fonction mammaire. Puis, lorsque tout danger est conjuré, on augmente progressivement la ration qui doit être une simple ration d'entretien jusqu'à l'époque de la monte, dont nous nous occuperons après avoir décrit les organes génitaux de l'étalon, de la jument, et dit un mot sur la puberté, le rut et les chaleurs.

CHAPITRE VI

APPAREIL DE LA GÉNÉRATION

Composé des organes génitaux, l'appareil de la génération est préposé aux actes fonctionnels qui ont pour but la reproduction de l'individu et la conservation de l'espèce.

Chez le cheval la fonction appelée génération exige le concours de deux individus : l'un mâle qui produit le sperme, l'autre femelle qui fournit l'ovule.

I. **Organes génitaux du mâle.** — Les organes génitaux du mâle se composent de deux organes sécréteurs, les testicules et d'un appareil d'excrétion assez complexe, le tout contenu dans un système particulier d'enveloppes membraneuses.

« Les testicules sont deux glandes lobuleuses chargées d'élaborer le sperme, pourvues chacune d'un conduit excréteur, replié un très grand nombre de fois sur lui-même à son origine, qui forme l'épididyme et peu à peu dépourvu de sinuosités dans le reste de son trajet qui prend le nom de canal déférent. Ce conduit transporte la liqueur fécondante dans les vésicules séminales, réservoirs à parois contractiles où cette liqueur s'accumule et d'où elle est expulsée lors de l'accouplement, en suivant d'abord la voie des canaux éjaculateurs qui font suite à la vésicule, ensuite celle du canal de l'urèthre. Ce dernier, pourvu sur son trajet de trois glandes accessoires, la prostate et les deux glandes de Cowper, est un canal impair, commun aux deux appareils de la génération et de la dépuration urinaire. Il est supporté par une tige érectile, le corps caverneux, avec lequel il forme un organe allongé, le pénis ou la verge, qui dans l'acte du rapprochement des sexes est introduit dans le vagin, au fond duquel il va porter le fluide spermatique (Chauveau et Arloing). »

Ces considérations générales très claires et très explicites nous dispenseront de grands détails à propos de chaque organe en particulier.

Testicules. — Les testicules, situés au fond de la région inguinale, y pendent à l'extrémité de leurs cordons, le gauche généralement un peu plus bas que le droit. Ils sont descendus de la région sous-lombaire généralement dans les six ou dix premiers mois de la naissance, quelquefois plus tard, en traversant le trajet inguinal et en poussant devant eux le péritoine dont ils se coiffent. Durant la vie fœtale, ils étaient flottants, dans la cavité abdominale. Leur forme est celle d'un ovoïde aplati latéralement et le gauche se montre habituellement plus volumineux que le droit.

Cordon. — Le cordon qui soutient chacun d'eux (cordon testiculaire) se compose : en avant, de l'artère grande testiculaire, des veines et des nerfs de l'organe formant un lacis complexe en arrière du canal déférent, accompagné par l'artère petite testiculaire ; enfin, entre ces deux parties, d'un faisceau de fibres musculaires grises qui jouissent d'une grande puissance contractible. Toutes ces parties suspendent ensemble la glande à la voûte sous-lombaire et sont dans la première partie de leur trajet intra-abdominales, dans la seconde, extra-abdominales.

Enveloppes ou bourses. — Chaque testicule ainsi suspendu est enfermé dans un sac complexe, formé de plusieurs membranes superposées, qui dans leur ensemble sont désignées sous le nom de bourses.

Chacune des bourses se compose de dedans en dehors :

1° D'une poche séreuse dite gaine ou tunique vaginale, véritable diverticulum du péritoine avec lequel elle communique par un goulot qui enveloppe le cordon et constitue le canal inguinal. Cette gaine vaginale est formée lors de la migration du testicule, par la pression de celui-ci sur le péritoine, qu'il pousse devant lui ;

2° De la tunique fibreuse, membrane mince de tissu fibreux blanc si intimement adhérente à la précédente qu'on ne l'en sépare que fort difficilement ;

3° Du muscle crémaster, large bande charnue qui s'étale sur le côté externe seulement de la tunique fibreuse et dont les contractions déterminent les mouvements d'ascension brusque du testicule.

4° Du dartos, membrane jaune, musculo-élastique, formant un

sac adossé à son congénère sur la ligne médiane et déterminant les mouvements vermiculaires dont les bourses sont le siège.

Les deux bourses ainsi séparées sont incluses ensemble dans un pli de la peau appelé scrotum qui enveloppe les deux testicules à la fois et est très intimement unie au dartos.

Dans l'opération de la castration les enveloppes des testicules se présentent sous le tranchant du bistouri dans un ordre inverse de celui qui vient d'être suivi, savoir : peau et dartos unis ; couches de tissu conjonctif ; tunique fibreuse et gaine vaginale intimement soudées. Le crémaster n'existant que sur le côté externe n'est pas incisé.

Structure du testicule et appareil d'excrétion. — Le tissu propre des testicules, pulpeux, grisâtre, sillonné de nombreux vaisseaux et de nerfs, est composé d'une multitude de petits lobules résultant eux-mêmes de l'agglomération d'une infinité de canalicules très petits, appelés tubes séminifères. Le tout est contenu dans une coque fibreuse dite tunique albuginée.

Épididyme. — Les tubes séminifères se déversent dans l'épididyme, tube flexueux, couché au-dessus du testicule avec un lacis de vaisseaux propres, et renflé à ses deux extrémités appelées tête et queue de l'épididyme.

Canal déférent. — La queue de l'épididyme se continue par le canal déférent : tube du volume d'un crayon, d'abord sinueux, puis rectiligne qui entre dans la composition du cordon testiculaire. Mais au lieu de se fixer à la voûte sous-lombaire, il gagne le sommet de la vessie, passe au-dessus et se termine au niveau du col de cet organe dans la vésicule séminale correspondante.

Vésicules séminales. — Les vésicules séminales, une à droite l'autre à gauche, sont prolongées jusqu'au canal de l'urèthre chacune par un conduit très court appelé canal éjaculateur.

Prostate et glandes de Cowper. — Enfin par-dessus les canaux éjaculateurs, en travers du col de la vessie, immédiatement sous le rectum se trouve la prostate et plus en arrière, les glandes de Cowper qui toutes, versent un liquide lubrifiant à l'intérieur du canal de l'urèthre dans le moment qui précède l'éjaculation du sperme.

Du pénis. — Le pénis, ou la verge est un organe cylindroïde, vasculaire, membraneux et érectile, fixé à l'arcade ischiale, comprenant :

1° Une partie fixe postérieure qui s'étend de cette arcade aux bourses, entre les deux fesses ;

2° Une partie mobile antérieure qui se prolonge sous le ventre, logée dans un repli de la peau appelé fourreau et se termine par un renflement, la tête du pénis, qui se développe considérablement au moment de l'éjaculation sous forme de pomme d'arrosoir ou de champignon.

Le pénis a pour base le corps caverneux traversé par le canal de l'urèthre. Le corps caverneux est un tissu érectile formé de larges aréoles veineuses qui se remplissent de sang lors de l'érection. Il prend naissance à l'arcade ischiale par deux racines distinctes. Son érection est provoquée par le désir du rapprochement des sexes et quelquefois par une excitation de la moelle, étrangère aux désirs vénériens.

Le canal de l'urèthre est un canal impair, à parois membraneuses et érectiles, qui prolonge le col de la vessie, passe entre les deux racines du corps caverneux, traverse ce dernier et vient se terminer à la tête du pénis par le méat urinaire.

Le pénis, qui se gonfle et se roidit au moment de l'érection, a pour fonction de porter le liquide spermatique au fond du vagin et d'évacuer l'urine.

Le sperme est un liquide blanchâtre, visqueux, inodore, qui renferme un grand nombre de spermatozoïdes, animalcules microscopiques, en forme de têtards, qui constituent le principe fécondant. Les spermatozoïdes se meuvent par des ondulations de la queue; ils n'apparaissent dans le sperme que lorsque le cheval devient apte à la reproduction et disparaissent lorsque, avec l'âge, il perd cette faculté (Jacoulet et Chomel[1]).

II. **Organes génitaux de la femelle.** — Ces organes sont construits sur le même type que ceux du mâle, avec lesquels ils ont beaucoup d'analogie. Ils comprennent :

1° Les deux ovaires, organes sécréteurs analogues aux testicules ;

2° Les trompes utérines, canaux excréteurs recevant l'ovule ou germe de la fécondation pour le transporter dans la matrice ;

3° La matrice ou utérus, réservoir dans lequel se développe et séjourne ensuite le fœtus ;

4° Le vagin, vaste canal commun aux voies génératrice et urinaire ;

5° Les mamelles, glandes qui sécrètent le lait.

Des ovaires. — Les ovaires sont deux corps ovoïdes de même forme, mais plus petits que les testicules, situés dans la cavité

1. *Traité d'hippologie.* Milon, éditeur, Saumur.

abdominale et suspendus un peu en arrière des reins à la région sous-lombaire. Ils présentent à leur bord supérieur une scissure qui rappelle le hile du rein et sur laquelle s'abouche le papillon de la trompe.

Les ovaires se composent d'un tissu propre, dur, grisâtre, marbré, dans lequel se trouvent disséminées les vésicules de Graaf, petites ampoules assez nombreuses, remplies d'un liquide citrin au sein duquel nagent les ovules. Chaque vésicule contient un ovule, composé lui-même d'une membrane amorphe dite vitelline et d'un contenu granuleux appelé vitellus.

Véritables testicules de la femelle, les ovaires forment les ovules, autour desquels se développent les vésicules de Graaf, qui les englobent entièrement.

A l'époque des chaleurs, une au moins de ces vésicules se congestionne, se vascularise, se distend et crève pour laisser échapper l'ovule, qui est reçu dans la trompe et chemine ensuite plus ou moins rapidement vers la matrice, pour rencontrer le sperme s'il y a rapprochement des sexes.

Trompes utérines ou de Fallope. — Encore appelée oviducte, chaque trompe utérine, logée dans le ligament large du même côté, est un petit canal flexueux, qui commence à la scissure de l'ovaire par une extrémité libre, frangée et évasée appelée pavillon de la trompe ou morceau frangé, et se termine dans la corne utérine correspondante.

La trompe transporte l'ovule de l'ovaire dans la matrice et peut aussi porter en sens inverse le sperme à la rencontre de l'œuf.

Matrice ou utérus. — L'utérus est un réservoir musculo-membraneux situé à l'entrée de la cavité pelvienne et suspendu par des replis du péritoine appelés ligaments larges. Il est formé d'une partie cylindrique, le corps de l'utérus, dont l'extrémité postérieure fait dans le vagin une saillie connue sous le nom de museau de tanche ou fleur épanouie, et dont l'extrémité antérieure se bifurque pour former les cornes de l'utérus recourbées en haut et se dirigeant chacune vers un ovaire.

Tapissé extérieurement par le péritoine et intérieurement par une muqueuse, l'utérus est constitué par une couche charnue de fibres lisses qui prend un grand développement pendant la gestation.

L'utérus est l'organe dans lequel arrive l'ovule où il se développe.

Vagin. — Le vagin est un long canal membraneux, plissé longitudinalement, qui fait suite à l'utérus et se termine en arrière par l'ouverture extérieure appelée vulve.

Formé d'une couche musculaire que tapisse intérieurement une muqueuse en continuité avec celle de la matrice, le vagin reçoit l'organe mâle pendant l'accouplement et livre passage au fœtus lors de la parturition.

Vulve. — Orifice externe des organes génitaux, la vulve est une fente allongée verticalement, située au-dessous de l'anus dont elle est séparée par le périnée. Elle présente deux lèvres latérales et deux commissures, l'une supérieure, l'autre inférieure. Celle-ci loge le clitoris, véritable miniature du corps caverneux du pénis, érectile comme lui et protégé par une sorte de capuchon muqueux ou du prépuce.

En arrière du clitoris, à 10 ou 14 centimètres de l'ouverture extérieure, se trouve le méat urinaire ou orifice du canal de l'urèthre, dissimulé sous une valvule muqueuse qui semble diriger les urines en arrière et qui empêche leur reflux au fond du vagin.

La vulve est formée d'une membrane muqueuse qui continue celle du vagin; d'un corps érectile, le bulbe vaginal; de deux muscles constricteurs; de ligaments musculeux et de la peau qui en cet endroit est fine, noire, glabre, en continuité avec la muqueuse, et marque une sorte de transition entre les deux téguments.

La vulve étreint l'organe mâle lors de l'accouplement.

La puberté. — Les sexes ne se recherchent que sous l'impulsion des appétits qui naissent avec la puberté. Celle-ci pourrait être définie l'ensemble des modifications de l'organisme attachées à la maturité sexuelle. La maturité sexuelle précède celle de l'organisme.

Le phénomène essentiel de la puberté consiste dans l'achèvement de l'appareil génital qui devient apte à remplir toutes ses fonctions. Elle s'annonce donc par la sécrétion spermatique chez le mâle et l'ovulation chez la femelle. Par corrélation, elle se trahit à l'extérieur par l'acquisition de tous les caractères sexuels secondaires, caractères qui se dessinent avec vigueur chez tous les mâles. L'étalon se fait remarquer par l'épaisseur et la puissance de l'encolure, l'abondance de la crinière, l'ampleur des naseaux, du larynx, de la trachée, de la poitrine, de la gravité de la voix, la puissance de la musculature.

Rut et chaleurs. — Les impulsions qui inclinent les animaux au rapprochement sexuel procèdent de cet état général qui contitue le rut ou les chaleurs. C'est un éréthisme périodique des organes génitaux retentissant sur le système nerveux central, et les grandes fonctions. Il se traduit par l'exaltation de la sensibilité, une soif vive, de l'inquiétude et de l'agitation. Les femelles en chaleur recherchent les mâles; elles font des efforts de miction fréquents et stériles. Leurs mamelles se gonflent, le clitoris se projette au dehors dans des mouvements saccadés ; la vulve, dont la muqueuse est fortement injectée, laisse s'écouler au dehors un liquide muqueux très abondant et parfois sanguinolent.

De nombreux moyens de provoquer les chaleurs ont été préconisés par des empiriques. Aucun d'eux ne saurait être pris au sérieux. Certaines substances à base de phosphore, ont une action certaine sur l'appareil de la génération, mais nous préférons de beaucoup les moyens mécaniques : l'électricité et un appareil que nous avons imaginé, qui consiste en deux boules creuses en celluloïd très mince. Dans l'une de ces boules s'en trouve une autre, qui contient une petite quantité de mercure ; les deux boules sont placées l'une contre l'autre dans le vagin. La boule vide touchant le museau de tanche, lorsque la jument fait le plus léger mouvement, le mercure s'agite et provoque le déplacement de la boule intérieure qui transmet aux deux boules une petite agitation qui constitue le chatouillement utile à la provocation des chaleurs. Nous étudierons plus loin le rôle de l'électricité en étudiant la stérilité.

CHAPITRE VII

PRATIQUE DE LA MONTE

L'époque classique pour le pur sang commence au 15 février. On a fixé cette limite pour éviter de faire naître les poulains avant le 1er janvier. C'est à partir de cette date que compte l'âge du cheval de course. La limite de la fin de la monte doit être au milieu du mois de juin pour que les dernières naissances de l'année suivante ne soient pas trop tardives.

Le boute-en-train. — L'opération de la monte nécessite d'abord l'emploi d'un boute-en-train, cheval, qui, en s'approchant de la jument pratique le flairage qui doit indiquer si elle est oui ou non apte à être fécondée.

Il y a différentes sortes de boute-en-train :

1° Le boute-en-train de pur sang ou de demi-sang qu'on utilise pour la saillie de juments inférieures, comme cela se pratiquait au haras de Victot ;

2° Le boute-en-train spécialement mutilé qui peut vivre au milieu des juments. L'examen de cette mutilation montre que le pénis est dirigé en arrière, parallèlement au périnée, qu'il pend sous l'anus, entre les deux cuisses et en arrière des testicules. L'opération que doit subir l'étalon pour acquérir une aussi paradoxale conformation n'a aucune conséquence fâcheuse pour sa santé ; elle est d'origine américaine. On ne saurait nier son ingéniosité : elle rend le sujet inapte à l'accouplement, bien que l'érection, voire même l'éjaculation soient encore possibles. Dans les établissements d'élevage, l'étalon ainsi *préparé* joue le rôle précieux d'un « boute-en-train » que l'on peut, sans redouter de saillie intempestive, lâcher dans un paddock en compagnie de plusieurs juments, chez lesquelles il provoque l'apparition souhaitée des chaleurs.

L'expérience démontre que certaines femelles difficilement excitables se modifient complètement après un séjour relativement court dans un pré avec un tel étalon ;

3° Enfin le boute-en-train de trait, qui peut, en dehors du travail de la barre, être utilisé dans l'exploitation du haras.

Le boute-en-train ayant plus de chance de rester maniable lorsqu'il ne fait pas la saillie, il vaut mieux choisir un cheval de trait pour les raisons que nous avons données et à cause de la douceur qui caractérise, en général, les chevaux qui travaillent.

Le boute-en-train doit être tenu avec une bride forte ou avec un caveçon, soit avec les deux, suivant les difficultés. L'homme doit avoir dans sa main libre un petit bâton solide qui lui sert à arrêter le boute-en-train lorsque celui-ci veut se dresser par dessus la barre et qui lui permet en même temps de toucher les lèvres du vagin de la jument pour voir si elle peut supporter ce contact.

Lorsque la jument est à la barre on doit laisser une certaine liberté d'action au boute-en-train ; il faut lui laisser flairer la tête de la jument, puis descendre progressivement par le garrot jusqu'à la cuisse et enfin jusqu'à la vulve, si la jument ne se défend pas jusque-là.

Certaines juments présentées à la barre indiquent très nettement qu'elles sont en chaleur, en restant calmes, tranquilles au flairage ; en écartant les jambes de derrière avec un mouvement accusé des lèvres de la vulve, du clitoris et même par une petite émission de liquide vaginal. Ces mêmes juments, lorsqu'elles ne sont pas en chaleur, essayent de mordre l'étalon, poussent de petits cris et ruent sans interruption jusqu'au moment où on leur fait quitter la barre. C'est là l'épreuve normale et le cas le plus fréquent chez les juments qui ont pouliné et qu'on présente à la barre après le premier délai. Mais certaines juments, et spécialement celles qui pour une raison ou pour une autre sont restées vides l'année précédente, celles qui viennent de l'entraînement, celles soumises à un régime échauffant ne présentent pas des signes aussi nets de leur état. Les unes restent tranquilles au moment où le boute-en-train les flaire à la tête, à l'encolure, à l'épaule et paraissent y trouver une certaine satisfaction. Elles restent même dans cette attitude lorsque le boute-en-train arrive dans la région postérieure et sous l'excitation à la vulve, de la baguette de l'étalonnier. Si l'on insiste pourtant pendant quelques minutes, brusquement, elles commencent à taper dans la barre, à hennir, en un mot à se défendre.

D'autres juments, rien qu'à la vue de la barre et du boute-en-train, arrivent avec les jambes postérieures écartées, avec des mouvements du clitoris, des émissions brusques et abondantes d'urine mélangées de liquide vaginal. Elles conservent cette attitude pendant quelques instants à la barre, puis elles commencent à taper et à se défendre. Ces juments, qui semblaient indiquer la chaleur, n'ont qu'une excitation factice et ne sont pas prêtes à être saillies.

D'autres juments à peine arrivées à la barre, crient, essaient de mordre le boute-en-train, tapent dans la barre, tout cela d'une façon assez violente pour que certains étalonniers peu expérimentés les fassent immédiatement partir, persuadés que les juments ne sont pas en chaleur. Mais, si l'on insiste un peu, les juments se calment, laissent l'homme les toucher à la vulve avec son bâton, et finissent par avoir les mouvements caractéristiques du clitoris avec émission du liquide. En résumé, il ne faut pas juger trop hâtivement les juments qui arrivent à la barre, d'après leur première attitude, et c'est à l'étalonnier de connaître assez le caractère de chacune d'elles, pour voir s'il faut insister dans un sens ou dans l'autre, avant de se prononcer sur l'état de la jument.

Emplacement pour la saillie. — Pour l'emplacement de la saillie il faut choisir un terrain uni et non glissant dans un espace assez vaste pour que l'étalon et la jument ne se blessent pas au cas où ils se déplaceraient l'un et l'autre; un peu isolé, pour qu'ils ne soient pas dérangés par d'autres chevaux et si possible à l'abri du mauvais temps.

On a vu des chevaux refuser de saillir une jument s'ils en apercevaient d'autres. Le calme devant être réalisé, on ne doit admettre que les gens nécessaires pour tenir ou diriger les animaux afin d'éviter autant que possible tout ce qui pourrait distraire l'étalon.

Entraves. — On distingue l'entrave usuelle qui se compose d'une bricole munie de deux anneaux et de fortes cordes à l'extrémité desquelles se trouvent des bracelets de cuir, avec boucle entourant le paturon des juments. Il faut avoir soin de passer les bracelets très doucement au pied des juments, de croiser les cordes sous le ventre en faisant un tour avec une d'elles autour de l'autre pour éviter qu'elles s'embrouillent; faire aux anneaux de la bricole des nœuds qu'on puisse défaire rapidement en tirant sur l'extrémité des cordes. Serrer un peu les entraves de manière à ce que l'arrière main soit un peu engagé au-dessous de la jument. Une fois la jument entravée, il n'est pas possible de la faire avancer, mais si pour une raison ou pour une autre on veut la déplacer légèrement on peut changer la direction de l'avant main sur place et la faire reculer à petits pas.

Il existe d'autres genres d'entraves, telles que l'entrave de jarret plus sûre pour la jument, peut-être un peu moins pour l'étalon.

La saillie. — Lorsque la jument est entravée, un homme se place à la tête. D'une main un second enroule bien la queue et la tient de côté le long de la hanche de la poulinière, l'autre main prête à soutenir l'étalon. Un troisième, l'étalonnier, amène l'étalon, et, lorsque celui-ci est complètement en érection et cherche à s'enlever, il dirige le pénis de façon à éviter le tâtonnement tout à fait inutile. La saillie peut être considérée comme bonne, lorsque l'étalon donne le petit coup de rein final qui indique l'éjaculation. Examinons maintenant l'accouplement au point de vue physiologique :

L'union des deux sexes, nécessaire à la fécondation, s'effectue donc par la pénétration de l'organe mâle érectile, dans les voies génitales de la femelle où doit être lancée la liqueur séminale.

Cet acte, qui n'exige de la femelle qu'une participation à peu près passive, nécessite de la part du mâle l'érection du pénis, puis l'intromission dans le vagin, enfin l'émission du sperme.

Le pénis, doit, pour pénétrer dans les voies génitales de la femelle et y darder le fluide séminal, éprouver une turgescence particulière qui en augmente les dimensions et lui donne une certaine rigidité. Cette turgescence, connue sous le nom d'érection, a été attribuée à une foule de causes : à la compression des veines par Krause, à la contraction des fibres musculaires des trabécules des corps érectiles par Valentin, contraction commençant du côté des vésicules séminales ; Ch. Rouget la suppose due au relâchement de ces mêmes fibres trabéculaires. Eckhard la fait dériver de la dilatation des artères des tissus érectiles produite par l'excitation des nerfs érecteurs du plexus sciatique.

Le mécanisme de cet acte n'est pas aussi simple qu'il le paraît au premier abord. On voit bien qu'il consiste en une sorte de congestion du tissu aréolaire à larges lacunes qui constitue la masse de la verge. Mais cette congestion est-elle active ou passive et comment dans l'une ou l'autre hypothèse, la pression sanguine peut-elle distendre à un si haut degré des canaux qui se dégorgent librement dans les veines?

En étudiant avec soin le phénomène sur les animaux où le corps caverneux est très développé, on croit reconnaître qu'il résulte de deux causes, la première est un afflux plus abondant de sang artériel, soit par des artérioles dilatées soit par des artérioles qui se contractent plus énergiquement et elle suffit pour donner lieu à une turgescence très marquée; la seconde consiste dans l'obstacle apporté par la compression des veines ou dégorgement du tissu érectile. L'afflux plus grand du sang artériel (15 fois plus) est dû à une influence nerveuse; la gêne dans le départ du sang vient de la contraction de quelques muscles. Dans le corps caverneux, la compression des veines est due à l'ischio-sous-pénien, ou ischio-caverneux, comme Krause l'a dit avec raison, et dans le tissu spongieux de l'urèthre, elle résulte, ainsi que Kobelt l'a fait remarquer, de l'action du bulbo-caverneux ou accélérateur. Le premier de ces muscles, tout en comprimant les veines dorsales de la verge, entre le corps caverneux et l'échine, pousserait aussi le sang des racines de ce corps vers les parties antérieures, et l'accélérateur chasserait de son côté le sang du bulbe de l'urèthre vers la tête du pénis qui est une expansion du tissu de l'urèthre. L'observation semble donner la preuve de cette compression. Il est bien difficile de concevoir l'érection complète sans le secours de ces deux causes réunies; mais la part d'influence de chacune d'elle est difficile à préciser. Celle de la compression des veines s'opposant au dégorgement du corps caverneux est peut-être la plus grande. Ceux qui l'ont niée sous prétexte que la contraction des muscles ne peut être continue et parce que cette compression donnerait lieu à l'arrêt de la circulation, se sont étrangement trompés dirons-nous avec Colin (*Traité de Physiologie comparée*)[1]. Des contractions très rapprochées et saccadées suffisent, et une compression qui réduit fortement la lumière des veines conduit mieux au but qu'un affaissement complet qui arrêterait la circulation et ne permettrait point à l'érection d'avoir une longue durée.

Quoique l'érection s'opère simultanément dans toutes les parties de la verge, elle ne s'y développe pas d'une manière uniforme. L'érection du corps caverneux qui doit permettre à l'organe de

1. Baillière et fils, éditeurs, Paris.

pénétrer dans les voies génitales de la jument se produit la première et acquiert vite son maximum d'intensité : l'érection du corps spongieux de l'urèthre et de la tête du pénis, se fait à demi avant l'intromission ; elle s'achève dans le vagin sous l'influence des frottements et a pour but de rendre possible, sous forme de jet, l'émission du sperme.

L'érection ne peut s'opérer que par suite d'excitations nerveuses venues des centres. Elle est impossible, comme Gunther l'a montré dans le cas où les nerfs péniens sont coupés. Effectivement, après cette section que Colin a faite sur un cheval entier très vigoureux, la verge est devenue flasque. En présence d'une jument en rut, il y a eu des hennissements, des tentatives réitérées d'accouplement, mais la verge est demeurée molle et n'a pu se dégager du fourreau sur une longueur de plus de 20 centimètres.

Ce qui se passe au moment de la mort par compression, section du bulbe, commotion cérébrale ou simplement par hémorragie, n'éclaire pas beaucoup le mécanisme de cet acte. Alors, même dans les cas où elle n'est qu'incomplète, elle s'accompagne de contractions très vives des ischio-sous-péniens, de l'accélérateur et d'une éjaculation abondante. C'est ce que l'on voit tous les jours sur les étalons tués d'une manière quelconque. Certains d'entre eux donnent des nappes de sperme. Dans le cas où la respiration artificielle est établie sur ces animaux, on voit une nouvelle éjaculation se produire une fois que l'insufflation vient à se suspendre et que la circulation s'arrête.

A mesure que la turgescence du corps caverneux fait des progrès, le pénis éprouve un redressement de ses courbures et une élongation qui le font sortir du fourreau. Son diamètre augmente, sa forme se modifie de même que sa direction, et enfin sa rigidité devient très considérable. On le voit cylindrique et renflé à son extrémité. L'élongation du pénis et sa projection hors du fourreau dérivent le plus souvent du redressement des légères sinuosités que l'organe relâché décrit sous la symphise pubienne, surtout à la turgescence du corps caverneux. Une fois que l'érection est complète, souvent même avant qu'elle soit portée à son plus haut degré, le pénis peut pénétrer dans les voies sexuelles de la jument et y verser le sperme. Cette action exige que l'étalon s'élève sur les membres postérieurs, et se maintienne sur la croupe de la jument à l'aide de ses membres antérieurs. Le cheval flaire préalablement la jument au pourtour de la vulve, aux cuisses et au flanc comme nous l'avons dit; il hennit, relève spasmodiquement la lèvre supérieure, dilate fortement les naseaux et la fausse narine, mord quelquefois la femelle; sa respiration, extrêmement saccadée met en une sorte de convulsion les muscles du thorax et de l'abdomen.

Aussitôt que l'accouplement est commencé, la sensation éprouvée par le mâle, à la suite du contact du pénis avec les parois du vagin, détermine des contractions spasmodiques dans toutes les parties génitales. Le crémaster tend le cordon testiculaire et rapproche le testicule de l'anneau inguinal. Les canaux déférents se resserrent, et font monter le sperme vers les vésicules séminales. Celles-ci se contractent convulsivement, et expriment une partie de leur contenu dans le canal de l'urèthre. Les expansions musculaires rougeâtres qui enveloppent la prostate compriment ces glandes, en font sortir un fluide clair, légèrement visqueux, qui d'abord lubrifie la muqueuse uréthrale, et qui ensuite se mêle au sperme dont il a préparé les voies. Dès que le liquide est parvenu dans l'urèthre rétréci par le gonflement du tissu spongieux qui entoure ce canal et par la tension du corps caverneux, il est chassé avec force par les contractions d'un muscle rouge à fibres transversales tapissant toute la partie postérieure du canal. La partie supérieure de ce muscle agit spécialement sur la région pelvienne qu'elle entoure et sur les petites prostates qu'elle tapisse. La seconde exerce son action sur la partie pénienne de l'urèthre. La première a été appelée ischio-uréthral et la seconde périnéo-uréthral ou accélérateur.

L'émission du sperme et des fluides prostatiques se fait très rapidement chez les chevaux. Le coït est de très courte durée. D'après ce que nous avons pu observer dans les haras de pur sang, il ne dure en général que dix à quinze secondes, pour les étalons vigoureux, mais il peut aller jusqu'à trente pour ceux qui sont un peu fatigués. Le cheval éprouve des secousses répétées, fait trémousser sa queue; puis, l'acte accompli, les oreilles tombent, il baisse la tête et semble éprouver un affaissement subit très prononcé.

Le fluide séminal, associé aux humeurs prostatiques, est dardé avec force dans les voies génitales de la jument. Une partie de ce fluide est nécessairement versée dans le vagin, tandis que le reste paraît pouvoir être lancé directement dans la cavité du col de la matrice. Plusieurs considérations indiquent la possibilité de cette projection du sperme dans la cavité utérine. D'abord, il existe une relation manifeste entre la longueur du conduit vaginal et l'étendue de la partie libre du pénis, de telle sorte que, la verge peut atteindre facilement le col utérin. Ensuite, il y a un rapport entre la configuration de la tête du pénis et celle du col de la matrice. La verge du cheval qui se termine par un renflement en pomme d'arrosoir peut s'appliquer exactement sur le fond du vagin, et le petit prolongement uréthral saillant est bien disposé pour pénétrer dans l'ouverture de la fleur épanouie et s'y enfoncer d'autant plus que le mâle imprime à sa croupe des secousses plus énergiques.

Du reste, le col de l'utérus n'est pas, pendant la vie, fermé ni resserré très fortement. Il est facile, en explorant cette partie sur les juments, de s'assurer que, sans un grand effort, on peut y faire pénétrer le doigt, et qu'à l'époque du rut, sa dilatibilité est encore plus grande.

Dans le but de constater l'état de la matrice et du col utérin pendant l'accouplement, nous avons exploré ces parties sur la jument, aussitôt après le coït. Sur un grand nombre de poulinières qui étaient bien en rut, le col de la matrice s'est trouvé flasque et a laissé pénétrer sans effort deux et même trois doigts. Sur l'une d'elles, tuée accidentellement quelques heures après l'accomplissement de l'acte, le col de la matrice était injecté, et il y avait des spermatozoïdes en grand nombre dans le vagin, dans la cavité du col et dans le reste de l'utérus. Colin rapporte qu'une jument qui avait rejeté plus d'un décilitre de matière blanchâtre après la descente de l'étalon, n'a presque pas montré d'infusoires ni dans l'utérus, ni même dans le vagin.

On conçoit donc que le coït soit sans résultat, si la femelle fait immédiatement après de violentes contractions expulsives. Cependant, si les efforts expulsifs sont faibles et limités à la région vulvaire, ils n'entraînent pas le sperme. La jument rend quelques minutes après avoir reçu l'étalon, de l'urine souvent tout à fait dépourvue de spermatozoïdes.

Il est évident que, si l'utérus est immobile et resserré, surtout dans la région du col, il rend les conditions de la fécondation très défavorables. Les Arabes le savent, et quand ils ont affaire à des juments qui ne retiennent pas, ils engagent le bras dans le vagin et le poussent jusque dans le col utérin. Elles sont fécondables à la suite de cette manipulation qu'on pratiquait déjà de diverses manières sur les femmes stériles du temps d'Hippocrate. Nous verrons, à la partie pathologique de cette question, dans quels cas la dilatation du col peut donner les meilleurs résultats.

Évidemment, l'utérus peut, puisqu'il a une tunique musculaire, surtout très épaisse au col, se mouvoir sensiblement, et participer au spasme de toutes les parties de l'appareil génital pendant l'accouplement. Il ne serait pas impossible comme le pensait Bartholni, que cet organe se mît en divers sens, s'ouvrît et se fermât, pendant l'accomplissement de cet acte. Ces mouvements propres, dont les anciens avaient soupçonné l'existence, avaient fait dire à Platon et Arêtie, que l'utérus était un animal dans un autre animal.

La projection du sperme dans le fond du vagin et le col de l'utérus est fort rarement gênée. Chez la jument il y a un resserrement circulaire au niveau du méat urinaire, en avant, jusqu'au col utérin, le vagin est amplement dilaté. Mais, dès que le canal vient à être dilaté mécaniquement, le resserrement disparaît, sans qu'il reste à sa place une trace de repli. Cependant, il n'est pas rare de trouver à ce point des replis ineffaçables, de forme plus ou moins bizarre ainsi que nous le verrons par ailleurs.

La quantité de sperme qui est éjaculée pendant un seul accouplement doit être considérable : mais elle n'a pas encore été appréciée rigoureusement. Le liquide qu'on peut recueillir dans un vase lorsque l'étalon se cabre sur la poulinière, s'élève souvent de 50 à 60 grammes.

Lorsque l'émission spermatique est arrivée à son terme, les animaux se désunissent. Le sperme coule encore goutte à goutte au moment de la séparation, et la tête du pénis est beaucoup plus large qu'avant l'intromission. Enfin, l'érection cesse plus ou moins vite, et la verge rentre dans son enveloppe, soit par le fait seul de la cessation de la turgescence des tissus érectiles, soit en même temps par suite de l'intervention de certains muscles.

Après l'accouplement la poulinière qui est restée à peu près passive, celle qui a cherché à se soustraire aux étreintes du mâle, ou celle qui a souffert en gémissant les caresses de ce dernier, éprouvent souvent des spasmes, et rejettent une grande partie, sinon la totalité du fluide qu'elles ont reçu. Une réjection de cette nature s'observe assez souvent dans les haras ; aussi certains stud grooms font-ils courir les juments aussitôt après l'accouplement ; ils leur font jeter parfois de l'eau froide sur les reins et la croupe. Par là, on peut apaiser l'orgasme vénérien, et prévenir les efforts que l'animal peut faire pour l'expulsion des urines, efforts qui entraînent en même temps la liqueur spermatique mêlée aux mucosités vaginales, secretées abondamment sous l'influence du rut et à la suite de l'excitation causée par le contact des organes du mâle.

L'accouplement, ne faisant pas cesser immédiatement le rut des juments, peut être répété plusieurs fois à des intervalles fort rapprochés. Les animaux des deux sexes, surtout les mâles, se prêtent à cette répétition souvent avec ardeur quelquefois même avec un emportement très remarquable. On a vu des chevaux fougueux faire plus de vingt saillies dans une matinée. Toutefois, des faits de ce genre ne se produisent jamais dans les haras où l'on a soin, dans l'intérêt de l'amélioration, de restreindre pour chaque étalon le nombre des saillies qu'il doit effectuer, et des juments qu'on lui donne à féconder.

Mais une fois que les chaleurs de la femelle sont passées, le mâle, bien que les siennes persistent, se refuse pour ainsi dire, à un rapprochement ; il flaire la femelle fécondée et s'en détourne ou marque peu d'ardeur, moins en tout cas qu'à son habitude. La conduite de l'étalon vis-à-vis de la jument est donc un indice de fécondation de cette dernière.

On observe, dans les studs, des sympathies et antipathies particulières entre les mâles et les femelles. On voit quelquefois des étalons qui ont des préférences très marquées pour certaines juments alors qu'ils refusent d'en couvrir quelques autres. Le cas de *Liouba* que *Monarque* affectionnait particulièrement est connu de tous les éleveurs de pur sang, et nous pourrions citer de nombreux exemples de faits analogues.

CHAPITRE VIII

LA FÉCONDATION

La fécondation. — L'accouplement ayant eu lieu, nous sommes amenés à étudier l'acte microscopique de la fécondation de la cellule sexuelle femelle, l'ovule, par l'élément mâle, le spermatozoïde.

Ce n'est que lorsque Leeuvenhoek eut construit le microscope, que son élève Louis van Ham découvrit les cellules spermatiques désignées, en raison de leurs mouvements propres, sous le nom d'animalcules spermatiques ou spermatozoïdes, et c'est seulement grâce au perfectionnement du microscope, à notre époque, que devinrent possibles ces brillants travaux de Bütschli, Fol, Hertwig, van Beneden, Boveri, Delage, Giard, etc., qui nous ont fait connaître les phénomènes de la fécondation, jusque dans leurs détails les plus minutieux.

Chez le cheval, qui nous occupe seulement, le processus de la fécondation ne peut être observé parce qu'il est caché dans l'intérieur du corps de la femelle et qu'on se heurte à l'impossibilité de conserver l'ovule vivant en dehors de l'organisme pour le féconder avec le sperme. Mais on y est parvenu chez certains animaux inférieurs, et on a pu étudier avec précision et suivre tous les stades de cet intéressant processus de la fécondation dans des œufs particulièrement gros et transparents.

Croyant utile de donner à cette question toute l'ampleur que son importance comporte, nous l'étudierons, en suivant en partie l'ordre que Retterer s'est assigné dans son article du dictionnaire de *Physiologie* de Ch. Richet sur *la Fécondation*. Nous emprunterons, du reste, à cet auteur une partie de son étude :

La fécondation exige le contact intime des œufs et du sperme. — De tous temps on savait que, chez les animaux supérieurs, il fallait le concours de deux êtres de sexe différent pour la procréation d'un nouvel être. On connaissait également le produit sexuel des femelles des poissons, des grenouilles, des reptiles et des oiseaux. L'observation la plus élémentaire avait également montré que chez les reptiles, les oiseaux et chez les mammifères, le jeune être ne prenait naissance qu'après l'union des sexes ; le liquide séminal du mâle avait besoin d'être répandu dans les organes génitaux femelles. En étudiant l'organisation des mâles et des femelles, on trouva de bonne heure, chez les poissons, les reptiles et les oiseaux, les organes producteurs des œufs ou ovaires caractérisant la femelle et les glandes séminales ou testicules, propres au mâle. On s'aperçut de l'existence d'ovaires chez les mammifères, mais leurs fonctions restèrent problématiques, tant qu'on ne regarda qu'à l'œil nu. En effet, les œufs ou ovules des mammifères, sont de taille si réduite que de Baer (1827) dut recourir aux verres grossissants pour les découvrir.

Quant au sperme fourni par les testicules, on le crut constitué par un liquide, liqueur séminale, jusqu'au jour (1677) où L. Ham et Leeuwenhoek l'étudièrent au microscope. Une goutte de sperme montre, dans ces conditions, une quantité innombrable (60.000 par millimètre cube) de filaments qui se meuvent et s'agitent en tous sens à la façon d'un tas de vers ou d'infusoires qui grouillent. De là, l'idée d'animalcules spermatiques.

Quelle est la part que prend l'œuf d'une part, le ver spermatique de l'autre, dans la fécondation? L'œuf renferme-t-il déjà l'embryon du jeune être? Le ver spermatique ne fait-il que lui communiquer le mouvement vital ? Ou le ver spermatique représente-t-il déjà le jeune individu qui ne se développerait que dans le milieu femelle ? Les médecins et les philosophes émirent sur ce point les idées les plus fantaisistes de sorte qu'au XVIIIe siècle on ne comptait pas moins de trois cents théories de la génération.

Il fallut des siècles de spéculations avant que l'on songeât à extraire les œufs des femelles d'animaux à fécondation externe et à les mettre en contact avec le sperme des mâles.

D'après de Montgaudry, Dom Pinchon de l'abbaye de Réame, aurait le premier connu le procédé de pratiquer artificiellement la fécondation : en versant sur les œufs des poissons la laitance du mâle, il les aurait fécondés. Mais c'est Jacobi (1764) qui établit le fait expérimentalement : par la pression du ventre, il fit sortir de l'ouverture cloacale les œufs d'une truite qui était sur le point de frayer. Après les avoir reçus dans un vase, il prit la laitance du mâle et la fit couler sur les œufs. Le résultat fut positif, car les œufs se développèrent et produisirent de l'alevin.

Ce n'est que vers 1777 que Spallanzini pratiqua méthodiquement la fécondation artificielle sur les batraciens et détermina rigoureusement les conditions de la fécondation sur les grenouilles, les crapauds, les salamandres, les vers à soie et le chien. Ces expériences sont le point de départ et la base de toutes nos connaissances sur la fécondation. Nous ne pouvons les rapporter toutes; nous nous contenterons d'en citer les essentielles.

Spallanzini sépara la femelle du crapaud mâle accouplé; il la mit solitaire dans un vase d'eau et la vit pondre deux cordons visqueux d'œufs. Il mit chacun des cordons dans un vase séparé. Puis il sacrifia le mâle et ouvrit les vésicules séminales et, à l'aide d'un pinceau il baigna de sperme l'un des cordons, c'est-à-dire les œufs. Au bout d'une semaine il vit le cordon baigné dans la liqueur séminale, laisser échapper nombre de têtards qui nagèrent librement dans l'eau. Au contraire, les œufs non fécondés restèrent comme ils étaient dans le cordon, et bientôt commencèrent à se corrompre.

Il habilla des grenouilles mâles avec des caleçons de taffetas ciré; ces dernières ne continuèrent pas moins à s'accoupler avec les femelles; mais aucun des œufs ne pouvant être humecté par le sperme, ils restèrent tous stériles. Recueillant les gouttes de liquide transparent qui se trouvaient dans le caleçon des mâles accouplés, Spallanzini put s'en servir pour opérer la fécondation artificielle des œufs pris dans les organes génitaux femelles.

Pour que les ovules puissent être fécondés par le sperme, il faut qu'ils soient arrivés à un degré spécial d'évolution qu'on appelle maturité. Spallanzini, prenant des œufs de batracien dans l'ovaire, eut beau les arroser de sperme, il n'en vit pas sortir de têtards. Il ne fut pas plus heureux avec ceux qu'il recueillit dans la portion supérieure de l'oviducte; ils restèrent stériles. C'est la portion élargie de l'oviducte qui seule contient des œufs fécondables.

Après avoir réussi à féconder les œufs de batraciens, Spallanzini songea à opérer la fécondation artificielle sur des animaux à fécondation interne, c'est-à-dire dont les œufs sont fécondés dans le corps maternel. Il expérimenta sur les vers à soie et la chienne.

Il isola des femelles de vers à soie sous une cloche de verre et aussitôt que les femelles prisonnières commençaient à pondre leurs œufs, « je les baignai, dit-il, avec la liqueur séminale du mâle. Ces œufs d'abord jaunes, commencèrent après quelques jours à bleuir et à tirer sur le violet et, au bout d'une semaine, j'en vis sortir les petits vers; tandis que les autres œufs qui n'avaient pas été baignés avec la liqueur séminale, restèrent jaunes, devinrent humides et périrent; j'ai eu dans deux expériences différentes cinquante sept petits vers éclos des œufs fécondés artificiellement. »

Après ce succès sur les vers à soie Spallanzini résolut d'essayer la fécondation artificielle sur la chienne.

« La chienne que je choisis, dit-il, était de race des barbets, d'une grandeur moyenne, elle avait mis bas d'autres fois et je soupçonnais qu'elle ne tarderait d'entrer en folie; dès lors, je l'enfermai dans une chambre où elle fut obligée de rester longtemps, et pour être sûr des événements, je lui donnais moi-même à manger et à boire. Je tins seul la clef de la porte qui l'enfermait. Au bout du treizième jour de cette clôture, la chienne donna des signes évidents qu'elle était en chaleur, ce qui paraissait par le gonflement des parties extérieures de la génération et par un écoulement de sang qui en sortait; au vingt-troisième jour, elle paraissait désirer ardemment l'accouplement: ce fut alors que je tentai la fécondation artificielle de cette manière. J'avais alors un jeune chien de la même espèce, il me fournit par une émission spontanée, dix-neuf grains de liqueur séminale que j'injectai sans délai dans la matrice de la chienne avec une petite seringue fort pointue introduite dans l'utérus; et, comme la chaleur naturelle peut être une condition nécessaire au succès de la fécondation, j'eus la précaution de donner à la seringue, la chaleur de la liqueur séminale du chien qui est environ de 30° de thermomètre Réaumur.

« Deux jours après cette injection, la chienne cessa d'être en chaleur, et, au bout de vingt jours, le ventre parut gonflé: aussi au vingt-sixième jour, je lui rendis la liberté.

« Le ventre grossissait toujours, et, soixante-deux jours après l'injection de la liqueur séminale, la chienne mit bas trois petits fort vivaces, deux mâles et une femelle qui par leur forme et leur couleur, ressemblaient non seulement à la mère, mais aussi au mâle qui avait fourni la liqueur séminale. Le succès de cette expérience me fit un plaisir que je n'ai jamais éprouvé dans aucune de mes recherches philosophiques. »

Spallanzini rapporte une expérience analogue faite par Pierre Rossi, de Pise, sur une autre chienne. Cette chienne reçut à quelques jours d'intervalle trois injections de sperme : au bout de soixante-deux jours, elle mit bas quatre petits « dont la couleur et la forme ressemblaient non seulement à la mère, mais encore au chien qui avait fourni la liqueur séminale ; c'est ainsi que l'intéressante découverte de l'abbé Spallanzini a été confirmée ».

On a longtemps disputé, dit Spallanzini, et l'on dispute toujours pour savoir si la partie visible et grossière de la semence sert à la fécondation de l'homme et des animaux, ou si une partie très subtile, une vapeur qui s'en exhale et qu'on appelle *aura spermatica*, suffit pour cette opération. Pour résoudre ce problème, Spallanzini fit les expériences suivantes : il mit dans un verre de montre de la liqueur séminale de plusieurs crapauds et dans un autre verre semblable 20 à 30 œufs qui par la viscosité de la glu, s'attachèrent avec ténacité à la concavité du verre. Il plaça le second verre sur le premier, et ils restèrent ainsi pendant des heures. Les œufs ne se développèrent point. La fécondation n'est donc point produite par la vapeur spermatique, mais par la partie sensible de la semence.

Ces expériences sont décisives : le contact du sperme et des œufs est indispensable pour qu'il se développe un nouvel être. Mais quelle est l'influence exercée par le sperme ? Comment peut-elle dès les premiers instants de contact se propager ainsi dans toute l'étendue de l'œuf, et bien loin de la partie qui doit devenir le siège du développement du jeune être ?

En jetant le sperme sur un filtre suffisamment redoublé, on arrête les spermatozoïdes et le liquide qui passe à travers le filtre n'est plus propre à féconder les œufs. Les spermatozoïdes sont nécessaires à la fécondation concluent Prévost et Dumas dès 1824.

Bien que Spallanzini fût un génie, il partageait les erreurs de Haller et de Bonnet sur la nature de l'œuf et du spermatozoïde. On admettait alors que le germe, c'est-à-dire l'embryon, existait tout formé dans les œufs avant la fécondation. C'était la théorie de la préexistence des germes.

La liqueur séminale ne faisait que stimuler l'embryon ou fœtus, et lui communiquait une nouvelle vie. La liqueur spermatique n'était que le fluide stimulant, qui, en pénétrant le cœur du fœtus (têtard), le détermina à battre plus fréquemment et plus fort, et donna naissance à une augmentation très sensible des parties et à la vie qui suit la fécondation. Cette erreur continua à régner dans la première moitié du XIXe siècle ; elle était due à l'ignorance complète de la structure des êtres organisés. Nous nous bornerons à une seule citation.

Après avoir rapporté les expériences de Spallanzini, Murat (*Dictionnaire des Sciences Médicales*, art. *Fécondation*, 1815, p. 473) ajoute : « Tous ces faits, tous ces résultats conduisent évidemment à une meilleure théorie de la génération : ils ne permettent plus de douter de la préexistence des embryons dans les organes maternels, et prouvent que le mâle est borné dans la reproduction à des fonctions moins essentielles que la femelle. »

Telles étaient les idées des ovistes. Mais depuis que Leeuwenhoek avait découvert des corpuscules figurés, vivants et mobiles dans le sperme, on prenait ces éléments pour des animalcules (spermatozoaires ou spermatozoïdes) formant le germe véritable, l'embryon ou fœtus. Cet être en miniature, aurait déjà possédé les organes de l'adulte, et la fécondation n'avait qu'un but, c'est de le transporter dans un milieu nutritif convenable, et de le greffer sur le terrain maternel.

Les éléments mâle et femelle qui se réunissent pour former un jeune être ont chacun la structure d'une cellule. — Tant qu'on ignorait, la forme élémentaire de la matière vivante, il fut impossible d'interpréter d'une façon rationnelle la nature des particules, qui se réunissent pour former un nouvel être. Vers 1839, Schwann établit que les animaux sont à l'origine constitués par des unités composées chacune d'une masse protoplasmique : Cette masse protoplasmique, ou cellule, est formée d'un corps et d'un noyau. L'œuf fut dès lors reconnu aisément comme un type parfait de cellule.

Quant au spermatozoïde, on étudia avec soin sa forme, sa structure et ses mouvements. La partie renflée, ou tête, présentait les caractères du noyau d'une cellule ; la portion filiforme, ou queue avait les propriétés d'un corps cellulaire muni de cils vibratiles. Si le spermatozoïde s'avance, revient en arrière, se teinte aux corpuscules voisins, s'il est capable de s'élever ou de s'abaisser, s'il s'agite et s'il progresse c'est que sa queue exécute des mouvements ondulatoires à la façon des cils vibratiles d'une cellule épithéliale. Mais malgré ces mouvements qui semblent dus à une impulsion volontaire, le spermatozoïde, n'est qu'un élément protoplasmique et non un animalcule. Dès 1841, Kolliker établit ce fait, et regarda le spermatozoïde comme l'équivalent d'une cellule.

On multiplia les expériences pour montrer que les spermatozoïdes non seulement sont animés de mouvements, mais qu'ils vont, avec une grande vitesse, au-devant de l'ovule. Coste fit cocher des poules, puis les sacrifia à des heures variables. Au bout de douze heures il trouva des spermatozoïdes au pavillon de l'oviducte. La longueur des voies génitales, qu'ils avaient parcourues étant 7 centimètres environ, ils ont progressé avec une vitesse d'un millimètre à la minute. Hensen procéda de même sur la lapine, dont les voies génitales, longues de 6 centimètres sont parcourues dans un espace de 50 minutes. C'est donc avec une vitesse de plus de 1 millimètre à la minute que les spermatozoïdes de lapin remontent les voies génitales de la femelle, bien que celles-ci présentent une série d'obstacles, tels que des cils vibratiles, etc.

Malgré le haut intérêt que présentèrent ces expériences elles ne permirent pas, vu le volume où le peu de transparence des œufs de savoir ce que devient le spermatozoïde au contact de l'œuf.

Ce n'est qu'en 1873 que O. Hertwig trouva un objet d'étude propice dans les œufs d'oursins. Les ovules d'echinodermes sont assez petits et assez transparents pour être observés à l'état vivant. Il suffit de mélanger le produit des testicules aux ovules à l'époque de la reproduction pour assister à l'aide du microscope, à la pénétration du spermatozoïde dans l'ovule. En ce qui concerne les animaux à fécondation interne, tels que les mammifères, il faut procéder différemment. On fait couvrir des lapines, par exemple, et on les sacrifie de la douzième à la vingtième heure après le coït. Si l'on recueille les ovules dans le tiers supérieur de la trompe, on peut par l'examen à l'état frais, reconnaître la présence des spermatozoïdes sur quelques-uns des ovules. Bien que l'examen à l'état frais présente de grandes difficultés, il permet cependant de constater la présence du sperme sur les ovules, mais il est malaisé de voir le spermatozoïde pénétrer dans l'intérieur de l'ovule et de savoir ce qu'il y devient.

Aussi est-il nécessaire de fixer les ovules à des moments différents, de les inclure dans la paraffine, de les débiter en coupes serrées qu'on colore comme les éléments des tissus. Par ce procédé on peut reconstituer stade par stade, la progression du spermatozoïde dans l'ovule, suivre les modifications que subissent l'un et l'autre, et déterminer la part que prend chacun à la formation du nouvel être. On peut encore mettre un ou plusieurs ovules sur une plaque de verre et y ajouter quelques gouttes de sperme.

Quand le spermatozoïde dans ses mouvements arrive à toucher de sa grosse extrémité ou tête l'enveloppe albumineuse ou muqueuse de l'ovule, la tête est prise. Le reste du corps du spermatozoïde continue à exécuter des mouvements, ce qui le fait pénétrer davantage dans l'enveloppe muqueuse. Au point de contact avec le spermatozoïde, le corps protoplasmique de l'ovule se gonfle et forme une saillie ou éminence conique qui semble attirer la tête du spermatozoïde. Après ce contact, la tête ne tarde pas à pâlir, et sa substance semble se confondre avec celle de l'éminence ovulaire. Cependant, par une observation attentive, on peut apercevoir dans le corps ovulaire un corpuscule qui correspond à la tête du spermatozoïde. Sa tête n'est plus distincte.

Dans ces conditions on voit que la tête du spermatozoïde a pénétré dans l'ovule. Elle s'entoure d'une auréole claire, et huit minutes après l'entrée de la tête, tout le reste du spermatozoïde a disparu par fonte ou atrophie. Ensuite la tête se rapproche du centre de l'ovule, où elle arrive douze ou seize minutes après la fécondation, et se rapproche du noyau de l'ovule. On voit apparaître pendant ce rapprochement des stries protoplasmiques autour du noyau de l'ovule et de la tête du spermatozoïde qui arrivent peu à peu au contact (huit à vingt minutes après la pénétration de la tête du spermatozoïde de l'échinoderme). Enfin, noyau de l'ovule et tête du spermatozoïde se confondent en une masse unique, dite noyau de segmentation. C'est cette union ou copulation du noyau de l'ovule et de la tête du spermatozoïde qui constitue l'acte essentiel de la fécondation. En effet, du moment où l'union de ces deux parties est complète, l'ovule se met à se diviser et à procéder à l'ébauche d'un être nouveau.

Le contact immédiat du sperme avec l'ovule est comme nous venons de le voir, indispensable pour qu'il y ait fécondation. Celle-ci est donc impossible, s'il existe dans les organes de la femelle, un obstacle matériel à ce contact. C'est ce qui constitue la stérilité totale ou relative que nous allons étudier dans le chapitre suivant.

CHAPITRE IX

STÉRILITÉ

L'étude de la stérilité chez les procréateurs constitue un des sujets les plus complexes qu'il soit donné au praticien d'aborder. Mais si les problèmes soulevés par cette question, sont d'une solution difficile, l'intérêt qui s'y attache est tellement intense que l'éleveur ne saurait regretter les efforts faits en vue de remédier à un état dont l'importance économique est considérable.

Les prix élevés, payés pour les juments montrent combien à l'heure actuelle, les éleveurs attachent d'importance à la qualité et à l'origine des mères. Il est certain, par exemple, que les 112.500 francs de *Cimiez* constituent au moins l'équivalent du million de *Flying Fox*, il y a quatre ans.

La production d'une poulinière est, en effet, limitée par les lois infrangibles de la nature à une descendance infiniment moins nombreuse que celle d'un étalon. A durée de fonctionnement égale, on peut compter qu'un mâle donne, au minimum, vingt-cinq fois plus de produits qu'une femelle. Bien peu de juments ont un produit chaque année régulièrement. Ce produit unique est, en tout cas, leur chance de réussite, alors que les chances heureuses de l'étalon se multiplient par le nombre de ses poulains.

C'est ainsi que *Flying Fox* a pu suppléer par *Ajax* et *Gouvernant*, l'insuccès de *French Fox* et quelques autres ; tandis que les mères de ces derniers n'avaient aucun moyen de compensation.

Mais, à supposer que le propriétaire actuel de *Cimiez* en obtienne dix produits, ce qui constituerait une excellente moyenne, chaque foal, du fait seul de l'amortissement de sa mère, lui reviendrait à plus de 12.000 francs, et, si l'on ajoute le prix d'une saillie naturellement fashionable et les frais normaux d'entretien, qui sont au fond la moindre dépense en la circonstance, il est impossible qu'un yearling revienne à moins de 25.000 ou 30.000 francs.

Au point de vue spéculatif et commercial, l'opération est bien aléatoire dans ces conditions, avec beaucoup moins de chances d'une prompte couverture que dans le cas d'un étalon d'une valeur exceptionnelle, tel *Flying Fox*, qui se trouve amorti et au-delà, par la production de sa première année de monte.

Ces quelques lignes montrent l'importance économique de la question et vont justifier l'étude complète que nous avons faite sur l'étiologie, le diagnostic et le traitement de la stérilité.

Les causes de la stérilité chez les femelles sont fort nombreuses. Pour en concevoir le classement méthodique, il est nécessaire de les rattacher aux actes élémentaires qui président à la fécondation.

Les causes d'infécondité sont d'ordres physiologique, pathologique, mécanique ou chimique.

Rapports entre la nutrition et la génération. — Ces rapports entre la nutrition et la génération, si évidents pour les organismes inférieurs, sont presque aussi intimes chez les animaux supérieurs, quoique plus difficiles à reconnaître. Ainsi Leukart a parfaitement démontré que la reproduction des organismes et les phénomènes de nutrition sont dans une dépendance assez intime pour être représentés par des nombres exactement proportionnels : nous nous contenterons de faire remarquer, que plus un animal consomme de matériaux pour sa nutrition, plus il est apte à donner une masse considérable de substance à la reproduction : et, en effet, nos animaux domestiques sont plus aptes à la reproduction que leurs semblables qui vivent en liberté.

Dans les années de disette, le nombre des naissances diminue considérablement, etc. D'autre part, cette grandeur de la dépense reproductrice ne se manifeste que tant qu'aucune autre dépense considérable ne vient lui enlever les matériaux fournis par la nutrition : ainsi un organisme qui s'accroît est, en général, impropre à se reproduire ; dès que cesse la croissance, commence la reproduction, comme pour nous montrer que la seconde n'est qu'une suite de la première.

Une semblable loi règle le rapport du balancement entre la reproduction et la dépense de calorique, loi dont la contre-épreuve nous est fournie par l'étude de l'influence climatérique sur la génération.

Il en est de même pour le travail musculaire, et cette dernière considération nous donne d'une manière bien inattendue l'explication de la différence de fécondité des animaux, des mammifères par exemple, de grande et de petite taille.

Plus la masse du corps augmente, plus aussi le rapport entre la force et la masse de l'animal diminue. Quand la masse musculaire augmente avec le volume du corps, la quantité de force relative diminue, car cette dernière est en rapport avec la section et non avec le volume ou le poids du muscle. Il en résulte que la quantité des matériaux de reproduction, diminue avec le volume de l'animal.

Influence de l'alimentation sur la fécondité. — La nature de l'alimentation a une influence directe : les étalons soumis au régime du vert donnèrent 70 0/0 de fécondation, alors que ceux qui recevaient des aliments secs et excitants n'en accusaient que 50 0/0 (Fogliato).

L'influence de l'alimentation voit ses effets limités par l'engraissement qui prédispose à la stérilité.

L'observation journalière montre que « l'infécondité temporaire » que l'on observe si fréquemment reconnaît pour cause la non observation de cette règle hygiénique.

Les enquêtes faites dans les haras montrent des bêtes vides pendant plusieurs années malgré la diversité des étalons employés. Les renseignements recueillis apprennent alors que les juments n'ont été l'objet d'aucune préparation et ont été livrées directement à l'étalon.

Dans d'autres haras, au contraire, on est étonné du nombre de résultats positifs qui reconnaissent pour cause une hygiène appropriée, un régime diététique spécial appliqué aux juments destinées à la reproduction.

On peut affirmer que la stérilité des juments lorsqu'elle n'est pas liée à un trouble fonctionnel, reconnaît pour cause dans bien des cas la nervosité du sujet et la suralimentation.

Examinons le rôle néfaste joué par ces deux facteurs.

Le pur sang dès sa plus tendre jeunesse est soumis à une alimentation intensive à base d'avoine. Cette suralimentation se traduit fatalement par une inflammation vive et détermine un état pléthorique peu favorable à la fécondation.

Il faut donc modifier l'organisme, donner au sujet un tempérament lymphatique, ce résultat sera obtenu par un régime diététique approprié : aux grains qui constituaient la dominante de la ration, il faut substituer à cette période, des aliments doués de propriétés hygiéniques et rafraîchissantes (mash, tubercules, aliments sucrés). Le régime du vert est le plus rationnel.

La nervosité est fonction du tempérament et de la suralimentation : le même régime dans le cas où l'éréthisme est accusé, devra être appliqué.

En somme à cette période, un régime débilitant doit se substituer au régime échauffant auquel a été soumis le sujet : en modifiant le facteur nervosité, l'animal se trouvera dans les meilleures conditions pour que l'imprégnation soit positive. Tous ses organes y compris les sexuels, seront dans un état de calme, de relâchement favorable à la fécondation.

La nervosité, l'impressionnabilité due au voyage, aux déplacements en chemin de fer, au changement de milieu sont autant de causes nuisibles. Cette période préparatoire aura pour but d'acclimater le sujet.

L'influence de l'hygiène et d'un régime diététique approprié n'est pas douteuse, que de fois a-t-on constaté, chez des juments brûlées par l'avoine, l'infécondité ; soumises au même étalon après avoir subi une période préparatoire, elles étaient fécondées dans la suite avec succès.

Il est donc logique d'admettre une stérilité d'origine alimentaire, liée à l'état pléthorique dont la fréquence chez le pur sang n'est pas douteuse.

Chez certains sujets pléthoriques, pour diminuer cette période préparatoire, il y a indication de les anémier par une saignée copieuse ; mais, en règle générale, l'emploi du régime débilitant (suppression totale ou partielle des grains ; emploi des aliments aqueux, verts, tubercules, etc.) est suffisant.

Chez les « surmenés » on observe une dépression organique, un affaiblissement général qui diminuent les chances de la fécondation.

Comme dans le cas précédent, une période préparatoire est nécessaire, mais l'hygiène et l'alimentation doivent remplir un but opposé, au lieu de déprimer l'organisme il faut le tonifier, un régime tonique et alibile s'impose.

Il est regrettable de constater que ces données hygiéniques et diététiques, qui sont appliquées dans l'élevage des autres animaux, ne soient pas observées chez le pur sang et que la fécondation, dont l'importance économique dans le cas spécial qui nous occupe n'est plus à démontrer, soit laissée au hasard et à la routine.

Il est inutile d'insister sur les conséquences anti-économiques qui en résultent (poulinières vides — frais de saillies inutiles).

Cette pratique vicieuse joue un rôle énorme dans la stérilité et en constitue un des facteurs les plus importants.

Si pour les parturientes on prend des soins particuliers (isolement, repos, régime rafraîchissant, etc.), il serait tout aussi logique d'en faire bénéficier le sujet qu'on livre à la reproduction.

PATHOLOGIE DE L'APPAREIL GÉNITAL FEMELLE

Vulve. — Les déchirures de la vulve et du périnée ne sont pas rares sur les primipares au moment de l'accouchement, lorsque les parties génitales externes sont mal préparées pour subir les modifications que comporte l'ampliation de l'orifice au degré qui doit permettre le passage du fœtus.

Les affections inflammatoires sont de beaucoup plus fréquentes.

La vulvite se présente sous des formes multiples. Elle est catarrhale, phlegmoneuse, glandulaire ou folliculaire.

Cette affection est quelquefois déterminée par l'intromission du pénis dans une vulve trop étroite ou par l'action d'agents irritants accidentellement déposés sur la muqueuse. Plus souvent elle survient à la suite de l'accouchement, lorsque les lèvres de l'orifice génital ont été comprimées ou contusionnées. Dans la généralité des cas, elle coexiste avec la vaginite.

Les vulvites spécifiques, symptomatiques du horse pox, de l'exanthème coïtal ou de la maladie du coït, sont nettement caractérisées par une éruption ; — phlyctènes, pustules ou papules — ou par des ulcérations dont la physionomie et la marche dénoncent la nature dans la généralité des cas. Lorsque le diagnostic est douteux, l'inoculation permet de l'établir.

Les nombreuses observations de tumeurs de la vulve et du vagin ont trait à des kystes, à des lipomes, à des adénomes, à des fibromes à des sarcomes, à des épithéliomes.

Les cicatrices vulvaires en obturant l'entrée du vagin peuvent empêcher la perpétration du coït normal et être une cause de stérilité.

Si l'obstacle au coït provient d'une bride vulvo-vaginale, on la sectionnera au bistouri ou au thermo-cautère à un degré suffisant pour rendre perméable au pénis, la cavité vaginale.

Vagin. — La vaginite est rarement observée comme affection essentielle, isolée ; le plus souvent elle coexiste avec la métrite. Elle se présente sous les formes aiguë et chronique. Elle est quelquefois secondaire, symptomatique d'une affection spécifique, du horse pox ou de la dourine. La vaginite pernicieuse observée par Dieckerhoff, sur la jument, se complique souvent de péritonite et peut entraîner la mort en quelques jours.

Pour ces vaginites contagieuses, il importe, en outre du traitement, local (injections émollientes, antiseptiques ou astringentes) de prendre les mesures nécessaires pour éviter la transmission de la maladie.

La vaginite agit comme la métrite, elle empêche la fécondation en tuant les spermatozoïdes au moment où ils sont déposés dans les voies génitales.

Tantôt les vaginites aiguës s'atténuent et disparaissent rapidement sous l'influence d'injections antiseptiques, tantôt elles passent à l'état chronique et constituent un facteur important de stérilité.

La vaginite aiguë, simple peut être déterminée par les diverses causes d'irritation qui agissent sur la muqueuse : manœuvres nécessitées par une parturition dystocique, pressions, frottements prolongés exercés par un fœtus volumineux, etc., etc. Est une complication tardive des lésions traumatiques qui endommagent la muqueuse sur toute la circonférence du conduit. Elle se produit par des adhérences cicatricielles qui s'établissent entre les faces opposées de l'organe. Le traitement est du domaine chirurgical.

Les nombreuses observations de tumeur de la vulve et du vagin ont trait à des kystes, à des lipomes, à des adénomes, à des fibromes, à des sarcomes ; elles relèvent toutes de la chirurgie. Ces lésions peuvent empêcher la fécondation soit par l'entrave qu'elles apportent à l'acte, soit en déviant le col, alors qu'elles siègent dans son voisinage.

Les plaies du vagin sont produites le plus souvent, comme celles de la vulve, au moment de la parturition, soit par un fœtus trop volumineux ou en position défectueuse, soit par les instruments employés dans les parturitions dystociques.

Les cicatrices vaginales siégeant au niveau du col déterminent son oblitération plus ou moins complète et peuvent être une cause de stérilité.

Métrite. — Très généralement la métrite est consécutive à la parturition ou à l'avortement. Il est des circonstances où elle se développe sans le concours de causes agissant directement sur la muqueuse. On peut la voir survenir chez des bêtes dont le part a été facile, la délivrance rapide et spontanée. Dans ces cas, beaucoup admettent qu'elle est provoquée par l'action du froid ou de l'humidité sur le tégument externe, par un refroidissement à l'écurie, par l'ingestion d'eau froide.

La tuméfaction des organes génitaux externes avec écoulement jaunâtre ou rougeâtre bientôt abondant, des coliques, de l'hyperthermie, des troubles généraux plus ou moins accusés, et le gonflement du col, perçu à l'exploration des voies génitales, forment un ensemble de symptômes qui indiquent la métrite.

Vers le quatrième, le cinquième ou le sixième jour, l'affection arrive à sa période aiguë. Elle se termine par la guérison, la mort, ou le passage à l'état chronique.

Au cours de la métrite chronique, parfois le col se ferme et le muco-pus se collecte dans la matrice : c'est ainsi que se développent l'hydrométrie et la pyométrie.

La première indication du traitement curatif des métrites est la désinfection de l'utérus et du vagin par des irrigations antiseptiques tièdes (créoline 1-2 pour 100; solution iodurée à 1-2 pour 1.000 permanganate de potasse à 1 pour 1.000). Pour assurer la déversion aussi parfaite que possible de l'utérus, on fera ces irrigations à l'aide d'une sonde à double courant.

La métrite agit par un double mécanisme sur la stérilité :

1° Altération de la muqueuse utérine qui ne permet pas à l'œuf fécondé de se fixer dans la cavité utérine, de telle sorte que bien qu'il y ait fécondation, il n'y a pas de développement ultérieur.

2° Modifications du milieu utérin sous l'influence de l'inflammation. Les troubles de la métrite chronique (hypertrophie de la muqueuse et des parois, vascularisation anormale, modification de la sécrétion des glandes utérines) ont pour résultat de rendre le mucus utéro-vaginal acide, de porter atteinte à la vitalité de l'ovule au moment de son passage. La fécondation ne se produit pas, ou si elle se produit, elle se termine fréquemment par un avortement à brève échéance.

Ovaire et trompe. — L'inflammation de la trompe, la salpingite et celle de l'ovaire, l'ovarite sont rares chez les femelles domestiques, où elles co-existent assez souvent. Très généralement, la salpingo-ovarite n'est qu'une complication de la métrite : l'infection se propage de l'utérus à la trompe et à l'ovaire.

La salpingite est aiguë ou chronique, catarrhale ou purulente.

Les tumeurs de l'ovaire sont liquides ou solides les kystes sont fréquents, les fibromes, sarcomes, épithéliomes rares.

Les kystes forment la plus grande partie des tumeurs ovariennes,

Le kyste de l'ovaire annihile promptement les fonctions de l'ovaire atteint, mais si l'autre organe est sain, la fécondation pourra néanmoins avoir lieu.

L'ablation chirurgicale peut seule guérir le kyste de l'ovaire, mais la difficulté du diagnostic rend toute intervention utile impossible.

Les vésicules de de Graaf peuvent parfois devenir le siège d'un travail morbide consistant essentiellement dans l'hypersécrétion de leurs parois. Elles s'amplifient alors démesurément et donnent lieu à ces kystes de l'ovaire qu'il est si commun de rencontrer chez les vieilles juments, et dont quelques-uns peuvent acquérir des dimensions considérables.

L'atrophie des ovaires est le résultat d'une véritable sclérose ; tout l'organe se transformant en tissu fibreux et les éléments actifs, c'est-à-dire les vésicules de Graaf, disparaissant, ainsi que leur contenu. L'atrophie des ovaires, quand elle est bilatérale et suffisante, supprime l'ovulation et a, comme conséquence obligée, la stérilité.

Quand elle est unilatérale la fécondation ne paraît pas modifiée.

On a dit que l'atrophie des ovaires amenait la diminution et même la disparition des appétits sexuels, qu'elle plongeait la femelle dans une véritable torpeur génésique. Le fait peut se produire quelquefois, mais il n'entraîne pas fatalement la frigidité.

L'atrophie des ovaires, même si elle pouvait être sûrement diagnostiquée ne comporte aucun traitement réellement efficace. L'exercice, l'électricité ne donneraient que des résultats douteux.

Ce bref exposé clinique des affections des organes sexuels était indispensable pour montrer leur rôle étiologique dans la stérilité, en indiquer le traitement et pour mettre en évidence l'importance de l'hygiène de l'appareil génital.

Hygiène des organes sexuels. — Les injections intra-vaginales peuvent être faites à l'aide d'une seringue ordinaire ; mieux vaut se servir d'un récipient aseptique, muni intérieurement d'un tube de caoutchouc garni d'une canule de verre à paroi épaisse. Un aide maintient le récipient à une certaine hauteur ; on introduit la canule dans le vagin, on la pousse vers le cul-de-sac et on la promène en divers sens, de manière à laver toute la cavité.

Pour le vagin, on se servira de la solution de sublimé à 1 pour 2.000-3.000, additionnée de 5 pour 1.000 d'acide tartrique. Si l'on a soin d'éviter la pénétration du liquide dans l'utérus, il n'y a aucun danger d'intoxication.

L'eau boriquée et les solutions de crésyl ou d'acide phénique à 1-2 pour 100, de permanganate de potasse à 1 pour 1.000, sont aussi très employées. Les injections bi-quotidiennes de sublimé, aidées de nettoyages avec les doigts, désinfectent rapidement le vagin et le col. Pour le tamponnement de la cavité vaginale, on se servira de gaze iodoformée.

Les injections intra-utérines peuvent donner lieu à de violents efforts expulsifs et à des symptômes d'empoisonnements dus à l'absorption des liquides injectés, quand ceux-ci stagnent et distendent l'utérus. Aussi est-il nécessaire d'utiliser des sondes à double courant.

Pour les injections utérines, on emploie d'habitude les solutions d'acide phénique ou de crésyl à 1 pour 100, portées à 35 à 40°. Quand on utilise le sublimé à 1 pour 3.000-5.000, il est prudent de terminer par un lavage à l'eau bouillie salée (6 grammes de sel marin par litre). Le manuel est simple. On passe sous l'abdomen un sac qui permet à 2 aides de soulever l'utérus, avec la main on introduit la sonde de façon, qu'elle pénètre de 12 à 15 centimètres dans l'utérus. L'irrigation doit être continuée jusqu'à ce que le liquide désinfectant sorte clair : souvent on en injecte 15 à 20 litres.

L'injection d'eau chaude dans les voies génitales serait aussi un moyen de faciliter la fécondation, soit en provoquant la dilatation cervicale, soit en entraînant les liquides glaireux ou autres, qui peuvent être des causes d'infécondité.

Altérations humorales. — Les études de spermatogenèse nous expliquent les différentes causes de stérilité.

Diverses conditions modifient de différentes manières la motilité, c'est-à-dire la vitalité des spermatozoïdes : le refroidissement et le maintien pendant un certain temps à une température inférieure à 30° les immobilise, la chaleur (au-dessous de 40°) excite la motilité des spermatozoïdes. Un effet remarquable, et qui jouera un rôle prépondérant dans l'étiologie de la stérilité, est l'action comparée des liquides alcalins ou acides.

Les solutions acides tuent brusquement le spermatozoïde ; les solutions alcalines faibles jouissent, au contraire, de la propriété d'exciter et de réveiller au plus haut degré les mouvements des spermatozoïdes ; on peut constater que, lorsque sur le porte-objet du microscope, des spermatozoïdes ont perdu leurs mouvements par l'action d'un liquide très faiblement acide, si cette action a été de courte durée, on peut réveiller leurs mouvements par l'adjonction d'un liquide alcalin ; chose singulière, les solutions de chaux et de baryte n'exercent pas cette action (Virchow). L'eau froide exerce également une action nuisible sur la vitalité des spermatozoïdes.

Le mucus qui humecte les voies génitales de la jument est normalement acide. Lorsqu'il devient pathologiquement très acide, il en résulte une cause de stérilité, les spermatozoïdes étant immobilisés et tués, c'est-à-dire devenus incapables de parcourir le chemin qui les sépare de l'ovule.

La recherche du degré d'acidité du mucus vaginal a donc une importance très grande au point de vue de la diagnose de la stérilité. On l'obtient par des réactions graduées sur le papier de tournesol. Bien des juments restées vides pendant plusieurs années ont pu, grâce à l'emploi des injections alcalines immédiatement avant le coït, être fécondées.

Si les spermatozoïdes meurent très promptement dans le mucus trop acide du vagin ils ne résistent pas dans le mucus trop alcalin de la matrice (Mueller). Il y a peut-être là une indication qui pourrait être utilement mise à profit dans les cas de non fécondation persistante observée après l'emploi de la fécondation artificielle.

En se basant sur cette donnée physiologique le traitement consisterait à abaisser la teneur alcaline de l'utérus par des injections.

Il importe de se maintenir dans des doses modérées pour l'emploi des alcalins. Aussi, il est démontré que les solutions faibles (1 pour 100) sont favorables ; les solutions plus élevées (3 pour 100) ou très faibles deviennent moins favorables ou délétères.

D'après Koelliker, le meilleur mélange pour activer la vitalité des spermatozoïdes est le suivant :

Azotate de potasse	1	gramme.
Sucre	150	—
Eau	850	—

Ce simple exposé suffit pour montrer l'importance des données fournies par la chimie pour le traitement de la stérilité.

On ne saurait attacher trop d'importance à l'action des sécrétions utérines et vaginales comme causes de stérilité.

A l'état normal le mucus vaginal est acide, et le mucus utérin est alcalin.

Ces données sont d'autant plus intéressantes qu'elles concordent avec nos connaissances physiologiques et cliniques. Nous avons tenu à les développer ici parce qu'elles fourniront des renseignements d'une incontestable utilité pour la pratique de la fécondation artificielle.

Col utérin. — La matrice communique avec le vagin par un étroit canal long de 4 à 6 centimètres, percé au centre d'une portion fortement rétrécie et cylindrique, laquelle s'avance dans le vagin comme le fond replié de certaines bouteilles s'avance dans la cavité du vase. Cette portion rétrécie constitue ce qu'on appelle le col utérin. A l'orifice externe du col, la muqueuse présente un grand nombre de plis qui s'étendent en rayonnant du centre à la circonférence et donnent à cet orifice l'aspect d'une fleur radiée.

Sous l'influence de la gestation, le col de l'utérus éprouve quelques changements. Son tissu, ferme et dense dans l'état de vacuité, s'assouplit et se ramollit graduellement, sa longueur diminue; la saillie qu'il forme à l'intérieur du vagin se raccourcit et s'efface. Ces changements peu marqués dans les premiers mois de la gestation, deviennent bien apparents quand la femelle est arrivée à terme: ils se prononcent de plus en plus à partir de ce moment, et vers la fin de la gestation, le col ne forme plus qu'un léger bourrelet, une sorte d'anneau, qui sépare la cavité utérine de celle du vagin.

Souvent à cette époque, on le trouve plus ou moins entr'ouvert.

Ces modifications anatomiques justifient la pratique de conduire les poulinières après la mise bas à l'étalon, leurs organes sexuels étant dans la meilleure condition pour assurer la fécondation.

Sous l'influence des chaleurs, le col utérin perd de sa rigidité, l'exploration pratiquée à cette période, permet dans la majorité des cas, l'introduction de deux doigts. Cette particularité physiologique montre que la période des chaleurs constitue, en plus de la fonction ovarienne, le moment le plus favorable de l'aptitude fécondante.

En dehors des obstacles dus à des états morbides, l'infécondité peut encore être attribuée à une mauvaise conformation des organes génitaux de la mère. Il arrive parfois, surtout chez les primipares, que le col utérin est resserré par une construction spasmodique de ses fibres musculaires.

Une autre cause plus grave de stérilité consiste dans l'atrésie cicatricielle du col de la matrice. Il arrive souvent, en effet, qu'au moment laborieux, le col se déchire sur une certaine étendue, les surfaces dilacérées bourgeonnent, se tendent et au bout d'un certain temps, il en résulte une obstruction complète.

L'atrésie incomplète du col utérin, sans lésions pathologiques, est fréquente, l'exploration pratiquée montre une rigidité du col déterminant une oblitération complète. Cet état s'observe fréquemment sur les sujets atteints d'éréthisme génital et peut être assimilé à un véritable spasme du col utérin.

L'oblitération du col utérin peut être consécutive à un repli de la muqueuse vaginale, qui obture la lumière de cet organe. La possibilité de ce cas a été signalée par Colin.

Enfin l'ouverture du col peut être fermée par un bouchon de mucosités concrétées. Cette dernière considération montre l'importance de l'hygiène des organes sexuels.

Nymphomanie. — La nymphomanie est, en réalité, une perversion fonctionnelle de certains centres nerveux et non pas une véritable excitation des organes génitaux externes.

Les troubles nerveux qui en résultent se traduisent, il est vrai, dans certains cas, par une hyperexcitabilité génésique, mais bien plus souvent, c'est par d'autres symptômes n'ayant aucun rapport avec les précédents.

La nymphomanie consiste en une exaltation excessive et morbide du désir vénérien, elle s'accompagne d'un état d'éréthisme violent des organes sexuels et de tout l'appareil reproducteur.

Cette affection est souvent la conséquence de la non-délivrance ou de la privation de la maternité et s'accompagne fréquemment, outre l'érection fréquente du clitoris, d'un écoulement catarrheux périodique par la vulve. Chez les juments, la nymphomanie a de grands inconvénients, le facteur irritabilité étant à son maximum : à chaque appel de la cravache ou de l'éperon, la jument lance un jet d'urine et cherche à ruer : aussi les appelle-t-on vulgairement des « pisseuses ». Les bêtes nymphomanes sont maigres et ont le poil piqué; elles reçoivent indéfiniment le mâle sans retenir jamais.

La première indication est de combattre l'irritation sexuelle par des moyens locaux, injections calmantes, douches froides.

On devra soumettre le sujet à un régime rafraîchissant.

Dans aucune circonstance l'usage des anaphrodisiaques ne serait mieux indiqué, si leur action était réellement constatée. L'action du camphre, du nénuphar, du lupulin est contestée ou du moins infidèle.

Le bromure de potassium exerce, au contraire, sur les organes génitaux, une action calmante très bien constatée et qui s'explique par la diminution de l'excitabilité réflexe de la moelle. Aussi, est-ce le traitement sur lequel il faudrait le plus compter pour le traitement pharmaceutique de la nymphomanie.

Si le traitement médicamenteux, combiné à l'hygiène alimentaire et du travail échoue, il faut avoir recours à l'intervention chirurgicale.

La clitoridectomie, à l'inverse de l'ovariotomie, n'amène pas la stérililé.

Éréthisme génital. — L'éréthisme génital peut être considéré comme le premier degré de la nymphomanie.

Cet 'état est caractérisé pathologiquement par un nervosisme exagéré se traduisant par une excitation vive ; dans tous les cas c'est la sensibilité du système nerveux qui domine et nous verrons que cette hyperexcitabilité joue un rôle important dans la stérilité.

De tous temps les éleveurs ont remarqué que certaines femelles très ardentes sont difficiles à féconder.

L'éréthisme produit la stérilité par deux mécanismes : 1° en déterminant par des efforts expulsifs l'évacuation du sperme ; 2° en provoquant par action réflexe le spasme du col utérin, qui s'oppose au passage du fluide fécondant.

On a imaginé pour remédier à ces inconvénients diverses pratiques dont la valeur est douteuse : faire courir l'animal aussitôt après le coït ; la marche, l'exercice produiraient un relâchement musculaire et s'opposeraient dans une certaine mesure, aux efforts expulsifs ; l'eau froide projetée sur la croupe produirait le même résultat sédatif.

Le traitement médicamenteux réside dans l'emploi de l'atropine ou de l'extrait de belladone, agents qui s'opposent aux contractions spasmodiques.

La saignée copieuse pratiquée entre deux accouplements successifs à une demi-heure d'intervalle, par son action sédative calme le nervosisme du sujet et exerce une action avantageuse sur la fécondité.

L'éréthisme génital est fonction du tempérament et de l'alimentation. La suralimentation à l'avoine joue un rôle prépondérant dans la pathogénie de l'hyperexcitabilité nerveuse, car le nervosisme exagéré disparaît ou est atténué dans la majorité des cas sous l'influence d'un régime diététique spécial.

Si le traitement hygiénique et médicamenteux échoue, si les efforts expulsifs violents survenant après le coït persistent, il faut recourir à la fécondation artificielle.

L'éréthisme est une cause étiologique fréquente de la stérilité, le moyen prophylactique réside en grande partie dans l'hygiène alimentaire.

Anomalies, obstacles mécaniques. — La présence de la membrane hymen est un fait rare, mais enfin dans des cas exceptionnels, elle peut gêner la fécondation.

On a signalé aussi quelques observations d'infécondité dues à la présence de brides fibreuses ayant pour objet de déformer le vagin et d'empêcher les spermatozoïdes d'être déposés près du col du vagin.

Signalée chez la jument, l'imperforation de l'hymen a parfois des conséquences sérieuses. Un liquide glaireux s'accumule dans le vagin et le distend : le rectum est comprimé, la défécation difficile, on remarque souvent de violents efforts expulsifs.

L'hymen se présente quelquefois sous la forme d'une bride épaisse qui peut gêner la saillie.

Le traitement consiste en l'incision large, ou l'excision de l'hymen.

La rigidité de l'hymen a été observée chez une pouliche d'un an. Chez cette bête, on ne percevait la saillie de l'hymen qu'à la partie inférieure de la commissure vulvaire ; toutefois, à l'examen approfondi, on put se rendre compte de l'existence d'un hymen complètement développé, visible seulement pendant les efforts de miction ou si on le tirait en arrière. Cette membrane fut aisément rompue : elle ne présentait aucune trace cicatricielle.

Les cas de développement de l'hymen sont assez nombreux,

mais rarement à ce degré et surtout au point de constituer un obstacle à la parturition [1].

Frigidité. — L'absence de désirs vénériens caractérise la frigidité, cet état entraînant l'atonie ovarienne conduit à une sorte de neutralité sexuelle.

Les causes de la frigidité sont variables et d'ordres différents.

Cet état est fréquent chez les jeunes femelles dont les chaleurs sont à peine appréciables, chez les procréateurs envahis par la graisse ; la vieillesse, en produisant l'atrophie des ovaires, est aussi une cause de frigidité.

Les femelles frigides offrent un développement des organes générateurs si faible qu'elles sont souvent impropres à la reproduction. Leur hennissement est grêle, presque aphone.

La frigidité étant une cause fréquente de stérilité, voyons les moyens à employer pour combattre cet état de passivité absolue.

Ils sont de plusieurs ordres. En premier lieu il convient de citer le moyen naturel ; il consiste en la société des sexes différents qui produit les meilleurs résultats pour l'éveil des chaleurs.

Les aphrodisiaques ont une action douteuse et peuvent être dangereux, ils provoquent une congestion des organes génitaux sans produire l'évolution ou la formation des germes.

Lorsque cette frigidité est liée à un état adynamique, la suralimentation et l'hygiène doivent constituer la base du traitement.

Obésité. — A propos de l'influence de la nutrition sur la conception, on a souvent fait ressortir la coïncidence particulière de l'obésité avec la stérilité ; on peut, en effet, considérer comme démontrée l'influence de cette diathèse sur la reproduction.

Si l'on examine les ovaires des femelles atteintes d'obésité, on constate que le stroma a subi la dégénérescence graisseuse et ne contient plus d'ovules.

Outre un régime diététique spécial, une hygiène appropriée (exercice), le traitement par les alcalins combat l'adiposité.

Surmenage. — Le surmenage par la déchéance vitale qu'il entraîne, est un facteur important de stérilité.

D'ordinaire, la jument de pur sang passe à l'état de poulinière

1. *American Veterinary Review*, april 1889.

quand sa carrière de courses est terminée par la force des choses ou par suite d'accident.

On peut affirmer qu'une carrière de courses pénible diminue la fécondation chez la jument et détermine une stérilité relative; le repos agit dans le même sens, l'entraînement rationnel l'augmente.

L'expérience prouve que les grandes héroïnes du turf ne rencontrent pas les mêmes succès au haras, quand elles ont été maintenues à l'entraînement au-delà de certaines limites rationnelles.

Stérilité psychique. — Nous allons d'abord étudier l'influence du milieu : La jument qui arrive dans la cour du haras est souvent peu rassurée; se voyant dans un lieu qu'elle ne connaît pas, ou qu'elle ne connaît quelquefois que pour y avoir été torturée; remarquant autour d'elle des gens inconnus, préoccupés; entendant le bruit des étalons; se sentant entravée, elle craint, et ne reçoit le mâle qu'à regret, quoiqu'elle soit en chaleur. L'étalon de son côté, repoussé d'abord, se fatigue, remplit mal ses fonctions. Est-il étonnant qu'avec ces circonstances, beaucoup de saillies restent infructueuses ?

La jument peut même se laisser saillir sans faire aucune résistance, avant que la matrice, les trompes, les ovaires soient disposés à fournir le principe qui doit se trouver en rapport avec le sperme. Ne peut-il pas se faire que ces phénomènes physiologiques, n'aient pas le temps de se produire quand l'étalon, et cela arrive souvent, préparé à la saillie avant d'arriver à la jument, la saute précipitamment, avant qu'elle soit disposée « physiologiquement » à se laisser couvrir ?

C'est quand la copulation est terminée que la jument serait disposée; on voit alors qu'elle se tourne du côté de l'étalon, et son regard indique que, si l'acte recommençait, ses organes seraient disposés à prendre à l'accouplement la part que la nature leur a dévolue.

Ces coïts où il n'y a pas similitude physiologique, sont de véritables rapports sexuels passifs et sont une cause fréquente de stérilité.

Dans la saillie il y a donc, outre le côté matériel, un ensemble d'ordre psychique chez les procréateurs, principalement pour la jument, dont il faut tenir compte. Trop souvent cette dernière considération est négligée des éleveurs et le nombre des saillies « à froid », si l'on peut s'exprimer ainsi, est considérable.

Il faudrait que les procréateurs au moment de la saillie présentent le même potentiel génésique, le calme, l'isolement, la mise en contact, la double saillie sont des facteurs qui permettent de les mettre à l'unisson.

Une ardeur trop grande dans la jument est une autre cause d'infécondité; dans ces cas une double saillie peut être utile; elle apaise les organes.

L'éleveur devrait, en un mot, se rapprocher le plus possible de la monte naturelle où la période d'excitation génésique mutuelle assure le succès de l'opération.

Consanguinité. — Il est incontestable que dans certaines conditions la consanguinité conduit à la stérilité. Ce n'est pas, il est vrai, une règle générale; les recherches de Sanson et l'expérience des éleveurs ont en effet démontré que dans d'autres conditions, lorsque les animaux accouplés sont indemnes de toute tare pathologique, la consanguinité même accumulée ne détruit ni la force ni la fécondité; mais en revanche il est d'observation que, lorsque le coït réunit deux êtres atteints d'une même imperfection, le produit hérite doublement de leurs aptitudes morbides; la résistance vitale baisse, la fécondité diminue, et la race finit par s'éteindre. Or dans ces conditions la stérilité est toute relative et la fécondité peut renaître, si par un croisement approprié l'autre contractant, par l'énergie de sa vitalité, neutralise l'aptitude dégénérative.

Par la consanguinité, l'hérédité se trouve exagérée et après plusieurs générations elle aboutit à une sorte de « neutralité sexuelle » qui peut amener la stérilité.

Gémelléité. — La gémelléité, a été accusée de produire l'infécondité, c'est-à-dire que les femelles provenant d'une grossesse double seraient infécondes.

Cette loi signalée par Saint-Cyr est vraie dans l'espèce bovine; quand les produits de ces sortes de gestations sont de sexe différent, la femelle est, en général, inféconde.

Cette remarque, qui avait été déjà faite par Hunter, au sujet de laquelle Numann, directeur de l'école vétérinaire d'Utrecht, a produit des faits nombreux, a été généralement confirmée par les observations d'un grand nombre d'agriculteurs et de vétérinaires, parmi lesquels nous citerons MM. F. Villeroy, Louis Guyon, Neyen, Ardouin, Zundel, Baumeister, Rueff, Gurlt, Sanson, Feldmann et Kuleschow, etc. Ces derniers ajoutent qu'il en est de même dans l'espèce chevaline.

D'après les mêmes auteurs, l'atrophie des organes génitaux peut se présenter chez les jumeaux qui seraient tous deux du sexe féminin.

Il est fort difficile de donner de ces faits une interprétation physiologique satisfaisante; toujours est-il qu'on trouve ordinairement à l'autopsie de ces animaux, un arrêt de développement des organes internes de la génération.

Dans la plupart des cas, on pourra soupçonner ces causes d'infécondité, au manque de développement des mamelles et des trayons, ainsi qu'à l'étroitesse de la vulve; enfin les chaleurs peuvent être rares et fugitives.

Il nous paraît intéressant de consigner ici le résultat des recherches du Dr Gœhlart sur les jumeaux de l'espèce humaine. D'après cet auteur, la fécondité de ces jumeaux serait incontestablement diminuée; de plus, leur vitalité serait bien inférieure à celle des individus provenant d'une grossesse simple, car sur 410 jumeaux, 151 seulement ont dépassé l'âge de vingt et un ans.

Sénilité. — Pour les femelles la vie sexuelle est limitée; sa durée est variable et semble être une propriété d'espèce plutôt que proportionnelle à la durée totale de la vie.

Cornevin cite le cas d'une jument qui fut féconde à vingt-neuf ans et donna son vingt-troisième poulain à l'âge de trente ans.

Degive cite le cas d'une jument belge qui, âgée de vingt-huit ans, était en gestation de son trente et unième poulain.

Cependant s'il faut en juger par l'état de dégénérescence où se trouvent les ovaires des vieilles juments qui servent aux travaux anatomiques dans les écoles vétérinaires, il doit arriver un moment où la stérilité se montre.

La sénilité peut être considérée comme une cause de stérilité relative. Chez les mâles, l'aptitude fécondante du spermatozoïde diminue.

Troubles de la fonction ovarienne. — Ces troubles peuvent exister à des degrés très divers depuis l'absence complète d'ovulation jusqu'à la maturation imparfaite des ovules.

Dans toutes ces conditions, le résultat est identique et la stérilité inévitable. Dans le premier cas l'imprégnation est impossible faute d'ovule; dans le second, elle est inutile, parce que l'ovule est incapable de développement. Toutes les affections, tous les arrêts de développement de l'ovaire peuvent par ce mécanisme causer la stérilité. Mais il faut vraisemblablement ici comme pour le testicule que la lésion soit bilatérale et étendue à la presque totalité des deux glandes.

Parmi les causes ovariennes de la stérilité nous citerons le développement imparfait des ovaires, les ovarites, les dégénérescences kystiques, graisseuses, les tumeurs.

Le diagnostic de la stérilité de cause ovarienne acquise ou congénitale ne peut se faire avec certitude, ces organes étant inaccessibles par le palper et le toucher.

On peut citer une fécondation chez une jument nymphomane ovariotomisée d'un côté : Une jument de six ans avait donné naissance à un poulain en 1899. Depuis, elle avait été saillie plusieurs fois et même la fécondation artificielle avait été essayée sans aucun résultat. Elle était devenue vicieuse et méchante, étant toujours en chaleur.

Un état normal des ovaires ayant été diagnostiqué et le propriétaire voulant encore faire pouliner cette jument, on décida que l'exploration abdominale serait pratiquée et que l'ovaire le plus malade serait seul enlevé.

En mars 1901, Page C. et Fred Hobday anesthésièrent l'animal et les précautions aseptiques et antiseptiques étant prises, le vagin fut ponctionné.

Les deux ovaires apparurent plus petits et plus durs que normalement, surtout le droit. On décida qu'on en enlèverait un et qu'on laisserait l'autre.

La guérison fut rapide et en juillet, la jument fut couverte deux fois. la première fois elle ne prit pas, mais la deuxième fois elle retint et donna naissance à un poulain bien portant. Elle fut de nouveau saillie et produisit un deuxième poulain.

Nous ne pouvons juger d'une manière sûre l'état de l'ovulation, de sorte que, si une jument est atteinte de stérilité congénitale, nous ne pouvons décider si l'infécondité est de cause ovarienne ou autre.

Chez la jument qui a déjà pouliné, la question est plus simple. L'aptitude de l'ovaire à l'ovulation n'étant pas douteuse, c'est en général l'utérus qu'il faut incriminer.

En présence d'un état général mauvais, l'absence de tout désordre matériel fera diagnostiquer la stérilité diathésique. Si, au contraire, le sujet paraît exempt de diathèse, on soupçonnera l'infécondité relative, mais le diagnostic de cette espèce de stérilité ne pourra se poser avec certitude que si la jument, en changeant d'étalon, donne des preuves de fécondité.

Stérilité sans lésion matérielle. — Dans certains cas, le coït est stérile sans qu'aucune maladie des organes génitaux puisse en donner l'explication. Grâce aux progrès réalisés dans l'étude de la génération ce genre de stérilité semble aujourd'hui moins commun et sa fréquence relative devra diminuer encore à mesure que se perfectionneront les moyens d'investigation.

Nul doute, en effet, que les lésions de l'ovule et celles des spermatozoïdes jouent dans le développement de la stérilité un rôle de premier ordre, et néanmoins nous sommes, à leur sujet, dans une ignorance complète. Nous ne possédons aucun moyen d'étudier l'ovule et, quant au spermatozoïde, l'examen microscopique le plus minutieux ne nous renseigne que fort peu sur sa valeur fécondante. Nous préjugeons celle-ci d'après l'énergie de ses mouvements et l'intégrité apparente de sa configuration, mais il est évident que ce moyen grossier d'appréciation est insuffisant et qu'il doit exister dans ces organismes microscopiques des lésions qui, bien qu'inappréciables pour nous, sont susceptibles d'altérer leur valeur germinative. Quand nous concluons actuellement de l'intégrité apparente des zoospermes qu'ils sont aptes à la génération, nous faisons une induction légitime, mais il est parfaitement possible que tel spermatozoïde que nous jugeons normal soit impropre à la fécondation.

Stérilité après la première fécondation. — Comment expliquer la stérilité définitive survenant après la première parturition ?

Dans cette catégorie on ne comprend naturellement que les femelles n'ayant pas eu à la suite de leur accouchement de complications telles que métrite, vaginite, ovarite, etc., susceptibles de produire par elles-mêmes la stérilité.

Il s'agit donc ici exclusivement de femelles, qui, après leur premier accouchement, sont restées absolument bien portantes, dont l'étalon qui les a saillies n'a également subi aucune atteinte pathologique et qui néanmoins, sans qu'aucune explication pathogénique soit possible, restent inféconde.

Pourquoi cette infécondité ? Comment la combattre ?

Pour expliquer cette stérilité partielle, ne permettant la procréation que d'un seul sujet, on a divisé les femelles en très fertiles, peu fertiles et stériles.

Il n'y a pas de doute, que toute circonstance particulière étant écartée il y ait des femelles qui placées dans les mêmes conditions que d'autres, se montrent beaucoup plus fertiles.

Or, entre la femelle la plus fertile et celle qui est stérile, on peut observer tous les degrés ; de telle sorte que la femelle atteinte de stérilité après la première parturition constitue le premier degré dans cette échelle, après la femelle totalement stérile.

Fait assez particulier, cette stérilité partielle semble héréditaire, c'est ainsi qu'une femelle fille unique, n'aura qu'une parturition.

Il arrive souvent qu'au bout de deux ou trois générations cette stérilité partielle devient totale.

Le traitement à opposer à cette stérilité partielle, alors qu'il n'existe aucun état pathologique local et nettement appréciable, est simplement général, tonique et reconstituant.

L'hygiène, un régime diététique convenable, la mise à l'herbe, la cure d'air, la promenade sont les facteurs qui peuvent modifier avantageusement cet état.

STÉRILITÉ CHEZ L'ÉTALON

Moins étudiée que la stérilité chez la femelle et relativement moins fréquente, elle est d'une étude beaucoup plus simple. Chez l'étalon, la fécondité ne suppose que l'intégrité relative de deux fonctions : secrétion et excrétion du sperme. Le trouble de l'une ou de l'autre peut causer la stérilité.

Troubles de la sécrétion. — Les spermatozoïdes, éléments essentiels qui donnent au sperme son activité, naissent exclusivement dans les tubes séminifères par bourgeonnement de l'épithélium, par conséquent toute stérilité par défaut de sécrétion suppose nécessairement un état morbide de ces conduits. Ceux-ci sont tellement délicats que toute lésion testiculaire peut être une cause de stérilité ; mais, pour qu'un tel résultat se produise, il faut que l'obstacle à la production porte sur les deux testicules et que chacun d'eux soit envahi dans sa presque totalité. Si, en effet un lobe testiculaire échappe à l'état morbide et, si les voies d'excrétion sont libres, le liquide séminal diminué de quantité aura probablement moins d'énergie fécondante, mais la théorie ne permet pas d'admettre dans ce cas la stérilité proprement dite.

Il résulte des considérations précédentes que la condition nécessaire, indispensable, pour qu'une lésion des tubes spermatiques produise la stérilité, étant d'intéresser les deux testicules, toute affection unilatérale de ces glandes sera *ipso facto* incapable d'entraîner l'infécondité, si l'animal n'est pas monorchide. C'est pour cette raison que la stérilité n'est pas la conséquence ordinaire des affections qui, tout en supprimant l'activité testiculaire, se limitent à un côté (hydrocèle, sarcocèle, orchite, etc.).

Les maladies des testicules susceptibles d'entraîner la stérilité sont nombreuses, et peuvent se grouper sous les chefs suivants : absence (anorchydie), arrêt de développement, atrophie acquise, inflammations, tumeurs.

L'arrêt de développement des testicules peut certainement déterminer de la stérilité, mais il est difficile de dire à quelle limite commence l'infécondité.

La stérilité est-elle toujours fatale et nécessaire dans ces conditions? Peut-être serait-il téméraire d'émettre sur ce point une affirmation absolue, car certains éleveurs et vétérinaires prétendent que les chevaux que l'on ne peut castrer faute de testicules apparents sont aptes à la reproduction.

Stérilité des cryptorchides. — Quelle que soit la modalité de l'ectopie, ses conséquences sont à peu près identiques dans tous les cas. Le testicule subit un arrêt de développement et conserve les caractères de l'état fœtal : petit, flasque, mou, il est constitué par un tissu grisâtre ou rosé, fort différent du parenchyme normal et ne renfermant pas ordinairement de spermatozoïdes; son poids moyen est d'une cinquantaine de grammes (le poids du testicule normal varie, suivant la taille des sujets, de 100 à 350 grammes); parfois, il est rudimentaire, atrophié, à peine reconnaissable.

Comme toutes les glandes en position anormale, le testicule ectopique est sujet aux dégénérescences néoplasiques. Tantôt, il est très volumineux, déformé par un ou plusieurs kystes à contenu variable; exceptionnellement, on peut y constater des ilòts cartilagineux ou osseux, des crins, des dents (kystes dermoïdes). Tantôt envahi par un processus sarcomateux ou carcinomateux, il a acquis d'énormes proportions.

Le sperme des sujets dont les testicules sont arrêtés dans leur migration ne renferme pas, dans la majorité des cas, de spermatozoïdes ; le testicule retenu dans l'abdomen, ou même arrêté dans la partie supérieure du canal inguinal, n'est pas le siège d'une évolution complète des ovules mâles ; le processus spermatogénique est entraîné pour des causes qu'il est encore difficile de préciser, mais toujours est-il, qu'il n'aboutit pas à la formation de spermatozoïdes entièrement développés.

Les modifications profondes que le testicule ectopique a subies (atrophie, absence de spermatozoïdes, néoplasies, etc.), expliquent les chances de fécondation réduites des cryptorchides, mais on ne peut affirmer leur stérilité que dans les cas où ces lésions profondes siègent sur les deux testicules.

Les monorchides sont féconds, et il y a des exemples d'étalons fameux qui étaient des monorchides, *Monarque* entre autres. Mais cette anomalie testiculaire engendre souvent la cryptorchidie. On peut se résigner à employer un étalon monorchide à cause de qualités d'ailleurs éminentes, mais seulement à titre de rare exception.

Hydrocèle, sarcocèle, hématocèle, etc. — Les états pathologiques du testicule, hydrocèle, sarcocèle, hématocèle, etc., peuvent provoquer une stérilité passagère ou permanente selon leur état de gravité.

Le traitement chirurgical (ablation du testicule), doit être fait *in extremis* en raison de la fonction spéciale exploitée. Il ne sera employé que lorsque toutes les ressources fournies par la thérapeutique auront été épuisées.

Orchite. — Outre les contusions portant dans cette région, l'orchite peut être consécutive au surmenage génésique.

Le passage à l'état chronique se caractérise par l'induration dite sarcocèle, ou par la formation d'une hydrocèle. Dans les deux cas, l'aptitude fécondante du testicule atteint est bien compromise.

Aussi doit-on, dès le début, instituer un traitement sévère pour éviter ces complications qui compromettent dans une large mesure l'avenir de l'étalon.

Les indications sont les suivantes :

Contre l'orchite, on a utilisé tous les agents de la médecine antiphlogistique, mais, surtout, la saignée à la jugulaire ou à la saphène, les sangsues aux bourses, les alcalins, les onctions de populeum laudanisé, les cataplasmes, les lotions émollientes, les compresses antiseptiques sur la glande enflammée. Le suspensoir, facile à appliquer, est fixé par quatre rubans : deux passant en avant du grasset et liés sur les lombes, les deux autres remontant de chaque côté de la queue, réunis entre eux et aux précédents. Il permet de maintenir sur les testicules des compresses tièdes ou chaudes (50°) fréquemment renouvelées.

Le plus souvent, par l'action prolongée de la chaleur humide, les phénomènes inflammatoires s'apaisent : l'œdème diminue, l'appétit renaît. Parfois la phlegmasie passe à l'état chronique. On utilise alors les applications de pommade mercurielle ou de pommade à l'iodure de potassium. En quelques cas, la sarcocèle aboutit à la suppuration : dans la gaîne ou dans le testicule, du pus se forme, qui se fait jour à l'extérieur si on ne lui donne pas issue par la ponction.

Exanthème coïtal. — Macorps, de Huy, a constaté sur un excellent étalon, une inflammation ulcéreuse de la tête du pénis, que ce cheval paraît avoir contractée en faisant le 21 mars la saillie d'une jument, qui avait avorté le 12 du même mois et qui se trouvait atteinte de métro-vaginite.

Cet étalon a, par la saillie, transmis son affection à bon nombre de juments. La durée de l'incubation était de cinq à six jours et la maladie durait environ trois semaines[1]. Cette observation montre l'importance de l'examen clinique des procréateurs.

Spermatorrhée. — La spermatorrhée est caractérisée par un écoulement involontaire et spontané du sperme qui peut être déterminé par un tempérament ardent, mais plutôt par l'état d'atonie des organes génitaux résultant de l'abus du coït et surtout de l'habitude vicieuse qu'ont certains étalons de se masturber.

Cette habitude vicieuse, qui constitue le facteur étiologique le plus important, se traduit à la longue chez l'étalon par une impuissance relative. Elle peut être combattue par l'emploi d'appareils spéciaux, suspensoirs, véritables organes de contention, qui rendent matériellement la masturbation impossible. On peut encore

1. Extrait de l'*État sanitaire des animaux de la Belgique*.

appliquer un appareil électrique qui porte le nom de « Electric Stallion Shield » dont la pratique a confirmé les excellents résultats.

Lorsque la spermatorrhée est causée par un état d'épuisement et de faiblesse générale (surmenage coïtal), elle exige un régime tonique et des soins hygiéniques spéciaux.

L'emploi de l'électricité permettra de lutter avantageusement contre l'atonie génitale.

Lorsque, au contraire, la spermatorrhée est l'effet d'un tempérament ardent, il faut avoir recours à un régime diététique, rafraîchissant, et à une alimentation peu substantielle.

Le traitement local (lotions froides et souvent répétées), doit être utilisé; on peut y adjoindre comme médication interne le bromure de camphre.

Le traitement de la spermatorrhée est emprunté à l'hygiène, à l'alimentation, à la thérapeutique et à l'emploi d'appareils de contention.

L'oisiveté, le repos, la stabulation permanente, la suralimentation prédisposent les sujets à la masturbation.

Tumeurs des testicules. — Dans ce cas, la stérilité est en général la conséquence d'une atrophie de la substance glandulaire.

Impuissance. — En dehors de l'impuissance sénile des étalons, il convient de signaler les cas de paralysie de la verge qui s'observent quelquefois pendant la période aiguë des maladies infectieuses (gourmes, fièvre typhoïde, anasarque).

L'étiologie est obscure et c'est toujours dans les cas d'adynamie profonde, de sidération complète qu'on les observe.

Nous avons observé au cours de l'andiarque cinq cas de paralysie de la verge.

Le pénis paralysé pend inerte en avant des membres postérieurs. Tuméfié, marqué de bourrelets et de sillons transversaux, il peut acquérir un volume considérable. A la longue et sous l'influence des irritations extérieures, le tégument s'enflamme et se sphacèle par places.

Le pronostic varie avec le degré et l'ancienneté de l'affection. La paralysie incomplète (paralysie pénienne) se termine d'ordinaire par la guérison.

Exceptionnellement, la paralysie complète et ancienne peut aussi disparaître spontanément.

Récente, la paralysie de la verge doit être combattue par les scarifications et les douches froides en pluie (3 à 4 par jour) ou en un jet faible. Quelques faits déjà anciens témoignent aussi de l'efficacité du courant galvanique. On devra, outre l'emploi du courant galvanique, mettre l'étalon dans toutes les conditions pouvant faciliter l'érection du pénis, et, au bout de quelques jours, le faire livrer à la copulation. Nous avons vu, aux hôpitaux de l'École d'Alfort, deux chevaux entiers qui guérirent parfaitement par ces derniers moyens (Goubaux).

Pénis et fourreau. — Les anomalies congénitales du pénis et de sa gaine, l'absence de la verge ou son atrophie, sa torsion, son adhérence au fourreau et le phimosis, sont rares dans toutes les espèces animales.

En raison de sa situation, de sa grande mobilité et du revêtement que lui forme le fourreau, le pénis est peu exposé aux contusions, ainsi qu'aux autres accidents d'origine traumatique.

L'inflammation du fourreau, l'acrobustite, et l'inflammation de la partie libre du pénis, la balanite, peuvent s'observer isolément, mais, le plus souvent, elles sont associées, balano-posthite.

Les causes de l'acrobustite et de la balanite sont multiples. Signalons, surtout chez le cheval : l'habitude qu'ont certains animaux d'uriner dans leur fourreau ; l'accumulation, dans ce dernier, d'une matière grasse, noirâtre, fétide, résultant de la sécrétion des follicules sébacés ; les tumeurs et les engorgements du fourreau, qui empêchent la sortie du pénis lorsque le cheval veut effectuer la miction.

Les symptômes de la balano-posthite sont significatifs. Le fourreau est tuméfié, infiltré, sensible ; bientôt il y a phimosis. Parfois précédée de violents efforts, la miction s'accompagne toujours de douleurs déterminées par l'action de l'urine sur le tégument enflammé. La cavité préputiale rétrécie renferme un produit grisâtre ou verdâtre, d'odeur fétide : souvent l'inflammation revêt le caractère ulcéreux. S'il y a balanite, le pénis est gonflé, chaud, sensible à la pression.

La balano-posthite du cheval réclame tout d'abord un nettoyage soigné du fourreau et du pénis (enlèvement de la matière sébacée). Ensuite ces parties sont soigneusement savonnées et vouguées avec une solution antiseptique tiède (sublimé, crésyl, lysol), puis séchées et enduites de vaseline boriquée ou recouvertes d'une poudre absorbante (oxyde de zinc et amidon, dermatol, calomel, etc.).

Chez le cheval les néoplasmes du pénis et du fourreau sont assez fréquents. On rencontre des fibromes, fibro-sarcomes, myxomes, lipomes, carcinomes, etc.

La direction anormale de l'extrémité du pénis (courbure prononcée) a pour résultat de diriger le jet spermatique loin de l'ouverture du col utérin et peut être un empêchement à la fécondation.

Causes diverses. — Le repos presque absolu a pour effet d'entraîner une infécondité relative qu'il est aisé de faire disparaître par un travail régulier ou un exercice journalier bien réglé.

Chez les Orientaux, les cavales sont fécondées par le coursier que l'Arabe monte tous les jours, et qui n'en est pas pour cela un moins bon reproducteur.

Il a été établi, au contraire, que les saillies des étalons entretenus oisifs dans nos dépôts de l'Algérie ne sont fécondes que dans la proportion de 25 0/0.

Le surmenage (excès du coït) peut être une cause temporaire de stérilité. Chez les étalons surmenés, l'aptitude fécondante diminue vers la fin de la saison de la monte.

DIAGNOSE DE LA STÉRILITÉ

Le problème de la stérilité comprend deux points importants à résoudre :

a) Recherche de la stérilité (origine paternelle ou maternelle) ;

b) Détermination de la cause de cette stérilité.

Le premier point, dans la majorité des cas, est assez simple à élucider ; le deuxième, plus complexe, exige une diagnose plus exacte.

La méthode suivante, que nous employons depuis de longues années, et qui est basée sur des données chimiques et physiologiques, permet de résoudre scientifiquement ces diverses questions.

A. *Vérifier l'aptitude fécondante du mâle.* — L'examen microscopique du sperme fixera d'une façon très nette. Il convient de se servir d'un grossissement de 500 diamètres ; un grossissement de 300 permet déjà d'apercevoir nettement les spermatozoïdes dans du sperme pur, mais est insuffisant pour les recherches au milieu des corps étrangers ; un grossissement supérieur à 500 aurait le double inconvénient de restreindre le champ du microscope et de ne permettre qu'un faible éclairage. Il ne faudrait pas croire cependant qu'un éclairage intense soit toujours une condition de succès : quand la lumière est par trop vive, il est au contraire souvent difficile d'apercevoir les queues des spermatozoïdes : aussi est-il avantageux de changer fréquemment la position du miroir et d'avoir recours de temps à autre à l'éclairage oblique.

Si l'examen est positif et qu'il n'y ait pas d'anomalies dans l'appareil génital, on est autorisé à rechercher la cause de la stérilité chez la femelle ; si, au contraire, l'examen est négatif et dénote une azoospermie ou une dégénérescence des spermatozoïdes, les recherches sont simplifiées, la stérilité étant d'origine paternelle.

L'examen de l'appareil génital du procréateur a une grande importance, toute lésion anatomique pouvant diminuer, si elle est accusée, la fécondité.

Il faut considérer cette région sous le double rapport du volume et des changements de position.

a) *Volume des testicules.* — L'hypertrophie d'un testicule est le plus souvent compensatrice de l'atrophie de l'autre. L'hypertrophie bilatérale est exceptionnelle. C'est à la suite d'une maladie ayant arrêté le développement de l'une des glandes que l'on voit l'autre augmenter de volume par accroissement de la longueur et du calibre des canalicules séminifères.

L'atrophie doit s'entendre de l'arrêt du développement du testicule déjà descendu dans les bourses. On sait, en effet, que le testicule ectopié est presque toujours plus ou moins atrophié.

b) *Changement de position.* — Toute position anormale de la glande spermatique dans les bourses est une inversion. Normalement, le testicule a son grand axe oblique de haut en bas et d'avant en arrière, et son bord postéro-supérieur est coiffé par l'épiderme. Si cet axe se modifie, l'inversion existe.

Les variétés en sont nombreuses. Il y a ectopie lorsque la glande s'est arrêtée dans sa migration normale ou qu'elle a pris une fausse direction. Le toucher permettra de se rendre compte de la mobilité testiculaire dont l'importance est considérable. L'adhérence du scrotum aux tissus sous-jacents indique une lésion testiculaire.

B. *Technique à suivre pour la diagnose de la stérilité chez les femelles.* — L'examen clinique des organes génitaux et la recherche du degré d'acidité ou d'alcalinité du mucus vagino-utérin constituent le meilleur critérium de la stérilité.

Si les résultats sont négatifs, il faut faire une étude sérieuse de tous les commémoratifs concernant les facteurs suivants :

Hygiène, alimentation, surmenage, obésité, consanguinité, frigidité, nymphomanie, caractères sexuels, sans oublier les causes psychiques (coït à froid).

Dans la majorité des cas une interprétation judicieuse de toutes ces données conduira à la diagnose exacte de la cause de la stérilité et indiquera le traitement rationnel à suivre.

Cette brève étude montre combien le diagnostic de la stérilité chez les procréateurs est complexe et fait voir le peu de valeur des données empiriques employées dans les studs.

Examen clinique. — Chez les femelles l'exploration des organes génitaux se fait par le toucher ou par la vue. La palpation est externe ou interne. La première permet de reconnaître immédiatement les lésions de la vulve. La palpation interne est vaginale ou rectale.

Avec le bras introduit dans le vagin, on perçoit les altérations de ce conduit, du col de l'utérus, de l'urèthre, de la vessie, et quand le col est dilaté, on peut pénétrer dans l'utérus.

Par l'exploration rectale, on peut palper le corps et les cornes de l'utérus. Dans certains cas, il est bon d'associer l'exploration rectale et l'exploration vaginale.

L'examen pratiqué au niveau du col utérin permet de reconnaître le volume, la consistance, les accidents de surface, le degré de contraction de cet organe.

Lorsqu'on veut examiner par la vue la face interne du vagin et le col, il faut écarter les lèvres de la vulve et dilater le vagin soit avec les mains, soit avec les écarteurs ou le speculum. Chez la jument, pour inspecter sans l'aide d'aucun instrument la face interne du vagin, Schleg conseille le procédé suivant : provoquer d'abord la dilatation du conduit en y introduisant la main et le bras, puis retirer ceux-ci peu à peu, jusqu'à ce que la face palmaire de la main arrive au niveau de la vulve, dont elle porte une lèvre en dehors ; l'autre main saisit la lèvre opposée et la tire de la même façon ; on peut alors éclairer la face interne du vagin et en apercevoir tous les détails.

Si l'on veut examiner la partie profonde du vagin et le col de l'utérus, il faut se servir d'écarteurs ou de speculum ; ce dernier est peu usité pour les femelles domestiques. On pourrait cependant employer avec avantage les speculums bialves de Cusco ou de Billings. Ces instruments préalablement chauffés et vaselinés sont introduits fermés dans le vagin ; il n'y a qu'à en écarter les valves à l'aide d'une vis pour tendre fortement les parois vaginales.

L'importance de l'exploration méthodique des organes sexuels est considérable ; mais, pour qu'elle donne des résultats rationnels, il faut qu'elle soit basée sur les connaissances anatomiques de cette région (situation, formes, anomalies) ; elle exige donc l'intervention d'une personne compétente.

TRAITEMENT DE LA STÉRILITÉ

La stérilité n'étant pas une maladie, mais la simple conséquence d'une multitude d'états morbides, ne comporte pas de traitement unique et invariable. La médication qui lui convient est celle de l'affection qui la détermine et, à ce titre, essentiellement indirecte. Contre l'atrophie des organes essentiels, la thérapeutique est désarmée.

L'hygiène, l'alimentation, la thérapeutique, la chirurgie apportent leur contingent de succès dans le traitement de la stérilité.

Nymphomanie. — Cet état, qui est un facteur important de stérilité, peut être modifié dans quelques cas par l'emploi des anaphrodisiaques. Le bromure de camphre, le bromure de sodium, la poudre de nénuphar sont les médicaments les plus employés, mais leur résultat est souvent infidèle. Les bains complets sont recommandés.

En cas d'insuccès on aura recours à l'examen du clitoris. La turgescence du clitoris, son développement anormal, est fréquemment une cause de nymphomanie entraînant en plus des vices de caractère, la stérilité. L'ablation du clitoris, opération bénigne, permet de supprimer cette cause de non-fécondation.

Cette opération très simple n'entraîne pas la suppression des chaleurs, qui sont sous la dépendance directe de la fonction ovarienne, et permet d'augmenter, dans une large mesure, les chances de fécondation chez les sujets nymphomanes.

Sténose du col utérin. — Il sera important, toutes les fois qu'on aura à traiter la sténose du col utérin, de rechercher les états pathologiques connexes afin de leur appliquer, si possible, un traitement simultané.

L'atrésie peut se traiter de deux façons : ou par la dilatation, ou par l'incision. L'incision sera faite à l'aide du bistouri ou mieux des ciseaux. L'incision doit être faite transversalement de chaque côté de l'orifice externe. La simple incision unilatérale ou bilatérale du col a le gros inconvénient de ne pas donner de résultats durables ; le tissu cicatriciel vient combler la solution de continuité artificiellement créée, et, au bout de quelques mois, le degré de sténose est à peu près le même qu'avant l'opération.

De plus, l'incision, comme elle est transversale, risque d'intéresser les vaisseaux nombreux en cette région et peut être le point de départ d'une hémorragie sérieuse. Ces différentes raisons doivent faire donner la préférence à la dilatation.

Le cathétérisme utérin demande, pour être pratiqué, une certaine habitude. Nous recommandons de ne pas employer les sondes rigides et de veiller à l'antisepsie de l'instrument qu'on emploie.

Aux procédés de dilatation ordinaires tous expansibles (éponges préparées, tiges de laminaire d'une application difficile), il est préférable de substituer le cathétérisme ou la dilatation manuelle.

Les Arabes pratiquent la dilatation du col par des procédés curieux. Ils introduisent à l'aide de la main, au préalable frottée de beurre, de savon ou d'huile, une datte tenue à l'aide des doigts allongés ; on finit par y introduire la main toute entière, puis, le bras retiré, on présente la jument à l'étalon (général Daumas). On a pu produire avec succès la dilatation du col à l'aide des doigts ou d'une sonde (Delafond). Cette pratique pourrait même déterminer l'apparition des chaleurs chez les bêtes atteintes de frigidité (Corneous).

La technique de la dilatation digitée est des plus simples :

On introduit dans l'orifice du col le doigt indicateur, qui d'abord pénètre assez difficilement. Bientôt cependant le conduit s'élargit, et l'on peut y introduire un second, un troisième, et finalement les quatre doigts réunis en cône. On force un peu, mais doucement, en imprimant à la main un mouvement de vrille, jusqu'à ce que l'extrémité des doigts arrive dans la cavité de l'utérus. On maintient un instant la main dans cette position ; on la retire, et l'opération est terminée; la femelle peut ensuite être présentée à l'étalon, soit le jour même, soit le lendemain, avec de grandes chances de fécondation.

Les résultats obtenus par les praticiens danois sont très satisfaisants : l'un a obtenu 10 fécondations sur 20, un deuxième 20 sur 30 et un troisième 3 sur 4.

Hyperalcalinité. — Grabensee a étudié un antique moyen pour faire rester gravides des juments qui, malgré plusieurs saillies répétées, n'ont pas été fécondées. Ce moyen consiste dans l'injection dans le vagin, environ une demi-heure après la saillie, d'un litre ou à peu près d'eau tiède dans laquelle on a fait dissoudre 5 grammes de bicarbonate de soude.

Cette idée est née de ce que chez beaucoup de juments la cause de la stérilité est l'acidité du mucus vaginal, lequel détruit l'action des spermatozoïdes.

En 1897, à la station de Celle, en Allemagne, Grabensee obtint par ces injections des résultats encourageants; en 1898, la pratique de ces injections eut lieu sur 1.130 juments du Hanovre, parmi lesquelles plusieurs étaient stériles depuis plusieurs années et avaient été saillies sans résultat; 60 0/0 de ces juments furent fécondées. A la station de Celle, 73 0/0 le furent de même.

A la station de Berbereck, l'injection fut négative sur 7 juments.

Dans une station hollandaise, il y eut sur 22 juments une réussite de 72 0/0.

Un agriculteur a communiqué à Grabensee qu'en 1898 l'injection fut pratiquée sur 6 juments qui furent toutes fécondées. Parmi elles, se trouvait une jument de dix-huit ans que l'on devait tuer parce que, pendant quatre ans, elle avait été stérile et une autre qui, depuis six ans, n'était pas fécondée malgré les saillies répétées.

En 1899, le même agriculteur pratiqua ces injections sur 14 juments, dont 13 furent fécondées. A la suite de ses résultats, il fait pratiquer l'injection sur toutes ses juments.

Frigidité. — La frigidité étant une cause relative de stérilité, en ce sens qu'elle diminue les chances de fécondation, il y aura lieu de la faire disparaître, si possible, grâce à un traitement approprié.

Malheureusement la plupart des moyens thérapeutiques n'ont qu'une action limitée contre cet état pathologique.

Ils consistent dans l'hygiène, l'électricité soit galvanique, soit faradique employée directement sur le système nerveux de la zone génitale, de manière à en modifier le fonctionnement.

On utilisera l'électricité faradique, un pôle introduit dans le vagin, et l'autre appliqué sur la paroi abdominale.

L'électricité galvanique pourra aussi, surtout quand la faradique est mal supportée, rendre des services, en appliquant la plaque sur l'abdomen et l'électrode négative en charbon ou en platine, soit dans le vagin, soit dans l'utérus ; il est nécessaire de mettre le pôle négatif directement au contact de l'utérus ; il est le pôle congestionnant qu'on recherche par l'emploi de l'électricité.

Les séances électriques seront faites 3 fois par semaine ; ce traitement, pour donner des résultats, devra être continué plusieurs mois.

Les moyens à employer pour provoquer ces chaleurs peuvent être ainsi classés :

1° Procédés médicamenteux déjà décrits ;

2° Procédés mécaniques. L'un de ces procédés consiste en l'application de l'appareil formé de deux boules en celluloïd, dont nous avons donné la description par ailleurs.

Rappelons qu'il est arrivé plusieurs fois à Cornevin de voir apparaître les chaleurs trois ou quatre jours après avoir pratiqué la dilatation sur les bêtes atteintes de frigidité.

Nervosisme et éréthisme. — M. Collin, de Wassy, rapporte que bon nombre de juments, et parmi elles plusieurs qui n'avaient jamais porté et qui, chaque année, étaient saillies plusieurs fois infructueusement, ont été fécondées à la suite d'accouplements opérés immédiatement après une saignée de 3 à 4 litres. La saignée pratiquée une heure ou deux avant la saillie ne lui a pas paru jouir de la même efficacité. La déplétion sanguine diminue la rigidité du col et calme, au moins momentanément, l'état de spasme des organes génitaux.

L'utilité de la saignée chez les poulinières est depuis longtemps discutée, de même le moment où elle doit être pratiquée.

Certains éleveurs estiment que le moment le plus favorable pour la saignée est celui de la veille au soir pour la saillie du matin et du matin à la première heure pour la saillie du soir.

La saignée pratiquée immédiatement avant ou après la saillie ne tombe pas assez, ne fait pas cesser, au moment propice, l'éréthisme nerveux et musculaire de la jument. Tandis que la saignée du soir amène une légère prostration des forces, un relâchement des muscles qui favorise la fécondation.

Le traitement médicamenteux de l'éréthisme peut s'obtenir par l'emploi de l'atropine et de la belladone.

Double saillie. — Ce procédé employé judicieusement peut devenir l'agent curatif, constituer, dans certains cas, un remède de la stérilité.

La double saillie est indiquée physiologiquement, lorsque l'examen clinique de l'appareil génital aura été négatif.

Chez les primipares et chez les juments atteintes de frigidité sexuelle, la gymnastique partielle de l'appareil sexuel éveillera une certaine période d'excitation favorable à la fécondation.

On sait que le contingent de stérilité est fort élevé chez ces sujets ; les doubles saillies permettront de le diminuer dans une notable mesure.

CHAPITRE X

FÉCONDATION ARTIFICIELLE

Tous les moyens, tous les traitements contre la stérilité ayant échoué, si par suite d'un obstacle absolu, défini ou non, l'imprégnation ne peut avoir lieu, on doit tenter la fécondation artificielle.

Il faut être éleveur, pour connaître les ennuis dont on peut être tourmenté lorsqu'une ou plusieurs juments de grande origine, achetées toujours très cher, demeurent infécondes et procurent chaque année des déceptions nouvelles. Propager ce mode de fécondation, c'est donc aider les éleveurs à perpétuer les lignées célèbres et contribuer à la solution du problème économique que pose l'industrie du pur sang.

C'est cette intervention à laquelle on a donné le nom de fécondation artificielle, opération parfaitement rationnelle dont l'application à l'espèce chevaline a été tentée avec succès depuis 1882 et qui, outre son utilité pratique, offre un si haut intérêt scientifique.

Les premiers essais ont été faits sur les poissons au XVIIIe siècle par Dom Pinchon de l'abbaye de Réame. Le premier document connu sur ce point est celui qu'on doit à Jacobi : ce mode de fécondation est devenu courant en pisciculture et en horticulture. Ce fut l'abbé Spallanzini, qui, en 1770, tenta de transporter ce procédé des espèces inférieures aux supérieures. A la fin du XVIIIe siècle, l'anatomiste anglais John Hunster l'a tentée également avec succès. Depuis, les docteurs Nicolas Lesueur, Girault, Marion Sims, Eustache Haussmann, l'ont pratiquée souvent, et l'opération, grâce à leurs travaux, est devenue familière. Les professeurs Brouardel, Robin, Dechambre, M. Duval, etc., etc., les zoologistes et les physiologistes Busethli, Galton, Weissmann, Boveri, Delage,

Beneden, Verworn, etc..., reconnaissent une grande valeur à la fécondation artificielle.

Son intervention chez la jument stérile est donc tout indiquée. Loeb, Reul, Heape *Proceedings Royal Society London*), les revues scientifiques anglaises et américaines en ont donné des détails très intéressants. Dans quelques grands haras américains de pur sang, elle est devenue usuelle. En Angleterre, chez MM. Sullivan et Blundel Maple, entre autres, elle a été pratiquée avec succès. Waugh, vétérinaire manager de l'ancien haras de Childwick, prétend même avoir fécondé trois juments avec le sperme d'une seule saillie. En France, aux haras de Jardy, du Perray, etc., elle a été expérimentée d'une manière très heureuse. Nous sommes aussi parvenus de notre côté à obtenir la fécondation d'un grand nombre de juments qui paraissaient pour toujours vouées à la stérilité.

C'est au Dr Dechaux de Montluçon que paraît revenir l'honneur d'avoir fait les premières fécondations artificielles sur des juments. Ses expériences datent de l'année 1882.

Dans *le Petit Éleveur*, le commandant Stiegelmann a cité des faits qui démontrent surabondamment le succès de cette opération.

Les éleveurs américains ont réussi à féconder artificiellement des juments avec la liqueur fécondante d'étalons dont ils n'avaient pas la libre disposition.

La liqueur est recueillie soit sur la jument après le coït, soit sur l'étalon lui-même après masturbation. Nous nous abstiendrons toutefois de nous étendre sur les détails de ces opérations. A noter que l'on recueille une plus grande quantité de liqueur en opérant sur la jument (la dose ordinairement recueillie peut féconder quatre juments) mais, dans ce cas, la difficulté réside dans une double manipulation qui amène fatalement un refroidissement du liquide si les appareils ne sont pas maintenus à la température voulue. Il a cependant été constaté que si cette précaution est bien prise, les animalcules spermatiques peuvent vivre un certain temps dans l'imprégnateur (comme l'auteur appelle la seringue spéciale employée), et on cite des cas de juments qui ont été fécondées quatre ou cinq heures après que la liqueur fécondante avait été récoltée.

La caractéristique de cette méthode réside dans l'action qu'elle exerce sur les juments restées stériles.

M. Byran, vétérinaire au haras de Lexington, au Kentucky, qui depuis plusieurs années pratique avec succès la fécondation artificielle, dit que la condition essentielle de réussite consiste à amener la liqueur fécondante le plus possible à portée des ovules qui évoluent dans l'utérus. Or l'imprégnateur est construit de telle sorte que sa pointe (disposée de façon à ne pouvoir blesser la jument) arrive et pénètre même dans le col de cet organe.

C'est par l'heureux résultat produit sur les juments restées stériles, que le recours à la fécondation artificielle se recommande donc plus particulièrement. L'auteur du mémoire dit que nombreuses sont celles qui, saillies sans résultats durant plusieurs années et par divers étalons, se sont trouvées fécondées par ce procédé. Il cite quelques cas particuliers, savoir : celui d'une jument de neuf ans qui depuis l'âge de trois ans fut infructueusement saillie tous les ans, par un autre étalon et qui cependant engendra avec la fécondation artificielle. Il cite ensuite le cas d'une jument de vingt-sept ans, considérée comme stérile puisqu'elle ne put être fécondée par aucun des étalons avec lesquels l'essai fut de nombreuses fois tenté et qui, à l'aide de l'imprégnateur, produisit un poulain bien conformé.

Il relate enfin la naissance d'un poulain engendré artificiellement par une jument de vingt-quatre ans, dont le cas était identique à celle de vingt-sept ans précédemment citée.

L'on ne peut mettre en doute la véracité de la communication faite par le parent du général comte Gyllenbrand, aucune équivoque ne peut donc subsister sur la réussite de l'opération décrite, assurément délicate, mais sûrement exécutable ; aussi, vu les heureux résultats de ce procédé, n'y a-t-il qu'à souhaiter que son emploi soit rendu usuel. Les avantages qui pourraient en résulter seraient, entre autres, les suivants :

Un étalon saillit en moyenne 50 juments, sur le nombre desquelles le 1/3 environ reste infécond. Avec l'emploi de l'imprégnateur quatre autres juments pourraient être servies, pour ainsi dire, en même temps que les juments mises directement en contact avec le mâle.

Si, après le deuxième ou le troisième saut, ces dernières restaient en chaleur, on pourrait les soumettre à leur tour à l'action de l'imprégnateur, et finalement, si l'opération était bien menée, cet unique étalon, qui actuellement ne fécondera que 30 à 35 juments, pourrait en féconder un nombre quadruple sans être autrement surmené. Cette méthode permettrait au contraire de le ménager en lui supprimant, comme disent les palefreniers, le travail du soir ;

cela permettrait en outre de le soumettre à un exercice plus rationnel que celui auquel sont soumis nos étalons dans les haras de pur sang. Il est clair, en tout cas, qu'avec ce procédé un étalon pourrait facilement féconder 150 juments. Qu'en résulterait-il ? C'est que l'on pourrait supprimer le tiers, peut-être même la moitié des étalons qu'aujourd'hui nous entretenons à grands frais, en éliminant surtout ceux qui laissent à désirer. De là de notables économies réalisées dans le domaine public et privé, et naturellement amélioration de nos produits chevalins.

M. Duret, directeur du haras de Jardy, nous fait la communication suivante :

« J'ai pratiqué l'insémination artificielle sur plusieurs juments de valeur qui étaient restées vides plusieurs années.

« Je citerai *Adoration* à M. Ed. Blanc qui, après avoir avorté, en 1898, d'une pouliche, avait été envoyée en Angleterre deux années de suite pour être présentée à l'étalon *Isinglass*, et qui a été vide les deux années. En 1901, elle était saillie par *Flying Fox* et avait pris le cheval quinze fois sur cinq chaleurs. Le 13 mai, la jument se montrait en saison pour la sixième fois; je lui fis donner des injections vaginales à l'eau oxygénée pendant trois jours, suivies de deux injections au bicarbonate de soude, le cinquième jour elle reçoit un seul service de *Flying-Fox* et je l'insémine artificiellement. La jument a été fécondée et a mis bas en 1902 un poulain superbe (mort au lait).

« En 1901, la jument *Repriere* appartenant à Sir Tatton Sykes, âgée de vingt ans, venue en France pour être présentée à *Flying-Fox*, avait été saillie de nombreuses fois sur trois chaleurs sans succès. Je m'aperçus, en la visitant au speculum, qu'elle avait un vagin en très mauvais état, avec sécrétions et écoulement muco-purulent très abondant.

« Je lui fis faire des injections d'abord au sublimé, ensuite d'eau bouillie seulement, pendant près de quinze jours; le 8 avril, la jument revenait en chaleur et, le 10, après avoir reçu un saut de l'étalon, je l'inséminais avec l'appareil Certes. La jument a été pleine, mais, comme beaucoup de juments à métrite chronique, elle a avorté après son retour en Angleterre, au bout de sept mois.

« *Jocasta* vide depuis deux ans de *Winkfield's Pride* et de *Isinglass*, était présentée en 1901 à *Callistrate*. Ayant été saillie de nombreuses fois sans succès, je désespérais de la voir pleine. Je suis allé au haras de Viroflay pratiquer la fécondation artificielle ; la jument a été fécondée et a mis bas une pouliche, *Jacasse*. Je m'étais bien rendu compte, ce jour-là, que l'opération paraissait réussie, ayant trouvé au fond du vagin une flaque de sperme plus que suffisante pour assurer la fécondation.

« Je cite ces trois cas qui m'ont paru les plus probants, mais j'ai opéré en bien d'autres circonstances avec utilité, mais toujours après la saillie du cheval, n'ayant pas à ma disposition des juments de faible valeur pour pouvoir essayer de les féconder artificiellement. J'avais surtout pour but de surmonter les obstructions qui empêchent le sperme de pénétrer dans l'utérus. »

Nous avons pour notre part obtenu, comme nous l'avons déjà dit, des résultats très probants, que nous ne pouvons citer sans l'autorisation des éleveurs, propriétaires des juments soumises à nos expériences.

On a essayé avec succès, à l'Institut de médecine expérimentale de Saint-Pétersbourg, la fécondation artificielle chez les juments. Les résultats obtenus ne sont pas du tout inférieurs à ceux donnés par la fécondation naturelle. Les nouveaux-nés sont bien constitués et bien portants, ainsi que leurs mères; vers un âge plus avancé, on reconnaît aisément une ressemblance avec le mâle qui a fourni la substance fécondante.

Les instruments les plus communément employés pour la fécondation artificielle sont les suivants :

1° L'*inséminateur The Certes*, qui se compose d'une grosse poire creuse en caoutchouc, de même modèle que celle qui sert pour les vaporisateurs. Cette poire est reliée à un tuyau en caoutchouc de la grosseur du petit doigt par un anneau en celluloïd. A l'extrémité de ce tuyau en caoutchouc d'une longueur de 60 centimètres environ, se trouve emmanché un bout en gutta-percha rigide et creux de 15 centimètres de longueur.

2° L'*imprégnateur Rea* comprend d'abord un sac au récepteur en baudruche, sorte de « capote » qu'on introduit tout entière dans le vagin, et qui enrobe le pénis sans que l'étalon s'en aperçoive, et ensuite un tube injecteur muni d'une poire en caoutchouc.

La *seringue Cholet*, qui rappelle, en des dimensions plus considérables, les anciennes seringues dont se servirent les premiers médecins qui ont tenté la fécondation artificielle.

4° Enfin l'appareil du professeur Hoffmann, de Stuttgard, dont nous donnons la description complète avec le manuel opératoire.

On reprend avec un aspirateur le sperme dans le vagin de la jument et on le répartit dans la matrice de plusieurs autres. Le professeur Hoffmann trouve à la fécondation artificielle une autre application, notamment celle d'assurer la fécondation après le coït.

Il admet que pendant la monte le pénis de l'étalon s'applique contre le col de la matrice et que le sperme est en grande partie projeté dans la matrice. Or il arrive dans certaines conditions que cette coaptation ne se fait pas, *soit que le vagin soit trop long ou le pénis* trop court, soit que ces organes aient subi une déviation. Alors le sperme est déposé dans le vagin et la fécondation ne s'opère presque jamais. Dans ces cas, la fécondation artificielle vient compléter l'acte naturel.

Cinq instruments sont nécessaires : un accumulateur, une lampe électrique, un speculum, une seringue et un appareil de chauffage.

L'*accumulateur* est portatif et solide; il fournit une lumière durable.

La *lampe électrique* est destinée à être introduite dans le vagin; elle est formée d'une poire électrique fixée au bout d'une tige de caoutchouc légèrement flexible et longue de $0^{m},40$ environ. La poire électrique est entourée d'un deuxième ballon en verre.

L'opération se pratique de la manière suivante:

Avant de présenter la jument à l'étalon, on relie la lampe à l'accumulateur et on plonge tous les instruments destinés à être introduits dans les organes génitaux dans un seau très propre et rempli à moitié de lait frais et tiède ; tout autre liquide (eau, antiseptiques) est dangereux et pourrait nuire à la vitalité des spermatozoïdes.

Dès que l'étalon s'est retiré, on introduit le spéculum dans la vulve, on opère l'écartement et on le maintient au moyen de la vis. De la main gauche on introduit la lampe électrique, de la main droite on prend le sperme au moyen de la cuiller ou bien on l'aspire directement au moyen d'une seringue ; alors on introduit celle-ci dans le col et on injecte le sperme dans la matrice. Si le sperme était trop épais pour être aspiré, on pourrait, au préalable, le diluer en injectant 1 à 2 centimètres cubes de lait dans le vagin.

On retire la canule, puis la lampe; on déclenche le spéculum de façon à ce que les branches soient dirigées vers le bas, on le sort, et l'opération, qui n'a pas duré plus de cinq minutes, est terminée.

Si on veut féconder en même temps une autre jument, on l'apprête d'avance, on aspire le sperme au moyen de la seringue, on plonge celle-ci dans l'appareil de chauffage rempli de lait pour éviter le refroidissement pendant le transport et on opère l'injection comme il est indiqué plus haut[1], afin d'éviter la trop grande radiation de chaleur pendant le temps très court que dure l'opération. La tige de caoutchouc renferme les conducteurs et les isole.

Cette lampe électrique éclaire complètement le vagin; cet éclairage est nécessaire pour permettre l'introduction de la canule dans le col de la matrice. Au besoin, la main pourrait guider la seringue et l'introduire directement; mais en opérant ainsi on augmente les chances d'infection.

Le spéculum est coudé à angle droit; les deux valves ont une longueur de 0m,25, et les deux branches une longueur de 0m,40. Il permet d'effectuer un écartement assez considérable des parois du vagin.

La *seringue* est constituée d'un cylindre métallique légèrement courbé de 0m,65. Ce cylindre porte à son extrémité antérieure une canule boutonnée destinée à être introduite dans le col; sa partie antérieure renferme un corps de seringue en verre, le reste contient une longue tige qui actionne le piston de la seringue.

La partie antérieure du cylindre est fenêtrée afin de laisser voir la seringue; sa partie postérieure est garnie d'anneaux pour l'introduction des doigts.

La *cuiller* est profonde; elle peut contenir 5 grammes de liquide, sa partie antérieure est arrondie; elle a un manche métallique de 0m,50.

L'*appareil de chauffage* est constitué d'une coupe en verre chauffée au moyen d'une lampe à alcool munie d'un régulateur et enfermée dans un cylindre métallique.

Avant d'entreprendre la fécondation artificielle, le praticien doit s'assurer que le sperme que fournit l'étalon dans une saillie préalable est dans les conditions normales de vitalité.

La saillie étant faite, le sperme doit être recueilli dans la seringue; on l'injecte aussitôt et introduit dans l'utérus, sans sortir l'instrument du vagin. Cette précaution met les spermatozoïdes

1. *Annales de médecine vétérinaire de Belgique*, février 1905.

à l'abri de la lumière, de l'air et des changements de température.

Quel que soit l'appareil employé pour la fécondation artificielle, il faut que l'instrument soit plongé dans l'eau chaude et maintenu, pendant quelque temps, à une température de 45 à 50°, pour qu'au moment où l'on s'en sert les spermatozoïdes y retrouvent les 38° qu'ils avaient dans l'appareil génital du mâle.

La canule ne doit pas pénétrer dans le col au-delà de 6 à 7 centimètres. Quand tout est ainsi préparé, on injecte doucement la liqueur séminale. Après l'injection, la canule doit rester en place pendant dix minutes. Si l'on sent avec le doigt que le sperme sort du col de l'utérus, il faut enfoncer la canule 2 centimètres de plus et recommencer l'injection si possible. Lorsque cet accident ne s'est pas produit, au bout de dix minutes, on retire doucement l'appareil, et on obture le col avec un tampon imbibé de sperme et introduit dans son orifice pendant quelques heures.

Si le canal cervical est obstrué par des mucosités épaisses, par un bourrelet albumineux se prolongeant jusqu'à l'ouverture interne du col, il faut rendre libre le passage et, au besoin même, faire une injection intra-utérine très légèrement acide, pour neutraliser l'excès d'alcalinité que pourraient avoir ces mucosités.

Quelques gouttes de vinaigre dans un peu d'eau répondent à cette indication.

Si le papier de tournesol n'en démontre pas l'impérieuse nécessité, il vaut mieux s'abstenir, parce que les spermatozoïdes meurent promptement dans un milieu acide.

L'excès d'alcalinité des mucosités utérines capables de tuer les spermatozoaires est assez rare, tandis que l'acidité des mucosités vaginales, incompatible avec la vitalité des spermatozoïdes, est assez commune; aussi, quoiqu'il soit difficile d'admettre que ces mucosités puissent pénétrer dans le col de l'utérus, il est bon, comme excès de précaution, de faire faire, une ou trois heures au plus avant la fécondation artificielle, une injection vaginale alcaline.

Le moment le plus propice pour tenter la fécondation artificielle est le deuxième jour qui suit l'apparition des chaleurs, en ayant soin d'observer: 1° que la jument soit à jeun; 2° qu'elle se soit vidée de manière à ce qu'elle puisse rester complètement calme pendant les douze heures qui suivent l'opération. Il faut, en outre, constater l'état de mobilité des organes, l'intégrité des annexes. Plusieurs jours avant et jusqu'à l'avant-veille au soir on pourra faire des lavages avec 2 litres d'eau bouillie, additionnée de chlorure de manganèse. G. Delage a constaté dans ses expériences de fécondation artificielle que le chlorure de manganèse a une action très supérieure à celle des sels alcalins et qu'il détermine le développement dans des conditions où ces derniers se montrent inactifs. Il y a donc lieu, en ce qui nous occupe, d'en faire usage pour conserver intacte la vitalité du spermatozoïde.

Nous serions désireux de voir se généraliser l'application de la méthode artificielle de fécondation qui doit inspirer la plus grande confiance aux éleveurs, qui pourront, en soumettant leurs juments stériles à cette opération, se convaincre de son efficacité.

CHAPITRE XI

LE PROBLÈME DE LA DÉTERMINATION DU SEXE

C'est à cause des grandes différences morphologiques qui séparent le cheval de la jument que le problème de la détermination du sexe a une importance pratique si considérable; son importance théorique est également très grande. Voici comment se pose ce problème :

Un œuf fécondé contient les deux sexes et, autant que nous avons pu en juger par nos études antérieures, contient les deux sexes en quantités égales, du moins quant à la partie réellement fécondée de l'œuf, à la partie formée de molécules complètes dont chacune contient une moitié mâle et une moitié femelle; or c'est cette partie qui assimile, c'est elle qui prend très vite toute l'importance. De l'assimilation par l'œuf fécondé résulte une masse croissante de substances vivantes, masse qui est le siège d'une *segmentation*, d'une division en cellules contenant, toutes, les deux sexes. Parmi ces cellules, un très grand nombre conserveront indéfiniment l'allure de cellules complètes et auront toujours $2n$ chromosomes : ce sont les cellules somatiques. D'autres, situées en des points très spéciaux du corps, prendront l'état associé et seront les cellules mères des produits génitaux.

De deux choses l'une :

1° Ou bien ces cellules à n chromosomes pourront, suivant le cas, produire indifféremment des éléments mâles et des éléments femelles (théorie de l'hermaphrodisme primitif) et, par conséquent, le sexe des éléments qui en dériveront n'est pas déterminé d'avance par la nature même de ces cellules; dans ce cas, s'il y a unisexualité, cet état résulte de la disparition des éléments capables de produire l'un des sexes. Et comme, dans deux individus différents, ce ne sera pas le même sexe qui disparaîtra, il faut admettre que chaque individu a en lui un pouvoir déterminatif du sexe des prothalles capable de vivre à son intérieur: ce serait donc le soma qui dirigerait l'apparition d'un sexe unique à son intérieur, le triomphe d'un sexe dans la lutte entre des prothalles de sexe différent dont l'un serait mieux adapté à vivre dans le soma considéré. Si cela était, il y aurait entre le soma et le prothalle parasite, des relations bien curieuses, car, d'une part, le soma d'un mâle, par sa nature propre, serait la cause du triomphe du sexe masculin dans la lutte des prothalles; d'autre part, le prothalle mâle (ceci est évident à cause des expériences de castration) dirigerait la morphologie et la physiologie du soma, lui donnerait son sexe morphologique. En d'autres termes, il y aurait dans le soma une particularité qui forcerait ses prothalles parasites à être mâles, et cependant ce soma tiendrait sa morphologie du mâle, son sexe morphologique, de l'influence réciproque du prothalle sur lui.

2° Ou bien les cellules à n chromosomes seraient, dès leur apparition, déterminées d'avance dans le sens mâle, c'est-à-dire que, comme les microspores de *salvinia*, elles ne pourraient donner que des éléments mâles, et alors le *soma* n'aurait pas à intervenir dans la détermination du sexe; le sexe résulterait fatalement de la *nature* des cellules à n chromosomes qui ont apparu en un certain point du corps. Mais, de même que les cellules somatiques, ces cellules à n chromosomes dérivent de l'œuf initial, et nous devons nous demander, lorsque nous voyons un seul sexe apparaître dans un être qui provient d'un œuf, si ce sexe unique était déjà déterminé dans l'œuf, ou bien s'il a été déterminé par les conditions qui ont agi sur l'embryon entre la bipartition de l'œuf et l'apparition des cellules à n chromosomes.

Nous n'avons étudié l'amphimixie qu'au point de vue des *quantités* de substances qui se trouvent en présence dans la fécondation; il y a peut-être dans la fécondation des phénomènes *physiques*, différents suivant les cas, et mettant l'œuf fécondé (indépendamment de son patrimoine héréditaire qui est réglé par ses coefficients quantitatifs) dans un état d'équilibre spécial capable de diriger ensuite l'apparition de tel ou de tel sexe dans l'individu qui en dérivera.

Toutes ces considérations montrent combien est compliqué le problème de l'apparition du sexe chez les êtres à prothalle parasite.

L'expérience peut essayer de rechercher si le sexe est déterminé dans l'œuf ou par les conditions qui entourent le développement de l'œuf.

Supposons cette question tranchée dans le sens de la première alternative. Il faudra nous demander ensuite si cette détermination du sexe dans l'œuf tient à ce que cet œuf, tel qu'il est, produira un soma dans lequel seuls les éléments d'un sexe pourront prospérer (théorie de l'hermaphrodisme primitif), ou bien à ce que l'œuf donnera naissance à des cellules à *n* chromosomes qui ne peuvent (comme les microspores de *salvinia*) produire que des éléments d'un seul sexe, et alors restera entière cette question de savoir pourquoi des cellules, contenant sûrement les deux sexes, sont condamnées d'avance à une maturation d'un sens déterminé.

Supposons, au contraire, que l'expérience nous montre l'influence de l'éducation sur l'apparition de tel ou tel sexe ; nous aurons encore à nous demander si l'éducation a produit un soma dans lequel un sexe seulement peut prospérer, ou bien si l'éducation a conduit à des cellules à *n* chromosomes comparables aux microspores de *salvinia*, et ne pouvant plus produire que des éléments d'un seul sexe.

On voit quel nombre formidable de points d'interrogation nous rencontrerions, même en supposant que des expériences sur des animaux à prothalle parasite nous aient conduits à savoir d'une manière certaine que le sexe est déterminé dans l'œuf, il résulte au contraire des conditions de l'éducation première.

Nous allons maintenant examiner le problème du sexe à un point de vue moins spéculatif. Pourquoi dans les naissances d'un haras y aura-t-il un nombre déterminé de mâles et un nombre déterminé de femelles ? Si le mâle a une valeur commerciale plus grande, comment l'éleveur devra-t-il s'y prendre pour obtenir plus de mâles. Dans l'état actuel de la science, il est actuellement établi que la nature du jeune animal dépend uniquement de la nature de l'œuf fécondé, d'où il provient, et des conditions ambiantes dans lesquelles s'est effectué son développement. Lequel de ces deux facteurs, nature de l'œuf ou conditions ambiantes, détermine-t-il le sexe du produit ? Interviennent-ils tous les deux dans cette détermination ?

Toutes ces questions prennent un caractère très intéressant quand on les pose à propos du pur sang, et les grands éleveurs du monde entier s'émeuvent quand paraît dans un livre, un journal ou une revue la nouvelle prématurée de la découverte d'un procédé de la procréation volontaire des sexes. Aussi que de recherches dans ce sens! Que d'études expérimentales ou statistiques sur l'influence des conditions de fécondation, de nutrition, de température, etc...

Les faits connus aujourd'hui permettent-ils de répondre à toutes les questions que pose la procréation des sexes? C'est ce que nous allons rechercher.

Au commencement du XVIIIe siècle on comptait cinq cents théories du sexe et depuis elles n'ont fait qu'augmenter. Il est évident qu'une énumération de ces théories, fût-elle posssible, n'est pas désirable. Nous ne rappellerons que les principales. Aristote croyait que le sexe dépendait du mâle seul et pareille opinion se retrouve de nos jours dans Schuman, Buffon, Haller, Burdach qui croyant à l'hérédité croisée, admettaient comme conséquence que les femelles proviennent plus particulièrement du père, et les mâles de la mère. Girou de Buzareigne pensait au contraire, que chaque procréateur engendrait le produit du même sexe que lui, et Lucas émet une opinion semblable.

La première tentative pour trancher ces questions sinon par l'expérience, du moins d'une manière quelque peu scientifique, remonte à Hofacker. Hofacker et Sadler avaient déduit des statistiques que le parent le plus âgé a plus de chances de donner son sexe au produit. Mais Berner a montré par des statistiques plus étendues portant sur 213.224 couples que cette opinion était erronée. Il se rallie à l'opinion de Richarz et croit qu'il y a plus de mâles que de femelles chez les individus d'essence supérieure. Mauriceau avait cru remarquer que les primipares font des mâles.

E. Robin est d'avis que tout ce qui échauffe le sang : climat, nourriture riche, pousse à la formation des mâles, opinion déjà soutenue longtemps auparavant par Bellingeri. Pflüger attribuait la formation des mâles à la fécondation par plusieurs animalcules et à la monte à la fin de la saison. Schultze avance l'hypothèse de deux sortes d'œufs, un mâle et un femelle.

D'après Richarz, le sexe n'est pas transmissible, et le sexe du produit dépend de la femelle seule : le sexe mâle est, en effet, un degré d'évolution plus avancé que le sexe femelle, et tout œuf produit un mâle quand sa force reproductrice est à son maximum et qu'il arrive à son complet développement. Il produit une femelle dans le cas contraire. Dans le premier cas, le mâle engendré ressemble naturellement à la mère; dans le second, le produit femelle ressemble à son père. Celui-ci ne fournit jamais son sexe, mais seulement sa ressemblance et l'incitation nécessaire à l'œuf pour se développer. Lorsque la femelle est peu souvent fécondée, ses œufs arrivent à leur plus complet développement et l'on aurait des chances d'avoir plus de poulains.

Berner croit qu'il naît un mâle quand la jument a une énergie reproductrice élevée et une femelle quand la nourriture est plus abondante.

Pour Yanke, il naîtrait une pouliche quand l'étalon est le plus fort et le plus passionné. Si la jument l'emporte par ces qualités, il naîtrait un mâle.

La plupart de ces observations sont restées sans écho. Les seules qui aient gardé quelque autorité sont celles de Huber, de Thury, de Cornaz, qui attribuent aux états de maturité des produits sexuels une influence prépondérante sur le sexe du produit. Mais les observations de Furtz les infirment.

Linden attribue aux dimensions du bassin une influence sur l'origine du sexe. Lorsque cet organe est de faible dimension il y aurait prépondérance de pouliches.

Landois conclut que le déterminisme du sexe dépend uniquement de la nutrition embryonnaire. Claude Bernard se range à cet avis.

Sanson, qui suit Girou, Martegoute, Tisserant, dit que celui des deux individus accouplés qui, au moment de l'accouplement est par son âge relatif ou par tout autre motif dans l'état constitutionnel le meilleur ou le plus vigoureux, transmet son sexe au produit.

Mary Treat et Gentry sont d'avis que les privations alimentaires donnent une majorité mâle.

Baron dit que, pour avoir des mâles, il faudra rechercher pour les accouplements des sujets qui aient dans leur ascendance et dans leurs lignées collatérales une prépondérance du sexe mâle.

Bruce Lowe, dans le chapitre *On the Law of sexe* de son livre sur le *Breeding Race horses*, s'attache aussi à dépeindre la loi du sexe en s'appuyant sur la théorie de l'auteur américain Starkweather, théorie qui est alliée à celle de la vigueur comparative des générateurs. Starkweather, réagissant contre les spéculations de Hough, de Tredman, de Velpeau, au sujet de la supériorité d'un des sexes soutient avec fermeté qu'aucun des sexes n'est supérieur à l'autre, mais que tous les deux sont égaux dans un sens physiologique. Cela est vrai en moyenne : mais cependant dans chaque accouplement, il faut d'ordinaire convenir qu'il y a d'un côté ou de l'autre, un plus ou moins grand degré de supériorité. Accordant cela, Starkweather affirme, comme sa conclusion principale, que le sexe est déterminé par le parent supérieur et que celui-ci produit le sexe opposé. Nous nous bornons à faire remarquer avec Geddes que tout comme la valeur comparative, la supériorité n'a guère pour se recommander que sa simplicité d'expression puisqu'elle englobe une grande variété de facteurs sous un nom commun. Cependant pour être juste envers l'auteur, nous admettrons que c'est la somme algébrique de ceux-ci qu'il a essayé d'exprimer.

Darwin n'a, en ce qui concerne l'origine du sexe ou sa détermination, rien vu de plus que ses contemporains. Il renvoie aux théories courantes sur l'influence de l'âge, la période d'imprégnation, etc... et fournit, en outre une masse de statistiques sur les proportions numériques des deux sexes. Il y a des raisons de soupçonner d'après lui qu'en quelques cas l'homme a par la sélection influencé indirectement la puissance de produire le sexe chez les animaux. Il se replie sur la croyance que la tendance à produire l'un ou l'autre sexe pourrait être héréditaire comme presque toute autre particularité, par exemple celle de produire des jumeaux. Toutes les autre allusions de Darwin sur le sexe ont été si heureusement élaborées par Düsing sur la manière dont se règlent elles-mêmes les proportions des sexes qu'il vaut mieux renvoyer le lecteur à ce dernier.

Düsing reconnaît que les facteurs qui déterminent le sexe sont de plusieurs sortes et agissent à des époques différentes. L'état des éléments reproducteurs, c'est-à-dire la constitution et les habitudes des parents y ont une grande part; beaucoup dépend aussi du moment de la fécondation tandis qu'encore la nutrition de l'embryon peut être décisive. Düsing a recueilli un grand nombre de faits concernant les animaux à l'appui de ses conclusions. Il analyse aussi le mécanisme par lequel la proportion des sexes est réglée. Il établit que si un sexe est en minorité, ou sous des conditions qui reviennent au même, alors se produira une majorité de ce sexe. S'il y a, par exemple, une grande majorité de mâles, il sera d'autant plus probable que les œufs seront fécondés de bonne heure, mais cela signifie une prépondérance probable de progéniture féminine et ainsi l'équilibre se trouvera rétabli. Ces faits concernent évidemment les espèces vivant en liberté, mais on peut appliquer le principe de l'autorégulation dans les haras de pur sang. Puisque la statistique de Düsing montre que l'œuf jeune tend à produire une femelle. l'œuf vieux à produire un mâle ; le spermatozoïde jeune tend à produire un mâle, le spermatozoïde vieux une femelle : en donnant les juments au bout du sixième jour de leur chaleur à des étalons qui auront déjà fait quelques saillies successives assez rapprochées on sera dans la voie pour obtenir la procréation d'un plus grand nombre de mâles. Les faits que Düsing avance sans les expliquer, Hollingsworth et Haacke ont cherché à en trouver la cause et fournissent une explication fort hypothétique.

Le Dantec a proposé, tout en faisant des réserves, la notion des quantités de sexe entre l'ovule et l'élément mâle. Quoi qu'il soit bien difficile de préciser l'inégalité de ces quantités sexuelles, cet auteur trouve sa théorie soutenable en certains cas. L'œuf, d'après lui serait suivant les circonstances à tendance femelle ou à tendance mâle ; lorsque les deux éléments sexuels se trouvent dans des conditions semblables, l'œuf fécondé serait d'un type moyen dont le sort serait déterminé par la nutrition. Le Dantec donne une explication biochimique de la sexualité des plus intéressantes.

Delage dont l'autorité est considérable dit que la procréation des sexes à volonté ou même leur simple prévision est et reste impossible à l'homme aussi bien pour les animaux qu'il élève que pour ses propres enfants.

Il faut procéder maintenant du mode historique d'exposition à quelque chose de plus constructif. Nous allons donner les témoignages récents d'un grand nombre de savants et d'éleveurs qui ont fait des observations, des expériences sur le sujet qui nous occupe.

Les fervents de l'in breeding assurent que la consanguinité rapprochée favorise, dans la race pure, la naissance du plus grand nombre de mâles.

Selon les éleveurs anglais, le changement de milieu assure plus de naissances féminines : les croisements entre sujets dont le milieu est bien différent, favorisent aussi les naissances femelles. Cela confirmerait la théorie de la valeur comparative.

Goehlert a observé que la ressemblance des couleurs exerçait sur le rapport des sexes une influence analogue à celle de la parenté. Le fait a été noté chez les chevaux, ainsi que le prouve le relevé suivant, moyenne de plusieurs haras : Il est né, sur 100 femelles 91,3 0/0 mâles de parents de même couleur ; 86,2 0/0 mâles de couleurs presque semblables ; 56 mâles de couleurs différentes, mais proches ; 30 mâles de parents de couleurs totalement différentes.

Le climat, l'altitude, les saisons, le tempérament, la lumière, exercent une influence sur la sexualité d'après quelques praticiens. Dans les pays froids, dit Schlecher, il naît plus de mâles que de femelles. Le contraire a lieu dans les pays chauds. La monte, selon des observations sérieuses, devrait avoir lieu dans l'après-midi pour avoir des mâles. Cette dernière proposition confirmerait la théorie de Düsing, dont nous avons déjà parlé.

Bruce Lowe, a noté l'observation suivante à l'appui de la loi de Starkweather. « Il y a nombre d'années, en Australie, longtemps avant que parût le livre de Starkweather, mon attention fut attirée sur un cas de l'espèce chevaline si marqué dans ses résultats, que tous les amateurs de courses de la contrée étaient absolument convaincus qu'il serait absurde d'essayer de faire courir aucune des filles de l'étalon *Kelpie*. Ce qui rendait ce fait si notable, c'était la grande supériorité des poulains de cet étalon sur tous les chevaux de course du pays. Pendant plusieurs années, il ne fut pas rare de constater que tous les chevaux placés dans toutes les épreuves importantes étaient tous fils de *Kelpie*, tandis qu'on n'avait pas d'exemple d'une de ses pouliches gagnant une course pendant ce même laps de temps. L'étalon était alors la propriété de feu M. George Wyndham, à Bukulla sur la rivière Mac Intyre (Nouvelle Galles du Sud). Son harem se composait de quelques-unes des juments les plus recommandables par leur haute origine de cette époque, en Australie, et en effet, la production fut victorieuse sur toutes les pistes de Queensland et de Sydney.

« Parmi les plus fameux, citons : *Croydon* (vainqueur du Métropolitan) par une jument de Wyndham ; *Kingfisher* (deux fois vainqueur de la coupe de Sydney) par *Kelpie* et une jument de Bukulla ; *Circassian* (coupe de Sydney) ; *Trump Card* par *Kelpie ; Caroola* et autres animaux de première classe. Les pâturages avant qu'on lâchât les moutons dans le parcours des chevaux, étaient on ne peut meilleurs, et on avait l'habitude de ne faire la monte que tard, de façon que les poulains naquissent lorsque le printemps était avancé, et que l'herbe nouvelle fût abondante pour donner du lait aux poulinières.

« Par ce qui précède, on peut présumer que les juments étaient non seulement de très haute origine (ayant pour la plupart des courants de *Cap à Pic*, de *Colonel* fils de *Whisker ;* aussi de *Whisker* (imp.), par *Wisker ;* et *Plover* par *Saint-John*, fils de *Saint-Nicolas*, par *Emilius*), mais qu'elles étaient de plus, entretenues dans les meilleures conditions de santé. Il n'en était pas de même de l'étalon

Kelpie. Le seul exercice qui lui fût permis était la promenade dans une cour de 40 pieds sur 50 ; durant le temps pluvieux ce terrain était très boueux et gluant. La nourriture pendant toute l'année se composait de foin et de grain ; et si le printemps était hâtif, on lui donnait de l'orge coupée verte pour commencer la saison. Il arrivait fréquemment que, si les pluies du printemps venaient à manquer, il n'avait pas de vert. Voilà quelles étaient ses conditions de nourriture, d'entretien et de santé, tout à fait à l'inverse de celles des juments ; et d'après la théorie de Starkweather, les juments étant *physiquement supérieures* au cheval, il devait naturellement s'ensuivre une plus grande production de poulains que de pouliches : effectivement c'est ce qui eut lieu.

« Très peu de pouliches, en raison du nombre des poulains naquirent et le petit nombre d'entre elles fut tout à fait inutilisable pour la course. Remarquons maintenant ce qui advint lorsque les conditions furent renversées. *Kelpie* fut acheté et retiré du haras de Bukulla par M. T. H. Smith, de Gordon Brook, rivière de Clarence. Peu de propriétaires de haras sont plus que lui, partisans de donner aux étalons beaucoup d'exercice et un logement confortable. Mais son établissement n'est pas si favorisé que Bukulla sous le rapport du sol et des pâturages. Comme il élevait en vue des courses, les juments étaient saillies de bonne heure au printemps avant d'être remises des suites de l'hivernage sous un climat humide. Les conditions existant à Bukulla étant exactement inverses, les résultats le furent également. *Kelpie* commença alors à procréer une bonne proportion de pouliches dont quelques-unes de forme coureuse tout à fait bonne, entre autres *Thyra* (gagnant des 1.000 £. Handicap à Glen Junes), *Maud*, *Atalanta*, *Ariadne*, *The Nun*, et beaucoup d'autres. Il est vrai que les juments n'étaient pas d'aussi puissante provenance que celles de M. Wyndham, étant pour la plupart par *Livingstone*, *Magnus* (fils de *Pyrrhus*), *Glaucus* (arabe), *Pistforp* (fils d'*Epirius*), etc... Néanmoins, tout ceci tend à confirmer ce fait que *Kelpie* était physiquement et par la puissance de son sang, aussi supérieur aux juments de Gordon Brook, qu'il était inférieur sous ces rapports aux juments de Bukulla. »

Et Bruce Lowe conclut que des observations faites pendant de longues années l'autorisent à dire que le parent dominant par sa force physique sera invariablement à la tête d'une famille dont le sexe sera le contraire du sien. « Pourquoi, dit-il, les éleveurs ne cherchent-ils pas à tirer profit de cet enseignement en choisissant pour un étalon qui a l'habitude de produire des pouliches en majorité, des juments issues des lignes masculines et de plus forte provenance que lui-même. Ainsi la tendance de Saint-Simon à donner tant de bonnes pouliches et comparativement si peu de bons poulains pourrait être contrebalancée en lui choisissant des courants de sang tels que ceux d'*Isonomy*, *Weatherbit*, *Pero Gomez*, *Brown Bread*. » Il fait suivre ces lignes d'un conseil qui a son importance. Il engage les éleveurs à créer une galerie de portraits des chevaux célèbres du passé, qui indiqueraient quel est l'ancêtre particulier auquel le jeune produit ressemble.

Mais revenons à des données plus récentes. D'après J. Orchansky (*Archiv. für Physiologie*), on pourrait déduire que les unions peuvent être divisées en deux types, celles où le premier produit est un poulain, celles où le premier produit est une pouliche. Chez les premiers les poulains sont en majorité ; chez les autres les femelles. Quant aux circonstances qui influent ainsi sur le sexe du premier produit et par conséquent sur la prédominance des mâles ou des femelles, elles sont relatives à la mère. Les primipares très jeunes ont des pouliches, les primipares mûres, des poulains. Ce qui influe surtout ce n'est pas l'âge absolu, c'est la date de la première ovulation, si elle est précoce les femelles domineront.

M. Joly, le distingué vétérinaire militaire, croit avoir trouvé dans l'état du pouls un dynamoscope suffisamment exact de la vigueur sexuelle. Si le mâle, dit Joly, a un pouls lent et plein il naîtra des mâles ; si la femelle a des pulsations petites et fréquemment répétées, il naîtra des pouliches. Ce médecin vétérinaire a remarqué que chaque fois qu'une jument avait au-dessous de 39 pulsations il naissait des poulains et au-dessus de 50, des pouliches. Labat qui a fait des expériences très intéressantes à la station de monte de Toulouse confirme cette manière de voir.

L'américain Gh. Mapes, éleveur de Louisville (État-Unis), indique le procédé suivant. Pour avoir des mâles, préparer la jument à faire du sang généreux, fort, riche en globules : régime restauratif et agents hématogènes médicinaux au besoin, facteurs ou générateurs de globules rouges. Même soin pour l'étalon et faire opérer l'accouplement à la cessation des chaleurs chez la poulinière. Pour avoir des femelles : Négligez la sanguification, nourrissez, dit-il, les poulinières avec des substances très riches en glycogène, selon le procédé de Schenk dont nous parlerons plus loin et que la monte ait lieu le premier jour de l'apparition des chaleurs.

Cette formule repose sur celle de Thury, de Genève, qui l'avait fait connaître aux éleveurs il y a cinquante ans. Faites saillir, conseillait Thury, les femelles le sixième jour du rut, vous aurez plus de mâles que de femelles; livrez au contraire la jument à l'étalon avant le troisième jour, vous aurez surtout des femelles.

Fiquet, éleveur à Houston (Texas), veut-il une femelle, nourrit pauvrement; veut-il un mâle, il fait l'inverse. Avec un aplomb qu'on ne peut trouver que chez un Yankee, il assure qu'il a obtenu des succès constants.

Selon la théorie de M. E. Dupuy parue dans *Archiv. für Physiologie*, il y aurait pour tous les grands mammifères des périodes mâles et des périodes femelles. Avec cette théorie, il est naturellement impossible de savoir le sexe du premier produit, mais on peut prévoir le sexe du suivant.

Le calcul repose sur les données que voici : les périodes mâles et femelles se suivent alternativement, si le premier produit est un mâle, on en déduit que la conception a eu lieu pendant une période mâle. La naissance ayant lieu dans une période de même sexe que la période d'imprégnation, il faudra s'attacher à obtenir la fécondation aussitôt après la mise-bas, pour avoir un autre mâle ou tenir compte de la périodicité. S'il naît une pouliche il faut laisser passer une époque de saison. Dans l'espèce humaine la vérification de cette méthode est très facile, mais pour la jument!... Dupuy déclare avoir toujours trouvé sa théorie en concordance avec les faits et, d'après lui, la famille royale d'Angleterre fournit une preuve très confirmée de son hypothèse.

Le professeur Schenk, de Vienne, prétend avoir obtenu la fixation facultative du sexe au moyen d'une alimentation appropriée. Il a commencé ses premières expériences sur des animaux invertébrés, puis, s'élevant graduellement, il serait arrivé par son système de nutrition pendant la gestation à produire des mâles ou des femelles à volonté.

Schenk expose sa méthode en indiquant très brièvement les raisons qui l'ont amené à expérimenter dans cette voie. Voici tout d'abord cet exposé : l'œuf est déterminé comme mâle ou comme femelle dans la partie du corps où il se forme par le chimisme général de la mère : il est déterminé comme femelle, lorsque l'organisme reçoit plus d'hydrates de carbone qu'il n'en brûle, ce qui se trahit par le passage dans le liquide évacué quotidiennement d'une certaine quantité (très faible chez la jument), de sucre, indice d'une combustion incomplète; au contraire, il est déterminé comme mâle lorsque l'organisme brûle surtout ses albuminoïdes, ce qui se traduit par l'apparition dans ce liquide d'une quantité notable d'urates et d'urées. Lorsqu'on désire avoir un poulain, il y a lieu tout d'abord de procéder à une analyse de l'urine pour se rendre compte de la quantité d'azote et de sucre qu'elle renferme. La jument est ensuite soumise à un régime approprié dans lequel la quantité d'albuminoïdes est considérablement accrue, et celle des hydrates de carbone diminuée le plus possible; on procède alors à une nouvelle analyse de l'urine si la quantité d'azote y a augmenté dans des proportions vraiment notables, on est en droit de compter que le chimisme de la mère a été modifié et par suite que les œufs vont être déterminés comme mâles. Le traitement destiné à provoquer l'augmentation de la combustion azotée, consiste donc en une nourriture spéciale à laquelle s'ajoutent des bains froids avec massages, et l'ingestion de pastilles d'extrait ovarique ou de thyroïdine. Ce traitement est commencé quelque temps avant l'époque de la monte et continué jusqu'au moment où par l'absence des « chaleurs » on est à peu près sûr d'une fécondation. Quand le chimisme de la jument a été modifié par le traitement, dans le sens indiqué plus haut, on peut compter sur une naissance masculine; si, au contraire, la mère augmente de poids en utilisant l'azote fourni sans que la combustion d'albuminoïdes s'accroisse, il est inutile de suivre le traitement, l'influence déterminante sur le sexe des œufs ne pouvant se produire dans ces circonstances. Sur dix-neuf personnes traitées par sa méthode, Schenk rapporte que quinze ont eu un garçon comme elles le désiraient, trois avaient un chimisme tel que tout traitement était inutile, et enfin une est restée stérile. Schenk a aussi expérimenté avec succès sur des cobayes, des lapins et des grands mammifères.

Si ce moyen, qui est destiné à modifier, en quelque sorte, les conditions ambiantes ne donnait pas de résultat positif, il ne saurait, en tout cas, être préjudiciable à la santé des poulinières. Aussi, peut-on tenter l'expérience sans aucune appréhension. Les maîtres de la science moderne considèrent cependant la méthode Schenk comme scientifiquement possible, tout en reconnaissant les difficultés de son application chez les grands animaux. Mais ils sont persuadés qu'on pourrait obtenir une solution par des tentatives intelligemment faites.

A Berlin, le professeur Virchow a déclaré que cette hypothèse ne reposait, selon lui, sur aucun fait d'observation. Pour juger de la valeur du système Schenk, il faudrait savoir à quelle époque l'influence de la nutrition de la mère commence à s'exercer pour le développement du produit. D'ailleurs, selon Virchow, l'ovule porte déjà en lui le germe mâle ou femelle. Hertwig reconnaît qu'on peut exercer une influence sur le développement de l'embryon chez les animaux inférieurs. Le professeur Gusserow reste sceptique à l'annonce de cette nouvelle extraordinaire. Munck reconnaît la parfaite possibilité de la découverte, étant donné la grande valeur de son inventeur. En France, à la Sorbonne, au Collège de France, à la Faculté de Médecine, et dans nos Écoles vétérinaires, on s'est montré plein de réserve. Le professeur Giard de la Sorbonne a dit toutefois que le procédé Schenk peut être exact et que cette solution connue aujourd'hui sur les animaux inférieurs sera difficile à formuler pour les grands mammifères, mais il croit qu'on y parviendra après des recherches et des tentatives.

En somme, que conclure de tous ces procédés et de toutes ces théories souvent contraditoires? Il paraît absolument établi que le sexe du poulain dépend uniquement de la nature de l'œuf fécondé et des conditions ambiantes dans lesquelles s'est effectué son développement. Il reste encore à établir la mesure exacte de chacun de ces facteurs.

Le *Stud Book* donne des renseignements que nous pourrions publier ici, mais ils sont incomplets et insuffisamment probants. Car nous ignorons : quel était l'état des procréateurs au moment de l'accouplement, la nature et l'importance de la nutrition, etc., en un mot toutes les conditions que doivent remplir l'étalon et la poulinière. Pour que l'élevage français apporte dans la solution du problème des notions sérieuses, il faudrait que nous puissions recueillir nous-mêmes toutes les données qui nous font défaut, en suivant la marche de la conception, de la gestation et des naissances dans plusieurs grands haras de pur sang. Nous demandons donc à MM. les propriétaires de studs de vouloir bien nous en procurer les moyens en nous autorisant à noter à toute heure les observations utiles.

Pour l'instant nous sommes conduits par toutes les hypothèses que nous avons énoncées à faire entrer la production des sexes dans la théorie de l'hérédité.

CHAPITRE XII

LA GESTATION

Moyens de reconnaître la gestation. — Personne n'ignore combien ce diagnostic est difficile à établir. Les difficultés sont du reste d'autant plus grandes qu'on examine la poulinière à une époque plus voisine de la fécondation. Or, il y a toujours un très grand intérêt à savoir au juste si nos femelles de pur sang sont pleines ou non.

Lorsqu'un éleveur a payé 1.000, 2.000, 4.000 et même 10.000 fr. et au-dessus pour une saillie, on conçoit sans peine le besoin de reconnaître avant la fin de la saison de monte, les indices qui révèlent la présence du fœtus. Il en résulte pour les éleveurs et les stud grooms la nécessité de connaître tous les signes de la gestation.

Nous allons les passer en revue, en commençant par les plus connus; nous verrons ensuite ce que les moyens chimiques pourront nous faire découvrir.

Les écrivains hippiques du commencement du XIXe siècle conseillaient de verser de l'eau dans les oreilles de la jument qu'on soupçonne être pleine; ils prétendaient que, si elle l'est, elle ne secoue que les oreilles et la tête, tandis que dans le cas contraire elle secouera fortement tout le corps. Il ne faut pas compter, sur ce moyen qu'on ne saurait discuter dans un travail sérieux. Nous nous en tiendrons aux signes rationnels admis par la science obstétricale.

Lorsque, six à huit jours après un accouplement normal, on voit les chaleurs disparaître; lorsque la poulinière présentée de nouveau à l'étalon refuse de se laisser couvrir, on peut présumer que cette poulinière a conçu. Cette présomption se fortifiera s'il s'écoule un mois, un mois et demi, deux mois, sans qu'on voie reparaître le moindre signe d'excitation génésique, surtout si la jument est en bon état, bien nourrie et qu'elle soit féconde habituellement. Toutefois, il n'est pas rare de voir les chaleurs disparaître sans retour chez des juments qui sont restées stériles malgré des accouplements répétés; d'autre part, on voit assez souvent des juments donner des signes qu'elles sont sous l'influence de leur sexe et recevoir l'étalon sans difficulté, bien qu'elles soient pleines de plusieurs mois, ainsi que l'époque à laquelle elles mettent bas, le démontre clairement. Enfin il est des poulinières qui semblent n'entrer jamais en chaleur : on les force quelquefois à recevoir l'étalon, il est rare à la vérité qu'elles soient fécondées en cet état ; il peut cependant arriver qu'elles le soient. Il est clair que, pour elles, le signe que nous examinons ne saurait avoir aucune valeur.

Les stud grooms et les éleveurs attribuent une grande importance à la disposition à l'engraissement. Il est très vrai, en effet, que l'état de gestation imprime à tous les actes de plasticité un surcroît d'énergie ; mais l'augmentation de volume peut dépendre de tant de causes différentes tout à fait étrangères à la présence d'un fœtus, que ce signe n'a de valeur réelle que par les circonstances dans lesquelles il se produit. Si donc, on voit augmenter une jument, dont le lait s'est tari accidentellement ou parce qu'elle cesse d'être nourrice, ou celle dont on a augmenté la ration, il n'y aura rien à conclure. Au contraire, si le même effet s'observe chez une bête qui a été saillie un mois ou deux auparavant sans que sa nourriture ait été augmentée, et si les chaleurs ne se sont pas montrées depuis lors, on pourra regarder la gestation comme au moins probable. Ces probabilités augmenteront et pourront atteindre presque à la certitude dès qu'il sera possible d'y joindre le symptôme du développement du ventre.

Dans les cas les plus nombreux, c'est à quatre mois chez la jument, que l'on peut constater une légère augmentation du volume du ventre. Ce signe est certainement très important et lorsqu'il coïncide avec ceux que nous avons déjà étudiés, il a une grande valeur pour le diagnostic. Ce développement peut être dû à certains états pathologiques, mais la forme de l'ampliation n'est plus la même que celle que donne la gestation. Cet accroissement est parfois très peu marqué, si peu que chez quelques juments, surtout chez les primipares on peut facilement le méconnaître, et Saint-Cyr rapporte qu'il a vu présenter à l'étalon — parce que son ventre était si peu volumineux qu'on ne pouvait croire à une gestation — une jument primipare qui, un mois ou cinq semaines plus tard, mettait au monde une pouliche parfaitement à terme.

Ces cas sont rares, mais ils doivent être connus, afin qu'on se mette en garde contre des erreurs possibles. Pour éviter ces erreurs, on fera bien de ne pas s'en tenir à la seule impression fournie par la vue, et d'y joindre de quinze jours en quinze jours, la mensuration à l'aide d'un ruban, qui peut accuser une augmentation de volume inappréciable à l'œil.

Les éleveurs qui ont l'habitude d'observer leurs juments peuvent reconnaître un changement dans les habitudes des femelles qui ont conçu. La femelle pleine s'isole en général, elle cherche la tranquillité, devient moins folâtre, etc., l'appétit augmente.

Lorsque la gestation est suffisamment avancée, elle est révélée par le développement des mamelles, par les mouvements actifs du fœtus, qui se manifestent surtout lorsque la jument boit. Le toucher abdominal, l'exploration, l'auscultation accusent alors la gestation certaine à nos sens. C'est surtout à ce dernier procédé qu'on a recours pour percevoir à l'aide du stéthoscope les bruits du cœur fœtal; ces bruits sont constitués par des battements doubles; avec un peu d'attention on ne peut les confondre avec d'autres.

La température rectale peut donner également des indications précieuses : si elle diminue, c'est un indice que la jument est pleine.

L'exploration rectale permettant au praticien habile de toucher avec sa main le fœtus à une époque assez hâtive, il y aurait lieu de faire des recherches sérieuses dans ce sens.

Comme le but à atteindre est surtout de préciser le diagnostic à une époque voisine de la fécondation, il ne faudrait pas s'en tenir aux signes rationnels que nous avons déjà énumérés et qui ne donnent que des probabilités, ni attendre la manifestation des signes sensibles qui se produit à une époque trop avancée de l'année. Nous demanderons donc au dosage des sels de chaux et à l'analyse des gaz de la respiration de nous donner des indications précieuses dans la recherche du diagnostic qui nous occupe.

On sait que le liquide excrémentiel contient normalement une assez forte proportion de chaux à l'état de phosphate, d'hippurate et surtout de carbonate; on sait aussi que la chaux entre dans la composition des os. Il faut donc lorsque ces organes se forment chez le fœtus, que ce dernier puise dans le sang maternel une certaine dose de sels de chaux, nécessaires à la constitution de son système osseux. Si les aliments que prend la mère n'en contiennent toujours qu'une quantité à peu près invariable, on conçoit que l'élimination des sels calcaires par l'urine doit diminuer pendant la gestation; et l'on conçoit encore que cette alimentation doit être d'autant plus abondante que le fœtus en utilise davantage. C'est en partant de cette idée parfaitement rationnelle, que M. Kiener de Gunsbach (Haut-Rhin) a cherché depuis longtemps déjà, dans l'inspection des urines, un nouveau signe de la gestation plus précis que ceux que nous avons examinés. Il a fait analyser l'urine d'une jument à différentes périodes de la gestation et voici les résultats fournis par ces analyses :

100 gr.	d'urine	analysée	à la moitié	du 5e	mois	ont fourni	0,183	de chaux
100 gr.	—	—	à la fin	du 6e	—	—	0,083	—
100 gr.	—	—	à la moitié	du 9e	—	—	0,056	—

La chaux diminue donc dans l'urine et dans une forte proportion à mesure que la gestation avance vers son terme.

Ces expériences sont certainement très intéressantes à faire, mais il restait aux chimistes à indiquer un moyen facile, prompt et suffisamment exact de doser la chaux contenue dans une urine donnée. C'est ce qu'un savant professeur autrichien a découvert depuis quelques mois à peine. Pour se servir utilement de l'appareil pèse-sels qu'il a inventé, il faut tenir compte, qu'au cours de la gestation, les animaux mangent davantage, ils absorbent par conséquent plus de chaux. De plus, la fixation de la chaux étant répartie sur un laps de temps assez long, la dose de sels calcaires fixées par vingt-quatre heures est extrêmement faible. Il faut donc pour observer des différences notables et de quelque portée, opérer sur les urines exactement recueillies pendant plusieurs jours, et avoir d'autre part des expériences comparatives faites dans les mêmes conditions en dehors de la présente gestation.

Cette méthode présente malgré tout des difficultés pratiques qui n'échapperont à personne, et nous croyons que seuls des stud grooms instruits, ou mieux des vétérinaires, qui devraient à notre avis toujours diriger les grands studs, pourront effectuer ces dosages de façon rigoureuse et obtenir par là de précieuses données sur la gestation des poulinières à une époque rapprochée de la fécondation.

Il est hors de doute que l'embryon à toutes les phases de son développement, absorbe et consomme de l'oxygène, ou en d'autres termes qu'il respire. Depuis les expériences de Preyer on a pu établir que le dégagement d'acide carbonique augmente sensiblement à mesure que la gestation avance. De ce principe est née l'idée d'étudier les gaz de la respiration.

Mais le chimisme respiratoire n'est point entré dans la pratique et les applications qu'on en a faites au diagnostic de la gestation demeurent extrêmement restreintes. Quelques rares physiologistes ont envisagé le chimisme de la respiration dans quelques-unes de ses applications pratiques, mais en obstétrique vétérinaire, personne n'a rien tenté et nous ne connaissons pas de travaux, tant en France qu'à l'étranger, sur les échanges respiratoires, chez la jument au début de la gestation.

Depuis deux années, nous poursuivons des recherches dans ce sens. Celles-ci portent actuellement sur une dizaine de cas, comportant un grand nombre d'analyses qui nous ont permis de résoudre le problème obscur du diagnostic de la gestation.

Tous nos dosages sont faits dans des conditions identiques et faciles à reproduire. Ils ont tous été pratiqués sur les juments, de neuf heures à onze heures du matin, c'est-à-dire quatre heures après le premier repas, en dehors de la période digestive. Les sujets sont observés après un repos absolu. Nous recueillons la respiration nasale, à laquelle l'appareil que nous employons n'offre qu'un obstacle insensible et nous effectuons nos analyses.

Le dosage des gaz qui sont l'oxygène et l'acide carbonique ne présente pas de difficultés en soi ; tous les traités d'analyse chimique (Frésénius, Chancel, etc.) renseigneront nos lecteurs sur ces procédés chimiques. La difficulté gît dans le dispositif pour recueillir les gaz expirés par le cheval. L'expérience exigeant des appareils très délicats, très compliqués, ne pourra donner des résultats pratiques par les différences du début de la gestation, que si elle est effectuée par un chimiste, ou par un vétérinaire habile et de la jeune école. En aucun cas, un stud groom ordinaire, pour si expérimenté qu'il soit, ne saurait la tenter.

Si les propriétaires de grands studs se décidaient à installer un laboratoire il suffirait d'appeler sur les lieux un praticien sérieux pour procéder à ces expériences, afin d'avoir l'assurance qu'une jument est pleine ou non, avant la fin de la saison de monte. Dans la négative on redonne l'étalon, on tente la fécondation artificielle, on fait en un mot le nécessaire pour ne pas laisser une poulinière de très grande valeur sans produire.

Même en dehors des recherches sur les gaz de la respiration, un laboratoire dans un grand haras est une chose essentielle. Il se produit une infinité d'événements fortuits où l'on a à regretter de ne pouvoir donner aux vétérinaires les moyens de reconnaître immédiatement tel ou tel cas pathologique, faute de microscope, de réactifs et autres éléments d'investigation scientifique qui permettent le diagnostic certain et partant la médication rationnelle et sûre.

Le régime pendant la gestation. — Dans l'ingestion des substances nutritives par la cellule vivante, le choix de la nourriture joue un rôle qui mérite une attention particulière. Parmi les différentes sortes de cellules qui forment le fœtus, chacune d'entre elles n'absorbe que certains matériaux et précisément ceux dont elle a besoin pour la construction de sa propre substance. Ce phénomène apparaît nettement pour les cellules des tissus des animaux supérieurs, par exemple du cheval. Là c'est le liquide sanguin qui représente le matériel nutritif commun pour tous les tissus. Or, de ce liquide nutritif commun chaque forme cellulaire retire précisément les substances qui sont nécessaires à sa vie. Les diverses cellules choisissent chacune selon leurs besoins des substances entièrement différentes.

Lorsque de ces phénomènes, isolés en apparence, on extrait le principe sur lequel ils reposent, c'est-à-dire le fait que chaque cellule absorbe certaines substances parfaitement déterminées et non d'autres, on reconnaît, au contraire, qu'il n'y a rien de plus compréhensible. Chaque cellule a une composition caractéristique et des échanges nutritifs qui lui sont absolument spéciaux. Est-il alors incompréhensible qu'elle prenne au milieu et attire dans le cercle de ses échanges uniquement les substances qui ont des relations chimiques avec celles du corps cellulaire, et qui sont nécessaires à la conservation des échanges, et que, par contre, elle n'absorbe ni ne recherche les autres matières qui lui sont indifférentes, qui ne possèdent aucune affinité avec sa propre substance? Évidemment le principe qui est à la base de ce phénomène n'est autre que celui qui régit, en général, tout le monde des atomes et des molécules, le principe de l'affinité.

Dans le corps du cheval chaque cellule des tissus ne prend dans le milieu nutritif commun, le sang, qu'une certaine catégorie de substances et non les autres, ainsi qu'il résulte du fait que les cellules glandulaires, musculaires, cartilagineuses, etc., produisent aussi des substances entièrement différentes et caractéristiques pour chacune d'elles. A ce point de vue, ainsi que l'a déjà avancé Haeckel, la cellule se comporte exactement comme un cristal, par exemple un cristal d'alun, qui, placé dans une solution mère contenant un grand nombre de sels, choisit toujours exclusivement des molécules d'alun pour effectuer sa croissance, ou sa régénération, lorsqu'il a été blessé. Ainsi l'obscurité mystique dont on a cherché à envelopper ce soi-disant choix des aliments, de la part de certaines cellules, n'existe point en réalité : Ce que l'on a désigné sous le nom de « choix de la nourriture », de la part de la cellule, n'est autre chose qu'une conséquence nécessaire de ce fait que pour chaque cellule la substance vivante possède une composition spécifique et des échanges nutritifs spéciaux qui la caractérisent.

Ainsi les phénomènes d'échanges de la cellule peuvent être tous ramenés à des conditions physiques et chimiques, telles qu'elles se rencontrent dans la nature inorganique; et si jusqu'à présent nous ne sommes pas en état de poursuivre jusque dans leurs détails les termes spéciaux des échanges dans chaque cas, cependant nous acquerrons la certitude que tous ces échanges de matières se produisent d'une façon purement mécanique, et que nulle part nous ne nous heurtons à des phénomènes qui soient réellement inaccessibles à une explication mécanique.

Le régime des poulinières pleines doit être d'une régularité parfaite. Plus la gestation est avancée, plus il faut diminuer le volume du bol alimentaire tout en maintenant à la ration sa quantité d'éléments digestifs totale. Forcément, avec ce système la relation nutritive se trouve resserrée, mais cela concorde avec les exigences de la nature, puisqu'il y a formation d'un jeune être dans le corps de la mère, et partant création de tissus de toutes sortes.

La création de tissus que nécessite le développement du fœtus exige une quantité de matière azotée plus grande que dans le cas d'une jument vide, n'ayant à se procurer qu'une ration d'entretien. Au point de vue pratique, il faut diminuer progressivement la quantité de foin, augmenter la quantité d'avoine et, pour contrebalancer non pas la richesse, comme le prétendent certains éleveurs, mais la nature échauffante de cette dernière denrée, ajouter soit quelques carottes, soit des éléments laxatifs, comme la cossette de betteraves, soit un mélange des deux.

Le seul critérium dans la quantité ou la richesse d'une ration est l'état individuel et l'état de chaque individu. C'est pourquoi il est difficile de donner des quantités précises. Il faut qu'une jument soit en état, c'est-à-dire qu'elle ait un système musculaire ferme et bien développé, mais il faut éviter la formation de tissu adipeux, qui est inversement proportionnel à l'accroissement du fœtus et qui, au moment de la mise bas, offre plus de dangers de mal présentation ou de mauvaise parturition et nuit à la sécrétion abondante des mamelles.

Deux repas suffisent aux juments pleines : l'été elles trouvent encore à l'herbe un supplément de nourriture ; pendant l'automne et pendant l'hiver, les jours sont assez courts et les repas assez peu espacés pour qu'il soit utile d'en faire trois.

La qualité des diverses denrées données aux juments pleines a naturellement une grande importance ; les moisissures, fermentations ou autres altérations, peuvent provoquer des avortements.

De même la distribution des mashes doit être faite environ douze heures après leur préparation pour éviter les fermentations dans l'intestin.

Le plus souvent, la mère en état de gestation est en même temps nourrice, du moins durant une certaine période. Il n'y a d'exception que pour les femelles primipares ou fécondées pour la première fois. Les autres deviennent pleines un mois environ après leur parturition. Le régime de la mère en gestation et celui de la nourrice se confondent donc nécessairement, tant que dure l'allaitement.

En ce qui concerne l'alimentation, cela n'a du reste aucun inconvénient, le régime qui favorise la sécrétion du lait étant exactement le même que celui qui est propre à favoriser le développement du fœtus.

Toutes les conditions indiquées par la science comme étant les plus favorables pour l'accomplissement intégral de la fonction maternelle, chez les Équidés, convergent vers des pratiques dont l'existence doit être nécessairement connue pour que l'entreprise des mères puisse être menée à bonne fin. L'établissement de cette entreprise est dominé par la question de produire des vainqueurs.

Les pratiques dont il s'agit sont celles qui comportent, dans l'exploitation d'un haras, la prédominance des pâturages sains, en sols perméables ou drainés.

Ce système est le seul qui assure aux mères le régime alimentaire qui convient à leurs fonctions, et aussi d'ailleurs, en général, qui permette de leur appliquer le régime hygiénique le plus propre à favoriser complètement l'exercice de cette fonction.

Rien ne peut suppléer entièrement, durant la période de lactation, qui est aussi celle de la formation la plus active du fœtus, le régime du pâturage des jeunes herbes. Celles-ci, comme nous le savons, présentent une relation nutritive de 1 : 3. Elles ont une digestibilité très élevée (de 0,70 à 0,80) et elles sont très riches en acide phosphorique. Elles contiennent en outre 70 pour 100 d'eau. Toutes conditions reconnues comme favorisant au plus haut degré la sécrétion du lait, de même que la nutrition. A ce titre donc, la supériorité du régime du pâturage, pour les poulinières, est évidente.

Pour les juments pleines, aussi bien que pour les autres pensionnaires du haras, l'exercice à la prairie est indispensable jusqu'au dernier jour. Combien de poulinages difficiles tiennent à une stabulation exagérée. Néanmoins, il y a certaines précautions à prendre : ne pas les sortir à la gelée blanche, par un terrain trop glissant et faire grande attention, à la rentrée et à la sortie : qu'il n'y ait pas de chocs ni de glissades.

Lorsqu'on pare ou qu'on fait les pieds des juments pleines, ne pas insister avec les juments difficiles, et là, comme en tout temps, éviter les mouvements brusques.

Les juments pleines dans un haras sont toujours les dernières sorties le matin, et les dernières rentrées : avant les brouillards intenses et au coucher du soleil. Éviter les peurs, les surexcitations de toute nature, pouvant provoquer des troubles nerveux.

CHAPITRE XIII

PARTURITION

D'après Tessier, 278 juments observées, au point de vue de la durée de leur gestation, ont fourni les résultats suivants :

23	ont accouché entre	le	322ᵉ	et le	330ᵉ	jour.
227	—	—	330ᵉ	—	359ᵉ	—
28	—	—	361ᵉ	—	419ᵉ	—

Le nombre est assez grand pour qu'on en puisse conclure, sans chance d'erreur, que le minimum de la durée normale de la gestation ne descend pas au-dessous de trois cent vingt-deux jours. C'est donc le terme le moins long qui ait été observé. Avant ce terme, il est extrêmement rare que le poulain naisse viable, et, en tout cas, il a besoin, pour vivre, d'être entouré de soins tout particuliers, qui ne réussissent point d'ailleurs à en faire un sujet robuste, comme doivent l'être les chevaux de course pour suffire utilement à leur fonction.

Le plus souvent, la parturition qui a lieu dans de telles conditions est un véritable avortement, qu'elle soit provoquée par une influence extérieure, dépendant d'un défaut de soins dans le régime de la mère, ou bien qu'elle soit due à un état constitutionnel de celle-ci. En tout cas, la connaissance du fait indique qu'avant le trois cent vingt-deuxième jour de gestation, la jument doit commencer à être l'objet d'une attention et d'une surveillance particulières afin que sa parturition puisse s'opérer dans de bonnes conditions.

Une personne expérimentée et attentive se tiendra nuit et jour à une distance suffisante pour ne point inquiéter ou déranger la jument, mais pour être en mesure de lui porter secours en cas de besoin, surtout dès que les signes de parturition imminente se seront manifestés.

Ces signes sont en général faciles à saisir.

Le premier de tous concerne l'état des mamelles. Celles-ci se développent plusieurs semaines avant le terme de la gestation. Elles deviennent de plus en plus volumineuses et turgescentes ; mais c'est seulemnt dans les quelques jours qui précèdent l'accouchement qu'elles se remplissent de colostrum. La veille ou l'avant-veille, il commence à s'écouler, en raison du trop plein, par les ouvertures des mamelons, à l'extrémité desquels il se coagule, étant, très albumineux, comme on sait. La présence de ces petites gouttelettes de colostrum coagulé aux mamelons est un indice certain de parturition imminente. Il n'y en a guère de plus significatif.

Le fœtus arrivé au terme de son développement tire, par son propre poids, sur les ligaments utérins d'une part, et sur le vagin d'autre part, en tombant vers la partie la plus déclive de la cavité abdominale. Il en résulte un affaissement des muscles fessiers vers leur centre et un enfoncement de la vulve entre les ischiums. En termes vulgaires, on dit alors que la jument « se casse ». Les lèvres de la vulve se tuméfient, en même temps qu'elles se relâchent. Ce dernier fait existe toujours; mais il n'en est pas de même des autres, surtout chez les jeunes mères. Souvent chez celles-ci, l'affaissement des muscles fessiers est imperceptible, ainsi que l'enfoncement de la vulve. C'est donc particulièrement l'état des mamelles qui doit attirer l'attention. Lorsque le colostrum y est abondant, l'accouchement n'est pas loin.

Les premières douleurs ou contractions utérines, ayant pour but l'expulsion du fœtus, se manifestent extérieurement, surtout chez les juments primipares, par des piétinements, par des signes d'impatience et d'agitation. Quelquefois la bête se couche avec précaution, regarde son flanc, puis se relève. Ce qui distingue ces mouvements de ceux analogues qui se produisent, dans le cas de douleurs intestinales ou néphrétiques, dans le cas de coliques, en un mot, c'est que dans ce cas, la bête ayant perdu, sous l'influence de la douleur, tout instinct de conservation, se laisse tomber violemment et se roule sur le sol avec une sorte de frénésie. Les douleurs utérines de l'accouchement, au contraire, à moins qu'elles ne se soient prolongées inefficacement et avec violence, ne font qu'accroître chez elle cet instinct.

Lorsque les choses suivent leur cours régulier, ces premiers signes de douleur sont bientôt suivis d'efforts expulsifs. La bête se campe sur ses membres postérieurs, la queue levée, comme si elle voulait uriner. Après quelques répétitions de ces efforts, on voit apparaître entre les lèvres de la vulve le sac amniotique distendu par le liquide qu'il contient. Bientôt ce sac se rompt, le liquide s'écoule et les sabots du fœtus se montrent. Un nouvel effort fait arriver le bout du nez au niveau de l'ouverture vulvaire ; puis un dernier, fait franchir le détroit à la tête tout entière, qui est immédiatement suivie de la sortie du corps complet.

Les poulinières accouchent le plus ordinairement debout. Le fœtus tombe d'abord sur les jarrets, puis sur la litière, et en même temps qu'il tombe ainsi, son cordon ombilical se rompt à quelques centimètres de l'entrée, sans qu'il s'y produise aucune hémorragie inquiétante.

Tel est l'accouchement normal. En règle générale, il ne dure guère plus de quelques minutes, une fois que le sac amniotique s'est montré à l'ouverture vulvaire, à la condition que la présentation du fœtus soit régulière. Et en ce cas, il est d'autant plus tôt terminé que la mère est moins dérangée par la présence ou l'intervention intempestive des assistants. Trop fréquente est la coutume de tirer sur les membres du poulain, dès qu'ils se présentent à l'ouverture vulvaire. Cela retarde l'accouchement au lieu de l'avancer en rendant les contractions utérines irrégulières, indépendamment des déchirures que la traction violente et continue peut occasionner aux parties encore insuffisamment préparées pour la sortie du fœtus.

Il est donc plus sage d'attendre, tout en la surveillant avec attention. C'est seulement lorsque le travail reste stationnaire après des efforts répétés de la mère, durant quinze ou vingt minutes, ou lorsque ces efforts diminuent d'intensité ou cessent tout à fait, qu'il y a lieu d'intervenir, pour déterminer et apprécier l'obstacle qui s'oppose à la parturition.

Cet obstacle peut dépendre du fœtus ou de la mère. C'est ce qu'il s'agit d'examiner avant tout par le toucher. La main avec ses ongles rognés courts et enduite d'un corps gras d'huile par exemple, est introduite dans le vagin, pour explorer la présentation du fœtus. Si, au-dessus des deux membres antérieurs engagés dans le passage, on trouve le bout du nez, c'est-à-dire les narines, les lèvres et la bouche du fœtus ; ou bien si, les membres postérieurs étant placés de façon à ce que la pointe des jarrets soit supérieure on trouve entre ces membres l'extrémité libre de la queue, dans les deux cas, la présentation est normale, et l'on peut conclure sûrement que l'obstacle à la parturition est dû à l'insuffisance des contractions utérines. Il dépend par conséquent de la mère.

S'il ne s'est encore écoulé que peu de temps, une demi-heure au plus, depuis le commencement du travail, il convient de se borner à exciter ces contractions par l'administration d'un breuvage. Le plus ordinairement efficace est celui qui se prépare avec une décoction d'ergot de seigle (15 à 30 grammes suivant la taille) ou de sabine (mêmes doses) dans 1 litre de vin, de cidre ou de bière. Ce breuvage doit être administré chaud.

Si, après quelques minutes, son action ne fait point cesser la paresse utérine, en provoquant des efforts expulsifs de plus en plus accentués, il y a lieu d'avoir recours aux tractions directes, qu'il faut exercer d'abord avec peu de force et sans secousse, en les suspendant durant un court instant, puis de plus en plus fortes, jusqu'à ce que la tête ait franchi le détroit. L'important, en cette opération, est de ne pas agir avec violence, afin d'éviter la déchirure des membres du fœtus ou celle des organes de la mère, qui est encore plus grave. Il faut aussi être attentif aux petites contractions utérines qui peuvent se produire, et ne tirer que pour les seconder, non pas à contre-temps.

Les présentations anormales qui mettent obstacle à la parturition sont nombreuses. Nous ne parlerons ici que de celles auxquelles il peut être remédié sans l'intervention du vétérinaire. Pour les autres, le mieux est de faire appel à son concours le plus tôt possible, au lieu d'épuiser la mère et de perdre du temps par des tentatives malhabiles et infructueuses.

Ces cas les moins difficiles sont ceux dans lesquels un membre se présente seul, l'autre restant plié sous la poitrine; ou la tête seule, les membres étant repliés; ou les membres seuls, la tête ne se présentant point. Dans ce dernier cas, l'encolure du fœtus est fléchie, soit d'un côté, soit de l'autre, ou elle est en extension forcée.

Le fœtus étant encore vivant et ayant conséquemment conservé la souplesse de ses mouvements, le rétablissement de la présentation normale peut être opéré sans de grandes difficultés, pourvu qu'on y mette du sang-froid et un peu d'habileté manuelle. Il suffit pour cela de repousser d'une main le fœtus vers le fond de la matrice et d'aller chercher avec l'autre la partie ou les parties qui sont en position vicieuse, pour les ramener en bonne position.

L'essentiel est de ne point faire de fausses manœuvres, qui fatiguent l'opérateur et augmentent les difficultés, surtout de bien repousser le fœtus et de le maintenir au fond de la matrice, jusqu'à ce que toutes les versions soient faites. Autrement, les membres ou la tête fléchis viennent heurter contre l'entrée du bassin, et il est impossible ensuite de les mettre en bonne position.

Nous recommandons surtout, en cas pareil, de ne point s'obstiner à lutter contre les difficultés trop grandes. Après quelques tentatives infructueuses, le plus sage est de renoncer à la tâche et de faire appel au vétérinaire, dont l'intervention ne saurait être trop prompte.

Aussitôt après la parturition, ce qui presse le plus, c'est de s'occuper du nouveau-né. Nous allons indiquer les soins qu'il exige, pour revenir ensuite à ce qui concerne la mère.

On sait déjà que le cordon ombilical s'est rompu tout seul et qu'il n'y a pas ordinairement d'hémorragie par les vaisseaux de ce cordon. C'est toutefois une sage précaution de s'en assurer, afin d'arrêter l'écoulement du sang, s'il avait lieu exceptionnellement. Une simple ligature de gros fil, appliquée à un centimètre ou deux de l'extrémité, suffit. Il est bon de choisir cette place, afin qu'il soit possible d'en mettre une nouvelle, au cas où la première, ayant été trop serrée, romprait la continuité du cordon.

Le fœtus en naissant est encore engourdi, et sa peau est recouverte de l'enduit sébacé qui la protège contre la macération par le liquide amniotique dans lequel il a vécu. Dès qu'il a cessé d'être, par l'intermédiaire du cordon ombilical, en communication avec sa mère, il doit respirer pour que la circulation de son sang s'établisse dans les nouvelles conditions, et que ce sang acquière les qualités nécessaires à l'entretien de sa vie.

On constate qu'il respire en observant les mouvements du thorax, qui doivent commencer dès que le cordon ombilical est rompu. Si ces mouvements ne commençaient pas spontanément, il faudrait les provoquer par une insufflation d'air dans les poumons, au moyen d'un soufflet dont la douille serait introduite alternativement dans l'une et l'autre narine. L'insuccès de l'opération ne doit pas décourager. On a vu chez les enfants la vie s'établir après plusieurs heures de respiration artificielle persévérante. Si celle-ci est inefficace, c'est que les éléments anatomiques étaient morts depuis longtemps, ou qu'il y a malformation des organes essentiels, notamment du cœur ou des gros vaisseaux.

Dans tous les cas, l'établissement normal de la respiration et de la circulation est singulièrement facilité par une opération à laquelle toute bonne mère se livre instinctivement, quand elle en a la liberté. Elle consiste en ce que la mère lèche son nouveau-né sur toutes les parties du corps, et cela jusqu'à ce qu'il se mette debout.

Cette opération n'a pas seulement pour effet de sécher la peau du jeune en la débarrassant de son enduit sébacé. La langue un peu rugueuse de la mère frictionne la peau et excite ainsi la circulation cutanée et musculaire. Elle produit un effet de massage indispensable pour que le jeune puisse se mettre sur ses pieds, se tenir debout et marcher. C'est pourquoi il faut toujours veiller à ce que cette opération soit exécutée. Certaines mères ne s'y livrent pas de leur propre mouvement. En ce cas, on les y excite en saupoudrant le corps du jeune avec de la farine ou du son, dont elles sont, en général, friandes. En léchant la farine pour la manger, elles lèchent aussi la peau. Si l'artifice ne réussit point il ne reste plus qu'à suppléer l'office de la langue maternelle par de vigoureuses frictions à l'aide d'une étoffe de laine, pratiquées jusqu'à ce que le jeune se mette debout.

Dès qu'il peut se tenir et marcher, il se dirige instinctivement, pour l'ordinaire du côté des mamelles de sa mère. S'il n'y va pas de lui-même, il faut l'y conduire. Le colostrum dont ces mamelles sont remplies et qui a, comme nous le savons, une propriété laxative, est nécessaire pour débarrasser au plus tôt son intestin du méconium qui s'y est accumulé durant la vie fœtale. Plus tôt il est évacué, mieux cela vaut pour la survie et pour la santé ultérieure du jeune.

Un préjugé trop répandu fait croire que le colostrum, dont l'aspect diffère beaucoup par la couleur de celui du lait, a des propriétés nuisibles. Beaucoup d'éleveurs ont grand soin d'en vider les mamelles et même de le faire boire à la mère, au lieu de le laisser téter par le jeune. C'est une pratique on ne peut plus maladroite, dont le danger se mesure à la persévérance qu'on met à l'effectuer. Une forte proportion de poulains meurent de constipation et d'ictère grave peu de jours après leur naissance, pour avoir été privés de ce colostrum. Les choses naturelles sont bien comme elles sont. Le plus sage est toujours de s'y conformer. Ici moins encore qu'en aucun autre cas il ne faut avoir la sotte prétention de les corriger.

Revenons à la mère.

Les enveloppes fœtales, qu'on appelle vulgairement « le délivre » sont, dans le plus grand nombre des cas, expulsées peu d'instants après la sortie du fœtus. Quelquefois elles le suivent immédiatement. Elles tardent surtout chez les primipares et lorsque l'accouchement a été un peu prématuré, l'agrégation du placenta à la muqueuse utérine étant alors plus solide.

Le séjour de ces enveloppes dans l'utérus ne peut pas se prolonger sans inconvénient. Le sang n'y circulant plus, elles s'altèrent, se putréfient avec la plus grande facilité, les meilleures conditions de putréfaction étant là réunies. Les produits de cette fermentation putride passent dans les vaisseaux utérins et de là dans la circulation générale, par laquelle ils infectent toute l'économie. C'est le phénomène de la septicémie, toujours mortelle.

Il importe donc extrêmement de provoquer la sortie du délivre, lorsqu'elle ne s'est pas effectuée naturellement, quelques heures au plus après la parturition. En ce cas, le cordon ombilical reste pendant en dehos de la vulve. Il convient de commencer par y exercer de faibles tractions bien ménagées, afin de ne pas risquer de rompre le cordon lui-même, sans désagréger le placenta. Si l'on sent que celui-ci cède quelque peu, on continue jusqu'à sa désagrégation complète, mais sans rien brusquer. S'il ne cède pas du tout on renonce aux tractions et l'on attache à l'extrémité pendante du cordon une petite masse du poids de 5 à 600 grammes. La traction constante et uniforme de ce poids suffit le plus ordinairement pour opérer la délivrance. En tout cas, on constate qu'elle agit en mesurant la distance entre le poids et le sol, et surtout par la présence, en dehors de la vulve, de portions de plus en plus grandes du placenta.

On peut l'aider par l'administration de l'un des breuvages au seigle ergoté ou à la sabine. Et dès que se manifeste la moindre odeur de putréfaction, il faut s'empresser de pratiquer par la vulve des injections d'eau phéniquée au centième, qui ont pour effet d'arrêter la fermentation putride.

La parturition normale, suivie d'une délivrance régulière, le tout s'étant effectué dans de bonnes conditions recommandées, ne fatigue pas beaucoup la mère. Elle se montre ensuite gaie et contente de sa maternité. Il est toujours sage, toutefois, de la soumettre à quelques précautions qui évitent sûrement tout accident ultérieur.

La principale est celle qui concerne la température.

Il se fait, après l'accouchement, un travail de réparation dans l'utérus qui ne doit pas être troublé. L'organe distendu revient sur lui-même. Sa muqueuse, qui a reçu durant la gestation un excès de sang, en élimine par exsudation une partie, à mesure que ses vaisseaux diminuent de capacité. Les refroidissements brusques ont pour résultat presque infaillible, en ce cas, de provoquer des accidents graves, sur la nature desquels ce ne serait pas ici le lieu de s'étendre. Il suffit d'en signaler la condition déterminante, pour faire comprendre jusqu'à quel point il importe de tenir chaudement les mères, au moins durant les huit jours qui suivent leur accouchement. Durant ce temps, elles ne doivent pas sortir de leur boxe, et il faut veiller à ce qu'elles y soient à l'abri des courants d'air froid. Le premier et le second jour au moins, il convient de ne leur donner que des boissons chaudes ou tièdes.

Ces précautions sont surtout impérieusement commandées pour celles dont la parturition a été difficile, pour celles qui ont souffert longtemps, dont le système nerveux a été fortement ébranlé, et cela d'autant plus qu'elles appartiennent à une famille plus impressionnable. Il faut leur assurer la plus grande tranquillité, les maintenir chaudement, à l'abri d'une lumière vive, tout en faisant arriver dans leur boxe l'air pur en quantité suffisante.

Il y a des bêtes rustiques que rien ne dérange, qui accouchent sans inconvénient dehors, au pâturage, exposées aux intempéries. Ces bêtes-là sont précieuses, mais exceptionnelles. Si l'on prenait pour règle le régime qu'elles peuvent supporter sans dommage, on s'exposerait dans les entreprises de production de pur sang aux mécomptes les plus cuisants. Les mesures de prudence que nous recommandons n'augmentent guère les frais et elles garantissent contre les pertes. Il y a donc tout avantage à s'y conformer dans tous les cas, non seulement pour la conservation des mères, mais encore pour la bonne exécution de leur fonction de nourrice, si importante pour l'avenir du poulain.

Les mises-bas languissantes et l'électricité. — Le part languissant provient de l'inertie utérine, les symptômes auxquels on le reconnaît outre ceux qui sont tirés de l'état général, de la faiblesse du pouls, de la pâleur des muqueuses, sont : la rareté et le peu d'énergie des efforts expulsifs, la lenteur extrême du travail, bien que le fœtus soit en bonne position, de dimension moyenne, et que les passages soient complètement libres.

Dans ces circonstances, on conseille les cordiaux, les infusions aromatiques et excitantes de camomille, de sauge, d'absinthe, etc., les alcooliques, le vin, la bière, etc., auxquels on ajoute parfois du pain grillé, du sel ou d'autres excitants. Les emménagogues, la rue, le sucre, le safran, la sabine et surtout le seigle ergoté à la dose de 8 à 10 grammes, comptent également de nombreux partisans.

Nous ne repoussons pas l'emploi des excitants et des toniques, mais nous allons envisager un procédé thérapeutique plus nouveau : l'électricité.

Il n'est guère de branches des sciences médicales où depuis quelques années, l'emploi de l'électricité n'ait été tenté, souvent même avec succès. Nous avons donc eu l'idée de rechercher ce qui avait été fait au point de vue de ses rapports avec l'obstétrique. Laissant de côté ce qui a trait à la sécrétion lactée, aux avortements, etc., nous nous bornerons simplement à mentionner ce qui a trait au part normal languissant. Les raisons physiologiques qui ont pu justifier l'emploi de l'électricité et tout ce qui a été fait dans cette voie, ne pourront être expliquées ici par suite de la place énorme que demande leur exposé.

Comme on le sait dans une mise bas à terme, trois faits attirent l'attention : 1° les douleurs, signe de contraction utérine ; 2° l'expulsion du fœtus et des annexes ; 3° la répression de l'appareil générateur.

A chacune de ces périodes correspondent des troubles particuliers pouvant être le point de départ d'une thérapeutique spéciale. Les douleurs parfois exagérées, provoquant chez la jument des perturbations considérables qui ont leur contre-coup sur le poulain nouveau-né, on peut avoir besoin de les atténuer. Pour cela nombre de moyens ont été indiqués. Ce n'est point ici le lieu de les discuter, nous n'avons qu'à dire sans nous y arrêter trop longuement, qu'on pourra obtenir une sédation à l'aide du traitement électrique.

Des trois périodes auxquelles la parturition donne naissance, nous ne retiendrons que la deuxième, c'est-à-dire l'expulsion du fœtus, dans les cas d'inertie utérine, cause unique des mises bas languissantes. Cette inertie peut provoquer divers accidents qui sont de nature à assombrir le pronostic pour la poulinière et surtout pour le poulain. Elle entraîne souvent des hémorragies qui enlèvent à ce dernier toute chance de vivre.

Voyons s'il y a dans ce cas quelque chose à attendre de l'emploi de l'électricité pour hâter l'expulsion du produit. Divers éléments doivent entrer en jeu pour l'amener hors de l'organisme maternel. Celui qui est de beaucoup le plus important, c'est le muscle utérin. Formé de fibres lisses qui sont excitables par le courant électrique, il doit se contracter, et, par l'effet de sa structure anatomique, cette contraction tend d'abord à dilater le col, puis à chasser ce qui est contenu dans l'utérus. Quand la mise bas se produit, cette fibre, sous l'influence de causes encore discutées, réagit, mais par intermittences et indépendamment de la volonté : sa contraction est annoncée par la douleur. Il est donc logique *a priori* de penser que le fluide électrique, principalement sous la forme faradique qui se prête si bien aux intermittences et qui, comme l'enseignent des classiques, est l'excitant physiologique du muscle par excellence, pourrait soit aider cette contraction, soit la réveiller dans les cas d'inertie utérine.

Nous proposons donc l'électricité sous forme de faradisation pour exciter la contraction utérine avant la mise bas, quand il y a atonie pendant le travail, pour arrêter les hémorragies qui peuvent se produire ; pour précipiter enfin la délivrance.

L'efficacité des faradisations sur la contraction utérine serait indéniable d'après une foule d'auteurs : Ludlow, Althaus, Hamilton, Williams entre autres. Ce dernier auteur dit textuellement « la faradisation dispense la parturiente de tout travail inutile, assouplit et fortifie les muscles abdominaux en même temps qu'elle produit des contractions fortes et uniformes de la fibre utérine, et de plus, agit aussi à travers le cordon spinal en transmettant au cerveau ses effets sédatifs ». D'autres auteurs, par contre, trouvent dangereux d'appliquer la faradisation, qui peut être funeste au produit. De nombreuses expériences ont cependant démontré l'innocuité de cette pratique.

Baird, qui a publié un *Mémoire sur l'emploi de l'électricité en obstétrique*, résume de la façon suivante le résultat de ses observations qui ont porté sur un grand nombre de cas : « L'électricité est indiquée dans tous les cas où il faut : 1° diminuer les douleurs du travail ; 2° accélérer la dilatation du col ; 3° provoquer des contractions utérines énergiques ; 4° tonifier et fortifier les muscles ; 5° abréger la durée du travail ; 6° prévenir l'épuisement ; 7° assurer la contraction de l'utérus dans les cas de part à l'aide d'instruments. »

Un autre auteur, Brivois, dit que la faradisation est le remède par excellence dans le cas de mise bas languissante. On peut compter, dit-il, sur une action sûre et rapide. C'est un médicament plus fidèle et plus prompt que l'ergot, plus actif que l'eau chaude. Aussi, dès ce moment, l'électricité commence à être appliquée en obstétrique vétérinaire et nous voyons à l'étranger les traités classiques faisant une énumération des moyens employés pour vaincre l'inertie utérine, dire que dans la plupart des cas on doit recourir à la faradisation de l'utérus. Pour cela on a recours à un petit appareil du modèle de ceux de Gaiffe, facilement transportable et d'un emploi fort simple.

Dans les divers traitements de la stérilité que nous avons indiqués, dans une autre partie de ce travail, nous avons parlé de l'emploi de l'électricité. L'électrothérapie, en rétablissement l'ovulation troublée ou abolie, peut être, en effet, employée avec succès dans le traitement de la stérilité chez les juments.

Un éleveur de pur sang nous ayant montré, l'année dernière, une jument de sept ans qui était restée inféconde pendant les quatre années qu'elle avait passées au haras, nous conseillâmes l'emploi de l'électricité. Il s'agissait de cette forme de stérilité si fréquente, sinon la plus commune et qui tient à un développement incomplet de l'utérus : col hypertrophié en longueur, orifice du museau de tanche punctiforme, corps rudimentaire. Nous fîmes appliquer l'électricité négative qui permit rapidement à l'électrode de franchir le col utérin, l'électrode indifférente étant sur l'abdomen. Après un certain nombre d'applications, et quelque temps de repos, la jument fut saillie et fut fécondée. La mise bas a eu lieu il y a quelques jours, après dilatation artificielle du col et la pouliche qui est née est de très bonne venue. Nous pensons donc que c'est là une méthode qui mérite d'être essayée ; elle pourra souvent donner des résultats satisfaisants.

CHAPITRE XIV

AVORTEMENT

L'avortement atteint la production animale dans sa source et porte à l'élevage un tort considérable.

De toutes les femelles domestiques, la jument est celle qui réclame le plus de soins, car l'avortement se produit facilement.

L'étude des causes de l'avortement mérite de fixer très sérieusement l'attention des éleveurs, car c'est d'elle en grande partie, que découle le traitement à instituer pour prévenir ou arrêter cet accident.

Les causes prédisposantes sont ou générales ou locales, et doivent être recherchées d'abord du côté des géniteurs, puis du côté du fœtus.

Les mauvaises conditions hygiéniques exercent une influence sur le cours régulier de la gestation.

Tout ce qui détermine un défaut d'hématose (agglomération, écurie vicieuse, aération insuffisante) peut être considéré comme une cause prédisposante d'avortement.

Les expériences de Brown-Séquard l'ont démontré d'une manière incontestable : ce physiologiste vit les contractions utérines se manifester et l'avortement commencer ou s'effectuer chez des lapines pleines après quelques secondes d'asphyxie produite par la ligature de la trachée artère, et les accidents cesser aussitôt qu'on laissait l'air pénétrer dans les poumons.

La raréfaction de l'air dans les altitudes élevées agirait dans le même sens.

Les maladies graves, concomitantes de la gestation, sont des causes occasionnelles assez fréquentes d'avortement. Ces maladies agissent soit par la violence des troubles généraux qu'elles apportent dans l'économie soit par ce qu'elles atteignent le fœtus lui-même.

Ces diverses maladies ne déterminent en général l'expulsion du produit que lorsqu'elles acquièrent une intensité qui met presque en péril l'existence de la femelle elle-même.

Parmi les maladies des organes génitaux que l'on a considérées comme causes efficaces d'avortement, il faut citer la métrite, les indurations, les phlegmasies du col, les tumeurs fibreuses, etc.

Mais ces lésions sont rares chez les juments de pur sang et quand elles existent, elles sont dans la majorité des cas, un obstacle à la fécondation. Aussi pour cette raison convient-il de les signaler seulement.

Mais il faut bien se convaincre que la plupart des maladies, que nous venons de passer rapidement en revue, ne sont en réalité par elles-mêmes des causes d'avortement que lorsqu'elles agissent avec une grande énergie, soit localement, soit sur l'ensemble de l'organisme et chez les femelles prédisposées; car dans les conditions ordinaires, la gestation semble efficacement protégée contre l'influence des maladies tant internes qu'externes et poursuit son cours d'une manière régulière et pour ainsi dire mathématique.

Certains auteurs citent bon nombre de faits où des femelles pleines ont subi les secousses les plus violentes, des chutes d'un lieu élevé, des contusions, des blessures, etc., sans que la gestation ait été interrompue dans sa marche.

Il est bien certain néanmoins que les contusions, les chutes, les efforts violents, les commotions produites par la foudre, la frayeur sont des causes qui peuvent déterminer l'avortement pour ainsi dire de toutes pièces. Quelques-unes de ces causes agissent sur l'utérus ou le fœtus soit d'une manière directe : tels sont les coups, les blessures, soit, et c'est le cas le plus ordinaire, d'une manière indirecte en déterminant une irritation et une congestion actives de l'utérus et de son produit.

L'emploi de certains agents thérapeutiques doit être rangé parmi les causes occasionnelles de l'avortement.

Dans ce groupe il faut ranger les purgatifs drastiques, les médicaments emménagogues (sabine, rue, ergot de seigle).

Les émissions sanguines copieuses et répétées agissent dans le même sens.

En résumé, les effets des causes occasionnelles et traumatiques sur l'utérus et son produit sont complètement relatifs et sous la dépendance de certaines conditions organiques et des prédispositions.

Certaines femelles avortent avec une facilité singulière; les pléthoriques fournissent un contingent assez élevé. Le tempérament pléthorique, en augmentant l'activité du système vasculaire sanguin, devient une cause prédisposante aux hémorragies du côté de la matrice dont les vaisseaux acquièrent un grand développement pendant la période de gestation.

Le tempérament lymphatique détermine un état d'atonie de l'ensemble des organes génitaux, et il semble que les connexions de l'utérus avec le fœtus soient naturellement trop faibles pour permettre à ce dernier d'arriver à un terme normal.

Les femelles trop grasses sont, comme on le sait, assez souvent stériles et lorsqu'elles conçoivent, elles sont exposées à l'avortement, par ce que, sans doute, la nutrition a pris une direction anormale, et que, comme chez les femelles en voie de croissance, les matériaux nutritifs destinés au fœtus reçoivent une autre destination, et deviennent, à un moment donné, insuffisants.

Certaines causes peuvent être attribuées au fœtus.

Il suffira d'examiner rapidement les principales maladies connues des parties constituantes et accessoires du fœtus pour se convaincre de l'influence considérable qu'elles exercent sur le cours de la gestation.

Dans les premières semaines, c'est-à-dire lorsque les villosités très déliées du chorion occupent encore la majeure partie de la surface de l'ovule, la vascularisation considérable de la muqueuse utérine, surtout vers les points d'adhérence de ces villosités, explique suffisamment la facilité des congestions et des épanchements sanguins.

Dans la parturition double, très rare chez la jument, un des deux fœtus peut succomber et entraîner l'expulsion précoce de l'autre.

Le fœtus n'est pas à l'abri des lésions extérieures, et certains auteurs ont cité des exemples de contusions, d'ecchymoses, retrouvés sur lui sans qu'elles eussent toujours entraîné son expulsion ou sa mort.

Il est enfin une série de lésions qui déterminent la mort et l'expulsion du fœtus, et dont la cause et la nature sont restées jusqu'à ce jour inconnues.

Les micro-organismes occasionnent une forme de l'avortement épizootique et contagieux des plus dangereuses. On pense que la maladie microbienne est transmise de la mère au fœtus et que cette affection générale peut être de diverses natures (Gallier).

Nocard, à la suite de recherches précises, pense au contraire que le contage pénètre dans les organes génitaux de la femelle et détermine une maladie du fœtus à laquelle la mère reste totalement étrangère ; des injections vaginales antiseptiques tièdes pourraient donc être utilement pratiquées dans les cas où l'avortement prend un caractère épizootique.

D'après M. Bang, les microbes provoqueraient un catarrhe de la matrice déterminant l'avortement. Les mesures d'asepsie, d'antisepsie et d'isolement les plus rigoureuses doivent être préconisées lorsque sévissent les avortements épizootiques.

Dans le traitement de l'avortement la prophylaxie doit occuper une très grande place.

Il faut d'abord, pour la primipare comme pour les autres juments, chercher par tous les moyens hygiéniques et thérapeutiques à modifier l'économie. Aux poulinières qui offrent une prédominance pléthorique on prescrira un régime émollient (barbotages, vert, tubercules, mashes) ; de même, chez celles possédant un tempérament nerveux, on y adjoindra, s'il y a nécessité, l'emploi des médicaments sédatifs ; aux femelles profondément lymphatiques ou atteintes d'un état atonique de l'utérus, on conseillera la suralimentation et la suraération (cure d'air, promenade).

Les maladies aiguës intercurrentes de la gestation doivent être traitées avec tout le soin et toute l'énergie nécessaires ; il faut mettre tout en œuvre pour les guérir, car elles pourraient entraîner l'avortement.

Ainsi dans une pneumonie, un état typhoïde, il ne faut reculer ni devant les émissions sanguines, ni devant le traitement classique.

L'exercice est nécessaire pendant la période de gestation. Aussi doit-on éviter soigneusement la stabulation permanente et soumettre le sujet à une gymnastique fonctionnelle modérée.

Les troubles de l'appareil digestif (constipation, diarrhée) doivent être combattus sérieusement.

CHAPITRE XV

LE FOAL

ALLAITEMENT

Lorsque la mère est très forte laitière (ce qui doit être toujours recherché), il arrive que dans les huit à quinze premiers jours qui suivent la naissance du jeune, celui-ci, bien que restant toujours avec elle et la tétant à volonté, ne peut pas épuiser le contenu de ses mamelles. Sa capacité digestive n'y suffit point. La sécrétion laiteuse est en excès. Les mamelles se distendent outre mesure.

Il y a là pour la nourrice une cause de souffrance et tout au moins de gène à laquelle il faut être attentif. Chez quelques bêtes dont les sphincters ne sont pas très énergiques, le lait en excès, s'écoule quand les mamelles ont atteint un certain degré d'extension. Lorsqu'il n'en est pas ainsi, l'excès de tension finit parfois par déterminer une inflammation souvent suivie d'abcès. Cela rend l'allaitement impossible par la grande douleur qu'il occasionne et a pour conséquence la perte de la mamelle.

Il convient donc, dans les premiers temps de l'allaitement, de veiller à ce que le fait signalé ne se produise point. On l'évitera en ayant soin de traire la nourrice chaque fois que ses mamelles se montrent trop pleines. étant évident que le nourrisson bien venant a du lait en surabondance.

Dans les deux premières semaines celui-là ne peut pas en aucun cas être séparé de sa mère. Quand elle ne l'a pas près d'elle, elle s'inquiète. s'agite, ne mange pas ou mange mal, et par conséquent ne peut pas bien remplir sa fonction. Indépendamment de l'aptitude individuelle, due à l'organisation même des mamelles, cette fonction est subordonnée avant tout au mode de nutrition. La glande ne travaille qu'en raison des matériaux qui lui sont fournis par le sang ou qui sont disponibles pour elle. C'est pourquoi les juments très impressionnables, nerveuses, n'ayant qu'un faible appétit, sont bien rarement capables d'un bon allaitement. Il est facile de comprendre, d'après cela, combien il importe de ne troubler en rien la quiétude des nourrices. Or, elle se trouble d'autant plus facilement que la maternité est plus nouvelle.

On ne peut en conséquence point songer à régler les repas du jeune, avant l'écoulement des quinze jours qui suivent la parturition. Si la saison est favorable, la nourrice peut aller au pâturage le plus tôt possible, car en ce qui la concerne, c'est le régime alimentaire du pâturage qui est le plus favorable, comme nous le savons ; mais la nécessité de la présence du jeune oblige à retarder pour elle ce régime, si le temps est froid ou pluvieux, attendu que les intempéries seraient nuisibles à ce jeune lui-même, tant qu'il n'a pas dépassé l'âge de deux semaines au moins. Jusque-là il lui faut pour ne pas souffrir, une température de 12 à 15° C. qui ne peut lui être assurée d'une manière constante qu'à l'écurie, à l'abri des courants d'air. Tout au plus peut-il être mis dehors avec sa mère durant que le soleil rayonne dans un pâturage ou dans un paddock bien garanti contre le vent froid.

En considération de la grande activité que doit avoir sa nutrition, pour suffire à la fois au bon allaitement de son jeune et au développement du fœtus qu'elle porte, bien des auteurs ont examiné la question de savoir s'il ne conviendrait pas mieux de ne faire saillir la jument que tous les deux ans. Si l'on n'envisageait cette question que par un seul de ces côtés, que par le côté physiologique, on serait peut-être conduit à la résoudre dans le sens de la gestation bisannuelle. Mais une telle solution ne supporterait guère l'examen économique, qui est ici dominant. Dans le plus grand nombre des cas, il ne serait point pratique d'entretenir la jument durant deux années pour n'en obtenir qu'un poulain. Aussi l'usage général est-il contraire ; et, en vérité, l'on n'est point frappé des inconvénients que cet usage peut avoir. Il impose seulement l'obligation de soumettre les mères à un régime alimentaire aussi bon que possible.

Nous avons décrit ce régime au paragraphe consacré à l'alimentation des poulinières en gestation. Il sera bon d'ajouter à la ration prescrite des barbotages de son, et 600 à 800 grammes d'Albuminoïde Phosphoré, dont nous montrerons au chapitre de l'*Alimentation* les excellents effets chez les nourrices.

Allaitement artificiel. — Plusieurs causes imposent l'allaitement artificiel, les unes d'impérieuse nécessité, les autres de convenance économique. Sous le premier chef se rangent la mort de la mère, l'absence où l'insuffisance du lait chez elle, le refus de se laisser téter, l'impuissance du foal à sucer la tétine. Sous le second, se place le désir qu'on a d'utiliser le lait d'une jument dont le poulain est mort et l'intention de nourrir plus abondamment qu'il n'eût pu l'être par sa mère un jeune sujet dont on veut rendre le développement hâtif.

On a beaucoup discuté sur les avantages comparés de l'allaitement maternel et l'allaitement artificiel. Toutes les espèces ne supportent pas également bien ce dernier. Le poulain s'y plie mal et le pourcentage de mortalité est élevé.

Les précautions à prendre lorsqu'on est forcé de recourir à l'allaitement artificiel, peuvent se ramener à deux principales: 1° Donner au foal chaque fois que cela est possible du lait provenant d'une vache très saine; 2° prendre toutes les mesures nécessaires pour que le lait ne soit envahi par aucun cryptogame et ne fermente point.

Il faut faire boire le lait à la bouteille, au baquet ou au biberon. Un poulain nourri au baquet ingère plus de lait que s'il boit à la mamelle maternelle, mais une rigoureuse propreté doit intervenir comme condition première de réussite. On ne peut trop se pénétrer de la facilité avec laquelle les organismes inférieurs pullulent dans le lait, en modifient la composition et en altèrent les propriétés. Lorsque le poulain boit à la mamelle, le lait qui arrive à sa bouche ne subit point le contact de l'air et n'est point pollué, tandis que s'il a été extrait par la traite, il emprunte à l'air, aux mains des vachers, aux parois des vases dans lesquels on le manipule, des germes de diverses sortes. C'est pour en détruire le plus grand nombre possible qu'on fait bouillir celui qui est destiné à allaiter artificiellement de jeunes animaux. Qu'il subisse quelques modifications du fait de l'ébullition, c'est incontestable, mais elles sont compensées par le bénéfice de la destruction des ferments. Cette pratique doit être complétée par une propreté minutieuse des bouteilles, baquets ou biberons qu'on lavera à l'eau bouillante chaque fois qu'on s'en sera servi.

Quand les poulains qu'on allaite sont très jeunes, le lait doit être tiède ou se rapprocher de la température qu'il a en sortant de la mamelle; plus tard, ce n'est plus aussi nécessaire. Lorsqu'on s'as-

Le pesage des poulains.

treint aux précautions indiquées on mène à bien l'allaitement artificiel.

Les Anglais recommandent d'ajouter du sucre au lait de vache pour le rendre plus semblable au lait de jument.

L'allaitement à la bouteille, qu'on pratiquait autrefois et qu'on pratique peut-être encore aujourd'hui dans quelques pays d'Europe, a l'inconvénient d'être long et assujettissant. Il n'est utilisable que dans les petits haras où l'on a, accidentellement, un jeune animal à nourrir. Dans un stud un peu important, on aura recours au baquet ou au biberon, parce que ces moyens permettent d'allaiter plusieurs animaux à la fois sans qu'il soit nécessaire qu'une personne reste près d'eux.

Dans tous les haras, on trouve un baquet; il suffit d'y verser du lait tiède, pur ou mélangé, et d'en approcher les jeunes qui s'habituent très rapidement à y puiser. S'ils s'y refusent au début, on leur plonge l'extrémité de la tête dans le lait en leur maintenant la bouche entr'ouverte, ils lèchent ce qui s'est attaché à leurs lèvres et s'habituent à boire; ou bien on trempe un linge dans le liquide et on le place, ainsi imbibé, dans la bouche du jeune foal qui le presse et en extrait ce qu'il contient.

Par imitation de ce qui se fait dans l'allaitement artificiel des enfants, on a imaginé des biberons pour les jeunes poulains. L'un de ces biberons, le plus usité, se compose d'une bouteille en verre blanc, épais, de capacité variable; sur l'une des parois de cette bouteille se trouve une cavité, percée d'un petit trou, pour permettre l'aspiration. Le breuvage ne peut s'échapper tant que ce petit trou n'est pas débouché. Au goulot est adapté une tétine fendue en croix par laquelle l'animal pratique l'aspiration comme s'il agissait de la mamelle maternelle. Cette bouteille est renfermée dans un appareil qui a pour but de la protéger et d'en faciliter le fonctionnement. Il en est de deux formes : l'un, qui s'accroche à un mur, à la hauteur de la bouche de l'animal, qui peut ainsi téter jusqu'à la dernière goutte, l'autre destiné à être tenu à la main.

Toutes ces prescriptions, quelque compliquées qu'elles semblent être, ne sont cependant pas suffisantes pour mener à bien l'allaitement artificiel. Il ne suffit pas de savoir préparer le lait et de l'administrer au poulain : une chose non moins importante à connaître est la quantité de lait qu'il convient de donner au nourrisson. Nous avons vu quelle quantité de lait, d'après les auteurs les plus autorisés, doit représenter une tétée à la mamelle aux divers mois de la première année. Se baser sur ces chiffres pour fixer la ration de lait de vache qui doit être fournie au foal au biberon ou au baquet serait assurément exagérer la quantité. Il faut, en effet, pour donner des chiffres précis, tenir compte de la richesse du lait en beurre et en caséine, et surtout du coupage du lait, que les auteurs ont généralement admis *a priori*.

Les rations lactées doivent être régulièrement espacées, de façon à permettre au tube digestif d'accomplir normalement ses fonctions physiologiques. Si la tétée artificielle est trop prolongée, si elle a lieu à des intervalles trop rapprochés, le poulain ne digère plus. Quand le poulain est allaité à la mamelle, un seul instrument permet de contrôler la quantité de lait absorbé à chaque tétée : la bascule. On pèsera le poulain très exactement avant et après la tétée.

S'il augmente normalement, cela indique que la poulinière donne assez de lait ; si le poids est inférieur à la normale, l'expérience démontre que la tétée a été insuffisante, soit au point de vue de la qualité soit au point de vue de la quantité du lait. C'est dans ce dernier cas que l'on instituera l'allaitement mixte, et l'on prescrira la quantité de lait nécessaire pour suppléer à l'insuffisance du lait pris à la mamelle. Il importe alors de ne pas dépasser la dose utile. La bascule rend encore le même service, si l'on veut se rendre compte, non plus de la valeur de chaque tétée, mais du progrès réalisé dans une semaine.

Nous avons, dans une autre partie, indiqué le poids normal du foal, aux divers mois de la première année, ainsi que son augmentation presque journalière. La bascule fera connaître, soit par une augmentation progressive, soit par un état stationnaire, soit par une diminution de poids, les résultats de l'assimilation. Elle montrera si l'animal prend assez de lait, ou si la quantité doit être augmentée. Un état stationnaire attirera l'attention de l'éleveur, qui recherchera une disposition, un état gastro-intestinal défectueux, et lui permettra de remédier au mal dès le début. Pour enregistrer le poids du poulain, on fait usage de feuilles graphiques qui permettent d'enregistrer le poids d'une semaine et le poids jusqu'au sevrage et même au delà. Ces graphiques portent une ligne en rouge qui indique l'augmentation moyenne de poids d'un poulain depuis la naissance jusqu'au sevrage. On peut ainsi en comparant la courbe normale moyenne avec la courbe des poulains que l'on suit, constater s'ils augmentent normalement où s'ils se développent irrégulièrement.

La lecture de ces graphiques est très importante pour l'éleveur qui peut se rendre compte de la sorte, des progrès réalisés par ses élèves.

Les rapports entre la vitesse de croissance du foal et la composition du lait. — On a pu établir que la vitesse de croissance du nourrisson, est en relation très étroite avec la teneur en albumine du lait. Plus le lait est riche en albumine, plus la vitesse de croissance est grande. La loi s'applique aussi à la teneur du lait en chaux et en acide phosphorique.

Le développement, dans les premiers jours qui suivent la naissance, le prouve surabondamment, puisque à ce moment, le lait est beaucoup plus riche en substances solides qu'au bout d'un certain temps. Or, on sait que la croissance est d'autant plus active que le poulain est plus jeune.

Le développement plus rapide du foal, pendant les premiers jours qui suivent la naissance, pourrait être dû uniquement à l'étendue plus considérable de la surface d'absorption de son tube digestif par rapport à la masse totale, car on sait que lorsque les dimensions d'un être s'accroissent, sa masse augmente comme le cube des dimensions, sa surface comme le carré. Néanmoins, l'expérience montre que la teneur plus élevée du lait en albumine est aussi un facteur de cette croissance d'autant plus rapide que l'être est plus jeune.

Nous avons demandé l'analyse du lait d'un très grand nombre de juments du pur sang, vivant sous tous les climats, ainsi que des renseignements précis sur le développement des produits qu'elles allaitaient. De la comparaison de toutes ces données, il ressort que le lait des juments habitant les pays chauds, est riche en sucre et pauvre en graisse, et que la croissance des poulains est beaucoup plus active. C'est le contraire pour les poulinières vivant dans les contrées septentrionales. Du reste, la composition moyenne du lait de jument, envisagé à ce point de vue, fait bien du cheval une race primitivement méridionale.

Si on compare enfin la nourriture du nourrisson et celle de l'adulte, on voit que le premier a besoin relativement de plus d'albumine que le second pour former ses tissus et de plus de graisse, car sa surface de refroidissement est plus considérable par rapport à sa masse. L'adulte absorbe au contraire plus d'hydrates de carbone, à cause du travail qu'il doit fournir.

De l'influence de l'eau dans la production du lait. — Il n'est pas possible de mettre en doute l'influence de l'eau dans la production du lait chez les juments poulinières. Tout le monde sait que c'est dans les contrées basses et humides que les juments de pur sang deviennent meilleures nourrices, comme en Angleterre et en Normandie. Les juments qui sont nourries dans la plaine de Tarbes sont également très bonnes nourrices parce qu'elles trouvent une alimentation éminemment aqueuse dans les verdoyantes prairies arrosées par les nombreux ruisselets qui coulent des coteaux.

Par contre, les juments nourries sur les plateaux dans des paddocks exempts d'humidité, sont mauvaises laitières, à cause de l'alimentation plus sèche qu'elles trouvent dans l'herbe qu'elles consomment.

Il paraît logique de croire que l'on doive, dans ce dernier cas, mouiller dans une certaine mesure les aliments secs donnés à l'écurie à la jument, en l'excitant à boire davantage au moyen d'une petite quantité de sel marin, afin d'obtenir d'elle plus de lait pour le poulain qu'elle nourrit.

Nous avons vu que, quand les juments allaitent, elles ne changent presque rien à la quantité des aliments solides qu'elles prennent habituellement, mais qu'elles boivent bien davantage. Beaucoup d'éleveurs et de stud grooms ont fait la même observation.

Quand une jument est pleine, et qu'elle ne nourrit pas, elle se contente de 12 à 20 litres d'eau par jour et même de moins; mais aussitôt après la mise-bas, il lui en faudra une quantité plus considérable et la quantité de lait, qu'elle fournira au foal, sera toujours en proportion de celle de l'eau qu'elle aura bu sans rien changer à son alimentation solide.

Parmi les juments d'un haras, ce sont celles qui vont le plus souvent à l'abreuvoir qui sont les meilleures nourrices et poussent le plus leurs poulains. Dans les premiers mois de l'hiver, lorsque le froid est rigoureux, si on les retire du pâturage pour les nourrir à l'écurie avec des fourrages secs, elles donnent un quart de lait de moins parce que dans le fourrage sec elles ne trouvent pas l'eau qui est dans l'herbe verte des prés.

C'est chez les juments maigres qui viennent de mettre bas que l'on observe bien les rapports directs qu'il y a entre l'eau et la production du lait.

Aussitôt qu'une poulinière maigre a fait son poulain et que ce dernier a commencé à téter, on remarque qu'elle est très souvent prise d'un besoin impérieux de boire, qu'elle satisfait tout de suite si on lui présente un seau d'eau. Ce besoin s'observe plus rarement chez les juments grasses, parce que chez elles, l'organisme est pénétré d'une quantité d'eau qui est là, pour ainsi dire, en réserve pour les différents besoins du corps.

De ce qui précède et de beaucoup de faits que nous pourrions citer, on peut admettre que l'eau entre directement pour une très grande proportion dans la production du lait.

Il ne nous est pas possible de préciser la quantité d'eau que l'on doit donner aux juments, dont la soif varie selon les sujets; mais c'est sur la différence de la soif et sur la quantité d'eau que boit chaque jour une jument que l'on a pu établir ce principe. L'élevage peut en tirer parti, pour reconnaître la valeur lactifère d'une jument et y puiser des enseignements pour l'hygiène des poulinières qui nourrissent.

Massage des mamelles. — Le massage peut développer la glande mammaire et lui donner une circulation plus active (la fonction fait l'organe).

L'expérience a été faite par Monsengeel, de Bonn, sur des animaux (chiennes), qui n'étaient pas en état de lactation et n'avaient jamais eu de parturition. Chez ces animaux, la mamelle présentait une sécrétion lactée après quinze jours d'un massage quotidien de vingt minutes, la glande paraissait gonflée comme chez les chiennes pendant une période de lactation normale.

Outre les tractions à opérer sur les mamelons, le large massage des glandes mammaires (centripète, c'est-à-dire de la périphérie vers le mamelon) sera pratiqué avec succès.

Le massage peut aider puissamment à obtenir la résorption de ces engorgements qui ont cessé d'être inflammatoires et que l'on constate à la suite de la période de sevrage ; le massage devra être centrifuge, il consistera en de larges effleurages.

Le massage des mamelles, pratiqué méthodiquement permettra dans bien des cas d'éviter l'allaitement artificiel cause chez les poulains de la grande morbidité et mortalité observées dans la première période de l'allaitement.

Mammites et autres affections. — L'étiologie des mammites comprend des causes favorisantes, parmi lesquelles nous mentionnerons : l'activité sécrétoire des mamelles, la rétention du lait dans la glande et les diverses affections du mamelon.

La rétention plus ou moins prolongée du lait dans la glande est insuffisante à provoquer la mammite. Chez des femelles d'espèces diverses, l'occlusion artificielle des conduits excréteurs n'a pas été suivie d'inflammation de la glande. Comme la stase, le froid, incriminé par Lafosse, Trasbot, Saint-Cyr et Violet, n'agit qu'en favorisant l'infection (Zschokke). Quant à l'inflammation traumatique de la mamelle, elle est rare.

La grande cause de la mammite est l'infection. Les microbes (streptocoques, staphylocoques ou bacilles) arrivent dans la mamelle par le sang, les vaisseaux galactophores ou les lymphatiques; l'infection de la mamelle par le sang est rare; celle qui s'opère par les lymphatiques, à la suite d'excoriations, de crevasses du mamelon est plus commune.

Ces données étiologiques montrent l'importance qu'il faut attacher à l'hygiène de la mamelle.

La thérapeutique des mammites aiguës comprend des indications prophylactiques et un traitement curatif (usage des astringents, des émollients et des antiseptiques, injection antiseptique dans les trayons).

Éviter le passage à l'état chronique qui aboutit à la perte de la mamelle, inconvénient très grave pour les bêtes destinées à la reproduction.

Les gerçures ou crevasses du mamelon sont le siège d'une vive sensibilité; la jument refuse de se laisser téter, le lait séjourne dans la mamelle. Bientôt celle-ci est le siège d'un engorgement laiteux.

On préviendrait les gerçures si l'on avait soin d'essuyer le mamelon chaque fois que le poulain vient de téter. C'est là une pratique très simple, mais généralement inobservée. Les lotions émollientes ont peu d'efficacité. Mieux vaut employer les vaselines antiseptiques ou astringentes : vaseline additionnée d'acide borique, d'ichthyol, d'extrait de saturne ou de tannin. Les gerçures profondes seront touchées avec le crayon de nitrate d'argent.

La congestion des mamelles, ou *empissement* laiteux, s'observe chez la jument quelques jours avant ou après la mise-bas. Elle s'accuse par un gonflement plus ou moins accusé de la mamelle tout entière, gonflement chaud, peu douloureux, non œdémateux, qui résulte exclusivement de la distension des vaisseaux de la glande.

Quelquefois on constate trois ou quatre jours avant la mise-bas, un œdème volumineux siégeant sous le ventre.

L'absence de réaction fébrile permet de distinguer la congestion des mamelles de la mammite.

Un régime diététique approprié (demi-diète) constitue la base du traitement : si l'état pléthorique est accentué, la saignée est indiquée.

Maladies les plus fréquentes chez les foals nouveau-nés. — L'arthrite des jeunes animaux est une affection qui cause à l'élevage des pertes considérables. Dans le haras national du Wurtemberg, sur 187 jeunes poulains morts pendant une période de quinze années, 85 succombèrent à cette maladie (Hering). Sa fréquence a diminué avec les progrès de l'hygiène des écuries, mais sa mortalité n'a pas été notablement réduite ; elle s'élève encore de 70 à 80 0/0 des sujets atteints.

On a successivement accusé, le changement de régime imposé à la mère, vers la fin de la gestation (Lecoq), la mauvaise qualité du lait et la privation du colostrum (Darreau), l'hérédité, les refroidissements (Delafond), etc. Ballinger, le premier, considéra la maladie comme une infection ayant sa source dans le cordon ombilical enflammé, suppurant. L'infection de la plaie de l'ombilic, par les produits de décomposition putride qui recouvrent le sol des écuries, est le point de départ du processus morbide.

La théorie infectieuse de la polyarthrite appelle tout particulièrement l'attention sur la prophylaxie : éviter l'infection de la plaie ombilicale, la désinfecter si elle est souillée, tenir aussi proprement que possible le local, telle en est la formule.

La diarrhée des poulains est une affection, souvent mortelle, qui se développe généralement en automne ou au printemps ; elle occasionne des pertes considérables.

On l'attribue généralement au changement de nourriture, à l'époque du sevrage, aux variations brusques de température, aux courants d'air et surtout aux pâturages mouillés par la rosée du matin.

Les symptômes consistent dans un abattement extrême avec inappétence, démarche pénible, décubitus prolongé ; le pouls est fort, accéléré, la bouche sèche et chaude, les conjonctives injectées, la température élevée oscille entre 40° et 41° ; le ventre est tendu et douloureux. On perçoit à distance des bruits de borborygmes.

Six à douze heures après, la diarrhée apparaît, séreuse, très fétide, parfois striée de sang ou mélangée de membranes ; le malade reste alors debout, se regarde le flanc et recherche avidement l'eau froide.

Après quarante-huit heures de diarrhée, les excréments sont blancs grisâtres et mélangés d'écume ; l'anus, relâché, demeure ouvert, laissant voir la muqueuse rectale rouge acajou ; les muqueuses sont injectées, couvertes de pétéchies ; le pouls faible, petit, contraste avec les bruits du cœur qui sont tumultueux.

La mort survient du huitième au quinzième jour.

Quelquefois, l'évolution est plus rapide et la mort survient en vingt-quatre ou quarante-huit heures.

Le pronostic est toujours grave. M. Lignières préconise les injections d'eau salée. Voici les différentes formules employées :

D'après Wertwy :

Racine de rhubarbe	4	grammes.
Carbonate de magnésie	1	—
Opium	30	centigr.

D'après Delafond, le meilleur remède est le tartro-borate de soude.

D'après Thomasson :

Acide phénique	1	gramme.
Huile de menthe	3	—
Alcool de menthe	30	—
Eau de chaux	300	—

Autre formule :

Salol	8	grammes.
Oxyde de bismuth	15	—
Carbonate de chaux	30	—

Mais le meilleur agent thérapeutique, le plus efficace, est le sulfate de fer en poudre. On administre aussi, afin de relever les forces du malade, 150 à 200 grammes de vin alcoolisé. Il est utile d'administrer des lavements tièdes, désinfectants (de créoline ou d'autre au 2 0/0), de bien nettoyer les biberons et les mamelles des juments qui allaitent; surveiller la qualité des aliments.

Les troubles digestifs sont fréquents chez les jeunes sujets et se traduisent par une diarrhée plus ou moins abondante déterminant à bref délai un amaigrissement accentué.

On conseille comme traitement la teinture d'opium. 3 à

4 grammes, mélangée à de l'alcool. Donner trois ou quatre heures après la manifestation de la diarrhée :

b	Acide salicylique	1 gramme.
	— tannique	1 —
	Sulfure de camomille	1 litre.

à administrer en 3 fois dans la journée.

c	Sous-nitrate de bismuth	1 gramme.
	Magnésie calcinée	1 —
	1 granule d'hyosciamine.	

à donner toutes les deux heures dans du miel ou dans du mucilage.

d	Salol	5 grammes.
	Oxyde de bismuth	15 —
	Carbonate de chaux	30 —

Diviser en six paquets ; les quatre premiers en deux heures ; les autres se donnent dans du lait mélangé à 0,05 de calomel chacun.

L'arthrite des poulains nouveau-nés a comme cause prédisposante la mauvaise nourriture de la mère qui influe sur la qualité du lait ; la cause déterminante est l'infection de la plaie du cordon ombilical.

CHAPITRE XVI

LE YEARLING

Sevrage. — Le sevrage n'est pas un accident dans la vie du poulain ni une opération brusque pleine de dangers comme l'ont considérée les éleveurs jusqu'à présent. Il doit commencer à la naissance du poulain pour se terminer au jour où sans à coup et pour ainsi dire sans regrets la mère et le produit sont menés dans des herbages différents pour ne plus se revoir. C'est le passage du régime lacté à la nourriture artificielle, passage qui doit être gradué à tous les points de vue et en particulier en ce qui a trait à la relation nutritive, relation sur laquelle nous ne saurions trop insister au cours de cet ouvrage.

Pour que cette transition soit graduée, le meilleur moyen consiste, à l'époque où l'on estime la séparation nécessaire, à espacer les tétées et à diminuer progressivement par cela même, la quantité de lait ingérée par le poulain, tout en commençant à le soumettre à une ration de grains ou éléments solides.

La seconde méthode consiste à habituer de très bonne heure l'estomac et les intestins des poulains à ingérer une quantité assez importante de ces éléments solides, et à en faire prendre le goût au jeune animal de façon à ce que, au bout de quelques mois, ces éléments solides le rassasient et le nourrissent assez pour qu'il diminue de lui-même la quantité de lait ingérée, quantité que la jument du reste fournit de moins en moins, de façon aussi à ce qu'il s'en prive petit à petit de lui-même sans souffrir et qu'un beau jour séparé de sa mère avec les précautions dont nous allons parler, il n'éprouve plus qu'une déception toute morale rapidement atténuée par l'éloignement absolu.

Les jeunes poulains devront être habitués de bonne heure au

licol ; ils se laisseront approcher de l'homme sans crainte; on devra leur lever les pieds facilement.

L'éducation de leur estomac et de leur intestin étant faite, l'éducation de leur caractère étant presque achevée, il ne reste plus qu'à leur apprendre à suivre l'homme à la longe, et voici comment on y procède :

Un homme entre dans le boxe pour prendre la mère à la longe, un autre homme s'approche doucement du poulain et avec le moins de gestes possible accroche au licol le mousqueton d'une longe plate et longue environ de 5 à 7 mètres, à l'extrémité de laquelle se trouve une poignée. Le premier a préalablement enroulé la longe dans la main gauche qui tient la poignée. Un troisième muni d'une chambrière se tient prêt à suivre le groupe. Il faut autant que possible que le boxe d'où l'on va sortir se trouve à proximité d'un paddock. L'homme qui tient la jument sort dans ce paddock; celui qui tient le poulain laisse ce dernier avec toute liberté de longe suivre sa mère. Une fois les animaux dans la prairie, l'homme qui tient la jument marche en décrivant un très grand cercle; celui qui tient le poulain reprend petit à petit la longe de façon à faire sentir au jeune animal qu'il est retenu par une force supérieure à la sienne. Et ainsi petit à petit on laisse la mère s'éloigner tout en suivant à distance. La plupart du temps le poulain agacé s'arrête, cherche à se retourner, c'est là qu'intervient l'homme à la chambrière pour le forcer à se porter en avant. Au bout d'un ou deux tours d'herbage effectués de cette façon, un poulain de bon caractère consent à marcher tranquillement à la longe à côté de l'homme et à une certaine distance de sa mère.

On peut soumettre le poulain à cette séance à l'âge de quatre ou cinq mois, d'abord une fois. C'est une leçon qu'il n'oubliera pas lorsque quinze jours avant le sevrage on la répètera plusieurs fois.

Puis un beau soir on entre la mère et le produit dans le boxe destiné à recevoir le poulain sevré, on y entre également la mère du futur camarade du poulain avec son produit et on ressort les deux juments en laissant les deux foals enfermés. On conduit ensuite les mères dans des boxes éloignés, où on leur sert un mash ; on donne aux poulains la ration qu'ils ont tous les jours, et la séparation est faite. C'est à peine si quelques hennissements de détresse signalent au monde du stud ce premier chagrin.

Il est bon de laisser les juments en boxe un ou deux jours après, afin qu'elles ne se livrent pas dans les herbages à des galops effrénés, ou à des tentatives de saut dangereuses. On les soumettra à un régime rafraîchissant de mashes, et on évitera les accidents de mamelle en opérant des petites traites de temps en temps, mais sans jamais traire à fond. Puis elles reprendront leur régime d'herbage. Mais comme elles fabriquent moins de matières azotées, il faut leur relâcher la relation nutritive en diminuant sur leur régime avant le sevrage une certaine quantité de grains pour arriver, suivant qu'elles sont pleines ou vides, aux relations approximatives de 1 : 6,5 à 7 et 1 : 9 à 10. Quant à nos deux jeunes abandonnés, nous les lâcherons le lendemain dans un petit paddock isolé, de préférence dans le paddock de l'étalon entouré de palissades si l'on en possède un, et au bout d'un ou deux jours, on les enverra rejoindre leurs camarades s'ils en ont déjà, dans le plus grand paddock des poulains.

Régime depuis le sevrage jusqu'à l'âge de dix-huit mois. — Après leur sevrage, les poulains doivent être logés en boxes d'une assez grande étendue pour qu'ils puissent s'y mouvoir librement et en pleine lumière; mais toutefois l'éclairage en sera tel qu'ils puissent être mis facilement à l'abri de la lumière solaire directe. Ils ont besoin de mouvement car celui-ci favorise le développement de leur appareil locomoteur. La société leur est aussi favorable. Il est bon de les loger deux ensemble au moins, de même sexe et autant que possible de même âge et de même force. Quand ils sont de sexes différents, la promiscuité hâte souvent l'apparition de l'instinct génésique, qui trouble leur développement. Des accouplements trop hâtifs en résultant parfois ! S'il y a entre eux une grande disproportion de force, le plus faible est victime de l'autre, qui empiète sur sa ration et lui en soustrait une partie.

Au commencement, la ration journalière peut être distribuée en quatre repas, suivis chacun d'une distribution d'eau très claire et à une température modérée ; mais bientôt trois repas suffisent. Pour ces très jeunes animaux, il est bon de hacher la paille et de la mélanger avec la féverole et l'avoine pour éviter que celle-ci soit déglutie trop goulûment.

Ces dernières prescriptions ne s'appliquent bien entendu, qu'aux sujets sevrés à l'arrière-saison alors que les intempéries obligent à les nourrir au sec et à les maintenir à l'écurie. Pour ceux qui le sont de bonne heure, vers la fin août et dans le courant de septembre, le régime qui leur convient le mieux est celui du pâturage auquel s'ajoutent le matin et le soir les distributions d'avoine et autres denrées. Nous les considérons comme indispensables pour une bonne production.

L'alimentation et la conduite des jeunes, durant le premier hiver et le deuxième été, après leur naissance, ne diffèrent de ce que nous venons de voir au sujet des quelques semaines qui suivent leur sevrage que par l'accroissement progressif en quantité, de la ration journalière. Cet accroissement est nécessité par les phases régulières de leur développement. Il ne peut être réglé que d'après leur appétit. La ration restant composée de sorte que sa relation nutritive convienne à l'âge du sujet, d'après les bases connues, c'est-à-dire qu'elle ne soit pas plus large que 1 : 3 ; plus celui-ci consomme, plus il acquiert de taille, de volume et par conséquent de valeur. Et l'on sait que cette valeur est toujours supérieure à celle des aliments transformés. La parcimonie dans l'alimentation des jeunes animaux répétons-le en cette occasion, est le plus maladroit calcul qu'on puisse faire.

De là dépend aussi, pour une forte part, leur avenir comme moteurs animés, en même temps que leur précocité, si importante. Les chevaux des Arabes, d'un tempérament si énergique, si courageux, doivent ce tempérament à l'orge qu'ils reçoivent dès leur plus tendre jeunesse. Ceux qui ne vivent que de foin ou d'herbe, sans avoine, dans nos climats, durant la phase que nous considérons, se montrent toujours inférieurs sous tous les rapports à ceux qui ont, au contraire, reçu des aliments de force. Là est le secret ou la source de la véritable noblesse de ce que les hippophiles les moins fantaisistes expriment en le nommant « le sang ».

On a discuté sur la question de savoir si les fourrages des prairies dites artificielles, le trèfle, la luzerne, le sainfoin et autres papilionacées, conviennent pour les jeunes poulains. Un ancien préjugé leur attribue sur les organes de la vision une influence préjudiciable. Ils sont accusés de provoquer le développement de la fluxion périodique qui, comme on sait, se termine presque infailliblement par la cécité, après un nombre variable d'accès. Il est bien difficile de résoudre une telle question, on manque pour cela d'expériences précises.

A partir du sevrage, où la ration journalière se compose de 2kg,500 de foin ou leur équivalent en herbe, 1 kilogramme de féverole, 1kg,500 d'avoine et paille hachée ou entière à volonté, cette ration doit s'accroître de mois en mois progressivement. La progression doit aller jusqu'à ce que la quotité de l'avoine atteigne à dix-huit mois, 6 kilogrammes à $6^{kg},500$, et celle de la féverole $1^{kg},500$ à 2 kilogrammes selon le poids vif, en observant les proportions nécessaires pour que la relation nutritive ne dépasse point 1 : 3,5. L'avoine seule ne peut pas, en raison de sa composition, réaliser cette relation, la sienne propre étant au moins 1 : 4,5. La dose de carottes remplace toujours avantageusement comme adjuvant, une partie du foin, à poids égal de substance sèche.

Dans une telle alimentation, le jeune animal trouve en quantité suffisante tous les matériaux nécessaires pour le développement de son squelette, qui est alors la chose essentielle. La ration contient une bonne proportion d'acide phosphorique et le poids correspondant de protéine brute, du coefficient de digestibilité le plus élevé. Il atteint donc le maximum possible de sa taille, eu égard à la famille à laquelle il appartient. Ce qui fait que tant de chevaux de pur sang du Midi restent petits, misérables, mal conformés, c'est qu'ils ont été nourris insuffisamment durant la première période de leur vie que nous considérons. Réduits, durant la mauvaise saison, à des aliments qui leur permettent tout juste de subsister et de s'entretenir, leur développement s'arrête, faute de matériaux de construction, pour ne recommencer qu'à la saison des herbes.

Durant celle-ci, il va de soi que le régime du pâturage est dans tous les cas le meilleur. Encore, dans cette période de leur existence, les jeunes doivent jouir de la plus grande liberté de leurs mouvements. Aux boxes dans lesquels ils sont logés en hiver sont annexés des paddocks ou espaces clos en plein air, où ils peuvent aller prendre leurs ébats chaque fois qu'ils en éprouvent le besoin. Le séjour prolongé à l'écurie, a pour effet constant de fatiguer leurs articulations en faussant l'appui des membres. L'exercice modéré est le meilleur conservateur de ceux-ci, comme nous l'avons expliqué.

Précocité. — Le fait fondamental et vraiment caractéristique de la précocité, c'est que tous les attributs propres aux animaux précoces découlent physiologiquement de la soudure hâtive des épiphyses de leurs os longs, par conséquent du prompt achèvement de leur squelette. La constitution de leur système musculaire, ses propriétés organoleptiques ne diffèrent point de celles qu'on observe chez les autres animaux dont le squelette est arrivé au même degré de développement, mais d'un âge plus avancé. Ils ne

Jardy, par Flying Fox et Airs en Grâces.

diffèrent donc, dans leur état anatomique apparent, que par une maturité hâtive, par une maturité qui a devancé le temps normal de son apparition.

Les volumes relatifs des diverses parties de l'organisme, les formes de quelques-unes peuvent présenter des différences qui sont indépendantes du phénomène même de la précocité.

Le squelette d'un animal précoce peut être plus volumineux et absolument plus lourd, par conséquent, que celui des animaux communs de sa race. Il peut atteindre une taille plus grande. L'anatomie et la physiologie particulières du cheval de course soumis à l'entraînement nous en offrent un exemple, dont l'analyse a permis de jeter un jour entièrement nouveau sur la théorie de la précocité, en la réduisant au fait simple et primordial dont dépendent les phénomènes qui la caractérisent sous ses diverses formes. Ces phénomènes seront expliqués plus loin dans tous leurs détails; quant à présent bornons-nous à dire que la réduction absolue du squelette, celle de l'étendue des os longs en particulier, n'est pas une conséquence nécessaire de leur prompt développement et de leur achèvement par la soudure hâtive des épiphyses, et indiquons les particularités qui distinguent les os du cheval de course.

Cette variété a été formée en Angleterre par l'introduction de sujets tirés de l'Orient. Les soins dont les individus qui la composent ont été l'objet et les pratiques de l'entraînement auxquelles ils ont été soumis, ainsi que la sélection attentive des reproducteurs, lui ont fait acquérir des qualités particulières, parmi lesquelles, à notre point de vue actuel, l'accroissement considérable de la taille et du volume absolu du squelette doit attirer notre attention.

La taille moyenne des chevaux de course, comparée à celle des chevaux orientaux de même race ou de même souche, est de beaucoup au-dessus. Leur tissu osseux est plus dense que celui des chevaux d'Orient qui n'ont pas été soumis à l'entraînement, soit qu'ils aient été élevés dans un pays oriental quelconque, soit que leur naissance ait eu lieu dans une des régions de l'Europe où leur famille est depuis longtemps implantée, en Allemagne, en Autriche ou en France.

Chez les chevaux de course, l'évolution de l'appareil dentaire et l'achèvement des os longs par la soudure de leurs épiphyses se produisent aussi plus tôt que chez les chevaux dits arabes non entraînés. Ils sont le plus souvent arrivés à l'état adulte dès l'âge de quatre ans, quelquefois même auparavant, tandis que les sujets communs ne sont pas pourvus de leurs dernières incisives de remplacement avant l'âge de cinq ans révolus.

Contrairement à ce qui se passe constamment chez les animaux de boucherie, au même degré de précocité, chez les bœufs dont l'âge adulte normal arrive à la même époque, comme chez les moutons, ces chevaux ont les os des membres d'un diamètre plus fort et d'une longueur plus grande, ainsi que l'indique l'augmentation considérable de leur taille comparée à celle des autres sujets de leur race. Ils sont remarquables précisément par le fort développement de leur squelette, par la grande étendue de leurs leviers osseux et par la puissance de leurs articulations, qui, joints à l'énorme énergie dont ils disposent, expliquent la rapidité vertigineuse des courses qu'ils peuvent fournir. L'un des plus puissants de ceux que nous avons vus en ces derniers temps, *Val d'Or*, réalise sous ces divers rapports le type de la beauté.

Les proportions du fameux *Éclipse*, qui ne fut jamais vaincu et qui vivait dans un temps où l'on vit un cheval de course parcourir 23 milles anglais en cinquante-sept minutes et dix secondes, d'*Éclipse*, qui produisit, comme étalon, une suite de 334 vainqueurs, donnent une idée à la fois de la taille que les chevaux de course peuvent atteindre et du diamètre des os de leurs membres. On y a pris pour unité de mesure la longueur de la tête divisée en vingt-deux parties égales. Le minimum de cette longueur, chez les chevaux dits de pur sang anglais, est de 50 centimètres, le maximum de 55 environ. Il y a tout lieu de croire que si *Éclipse* n'avait pas représenté le maximum du développement possible des sujets de sa race, Saint-Bel, le fondateur du Collège vétérinaire de Londres, ne l'eût point choisi comme modèle pour déterminer les plus belles proportions du cheval. Nous ne nous éloignerons sans doute guère de la vérité en admettant 55 centimètres pour la longueur de la tête d'*Éclipse* et par conséquent 25 millimètres pour chacune des vingt-deux parties en lesquelles Saint-Bel l'a divisée pour ses mensurations. Il indique que la hauteur du garrot jusqu'à terre était de trois têtes, cela donne pour sa taille $1^m,65$. Le cheval extraordinaire dont il s'agit ne devait pas beaucoup s'en éloigner.

L'élévation de la poitrine au-dessus de la terre était de deux têtes, sept parties ou $1^m,275$. C'est, à peu de chose près, la longueur totale des os longs des membres antérieurs, le radius, le métacarpien, plus les os du carpe et les phalanges, non compris le bras.

La largeur du jarret (articulation tibio-tarsienne) au niveau de son pli, était de huit parties, ou $0^m,125$; celle du genou (articulations du carpe) à sa face antérieure, également de cinq parties ou $0^m,125$; celle du boulet (articulation métacarpo-phalangienne) de quatre parties ou 1 décimètre; la largeur du canon (métacarpe) des membres antérieurs était de deux parties trois quarts ou $0^m,068$; celle des canons de devant et de derrière (métacarpe et métatarse) à leur face antérieure, ou leur diamètre transversal, de une partie trois quarts ou $0^m,43$.

Ces dimensions sont celles d'os relativement très volumineux. Elles étaient, chez *Éclipse*, accompagnées de masses musculaires puissantes par leur grand volume. En effet, les mesures de Saint-Bel donnent par exemple, pour la distance de la pointe de la fesse au grasset (niveau de la rotule), vingt parties ou $0^m,50$; pour la largeur de la cuisse au niveau du pli de la fesse, dix parties ou $0^m,25$; et pour la largeur de l'avant-bras au niveau du coude, également dix parties ou $0^m,25$. La largeur de l'encolure à son union avec la poitrine, était de une tête ou 75 centimètres : celle de sa partie la plus étroite, de douze parties de $0^m,30$. L'auteur dit que c'était là aussi la largeur de la tête prise au-dessus des yeux, ce qui est bien de nature à confirmer le nombre que nous avons admis pour la longueur probable de cette même tête, en considération du rapport normal qui existe entre les deux dimensions dont il s'agit, chez les sujets de l'espèce asiatique.

Les masses charnues du cheval de course, presque entièrement formées de fibres musculaires et exemptes de graisse, du moins n'en contenant pas au delà de ce qui est strictement nécessaire pour l'entretien de la nutrition de ces mêmes fibres; ces masses charnues sont beaucoup plus fermes et plus denses. Ce ne sont que des muscles ayant atteint leur plus haute puissance de contractilité, et dans les meilleures conditions de leur fonctionnement comme agents mécaniques. A des degrés moindres, c'est là ce qui s'observe aussi quand on compare les ruminants précoces à ceux qui se sont développés avec la lenteur relative ordinaire, surtout quand ils ont été de bonne heure livrés au travail, qui favorise le développement de leur système musculaire proprement dit, ou des éléments figurés de ce système. C'est ce qui fait que la viande de ces animaux donne du meilleur bouillon, plus odorant et plus savoureux, parce qu'il est plus riche en éléments cristalloïdes résultant de l'usure du tissu musculaire et qui sont pour la digestion, des condiments, ainsi que Voit l'a démontré récemment après Liebig.

En définitive, on voit donc que l'achèvement hâtif du squelette par la soudure des épiphyses des os longs, essentiellement caractéristique de la précocité chez les animaux, a sur l'ensemble de leur économie des conséquences qui varient selon les circonstances. Le phénomène de la précocité même, en tant qu'il consiste en ce que le moment de l'âge adulte, où la croissance de l'individu est terminée, où il ne s'ajoute plus rien à son squelette pour en augmenter le volume, est avancé par rapport au moment normal, ce phénomène est un, chez tous les genres d'animaux.

Il doit donc être dû à un fait unique et toujours le même. Mais il ne paraît pas douteux, d'après ce que nous venons de voir, que le mode d'action de ce fait unique est influencé par des conditions secondaires que l'observation et l'expérience ont permis à Sanson de déterminer, et qui avaient échappé à ses devanciers comme le fait lui-même. Les relations entre ce fait et ses conditions forment la véritable théorie de la précocité qui, constituée scientifiquement, a doté l'élevage de la méthode zootechnique la mieux définie, la plus efficace et la plus profitable de toutes celles dont il peut disposer.

Nous épargnerons à nos lecteurs la théorie du développement hâtif, et nous terminerons cette importante question de la précocité par l'examen des pratiques à employer pour la mener à bien.

La tendance de l'élevage de pur sang est d'accélérer le développement de l'animal pour en réaliser le plus promptement possible la valeur maximum. On cherche à réduire l'intervalle qui sépare la naissance du jour où le sujet a atteint sa plus-value.

Pour cela, il faut activer au maximum la fonction d'assimilation et placer les organes préposés aux actes nutritifs dans des conditions telles qu'ils aient en abondance des matériaux convenables à transformer. Le forçage repose sur la gymnastique de l'appareil digestif.

Sa réussite exige : 1° Qu'on agisse sur les animaux dès leur naissance ; 2° qu'il y ait convenance entre la nature des aliments distribués, et l'état des sujets qui les reçoivent ; 3° qu'on ne fasse jamais passer brusquement les animaux d'un régime à un autre et qu'il n'y ait pas d'irrégularité dans la distribution de la nourriture ; 4° que celle-ci soit abondante et très alibile.

Après ce qui a été dit des avantages d'un allaitement copieux et prolongé sur les formes et la puissance d'assimilation des jeunes animaux, il serait superflu d'insister sur la nécessité de soumettre à un pareil régime les sujets à forcer.

L'état de la dentition et des estomacs des poulains qui viennent de naître, indique très clairement que le lait est le seul aliment qui leur convient à ce moment. Ils en doivent recevoir autant qu'ils peuvent en boire, et si leur mère n'était pas suffisamment laitière, on devrait y suppléer par l'allaitement artificiel.

Quand on veut forcer des poulains par l'allaitement artificiel, jusqu'à trois mois on leur distribue en supplément du lait pur non écrémé ; on débute en leur donnant 1 litre à chaque fois pour arriver graduellement à 4. Vers le commencement du quatrième mois, on supprime 2 litres de lait qu'on remplace par 150 grammes d'albuminoïde phosphoré.

Petit à petit, on en augmente la proportion et on y ajoute de l'avoine pulvérisée. On doit mélanger ces aliments au lait, en ayant la précaution de désagréger les parties faisant pâte, qui obstrueraient les tétines du biberon et on se rendra compte de la température du mélange qui ne doit pas être supérieure à celle du lait sortant de la mamelle.

On arrive ainsi vers cinq mois ou cinq mois et demi, âge auquel le mélange distribué peut être composé par moitié de lait, d'albuminoïde et d'avoine concassée. Il est indispensable de prolonger l'allaitement aussi longtemps que possible.

Le sevrage doit être opéré avec mesure et méthode ; c'est l'occasion de se rappeler toutes les recommandations sur la nécessité d'agir progressivement et de n'arriver que petit à petit à la suppression radicale du lait. Quand il est mal exécuté, on perd tout le bénéfice des efforts antérieurs et parfois il est impossible de regagner le temps perdu.

Une fois complètement sevré, le jeune animal recevra, d'une façon régulière, une alimentation abondante et riche.

Il ne doit point y avoir d'alternatives, il faut que la nourriture soit toujours distribuée *larga manu*. Agir autrement serait replacer les animaux dans les conditions naturelles, puisque par la succession des saisons et les inégalités de la végétation, il est pour eux des périodes d'abondance suivies de temps de pénurie, tandis que par la méthode étudiée, on efface ces conditions et on met l'uniformité à la place de la diversité. Lorsque l'organisme est dans des conditions mauvaises ou particulières par suite de maladie, de gestation prématurée, il y a ralentissement ou arrêt dans le développement ; c'est incompatible avec la méthode que nous étudions.

L'abondance de l'alimentation ne comporte aucune indication spéciale, elle s'explique d'elle-même : faire que les animaux trouvent toujours, lors de leurs repas, autant d'aliments que leur appétit leur en fait désirer, tel est le désidératum à remplir.

L'abondance ne suffit pas ; si l'on ne se préoccupait que d'elle on arriverait le plus souvent à grandir les poulains sans produire la maturation précoce qui leur est nécessaire.

La qualité de l'alimentation joue le rôle principal. Les rations doivent être constituées de façon que le rapport des matières quaternaires aux ternaires oscille autour de 1 à 4, car il a été reconnu le meilleur par l'observation et l'expérimentation. Elles doivent être suffisamment riches en éléments minéraux qui servent à la formation du squelette, phosphate et carbonate de chaux et phosphate de potasse.

Relativement aux quantités et aux modes de distribution des fourrages, pour les poulains au travail, il y a peu de règles fixes à donner. La ration de foin est de 2 à 4 kilogrammes en trois repas pour vingt-quatre heures, suivant les individus et la période de l'entraînement. On le coupe court, au hache-paille pour les chevaux de petit appétit et pour ceux qui mangent trop goulûment l'avoine ; on le mêle alors avec le grain, qui est mieux appété par les premiers et plus complètement broyé par les seconds.

La quantité d'avoine ne saurait être déterminée ; on doit en donner à chaque cheval autant qu'il en peut consommer avec profit pour son économie. L'appétit seul pourrait devenir un mauvais conseiller. C'est l'état des fonctions digestives qu'il faut prendre pour guide ; or, rien n'est facile à apprécier comme les résultats d'une digestion bonne ou mauvaise.

L'odeur acide et forte des excréments ne trompe jamais et dénote que les organes ont pris au delà de la quantité utile. On fera droit à ce premier avertissement en retranchant un peu de la ration précédemment accordée, sauf à revenir, en temps et lieu, à une nouvelle augmentation. Une autre précaution dont il ne faut pas se départir, c'est de ne pas administrer si abondamment à la fois que l'animal finisse par se rebuter et refuser son repas. Il est rare que la ration journalière dépasse 15 litres, et l'on n'amène pas toujours, ni tout à coup, un cheval à cette quantité qui n'est plus ordinaire. On peut la distribuer en cinq repas.

La féverole est très nutritive et doit être donnée en beaucoup moindre quantité : elle a un effet astringent et échauffant, qui la rend très utile pour les chevaux irritables qui digèrent mal, mais qui ont toujours les organes convenablement disposés pour la digestion de la petite quantité de nourriture dont leur estomac se trouve chargé à chaque repas.

Le froment et le maïs ont à peu près le même mode d'action et demandent les mêmes ménagements; ils sont utiles sous le point de vue de la variété, quelquefois nécessaire, des aliments.

En résumé, ce qui domine dans la ration journalière du futur cheval de course, c'est l'avoine, la féverole, le maïs et le froment, en un mot ce sont les graines ou semences de céréales ou de légumineuses.

La précocité nécessaire aux nouvelles fonctions des poulains de pur sang doit être obtenue au mois d'août, qui sonne l'heure où les yearlings seront dirigés sur les établissements de vente aux enchères et dans les centres d'entraînement où la vie de travail va commencer pour eux.

CHAPITRE I

ENTRAINEMENT

Le problème de l'entrainement. — Les questions que nous allons chercher à préciser dans cette partie de l'ouvrage, n'ont pas encore été posées d'une façon bien nette : mais peut-être sont-elles, comme on dit, *dans l'air*. Beaucoup de bons esprits commencent à s'apercevoir qu'une direction scientifique devient nécessaire pour l'application rationnelle des divers procédés employés pour l'entraînement du cheval de course. Jusqu'à présent on s'est surtout appliqué à faire ressortir les avantages de l'entraînement et à montrer d'une manière générale les bienfaits qu'a fournis à la race pure la gymnastique fonctionnelle ; mais il reste à déterminer la meilleure manière d'utiliser ce précieux modificateur et à préciser le rôle de l'entraînement suivant l'âge, le sexe, le tempérament ; il reste en un mot à établir des règles et à formuler des méthodes pour l'application rationnelle de l'exercice musculaire, selon les sujets.

Pour arriver à ce résultat il faut étudier, avant toute chose, les modifications passagères ou durables que produit le travail dans l'organisme, et distinguer, parmi ces modifications très diverses, celles qui sont plus particulièrement dues au genre d'exercice ou à l'intensité du travail. Cette étude est indispensable pour arriver à déterminer quel genre d'entraînement s'adapte le mieux aux conditions diverses dans lesquelles peut se trouver le poulain. Or, la physiologie seule peut nous donner ces notions premières sur lesquelles s'appuiera l'entraîneur pour établir ensuite la valeur comparative de chaque méthode de travail.

La physiologie de l'exercice musculaire est une science encore toute nouvelle. Elle date des magnifiques travaux de M. Marey à l'aide de la méthode graphique servie par les procédés mécaniques les plus ingénieux et par la photographie instantanée, M. Marey a pu analyser avec précision les allures du cheval de course ; il a ainsi établi en quelque sorte les véritables bases de la science des mouvements et tracé la voie où devront marcher les entraîneurs sous peine de faire fausse route.

Il est indispensable de faire exactement l'analyse de chaque mode de travail avant d'en déduire son opportunité ou, son indication suivant les sujets. Mais il est indispensable aussi d'établir par une sorte de synthèse, toute la série des effets généraux utiles ou nuisibles qui se font sentir sur les grandes fonctions organiques du cheval à la suite de l'entrainement, et de montrer combien ses effets sont différents suivant la dose de travail effectué; suivant que la mise en condition du sujet demande un grand ou un petit travail.

Jusqu'à présent, l'application de l'exercice au cheval de course n'a pas été guidée par des notions physiologiques suffisantes c'est par des empiriques, des anciens jockeys, des gentlemen riders voire même des garçons d'écurie que sont dirigées les écuries d'entraînement; et c'est par eux que l'on connait généralement des renseignements de métier.

Ces renseignements, malgré leur insuffisance, ne sont pourtant pas tout à fait inutiles puisqu'ils ont conduit à admettre la haute importance de l'entraînement pour l'amélioration des races de chevaux.

Il reste aux physiologistes à établir la valeur comparative de chacune des méthodes usitées, et à préciser en s'appuyant sur des arguments scientifiques, la supériorité de chacune d'elles suivant les circonstances et suivant les sujets.

Néanmoins, toutes les nuances de l'entraînement peuvent se ramener à un même fait: adaptation de l'organisme à certaines conditions particulières de fonctionnement. Le fait d'être entraîné implique chez le cheval de course une modification subie par ses organes; il est permis de croire que le cœur et les poumons d'un performer ne ressemblent pas à ceux d'un cheval de trait; il est sûr qu'un derby-winner en parfaite condition ne présente pas la conformation d'un cheval de fiacre; mais il faut dire que les modifications de structure acquises par les organes sous l'influence de l'entraînement sont devenues héréditaires dans la race de pur sang, grâce à l'institution des courses.

Cet entraînement a fait de tels progrès depuis l'origine des courses, qu'étudier l'évolution de celles-ci sera suivi de l'amélioration de celui-là. Nous allons donc faire l'historique des courses avant d'entreprendre l'examen technique de la gymnastique fonctionnelle.

CHAPITRE II

LES COURSES

Il est nécessaire de remonter assez loin dans l'histoire, pour trouver les premiers documents qui pourront nous renseigner sur la fondation des courses en France. Avant l'Angleterre, nous avons, en effet, tenu le sceptre hippique en Europe, et les chroniques équestres nous apprennent que Guillaume et ses soldats portèrent en Grande-Bretagne toutes les habitudes sportives de la civilisation plus avancée du royaume de France. Mais les courses si rudimentaires qu'on puisse les supposer, n'existaient pas encore ; les premiers essais auraient été faits sous le règne de Louis le Gros, par Archambault de Bourbon, beau-frère du roi. Encore doit-on reconnaître à cette relation une authenticité douteuse, et les plus anciennes courses, dont on ait retrouvé véritablement la trace, datent du règne de Charles V, en 1370. Elles avaient lieu, le jeudi qui suit la Pentecôte, dans la bonne ville de Semur (Côte-d'Or) ; les prix consistaient en une bague d'or, aux armes de Semur, une écharpe de taffetas blanc et une paire de gants garnis de franges d'or.

L'organisation de ces courses était d'ailleurs absolument primitive ; elles servaient de spectacle, de délassement pour le peuple, et l'amélioration de la race chevaline ne pouvait être en cause. Néanmoins, avec ce caractère de réjouissances publiques, de fêtes locales, les courses prirent une assez grande extension. L'histoire de Bayard et le fabliau breton de Merlin Barz font mention de courses de bagues très célèbres qui existaient en Normandie, de réunions équestres qui se donnaient dans les Pyrénées, et surtout en Bretagne, dans ces localités agrestes qui célèbrent encore aujourd'hui, par des danses et des luttes équestres sur la route, les traditions du vieux temps.

Mais là devait s'arrêter le progrès en la matière, et, dans les siècles suivants, l'institution des courses resta ce qu'elle était au début : un divertissement populaire, ou une solennité privée que les nobles offraient à leurs invités pour éveiller leur curiosité et éprouver leur adresse. Ces épreuves publiques n'avaient aucun but sérieux, et n'étaient nullement inspirées par la recherche de réformes à opérer, ni par le souci de régénérer et d'infuser un sang nouveau à une race abâtardie et épuisée par l'abus qui en avait été fait. Tel était, au contraire, à cette époque, le mobile des efforts tentés par l'Angleterre, par cette dynastie des Stuarts, qui tous avaient la passion du cheval, et la volonté d'obtenir pour l'élevage de leur pays un résultat avantageux.

Aussi, les essais tentés sous le règne de Louis XIV ne peuvent-ils avoir pour nous qu'un intérêt très relatif. Citons seulement pour mémoire le match couru au Bois de Boulogne en 1651, entre le prince d'Harcourt et le duc de Joyeuse, match dont l'enjeu était de 1.000 écus, et qui se termina par la victoire du cheval du duc de Joyeuse. Rappelons encore un match disputé à Achères en 1685, entre deux chevaux appartenant, l'un au duc de Vendôme, l'autre au grand-écuyer et montés par des grooms anglais. Le groom qui pilotait le cheval battu, fut, tout comme un simple jockey moderne, accusé d'avoir touché la forte somme pour faire battre sa monture; il est vrai de dire que des paris très importants avaient été engagés sur la chance des deux concurrents, et qu'en cette circonstance la question de jeu primait tout; l'intérêt du spectacle était relégué au second plan ; le souci de l'élevage n'apparaissait pas plus que précédemment (Buffard, *Les Courses*)[1].

Les chroniques du XVIIIe siècle relatent aussi deux paris, qui, eux, semblent avoir revêtu le caractère de tours de force et de gageures tendant à faire ressortir l'habileté de ceux qui les tenaient : tel fut l'engagement conclu le 9 mai 1726 entre le duc de Courtanvaux et le marquis de Saillans, celui-ci devant venir de la grille de Versailles à celle des Invalides en trente minutes; et le pari, fait en 1754 par Lord Pascool, de parcourir en deux heures la distance entre Paris et Fontainebleau, pari pour l'exécution duquel le roi avait suspendu les droits de péage, fait lever tous les obstacles, et ordonné à la maréchaussée d'assurer la libre circulation.

Cependant, une modification importante était sur le point de se produire dans les mœurs sportives. La réputation des chevaux anglais, basée sur leur vitesse et leur endurance, était parvenue

1. Boyer, éditeur, Paris.

jusqu'à nous, par l'intermédiaire de quelques officiers retenus captifs après la guerre de Sept Ans, et par les relations d'un voyage, que plusieurs gentilshommes avaient fait à Newmarket pour étudier les systèmes d'entraînement et assister aux divers « meetings ».

Les propagandistes des idées anglaises n'obtinrent d'abord qu'un médiocre succès, en particulier auprès du roi qui se montrait parfaitement hostile aux courses : « Qu'avez-vous fait en Angleterre, « demandait, en effet, Louis XVI au comte de Lauraguais, qui « s'était mis à la tête du mouvement? — Sire, répondait le comte, « j'y ai appris à penser. — Vous voulez dire à panser les chevaux, « sans doute, répliquait le monarque, qui montrait ainsi son dédain « pour le sport nouveau que l'on tentait d'introduire dans son « royaume. »

Mais l'impulsion était donnée et l'idée nouvelle devait porter ses fruits; elle se développa surtout grâce à la vogue dont jouirent bientôt les modes anglaises à la Cour de Versailles. Les salons du comte d'Artois étaient l'un des centres de ce monde fastueux et brillant des dernières années de la vieille monarchie. Autour de lui rayonnait une foule de jeunes hommes, vivant de la même vie, et dans ce nombre beaucoup d'Anglais de distinction, qui apportaient à Paris leur contingent de luxe, d'équipages et d'argent.

De son côté, le duc de Chartres, qui s'était fait nommer membre du Jockey-Club de Newmarket, achetait des chevaux en Angleterre, et ses couleurs paraissaient sur les hippodromes d'Outre-Manche. Louis XVI, lui-même, se relâcha peu à peu de son hostilité envers les courses, se laissant convaincre de leur utilité au point de vue de l'élevage, et envisageant le profit que pouvait en tirer l'État.

De cet ensemble de circonstances, favorables à l'institution des courses, résulta la création de plusieurs hippodromes. Le 6 novembre 1776 eurent lieu les premiers essais, dans la Plaine des Sablons : *Teucer*, âgé de sept ans et portant 127 livres, gagna un match contre *Comus*, âgé de six ans et portant 130 livres; le prix était de 2.500 francs. Le 9 du même mois, une poule de 15.000 francs était disputée par plusieurs concurrents, dont l'un appartenait au duc de Chartres, l'autre au comte d'Artois. L'année suivante, des épreuves importantes furent courues à Fontainebleau ; on y compta jusqu'à 40 chevaux partants. Enfin, en 1784, trois réunions eurent lieu au bois de Vincennes, et des juments étrangères vinrent se mesurer avec nos champions.

Bien que le résultat pratique de ces fêtes hippiques soit contestable, car elles n'étaient pour de jeunes gentilshommes que l'occasion de faire parade de leurs équipages, il n'en reste pas moins qu'elles précisent l'époque où les premiers chevaux de pur sang furent introduits en France, sans que pour cela il soit possible de retrouver, dans notre reproduction, la trace de ces animaux importés.

La Révolution interrompit ces organisations naissantes, et emporta les courses comme bien d'autres institutions d'origine seigneuriale; mais la perturbation visa surtout, comme nous le verrons, l'institution des haras. Les courses ne pouvant jouer encore qu'un rôle bien effacé, il nous faut aller jusqu'à l'Empire pour trouver un essai de rénovation : ce fut le but de l'arrêté du 13 fructidor an XIII (1805) qui réglemente officiellement les courses, et prescrit leur établissement dans les départements de l'Empire, « les « plus remarquables par la bonté des chevaux qu'on y élève, des « prix devant être accordés aux chevaux les plus vites ».

Cette consécration officielle des courses termine la première partie de cet exposé historique. Après ce qui vient d'être dit, il semble presqu'inutile de faire remarquer que les courses ne jouèrent jusqu'à cette époque qu'un rôle bien secondaire. Derniers divertissements de la royauté expirante, elles n'étaient qu'un spectacle de gala offert à la noblesse, spectacle où l'initiative privée était seule en cause, sans que d'ailleurs il pût en résulter quelques progrès pour l'amélioration de la race et pour l'élevage national.

Dès 1806, et conformément aux prescriptions de l'arrêté de fructidor, des courses furent créées dans les départements de l'Orne, de la Corrèze, du Morbihan, de la Seine, de la Sèvre, des Côtes-du-Nord et des Hautes-Pyrénées. Quatre prix de 2.000 francs furent attribués à chacun des départements précités, exception faite pour celui de la Seine, qui recevait un prix de 4.000 francs, qui devait être disputé par les concurrents ayant gagné un prix de 2.000 francs dans les départements. Pouvaient prendre part à toutes ces épreuves les chevaux entiers et juments de cinq à six ans révolus, nés en France et montés par des piqueurs français.

Que devait-il résulter de cette intervention gouvernementale? Peu de chose, à cause du patriotisme exclusif qui inspirait les règlements impériaux. Un amour-propre national, mal compris, incitait à s'éloigner autant que possible des théories et des pratiques anglaises ; l'emploi du pur sang anglais comme reproducteur étant écarté d'une manière absolue, les courses créées sous un pareil régime, ne pouvaient que favoriser les moins mauvais représentants d'une race abâtardie, au lieu d'aider à sa régénération.

On ne tarda pas à s'apercevoir de l'erreur commise, et dès 1810, un nouvel arrêté indiqua les vrais principes à adopter. La supériorité incontestable des races anglaises s'imposait à l'attention de tous les gens sérieux, et l'empereur fut un des premiers à encourager l'importation. Mais des occupations autrement graves absorbaient alors l'esprit de Napoléon, et les courses organisées, un peu partout, sans méthode et sans esprit de suite, ne donnèrent pas les résultats que l'introduction des idées nouvelles pouvait faire espérer. De cette période on doit cependant retenir un fait assez important et intéressant pour la thèse que nous exposons : le Gouvernement, dans son absolutisme, ne s'était réservé aucun privilège ; de ce désintéressement tout apparent aucune gratitude ne devait d'ailleurs lui être gardée, car les particuliers ne pouvaient alors songer à intervenir ; l'initiative privée n'existait pas et ne pouvait être mise en cause : or, dans ces conditions, il était rationnel que le Gouvernement établit les prescriptions des épreuves qu'il offrait.

Le Gouvernement de la Restauration devait continuer, en la perfectionnant, l'œuvre commencée par Napoléon : un arrêté de 1820 s'occupe des règles à imposer aux concurrents, en fixant leur âge, leur taille et les poids qui devaient leur être attribués. De cette époque date la création de nombreux établissements pour l'élevage du pur sang : le haras de Meudon inaugurait sa réputation par le succès de *Nell*, l'un de ses produits ; le haras de Viroflay était fondé par M. Rieussec ; la renommée de Lord Seymour commençait à poindre sur le turf. De son côté, le Gouvernement encourageait les efforts des amateurs, et soutenait leur initiative. Le haras du Pin prenait une extension considérable sous l'habile direction de M. de Bonneval : des missions étaient envoyées en Angleterre et importaient près de 50 pur sang dans l'espace de dix ans ; enfin, un décret de 1825 classait les chevaux de course en deux catégories : ceux nés de père et mère français et ceux nés de père et mère étrangers, et préludait ainsi à la création du *Stud-Book*.

Cette importante innovation ne devait d'ailleurs pas se faire attendre ; sous la haute protection des princes de la famille royale, sous l'impulsion intelligente d'initiatives privées, les courses se généralisèrent avec rapidité : le nombre des champs de courses augmenta considérablement et, « des dernières années de la Restauration à 1833, 1.100 propriétaires de chevaux environ firent courir sur les divers hippodromes de France ». Les achats d'étalons d'origine pure et d'Arabes s'étaient continués, et la race indigène était dès lors assez nombreuse pour qu'il fût nécessaire d'établir son registre matricule et de la cataloguer officiellement. Ce fut l'objet de l'ordonnance royale du 3 mars 1833, ordonnance qui prescrit l'établissement, au Ministère du Commerce et des Travaux publics, d'un registre pour l'inscription des chevaux de race pure : le *Stud-Book* français était créé. De cette année 1833 devait d'ailleurs dater l'ère nouvelle du turf français.

Malgré tous les efforts du Gouvernement pour obtenir un résultat appréciable, malgré les progrès certainement réalisés, il y avait encore beaucoup à faire, et une comparaison avec l'Angleterre montrait aux yeux des moins prévenus notre évidente infériorité, due, disait-on, aux principes adoptés chez nous. Les partisans du système anglais faisaient valoir qu'en France le Gouvernement faisait tout, dirigeait tout, sacrifiait des sommes assez importantes et n'obtenait rien; tandis qu'en Angleterre le Gouvernement laissait libre cours à l'initiative des particuliers, ne dépensait que fort peu et n'en arrivait pas moins à des résultats admirables.

Il est facile de faire remarquer que cette thèse, dans son intransigeance, n'est pas exacte, car la diversité entre les mœurs des deux pays, les coutumes différentes adoptées pour le partage des héritages ne permettent pas une assimilation complète. Mais la comparaison n'en devait pas moins porter ses fruits; la question, ainsi mise à l'ordre du jour, suscita bien des initiatives et provoqua de nombreuses discussions, dont les résultats pratiques apparurent dans la fondation de la « Société pour l'amélioration des races de chevaux en France », connue sous le nom de Jockey-Club.

La première journée donnée par la Société d'Encouragement eut lieu le 4 mai 1834 ; le programme comprenait deux épreuves, l'une pour poulains et pouliches de trois ans, l'autre pour juments de quatre ans. Bientôt après, un incident fortuit, une partie de chasse offerte par le prince Lobanoff à ses amis, permit de remarquer l'heureuse disposition de la pelouse de Chantilly, et la merveilleuse élasticité de son sol; alors Chantilly « sortit du sommeil léthargique où l'avait plongé son veuvage des grandeurs aristocratiques de Condé » Le 24 avril 1836, est disputé sur l'hippodrome de Chantilly, et pour la première fois, le prix du Jockey-Club, dont l'allocation était alors de 5.000 francs. Ces innovations n'empêchaient pas de courir très régulièrement au Champ-de-Mars; le prix du Cadran (un tour et quart de piste, en partie liée), était créé le 10 mai 1838, et le 18 mai suivant, une épreuve pour chevaux de deux ans se disputait à Chantilly.

La création du prix de Diane en 1843, l'augmentation progressive du prix du Jockey-Club, porté à 7.000 francs en 1840, à 10.000 francs en 1847, à 15.000 francs en 1854 et bientôt à 20.000 francs, l'empressement chaque jour plus vif du public à se rendre sur les hippodromes, enfin l'augmentation croissante des ressources de la Société contribuèrent puissamment au développement de l'élevage, et les heureux résultats de ces transformations se firent bientôt sentir; le commerce, l'industrie prospérèrent; l'effectif des troupes à cheval augmenta; le tribut que nous payions à l'Allemagne et à l'Angleterre, soit pour le nombre, soit pour la qualité des chevaux, suivit d'année en année une marche décroissante: ainsi, en 1840, nous allions chercher à l'étranger 34.030 chevaux pour la somme de 11.360.000 francs, tandis qu'en 1848 nous n'achetions plus que 16.594 chevaux pour la somme de 5.450.000 francs, si bien, disait le rapporteur d'une commission spéciale nommée en 1848, « que sous le rapport de l'amélioration de nos diverses espèces de chevaux, et surtout de celles qui servent à la remonte et à la cavalerie, de grands progrès avaient été réalisés ».

Le nombre des Sociétés de province augmentait chaque jour; en 1848, on en comptait plus d'une cinquantaine; l'élevage du pur sang prenait de son côté une grande extension, puisqu'en 1856 le chiffre des propriétaires dont les élèves étaient inscrits au *Stud-Book* s'élevait à environ 600. Dans ces conditions, l'hippodrome du Champ-de-Mars allait bientôt être insuffisant; le terrain y était d'ailleurs beaucoup mieux approprié aux exercices militaires qu'aux épreuves et aux joutes de la course: le sol s'y détrempait et à la moindre pluie devenait pâteux et profond; s'il faisait sec, surgissait un autre inconvénient: la terre friable à la surface durcissait au fond, sans offrir d'élasticité, et les concurrents galopaient au milieu d'un épais nuage de poussière. De plus, les baraques qui servaient de tribunes et d'estrades aux spectateurs étaient d'un aspect plutôt piteux et indignes d'une capitale. Aussi, la Société d'Encouragement engagea des pourparlers avec la Ville de Paris, et obtint, après de pénibles négociations le 23 mars 1856, la concession pour une durée de cinquante ans, de 66 hectares de terrain à Longchamp. Des dépenses considérables furent faites sur le nouvel hippodrome, des tribunes furent édifiées et l'inauguration eut lieu le 27 août 1857.

Cette même année 1857, douze journées de courses furent données par la Société d'Encouragement sur l'hippodrome de Longchamp et sur celui de Chantilly ; le chiffre total des allocations était de 192.500 francs, mais sur cette somme 57.000 étaient donnés par l'État. Les succès remportés à l'étranger par les écuries françaises encourageaient nos éleveurs, et le développement des hippodromes provinciaux prouvait que l'institution des courses était définitivement entrée dans les mœurs de notre pays.

Les courses d'obstacles, appelées à un si grand avenir, commençaient, elles aussi, à avoir du succès ; on était loin des modestes essais faits en 1834 à la Croix de Berny, et la province avait en cette matière le pas sur Paris, puisque les statistiques nous apprennent qu'en 1862, 122 steeples étaient disputés et qu'une somme de 180.000 francs leur était affectée.

Mais il était nécessaire de réunir toutes ces initiatives un peu éparses, d'unifier les programmes et de condenser tous les efforts vers un but précis ; ce devait être l'œuvre de la Société des Steeple-Chases, dont la fondation date de 1863. A la même époque était créé le Grand-Prix de Paris, appelé à un si grand et si légitime succès : enfin, l'année suivante (1864), la Société d'Encouragement pour l'amélioration du cheval français de demi-sang était fondée à Caen par un groupe d'éleveurs de Normandie.

Nous arrivons à l'année 1866, qui est marquée dans l'histoire des courses par un événement important : l'arrêté du 16 mars, rendu par le maréchal Vaillant, ministre de la maison de l'Empereur, sur le rapport du général Fleury, grand-écuyer, arrêté qui substituait l'initiative privée de chaque Société à l'initiative gouvernementale en plaçant toutes les courses, où les prix étaient donnés par le Gouvernement, sous le contrôle de la juridiction administrative d'une des trois Sociétés dont nous avons relaté la fondation.

Il est utile de s'arrêter quelques instants sur cette transformation radicale apportée à la juridiction sportive par l'arrêté du 16 mars 1866, dit M. Buffard à qui nous avons emprunté ces détails intéressants.

Quelle était d'abord la situation en 1866 ? Toutes les Sociétés existantes s'étaient fondées librement, et en matière de courses, l'Administration n'avait sur ces Sociétés aucun pouvoir. La part donnée en prix par les Sociétés privées, était bien distincte de celle offerte par le Gouvernement ; pour la réglementation, la même distinction existait : d'un côté la compétence des commissaires des courses ; de l'autre, le règlement de l'État appliqué par les commissaires administratifs. Or, dans la même journée, des prix donnés par l'État et des prix offerts par les Sociétés étaient également disputés, et l'application simultanée de règlements différents pouvait amener des malentendus et des froissements entre commissaires.

L'arrêté du 16 mars 1866 remédie très heureusement à l'état de choses existant. Le Gouvernement, sans modifier en rien le caractère privé des trois Sociétés mères, fait siens leurs règlements, et à la place de l'État, qui renonçait ainsi à toute juridiction administrative, les commissaires nommés par le grand-écuyer, sur la proposition des diverses Sociétés, ou par délégation, par les Sociétés elles-mêmes et choisis dans leur sein, étaient, pour tous les prix, investis du droit « de juger désormais toutes les questions sans appel ».

Pour assurer son indépendance absolue, la Société d'Encouragement avait, quelques mois avant l'arrêté de mars, déclaré à l'État qu'elle n'avait plus besoin de son concours, et l'Administration avait immédiatement accepté une renonciation qui lui permettait de réaliser une économie annuelle de 87.000 francs.

Ainsi donc, la situation était bien nette et l'arrêté du 16 mars 1866 ne laissait planer aucune équivoque. L'État reconnaissait la compétence et l'autorité de la Société d'Encouragement (et, par suite, des deux autres grandes Sociétés, alors de création récente), et choisissait, pour les prix qu'il offrait, les règlements que les Sociétés avaient édictés pour leurs allocations propres. Mais les Sociétés n'étaient, il est important de le faire remarquer, investies d'aucune mission par le Gouvernement : elles restaient Sociétés privées, et, comme telles, absolument maîtresses de la police de leurs hippodromes, et conservant le droit d'y faire ce que bon leur semblait. « L'autorité dont jouirent les Sociétés-mères fut une autorité toute morale, car libres elles-mêmes, elles devaient respecter la liberté des nombreuses Sociétés provinciales, qui pouvaient adopter des règlements tout différents. »

Ceci bien établi, il nous reste à montrer par quelques faits, comment, jusqu'en 1891, les Sociétés usèrent de leur liberté, quels progrès elles réalisèrent, et à signaler les services rendus par elles à l'élevage.

De 1866 à 1870, le nombre des réunions augmenta sensiblement, et les sommes affectées en prix s'élevèrent à un chiffre inconnu jusqu'alors. L'impulsion était surtout vive pour les courses d'obstacles, car, en 1869, 324 steeple-chases furent disputés et une somme de 580.000 francs leur était consacrée.

Les événements de 1870 marquèrent nécessairement un temps d'arrêt dans le développement progressif des courses : la Société d'Encouragement interrompit ses opérations pour ne les reprendre qu'en 1872 ; la Société des Steeples se trouva de fait dissoute sans l'être officiellement, et le bail passé avec la Ville sept ans auparavant, résilié de consentement mutuel ; mais elle devait se reconstituer en 1873, passant alors un second bail avec la Ville pour la location d'un nouvel hippodrome à Auteuil, aux lieu et place de celui de Vincennes, abandonné.

Les conséquences de nos désastres se firent sentir fort peu de temps et dès 1872, 1.707.385 francs étaient déjà distribués en prix dont : 1.243.410 francs en courses plates, 261.700 francs en courses d'obstacles et 201.345 francs au trot. En 1874, le montant des allocations offertes par la Société d'Encouragement était redevenu le même qu'en 1869 ; cette même année 1874, quatorze réunions furent données à Auteuil avec 150.000 francs de prix ; de son côté, la Société du demi-sang augmentait ses subventions aux hippodromes de province.

Il serait long et fastidieux d'énumérer toutes les améliorations, toutes les augmentations ou d'épreuves ou de subventions qui marquèrent la période de 1875 à 1891. Contentons-nous de signaler les événements les plus importants.

En 1876, le prix du Jockey-Club est élevé à 50.000 francs ; en 1879, la Société du demi-sang loue à la ville de Paris l'hippodrome de Vincennes, et adjoint à ses programmes des épreuves de galop et d'obstacles, pour chevaux de pur sang. En 1881, est fondée la Société Sportive d'Encouragement, qui, succédant à la Société des Champs de Courses réunis, adopte d'une manière complète les règlements de la Société d'Encouragement et ceux de la Société des Steeple-Chases. L'année 1882 est marquée par la création de la Société du Sport de France qui s'installe à Fontainebleau, puis bientôt à Achères. Cette même année 1882, la Société d'Encouragement, simple association de fait, régularise sa situation et devient une société civile comprenant vingt membres fondateurs et des membres adhérents.

Toutes ces Sociétés nouvelles, grâce à l'affluence chaque jour plus grande des spectateurs, se développèrent avec rapidité, augmentèrent leurs allocations concurremment avec les vieilles Sociétés

Prestige, par Le Pompon et Orgueilleuse.

qui, elles non plus, ne restaient pas inactives, et la situation en 1890-1891 (années qui marquent le terme de l'ancien régime) est excessivement brillante, si du moins on l'envisage au point de vue des sommes distribuées et du nombre des réunions. Résumons par quelques chiffres cette situation, pour montrer combien rapides et nombreux avaient été les progrès réalisés.

Le nombre des hippodromes s'était considérablement augmenté : de 190 en 1883, il était passé à 268 en 1889 et à 280 en 1890 ; constatation très probante qui montrera l'importance chaque jour plus grande prise par les Courses dans notre pays, sans qu'il soit nécessaire, pour expliquer ce développement, d'invoquer la question de jeu, très secondaire, chacun le sait, sur les hippodromes de province.

La Société d'Encouragement avait augmenté sa dotation annuelle dans des proportions considérables. De 1.200.000 francs en 1880, cette dotation était passée à 1.724.000 francs en 1885, et en 1890 elle atteignit le chiffre de 2.300.000 francs dont 445.000 francs étaient accordés aux Courses de province.

Toutes les autres Sociétés avaient suivi la même marche ascendante, et à la fin de la période qui nous occupe, les prix offerts par les Sociétés s'élevaient à 5.936.830 francs et ceux donnés par le Gouvernement à 460.800 francs.

Nous pourrions multiplier ces citations et invoquer de nombreux exemples basés sur ces données certaines, mais la démonstration nous semble amplement faite, et ce serait fatiguer inutilement l'attention que d'accumuler des faits qui ne nous apprendraient rien de nouveau (Buffard).

L'institution des courses en France, s'affirme donc aujourd'hui non seulement comme prospérité, mais comme organisation, sinon parfaite, du moins solide et en progrès constants.

Il n'est que trop juste de reconnaître que ce développement si rapide et si brillant est l'œuvre avant tout, d'une pléiade d'éleveurs quelques-uns disparus, mais pas oubliés, et qui se sont appelés ou s'appellent : Lupin, Aumont, Delamarre, de Lagrange, Donon, de Schickler, de Berteux, Lefèvre, Delatre, Nivière, et enfin, Ed. Blanc, avec lequel nous arrivons au point culminant et au but poursuivi au prix de tant de sacrifices et d'efforts.

C'est encore à eux, et notamment à M. de Lagrange, à M. de Schickler, et à M. Ed. Blanc, pour ne citer que les meilleurs, que nous devons, nos victoires les plus flatteuses, notre gloire sportive la plus indiscutée, et la consécration définitive de la valeur de notre race pure. Leur exemple a été suivi, et aujourd'hui le nombre des écuries importantes, susceptibles d'aborder les grandes épreuves est considérable.

Il est à la fois consolant et flatteur de se dire qu'une pareille évolution s'est faite en quarante-cinq ou cinquante ans, alors que l'Angleterre a mis deux fois plus de temps à parcourir le même chemin, et sur un terrain déjà préparé pendant l'avant-dernier siècle.

Et s'il est juste de reconnaître que c'est chez nos voisins qu'il a fallu aller chercher la méthode, et les éléments (hommes et chevaux), l'on peut affirmer maintenant que tout cela est bien nationalisé.

En France, aujourd'hui, les courses sont aussi répandues, aussi bien organisées, et aussi fréquentées qu'en Angleterre.

Nos grandes Sociétés, dans une entente parfaite, et une émulation très louable, ont fait de nos hippodromes parisiens, si confortables, si élégants, si bien entretenus, des centres de réunions toujours plus nombreuses, où se déroulent, pour ainsi dire sans interruption, et avec un intérêt toujours égal, les grandes épreuves, et les épreuves internationales.

Bien que le centre de la vie hippique soit Paris, où, en dehors du mois d'août (Vichy, Deauville) et des mois de janvier et février (Marseille, Nice et Pau), chaque jour emmène les Parisiens à Longchamp, à Maisons, à Saint-Cloud, à Chantilly, à Auteuil, à Saint-Ouen, ou à Colombes, les réunions de province sont très nombreuses, et certaines très importantes au point de se faire une concurrence fâcheuse, comme Vichy et Deauville. D'autres sociétés de province, telles celles de Marseille, Nice, Pau, Aix-les-Bains, Lyon, Rouen, Lille, Bordeaux, sont aussi prospères ; cela tient à la situation géographique, à la puissance financière de la ville, où elles ont leur siège, à la compétence des commissaires, au voisinage d'un centre d'entraînement.

Celles-là trouvent chez les sociétés mères des encouragements et des secours toujours renouvelés et souvent augmentés, en raison même de leur prospérité, alors qu'à côté nous voyons d'autres sociétés végéter péniblement, livrées à leurs propres forces, bien que leur situation dans un centre d'élevage les désigne à l'attention, et que l'éducation sportive, et l'amour du cheval dans la région même, soient leur meilleure raison de vivre.

C'est évidemment une anomalie, nous dirons presque une injustice, d'augmenter les allocations aux sociétés prospères, et de les diminuer aux autres; c'est pourtant ce qui arrive.

Il n'y a cependant, qu'une règle de prospérité. « Pour avoir des réunions nombreuses, il faut des champs nombreux, et pour avoir des chevaux, il faut des allocations. »

Pas un homme compétent n'osera affirmer qu'une écurie de courses plates peut vivre en province. Les causes de ce mal sont nombreuses.

Comme nous venons de le dire, les allocations sont insuffisantes, les programmes sont mal faits, les frais de déplacement et de séjour trop considérables.

Il semble que l'on pourrait remédier, au moins en partie à ces inconvénients, et ce serait de la prévoyance avisée : car laisser péricliter les courses en province, c'est tuer le petit élevage et arrêter net dans son élan une éducation sportive, si bien commencée, si enthousiaste et d'ailleurs nécessaire à la prospérité du sport en France.

Étant donné que les sociétés locales accepteraient volontiers d'être en tutelle, si elles y trouvent un intérêt, il serait utile que les sociétés mères, chacune en ce qui les concerne, dans le but d'obtenir des programmes bien compris, aillent plus loin dans la voie nouvelle où elles se sont engagées en obtenant la présence, aux réunions des sociétaires, d'un délégué compétent, et écouté.

Elles devraient aussi s'occuper des frais de transports, en faisant auprès des compagnies de chemin de fer, les démarches nécessaires, et surtout des frais de séjour, qui sont le grand épouvantail des petits propriétaires.

Enfin, — et ceci ne peut être obtenu que par une entente dont la Société d'Encouragement pourrait régulariser les effets (cette entente tend d'ailleurs à se faire, mais trop lentement), — il y aurait un intérêt majeur à ce que le choix des dates permette de faire des déplacements rationnels, sans allées et venues, affectant le caractère de voyages circulaires.

Les Américains nous ont donné l'exemple de cette entente, et de ce système, qui permet à toute une écurie (personnel et chevaux) de quitter son centre pour un temps souvent fort long, de se transporter ainsi de réunion en réunion, de séjourner dans une ville aussi longtemps que durent les courses, et d'y trouver à bon compte une installation complète, un terrain d'entraînement, etc., tout cela sans augmenter les frais.

De plus, en province, les programmes prévoient des courses pour les races locales (normands et anglo-arabes). L'une de ces races, la race trotteuse soutenue par une société riche, puissante et influente est assurée de son avenir. L'autre, la race anglo-arabe, bien qu'essentiellement intéressante par son utilité et ses qualités, ne reçoit que des encouragements insignifiants (à peine 250.000 francs) et cela parce que privée d'un soutien particulier, elle est oubliée des grandes sociétés, et que sa production est sous la dépendance de l'Administration des Haras, qui juge inutile de rien tenter pour l'améliorer par les courses.

Sans l'industrie privée, que serait la production du pur sang et du demi-sang trotteur, et que seraient les courses ? Qu'aurait donc pu faire l'État pour la prospérité de ces deux races, et leur consécration par l'épreuve publique.

Si tous les grands États d'Europe donnent une place importante à l'institution des courses, peu sont en relation avec la France pour les luttes courtoises d'hippodrome.

L'Allemagne est encore en retard, quoique en grands progrès, et nos succès à Bade se reproduiront encore ; la Belgique, malgré ses réunions très nombreuses, et son voisinage rapproché, ne voit pas nos représentants fouler souvent son territoire et ses pistes, en raison probablement du peu d'importance des allocations.

Entre l'Angleterre et nous, la rivalité n'est pas près de s'éteindre, et si les succès si imprévus (à une époque si rapprochée de la formation de la race pure chez nous), mais si glorieux de *Jouvence* et de *Gladiateur*, ne se sont pas renouvelés aussi souvent que ces débuts le pouvaient faire espérer, il faut reconnaître aussi que depuis vingt ans, les tentatives des Anglais chez nous n'ont pas été couronnées de succès.

L'avantage qu'ils possèdent encore sur nous et que nos succès mêmes mettent en évidence, c'est que nous sommes toujours leurs tributaires pour l'acquisition des producteurs issus des lignées illustres dont il ont su conserver le sang précieux.

Quant aux courses elles-mêmes, des différences assez sensibles nous séparent d'eux.

Sans parler des allocations beaucoup plus fortes (témoin les quatre prix de 250.000 francs) et de leur répugnance pour le sport illégitime, où ils utilisent des chevaux hongres et âgés sur de longs parcours, très durs, il suffira de consulter leurs programmes pour se rendre compte, que (comme en Belgique d'ailleurs) ils donnent la préférence aux courses de petite distance, estimant davantage la classe, chez le flyer, que chez le stayer.

La même chose se passe en Amérique où le mile est en honneur, mais ici plutôt, pour donner aux courses une plus grande régularité et pour ce motif, courir de bout en bout.

Les jockeys américains nous ont d'ailleurs fait cette démonstration lors de leur incursion chez nous.

Peut-on induire de cela que nos programmes sont mal faits ? Non certes, car les différences d'aptitude entre les deux variétés de la race sont certaines, et les programmes correspondent bien aux aptitudes de nos chevaux.

Les meilleurs ont la part assez belle avec les épreuves classiques, quant aux autres les prix à réclamer et les handicaps sont suffisamment nombreux pour qu'ils trouvent au moins une occasion favorable.

Enfin, depuis quelques temps, une tendance heureuse favorise les vieux chevaux, tendance d'autant plus justifiée qu'on permet ainsi à de bons serviteurs, plus tardivement développés, ou malheureux, de faire connaître leur qualité, et d'éviter une fin de carrière imméritée, sur les hippodromes d'obstacles.

Les courses sont donc prospères dans tous les grands États, ou s'y développent rapidement, comme cela s'est passé en France depuis quarante ans. Est-ce à dire que chez nous tout est fait, et qu'il suffit de vivre sur le passé si glorieusement parcouru, grâce à l'intelligence, la persévérance, de quelques sportsmen, à la protection vigilante et à la direction éclairée de la Société d'Encouragement, qui n'a cessé de guider et d'encourager leurs efforts. Nous ne le croyons pas ; nous pensons, au contraire, que les sociétés ont plus que jamais besoin d'énergie adroite mais inflexible, de prudence et d'habileté.

L'une d'elles, la plus puissante, pour ce motif moins habituée aux souplesses de la diplomatie, — annexe du Jockey-Club, à cause de cela fermée à de grandes compétences, — va-t-elle enfin se dire qu'elle se doit au progrès, sans rien abandonner de ses vieux principes ? Aux questions qui lui seront posées, il ne lui sera pas toujours aussi facile de répondre comme elle l'a fait au projet de M. Thuasne.

Elle s'est déjà aperçue, en 1887, que le gouvernement voulait mettre sa sincérité à l'épreuve, et l'abandon momentané de ses hippodromes lui a prouvé que le public ne considère pas seulement les courses comme un spectacle.

Elle a été la grande initiatrice, encourageant sans relâche, l'élevage national, et le faisant ce qu'il est : elle devient maintenant sa protectrice obligatoire contre les entreprises possibles de l'avenir.

Sera-t-elle assez forte pour y résister? Ne vaudrait-il pas mieux qu'elle ouvrît ses portes, avant de les voir enfoncer et qu'elle offrît une place chez elle dès aujourd'hui à des éléments compétents qui deviendront des appuis sûrs et des défenseurs solides, le moment venu? Mais, en dehors de la phase nouvelle où vont entrer les sociétés, chargées de l'organisation et de la protection des courses, d'autres progrès sont encore à accomplir inhérents à l'élevage lui-même et aussi d'autres progrès inhérents à la préparation et à l'entraînement du cheval de course.

CHAPITRE III

COMMENT SE FORME ET SE RECRUTE UNE ÉCURIE DE COURSES

Faut-il fonder un haras et élever? Faut-il acheter yearlings et vieux chevaux? Faut-il réclamer?

Aucun de ces trois systèmes n'est absolument le meilleur, mais chacun d'eux répond à une aspiration sportive différente, à un tempérament de joueur ou de sportsman, à une compréhension spéciale des courses, enfin et surtout à des moyens financiers différents.

Élevage. — L'élevage est la méthode, la plus coûteuse, la plus luxueuse, assurément la plus intéressante, celle qui donne à la fois le plus de déboires et le plus de satisfactions. C'est le mode de procéder de celui qui veut créer une écurie durable et qui rêve d'attacher son nom à de grands succès.

Les courses classiques en effet, sont presque toujours l'apanage des propriétaires éleveurs. Mais il est certain que, s'il faut une grande fortune pour choisir ce moyen, il faut aussi une inaltérable patience. Combien ont attendu un résultat quinze ou vingt ans, combien plus longtemps encore, et combien n'y sont point parvenus?

Il semble donc que ce n'est pas un raisonnement ou un calcul qui doit pousser le sportsman naissant à choisir cette voie, mais bien plutôt une vocation.

Mais celui à qui une tradition de famille, apportant avec elle des goûts et des connaissances innées ou acquises, imposera pour ainsi dire cette vocation, trouvera aujourd'hui dans l'histoire hippique du dernier demi-siècle, de bons enseignements, fruit de l'expérience.

En dehors de la difficulté de trouver des reproducteurs, il en est une plus grande peut-être encore, c'est de s'en séparer assez tôt, et de reconnaître un choix fâcheux, dont l'influence empoisonne une race, et retarde son essor de dix ans, et souvent davantage.

Quant aux élèves, c'est avec un cœur de père qu'on les juge le plus souvent; on n'ose pas prononcer le mot « réforme », on s'encombre, comme le faisait M. de Lagrange, dans la crainte de donner une arme au voisin, et quand les poulains sont à l'entraînement, on veut les essayer, et les essayer encore, avant de prononcer leur déchéance qu'on croit être celle du stud, et puis, se dit-on, ils feront peut-être des trois ans, et puis peut-être ce ne sont que des quatre ans, et ainsi dix bouches inutiles ont avalé le gain des bons chevaux. Les frais de l'élevage s'ajoutant aux frais d'entraînement, l'on sait à quel chiffre effrayant l'on arrive. Combien mieux vaut-il réformer avec décision. Si la vente dans ce cas-là ne couvre pas le prix de revient d'un yearling, au moins arrête-t-elle définitivement les frais d'une non-valeur.

Autant l'on doit admirer les quelques privilégiés qui ont pratiqué ce système d'une façon durable et heureuse, puisqu'ils ont fait notre race pure, autant le nombre des disparus doit rendre circonspect les jeunes enthousiasmes.

D'ailleurs, en France, où la richesse terrienne et la fortune en général sont moindres qu'en Angleterre, la gloire sportive du propriétaire éleveur ne peut être que l'apanage d'un petit nombre.

Achats de Yearlings. — C'est surtout dans les ventes de yearlings que nos propriétaires recrutent leurs futurs gagnants.

Ils trouvent à Deauville et à Paris le nombre de poulains et de pouliches (le choix du sexe est un avantage de ce système) qui doit former leur effectif, et à des prix conformes à leurs moyens financiers; en général à des prix très abordables et au-dessous du prix de revient. L'écurie de courses profite des déboires de l'éleveur.

Le tout est de bien acheter, et si c'est assurément bien difficile, il l'est autant de donner des conseils pour l'achat. Le nombre des poulains présentés aux ventes s'est tellement accru que l'offre est supérieure à la demande.

Devant cette situation favorable aux acheteurs, l'éleveur pour tenter la convoitise, et imposer ses produits, use de tous les moyens pour les mettre en évidence.

Nous avons l'animal spécialement préparé pour la vente. Ce n'est plus un poulain, c'est un bœuf; la taille et le volume sont les desi-

Vente de yearlings à Deauville.

derata à atteindre pour l'éleveur, et malheureusement un critérium pour les acheteurs.

Outre qu'une croissance trop hâtive est contraire aux lois naturelles; que l'envahissement des organes par la graisse, qui dissimule le squelette et cache ce qu'il faudrait voir, rend ces animaux lymphatiques, mous et peu solides, ils arrivent à l'entraînement dans les conditions les plus désavantageuses pour le travail et les plus favorables pour les maladies et les accidents.

Il faut qu'un entraîneur perde son temps à dégraisser, et avec quelle prudence, des malheureux dont les poumons et le cœur envahis par la graisse n'ont jamais fonctionné avec activité à la prairie, dont les membres mal trempés sont trop fragiles pour porter un poids anormal et qui ignorent ce qu'est la gymnastique du jeune âge qui donne la bonne santé.

Aussi, en dehors des considérations d'origine, trop sérieuses pour être négligées, et des tares trop gênantes ou susceptibles de s'aggraver, faut-il à notre avis rechercher le poulain sec, vigoureux, manifestant le sang, et ayant une bonne allure de pas, bien cadencée, bien souple et énergique. Le manque de taille ou d'état ne doivent pas inquiéter ou arrêter l'acheteur, quand, bien entendu, ils ne sont pas excessifs. Alors que les mastodontes à l'entraînement vous ménagent tous les déboires, le poulain petit ou maigre s'améliorera instantanément.

L'attention surtout doit porter sur les défauts d'aplombs, source initiale des accidents, cause d'amoindrissement de la qualité et sur la bonne direction des membres. Achetez un cheval brassicourt, mais jamais un animal avec des genoux renvoyés.

Souvent une particularité attire l'attention, et même l'admiration : c'est une exagération de puissance d'un point de force, de direction ou surtout de longueur dans un rayon.

On est surpris, on s'exclame et l'on ne s'aperçoit pas que cette prétendue qualité est toute relative, que c'est un trompe-l'œil, que cette puissance et cette dimension sont normales, et ne paraissent excessives qu'en raison de l'amoindrissement ou de la petitesse d'un rayon voisin; c'est un contraste, mais c'est un défaut de symétrie, un défaut d'équilibre. Voilà bien le gros écueil. Il faut des chevaux équilibrés si vous voulez avoir des chevaux solides, résistants et bons. C'est pour cette unique raison que vous trouvez en général de meilleurs chevaux, dans les animaux de dimensions moyennes ou petites, que chez ceux démesurément développés.

Chez les chevaux de grandes dimensions, à de rares exceptions près, vous avez le point faible, en raison duquel l'équilibre est ou sera rompu.

Le plus difficile dans le choix d'un poulain n'est pas de trouver ses tares et ses défauts, mais bien ses qualités, ou mieux sa qualité, c'est-à-dire ses moyens, sa solidité, son « âme ». A ce moment rapportez-vous-en à ses origines, à sa famille, à son aspect extérieur, et aussi, mais en dernière analyse à votre impression.

Beaucoup d'acheteurs se laissent emporter par le feu des enchères, et se disant comme excuse, je fais un sacrifice, mais je n'en fais qu'un, dépassent leurs prévisions, et abordent (une fois n'est pas coutume) les gros prix. Fâcheuse tendance! il vaut mieux acquérir 5 poulains à 5.000 francs l'un, qu'un seul pour 25.000 francs. Les meilleurs ne sont pas les plus chers, ceci n'est pas un paradoxe, mais une vérité conforme à toutes les statistiques. W. Day consacre un chapitre anecdotique fort intéressant à cette question et son expérience venant s'ajouter à celle de son père est trop précieuse en enseignements pour être oubliée.

Réformes d'écurie. — Les établissements de vente en dehors des vacations consacrées aux yearlings, sont souvent chargés soit des réformes, soit d'une liquidation totale d'écurie. Dans ce dernier cas, les chevaux sont plus ou moins connus, et l'on échappe aux surprises du hasard, mais les bons se vendent habituellement très cher.

Dans les réformes, il est rare de faire une bonne opération, et comme un cheval bon marché, quand il est mauvais, revient toujours très cher, il faut si l'on veut se remonter quelquefois de cette façon, s'appuyer sur des données bien étayées. Et si le choix par exemple se porte sur un deux ans, avoir de sérieuses raisons (origine, antécédents, courses, entraînement, etc.), pour croire qu'il fera un trois ans. Quant aux vieux chevaux, au lieu de penser que le voisin est un maladroit, n'achetez que lorsque une perte de forme inexplicable, ou pour les juments une crise passagère inhérente à leur sexe, ou un incomplet développement (arrêt de croissance) ou des engagements contraires aux aptitudes ou à la qualité d'un cheval, ou enfin une observation approfondie et contrôlée tenant à un défaut de ferrure, d'aplombs ou d'entraînement parfaitement réparable, vous permettent de croire que le temps vous donnera le résultat, que l'impatience ou l'ignorance des autres a empêché d'attendre et d'obtenir.

La meilleure époque pour ces achats est en fin d'année (octobre et novembre pour les deux ans et les steeple-chasers et en juillet et août pour les vieux chevaux que l'on peut retrouver en forme à l'automne.

Prix à réclamer. — Faut-il réclamer? et comment faut-il réclamer? La réclamation est une excellente chose, et une source sûre, si elle sert à recruter soit une écurie d'obstacles, soit une écurie destinée à courir en province.

Mais espérer trouver un cheval de classe dans un prix à réclamer est fort hasardeux (bien que cela arrive), et dans tous les cas demande la plus grande circonspection.

Combien faut-il se méfier des racontars d'écurie dans un sens comme dans l'autre! Comment juger la valeur d'un vainqueur de prix à réclamer à moins qu'il n'ait régulièrement battu un cheval, dont vous avez la ligne, ou un cheval vous appartenant.

Les meilleures réclamations sont celles des poulains de deux ans et le meilleur moment pour les faire, en fin d'année, quand les écuries encombrées se hâtent de liquider. En agissant avec prudence, et après avoir longtemps suivi, et observé un sujet, vous trouverez le poulain bousculé par l'entraînement, trop tardif pour faire un deux ans et dont le développement complété pendant l'hiver en fera pour vous un utile serviteur plus tard.

En résumé, si l'élevage se suffit à lui-même pour former à longue échéance l'écurie de courses, s'il est la source des plus grands déboires comme des plus grandes satisfactions, il est fort coûteux, et à la portée d'un petit nombre de privilégiés.

L'achat de yearlings, système prudent, économique, est bien la formule la plus sûre comme la plus répandue.

Nous avons dit ce que la réclamation a de dangereux et de momentané.

En somme, à notre avis, et en se plaçant dans la situation de celui qui ne veut posséder qu'une écurie de courses, l'achat de yearlings s'impose, et se complète, pour combler les vides créés par les maladies, les accidents, par les réclamations ou les réformes.

CHAPITRE IV

ORGANISATION D'UNE ÉCURIE DE COURSES

Tout a été dit et écrit sur l'installation rationnelle d'une écurie, et si les constructions anciennes, même transformées, ne réalisent pas encore tous les desiderata, les établissements nouvellement créés, répondent à tout le confort, et à toutes les règles d'hygiène. De l'air, et encore de l'air.

Le boxe vaste, élevé, ventilé est devenu le seul logement du pur sang, ainsi que nous l'avons déjà vu. Il peut s'y mouvoir, s'y reposer à son aise, et si la fâcheuse maladie survient, la contamination n'est pas immédiate.

Mais cet isolement même, cette solitude constitue un inconvénient. Il faut au cheval pour lui conserver son bon caractère, sa bonne humeur, son appétit, le voisinage et la société. Si la cour n'est pas trop vaste, lorsque les portières sont ouvertes, il a la vue des camarades d'en face et des boxes voisins.

Une bonne précaution est d'avoir une écurie isolée pour les nouveaux venus : poulains arrivant au dressage, chevaux arrivant d'un déplacement, ou nouvelles acquisitions ; c'est du dehors que viennent les germes morbides, il faut les arrêter à la porte.

Le soleil purificateur doit pénétrer en maître lorsque c'est possible dans les plus petits recoins ; les désinfections fréquentes lui viennent en aide et, au besoin, le suppléent.

La ventilation indispensable doit être continuelle : si le cheval a froid, on le couvre. L'eau ne doit être que très bonne, il est facile de se rendre compte de sa qualité et de sa température. Les annexes obligatoires sont de bons greniers, une sellerie, une buanderie où l'on puisse préparer les mashes, et qui permet d'avoir toujours de l'eau chaude, enfin une infirmerie bien isolée, et bien exposée au midi.

A côté de l'écurie, coquet et souvent luxueux, se dresse le pavillon de l'entraîneur.

Entraîneur. — « Entraîneur ! Joli métier ! Je ne pardonnerai jamais à ma famille de ne pas m'avoir fait entraîneur, » écrivait M. de Saint-Albin.

Certainement les entraîneurs paraissent être des gens heureux, et la plupart n'ont pas de soucis matériels, mais au fond tout n'est pas rose dans le métier.

Levé le premier avec le soleil, et couché le dernier, l'entraîneur voit se succéder des jours pareils et toujours bien remplis.

Le matin coup d'œil à son personnel, visite à ses chevaux dans leur box et travail. Les deux sorties prennent toute la matinée en hiver : en été, le temps disponible est employé à la correspondance, à la lecture des journaux, aux comptes, etc., l'après-midi, presque toujours se passe aux courses ; au retour des courses nouvelle visite aux chevaux ; et en hiver après dîner, correspondance, etc. Le repos est bien mérité.

Mais, à côté de ce travail matériel absorbant, l'esprit constamment tendu, l'entraîneur organise le travail de chaque cheval, les engagements à lui faire, son utilisation.

Peut-il oublier son personnel dont la direction est si difficile et si peu consolante en général ?

Et le propriétaire, ou les propriétaires, souvent difficiles, d'humeur changeante, de parti pris, ou malheureux qu'il faut satisfaire, remonter et convaincre ?

Pour satisfaire à tant de conditions et d'exigences, il faut à l'entraîneur de l'intelligence, du savoir-faire, du calme, de l'énergie et une grande activité physique.

Presque toujours l'entraîneur, après avoir suivi la filière ordinaire, prend une succession de famille, ou s'établit lorsque l'âge, ou l'embonpoint, ou la fortune acquise l'y obligent ou le lui permettent.

Il arrive à cela avec un bagage récolté soit dans la famille même, soit au dehors, comme lad, head lad, ou jockey.

Ce bagage est-il suffisant pour lui permettre d'exercer sans surprises et sans défaillance, son nouveau métier ; nous ne le pensons pas.

L'entraînement n'est pas seulement une question de soins, c'est aussi une science, que l'on ne possède vraiment qu'après avoir acquis des connaissances théoriques et pratiques suffisamment étendues, en élevage, en hippiatrique, en maréchalerie, en hippologie, en physiologie. Il faut pour bien comprendre ce qu'est la machine qui vous est confiée, sa force, sa fragilité, la résistance de ses organes, ses moyens, son âme, avoir vu le cheval naître, grandir, se développer, s'en être servi ; en un mot être un homme de cheval accompli.

Sans faire le procès de personne, l'on peut bien dire que ce « joli métier » a été jusqu'ici l'apanage exclusif de quelques familles, où se transmet régulièrement et fidèlement un héritage de routine ; c'est bien là ce qui a arrêté si longtemps ses progrès et son essor.

L'ancien jockey ne voit qu'un côté du métier ; l'ancien head lad, de même ; et le fils d'entraîneur fait comme ont fait son père et son grand-père. Cela est si vrai que, grâce au coup de fouet donné par la venue de quelques Américains, les progrès réalisés ont été plus considérables en trois ou quatre ans, que durant les cinquante dernières années du XIXe siècle.

La meilleure preuve que cette science est incomplète, et nous dirons même naissante, c'est qu'il n'y a pas une unité de doctrine, et que chacun fait à sa guise, souvent même au petit bonheur.

Nous savons bien qu'il n'y a pas d'école d'entraîneurs, où se donne un enseignement unique et approfondi et qu'il ne peut y en avoir ; mais une autre preuve encore que la bonne doctrine n'est pas fixée, c'est que (à part W. Day, dont le livre est surtout anecdotique) aucun entraîneur n'a jamais écrit, nous ne dirons pas un précis des règles de sa méthode, mais même osé écrire les résultats de son expérience et de ses observations.

Nous avons la conviction que cette évolution se fait et se fera, et que le mérite en reviendra aux propriétaires, aujourd'hui plus avisés, plus compétents, et dont l'influence soit directement, par la méthode qu'ils imposeront ou appliqueront eux-mêmes, soit indirectement par le contact et les conseils, amènera la consécration définitive.

Lads et Head Lad. — C'est bien une race à part que ces pygmées, à qui nous demandons tant de qualités sous un développement physique incomplet.

Nous les voulons intelligents, doux, énergiques, obéissants, vaillants, propres, à la fois forts et légers, et cela à un âge d'enfant.

A l'âge où ils entrent dans une écurie de courses pour y faire leur apprentissage, on peut croire qu'ils ont en germe toutes ces qualités : et il est certain que leur éclosion est surtout le fait d'une bonne direction. Certains entraîneurs, aidés d'un bon head lad forment de bons lads, d'autres jamais.

Le métier est assez dur pour que la vision d'un avenir souriant soit nécessaire à son accomplissement quotidien, chaque lad rêve de devenir head lad, peut-être jockey.

Le head lad est la cheville ouvrière d'une écurie, la doublure de l'entraîneur, son confident nécessaire.

Rien ne doit lui échapper, de ce qui concerne la surveillance des lads, des chevaux et du travail.

C'est lui qui distribue la nourriture et la mesure suivant les indications de l'entraîneur, donne les soins aux éclopés, et les purgations nécessaires.

Une bonne précaution, surtout dans une écurie nombreuse est, suivant les besoins, d'adjoindre au head lad un ou deux hommes faits, sûrs et adroits, chargés spécialement sous la surveillance et la direction du head lad et de l'entraîneur, l'un de l'infirmerie, où il s'isolera complètement en cas d'épidémie, et l'autre du dressage des poulains.

Un rouage important et indispensable dans les grandes écuries c'est le garçon de voyage, soigneux, attentif, dévoué, essentiellement débrouillard, prévoyant et évitant les accidents et incidents des déplacements : il doit être pénétré de son rôle, et convaincu qu'il porte avec lui la fortune de l'écurie, et ses espérances.

Jockey. — Le jockey, personnage indispensable, à la fois si adulé, et si discuté.

Encore enfant, ses qualités physiques et morales dont, le concours est si nécessaire dans l'accomplissement de sa nouvelle et brillante situation, l'ont désigné entre un grand nombre de lads et d'apprentis à l'attention de l'entraîneur. Il est discret et grave, honnête et doux, énergique et vigoureux, doué malgré son âge de calme et de sang-froid : avec cela il a l'amour et la passion de son métier.

Il a monté en courses, il a même déjà connu les joies du triomphe.

La carrière s'ouvre brillante devant lui, avec la fortune tout le long du chemin.

Avec toutes les qualités que son entraîneur a reconnues chez lui, il ne peut manquer de réussir.

Mais il en est une dont la comparaison chez les jeunes jockeys permettrait certainement de prédire à celui qui les posséderait au plus haut degré l'avenir le plus sûr : c'est l'intelligence ; comme le dit M. de Lagondie « une tête vieille sur de jeunes épaules ».

Il est indispensable qu'un jockey possède non seulement une bonne intelligence, mais même une intelligence très déliée.

Il est en effet facile de comprendre quels avantages donnerait le fait qu'un cheval serait entraîné, monté à l'exercice et en course par le même homme. Comme cela ne se produit pas il faut donc, que non seulement le jockey comprenne les explications de l'entraîneur, sur le caractère et les aptitudes du cheval, et les ordres qui en sont la conséquence, mais que, après le galop d'exercice ou la course, le jockey d'une intelligence assez ouverte et assez perspicace, puisse non seulement deviner et comprendre son cheval et l'effort qu'il vient de faire, mais en rendre compte avec une assurance absolue.

C'est surtout au moment où le jeune jockey met le pied à l'étrier pour la première fois, et se grise de ses premiers succès, que la bonne impulsion doit lui être donnée.

Les bons conseils, ne peuvent et ne doivent lui venir que de l'entraîneur et du propriétaire. C'est eux seuls qui, après avoir fait éclore le bon jockey, assurent son avenir, et ménagent ainsi ses succès et les leurs.

Certains propriétaires pensent que les encouragements aux jockeys, heureux et habiles, doivent se traduire par de gros appointements et des cadeaux fantastiques. Ils prétendent que c'est la meilleure façon d'encourager leur honnêteté.

Outre que ce raisonnement nous paraît faux, et que l'honnêteté professionnelle des jockeys à peu près universellement reconnue, n'est pas en cause, il nous semble que les appointements actuellement payés à certains jockeys sont tout à fait hors de proportion avec les services rendus et les gains de course, et que l'on devrait simplement payer ce qui est dû, au lieu de cadeaux ridicules qu'il ne faudrait donner qu'exceptionnellement.

La valeur, comme les aptitudes des jockeys sont bien différentes, et il n'est que raisonnable de reconnaître l'importance de cette valeur pour les résultats des courses, au lieu de dire comme certains : « Si le cheval est assez bon, peu importe l'homme qui le monte, il gagnera toujours. »

Tel jockey, grâce à sa connaissance du train, à sa façon habile d'utiliser le terrain d'un hippodrome, excelle dans la course en avant, tel autre doit à sa vigueur et son sang-froid de gagner à la fin, après avoir attendu.

Comme il n'est pas toujours possible de trouver un jockey dont les aptitudes correspondent à celle du cheval qu'il doit monter, il vaut mieux souvent essayer de mettre d'accord les qualités du cheval et celle du cavalier, et cela sera d'autant moins difficile que le jockey sera plus intelligent.

Le temps a calmé un peu l'émotion produite il y a quelques années par l'arrivée soudaine des jockeys américains et de leur méthode. La discussion de cette méthode est aujourd'hui oiseuse, le jugement est acquis. Tod Sloan l'avait apprise d'un jockey indien, et avec son intelligence si vive et son raisonnement si pratique et si sûr, en avaient reconnu l'efficacité.

Que certains jockeys moins solidement équilibrés dans cette position aient la main un peu brusque, que d'autres perdent du terrain dans les tournants, c'est possible, mais cela ne peut faire condamner une méthode mathématiquement, mécaniquement et pratiquement reconnue exacte et meilleure que l'ancienne.

Le cheval court après son centre de gravité, sa vitesse est augmentée, le mouvement des muscles propulseurs de la masse n'est pas gêné, l'immobilité absolue de l'homme ne dérange plus le mouvement, la surface de résistance à l'air est diminuée, etc., toutes ces raisons et bien d'autres sont connues et admises sans discussion.

Une des conséquences les plus heureuses a été l'augmentation de vitesse, et par ce fait une plus grande régularité dans les courses.

Cette raison seule suffirait, s'il était encore nécessaire, pour convaincre non plus les turfistes sceptiques, mais même les profanes.

CHAPITRE V

TERRAINS D'ENTRAINEMENT ET CHAMPS DE COURSES

Sans un bon terrain, l'entraînement n'est pas possible.

Il n'est pas, en matière de préparation du cheval, une vérité plus indiscutable. Un mauvais terrain, en effet, n'est pas seulement la cause de nombreux accidents, mais il rend impossible une bonne préparation, surtout quand sa nature varie, et qu'il devient alternativement dur et lourd suivant les intempéries. Ce n'est plus l'entraîneur qui règle le travail de ses chevaux suivant leur tempérament et l'époque de leur préparation, mais bien le beau ou le mauvais temps.

Ajoutons qu'un mauvais terrain amène fatalement la perte de la qualité.

La démonstration est trop facile à faire, qu'un terrain dur raccourcit l'action du cheval et qu'un terrain lourd la ralentit, pour insister et ajouter que l'on voit, sans approfondir plus longuement la question, quels pires résultats peuvent produire l'alternance de ces deux états.

Et si les bons centres d'entraînement sont dans le nord de la France et en Angleterre, ce n'est pas tant en raison du terrain lui-même que des moindres variations de température, qui maintiennent son uniformité, et de l'humidité plus grande qui l'entretient en bon état.

Pour notre part, nous sommes bien convaincus, que c'est là la véritable explication de la différence de qualité, qui existe d'une façon générale entre les chevaux du Nord et les chevaux du Midi, bien entendu à valeur égale d'origine, de sang et de bon élevage. Et nous estimons à la perte d'une classe au moins, l'influence néfaste d'un entraînement sur un terrain défectueux.

Que doit être un bon terrain? Ni argileux, ni sablonneux, ni obtenu avec du sable rapporté sur un fond d'argile.

Le terrain argileux passe d'une excessive dureté avec la chaleur, à une lourdeur extrême avec la pluie.

Quant au sable, qui rend toujours une piste plus ou moins lourde, s'il est meilleur en hiver, il devient dur en été, poussiéreux et gênant.

Quant aux inconvénients d'une piste artificielle fabriquée avec du sable, si le fond est trop perméable, le sable lui-même diminue; si le fond est trop solide (argileux par exemple), les pires accidents sont à redouter, car l'épaisseur du sable ne peut être uniforme, et le sabot du cheval viendra quelquefois en contact avec la surface résistante.

Les meilleures conditions se trouvent réunies dans une terre légèrement friable où se rencontrent mélangés des détritus végétaux, et un peu de silice, cette couche suffisamment épaisse reposant sur un fond calcaire, assez perméable pour empêcher les eaux de pluie de séjourner à la surface, tout en maintenant assez de fraîcheur dans la couche supérieure.

L'on peut avoir ainsi sur le même emplacement, des pistes hersées, et des pistes gazonnées.

Les terrains de défrichement, dans certaines régions, réunissent tous ces avantages. Qui ne connaît nos belles pistes de Chantilly et de Maisons-Laffitte, si douces, si élastiques, si facilement verdoyantes, bien assises sur le sol crayeux du bassin de la Seine, et si bien entourées d'ombrages protecteurs, où l'espace et la fraîcheur permettent aux chevaux les promenades à la fois délassantes et variées, au lieu de la fatigue et de la monotonie de l'aller et du retour, toujours invariable sur la route poudreuse et brûlante de l'hippodrome provincial.

Mais si Chantilly, Maisons-Laffitte ou Compiègne, si favorisés par la nature, sont devenus nos grands centres et ont groupé tous nos pur sang, cette affluence même est devenue un inconvénient grave. L'encombrement est une gêne et une préoccupation, il occasionne des accidents, rend les pistes moins bonnes, et subordonne quelquefois le travail à la bonne volonté, ou à la discrétion du voisin.

Enfin et presque tous les ans à l'ouverture des courses plates ou d'obstacles, à Paris, les premières épreuves nous montrent des chevaux, dont la neige et la glace ont arrêté ou gêné la préparation. Il a fallu subir l'hiver toujours plus ou moins rigoureux dans le Nord.

En province, non seulement les sols propices à l'entraînement sont très rares, mais leur entretien n'existe pas ou se fait d'une façon sommaire, et seulement à l'époque des réunions de courses.

Certains, dont la réputation a été surfaite, comme Mont-de-Marsan par exemple, sont à peu près exclusivement sablonneux, et de ce fait lourds dans les parties hersées, durs et poussiéreux en été.

L'Angleterre possède certaines contrées exceptionnellement favorisées, comme les pays de Southdower, et Newmarket, mais ici surtout l'encombrement est considérable, et les chaleurs de l'été apportent, certaines années, une grande sécheresse et la dureté qui en est la conséquence.

Heureux ceux qui possèdent un petit Chantilly bien à eux, où loin des regards indiscrets des voisins, à l'heure qu'ils ont choisie, sur la piste fraîchement hersée, ou joliment et uniformément verdie, tout à leur aise, dans le calme propice au bon travail pour les hommes et les chevaux, sans crainte de la rencontre et de l'accident fâcheux, ils peuvent promener et galoper leurs bons pur sang.

La voilà la dépense utile et rémunératrice de tous les sacrifices, la préoccupation primordiale du propriétaire.

Plus d'accidents, plus de chevaux quinteux et rebutés, mais des animaux dont la préparation se fera comme on le voudra, et pour le moment choisi.

Cela est-il suffisant pour décider celui dont les moyens permettent un tel rêve, à le transformer sans hésitation, en une réalité ?

L'heureux possesseur d'un terrain semblable, surtout s'il est étendu, n'aura pour le mettre facilement en état qu'à s'inspirer de quelques règles élémentaires, pour y tracer des pistes auxquelles il donnera les dimensions les plus grandes possibles, du moins en longueur, leur largeur étant subordonnée au nombre de chevaux, et ne devant être une préoccupation que pour celle réservée aux essais.

L'idéal serait d'avoir deux pistes droites de 1.000, 1.200, ou mieux 1.500 mètres, et une piste continue elliptique de 2.500 mètres ou plus, dont les deux grandes dimensions seraient parallèles et intérieures aux deux pistes droites, ou mieux encore deux lignes

Terrain d'entrainement.

parallèles reliées par une courbe, de façon à diminuer les tournants, et dans tous les cas à n'en avoir que de bien ménagés.

Une piste spéciale gazonnée et soigneusement entretenue s'impose pour les essais et certains galops.

Une combinaison heureuse, mais particulière à certaines contrées, permettra quelquefois d'avoir un terrain d'entraînement sur un plateau, et d'entretenir au bas du plateau, dans les bas-fonds, une piste utilisable par les temps d'extrême sécheresse.

Quant à la direction à donner aux pistes, sur un terrain qui n'est pas absolument plat, les avis de ceux qui ont envisagé cette question ne sont pas uniformes, bien que la majorité (M. de Lagondie, W. Day, Le Hello) déclarent catégoriquement que le terrain montant s'impose, au moins sur la partie terminale, et que les pistes descendantes doivent être bannies.

Ils appuient leur opinion sur ce fait qu'un cheval ne peut acquérir sa condition (muscles et poumons) que par des galops en montant, et avec moins de chances d'accidents, tandis que des galops en descendant ne lui permettront jamais d'acquérir sa forme, et détermineront le plus souvent des claquages.

Tout le monde admettra que, dans la montée, le jeu des poumons est plus actif, et la puissance propulsive augmentée dans une partie de la masse musculaire seulement; mais aussi que l'amplitude de la foulée est diminuée, et partant la vitesse.

Tout le monde admettra aussi que si, dans la descente, la fatigue imposée aux poumons et aux muscles est diminuée, la vitesse est augmentée, dans le cas, bien entendu, d'un cheval sain et équilibré.

Il s'ensuit que ces deux exercices trouveront leur indispensable application dans des cas parfaitement définis et fréquents, pour certains animaux, et à certains moments de leur préparation.

L'utilisation de la montée se fera avantageusement pour des animaux fragiles, ou dont l'entraînement devra être plus rapidement achevé ou repris. Et pour ceux à qui nous voudrons donner de la vitesse ou chez qui nous voudrons l'augmenter, une ligne descendante sera un heureux auxiliaire. Aussi, pensons-nous, que la meilleure piste d'entraînement doit être plate, sur la plus grande partie de son étendue.

Une piste spéciale de pente raisonnable, que l'on abordera à volonté, dans un sens ou dans l'autre, complétera utilement le système, et familiarisera suffisamment les chevaux ainsi préparés, avec les accidents de terrain pour leur permettre d'aborder, sans surprise, les hippodromes mouvementés.

L'entretien d'un terrain d'entraînement de bonne nature est facile. La herse plus ou moins forte suivant la friabilité du sol suffit, et souvent même le fagot d'épines, à l'exclusion, bien entendu, du rouleau, qui tasse et durcit le sol.

La pluie du ciel suffira la plupart du temps, et si un avantage, ou un dernier perfectionnement permet l'arrosage, on s'en servira pour abattre la poussière par les temps trop chauds, et pour l'entretien de la piste gazonnée.

Un aménagement plus perfectionné n'est possible et nécessaire qu'aux hippodromes régulièrement fréquentés des environs de Paris, où l'eau généreusement répandue, par d'excellents systèmes d'arrosage (l'entretien d'Auteuil coûte 40.000 francs) met sous les pieds du pur sang un tapis merveilleusement élastique et doux, et sous nos yeux un enchantement d'éclatante verdure.

D'ailleurs, rien dans l'ensemble et les détails d'installation de nos grands hippodromes ne prête à la critique, et si vraiment entre les Sociétés qui en ont la garde, l'émulation et le désir d'arriver à la perfection ont précipité le résultat, on peut dire aujourd'hui que dans des cadres différents, elles ont toutes appliqué le confort et le luxe modernes, avec un goût et une munificence que l'étranger n'a pu encore égaler.

CHAPITRE VI

PRÉPARATION DU CHEVAL DE COURSE

Hygiène de l'entraînement. — Issu du cheval arabe, fils du soleil, mais transformé radicalement par le milieu, la nourriture, les soins et le travail, le pur sang anglais est devenu un animal tout à fait artificiel.

Ce « déraciné » — aujourd'hui produit des pays froids — non seulement possède un système nerveuxs pécial, qu'il sent se développer tous les jours, non seulement par les infusions de sang choisi, mais encore par le régime.

Aussi la règle si sage et si sûre qui consiste à toujours aider la nature et ses lois, pour le développement et l'utilisation des êtres doit-elle être ici très souvent transgressée. C'est précisément dans cette anomalie voulue et obligatoire, dans cette contradiction même, que réside la grosse difficulté de l'entretien et de la *préparation* du cheval de pur sang.

Les règles d'hygiène s'appuient aujourd'hui sur des théories scientifiques et expérimentales assez connues pour ne pas être d'un usage à peu près universel.

De l'air et de la lumière, nous l'avons déjà dit, voilà la formule. Dans les établissements où elle est oubliée ou négligée, c'est le cortège ininterrompu de désagréments physiques et moraux : la gourme infectieuse, la péripneumonie et le typhus, et à côté de ces résultats morbides, la tristesse, la fatigue, l'énervement et ses conséquences.

L'air doit être constamment renouvelé, et au besoin il est facile de le purifier soit par des appareils ozonateurs, soit par de l'oxygène pur, dont nous aurons l'occasion d'étudier ailleurs les merveilleux effets. De temps en temps une désinfection s'impose et peut être facilitée par un déplacement des chevaux ou toute autre cause d'absence. Il suffit d'une solution d'eau de chaux, mélangée d'acide phénique pour anéantir sur les murs et le sol, tous les germes morbides.

On admet généralement que la température de l'écurie ne doit pas descendre au-dessous de 6°. La marge, on le voit, est assez considérable, et on n'aura à redouter un pareil abaissement de température que rarement. Pour éviter au cheval les inconvénients certains des trop grands froids, il suffira de le couvrir plus ou moins chaudement.

Certains sont opposés d'une façon absolue à l'usage des couvertures. Autant nous trouvons que l'usage inverse qui consiste à étouffer un animal pour lui garder un poil luisant et une robe lustrée, est condamnable, autant nous sommes d'avis d'utiliser les couvertures en cas de nécessité, mais seulement à ce moment-là.

Le vêtement du cheval le plus pratique et le plus chaud, nous paraît être la couverture dite américaine, qui protège bien tout le corps, et qu'un système très pratique de courroies, permet de fixer sous l'animal et empêcher de tourner, ce qui arrive souvent avec un simple surfaix.

La couverture est surtout indispensable au moment du gros hiver pour le steeple-chaser, que la tonte, pratique obligatoire pour certains animaux chargés de poils trop épais et trop longs, au moment où ils sont en plein travail, expose plus que les autres au froid et à ses conséquences. Elle est tout à fait nécessaire quand la différence de température entre les boxes et l'extérieur est trop grande. Les chevaux sortent alors couverts, et on ne les découvre que pour un travail vite et seulement alors. Si l'application de toutes les prescriptions hygiéniques est facile pour les chevaux déjà entraînés, elle demande une certaine prudence et beaucoup d'attention pour les poulains arrivant au dressage.

Le changement de régime est tel pour eux que leur organisme éprouvé par une nourriture plus intense, secoué par le travail, affaibli par une croissance soudaine, est guetté par les maladies et reçoit de ces différentes causes des contre-coups dont les empreintes sont quelquefois ineffaçables.

C'est sur eux spécialement que doit se porter la surveillance de l'entraîneur et du head lad, qui les confient pour les soins aux hommes les plus sûrs et les plus doux.

A côté des vieux chevaux, leur existence de travail commence, et comme les autres pensionnaires de l'établissement ils voient se renouveler régulièrement tous les jours les mêmes événements.

En hiver à six heures, en été à quatre heures, les portes des boxes s'ouvrent toutes grandes, le lad s'approche de son poulain, l'attache au rack-chain, enlève le crottin, repousse la paille dans un coin donne un coup de brosse et de torchon, met selle et bride, s'il doit sortir.

Ce pansage sommaire, sera complété soigneusement au retour, et le soir à cinq heures, ou pendant le travail pour les chevaux qui ne sortent pas. Chaque lad a sa musette et ses outils pour éviter les contagions, et c'est avec un soin parfait que la brosse, le bouchon de foin, la main et le torchon, débarrassent la peau de toutes les impuretés qui l'encrassent, bouchent les pores, et donnent à la robe le brillant qui plaît et séduit.

Les jambes sont lavées, soigneusement séchées, et les bandes enroulées, s'il y a lieu.

A leur tour, les pieds sont nettoyés au cure-pied, lavés, examinés, et graissés le plus souvent possible, surtout pour les chevaux en plein travail.

Un bon massage appliqué par un homme fort et adroit vient aider la condition et délasser les muscles.

Toutes ces opérations doivent être faites avec douceur et décision, car la brutalité et la crainte sont le point de départ de manifestations de mauvais caractère, et de défenses qui deviendront indéracinables.

C'est pendant ces opérations que l'entraîneur rend visite à ses chevaux, les examine, voit l'état de leurs membres, de leurs pieds, se rend compte de leur santé, de leur condition, s'assure de leur appétit, et prend sur ces données des décisions qui vont déterminer le travail à venir, le repos ou les médicaments.

Le pansage terminé, le lad arrange la litière et la renouvelle s'il le faut. Habituellement, c'est sur de la bonne paille de blé, que les pur sang reposent leurs membres, et se couchent.

Quand un cheval a des pieds malades ou délicats, ou quand il est gros mangeur et dévore sa litière, on remplace très avantageusement la paille par de la tourbe.

Avant de remplir les mangeoires on les nettoie, les grains laissés vont grossir la ration des poules, et le foin piétiné celle des vaches.

Tous les entraîneurs ne sont pas d'accord sur la façon de distribuer la nourriture quotidienne.

Parr déclare que deux repas par jour sont suffisants, W. Day donnait cinq repas ; M. de Lagondie est d'avis de donner quatre repas : le matin, à midi, à trois heures, et, le soir, avec de l'avoine à chaque repas, et du foin le matin et le soir ; Le Hello cinq repas composés de la façon suivante : avant le travail un tiers de la ration d'avoine ; après le travail, un tiers de la ration de foin, à midi, un tiers avoine ; après le pansage du soir un tiers avoine, et, le soir, un tiers foin.

On le voit les idées sont différentes, et chaque entraîneur a des coutumes particulières.

Mais tout le monde est d'accord pour affirmer que la régularité des repas est une condition indispensable de la bonne santé, et qu'un trop petit nombre de repas rend les animaux gloutons ou leur enlève l'appétit.

« Il est aussi universellement reconnu qu'une partie des aliments de force doit entrer dans le repas qui précède le moment où le travail doit se faire. » (Le Hello.)

Voici le système que nous avons choisi et que nous croyons en harmonie avec les règles d'une bonne hygiène, la durée du travail et les obligations de la vie des chevaux et du personnel de l'écurie :

Le matin, à six heures en hiver, à quatre heures en été, quelques gorgées d'eau et 2 litres d'avoine.

Une heure après, départ pour le travail ; vers neuf heures, après le pansage une partie de la ration de foin, à midi, on donne à boire et une ration d'avoine (3 ou 4 litres) ; à quatre heures en hiver, à cinq heures en été après le pansage, on donne à boire de nouveau et le reste de la ration journalière d'avoine (4 à 6 litres) ; enfin, à six heures en hiver, à sept heures en été, avant de fermer les portes, la deuxième ration de foin.

Si le premier lot prolonge sa sortie du matin, on distribue le repas de foin aux chevaux restés à l'écurie avant la sortie du deuxième lot.

Les aliments habituels sont : l'avoine, le foin, la paille et une eau bien saine.

Il est inutile d'ajouter que le foin et l'avoine doivent être d'une qualité irréprochable.

Le foin doit être remplacé surtout pendant l'hiver, et durant la dernière période de l'entraînement par de la bonne luzerne ; quant à la paille, elle n'entre et ne doit entrer que pour bien peu de chose dans l'alimentation du cheval de course.

L'eau qui doit être de qualité parfaite provenant, soit d'une source, soit d'une citerne (l'eau de pluie est très bonne) ne devra jamais être donnée trop froide, mais à peu près à la température de l'écurie.

En dehors de ces aliments habituels, on ajoute à l'avoine, des fèves (surtout pour les chevaux maigres) et des féveroles, du maïs et de la cossette de betteraves.

Une ou deux fois par semaine le repas d'avoine du soir est remplacé par une mashe, composée de la ration habituelle d'avoine, de fèves ou féveroles, de graine de lin, avec une cuillerée ou deux de sulfate de soude quand cela est nécessaire, le tout lié avec un litre de son et arrosé d'eau chaude.

Les feuilles de luzerne tombées des tiges qui constituent un aliment essentiellement nutritif, doivent être utilisées dans les mashes.

Dans la diététique du cheval de course, le son ne trouve son emploi que dans la fabrication des mashes.

A certaines époques, soit pour rafraîchir les intestins surchauffés, soit pour donner un coup de fouet aux appétits rendus languissants par l'uniformité de la nourriture, le sel, les carottes et le vert sont d'un précieux secours. Le vert ne doit être donné que modérément, du moins aux animaux en travail, et mélangé au foin sec.

Enfin, dans la période finale d'une préparation, le sucre, à peu près universellement employé aujourd'hui apporte à la machine animale le charbon qu'elle consomme avec tant d'avidité.

Comme l'emploi du sucre pur ne pouvait être sans inconvénient indéfiniment prolongé à haute dose, les aliments sucrés permettent, en dehors des périodes intensives, d'utiliser les bons effets dans une proportion atténuée.

De tous ses dérivés et de préférence aux préparations mélassées, nous choisissons la cossette de betteraves.

Enfin un aliment, dans lequel nous avons la plus grande confiance en raison des bons effets que nous avons constatés, et qu'il faut donner régulièrement c'est l'albuminoïde phosphoré. Son action sur les poulains, sur les animaux d'ossature fragile, lymphatiques ou usés est d'une efficacité certaine et considérable.

Un autre facteur essentiel de la formation de la ration quotidienne par l'association des substances nutritives, c'est la quantité respective de chacune.

Certains, traduisant leur opinion, par le vieil aphorisme que « l'avoine, c'est le cheval », estiment que c'est le seul élément locomoteur actif et excitant; qu'il faut la donner à discrétion, et que c'est une gloire de pouvoir dire « mon cheval mange 18 litres ».

Mais nous savons aujourd'hui que la *ration de production* d'énergie et de vitesse peut être composée d'autres éléments que l'avoine, le sucre, par exemple, éléments plus facilement digestibles, moins volumineux, moins fâcheux pour l'organisme, et ayant plus d'action sur le système nervo-moteur. Aussi estimons-nous qu'il est bien préférable et plus scientifiquement rationnel, de limiter la ration d'avoine, et de la faire varier suivant le volume des animaux entre 8 et 12 litres maximum, d'augmenter le foin ou la luzerne et de porter la ration insignifiante souvent de 2 kilogrammes à 4 et même 10 kilogrammes donnant ainsi une importance plus grande à ce que nous appellerons la *ration d'entretien*, convaincus que nous obtiendrons ainsi un équilibre bien plus parfait dans l'organisme.

Les chevaux à l'entraînement boivent relativement peu, la quantité d'eau absorbée doit osciller entre 15 et 20 litres. Pour éviter une trop grande ingestion d'eau à la fois, il est prudent de laisser un seau dans le boxe.

Ferrure. — Bien que chez le pur sang d'hippodrome, habitué à ne fouler que des sols peu résistants, les pieds soient en général de bonne nature, bien faits, et la ferrure spéciale rarement nécessaire, il est d'une absolue nécessité qu'elle soit bien appropriée, la plus légère possible, d'une grande solidité, et ne gênant pas les aplombs.

Aussi, dès que les poulains arrivant de la prairie viennent au dressage, faut-il examiner leurs aplombs, leurs pieds, voir si l'usure de la corne correspond bien aux défauts de direction des membres, et au besoin prolonger l'épreuve en les travaillant quelque temps sans les ferrer. C'est sur ces données plusieurs fois contrôlées que le maréchal-ferrant leur adaptera leur première ferrure.

La légèreté indispensable, et dont la diminution se traduit par une diminution de vitesse facilement calculable, est aisément obtenue par l'aluminium ou un alliage. Les procédés de fabrication et la matière employée permettent de garantir une solidité parfaite.

Suivant la distinction du cheval et la nature du terrain, on lui appliquera, au moins pour l'épreuve même, des fers ordinaires, des fers dits américains, dont les avantages sont indiscutables, ou pour les terrains lourds des patins en cuir.

Il est utile et prudent de mettre une ferrure neuve pour les épreuves, et pendant les périodes d'entraînement de referrer toutes les trois semaines environ.

Pour montrer l'importance de cette question, nous devons rappeler qu'au mois de mai 1904, une mesure prise par la Société d'Encouragement, et concernant la ferrure américaine, a appelé très sérieusement l'attention sur cette partie des soins hygiéniques, jusque là considérée comme négligeable chez les chevaux de course.

L'étendue et la durée de leur carrière sont le plus souvent étroitement liées à la conservation des qualités normales de leurs sabots. En l'absence de ces qualités, l'aptitude motrice est au moins assez fortement diminuée, quelle que puisse être, d'ailleurs, la grande origine et l'excellence de la constitution des racers. C'est ce qui nous a déterminés à donner à cet intéressant sujet, toute l'ampleur qu'il comporte, afin de démontrer l'immense influence que la ferrure exerce sur le rendement mécanique du cheval de course, de signaler ensuite les principaux avantages que l'entraînement peut lui demander, les imperfections qu'elle présente, les améliorations qu'elle réclame, etc...

Posons d'abord les conditions d'une bonne ferrure. La première de toutes et la plus capitale est celle de maintenir toujours le sabot dans les proportions qui assurent la conservation de la direction normale des leviers du membre. Et c'est cette nécessité-là qui est à peu près généralement méconnue, parce que les conditions fondamentales en sont ignorées de la plupart de ceux dont c'est la fonction de les respecter.

Une des conditions essentielles de la conservation des propriétés naturelles de la boîte cornée est que ses diverses parties exercent leur fonction. Il faut pour cela que, dans l'appui du pied, chacune supporte la part de poids qui lui est normalement dévolue d'après les lois de la mécanique animale. Tous les systèmes enfantés par l'imagination féconde des entraîneurs et hommes de cheval sans avoir suffisamment étudié ces lois, sont des conceptions de fantaisie, dont il serait bon que la race pure fût enfin préservée ou délivrée. Tous ces redresseurs de la nature en sont le véritable fléau.

Ne perdons point de vue qu'il importe avant tout que la conformation du sabot soit telle que tous les points de la face plantaire portent également sur le sol dans l'appui. Ce précepte résume toute l'hygiène de la ferrure, parce qu'il découle clairement de l'observation des faits naturels.

Nous ne ferons pas ici un traité de maréchalerie. Il convient seulement d'y consigner les notions de l'art, dont la connaissance est indispensable pour se mettre en mesure d'apprécier les conditions de la bonne exécution de l'opération par laquelle il se résume. Ces notions sont nécessaires, sinon pour diriger l'ouvrier dans l'accomplissement de son travail, du moins pour en juger les résultats et guider le choix qui doit en être fait. Il faut que celui qui possède des chevaux ou a la charge de leur hygiène, soit capable de discerner entre le bon maréchal et le mauvais.

L'action de parer le pied n'est maintenue dans les limites utiles qu'à la condition de se borner à l'enlèvement de la partie de paroi qui excède la hauteur normale du sabot. Quant à la sole et à la fourchette, elles doivent être respectées. Il faut qu'elles s'usent par le frottement sur le sol.

Au lieu de cela, la plupart des maréchaux, afin que le pied ait meilleur aspect, jouent du boutoir sur toutes ces parties, les amincissent outre mesure en leur enlevant le revêtement extérieur qui les maintient hygroscopiques et prévient leur dessiccation; ils attaquent et détruisent les arcs-boutants, qui ont pour fonction de s'opposer au resserrement des talons et de permettre l'expansion de la fourchette; enfin, ils font de même pour la surface de la paroi, sur laquelle ils enlèvent avec la râpe la couche imperméable et luisante qui la protège également contre l'évaporation de l'eau dont la corne est imprégnée. Toutes ces pratiques sont aussi vicieuses que possible. On ne saurait mettre trop de soin pour les éviter.

Suivant l'entraîneur Leigh, dont la compétence est indiscutée et qui doit la plus large part de ses succès aux soins intelligents qu'il a su apporter à la ferrure, les pieds des chevaux de course, tant en France qu'en Angleterre, ne sont pas en général parés d'aplomb, mais encore l'opération est pratiquée d'une manière irrationnelle. Ainsi, comme nous l'avons dit, la fourchette est taillée à facettes, les barres et la sole sont amincies et le dessous du pied est creusé en cuvette.

Ce fait de creuser le pied a prouvé qu'il nuisait à la vitesse quand la course a lieu en terrain détrempé. Le pied évidé, formant cloche, agit en quelque sorte comme une ventouse. L'appui est plus long et l'enlevé est plus laborieux, ce qui se traduit par un effort mécanique très élevé. Si les resserrements, les bleimes, les seimes ne sont pas moins assez rares, avec le mode de ferrure qui avait été pratiqué jusqu'à ces derniers temps, il faut l'attribuer aux soins extrêmes dont les pieds sont l'objet dans les écuries d'entraînement, aux applications fréquentes de bouse de vache, de graine de lin, d'onguent et surtout au travail sur un terrain préparé.

Le point capital de la ferrure est donc que le sabot soit paré en ayant soin de lui conserver ses dimensions normales, que le fer soit d'égale épaisseur partout, et que les clous qui l'attachent au sabot ne gênent pas les parties profondes, qu'ils soient implantés solidement dans les parties où ils ont le plus de prise et de manière à ne pas provoquer la déchirure de la corne par leur trop grand rapprochement ; à ces conditions la ferrure sera bonne.

Mais, pour qu'elle soit idéale, il faut encore que la ferrure du cheval de course soit légère et suffisamment résistante pour que le fer ne se brise ni se déforme point pendant les galops rapides.

La légèreté est impérieusement exigée par la raison que le poids est une entrave à la vitesse. Un allègement de 500 grammes sur les quatre fers est chose à prendre en considération.

Si, par exemple, un cheval de course parcourt 6m, 43 à chaque foulée de galop, il lui faut faire 155 foulées pour faire 1.000 mètres, c'est-à-dire enlever 155 fois ses quatres fers. Or, si les fers sont des fers ordinaires, comme on les utilisait encore il y a deux ans, le le cheval soulève en plus 155 fois 500 grammes dans le parcours de 1.000 mètres, ce qui représente un effort total de 77kg,500. Et puis il faut considérer que cet effort s'accomplit dans des conditions désavantageuses, le fer occupant l'extrémité du membre et, de ce fait, étant en quelque sorte porté à bras tendu. Il s'ensuit un supplément de fatigue.

Pour obtenir une ferrure suffisamment légère on a été forcé d'abandonner le fer anglais, dont la fabrication même exige un poids trop élevé. Le fer encore employé dans un certain nombre d'écuries d'entraînement pour l'exercice sort des mains du forgeron avec son ajusture toute faite, en sorte que le ferreur n'a plus qu'à lui donner sa tournure pour l'adapter au pied. Cette ajusture consiste dans un biseau creusé, aux dépens de l'épaisseur du fer, sur sa face supérieure, depuis la limite circulaire interne de son tiers antérieur environ jusqu'à sa rive interne, dans toute son étendue, à l'exception des éponges, qui sont conservées planes dans toute leur largeur. Le tiers antérieur de cette face supérieure du fer forme lui-même une surface absolument plane. C'est sur lui, ainsi que sur les éponges, que repose, quand le fer est placé, le bord plantaire de la paroi que le couteau a nivelé horizontalement; et, à cause de cet usage, la surface plane ménagée sur la courbe du fer, en dehors du biseau de son ajusture, est désignée sous le nom de siège, et l'on appelle « seated shoe » le fer qui présente cette disposition. Concentriquement à sa rive externe et à une très petite distance de sa limite, une rainure est creusée à l'aide d'une tranche, laquelle rainure règne sur toute la courbe antérieure du fer depuis la pince jusqu'au milieu des branches. C'est dans le fond de cette rainure que les étampures sont percées. Tel est l'antique fer anglais, qui a eu une si grande vogue. On conçoit aisément d'après cette description qu'il ne peut pas présenter la même légèreté que le fer américain que nous allons décrire, ni *a fortiori* le poids de plume du fer en aluminium dont nous nous occuperons tout à l'heure. Nous avons sous les yeux, en écrivant ces lignes, un des fers que portait *Flying Fox* lorsqu'il était à Kingsclere. En le comparant aux fers légers d'aujourd'hui on croit voir un fer de limonier et l'on se demande comment les chevaux pouvaient galoper librement avec de pareils poids à leurs extrémités. La pratique du training, en s'américanisant, a vite adopté le fer auquel, disait-on, Leigh devait tous ses succès. Il est fait avec une baguette spéciale d'acier à section trapézoïdale dont les dimensions sont : 3 millimètres de hauteur, 9 millimètres pour la face supérieure et 6 millimètres pour la face inférieure. La rive interne est plus inclinée que la rive externe. La face inférieure porte une une rainure de 4 millimètres de largeur et 2 millimètres de profondeur sur toute sa longueur. Les éponges en biseau viennent affleurer le talon. Ce fer est en outre muni d'une lamelle brasée de 7 centimètres de longueur, 6 millimètres de hauteur, à section prismatique, qui s'enchâsse en pince et perpendiculairement à la face inférieure formant saillie. Le bord de cette lamelle offre l'aspect tranchant d'un couteau non aiguisé. Il est donc facile de se rendre compte du danger qu'elle présente, danger que les nombreux accidents enregistrés l'année dernière ont montré dans toute sa réalité.

Ce nouveau fer qu'on croyait à l'origine simplement appelé à grossir le nombre déjà respectable des inventions que la fantaisie a fait naître en maréchalerie, a conquis tous les suffrages. Une pratique déjà longue, a montré que cette ferrure était favorable au cheval de course par sa légèreté et par son rôle précieux dans l'appui, aussi a-t-elle eu la faveur de tous les professionnels qui ne se sont point inquiétés des risques que présentait son usage. Il est certain que l'issue d'une course dépend souvent d'une glissade, si légère soit-elle, au moment où l'animal dans une arrivée donne toute sa mesure, cherchant un appui ferme sur le sol. Grâce à ce mode de ferrure, non seulement le cheval ne peut glisser, mais il conserve le terrain acquis dans chaque foulée grâce à l'appui en pince que favorise le fer américain, et il ne dépense pas inutilement ses forces pour maintenir son équilibre dans les tournants.

En raison des avantages mécaniques et des dangers qu'offre à la fois ce genre de ferrure, il importe de savoir l'approprier à la conformation particulière des pieds de chaque cheval. Plus que tout autre il exige que les pieds soient parés d'après la ligne des aplombs. C'est là une condition qui, comme nous le disions plus haut, est trop souvent méconnue.

Nous signalerons, en passant, qu'en Australie, où les chevaux courent assez souvent sans être ferrés, on emploie des demi-fers très légers en acier. Nous ne nous rendons pas compte le moins du monde de l'utilité de cette demi-ferrure, si ce n'est pour les yearlings.

Mais ce qui est surtout en pleine vogue là-bas, c'est la ferrure en aluminium qui tend tous les jours à se propager davantage à cause des avantages d'adhérence et de légèreté qu'elle présente, l'aluminium étant environ trois fois plus léger que le fer. On a donné à la ferrure de course en aluminium la forme anglaise que nous avons déjà décrite au cours de cet article.

Rompant avec cet usage, les maréchaux français au service des écuries d'entraînement ont façonné des fers en bronze d'aluminium (6 à 10 0/0 de cuivre) d'un modèle spécial, qui ont satisfait aux conditions de la bonne ferrure. Ce modèle laisse, en effet, toute la liberté, toute la force à la fourchette qui repose sur le sol et permet au talon de se dilater normalement. Presque tous les vainqueurs de la Fouilleuse ont porté des fers en aluminium dans les épreuves qu'ils ont disputées en 1904 et 1905.

Pour forger le fer en aluminium, les maréchaux éprouvent quelques difficultés. Ce métal peut être forgé à froid, mais, naturellement mou, il durcit considérablement et devient cassant si on le martèle de nombreux coups. Quand on l'étampe ou qu'on fait la rainure, le fer se déforme et il en résulte une grande perte de temps dans la fabrication.

Travaillé à chaud, le métal est beaucoup plus malléable. Pour chauffer l'aluminium au degré voulu, on place la tige à façonner sur une plaque de tôle exposée au feu de la forge; sur la tige on colle un morceau de papier, et c'est lorsque ce dernier brûle que le métal est à point pour être forgé. La durée d'une ferrure de demi-course en aluminium pour un cheval de plat est d'environ trois semaines; il faut de temps en temps enlever avec la lime les bavures qui se forment au bord inférieur des deux rives.

L'aluminium en barre coûte en moyenne 10 francs le kilogramme et 840 francs le quintal. La quantité nécessaire pour deux fers coûte 3 fr. 75 au lieu de 0 fr. 50, si on les fait en fer et 0 fr. 75 en acier.

Faisons un choix parmi les systèmes de ferrures que nous venons d'étudier. En raison de sa légèreté, de son adhérence et surtout de l'élasticité du métal à la compression, on peut sans hésitation aucune accorder la préférence à la ferrure en aluminium, plus légère et surtout moins dangereuse que la ferrure américaine.

Dressage. — Du dressage dépend, on peut le dire, tout l'avenir du cheval. Un mauvais dressage entraîne la perte des meilleures dispositions du caractère, au moment où il est précisément en formation, et compromet toute une carrière.

De plus — et cette autre conséquence est plus fréquente qu'on ne le croit — le peu de résistance des membres et du squelette en général, permettent des lésions bien faciles, souvent peu ou pas apparentes, mais fatales et inguérissables.

Or le nombre des chevaux rétifs et le nombre encore plus considérable de chevaux réformés pour boiteries, ou dans l'impossibilité de continuer à être entraînés, sans cause visible, indique bien que le vice fondamental est le dressage.

Et, assurément, l'on peut ajouter que le mal provient de la rapidité ridicule avec laquelle il est mené, et des moyens employés pour aller plus vite.

Un entraîneur reçoit-il un poulain, qui ne connaît que sa prairie et sa liberté! le soir même il est mis à la longe, violemment travaillé par un gaillard vigoureux et fortement houspillé par la chambrière d'un aide. Il sort de là tout en eau, rentre dans son boxe où pour le reposer on lui passe un bridon de dressage aux rênes bien tendues, dont le mors va excorier ses barres et les durcir.

Le lendemain matin, nouvelle séance de longe, cette fois avec une selle; le soir, même répétition seulement avec un gamin sur le dos, et, s'il s'avise de se défendre, le fouet et la fatigue auront vite raison de sa résistance. Le jour suivant, rendu hors d'état de manifester la moindre répugnance, il aura sa place dans la reprise et arpentera la route ou les allées d'entraînement.

Si 20 poulains arrivent à la fois, la même chose se produit pour chacun d'eux. Qu'ils soient petits ou grands, forts ou débiles, doux ou quinteux, la fatigue aura raison de tous, et vous les verrez quarante-huit heures après leur débarquement, tout dressés, quel dressage! allant à la promenade, la tête basse, raides, tristes et rompus. Leur souplesse, leur gaieté, ils la retrouveront dans un mois, deux mois, peut-être jamais.

Donc on ne saurait trop le répéter, la cause du mal, c'est la rapidité foudroyante du dressage, et le moyen si pernicieux qui aide le mal, la longe.

Puisque les entraîneurs ne croient pas avoir le temps d'opérer autrement, pourquoi le dressage, au moins rudimentaire, ne se ferait-il pas avant l'arrivée à l'écurie d'entraînement, du moins chez les propriétaires éleveurs. Il durerait ainsi deux ou trois mois, commencerait pour chaque sujet quand on le jugerait assez fort et assez avancé pour le supporter.

Il serait si aisé de mettre au yearling, d'abord dans le boxe, puis au paddock, un mors sans rênes, une vieille selle, peu à peu alourdie par des poids, le tout complété par des objets battant les flancs.

Quand il se serait familiarisé avec cet attirail, quelques séances dirigées par un homme adroit le faisant galoper aux deux mains, au bout d'une longe de 8 ou 10 mètres, lui donneraient une souplesse suffisante.

Il resterait ensuite à lui mettre un gamin sur le dos, en le faisant toujours tenir en main.

Après chaque séance, le poulain retrouverait sa prairie et un délassement efficace.

Un entraîneur, recevant des yearlings ainsi préparés, compléterait leur dressage très vite, et sans crainte de conséquences fâcheuses.

Mais, puisque cela ne se fait pas, voici un système qui nous paraît s'éloigner le plus des inconvénients signalés.

Un entraîneur ne devrait se faire envoyer les poulains que successivement, par petits lots, au moment où leur développement peut supporter les fatigues du dressage.

La première précaution à prendre, est de leur mettre de légères guêtres en feutre, peu serrées, simplement pour les protéger, même quand ils ne sont pas ferrés.

Il faut ensuite les mettre à la longe, avec une longe très longue (les allures vives sur un petit cercle étant impossibles et dangereuses) alternativement aux deux mains, et sur un très bon terrain.

Ce même exercice se répète (mais seulement quand le poulain tourne seul, sans fatigue et dans une action facile), avec une selle, puis avec une selle pesante, dont le poids, au moyen de plaques de plomb placées dans des poches fixées aux quartiers, doit arriver progressivement à 50 kilogrammes.

Avant de hisser un gamin sur son dos on l'a habitué aux jambes par des branches battant les flancs. Le travail à la longe est simplement un assouplissement et un exercice de santé; car la longe, avec l'aide de la chambrière pour accélérer les allures, avec un lad sur le dos, ne peut être que néfaste pour un poulain déjà fatigué, écrasé par un poids vivant et contracté, qui sent sa tête tirée en dehors par le gamin, en dedans par la longe, ses hanches rejetées en dehors d'un cercle trop étroit. Il se désunit forcément, risque à chaque foulée, un écart d'épaule ou de hanche, ressent d'effroyables tiraillements musculaires, pendant que ses articulations, surtout ses jarrets produisent des efforts très violents.

Il faut donc éviter ces graves inconvénients, et s'en tenir à un travail de longe doux et renouvelé aussi longtemps, qu'il sera nécessaire.

Pendant ce temps, et entre les repas, on lui mettra dans son boxe, un mors sans articulation, en forme de segment, avec au centre de petites clefs mobiles; les rênes de ce mors d'abord très modérément ajustées, seront tendues progressivement, permettant au poulain de faire connaissance sans danger pour ses barres avec le filet qui pourra le conduire jusqu'au moment où il galopera.

Quand enfin le poulain, bien assoupli, portera sans fatigue la selle pesante, qu'il s'appuiera sans appréhension sur son mors, il ne restera plus qu'à lui mettre sur le dos, avec les précautions habituelles, un lad, à le faire promener d'abord avec deux longes, fixées au licol et tenues à droite et à gauche par deux hommes, puis derrière un vieux cheval, au pas et au trot; puis enfin à sa place dans un groupe.

Le poulain est alors prêt pour le travail sur piste. On peut dire que son dressage est terminé et que son entraînement commence[1].

Avec l'introduction du thoroughbred, en France, et en même temps que lui, nous sont arrivés d'Angleterre, le personnel d'entraînement et de courses et la méthode; l'un et l'autre (par calcul et tempérament) cherchant le silence et le mystère, ont réussi ainsi à nous faire prendre pour un monopole incontestable, et longtemps incontesté, ce qui n'était que le résultat mal défini d'aptitudes héréditaires et de traditions de famille.

Ce qui alors, pour la plus grande part du moins, n'était que de l'empirisme, tend aujourd'hui à devenir une science. Ceux qui la possèdent vraiment ne sont pas seulement parvenus à l'acquérir au moyen d'aptitudes naturelles, d'un goût spécial, d'observations apprises ou personnelles, mais aussi en s'appuyant sur des données sérieuses dues aux progrès incessants des connaissances de l'hygiène, de l'hippologie, de la biologie, de la médecine vétérinaire, et aussi de la production et de l'élevage du pur sang, dont la valeur et les moyens ont grandi, et que le temps a permis de classer par familles, suivant le sang et aussi suivant les aptitudes.

Aux troubles fonctionnels violents (suées et médecines) exclusivement employés autrefois comme adjuvants du travail ont succédé des procédés scientifiques, et par conséquent pas ou peu nuisibles pour la machine animale.

Les suées répétées et les médecines obligatoires aujourd'hui à peu près disparues, n'étaient que des coutumes barbares et affaiblissantes.

W. Day, un des rares entraîneurs de son temps opposé à l'usage des suées, raconte que certains de ses confrères sortaient leurs chevaux deux fois par jour, la deuxième fois pour les faire suer.

1. Pour les cas de rétivité, et toutes difficultés de dressage, les moyens à employer, et dont les effets doivent laisser des traces ineffaçables, consulter le livre du fameux dompteur Rarey, édité en 1858, dont les procédés répondent à toutes les exigences.

Certains animaux galopaient deux fois par semaine 6.000 mètres, sous d'épaisses couvertures, et comme quelquefois ces moyens paraissaient insuffisants, on avait recours à l'usage des bains turcs.

Actuellement, et avec raison, on se contente des suées naturelles permises par un bon fonctionnement de la peau, et occasionnées par le travail nécessaire à l'animal. Exceptionnellement et avec prudence, on les provoque, si la mise en condition doit être rapide, pour alléger de vieux chevaux fragiles, venant du repos, et devenus trop gros; il vaut mieux cependant, si l'on a du temps devant soi, s'en tenir à une plus longue préparation.

Quant aux médecines réglementées autrefois avec une absolue régularité par le calendrier et pour tous les pensionnaires à la fois, elles ne doivent être données que rarement et en cas de nécessité reconnue; l'inappétence, l'aspect du crottin, le ballonnement, etc., sont les indices qui détermineront l'opportunité des purgations.

Ces pratiques anciennes et fâcheuses étant éloignées, il ne reste plus pour préparer un cheval bien portant qu'à lui donner nourriture et travail, et à maintenir entre ces deux éléments, — suivant l'âge, la force, la constitution, et l'origine du sujet, — un équilibre parfait et ininterrompu, dont la constatation, toujours possible, par la mesure de la chaleur animale notamment, s'impose, surtout dans la période finale.

Bien que le pur sang soit un animal artificiel, il est obligatoire de tenir compte du principe d'hygiène : *natura non fecit saltus*, surtout au début du travail, où se fait l'accommodement des organes à la vie intense de l'entraînement.

Il n'est pas, non plus douteux que, tout comme une course, l'entraînement doit être conduit suivant les aptitudes et les moyens de chaque cheval.

Donc, et avant tout un examen approfondi du poulain destiné aux courses s'impose. Cet examen doit porter sur la structure du corps, sur le caractère et le tempérament. Les avantages et les inconvénients de la conformation de telle ou telle partie du corps nous sont indiqués par les lois de la mécanique animale, dont nous nous occuperons un peu plus loin.

En ce qui concerne le caractère et le tempérament, on peut dire que le poulain naît avec des prédispositions particulières, qu'il doit à sa famille, à son sexe, à son tempérament; il ne naît pas avec un caractère tout formé : c'est sous l'action du milieu où il est placé, grâce aux habitudes, que la puissance et la direction de ses facultés mentales, la forme et l'intensité de sa sensibilité, le degré de coordination et d'énergie de ses réactions volontaires, lui font contracter, qu'il acquiert cette manière propre de se conduire que l'on désigne sous le nom de caractère, et l'on pourrait soutenir que tant que le cheval est vivant, son caractère ne cesse pas de se modifier d'une manière plus ou moins profonde, avec plus ou moins de rapidité ou de lenteur. Il est incontestable cependant que, si puissante que soit l'influence du milieu, si étendues, que soient les modifications qu'impriment à la structure mentale, les changements produits dans l'organisme par les conditions extérieures, le tempérament que chaque cheval apporte avec lui en naissant conditionne tout le développement de son caractère.

Ce tempérament diffère d'une famille à l'autre, d'un sexe à l'autre et, toutes choses égales d'ailleurs, d'un individu à l'autre. A quoi tiennent ces différences? Elles sont essentiellement liées à la prédominance dans l'organisme et particulièrement dans les centres nerveux des processus anaboliques sur les processus cataboliques ou inversement. Les organismes chez lesquels l'intégration sera prédominante auront un tempérament sensitif, impressionnable, ceux au contraire qui seront en prédominance de désintégration auront un tempérament actif, bien que les deux fonctions, sensitive et motrice, impliquent à la fois chacune intégration et désintégration, le premier de ces processus caractérise en effet la sensation, le second, la réaction motrice. A coup sûr, un cheval peut être impressionnable avec une extrême intensité d'agir et les deux processus physiologiques qui sont impliqués par chacune de ces deux séries d'événements psychologiques peuvent être également développés, mais chez la plupart des individus, l'une des deux fonctions a une activité plus grande, ce qui entraîne une diminution corrélative pour l'autre en raison de la loi du balancement organique. Chacun de ces deux types, sensitif et actif, se subdivise à son tour, d'après l'intensité et la rapidité du changement organique d'intégration ou de désintégration. On aura aussi le tempérament sensitif à réaction prompte et peu intense (sanguin ou vif), et le tempérament sensitif à réaction intense et plus lente (nerveux); une division analogue introduite parmi les actifs nous donnera les ardents ou colériques (types à réaction prompte et intense), et les lymphatiques (type à réaction soutenue, lente et peu intense). Si l'on ajoute à ces quatre types, les équilibrés chez lesquels les deux processus sont également développés et les apathiques chez lesquels ils le sont également peu, on aura un tableau complet des tempéraments purs. Mais il faut admettre que les types purs sont rares et que, d'ordinaire, on est en présence de tempéraments mixtes. Mais pour importante que soit dans la genèse du caractère, ce facteur organique, le tempérament, il ne faut pas oublier qu'il n'entre pas seul en jeu et que l'aptitude tient dans sa constitution définitive, une place peut-être aussi grande.

Si l'on rapproche les particularités qui caractérisent et différencient le cheval et la jument des propriétés opposées des éléments sexuels, masculin et féminin, on voit que ce qui caractérise le mâle c'est la prépondérance des processus de désintégration, c'est-à-dire de l'activité, de l'aptitude aux grands efforts; ce qui caractérise au contraire la femelle, c'est la prédominance des processus d'intégration : le tempérament de la jument est donc en général un tempérament impressionnable, ses tendances non combatives. Il y a donc intérêt au point de vue du travail à tenir compte de cette différenciation, pour l'entraîneur qui agit d'une manière rationnelle.

Ces considérations doivent être aidées par les renseignements fournis par l'éleveur, les antécédents généalogiques et les ressemblances, etc...

Cet examen même, démontre mieux que tout raisonnement, combien la durée de l'entraînement peut varier avec chaque sujet.

Entraînement des jeunes chevaux. — Pour rendre plus facile, l'étude de la méthode d'entraînement, il est nécessaire de diviser cette durée, en un certain nombre de périodes, chacune ayant son caractère bien défini et son but.

Une comparaison nous permettra de la rendre plus claire encore.

Supposons un homme à qui la pratique sédentaire du sandow, ou de tout autre procédé similaire aura permis d'acquérir une musculature puissante, et proportionnée dans toutes les parties du corps ; si, sans autre préparation, il tente une épreuve de course, il est certain que sa musculature parfaite lui permettra de faire mouvoir sa masse avec puissance et légèreté, mais pourra-t-il produire un effort durable ? Évidemment non.

L'essoufflement provenant de l'élévation de la température interne, l'arrêtera aussitôt. Ses organes n'ayant pas été préparés par l'entraînement qui leur convient, ne fonctionneront pas. Pour pouvoir fournir une épreuve, il lui faut donc, mettre en condition, ses muscles et ses organes ; il en est de même du cheval.

Le bon sens comme l'expérience indiquent clairement que l'éducation des muscles doit se faire avant celle des organes de la respiration, et c'est dans cet esprit que nous avons adopté la progression suivante, divisée en un certain nombre de périodes, répondant chacune à une phase importante du développement et du travail, et dont l'ensemble constitue la durée comprise entre la fin du dressage et la fin des courses de trois ans.

Nous aurons à nous occuper ensuite des vieux chevaux, des steeple-chasers et des anglo-arabes.

1° Une période assez courte (un mois, deux mois au plus), dite période de débourrage, qui est le complément du dressage, et pendant laquelle on familiarise le poulain avec l'extérieur. On lui fait connaître les aides, les allures du pas et du trot bien cadencés, et enfin le départ au galop.

2° Une période consacrée à exercer et développer les muscles, fortifier les articulations, et apprendre l'action régulière et cadencée du galop.

3° Une période où les organes (cœur et poumons) sous l'action d'un travail plus vite, aidé par la force musculaire déjà acquise deviennent capables de supporter l'effort sans défaillir, en même temps que la masse continue à se développer et à acquérir plus de densité.

4° Une période préparatoire aux courses de deux ans ; les courses de deux ans.

5° Une période transitoire entre la deuxième et la troisième année et pendant laquelle après un temps de repos, se poursuit le travail préparatoire aux courses de trois ans.

6° La période écoulée jusqu'à la fin des courses de trois ans, et pendant laquelle se fait l'adaptation plus particulière à une distance autant que possible conforme aux aptitudes du cheval, mais quelquefois imposée par les nécessités.

Le travail de débourrage que l'on considère souvent comme peu utile et ennuyeux (et se trouve par là écourté), doit être rendu intéressant et agréable pour les hommes et les chevaux, et le bénéfice qu'on en retire s'en trouve doublé.

Pour mettre l'homme dans l'obligation absolue de se servir des aides, au poulain de les comprendre et d'y répondre, et en même temps de s'assouplir physiquement et moralement, de se fortifier dans tous les sens, et d'être attentif et gai, nous ne croyons pas qu'il y ait de meilleur moyen que la promenade quotidienne à travers pays, ni de meilleur préventif contre les tares naissantes, la fatigue, et les accidents du début.

Les poulains habitués à marcher en file indienne, l'entraîneur ou le head lad, sur son hack, conduisant la reprise, évite les grandes routes, recherche de préférence les chemins de forêts et les allées des bois, les bords des champs et des prairies, profite de tous les accidents du sol, petits fossés, petits talus, pentes naturelles, pour habituer les poulains à monter, à descendre et à enjamber ces obstacles insignifiants, les arrête, repart, profite d'un bas côté de route bien doux pour un petit temps de trot, etc.

Il n'y a pas de procédé meilleur pour les rendre à la fois confiants, sages, forts, souples, adroits et obéissants.

La durée de ces sorties augmentée progressivement doit atteindre rapidement deux heures et demie et trois heures.

Quand les poulains seront devenus calmes et tranquilles, bien confirmés au pas et au trot, on utilisera une allée sablée si on en rencontre une dans le cours de la promenade, pour essayer les départs au galop.

Le hack conduira chaque fois 2 ou 3 poulains qui le suivront, mais à un galop toujours ralenti, jusqu'à obtenir un galop de chasse bien cadencé ; on ne dépassera jamais 3 ou 400 mètres.

Cette allure leur est d'ailleurs si naturelle que tout se passera le plus simplement du monde; mais comme il est essentiel d'obtenir une bonne action plus tard et surtout une action régulière, sûre, garantie contre les accidents (chevaux qui se touchent, qui se croisent, etc.), il faut se souvenir que « la précipitation est la pire des vitesses ». Les premiers temps on prendra sur la promenade et jamais à la fin, le temps de donner un canter; on arrivera progressivement à 7 ou 800 mètres, sans jamais dépasser cette distance, et sans jamais permettre une accélération d'allure, ce qu'on obtiendra toujours en mettant le hack en tête de la reprise. Le premier mois, on ne donnera pas plus de 2 ou 3 canters par semaine : les autres jours on enverra les poulains ensemble, en paquet, au petit galop de chasse, sans jamais leur faire parcourir plus de 1.000 mètres. Durant cette période dont le pas et le galop ralenti font tous les frais, les articulations se fortifient, les membres et les tissus se durcissent, et le poulain allégé et affiné par ce travail, prend un peu de silhouette. On commence à connaître son tempérament, calme, paresseux ou ardent, et à distinguer son action ; certains entraîneurs font un premier essai à ce moment-là, vers la fin de l'année, mais cette habitude nous paraît condamnable, et sans signification sérieuse.

Il nous semble bien préférable d'attendre pour cette opération importante, que la troisième période soit bien commencée, non pour faire un essai (ce mot est impropre), mais une constatation

X., poulain bai, né en 1902, par Ladas et Saint Ia.

et un choix, pour décider les réformes, et désigner les poulains que l'on veut faire courir à deux ou à trois ans.

Pendant cette période, où se produisent habituellement les phénomènes de croissance et les maladies ou accidents qui les accompagnent, la vitesse n'est augmentée que petit à petit, et une surveillance de tous les instants permettra de voir toutes les manifestations de la fatigue sur les membres, ou sur l'état général ; il en résultera un classement par catégories, avec pour chacune d'elles une modification, soit de nourriture, soit de travail.

Pendant ces trois premiers mois de l'année, on augmentera l'allure du canter, donné deux ou trois fois par semaine, sans arriver même au demi-train, et toujours sans dépasser 800 mètres, en permettant de temps en temps (une fois par semaine environ) une vitesse plus grande, quelquefois au départ, quelquefois et plus souvent à la fin. Tous ceux qui auront bien supporté cette partie importante de leur éducation pourront être galopés entre eux une ou deux fois.

Le résultat de cette petite épreuve, dont il ne faut pas tenir un compte absolu, vient s'ajouter aux données de toute nature déjà observées, à l'opinion acquise et permet de désigner ceux qui débuteront à deux ans, ou du moins au commencement de la saison.

Après ce choix, et une première réforme portant sur des animaux sans action, ou tarés, ou d'un développement trop insuffisant, l'entraîneur n'a plus sous sa direction que deux catégories d'animaux du même âge, les uns réservés pour leur troisième année, les autres devant débuter dans l'année courante.

La première catégorie prolongera jusqu'à la fin de l'année le travail modéré, c'est-à-dire, les longues promenades au pas, le galop de chasse porté progressivement jusqu'à 15 et 1.800 mètres vers le mois de novembre, avec deux fois par semaine, puis trois fois, un canter de 800 mètres d'abord, puis 1.000, et enfin 1.200 mètres. Ce n'est que le jour où on verra les poulains devenir plus solides et plus adroits que l'on augmentera la vitesse sur 3 ou 400 mètres sans cependant les détraquer.

La deuxième catégorie poursuivra un entraînement régulier pour amener les poulains en condition en juillet et août, et celà par les moyens suivants : *maintenir* en état de progrès et d'équilibre le système neuro-musculaire, par les promenades au pas, les galops de chasse et les canters, par des galops réguliers de 7 ou 800 mètres accomplis en cinquante-huit secondes environ pour 800 mètres ; *développer* la vitesse naturelle par une action plus étendue et plus répétée, (au plus 2 fois par semaine) : apprendre à *partir* et à *finir*, en faisant 200 ou 300 mètres très vite, ou bien en accélérant les 200 ou 300 derniers mètres (au plus 2 fois par semaine).

Avec ce système on peut, un mois avant la course, avoir des poulains en condition et dans cette période finale leur donner 4 ou 5 galops sur 800 mètres avec un vieux cheval sûr : — et une fois pour s'éclairer sur leur valeur et leurs aptitudes, faire un essai sur cette distance avec un vieux cheval et le chronomètre.

Il est certain que les poulains de deux ans sont en général éprouvés par les courses, que l'on ne peut sans risquer de compromettre toute une carrière, les faire courir de juillet à novembre, et que d'ailleurs la distance des épreuves augmentant, on peut et on doit avoir pour les débuts, des poulains prêts sur 800 et 1.000 mètres et en fin de saison sur 1.200 et 1.400 mètres.

L'entraînement de ceux-ci est identique à l'autre et les galops des dernières semaines, que l'on pourra donner trois ou quatre fois sur la distance de l'épreuve, seront sagement conduits, de façon à ne pas trop éprouver les chevaux.

Les courses de deux ans auront révélé la qualité de certains animaux, mais que faut-il en penser ? Le poulain qui gagne à deux ans, a des qualités de vitesse, mais comme la vitesse est une aptitude naturelle du jeune âge, et s'en va avec lui, il faut pour qu'il soit cheval d'avenir qu'il possède certaines qualités de fond.

On ne connaîtra l'étendue et la limite de ces qualités que plus tard. Donc les données des courses de two year olds sont incomplètes, et quelquefois trompeuses, car certains n'acquièrent plus rien. D'autres au contraire, n'ayant pas donné toute satisfaction à cet âge, parce qu'ils sont incomplètement formés, se révèlent plus tard, quelquefois pendant l'hiver, quelquefois pendant la troisième année.

Après un temps de repos fin novembre, ou décembre, le travail est repris pour l'ensemble des poulains ; l'important est alors de découvrir le plus tôt possible, l'aptitude de chacun, aptitude qu'il faudra développer, et ne pas essayer de contrecarrer sous peine d'aller au-devant des pires déboires.

La vitesse est une qualité naturelle, surtout du jeune âge que l'on conserve et que l'on augmente sensiblement par une gymnastique d'entraînement ; approprier le fond au contraire est une qualité héréditaire qu'on peut améliorer, mais qui ne s'acquiert pas. Pour obtenir de bons résultats en courses, il faut donc spécialiser les chevaux.

Le travail entre ces catégories distinctes, ne sera cependant pas trop différent ; le meilleur cheval, celui doué de plus de tenue et de la plus belle action, ne sera pas parfait, s'il n'a pas une pointe de vitesse pour finir une course et s'il ne part pas vite ; par conséquent, il faudra conserver la vitesse chez les poulains qui en sont doués, et l'augmenter chez les autres.

Pour cela, éloignant la préoccupation de la longueur des épreuves à courir à trois ans, se rappelant que le pas, les galops prolongés et lents entretiennent les muscles, que les galops courts et rapides donnent le souffle et aident à la reconstitution rapide du muscle, tandis que les galops longs et rapides brisent les organes et fondent la masse musculaire qui ne se reforme pas, il faut s'en tenir doublement à l'usage déjà indiqué pour les 2 ans. Et en dehors des longs temps de pas, des galops de chasse prolongés que l'on peut porter progressivement à 2, 3 et 4.000 mètres et même plus, suivant les chevaux, l'époque et les épreuves futures, donner des canters variables suivant l'état de préparation et le travail qui doit suivre; et au moins une fois par semaine un galop vite sur une distance variant de 400 à 800 mètres.

6° Le cheval conservera de cette façon, sa vitesse que l'âge n'a que trop de tendance à lui enlever, et sera constamment prêt à entrer dans la période finale préparatoire à la course.

En un mois (pour aborder la première épreuve, beaucoup moins pour les autres), pendant lequel il suffira de faire exactement le même travail, en y ajoutant 2 ou 3 galops de plus (vites et sur courtes distances) si l'état du cheval le demande, et 3 ou 4 galops soutenus sur la distance de la course, qu'il faudra parcourir une fois, on pourra affronter l'hippodrome. Au besoin, un essai avec un quatre ans sûr, et placé au poids, donnera une bonne ligne.

En opérant ainsi, les chevaux sont toujours en bonne condition, et, de plus, après la préparation finale et la course, on peut les maintenir longtemps, dans leur meilleure forme.

Suivant le sexe (les femelles courent souvent mieux en automne), les aptitudes, les retards forcés, etc... l'entraîneur répartira ses sujets le plus tôt qu'il pourra, prévoyant leur emploi et leur rôle.

Vieux chevaux. — Nos programmes donnant une place de plus en plus importante aux chevaux de quatre ans et au-dessus, il y a intérêt à conserver à l'entraînement, les vieux chevaux qui ont de la qualité.

Si un cheval bon à trois ans, fait un mauvais quatre ans, c'est assurément qu'on lui a trop demandé, qu'il est usé prématurément ou écœuré. On en voit, au contraire, qui, en raison d'un développement tardivement acquis, se montrent meilleurs dans leur quatrième année.

L'entraînement des vieux chevaux est identique à celui des chevaux de trois ans; mais comme la différence d'aptitude s'accentue davantage, il y a lieu de les spécialiser encore plus.

Les flyers, généralement chauds et ardents, faciles à entrainer du moins comme somme de travail, serviront pour la préparation des jeunes chevaux, avec lesquels ils sortiront.

Les stayers, froids en général, ayant une tendance à devenir paresseux, devront être confiés aux hommes les plus forts, et seront réveillés par des galops vites sur une courte distance.

L'expérience a démontré que les épreuves courues sur des distances exceptionnelles (le Rainbow, le Gladiateur, etc.) sont l'apanage habituel de familles spéciales, plus que le résultat d'un entraînement particulier.

Le stayer ayant besoin de beaucoup plus d'ouvrage que le flyer il faudra en vue de ces épreuves, sortir au besoin deux fois par jour.

Le matin sera consacré à une promenade au pas de trois ou quatre heures, entrecoupée de longs temps de galop de chasse; le soir on donnera deux fois par semaine un galop sur 2.000, 2.400; plus tard, mais exceptionnellement sur 3.000 mètres, suivant le tempérament du cheval et deux fois par semaine un galop vite sur 800 mètres et 1.000 mètres maximum; c'est le moment de se servir du galop en montant. Quinze jours avant la course, on pourra, si le besoin s'en fait sentir, et si l'état du cheval le demande, donner un premier galop sur les deux tiers de la distance, et un deuxième sur la distance de la course, mais à un train ne dépassant pas 1'15" les 1.000 mètres. La raison et la prudence commandent de s'abstenir de tenter une préparation à ces épreuves, si l'on n'a pas un stayer éprouvé, et ne présentant aucun point faible.

Steeple-chasers. — Un certain nombre de qualités forceront le choix du steeple-chaser. Sa conformation d'abord, bien que souvent la pratique donne un démenti à la théorie, et qu'il vaille mieux s'en rapporter à l'essai; la solidité des membres, leur bonne direction et de bons pieds: sa vue, chose dont on ne s'occupe pas généralement, et qui est essentielle.

Quant à la valeur même du cheval, alors qu'autrefois on s'attachait surtout à n'avoir que des stayers, le plus souvent sans qualité, aujourd'hui, le peu de sévérité des obstacles, et conséquemment l'augmentation du train des épreuves, ont amené sur les hippodromes des animaux d'une classe plus élevée.

Jadis, on destinait certains poulains aux obstacles en raison de leur origine, ou pour tout autre motif; leur dressage commençait quand ils étaient yearlings. Aujourd'hui, la carrière de plat terminée, le pur sang prend une leçon ou deux, sur les haies, et la semaine suivante, il court une épreuve. Nous voyons des flyers réussir à merveille, quand leur aptitude à sauter augmentée par un bon dressage, diminue la fatigue sur l'obstacle, et leur permet de suivre facilement un train relativement modéré, coupé par le ralentissement plus ou moins sensible occasionné par les obstacles. La rapidité du dressage entrave ou compromet de bons débuts, et devient la source dans l'avenir de nombreux accidents ou d'une fin de carrière prématurée. Aussi vaut-il mieux consacrer un temps suffisant à l'éducation du steeple-chaser.

Elle doit commencer après une période de repos, et avec un cheval en demi-condition, qui est ainsi calme, tranquille et attentif, ce qui est une nécessité.

C'est le moment d'utiliser le paddock ou manège spécial avec une piste en tan dont nous avons déjà parlé. Livrer un cheval, pour une première leçon, aux moyens d'un homme même aidé d'un moniteur confirmé, c'est ouvrir la porte à toutes sortes de mauvaises habitudes : dérobades, mauvaise manière de prendre sa battue, de se recevoir, d'où souffrance, écœurement, etc. Le dressage en liberté supprime tout cela, laisse le cheval livré à ses moyens que rien ne vient contrarier, et lui donne le goût des obstacles, qu'il apprend à connaître et à aborder.

Un peu plus tard, on l'oblige à les franchir de plus en plus vite, et quand il est confirmé on a soin de les rendre fixes (une chute suffira pour l'avertir) et on assura ainsi une grande sécurité pour l'avenir. Une pratique excellente consiste à placer quelquefois un obstacle dans un tournant à l'endroit où se produisent les changements de pied, que l'on provoque au besoin par des changements de main. Le cheval acquerra ainsi une adresse indispensable en apprenant à changer de pied avant ou après le saut ce qui en course occasionne le plus grand nombre de chutes.

Cette éducation terminée, on peut aborder les obstacles sur le terrain en s'aidant d'un cheval confirmé, et en en franchissant un petit nombre chaque fois, évitant avant tout la moindre fatigue, cause des dérobades et des refus. Ces leçons sont toujours données avec l'aide d'un homme montant aussi bien que possible.

Le dressage fini, le steeple-chaser, surtout s'il court souvent, ne doit sur le terrain d'exercice, passer les obstacles que rarement. On l'amène et on le tient en condition comme un vieux cheval, mais avec une plus longue durée de travail lent. Au besoin on le sort deux fois par jour. Les galops en montant sont bien indiqués pour acquérir le souffle et fortifier l'arrière-main ; les galops en descendant à un train modéré pour fortifier les muscles des épaules et les membres destinés à recevoir la masse après le saut.

Une surveillance de tous les instants s'impose pour les membres et spécialement les articulations, que les massages quotidiens entretiennent dans un état de souplesse absolue.

Quand le cheval a débuté en course, l'entraînement se continue pour ainsi dire sur l'hippodrome; on le complète par de longues promenades et quelques galops courts et vites.

Anglo-arabes. — Nous dirons ici un mot de l'entraînement du cheval anglo-arabe, non seulement parce que la race est intéressante par les services qu'elle rend, mais aussi parce que nous croyons que ses qualités d'endurance, d'adresse, de solidité, de vitesse, ne sont pas encore mises en relief par les courses.

Le hasard certainement, a déjà montré la qualité de quelques-uns. Sans parler de *Taïaut* qui gagna de bonnes épreuves à obstacles à Nice et sur les hippodromes parisiens, *Oracle*, *Tuticau*, et *Nana Sahib*, viennent de faire leurs preuves.

Par leur conformation et leur action, les anglo-arabes sont plutôt des chevaux de vitesse, et ils conservent cette qualité en vieillissant; ce sont donc de bons maîtres d'école (témoin *Trabanel*). Ils possèdent une trempe à toute épreuve, des membres d'acier; ils sont naturellement adroits, portent bien le poids, et sont surtout aidés d'une vue excellente. S'ils n'ont pas en général une qualité suffisante pour figurer en plat, ils peuvent faire d'excellents chevaux de steeple; il faut choisir les meilleurs dans la catégorie des 25 0/0 d'arabe.

Leur entraînement est facile et peu de travail leur suffit; quoique les 25 0/0 puissent supporter le travail nécessaire au pur sang, il y a intérêt à ne pas les entraîner aussi intensivement; les 50 0/0 au contraire se contentent d'un travail beaucoup moindre : des promenades, quelques canters, de très rares galops. Quand à l'arabe pur, les promenades et le grand air lui suffisent.

Il semble qu'il n'est pas de science qu'il faudrait étayer par autant de principes, et cependant il est impossible d'en donner d'immuables, tellement la machine animale est délicate et variable.

Nous avons essayé de fixer une méthode par des données qu'il faut, bien entendu, considérer comme moyennes, nous ajoutons qu'il ne faut pas prendre la division adoptée comme un schéma absolu, applicable à tous les sujets sans exception.

La condition. — Il est de toute évidence qu'après avoir donné un galop aussi sévère qu'une course, si, le galop terminé, l'aspect extérieur (liberté des mouvements et facilité de respiration), troublé un moment, redevient très rapidement normal, on est certain que le cheval est en condition.

Mais, considérant que la course est souvent un effort supérieur aux forces de l'animal même très prêt, pourquoi commettre l'imprudence de demander cet effort avant l'épreuve; *de faire la course à la maison*, et risquer que les troubles fonctionnels qui suivent laissent des traces indélébiles. Car un cheval même en condition, soit qu'il échappe à son jockey, soit qu'il soit mal monté un instant, peut être « étouffé » en quelques secondes.

Nous considérerons la condition comme suffisamment constatée, si le travail s'étant fait normalement, le cheval après une préparation finale donnée comme nous l'avons indiqué, conserve son appétit, sa gaîté, sa souplesse, et n'est essoufflé après aucun travail d'exercice.

Par contre, si pour une raison quelconque, on est obligé de faire un essai, le cheval qui doit donner la ligne, ayant déjà couru et étant prêt, on aura la certitude de la condition du cheval d'essai.

Les autres signes d'une bonne condition, particulièrement l'aspect extérieur, dont se sert surtout le public ne doivent pas impressionner l'homme de cheval: le brillant du poil est variable suivant le tempérament de l'animal; en raison de l'usage des couvertures, et des pratiques d'écurie, on voit en hiver certaines robes brillantes, alors que le poil doit être long.

De même, certains chevaux sont gros, d'autres maigres, et le public y attache une grande importance. Or, ces états différents tiennent la plupart du temps au tempérament même de chaque cheval; aujourd'hui si on voit sur les hippodromes plus de chevaux gros que de chevaux secs, c'est que le travail est moins brutal qu'autrefois, et l'usage des suées abandonné.

En vérité, il est très difficile, non seulement pour le public qui doit se contenter d'un simple examen, mais même pour le propriétaire qui ne voit qu'une petite partie du travail, de juger le degré de condition. Seul, l'entraîneur, qui voit ses pensionnaires manger et travailler, et les suit à tous les instants, peut juger en connaissance de cause.

Il arrive aussi qu'un cheval déclaré prêt, pour sa première exhibition, apparaît meilleur à chacune des sorties suivantes. Cela fait croire qu'il ne l'était pas au début, et on dit qu'il s'entraîne sur les hippodromes ; la vérité, c'est que le cheval a attendu d'être en pleine condition, en pleine force, pour grandir encore, se développer et acquérir rien que par l'effet de la nature une qualité plus grande.

Gladiateur.

Essais. — L'essai ne doit pas servir à constater la condition, c'est un moyen dangereux, mais il sert seulement en cas de nécessité, à connaître la valeur exacte d'un cheval. Il doit toujours se faire avec un cheval qui a déjà couru, dont la ligne exacte est connue.

Il est toujours plus ou moins dangereux puisqu'il est la représentation de la course et d'une course sévère. Il faut donc avoir des raisons très sérieuses pour s'y décider ; et on doit se rappeler, qu'il est difficile à réussir et qu'il ne peut être répété impunément. Il ne faut pas davantage s'attendre après un essai, à connaître l'exacte vérité, mais se dire qu'il aidera, avec toutes les données que l'on a déjà, à la découvrir. Il est oiseux de répéter que le cheval d'essai doit être parfait comme régularité et préparation, et avoir déjà donné en course sa mesure exacte.

Parmi les essais les plus sérieux connus, celui de *Gladiateur* est resté légendaire, dit Saint-Albin. *Gladiateur* avait été bien essayé à deux ans, et le comte de Lagrange avait pu, en le dissimulant, le prendre à cent contre un. La commission avait été exécutée par le vicomte Paul Daru, et le cheval ayant été spécialement entraîné pour le Derby, on avait tout intérêt à ne plus l'essayer avant la course.

Mais, à cette époque, le comte de Lagrange, qui sentait qu'il y avait une fortune et une fortune immense dans les sabots de son cheval, vivait dans une anxiété bien explicable.

Un jour, il arrive inopinément en Angleterre chez son entraîneur.

— Nous allons essayer *Gladiateur*.

— Bien ! répond Tom Jennings, qui sait qu'il n'y a pas à discuter les ordres du maître.

— Demain matin !

— Demain matin.

Il faisait un brouillard très épais, à travers lequel on distiguait toute une bande d'espions venus pour épier le galop. On les chassa.

On essaya *Gladiateur* avec *Vivit* et *Le Mandarin*.

Vivit était une excellente jument que le comte de Lagrange avait achetée tout exprès pour mesurer son cheval. *Gladiateur* la battit facilement dans le galop, et le lendemain *Vivit*, portant un très grop poids, arrivait seconde dans un handicap.

Pour le coup, pensa le comte de Lagrange, *Gladiateur* est encore meilleur que je ne l'espérais !

Et il lui fit courir les Deux mille guinées, qu'il gagna avec la même facilité que les autres courses.

Boïard, avant de courir le prix du Jockey-Club, fut essayé avec *Faublas*, dont il recevait six livres, et le battit avec une extrême facilité. *Florentin* fut essayé également, avant le prix du Jockey-Club, avec une jument nommée *Fidélité*, qui lui rendait dix livres, et qui fut battue facilement.

Mais *Florentin*, que son écurie put prendre à une très belle cote, pour une très forte somme, très peu de jours avant le Derby français, fit à ce moment un essai d'un genre tout particulier.

Son entraîneur, qui était un peu gêné pour l'entraîner, à cause de l'état défectueux d'une de ses jambes, le fit sortir un matin sur la pelouse de Chantilly, avec l'intention de lui donner un bon galop de 2.400 mètres, la distance du prix du Jockey-Club. Mais, à peine lancé, *Florentin* s'emballa et, sans que l'homme qui le montait pût songer à modérer son train, fit trois fois le tour de l'hippodrome à toute vapeur.

L'entraîneur qui assistait au galop s'arrachait les cheveux :

— C'en est fait de mon cheval, s'écriait-il, et de sa mauvaise jambe, quand il va s'arrêter, il sera complètement boiteux !

Le cheval fut ramené en nage à l'écurie et son entraîneur ne voulut même pas aller le regarder ; il éprouvait le sentiment de l'individu qui voit tomber un homme d'un cinquième étage et se dit :

— C'est terrible d'aller le ramasser, il doit être en tout petits morceaux.

Enfin, vers cinq heures du soir, l'entraîneur eut l'idée de faire sortir de nouveau *Florentin* sur la pelouse et de le promener au moins pour constater sa boiterie inévitable. Contre toutes prévisions, le cheval se montra frais et dispos et ne parut nullement se ressentir de sa terrible course du matin. Un tel essai était des plus concluants, aussi le propriétaire en profita-t-il largement.

Les hommes qui montent dans les essais doivent être autant que possible de bons jockeys, capables non seulement de bien monter de tous points aux ordres, mais encore de donner toutes les garanties de vérité, de ne pas imposer d'effort inutile, et surtout de rendre un compte rigoureusement exact du galop.

Pour les conditions de poids à établir, il n'y a qu'à se reporter à l'échelle bien connue de l'amiral Rouss.

Pour atténuer un peu l'inconvénient majeur de l'essai, qui consiste à voir battre le cheval que l'on essaie, après une lutte dure, nous sommes d'avis de lui donner une décharge de deux livres sur les distances moyennes. Cette décharge représentera l'infériorité provenant de l'ignorance de la lutte.

Les essais pour les vieux chevaux se font sur la distance de la course visée ; pour les deux ans, du moins dans le premier essai qu'il faut faire avec un très bon vieux flyer, on adoptera invariablement 800 mètres (c'est d'ailleurs l'essai le plus sûr) ; les bons poulains les parcourront en quarante-huit secondes environ.

Dans tous les essais l'usage du chronomètre est indispensable, non pas tant pour constater le temps total, que pour être sûr de la régularité du train, qu'il faut contrôler chaque 4 ou 500 mètres. Cette constatation est la plus sûre garantie de la bonne exécution d'un essai.

Il arrive souvent que le cheval qui a gagné un essai est battu dans la course par des animaux inférieurs au cheval d'essai. Cela tient souvent à ce que ce dernier ne s'est pas comporté comme il l'aurait fait sur l'hippodrome, et prouve que l'essai ne doit pas être un match, mais être fait avec plusieurs chevaux pour réunir les conditions de la course si nombreuses et si variables. Nous avons dit la seule démonstration qu'établit un essai. Certains, renversant le mot du marquis d'Anglesey : « La première chose c'est de trouver le bon cheval, la deuxième de trouver le mauvais », sont pressés d'essayer, pour réformer. Nous croyons que c'est une bien mauvaise méthode, et que si l'essai permet de trouver les meilleurs il ne désignera pas les mauvais, surtout à deux ans; plus tard, la réforme par l'essai devient sans objet, on a bien d'autres indices pour supprimer les bouches inutiles.

Maladies et accidents. — Le proverbe : « il vaut mieux prévenir que guérir, » établit bien ici la nécessité de reconnaître certains symptômes, d'arrêter dès le début certaines manifestations rapidement aggravées, et enfin de soigner les indispositions usuelles, les accidents fréquents, sans le secours du vétérinaire

C'est le matin avant le travail, et le soir au pansage que la visite approfondie de l'entraîneur, éclairé par les renseignements du lad, révélera les moindres accidents ou symptômes, mais l'examen à la rentrée du travail, et les soins hygiéniques appliqués aussitôt préviendront beaucoup de complications.

Le lavage des membres et des autres parties du corps quand la boue et la terre y adhèrent, est nécessaire, mais l'abaissement de température qui en résulte doit être suivi d'une réaction amenée par le séchage complet, de même pour la sueur de façon à éviter les refroidissements; les couvertures ne sont mises que lorsque l'équilibre est rétabli.

« Quant aux membres, dit Le Hello, les lotions à l'eau chaude doivent être placées, en première ligne, dans le nombre des moyens dont l'efficacité a été reconnue de tous. »

Les médicaments vraiment curatifs ne doivent être appliqués que contre un désordre organique caractérisé. La chaleur anormale et localisée et la sensibilité indiquent ces accidents et leur siège. Un membre fragile et plus tard malade, est traité successivement suivant la gravité croissante du mal, par applications de terre glaise, blanc d'Espagne et vinaigre, douches, teinture d'iode, vésicatoires et enfin par le feu: mais, si un cheval claqué et remis sur pied (après un long repos, la précipitation étant toujours fatale) peut aborder la carrière d'obstacles, il est bien rare qu'il puisse accomplir une course plate. L'expérience est faite, c'est la vitesse qui a raison de la solidité des tendons, et quand ils sont racommodés il est prudent de ne pas tenter l'aventure.

Les crevasses sont prévenues par des lavages et séchages consciencieux; elles sont guéries par des pommades spéciales, ou simplement de l'eau phéniquée. Les pieds, en dehors des soins de ferrure, s'ils sont sensibles, sont enduits légèrement de goudron, etc.

Les formes sont des accidents très graves, qui rendent le cheval inutilisable ou à peu près.

Les suros rendent un membre douloureux, un vésicatoire en a raison, et s'ils sont le résultat d'atteintes habituelles, on les garantit par un protecteur.

Les sore-shins qui viennent déformer les canons peu solides s'accompagnent d'une sensibilité très douloureuse, et les suites en sont plus longues, et quelquefois plus graves qu'on pourrait le supposer. On les traite par une et souvent deux frictions vésicantes, un demi-repos, et de l'albuminoïde phosphoré dans la ration.

Quand un cheval rentre boiteux, la cause de la boiterie est souvent indiquée par des signes visibles et certains; quelquefois au contraire le siège du mal est difficile à trouver. Un bon moyen consiste à procéder par élimination, et dans les conditions suivantes: on met le cheval au pas, puis au trot sur un terrain horizontal, et on détermine de quel membre provient la boiterie. Cela fait, on recommence cette opération en terrain très mou, puis en terrain dur; il est certain que l'absence ou l'atténuation de boiterie dans le terrain mou, indiquera que la cause du mal n'est pas dans l'épaule; si c'est le pied qui souffre, il est évident que le terrain dur donnera cette indication. Joignant à cela la façon de reposer le membre, on déduira que, si le membre reste fléchi au repos et au mouvement, c'est l'articulation qui est malade, que si c'est un tendon qui menace, le membre sera étendu obliquement en avant, et que si c'est le pied qui souffre, le membre sera ramené sous le cheval, et que le sabot reposera en pince, le boulet porté en avant pour soulager les talons. Ces signes objectifs n'ont qu'une valeur restreinte, car dans bien des cas, la diagnose des boiteries est très délicate et exige, outre l'examen méthodique du membre, l'emploi d'injections révélatrices (cocaïne).

Les jeunes chevaux prennent généralement la gourme ; outre l'isolement et la désinfection immédiats pour éviter la contagion, on les soumet à des traitements divers qui varient avec la localisation ; l'hygiène (suraération, promenades), un régime diététique spécial, sont des facteurs qui jouent un rôle important dans le processus de guérison.

Les vers sont combattus par une médication spéciale.

Les blessures, les excoriations guérissent, en supprimant tout contact, par des lavages phéniqués et au besoin des pulvérisations d'eau oxygénée. Les blessures au garrot, assez fréquentes, peuvent être graves, pas tant comme durée de guérison que comme influence sur le caractère du cheval, qui devient quinteux et difficile à seller.

Les maladies de la peau ne doivent pour ainsi dire pas exister dans une écurie de courses, car elles sont le plus souvent le résultat de la malpropreté.

Les coliques et les congestions sont malheureusement trop fréquentes pour que les soins immédiats ne soient pas connus de tous.

La dentition doit être surveillée, notamment pour aider, en extirpant les dents de lait le moment venu, la croissance des dents de remplacement et surtout pour vérifier l'intégrité des tables dentaires (surdents).

Les tiqueurs doivent être mis dans des boxes spéciaux.

Quant aux corneurs, nous croyons qu'il est préférable, au lieu de les opérer, d'obtenir, ce qui est possible dans certains cas (complications gourmeuses), une atténuation par un traitement à l'iodure de potassium.

L'usage des suées est à peu près abandonné aujourd'hui ; si, exceptionnellement, on en donne, la réaction par des frictions et des massages est indispensable, et à la belle saison par l'hydrothérapie.

Après un travail violent si le cheval est raide, affaibli, sans appétit, le bain de sable, un bain de soleil, un bain de lumière électrique et des massages le remettront rapidement.

Les médecines doivent être données seulement en cas de nécessité, si le besoin de les administrer ne se fait pas sentir, on attend les périodes de repos.

Une pharmacie avec des remèdes constamment renouvelés est indispensable dans une écurie de courses. Pour les déplacements, on doit en avoir une très simple, avec lancette, bistouri, épingles, fil, bandes, seringue de Pravaz, un flacon d'éther, et un obus d'oxygène.

Aux règles que nous venons de passer en revue, il nous faut ajouter l'importante question suivante :

Déplacement des chevaux par mer, chemin de fer, van. — A égalité de classe, le déplacement par mer handicape terriblement les chevaux dont la nervosité est excessive. Aussi faut-il prendre toutes les précautions pour atténuer les effets du voyage en bateau.

Les chevaux qui courent sur place ont donc un avantage sérieux sur ceux qui sont obligés à de longs déplacements; c'est un facteur qui mérite d'être pris en considération.

Dans certains cas, à la fatigue du voyage, il faut ajouter l'influence du milieu. La pratique montre que les chevaux français qui courent en Angleterre, par suite des conditions climatériques différentes, subissent une dépression organique qui se traduit par une perte de condition. L'effet inverse se produit pour les chevaux anglais courant en France, l'action excitante du climat, due à une température plus clémente, n'abaisse pas leur forme, et les maintient dans la condition primitive.

Les annales sportives confirment ces faits et montrent que la question d'acclimatement est un facteur non négligeable qui explique les variations.

Dans certains cas, où la fatigue résultant du chemin de fer, il faut ajouter encore celle résultant de la traversée sur mer, certains chevaux sont sérieusement éprouvés et laissent une partie de leur forme dans la traversée.

Les indications prophylactiques sont les suivantes :

Assurer une ventilation suffisante, indispensable lorsque la température dépasse 20° ; on prévient ainsi les accidents d'anhémathosie.

Embarquer une quantité d'eau suffisante, et si possible de la glace pour la rafraîchir.

Quant à l'hygiène alimentaire, elle se résume ainsi : éviter la faim et la surcharge alimentaire : donner l'avoine le soir, de préférence, et du son dans les heures chaudes de la journée.

Dans les trajets en wagon, nécessités par les nombreux déplacements sportifs, il faut éviter, par la mise excessive de couvertures, les effets nocifs des refroidissements lors du débarquement. La répercussion organique est d'autant plus à craindre que les chevaux sont habitués normalement à une température élevée qui détermine un écart brusque.

Les appareils protecteurs, flanelles, guêtres devront être appliqués avant l'embarquement.

Si la durée du trajet est longue, les mêmes soins hygiéniques (massages, frictions) appliqués à l'écurie seront donnés.

Le régime alimentaire n'est pas changé ; dans biens des cas, pour éviter l'inappétence partielle; les denrées qui constituent l'alimentation normale du pur sang (avoine, foin) suivent le cheval dans ses déplacements.

Dans certains cas il en est de même pour l'eau.

Malgré ces précautions, l'appétit est souvent capricieux en voyage et c'est bien plus, l'inappétence que la fatigue réelle du sujet qui fait baisser sa condition.

Pour éviter la solitude, on donne le plus souvent dans les grands déplacements un camarade au cheval.

L'avoine est donnée dans une mangeoire portative qui se fixe au wagon, un ratelier en fer, qui se ferme et s'ouvre à volonté permet la distribution du fourrage.

Une précaution indispensable, qui, lorsqu'elle n'est pas réalisée, peut être la cause d'accidents graves, consiste à ne pas laisser coucher le cheval en cours de route, car des accidents dus à un arrêt brusque pourraient en résulter.

Certains chevaux capricieux refusent d'entrer dans les wagons ; tel était le cas de *Rabagas II* qui même yearling n'a jamais pu être embarqué. Son irritabilité était telle que de graves accidents, en dépit des précautions prises, seraient arrivés.

Les chevaux voyagent dans des vans chargés sur un plateau.

Les vans qui sont tout à fait à l'ordre du jour, actuellement, et qui permettent de transporter les chevaux sans danger de la gare aux champs de courses et *vice versa*, ont subi depuis deux ans de très importantes modifications.

Ces nouveaux vans, construits d'après les données de MM. Edmond Blanc, Vanderbilt, Leigh, etc., ont des roues excessivement basses, munies de gros pneumatiques avec une suspension à six ressorts. De plus, tous les roulements sont sur billes, et des vans ainsi construits, permettent, avec un seul cheval attelé, de traîner sans fatigue un cheval à l'intérieur; deux chevaux attelés suffisent amplement pour amener de Maisons-Laffite à Paris des chevaux en cinquante minutes sans aucune secousse ni la moindre trépidation; alors que les anciens vans, qui pèsent presque deux fois autant, nécessitent, pour le transport de deux chevaux, trois gros percherons et une heure quarante pour faire le même trajet.

Il y a là une économie de temps très appréciable. Quant au confort, la comparaison n'en est même pas possible.

Qui aurait pu croire que l'automobile aurait pu amener du progrès dans les voitures destinées aux chevaux ?

Telle que nous venons de l'exposer, cette méthode d'entraînement montre les progrès qui ont été faits dans cette branche de l'exploitation du cheval de pur sang. Jadis l'entraînement se faisait en un mois, à l'aide de sirops, de juleps, de blancs d'œufs délayés dans du vin, de frictions d'eau-de-vie ; aujourd'hui il dure près d'une année avant que le cheval soit à point.

On peut, pour se rendre compte de ce qu'est actuellement l'entraînement en France, de ce qu'il peut et doit être dans l'avenir résumer son évolution pendant ces dernières années.

L'art de l'entraîneur, tel que le concevaient les Anglais, voit ses préceptes, ses règles, qui paraissaient fixes et invariables, se modifier ou disparaître peu à peu. La méthode américaine et tous les procédés qui s'y rattachent, ont contribué au mouvement de progrès que tout le monde peut constater aujourd'hui. La gymnastique fonctionnelle, l'hygiène et l'alimentation ont reçu des applications nouvelles importantes dont l'étude porte en elle des germes féconds. Nous les passerons brièvement en revue. Dans la gymnastique, c'est d'abord le dressage du yearling à l'américaine, en trois jours; la suppression presque complète des longs galops d'exercice, remplacés par des déboulés rapides sur de courtes distances ; l'entraînement dans l'eau, dont un entraîneur français a renouvelé la tentative qui avait si heureusement réussi jadis à l'un des frères Jennings, pour la mise en condition des chevaux claqués. Dans le domaine de l'hygiène : les inhalations d'oxygène, qui tendent à se généraliser de plus en plus, et que l'on donne avant comme après la course; les dégagements continus d'oxygène dans les boxes, véritable méthode d'assainissement des écuries ; la désinfection des locaux par l'air sulfuré, procédé américain employé cette année à La Fouilleuse; la plus grande aération des boxes; les bains chauds et froids; les massages électriques des membres; l'amélioration de la ferrure ; le shampoing ou friction hygiénique après la course ; le perfectionnement du « guêtrage » des membres, des couvertures, etc.

Au point de vue alimentaire, on ne donnait autrefois que l'avoine, le foin, le son et les mashs. Aujourd'hui, les matériaux que consomme le cheval sont nombreux et le deviennent chaque jour de plus en plus. Nous trouvons dans la diététique actuelle : la luzerne, le foin et la paille hachés ; le vert, autant que la saison permet de s'en procurer ; l'avoine kolatée, le maïs, la féverole, l'orge, le riz cuit, et, enfin, le sucre, dont tous les entraîneurs ont su apprécier les avantages.

Tout ce que nous venons d'énumérer constitue une amélioration importante, qui prouve que les entraîneurs n'agissent plus selon des idées préconçues et qu'ils cherchent à se rapprocher le plus possible des méthodes rationnelles prescrites par la science qui, peu à peu, envahit toutes les branches de l'activité humaine. Mais ce qui, selon nous, devra surtout attirer l'attention des professionnels, c'est la réglementation de l'exercice quotidien qui est faite encore un peu trop au « petit bonheur ». L'entraînement proprement dit est fort délicat à appliquer, car il doit être dosé à l'égal d'un remède très actif. Chaque fois qu'on met le corps du cheval en fonction, on provoque non seulement un travail des muscles, mais aussi du cœur, des poumons, du cerveau, de la moelle épinière, du foie, des reins, etc. D'autre part, on sait que toute fonction des muscles striés est soumise à la domination de la volonté : d'où l'influence psychique de l'entraînement. Chaque poulain réagit donc à sa façon, selon le plus ou moins grand développement d'une ou de plusieurs fonctions de son économie. C'est pourquoi un même travail pour un groupe de chevaux est une pratique condamnable. On peut se rendre compte par ce que nous venons d'exposer, combien l'art de l'entraînement est difficile. Aussi commence-t-on à s'apercevoir qu'il existe peu de professions pour lesquelles il soit plus nécessaire de posséder une somme de connaissances aussi multiples que pour celle d'entraîneur ; et beaucoup de bons esprits estiment qu'une direction scientifique devient nécessaire dans les écuries d'entraînement de quelque importance.

L'entraîneur de l'avenir devra être un homme de cheval doublé d'un physiologiste spécialisé dans l'étude du pur sang. Il devra posséder un outillage approprié à toutes les expériences que nécessite l'entraînement : les spiromètres lui donneront la mesure exacte de l'augmentation de la capacité respiratoire, tandis que des instruments enregistreurs lui permettront de déterminer les mouvements de la respiration, les pulsations du cœur ou des artères. La température du corps prise entre deux galops lui fournira des indications pour le dosage du travail de ses pensionnaires. La pesée des chevaux faite comparativement avant et après l'exercice, fera connaître, d'après la perte de poids observée, la valeur de l'évaporation qui fixera la distance qui sépare chaque sujet du « moment » de la forme. Moment qui dépend encore du repos du corps ou de sa fatigue, du sommeil ou de la veille, du temps qu'il fait, de la régularité ou de l'irrégularité du régime alimentaire. Pour la condition alimentaire, la question se posera pour l'entraîneur « nouveau siècle », de savoir où se trouve la source de la force musculaire et quelle est parmi les substances nutritives introduites dans l'économie, celle qui, par ses transformations, fournit l'énergie chimique nécessaire à l'activité musculaire.

Si l'on impose jamais aux entraîneurs l'obligation d'acquérir un brevet par examen, ils devront être à la fois vétérinaires, physiologistes, naturalistes, etc. Les connaissances qu'on pourra exiger d'eux, feront-elles que leurs pensionnaires gagneront un plus grand nombre de courses? La durée d'utilisation du cheval sera-t-elle plus longue? La race entière soumise à un entraînement raffiné s'améliorera-t-elle davantage? On ne saurait répondre à ces questions qui se posent d'elles-mêmes. Il est possible, après tout, que l'entraînement ne nécessite pas un bagage scientifique aussi complet que celui que nous avons exposé, mais par suite de l'évolution à laquelle sont soumises toutes les professions, il arrivera un jour où la classe des entraîneurs s'élèvera à un point que l'on peut, en quelque sorte, prévoir à cette heure.

Nous ne sommes pas, en tout cas, très éloignés de l'époque où disparaîtront la plupart des erreurs sous lesquelles gît la conception vicieuse de l'entraînement. Comme celle, par exemple, qui suppose que l'augmentation de puissance musculaire et l'augmentation de vigueur générale marchent toujours nécessairement de pair. Tous les professionnels tenant cela pour acquis forcent certains chevaux, les juments surtout, sans tenir compte de la dépense de force. Il y a des raisons physiologiques évidentes qui expliquent les résultats nuisibles d'une pareille méprise. On suppose que certaines séries de muscles peuvent se développer grandement sans mettre à contribution l'organisme et lui nuire. Mais quand on se rappelle que les organes alimentaires n'ont qu'une capacité limitée et que le sang qu'ils fournissent doit servir à tous les besoins, on comprendra que l'on ne peut développer grandement certaines parties externes, sans entamer sensiblement les réserves nécessaires pour la réparation d'autres parties internes qui entretiennent la vie. Et que, par conséquent, les forces anormales acquises par des chevaux de course, qui étaient pour ainsi dire inaptes aux très grands efforts, doivent être acquises aux dépens de la détérioration de leur constitution.

C'est peut-être là l'explication de l'insuccès au stud de la plupart des grandes juments et de quelques étalons. C'est aussi sans doute la raison de la courte durée de la forme chez les chevaux entraînés en plat sur les longues distances.

Cet aperçu nous conduit donc à la théorie physiologique de l'entraînement.

CHAPITRE VII

PHYSIOLOGIE DE L'ENTRAINEMENT

L'énergie. — La force musculaire. — Parmi les forces que nous connaissons se distinguent deux modalités : la force vive ou énergie cinétique, en tant que la force est en action, c'est-à-dire engendre du mouvement; et la *force de tension* ou *énergie potentielle*, en tant qu'elle est latente, mais capable d'entrer en action sous certaines conditions déterminées. Ainsi, par exemple, nous voyons apparaître en liberté, sous forme de chaleur dans la combustion du charbon, la force de tension qui autrefois, à l'époque houillère, résulta de la transformation de l'énergie actuelle des rayons solaires par l'activité des plantes et fut emmagasinée, comme affinité chimique, sous forme de puissants dépôts de charbon. La chaleur, d'autre part, sera transformée à son tour par la machine à vapeur, chauffée au charbon, en cette forme d'énergie qui est le travail mécanique ; et celle-ci pourra être changée en électricité par une machine dynamo, pour finalement servir à engendrer la lumière électrique. Ainsi, nous assistons chaque jour à cette étonnante expérience : la force vive des rayons solaires qui autrefois, à l'époque carbonifère, fut consommée par les plantes pour l'accumulation de la houille, est maintenant par nous, après des millions d'années, reconvertie dans sa forme d'énergie primitive, la lumière : et elle sert à éclairer nos nuits avec cet éclat du soleil qui jadis, à une époque inimaginable, apparut un jour à la surface de la terre.

L'application de la loi de la conservation de l'énergie à l'*énergétique* des organismes a déjà été, en réalité, tentée par Robert Mayer, et plus tard encore, plusieurs fois entreprise ; les recherches expérimentales de Dulong, Helmholtz, Rosenthal, Rubner et d'autres ont même fourni la preuve expérimentale que la loi de la conservation de l'énergie est applicable à la matière vivante tout aussi bien qu'à la matière brute. Mais pour ce qui concerne les rouages de l'énergie dans chaque fonction du corps, et les transformations qu'elle éprouve dans son passage à travers la substance vivante, nos connaissances sont encore extraordinairement réduites.

Pour si clair que nous apparaisse, dans ses grandes lignes, le tableau des échanges d'énergie de l'organisme, les détails n'en sont pas moins très obscurs. Cela ne tient pas seulement à l'insuffisance de nos connaissances relatives aux échanges de matières dans la substance vivante, mais aussi en grande partie au peu de développement qu'a pris jusqu'à présent la théorie générale de l'énergie en physique et en chimie. Des processus que nous connaissons parfaitement jusque dans leurs plus petits détails, quand il s'agit du côté matériel de leurs manifestations, sont encore fréquemment entourés d'obscurité en ce qui concerne leurs échanges d'énergie.

Ainsi, par exemple, pour la production de travail que nous observons dans beaucoup de cas, à la suite de transformations chimiques, nous ignorons encore absolument si l'énergie mécanique, ainsi mise en liberté, dérive directement de l'énergie chimique ou n'apparaît seulement qu'après avoir passé par d'autres formes d'énergie, telles que chaleur, électricité, etc. En somme la transformation directe de l'énergie chimique en énergie mécanique n'a presque jamais été étudiée jusqu'à présent, si précises et si approfondies qu'aient été les recherches entreprises sur la transformation de ce mode d'énergie en chaleur et électricité.

Cette circonstance fait même qu'on a été souvent conduit à se figurer que l'énergie chimique ne peut jamais se transformer directement en énergie mécanique, mais bien seulement grâce à un intermédiaire, la chaleur par exemple, conception qui est dépourvue de tout fondement. A cela vient s'ajouter, pour augmenter encore les difficultés, que les notions rattachées aux différentes formes d'énergie ne sont pas absolument fixées, de sorte, par exemple, que les expressions : énergie moléculaire, énergie mécanique, etc., sont employées dans des acceptions très différentes, ce qui tient à l'obscurité qui enveloppe encore les rapports existant entre les diverses formes d'énergie. Et cependant il nous faut admettre que de tels rapports existent et qu'ils témoignent même d'une parenté très étroite. Il résulte de là forcément que l'énergétique de la matière vivante représente pour le moment encore un des domaines les plus obscurs de la physiologie. Ce que nous en savons jusqu'ici ne consiste qu'en faits épars et sans lien. Nous n'insisterons donc pas sur ce sujet par trop complexe.

La Source de la Force musculaire. — S'il est vrai que jusqu'ici il n'a été fait que peu de recherches sur le mécanisme du jeu de l'énergie considéré en général dans la substance vivante, cependant cette remarque ne s'applique pas à un des domaines de la physiologie concernant certains phénomènes de transformation de forces. Il s'agit des *mouvements de contraction et d'expansion*. La sagacité des physiologistes s'est surtout excercée sur la mécanique de la contraction musculaire qui se manisfeste par un déploiement d'énergie extrêmement remarquable et d'une puissance vraiment étonnante, et le nombre des théories qui ont été proposées sur le mécanisme du mouvement musculaire n'est guère moins grand que celui des chercheurs qui se sont occupés de ce problème. C'est une partie intéressante de l'histoire du développement de la pensée humaine qui se réfléchit dans ces théories, depuis l'époque de Galien jusqu'à nos jours, et l'on éprouve un véritable plaisir à suivre ces théories depuis leurs naïfs commencements. Si l'on s'intéresse à ce chapitre de la physiologie, on trouvera résumées dans Haller les anciennes théories, depuis l'époque la plus reculée jusqu'au siècle précédent. Les nouvelles théories de la contraction musculaire ont été indiquées dans leurs points essentiels par Hermann dans son *Manuel de physiologie*, et les conceptions les plus récentes, autant qu'elles présentent quelque intérêt, ont été réunies et soumises à la critique dans un travail tout nouvellement paru, qui aborde les anciens problèmes en s'appuyant sur la physiologie cellulaire comparée.

Le travail musculaire est, sans aucun doute, le processus vital dans lequel se produit dans le temps le plus court, la plus grande transformation d'énergie. Les quantités d'énergie qui sont mises en liberté dans l'activité musculaire, atteignent comme on sait des valeurs tout à fait surprenantes. La question se pose donc tout d'abord de savoir aux dépens de quels potentiels énergétiques introduits dans l'économie se forment les quantités d'énergie dégagée par la contraction musculaire, en d'autres termes où se trouve la source de la force musculaire.

Ce ne peut être évidemment que dans l'énergie chimique potentielle, car c'est exclusivement dans l'énergie chimique que l'organisme animal puise son activité. Mais il s'agit de savoir quelle est parmi les substances nutritives introduites dans l'économie, celle qui par ses transformations fournit l'énergie chimique nécessaire à l'activité musculaire. Sont-ce les corps albuminoïdes, ou bien les hydrates de carbone et les graisses dont les transformations dans l'organisme représentent la source de la force musculaire?

Cette question a été l'objet de vives controverses, et dans ces derniers temps la lutte s'est de nouveau rallumée. La première théorie en date est celle de Liebig, qui exprimait clairement que l'albumine étant la partie constituante principale du muscle, devait être aussi la source de l'activité musculaire; elle fut combattue déjà durant la vie de son auteur, et pendant une dizaine d'années on crut avoir trouvé la véritable solution du problème. Il est assez intéressant de voir par quelle argumentation on est parvenu à la conception qui a prévalu jusque dans ces derniers temps, on a fait le raisonnement suivant: « Si la source de la force musculaire est dans la destruction des albuminoïdes, celle-ci doit alors s'accroître avec l'augmentation de l'activité du muscle. »

Or, comme on croyait posséder dans l'excrétion de l'azote par l'urine une mesure absolue permettant d'évaluer l'étendue de la destruction de l'albumine dans le corps, la question parut devoir être tranchée par la comparaison de la teneur en azote de l'urine à l'état de repos et après un travail musculaire forcé. Si l'excrétion de l'azote était notablement accrue par le travail, cela ne pouvait provenir que d'une augmentation de la destruction de l'albumine; si elle restait la même, la source de la force musculaire ne devait pas être cherchée dans l'albumine, mais bien dans les matériaux alimentaires non azotés.

Le problème était ainsi posé de la manière la plus nette et la solution ne devait guère se faire attendre, des expériences très démonstratives, montrèrent que l'excrétion de l'azote dans l'urine n'était pas augmentée d'une manière notable par les plus grands efforts musculaires.

La question paraît alors résolue de la manière la plus exacte. On conclut que la décomposition de l'albumine ne pouvait être la source exclusive de la force musculaire. Parmi les substances nutritives non azotées, ce sont surtout les hydrates de carbone et accessoirement aussi les graisses qui viennent en considération, et on sait effectivement qu'à la suite d'un travail exagéré la réserve de glycogène disparaît du muscle pour se reconstituer ensuite par le repos. En s'appuyant sur cette argumentation en apparence inattaquable, on admet en général que la source de la force musculaire se trouve principalement dans la décomposition des hydrates de carbone.

Mais cette conception que dans le travail forcé de la cellule musculaire l'albumine ne serait pas intéressée en première ligne, devait paraître tout à fait paradoxale à quiconque était un peu familiarisé avec les propriétés générales de la substance vivante. L'albumine est le corps à la formation et à la destruction duquel la vie est inséparablement liée, et il devait sembler surprenant qu'à la suite d'une

Cicero, poulain alezan né en 1902, par Cyllene et Gas.

activité vitale renforcée, telle que la représente un travail musculaire intense, la transformation de l'albumine fût la même qu'au repos. Aussi Pflüger ne put-il jamais se résoudre à adopter cette opinion. Dans une série de remarquables travaux étayés sur des expériences inattaquables, il s'éleva récemment contre les idées généralement admises jusqu'ici, et entreprit une campagne pour tâcher de faire prévaloir que la destruction de l'albumine est la source principale de la force musculaire.

Le fait que les chiens peuvent se maintenir en vie avec une nourriture exclusive de viande était déjà connu de Voit. Pflüger nourrit donc un chien pendant plusieurs mois exclusivement avec de la viande maigre, débarrassée le plus possible de sa graisse, et lui fit accomplir chaque jour et pendant plusieurs semaines un travail très pénible. Malgré cela, l'animal conserva constamment « une force tout à fait extraordinaire et une élasticité parfaite de tous les mouvements ».

Comme les minimes traces d'hydrates de carbone et de graisses contenues dans la viande ne pouvaient absolument pas entrer en ligne de compte dans l'alimentation, il était démontré que toute l'énergie produite dans le travail accompli par l'animal dérivait de la transformation de l'albumine. Mais pour rechercher si l'albumine, en l'absence des hydrates de carbone et des graisses dans la nourriture, ne servirait point peut-être d'aliment de remplacement pour la production du travail musculaire, Pflüger institua une série d'expériences avec une nourriture mixte, et il arriva à cet important résultat, que pour une alimentation mixte d'albumine, d'hydrates de carbone et de graisses, les quantités d'hydrates de carbone et de graisses qui sont détruites dans les échanges, dépendent uniquement de la quantité plus ou moins grande d'albumine fournie. « En général, la quantité d'hydrates de carbone et de graisses qui se détruit est d'autant plus petite que la quantité d'albumine offerte est plus considérable. » Les hydrates de carbone et les graisses qui ne sont pas détruits se transforment en graisse et s'accumulent dans l'organisme sous forme de réserves, tandis que l'albumine, comme on sait, quelle qu'en soit la quantité introduite dans l'économie, se décompose totalement jusqu'à un reste insignifiant. On peut donc dire : « Le besoin d'aliments est satisfait en première ligne par l'albumine. » L'albumine est « l'aliment primordial » ; les hydrates de carbone et les graisses ne représentent que des « aliments de remplacement », en l'absence de l'albumine.

S'il est établi par là sans aucun doute que le travail musculaire dérive en première ligne de la décomposition de l'albumine, on doit éprouver tout d'abord quelque surprise en face de ce fait tout aussi incontestable que l'excrétion de l'azote à la suite d'un travail musculaire exagéré ne paraît pas s'élever dans une mesure correspondante. Sous ce rapport, une autre expérience de Pflüger mérite l'attention. Pflüger trouva que pour une alimentation exclusive d'albumine donnée en égale quantité pendant le repos et pendant le travail, l'excrétion de l'azote n'était augmentée que d'une manière insignifiante par l'activité musculaire, et dans certaines circonstances point du tout. Et cependant, tout le travail produit devait dériver exclusivement de la destruction de l'albumine, puisqu'il n'avait été donné ni hydrates de carbone, ni graisses. Ce phénomène remarquable se comprendrait sans plus de façon par un excès d'albumine alimentaire, si nous réfléchissons que déjà à l'état de repos *toute* l'albumine introduite dans le corps est consommée. Si donc, comme nous l'avons vu, l'énergie du travail musculaire doit néanmoins dériver de l'albumine détruite, on pourrait en conclure que l'albumine qui est consommée dans l'état d'activité aurait été économisée en d'autres points, et cela serait d'autant plus compréhensible que nous savons que toute l'albumine ingérée au-delà d'une certaine limite représente en quelque sorte une consommation de luxe, et est utilisée à chaque instant au fur et à mesure des besoins. Mais lorsque nous voyons que même chez un chien à l'état de jeûne, et travaillant à faire tourner une roue, l'excrétion de l'azote n'est que peu ou point augmentée, ainsi que l'a montré Voit, nous ne pouvons plus tirer cette conclusion et l'explication ci-dessus devient insuffisante.

Il ne nous reste plus alors qu'une possibilité à envisager, possibilité que Pflüger n'a fait qu'effleurer : c'est l'hypothèse que pendant le travail, la consommation de l'albumine se produise dans le muscle sans que l'azote qui en dérive apparaisse dans l'urine.

En fait, cette hypothèse, à laquelle nous sommes poussés par les résultats expérimentaux, bien qu'elle soit en contradiction directe avec un des vieux dogmes de la physiologie, n'est pas tout à fait aussi paradoxale qu'elle le paraît au premier abord. Ce dogme, qui n'a pas peu contribué à enrayer les progrès de la connaissance des processus vitaux, et qui ne put prendre naissance que parce qu'on se préoccupa exclusivement jusqu'ici des phénomènes vitaux présentés par les animaux supérieurs, ce dogme est formulé dans cette proposition, que l'excrétion de l'azote dans l'urine donne la mesure exacte de la destruction de l'albumine dans l'économie. Mais une telle supposition, du moins sous cette forme, manque absolument de toute base. Sans doute nous sommes bien autorisés à dire que l'azote excrété dans l'urine dérive de la décomposition de l'albumine ; mais nous n'avons pas le moindre droit à affirmer inversement que tout l'azote de l'albumine consommée dans l'organisme apparaît dans l'urine : car le fait que toute l'albumine alimentaire ingérée au delà d'une certaine proportion se transforme en certains groupes atomiques dont l'azote est éliminé par les reins, ne permet aucune généralisation et surtout ne nous autorise pas à transporter la même notion à la destruction de l'albumine organisée, du biogène.

Comme nous le savons, il se forme dans la décomposition de la molécule de biogène des groupes atomiques azotés et non azotés. Ces derniers, comme acide carbonique, eau, acide lactique abandonnent bientôt l'organisme. Mais rien ne nous force à admettre qu'il en soit aussi de même pour tous les groupes atomiques azotés. Nous pouvons nous représenter que la partie azotée du biogène qui demeure en reste lors de la décomposition de la molécule albuminoïde après le départ de l'acide carbonique, de l'eau, etc., régénère dans certaines circonstances, une molécule de biogène complète aux dépens des substances alimentaires et de l'oxygène ou, dans l'état de jeûne, aux dépens des matières de réserve. Nous aurions alors une décomposition des biogènes n'amenant aucune excrétion d'azote dans l'urine. Or, il n'y a pas un seul fait empêchant d'admettre que dans l'activité musculaire la molécule de biogène se détruise et qu'en général, son résidu azoté régénère constamment aux dépens des aliments, les groupes atomiques non azotés disparus. Une telle épargne d'une substance d'aussi grand prix que l'azote serait au contraire tout à fait en rapport avec l'économie organique.

Cette hypothèse, qui nous apparaît ici comme une simple possibilité suggérée par l'observation des phénomènes, acquiert, lorsqu'on l'envisage de plus près, une très grande vraisemblance.

Et, d'abord, elle s'accorde parfaitement avec nos conceptions de physiologie générale sur la nature du processus vital, et est conforme aux idées que nous devons nous faire des phénomènes présentés par la substance vivante, en nous basant sur d'innombrables observations. Comme nous le savons, les corps albuminoïdes ne forment pas seulement la masse principale des substances dont se compose la matière vivante, mais ce sont aussi les seuls, parmi les composés organiques, dont la transformation puisse entretenir d'une manière durable l'ensemble des activités vitales de l'organisme. A cela s'ajoute, ainsi que nous l'avons vu antérieurement, que toutes les autres substances qui se trouvent encore dans la cellule, ou bien servent à la construction des corps albuminoïdes et des biogènes, ou bien naissent de la transformation de ces derniers. Il ne peut donc subsister aucun doute que la vie ne soit liée, de la manière la plus étroite, à la construction et à la destruction de certains corps albuminoïdes très complexes que l'on a déjà, pour ce motif, désignés sous le terme de biogènes. Ceci admis, il serait vraiment bien paradoxal qu'un renforcement du processus vital, et un renforcement aussi considérable que celui qui se manifeste dans une activité musculaire intense, ne s'accompagnât pas nécessairement aussi d'un renforcement de la transformation des biogènes dans l'organisme. C'est pourquoi Liebig, l'ancien maître de la chimie physiologique, crut devoir, jusqu'à la fin de sa vie, défendre infatigablement cette opinion, que les corps albuminoïdes, qui forment la plus grande partie des matières organiques du muscle, qui jouent le rôle principal dans tout processus vital, représentent aussi les substances dont la décomposition est la source de la force musculaire ; et c'est pour ce motif aussi que Pflüger, un des esprits les plus larges parmi les physiologistes, s'élève de nouveau contre l'idée que l'activité musculaire pourrait se produire sans une décomposition des albuminoïdes.

Mais si la décomposition des biogènes est accrue par le travail musculaire et si, malgré cela, il n'est pas excrété davantage d'azote qu'à l'état de repos, il ne nous reste plus qu'à admettre que le résidu azoté des biogènes se régénère de nouveau en molécules complètes. En fait, sans cette régénération des molécules de biogène, on ne saurait comprendre les phénomènes les plus élémentaires et les plus généraux de la vie. Comment, par exemple, les phénomènes de l'accroissement, le fait qu'une substance vivante, ne se forme jamais qu'aux dépens d'une autre substance vivante, pourraient-ils se comprendre autrement que par la faculté que possède la molécule de biogène d'attirer peu à peu à elle certains atomes et groupes atomiques pour s'accroître en une molécule polymère. Dans cette polymérisation de la molécule de biogène, un nouvel anneau ne peut s'ajouter à la chaîne polymère que par une intercalation successive de chacun de ses groupes atomiques, car les anneaux de la chaîne ne doivent pas être formés d'avance et se tenir tout prêts à être utilisés. En outre, toute régénération repose sur le même principe, comme toute néoformation. De même, le fait du complet rétablissement de l'irritabilité après une extrême fatigue, et maint autre phénomène élémentaire de la matière vivante, supposent, sans réserve, la faculté de régénération de la molécule de biogène.

Mais ce qui est particulièrement important, c'est que l'hypothèse que nous venons de développer concilie les deux théories adverses sur l'origine de la force musculaire. Les albuminoïdes, comme aussi les hydrates de carbone de la ration du cheval de course peuvent, d'après cette manière de voir, servir à la contraction musculaire. Si le pivot de l'activité musculaire est dans la décomposition et la reconstitution de la molécule de biogène, et si, dans cette décomposition, ce ne sont que les groupes atomiques dépourvus d'azote qui abandonnent la molécule, on comprend facilement que, dans la régénération, il ne soit employé que des groupes atomiques non azotés, et les faits prouvent que les albuminoïdes, comme les hydrates de carbone, peuvent concourir à ce but bien que, comme l'a montré Pflüger, pour un régime mixte et suffisamment riche en albuminoïdes, l'albumine ait la préférence. Ainsi ce fait indiscutable que dans le travail musculaire les aliments albuminoïdes peuvent être, jusqu'à un certain point, remplacés par les hydrates de carbone, est aisément compréhensible, et on est tout autorisé à dire : les hydrates de carbone sont la source de la force musculaire, qu'à soutenir que les matières albuminoïdes servent à cet usage. Les deux sortes de substances peuvent jouer le même rôle, mais uniquement parce qu'elles fournissent au résidu du biogène les groupes atomiques nécessaires à sa régénération. Le processus vital du muscle réside toujours dans les échanges des biogènes et il demeure le même, qu'il tire ses matériaux de l'albumine ou des hydrates de carbone et des graisses.

Nous verrons au chapitre de l'Alimentation quelle application nous devrons faire de ces données.

CHAPITRE VIII

TRAVAIL MUSCULAIRE

Contraction musculaire. — Sans entrer dans le détail des théories presque innombrables qui ont été proposées pour expliquer le mécanisme de la contraction musculaire, nous pouvons, parmi les opinions qui ont cours actuellement distinguer deux groupes essentiellement différents. Que la force musculaire ait sa source dans l'énergie chimique, là-dessus tout le monde est d'accord. Mais, tandis que, dans l'opinion de quelques physiologistes, l'énergie mécanique du travail musculaire dérive directement de l'énergie chimique, d'après d'autres, l'énergie chimique passerait d'abord à l'état de chaleur dans la contraction avant de se transformer en énergie mécanique. La première opinion est défendue par Pflüger, Fick et d'autres, la seconde particulièrement par Engelmann.

Le cadre de cet ouvrage, ne nous permet pas de suivre ces auteurs dans leurs intéressants travaux, mais nos considérations sur le mécanisme des mouvements de contraction, nous permettent d'avancer que ce sont des rapports directs entre l'énergie chimique et l'énergie mécanique qui régissent les mouvements de contraction dans leurs points les plus essentiels, sans intermédiaire d'une autre forme d'énergie et que l'activité du muscle repose sur une destruction et une régénération alternantes des particules vivantes du protoplasma.

Les organes du mouvement. — Les fibres musculaires lisses, de même que les striées, sont, dans les états cellulaires, réunies en tissus, les muscles: et partout où doivent être produits des effets de force et des mouvements rapides et répétés, nous voyons les muscles composés de fibres striées, comme par exemple les muscles du squelette et le cœur, tandis que les mouvements lents et graduels des organes soustraits à l'empire de la volonté, comme l'estomac, l'intestin, la vessie, etc., reposent sur l'activité de fibres musculaires lisses. La rapidité de la contraction musculaire atteint une valeur extrêmement élevée et vraiment surprenante dans les muscles des ailes de certains insectes, comme les mouches, qui, ainsi que l'a montré Marey, peuvent exécuter de 300 à 400 contractions par seconde. Enfin il est clair que l'effet moteur produit devra être très considérable là où un grand nombre de fibres musculaires seront réunies pour composer un muscle. Effectivement, nous voyons des muscles relativement petits fournir une énorme quantité d'énergie. Ainsi un muscle aussi petit que le gastrocnémien d'une grenouille, qui mesure à peine un centimètre de diamètre dans sa plus grande épaisseur, peut, d'après les observations de Rosenthal, soulever un poids de plus d'un kilogramme. Et le travail fourni par le muscle cardiaque, toujours en activité, est vraiment énorme. Zuntz a calculé que le cœur d'un homme, battant normalement, fournit en un jour un travail d'environ 20.000 kilogrammètres, c'est-à-dire un travail qui suffirait à élever un poids de 20.000 kilogrammes à un mètre de hauteur. Tel est le travail du cœur pendant un seul jour! Il est facile de calculer d'après cela, quel travail colossal exécute le cœur pendant toute une vie humaine. Le muscle est la machine la plus parfaite que nous connaissions.

Les agents immédiats du mouvement sont donc les muscles, qui, comme nous venons de le dire, sont formés de faisceaux de fibres rougeâtres, dont l'ensemble forme les masses charnues qui entourent les différentes pièces du squelette.

Les tissus musculaires du corps du cheval sont divisés en faisceaux; chacune de ces divisions constitue un muscle qui se subdivise en faisceaux secondaires.

Enfin, les faisceaux secondaires eux-mêmes se décomposent en fibres primitives, éléments fondamentaux de l'organe.

Les fibres primitives du muscle sont constituées essentiellement par une sorte de gaine membraneuse appelée sarcolemme, dont le contenu est le suc musculaire. Le suc musculaire ou plasma est complètement liquide à une basse température.

Les muscles sont doués de la propriété de se contracter, c'est-à-dire de se raccourcir en rapprochant leurs extrémités, à la façon d'un cordon de caoutchouc distendu qui revient sur lui-même.

Quand un muscle se contracte, il attire à lui les os auxquels il est attaché. Grâce à des effets variés de levier, de poulie, de pivot, etc., qui se passent dans les articulations, ce mouvement fondamental de traction se transforme à l'infini, et les membres se fléchissent, se tendent, se tournent et se retournent dans tous les sens.

Les muscles sont chargés d'exécuter les mouvements; mais ils ne peuvent les provoquer par eux-mêmes, sans le secours d'un agent qui les fasse entrer en contraction. La force contractile du muscle est une force latente comparable à celle de la poudre à canon qui ne peut détoner sans l'étincelle. Le muscle livré à lui-même reste inerte et ne peut sortir de son inaction, de son repos, s'il n'y est sollicité par un excitant quelconque.

L'excitant le plus habituel du muscle est la volonté, mais beaucoup d'autres agents peuvent mettre en jeu ses propriétés contractiles. Toute action mécanique, physique ou chimique portée sur le muscle, un choc, une piqûre, une décharge électrique, le contact d'un acide énergique, etc., peut jouer le rôle d'excitant, et provoquer des contractions et des mouvements.

Pour mettre en jeu l'irritabilité du muscle, propriété grâce à laquelle l'organe excité entre en contraction, il suffit que l'agent excitant soit appliqué directement sur la fibre musculaire. Ainsi, sur un animal qu'on vient de sacrifier, il suffit de mettre un muscle à nu et d'en pincer fortement les fibres pour voir ce muscle se contracter et faire mouvoir les os auxquels il s'attache.

Au premier abord, on serait tenté de croire que la volonté, aussi bien que les autres excitants du muscle, agit directement sur l'organe moteur.

Le fait de vouloir et le fait d'agir paraissent si intimement liés l'un à l'autre qu'ils semblent se confondre. Au moindre commandement, notre main saisit un objet, le place ou le déplace, et obéit avec tant de ponctualité et de rapidité que la volonté semble exciter directement les muscles. Il n'en est rien, et cette faculté a besoin, pour leur transmettre ses ordres, d'un enchaînement très compliqué d'organes intermédiaires, sans lesquels son action est nulle.

Ces intermédiaires sont les *nerfs*, la *moelle épinière*, et le *cerveau*.

Si on coupe les nerfs du bras, la volonté la plus énergique s'épuise en vain pour chercher à mouvoir le membre: les muscles ne se contractent plus.

On dit généralement que la section des nerfs moteurs *paralyse* les muscles. L'expression n'est pas exacte: ces muscles n'ont pas perdu la faculté de se contracter, mais ils sont soustraits à l'in-

est conductrice des impressions sensitives, tandis que sa région antérieure transmet les excitations motrices.

Par sa substance blanche, la moelle épinière ne diffère nullement des nerfs. Si on la sectionne transversalement, les mouvements volontaires sont abolis dans tous les muscles qui reçoivent leurs nerfs des parties situées au-dessous de la section. Si, au contraire, on pince fortement ou si on électrise ses cordons antérieurs, on provoque des contractions involontaires dans les muscles innervés par les points sur lesquels porte l'excitation.

La substance grise fait de la moelle un centre nerveux, c'est-à-dire un organe capable non plus seulement de conduire une excitation motrice, mais encore de provoquer spontanément un mouvement dans le système musculaire. Elle est formée par des cellules irrégulièrement sphériques présentant des prolongements filamenteux qui les mettent en communication les unes avec les autres, et qui es rattachent aussi anatomiquement et physiologiquement aux tubes nerveux moteurs et sensitifs. La cellule nerveuse est l'élément le plus élevé dans la hiérarchie des tissus vivants : quand on la rencontre dans un point du système nerveux, on peut être sûr que cette région est douée d'une puissance propre et ne relève d'aucune autre.

Le pouvoir propre de la moelle épinière se révèle par la faculté qu'elle a de provoquer des excitations motrices dans les muscles sans le secours du cerveau et sans l'ordre de la volonté.

Les mouvements. — Le moindre mouvement exécuté par le cheval nécessite l'entrée en jeu d'un grand nombre de rouages. Quand un muscle se contracte, il arrive toujours que les muscles voisins, souvent même des muscles très éloignés, agissent avec lui et s'associent à son travail.

Dans l'exécution d'un mouvement jamais un muscle n'agit sans que son antagoniste entre en contraction, pour lui faire subir une sorte de pondération et de contrôle. Cette opposition est nécessaire pour modérer, diriger et rectifier le mouvement.

La coordination des mouvements se perfectionne par l'exercice, mais le galop de course par exemple est instinctif et presque parfait, dès la naissance. Lorsque cette allure n'est pas parfaite, le cheval l'apprend par la gymnastique qu'il subit à l'entraînement. L'éducation des muscles s'obtient grâce au sens musculaire, qui est le sentiment qu'a l'animal de la direction dans laquelle agissent ses muscles. C'est grâce à ce sens musculaire qu'il proportionne la dépense de force à la résistance à vaincre.

Il y a une maladie caractérisée par l'abolition du sens musculaire : c'est l'ataxie locomotrice.

Le poulain ataxique ne sait plus donner à ses muscles l'impulsion exacte que nécessite la marche, par exemple ses jambes sont projetées violemment en avant, l'arrière-main ne suit pas et on ne peut jamais prévoir où se posera le pied de l'animal atteint de cette affection.

Le galop de course. — Si le galop normal, dans lequel l'impulsion est communiquée au corps par un seul des membres postérieurs, produit une vitesse égale à un, il est clair que la vitesse obtenue devra être égale à deux dans le cas où l'impulsion sera communiquée par une puissance double, c'est-à-dire par les deux membres postérieurs à la fois.

Et, en effet, les animaux dont la course est la plus rapide normalement sont ceux chez lesquels elle s'exécute de la sorte et dont le train postérieur est, en général, plus élevé et plus puissamment musclé que l'antérieur. Les cervidés, les antilopes, les lièvres, les lévriers, nous en donnent des exemples.

Pour obtenir du cheval les grandes vitesses qui s'observent sur les hippodromes, on a dû modifier en ce sens, par une éducation spéciale, son aptitude naturelle pour l'allure du galop et faire acquérir en même temps à son organisme mécanique des dispositions particulières. C'est le résultat de l'entraînement pour les courses.

La vitesse moyenne du galop ordinaire ne dépasse pas beaucoup, ainsi que nous l'avons déjà dit, 7 à 8 mètres par seconde de temps. Celle du galop de course atteint jusqu'à 15, 16 et 17 mètres.

Il est évident que l'effort d'un seul des membres postérieurs ne saurait jamais suffire pour donner au corps une impulsion capable de lui faire atteindre de telles vitesses. Le rapport entre la vitesse du galop normal et celle du galop de course indique, d'ailleurs, assez que les efforts s'additionnent dans le cas de celui-ci. L'observation directe, si difficile qu'elle soit cependant, ne l'eût-elle point fait admettre par tout le monde, on serait conduit à conclure que les choses doivent se passer ainsi, par la raison péremptoire qu'il est impossible qu'elles se passent autrement.

Il n'y a, du reste, point de dissidence à cet égard. Tous les auteurs admettent que dans l'exécution du galop de course les deux membres du bipède postérieur fonctionnent simultanément pour projeter, par leurs efforts, le corps en avant. Ils admettent, dès lors, que le galop de course se compose de sauts successifs et répétés avec une rapidité tellement grande que l'œil ne peut qu'avec beaucoup de peine saisir les mouvements des membres. Le mécanisme de ce genre de galop serait donc, pour chacun de ses temps d'exécution, analogue à celui du saut tel que nous l'avons décrit, à cela près qu'il y aurait une trajectoire presque horizontale.

Vedas, poulain bai brun né en 1902, par Florizel II et Agnostic.

Dans l'étude du rythme du galop de course, la discussion n'a porté jusqu'à présent que sur la question de savoir si les membres des deux bipèdes antérieur et postérieur fonctionnent d'une manière complètement simultanée, et si, par conséquent, les appuis produisent seulement deux battues ou s'ils en produisent trois. C'est une question que l'oreille ne saurait juger. A une telle vitesse, il n'y a point de faculté auditive assez aiguë pour percevoir des intervalles d'une si faible étendue.

Mais Colin, d'après l'observation des foulées de la piste, soutenait que, les deux membres antérieurs étant portés à des hauteurs inégales, dans le galop de course comme dans le galop normal, il s'ensuit que les appuis de ces deux membres ne peuvent être simultanés. D'où il concluait qu'il devait y avoir nécessairement deux battues pour le bipède antérieur, et que, si l'oreille ne les perçoit pas à cause de leur extrême rapidité de succession, ce n'est pas une raison pour qu'elles n'existent point. Les foulées de la piste, réunies par des droites, représentent un trapèze et non pas un rectangle.

L'application de la méthode graphique pouvait seule trancher cette question. Le galop de course est-il réellement à trois temps, ou bien à deux temps, comme on le croit généralement, d'après la sensation auditive qu'il produit chez l'observateur ? L'expérience a été faite à Chantilly par Marey. Le tracé qu'il a obtenu, montre que non seulement les appuis des deux pieds antérieurs ne sont pas simultanés, mais encore qu'il en est de même pour les postérieurs. Les quatre courbes sont extrêmement rapprochées sur ce tracé, mais néanmoins point superposées pour aucun des bipèdes. Il en résulte donc que théoriquement le galop de course n'est ni à deux, ni à trois, mais à quatre temps, se succédant à des intervalles inégaux et extrêmement courts.

Si avancée que soit aujourd'hui la connaissance des mouvements du cheval, leur mécanisme était resté jusqu'ici fort obscur. A cette question : Comment se fait la propulsion de l'animal ? On répondait en général que cette propulsion tenait au redressement des courbures des membres postérieurs qui, devenant ainsi plus longs, tendaient à repousser d'un côté le sol, et de l'autre la masse du corps seule capable de se déplacer. En outre, dans la théorie de la marche du cheval, c'est aux membres postérieurs qu'on attribuait presque toute la force propulsive, les membres antérieurs ne faisant que supporter une partie du poids de l'animal.

Certains faits condamnent cette théorie. En ce qui concerne l'action des membres postérieurs, s'ils agissaient, comme on dit, par leur accroissement de longueur, c'est-à-dire comme un arc dont on couperait la corde, leur action propulsive ne pourrait se produire que dans les instants où l'appui du pied se ferait en arrière de la verticale passant par l'articulation de la hanche, tandis que, si le pied se trouvait verticalement au-dessous de la hanche, l'allongement du membre n'aurait d'autre effet que de soulever la masse du corps; enfin, si le pied se trouvait en avant de cette verticale, l'allongement du membre ferait reculer l'animal.

D'autre part, on constate en certains cas que les membres antérieurs n'ont pas seulement pour rôle de soutenir le poids de l'avant-main, car on voit certains chevaux paralysés des membres postérieurs se traîner par la seule action des membres d'avant. M. Le Hello a cherché à établir une théorie plus conforme aux principes de la mécanique et appuyée sur des preuves expérimentales.

Dans cette théorie, l'auteur attribue un rôle important au poids du corps et à la rigidité de la colonne vertébrale.

Un appareil schématique imitant grossièrement le squelette du cheval est représenté dans la silhouette de l'animal pour faire comprendre le rôle de chacune de ses parties. Une tige rigide, pliée en divers sens, représente l'ensemble des pièces solidaires : bassin, colonne vertébrale et omoplate. A l'épaule s'articule le membre antérieur, formé d'une seule tige flexueuse. Le membre postérieur est formé, au contraire, de pièces multiples, fémur, os de la jambe, canon, phalanges toutes articulées entre elles et donnant attache, aux lieux d'insertion moyenne des principaux muscles, à des ressorts destinés à représenter les forces motrices agissant sur le système.

L'expérience montre ainsi :

1° Que la création des forces locomotrices peut commencer bien avant le milieu de l'appui;

2° Que le rôle impulsif appartient aux muscles de la région postérieure et surtout aux ischio-tibiaux;

3° Que le maintien de l'extension des rayons inférieurs des membres dépend presque entièrement des mêmes muscles de la croupe de la fesse et de la cuisse, dont l'action se transmet par les jumeaux de la jambe et par le fléchisseur superficiel;

4° Que l'action de la pesanteur sur la masse du corps est nécessaire à la propulsion, et que la rigidité de la colonne vertébrale, par laquelle se transmet le poids du corps au bassin, est indispensable à la production de l'effort impulsif.

Le Hello a démontré que les membres antérieurs ont également une action propulsive et que les muscles grands pectoraux sont les agents de cette propulsion.

L'effort. — On regarde généralement l'effort comme un phénomène intimement lié aux très grands déploiements de force. Il peut pourtant se produire, dans bien des cas où la quantité de travail effectué est très faible. La condition essentielle de la production de l'effort, c'est la nécessité de donner à la contraction musculaire, toute la force dont les muscles sont capables. L'effort associe violemment au travail musculaire deux grandes fonctions de l'économie : la respiration et la circulation.

Une perturbation profonde se produit toujours dans l'organisme pendant l'effort, car cet acte entrave momentanément la respiration et la circulation.

Le poumon sert de point d'appui aux côtes et subit une pression proportionnée à l'intensité du travail. Le premier résultat de cette pression énergique, c'est de distendre les cellules pulmonaires remplies d'air, d'où possibilité des déchirures de leur paroi. Mais le poumon lui-même transmet la pression qu'il subit aux organes qui l'avoisinent, les gros vaisseaux, le cœur. Le sang est refoulé dans les veines caves et reflue dans les veines périphériques, qui se gonflent et deviennent saillantes. Les capillaires sont gorgés de sang et la circulation est momentanément interrompue dans les organes, le cerveau, le poumon.

Les grosses artères et le cœur lui-même subissent aussi l'influence de l'effort ; le calibre de l'aorte peut être momentanément effacé, et les battements du cœur suspendus pendant un instant par la compression qu'il subit. La tension du sang se trouve fortement augmentée dans les veines et dans les artères, pendant la durée de l'effort. Aussi voit-on souvent les efforts prolongés donner lieu à des ruptures de capillaires veineux, quelquefois même à des déchirures de veines d'un fort calibre. Dans les efforts les plus modérés, la stase sanguine, la congestion passive momentanée des organes internes ne peuvent être évitées.

L'essoufflement. — F. Lagrange[1] a le premier donné un exposé méthodique et une explication rationnelle de l'essoufflement. Cette forme de la fatigue n'avait été jusqu'à présent l'objet d'aucune monographie.

Il n'y a pourtant, dit cet auteur, pas de fait plus banal et plus fréquemment observé ; il n'y en a pas de plus intéressant au point de vue de l'étude du travail musculaire.

L'essoufflement est un malaise qui se produit au cours d'un exercice violent ou d'un travail musculaire intense, et qui se caractérise par un besoin exagéré de respirer, et par un trouble profond dans le fonctionnement des organes respiratoires. Cet état n'est qu'une forme particulière de la dyspnée et présente le tableau des

1. *Physiologie des Exercices du corps*. Félix Alcan. Paris.

accidents dus à l'insuffisance de l'hématose. Mais il diffère des troubles respiratoires qu'on peut observer dans certaines maladies.

Chez les chevaux, on a remarqué que certaines allures produisent plus particulièrement l'essoufflement, tandis que d'autres amènent plutôt la fatigue des membres.

« Le cheval, — disent les entraîneurs, — trotte avec ses jambes et galope avec ses poumons. » Cette phrase exprime bien, dans son image humoristique, l'importance de l'allure dans la production de l'essoufflement. Pourquoi un cheval s'essouffle-t-il plus au galop qu'au trot? La première idée qui vient à l'esprit, c'est d'attribuer à la vitesse plus grande l'essoufflement plus prompt. Mais il ne faut pas confondre l'*allure* et le *train*. L'allure du galop n'est pas incompatible avec un train très ralenti. On peut raccourcir le galop d'un cheval jusqu'à le forcer à rester en arrière d'un autre cheval qui trotte. On a même cité des animaux assez bien dressés, assez bien mis, suivant l'expression du manège, pour aller au galop aussi lentement qu'au pas. Or, aussi raccourci que soit le galop, il essouffle un cheval plus promptement que le trot à vitesse égale.

L'essoufflement ne se produit donc pas dans les mêmes conditions que la fatigue musculaire locale, et certains exercices semblent avoir le privilège d'influencer la respiration.

Remarquons que, dans la course, l'essoufflement est dû moins à la vitesse de la progression qu'au mode de locomotion, à la manière dont le corps se déplace. La vitesse dans le mouvement ne suffit pas pour amener l'essoufflement quand elle n'est pas combinée avec l'intensité de l'effort musculaire. Aussi ne faut-il pas s'en rapporter à la vitesse d'un exercice pour préjuger le degré d'essoufflement qu'il doit produire.

On peut, ainsi que nous l'avons dit, ralentir le galop d'un cheval, de manière à le rendre moins rapide que le trot allongé, et pourtant on observe toujours que l'animal s'essouffle beaucoup plus en galopant qu'en trottant. C'est que le galop du cheval est une allure plus *haute* que le trot, ainsi que l'ont mis en lumière les expériences de M. Marey. Le cheval qui galope élève son corps à une plus grande hauteur du sol que le cheval qui trotte, et fait, par conséquent, une plus grande quantité de travail mécanique. C'est à cause de cette différence dans la quantité de force dépensée que le trot à vitesse égale, essouffle toujours moins l'animal que le galop.

Il serait facile d'accumuler des exemples. Ceux que nous avons cités suffisent pour démontrer que la véritable condition de l'essoufflement, celle sans laquelle la gène respiratoire ne se produit pas d'une manière durable, c'est la grande dépense de force nécessitée par l'exercice en un temps très court.

Toute différence individuelle étant écartée, on peut dire que :

Dans tout exercice musculaire, l'intensité de l'essoufflement est en raison directe de la quantité de force dépensée en un temps donné.

L'essoufflement est un effet général, une résultante. Il est l'effet de la totalité du travail exécuté par l'ensemble des muscles qui concourent à un exercice.

La fatigue musculaire, au contraire, est un effet local. Elle est proportionnée à la part de travail qui revient individuellement à chaque muscle dans l'exécution d'un exercice.

L'essoufflement est la forme générale de la fatigue. Quand on veut obtenir de l'exercice musculaire ses effets généraux, il faut rechercher les exercices qui essoufflent, et ne pas s'en tenir à ceux qui fatiguent. Ces derniers produisent surtout des effets locaux.

Enfin, dans le dosage du travail, on peut considérer l'essoufflement comme une sorte de mesure physiologique indiquant plus sûrement que la fatigue musculaire l'intensité du travail auquel a été soumis l'organisme du cheval. Quand l'essoufflement ne s'est pas produit, on peut dire que l'exercice est modéré, ou du moins qu'il a été pris — si l'on peut s'exprimer ainsi — à dose fractionnée. Toutes les fois, au contraire, que la gêne respiratoire se produit promptement, on peut affirmer qu'il a été fait une grande quantité de travail en peu de temps, et par conséquent que l'exercice a été pris à haute dose.

Si on passe en revue toutes les circonstances dans lesquelles se produit l'essoufflement, on verra qu'il faut que beaucoup de travail soit fait en peu de temps, que l'exercice soit pris, pour ainsi dire à dose massive, parce qu'il faut que l'augmentation de l'acide carbonique soit assez rapide pour amener l'accumulation excessive de ce gaz et la saturation du sang.

Si l'exercice ne fait, par exemple, que doubler la production de l'acide carbonique, l'essoufflement n'aura pas lieu, puisque l'élimination de ce gaz, d'après les recherches de Sanson, peut être triplée pendant le travail. La respiration serait *activée*, mais elle ne serait pas *insuffisante*. Si, au contraire, le travail musculaire produit, pendant un temps donné, une quantité d'acide carbonique supérieure à celle que le poumon peut éliminer pendant le même temps, il se produira une accumulation de ce gaz dans l'économie, le malaise respiratoire augmentera à chaque seconde et finira par interrompre le travail.

Ainsi s'expliquent les faits qui frappent l'observateur dans la pratique des exercices du cheval de course et qui montrent combien la fatigue musculaire se produit dans des conditions différentes de l'essoufflement.

La quantité d'acide carbonique produit par un groupe de muscles dans un temps donné est proportionnelle au travail qu'il exécute. D'autre part, le travail que peut exécuter un poulain sans se fatiguer est en raison directe de la force, c'est-à-dire du nombre et du volume des muscles composant ce poulain. Si donc un exercice est donné à un poulain peu musclé, la fatigue se produira avant qu'il n'ait fourni une grande quantité de travail et amassé dans le sang une forte dose d'acide carbonique. Le pouvoir éliminateur du poumon sera supérieur à la puissance de travail des muscles agissants; la fatigue musculaire précédera l'essoufflement. Si, au contraire, les muscles sont très puissants et très nombreux, ils pourront, avant d'arriver à la fatigue, produire une grande somme de travail et, par conséquent, une très forte dose d'acide carbonique. Leur puissance de travail sera supérieure au pouvoir éliminateur du poumon. L'essoufflement viendra cette fois avant la fatigue.

Voilà pourquoi l'entraînement produit la fatigue sur les membres antérieurs, dont les muscles sont relativement faibles, sans amener l'essoufflement. Ces muscles font relativement peu de travail à la fois; ils sont fatigués avant d'avoir produit la dose d'acide carbonique nécessaire pour essouffler le poumon.

Les membres postérieurs, au contraire, avec leurs puissantes masses musculaires, peuvent fournir, en quelques secondes, une grande somme de travail et jeter dans le sang une grande quantité d'acide carbonique. Aussi, quand on leur demande tout le travail dont ils sont capables, produisent-ils, en très peu de temps, beaucoup plus d'acide carbonique que le poumon n'en peut éliminer. L'essoufflement vient interrompre l'exercice alors que les muscles sont encore pleins de vigueur. De là la difficulté de régler le travail du racer.

L'essoufflement a lieu toutes les fois que le travail musculaire produit, en un temps donné, dans le sang plus d'acide carbonique que le poumon n'en peut éliminer dans le même temps.

La quantité de travail nécessaire pour amener l'essoufflement ne devra donc pas être la même pour tous les chevaux parce que tous les sujets ne peuvent pas éliminer par le poumon la même quantité d'acide carbonique dans le même temps. On peut dire qu'il existe, pour chaque individu, un coefficient d'essoufflement qui varie avec son aptitude respiratoire. Le moment où l'essoufflement se produit peut être retardé par la vigueur du sujet, l'ampleur de ses poumons, l'intégrité parfaite de son cœur, et surtout par son aptitude acquise à se servir de ses organes respiratoires.

Mais quelle que soit la puissance respiratoire du sujet, si on suppose un exercice aussi violent que possible et utilisant sans aucun ménagement toute la force des muscles du corps, l'essoufflement se produira presque instantanément, parce que le système musculaire, dans son ensemble, peut produire, en un temps donné, plus d'acide carbonique que les poumons n'en peuvent éliminer, c'est pour cette raison qu'il est important dans un exercice de grande vitesse, tel que la course, de ne pas faire donner du premier coup tout l'effort dont l'animal est capable et de le ménager au départ. Pour éviter de l'essouffler pendant le travail, il faut proportionner le travail des muscles au pouvoir éliminateur du poumon, de façon que la quantité d'acide carbonique produite en un temps donné ne soit pas supérieure à celle que peuvent débiter les voies respiratoires pendant le même temps; cette condition est très difficile à réaliser si on ne laisse pas le cheval régler ce débit lui-même.

L'habitude d'exécuter un travail amène instinctivement l'animal à régler l'intensité de l'effort musculaire sur la puissance respiratoire, de telle façon qu'il y ait équilibre entre la quantité d'acide carbonique que produisent les muscles et celle qu'élimine le poumon. C'est ainsi que chaque animal arrive à adopter dans le travail de vitesse une allure, — ou plutôt un train, — dont ils ne doivent pas sortir sous peine de s'essouffler.

Il y a, dans nos courses, des chevaux chargés de faire le jeu, ils s'élancent à fond de train dès le départ, cherchant à entraîner leurs adversaires dans un galop extrêmement vif. Le but de cette manœuvre est de forcer les autres chevaux à sortir de leur train, pendant qu'un camarade d'écurie se ménage pour prendre ensuite la tête quand les concurrents commencent à perdre leurs moyens. Un cheval qui sort de son train est, au point de vue physiologique, un animal qui produit plus d'acide carbonique qu'il n'en peut éliminer. De là intoxication prompte qui paralyse son action. Pour gagner la course, un cheval est presque toujours obligé de fournir à un moment donné toute la vitesse dont ses jambes sont capables, et, par conséquent, de sortir de ses allures. Mais c'est l'art du jockey de l'en sortir le plus tard possible, de manière à ne l'exposer à l'intoxication inévitable que tout près du poteau d'arrivée.

Cependant, quoi qu'on fasse, si un exercice violent se continue sans arrêt pendant un certain temps, l'essoufflement finira toujours par se produire, quoique le sujet ne sorte pas de son train. Supposons le cas où le travail musculaire produit une quantité d'acide carbonique juste égale à celle que peu éliminer le poumon. L'essoufflement n'aura pas lieu dès le début, puisqu'il y aura équilibre entre la production et l'élimination. Pourtant, si le travail continue, la respiration finira par s'embarrasser. Ainsi, par exemple, une course modérée, qu'un cheval peut supporter pendant cinq minutes sans être essoufflé, amènera l'essoufflement si elle se continue pendant un quart d'heure, sans qu'on ait augmenté la vitesse première.

C'est que, la quantité de travail restant la même, l'aptitude respiratoire du sujet diminue, par le fait de la continuation de l'exercice. Par le fait même du travail, il se produit des troubles dans le fonctionnement de l'appareil respiratoire. La circulation sanguine est activée dans le poumon, et il en résulte d'abord une congestion active de cet organe. Plus tard, c'est la congestion passive qui s'observe par suite de la fatigue, du forçage du cœur droit dont l'impulsion n'est plus assez énergique pour chasser le liquide sanguin à travers les petites ramifications des vaisseaux pulmonaires. D'autre part, les centres nerveux, vivement excités par l'acide carbonique que le sang leur apporte, réagissent sur les mouvements du poumon par des effets réflexes qui rendent la respiration courte, précipitée, irrégulière.

La congestion du poumon, le dérèglement des mouvements respiratoires, l'exagération, puis l'affaiblissement des battements du cœur, sont autant de facteurs secondaires de l'essoufflement, que nous étudierons brièvement tout à l'heure. Leur rôle est important dans la production de la dyspnée au cours de l'exercice, car il créent des obstacles au libre fonctionnement du poumon, au moment même où cet organe aurait besoin de fonctionner avec plus d'intensité.

CHAPITRE IX

FATIGUE ET SURMENAGE

Nous allons étudier dans ce chapitre les conséquences de l'entraînement et montrer l'influence du facteur travail sur l'organisme en voie d'évolution, condition qui lui donne peu de résistance aux causes morbifiques ; nous verrons dans cette étude que les divers états pathologiques observés ne sont que des modalités d'une seule entité morbide, le surmenage.

Alors que l'organisme est en pleine voie de croissance, on impose des courses sévères aux poulains. L'abus des courses à la période de deux ans est funeste; bien que l'usure prématurée qui en résulte fatalement soit reconnue des éleveurs, les propriétaires préfèrent faire de suite une sélection pour éliminer les inutiles.

Il n'entre pas dans le cadre de cette étude clinique de faire la critique de cette façon antihygiénique de procéder; notre rôle se bornera à mettre en évidence les inconvénients graves qui en résultent.

Surmenage. — L'étude du surmenage (pathogénie et pathologie) présente donc un intérêt réel chez le cheval de course qui peut être considéré par son utilisation spéciale comme le type du « surmené ».

Boëllmann dans une remarquable étude, à laquelle nous avons fait de larges emprunts, définit le surmenage « l'état d'un animal chez lequel la fatigue a dépassé la limite de résistance de la constitution; on peut le définir en pathologie comparée, le degré maximum de fatigue ».

Pas plus que pour la fatigue on ne saurait désigner précisément quelles sont les substances nuisibles directement productrices de surmenage.

On a seulement constaté que le sang, le sérum, les extraits de suc musculaire des animaux surmenés, possédaient un pouvoir toxique supérieur à la normale (Mosso, Roger, Abelous) et qu'il en était de même de la toxicité des urines (Bouchard, Roger), peut-être aussi de celle de la sueur (Arloing).

Le point capital est que le surmenage est très souvent la cause prédisposante, occasionnelle de diverses maladies, il affaiblit la résistance normale de l'organisme vis-à-vis des agents microbiens grâce à l'intoxication due aux produits de désassimilation.

La morbidité et la mortalité (gourmes, affections typhoïdes, pneumonies contagieuses, etc., etc.) observées chez les sujets surmenés sont beaucoup plus accusées et le processus de guérison suit toujours une marche lente.

Chez le pur sang la transition brusque de l'état pléthorique à la « condition » produit une révolution qui désorganise au plus haut degré tout le système nerveux de l'animal et se traduit souvent par des troubles pathologiques à modalités variables, mais qui pourront comme nous le verrons dans la suite de cette étude, être rattachés à une étiologie commune, le surmenage et la suralimentation.

Parmi les causes prédisposantes du surmenage, il faut citer le manque de condition, les tares organiques (affections cardiaques et pulmonaires), la chaleur; mais la cause déterminante unique est l'excès de travail. Cette dernière condition se rencontre fréquemment à l'entraînement où sous l'influence du facteur vitesse la suractivité fonctionnelle atteint son maximum.

M. Boëllmann dans son étude met, le premier, en évidence que le surmenage physique peut, à lui seul, donner lieu à une entité morbide à modalités variables.

Les troubles pathognomoniques observés par cet auteur sur les chevaux d'armes sont localisés sur l'appareil respiratoire et circulatoire.

La symptomatologie peut se résumer ainsi : abattement, tristesse, ...ment, battements du cœur forts et tumultueux, pouls petit ...nce entre les mouvements du cœur et les pul... jamais défaut.

...ractions spasmodiques

... est tellement violent ... bruits ; on perçoit tou-

... plus ou moins marquée.

... cas se caractérise par un

état typhoïde ; on observe les symptômes suivants : température élevée, 40-41° ; œil fermé, cyanosé, pleureur, abattement, sidération complète, pouls petit et filant.

Si, au début, ces signes cliniques peuvent faire supposer un état typhoïde, ou une maladie infectieuse, la confusion au bout de 24 heures n'est plus possible, car à ce moment, dans les cas de surmenage aigu, on observe, même sous l'influence d'un traitement anodin, une amélioration brusque se traduisant par la chute de la température et la disparition des symptômes généraux.

Au contraire dans les états typhiques ou infectieux, l'hyperthermie et les symptômes généraux, malgré l'emploi d'un traitement énergique, persistent plusieurs jours et ne disparaissent que très lentement.

La diagnose exacte est importante pour établir un traitement rationnel, la thérapeutique ainsi que nous le verrons au chapitre traitement, étant différente dans les 2 cas.

A l'étude clinique du surmenage M. Boëllmann, le distingué vétérinaire de l'école de cavalerie de Saumur, reconnaît quatre degrés :

Premier degré : phase prémonitoire ou initiale ;

Deuxième degré : correspondant au surmenage aigu caractérisé par la courbature et les états typhoïdes ;

Troisième degré : le surmenage suraigu à forme asphyxique et à issue rapide par insufflement et auto-intoxication.

Enfin, un quatrième degré, un surmenage lent ou chronique qui aboutit non à l'intoxication, mais à l'épuisement et à l'autophagie.

Bien qu'adoptant en principe la classification de M. Boëllmann : nous classerons les formes cliniques du surmenage en nous basant sur leur localisation sur les divers grands appareils.

Cette méthode, pensons-nous, simplifiera la pathogénie et la diagnose du surmenage.

TABLEAU CLINIQUE DU SURMENAGE

Surmenage aigu......	A. Appareil musculaire :	fatigue, courbature féb[illegible] myosite.
	B. Appareil respiratoire :	dyspnée carbonique, [illegible] tion pulmonaire, [illegible]
	C. Appareil circulatoire :	intoxication, card[illegible] verses, myoc[illegible] ragies, syn[illegible]
	D. Appareil nerveux :	asthénie.
	E. Appareil locomoteur :	ostéite d[illegible] culai[illegible] os[illegible]
Surmenage chronique.	Autophagie, éthisie, misère p[illegible]	

fluence de la volonté, et ne reçoivent plus ses ordres. Sous l'influence d'autres causes d'excitation, ils continueraient à entrer en contraction et à faire mouvoir les os auxquels ils s'attachent. Si l'on électrise ces muscles qui semblent paralysés, si même on se contente de les pincer fortement, on y provoque des contractions et des mouvements.

Une section de la moelle épinière, une lésion du cerveau, ont aussi pour résultat de mettre les muscles hors de l'atteinte de la volonté, sans, pour cela, détruire leur contractilité.

La contractilité est une force inhérente au muscle et qui ne lui vient pas de son nerf moteur. Si l'on détruit avec soin tous les filaments nerveux qui se rendent à un muscle, celui-ci, réduit à ses seuls éléments, ne perd pas pour cela la faculté d'entrer en contraction sous l'influence d'une excitation quelconque.

Le muscle a une individualité et une puissance propres, en dehors de toute action nerveuse.

Les nerfs ont, de tous les tissus nerveux, la structure la plus simple, car on n'y observe qu'un seul tissu fondamental, la substance blanche. Cette substance est constituée par des éléments allongés en forme de fibres creuses ou de tubes dans lesquels on aperçoit au microscope une sorte de filament qu'on appelle cylindre-axe. Dans les points où le nerf moteur se distribue au muscle, le cylindre-axe se termine par un épanouissement en forme de disque qu'on appelle la plaque motrice et qui se confond intimement avec les parois d'enveloppe des dernières fibrilles musculaires. La plaque motrice est le trait d'union qui unit le nerf au muscle. C'est par elle que s'établit la communication entre l'organe moteur et le conducteur qui lui porte les ordres de la volonté.

La moelle épinière semble formée par la réunion de tous les nerfs du tronc et des membres. Elle a la forme d'un gros cordon blanc, auquel viennent aboutir aussi bien les nerfs sensitifs que les nerfs moteurs, et qui se continue avec le cerveau, dont elle est en quelque sorte un prolongement.

Deux substances entrent dans sa composition : l'une est blanche comme le tissu des nerfs, l'autre présente une coloration grise.

La substance blanche forme les couches extérieures de la moelle. Elle présente la même structure élémentaire que les nerfs, et offre les mêmes propriétés conductrices que ces organes : mais étant formée par des fibres nerveuses sensitives, aussi bien que par des fibres motrices, elle a des propriétés mixtes : sa région postérieure

Nous suivrons cet ordre dans l'étude clinique du surmenage qui fera l'objet des pages qui vont suivre.

La fatigue. — Quand on isole un muscle sur un animal vivant et qu'on fait passer à travers ce muscle un courant électrique, on observe qu'il entre en contraction pendant tout le temps que dure le passage du courant. Pourtant, si l'expérience se prolonge, le muscle, au bout d'un certain temps, se contracte plus faiblement ; un peu plus tard, il finit par ne plus se contracter du tout : il est fatigué.

La fatigue n'est d'abord que relative, et le muscle peut de nouveau entrer en contraction si on l'excite à l'aide d'un autre courant plus fort que le premier. Mais il arrive un moment où la fatigue est absolue, c'est-à-dire où le muscle a perdu complètement la propriété de se contracter sous l'influence de l'électrisation la plus énergique.

Jamais un muscle de cheval n'atteint par suite du travail l'état de fatigue absolue, d'inexcitabilité complète qu'on observe sur l'animal en expérience. Ce qui s'y oppose, c'est la sensation douloureuse éprouvée par l'animal bien avant le moment ou le muscle deviendrait absolument incapable d'agir.

La contraction musculaire souvent répétée devient douloureuse mécaniquement, par les secousses et les tiraillements répétés qu'elle occasionne dans le muscle lui-même et dans les tissus voisins. Toute action mécanique faisant subir aux masses musculaires du corps des pressions, des mouvements et des chocs semblables à ceux qu'y détermine le travail, peut amener, aussi bien que le travail, la sensation de fatigue. On appelle « massage » une série de manœuvres pendant lesquelles les muscles sont soumis à des manipulations variées. A la suite de l'action exercée par la main du masseur sur les membres, le cheval éprouve les mêmes sensations de fatigue locale que produit le travail musculaire. On est donc fondé à conclure que l'endolorissement d'une région qui a travaillé est dû à la même cause que celui d'une région qui a été massée, c'est-à-dire à une action mécanique.

On s'explique du reste aisément cette action. Le muscle est traversé par une foule de filets nerveux sensitifs. Ces petits rameaux sont froissés et tordus par le mouvement des fibres musculaires qui se gonflent et durcissent pendant les contractions énergiques du travail. Les fibres musculaires elles-mêmes sont tiraillées, ainsi que les tendons, les aponévroses d'insertion et les synoviales subissent des frottements répétés. Il résulte donc, en somme, d'un travail musculaire très violent un véritable traumatisme pour toute la région qui est le siège de ce travail, et les conséquences de ce traumatisme peuvent être les mêmes que s'il était dû à des causes externes, telles que des contusions, par exemple. Maintes fois, ainsi que nous le dirons en parlant des accidents du travail, des ruptures, des inflammations, des abcès même peuvent être le résultat d'un excès d'entraînement.

Mais indépendamment de ces causes de malaise, le muscle en travail en subit d'autres moins connues et plus intéressantes. Il se passe dans la fibre musculaire des modifications de nutrition dues aux combustions qui accompagnent la contraction. Tout muscle qui se contracte s'échauffe, et cette augmentation de température est due à des combinaisons chimiques dont nous avons déjà parlé. Les actes chimiques qu'on désigne sous le nom de combustions altèrent profondément la structure des tissus aux dépens desquels ils ont lieu, et de cette altération résultent des produits nouveaux qui séjournent pendant un certain temps dans le muscle.

Or, ces produits exercent sur le muscle une action particulière qui le paralyse et le met dans l'impossibilité de se contracter.

Si l'on fait subir aux muscles d'une grenouille l'action d'un fort courant électrique et qu'on prolonge cette action jusqu'au moment où la fatigue est complète, et où les membres de l'animal n'éprouvent plus la moindre secousse sous l'influence des excitants les plus violents, on aura dans ces muscles fatigués les éléments nécessaires pour faire une expérience des plus curieuses. En effet, leur substance, triturée dans un mortier et réduite en bouillie fine, renferme un principe capable de communiquer à des muscles sains et reposés la fatigue dont ils sont atteints; quand on injecte à une grenouille cet extrait de muscles fatigués, on détermine chez l'animal tous les phénomènes de la fatigue, et ses membres ne peuvent faire aucun mouvement sous l'influence de l'électricité.

Ainsi, il se développe par le fait même du travail, dans les muscles, des produits de désassimilation doués de la propriété de faire perdre aux fibres musculaires leur force contractile; quand ces produits ne sont pas trop abondants, ils sont rapidement balayés par le sang qui afflue au muscle, et, s'ils ne se renouvellent pas, les troubles de nutrition occasionnés par le travail sont promptement réparés. Mais, si le travail se continue trop longtemps, ces produits s'accumulent dans le muscle en quantité excessive. Ils peuvent alors abolir momentanément sa contractilité, et occasionner en outre, les accidents généraux graves, dont nous avons déjà parlé.

Il faut donc conclure que la douleur ressentie dans un muscle qui a subi des contractions prolongées résulte d'une série de petites lésions, de tiraillements, de froissements des parties sensibles de la région qui a travaillé, et que l'impuissance absolue d'agir qu'on y observe est due à un trouble de nutrition, à la formation au sein du tissu musculaire des produits de désassimilation, dont le contact semble paralyser l'élément contractile, il faut dire aussi que l'impuissance du muscle fatigué est cause, par elle-même indirectement, d'un malaise, parce qu'elle occasionne un effort pénible aux centres nerveux.

Les phénomènes qu'on observe dans les laboratoires en électrisant un muscle fatigué sont l'imitation fidèle de ce qui se passe dans l'organisme quand la volonté cherche à faire agir un membre devenu impuissant par suite d'excès de travail; de même qu'un muscle de grenouille fatigué par des décharges successives exige, pour continuer à se contracter, qu'on augmente la force du courant qui l'excite, de même, dans l'organisme vivant, il faut une augmentation de l'influx volontaire pour galvaniser un animal épuisé et en obtenir des mouvements énergiques, or la volonté manifeste son effort par un ébranlement de la substance grise du cerveau, et cet ébranlement devient douloureux quand il est excessif.

La fatigue est donc un phénomène à la fois musculaire et cérébral.

Le muscle fatigué est endolori par les froissements qu'il a subis, et paralysé dans ses propriétés contractiles par le contact des substances chimiques résultant des combustions du travail. Le cerveau ressent les effets de la fatigue par l'ébranlement plus violent que cause à ses cellules l'excitation volontaire, excitation qui doit devenir plus intense à mesure que le muscle y répond plus difficilement.

Pendant l'exercice musculaire, la sensation de fatigue est quelquefois hors de proportion avec les lésions subies par la fibre musculaire et avec les modifications de nutrition qu'elle a subies au cours du travail. C'est alors le cerveau qui faiblit avant le muscle. L'organe de la volonté semble avoir perdu une partie de son pouvoir excitateur, et éprouve avec exagération, la sensation de la fatigue.

On distingue deux genres de fatigue : la fatigue subjective, qui est caractérisée par une sensation, et la fatigue objective, qui consiste dans un état particulier du muscle.

La fatigue objective, ou fatigue absolue, est due à une altération profonde dans la composition chimique des muscles, altération qui fait perdre à cet organe la faculté d'accomplir sa fonction habituelle.

La fatigue subjective est essentiellement relative et variable, comme toutes les impressions sensitives. Elle consiste dans un malaise qui se produit à la suite d'un léger endolorissement du muscle, et d'une modification très superficielle de la structure.

Dans les faits habituels de l'exercice musculaire, la fatigue n'est jamais absolue, et bien rares sont les cas dans lesquels le cheval arrive à épuiser réellement toute la force contractile de ses muscles. C'est que la sensation de fatigue l'empêche d'avoir la notion exacte de l'énergie contenue encore dans la fibre musculaire, et le pousse à s'arrêter longtemps avant d'avoir dépensé toute la force de l'organe moteur. De même, la sensation de la faim l'avertit que son corps a besoin d'aliments, et cet avertissement lui arrive bien avant que l'organisme soit affaibli par le défaut de nourriture.

Il y aurait donc danger, à pousser le travail jusqu'à l'épuisement complet des muscles, jusqu'au moment où il ne sont plus capables d'entrer en contraction, car à ce moment les organes auraient subi des troubles profonds de nutrition capables de mettre en péril l'organisme tout entier, comme il arrive chez l'animal forcé.

La fatigue est donc, dans les actes ordinaires de la vie, une sorte de régulateur, avertissant que l'on dépasse la limite de l'exercice utile, et que bientôt le travail va devenir un danger.

Une foule de faits physiologiques démontrent que la sensation de fatigue a son siège dans les centres nerveux plutôt que dans le muscle. Toutes les fois que le travail musculaire s'exécute sans que le cerveau y prenne part, on observe que la fatigue est beaucoup plus lente à se produire ; elle se manifeste au contraire avec d'autant plus d'intensité que les facultés cérébrales sont plus vivement associées à l'acte que le cheval exécute.

Beaucoup de mouvements sont involontaires et inconscients : les mouvements de la vie organique, les battements du cœur, les mouvements respiratoires. Tous ces mouvements, qui s'exécutent sans l'intervention du cerveau et en dehors de la volonté, ne déterminent jamais la sensation de fatigue.

Les muscles habituellement soumis à la volonté présentent la même immunité pour la fatigue quand ils viennent à se contracter involontairement.

Le même travail musculaire qui produit la fatigue, quand il est volontaire, ne la produit plus quand il se fait en dehors de l'action de la volonté, c'est-à-dire quand le cerveau n'est pas associé à l'acte musculaire ; le cerveau est donc, selon toute probabilité, le siège de cette sensation qui porte l'animal à interrompre le travail longtemps avant la fatigue réelle du muscle dans les mouvements volontaires, plus l'association du cerveau à l'acte musculaire est intime, comme c'est le cas dans les courses d'obstacles, plus la sensation de fatigue est intense. L'exercice qui s'accompagne d'une tension considérable de la volonté est plus fatigant que celui que le cheval exécute sans y prendre garde ; quelquefois un travail insignifiant comme dépense de force amène une lassitude très prompte quand il est exécuté avec une attention soutenue. C'est-à-dire quand la volonté ne se relâche pas d'un instant.

Rien de variable comme l'impressionnabilité de chaque sujet à la fatigue. Les chevaux très nerveux et très irritables ressentent quelquefois trop vivement cette sensation douloureuse qui accompagne le travail musculaire, et on se trouve alors pris dans ce dilemme ou bien les arrêter au premier signe de fatigue et les laisser au-dessous de la quantité d'exercice qui leur serait nécessaire, ou bien les faire lutter contre la fatigue et s'exposer à la réaction nerveuse qui suit chez eux, toute douleur très accentuée. La surexcitation nerveuse est souvent la conséquence de la lutte d'un cheval affaibli contre le malaise occasionné par le travail, et force l'entraîneur à interdire l'exercice à des sujets pour lesquels il serait une ressource précieuse s'il pouvait être supporté.

Dans ces cas, on peut toujours arriver à faire supporter l'exercice, mais il faut s'ingénier à trouver la forme sous laquelle il aura le plus de chances d'être supporté par l'animal, c'est-à-dire la forme sous laquelle il produira le moins de fatigue.

Nous ne pouvons ici qu'indiquer à grands traits la manière de procéder dans ces cas, parce que l'exercice demande beaucoup de tact et une étude approfondie de chaque allure. Nous formulerons seulement cette loi : à travail musculaire égal, la sensation de fatigue est d'autant plus intense que l'exercice s'adresse à des sujets nerveux, qui ne demandent qu'un travail modéré. On a dit que les nerfs paraissent être infatigables ; on n'est pas encore jusqu'ici parvenu à démontrer pour le nerf des phénomènes de fatigue appréciables à la suite d'excitations longtemps prolongées. Il est toutefois invraisemblable au plus haut point que le nerf soit réellement infatigable. Puisque le nerf, comme toute substance vivante, est, durant sa vie, le siège d'un échange de matières, et puisque, avec la vie, il perd en même temps l'irritabilité, il nous faut admettre que son irritabilité est liée à des échanges nutritifs, et que toute excitation y amène aussi une modification de ces échanges. Il est possible que ces modifications soient si faibles que la fatigue du nerf ne puisse pas être décélée par nos méthodes actuelles.

En se basant sur ces données physiologiques on peut établir schématiquement l'équation de la fatigue ; les deux facteurs qui tiennent sous leur dépendance l'activité locomotrice étant l'élimination et la dénutrition.

Plusieurs cas peuvent se présenter en hippomécanique :

Élimination = Dénutrition	travail élevé.
Élimination $<$ Dénutrition	fatigue, surmenage, intoxication.

Tous les facteurs qui augmenteront l'élimination ou diminueront la dénutrition augmenteront l'aptitude au travail.

La fatigue, premier degré du surmenage, en diminuant la résistance normale de l'organisme, constitue un terrain favorable aux agents morbigènes ; suffisamment prolongée, la fatigue peut aboutir à un état morbide passager dont les symptômes sont ceux de la courbature fébrile.

La prophylaxie de la fatigue réside entièrement dans l'hygiène du travail ; ne pas dépasser la tolérance organique, tel est le but à réaliser dans les diverses périodes de l'entraînement.

Le graphique ci-dessous résume le travail normal et montre les effets néfastes du surmenage.

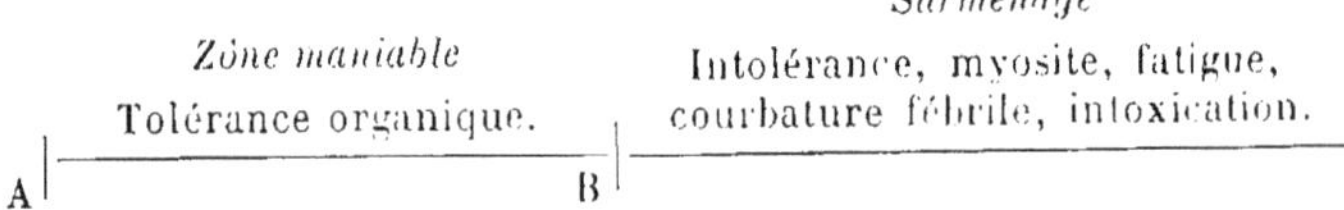

Le point délicat est de déterminer la zone AB : au delà du point B les formes cliniques du surmenage se manifesteront dans un délai variable, avec l'individualité, mais, pour être retardées, elles n'en seront pas moins fatales.

Sérum contre la fatigue. — La découverte d'un sérum contre la fatigue a fait quelque bruit dans le monde du sport, mais aucune donnée expérimentale sérieuse, n'a confirmé les résultats prophylactiques, annoncés par l'auteur. Le lecteur trouvera, au chapitre relatif au doping, quelques données sur cette antitoxine.

De la courbature. — Si l'exercice effectué est plus violent que ne le comportent les forces et l'entraînement du sujet, il se produit parfois un retentissement organique, se traduisant par de l'hyperthermie, de céphalalgie, de l'inappétence, etc., cet ensemble clinique, qui présente au point de vue morbide une assez grande analogie avec un état typhoïde, constitue la courbature fébrile.

En plus de ces symptômes on observe chez les courbaturés une raideur plus ou moins accusée qui peut aller jusqu'à la fourbure; dans ce dernier cas des soins spéciaux de la région digitée sont nécessaires.

La courbature fébrile est la forme clinique du surmenage que l'on observe le plus fréquemment chez le pur sang ; la majorité des cas d'inappétence observés pendant la période d'entraînement sont liés à un degré léger d'intoxication, et doivent être rattachés au surmenage.

Myosite. — La myosite peut être considérée cliniquement comme le dernier degré de la fatigue musculaire, aussi, pour en comprendre la pathogénie, allons-nous indiquer en quelques lignes les modifications biologiques et chimiques résultant de la contraction musculaire.

La fatigue musculaire a été étudiée avec soin dans son mécanisme intime par les physiologistes. Tout porte à croire, ainsi que nous l'avons vu précédemment, qu'elle résulte surtout de l'accumulation dans le sein du muscle des matériaux provenant des combustions ou, pour être plus exact, des dédoublements qui s'y effectuent lors de la contraction.

Ce sont principalement l'acide carbonique et l'acide lactique ou sarcolactique (J. Ranke); aussi le muscle fatigué présente-t-il une acidité plus grande ; on peut comme l'a fait Ranke produire expérimentalement la fatigue d'un muscle, en injectant dans l'artère qui l'alimente du lactate de soude.

La fatigue physiologique est liée à l'accumulation dans le muscle de substances nuisibles et incapables de faire les frais d'une contraction facile, la *respiration musculaire*, comme l'appelle Cl. Bernard, exigeant pour le maintien de l'activité fonctionnelle de l'organe l'apport régulier d'un sang normal et vivifiant.

A cette intoxication locale s'ajoutent les tiraillements musculaires qui constituent une sorte de traumatisme du muscle par lui-même. Ces deux causes, d'ordre différent, agissent dans le même sens et déterminent lorsque la limite fonctionnelle a été dépassée des troubles généraux et locaux dont l'ensemble constitue une entité morbide bien définie, la myosite.

La forme clinique la plus fréquente est la suivante : habituellement ce sont les symptômes généraux qui attirent l'attention ; au bout d'un temps variable, le jour même ou le lendemain d'un travail sévère à l'entraînement, le sujet se montre triste, les muqueuses sont injectées, la respiration est accélérée, le thermomètre marque 40°-41°.

Outre ces symptômes généraux on observe des signes locaux : un engorgement douloureux, dur, tendu, élastique, parfois œdémateux se manifeste en une ou plusieurs régions du corps ; la démarche est raide et pourrait à un examen superficiel faire croire à de la fourbure.

L'examen de la région digitée (absence de chaleur, de douleur) permet de faire une diagnose exacte.

Au sein des muscles enflammés, il y a presque toujours des ruptures partielles et de petits foyers hémorragiques. L'examen microscopique permettra d'observer des traces de myosite avec dégénérescence graisseuse (Adam), ou dégénérescence cirreuse (Roth) des éléments du tissu musculaire.

Le pronostic est généralement peu grave ; cependant M. Letard, vétérinaire, rapporte, dans le *Recueil de médecine vétérinaire*, deux faits de surmenage, terminés par la mort et où il n'aurait trouvé comme lésions que de la congestion ou apoplexie des muscles de la fesse, de la croupe, des reins, du dos et des épaules.

La prophylaxie se déduit de l'étiologie : ne pas soumettre les sujets à un travail excessif et prolongé.

Quant au traitement curatif, il ne comporte que le repos, la réfrigération locale, le massage et l'administration de sels alcalins dans l'eau de boisson.

Dyspnée carbonique. — Le surmenage suraigu, dit M. Boëllmann, donne le tableau complet de l'essoufflement et de l'auto-intoxication par l'acide carbonique.

Clyde, par Childwick et Common Dance.

A l'accélération des mouvements du flanc succède la gêne de la respiration, qui donne à la physionomie une expression de profonde angoisse : il y a dyspnée évidente, la respiration devient inégale, elle est entrecoupée et interrompue par des temps d'arrêt ; l'exagération du besoin de respirer détruit le rythme habituel ; l'inspiration augmente et devient deux ou trois fois plus longue que l'expiration. Les muqueuses apparentes prennent une teinte bleuâtre, les battements du cœur s'entendent à distance et soulèvent les parois du thorax et de l'abdomen.

Il se produit parfois à ce moment une discordance entre les mouvements du diaphragme et des muscles abdominaux qui persiste après les palpitations du cœur. Tandis que les veines superficielles du corps sont gonflées, l'artère glosso-faciale a des pulsations raccourcies et précipitées, au point de n'être plus explorable. A ce moment surviennent les syncopes, les chutes sur le sol et l'asphyxie définitive.

C'est ainsi que meurent à la chasse les jeunes bêtes qui « débuchent » ; aux manœuvres, les chevaux qui, dans une marche au galop, tombent entre les jambes de leurs cavaliers ; c'est ainsi que succombent tous les êtres organisés soumis au surmenage de vitesse.

Dans l'utilisation du pur sang le surmenage suraigu peut se manifester dans certaines conditions : un cheval qu'on jette dans un galop très vite et qu'on force à soutenir cette allure, peut mourir surmené en peu de temps ; il a produit un surcroît d'acide carbonique qui, n'ayant pu être éliminé, s'est accumulé dans le sang et a déterminé la mort par essoufflement, c'est-à-dire par arrêt définitif de la circulation.

Au dernier degré de l'essoufflement la respiration est très accélérée, le cœur dont le tissu est influencé par les mêmes agents que les autres muscles, finit par ralentir son action et peut même être paralysé si le sang, qui baigne ses cavités est altéré dans sa composition. L'inertie du myocarde vient s'ajouter aux causes de ralentissement de l'ondée sanguine et le cheval qui succombe entre les jambes de son cavalier meurt par un véritable forçage du cœur.

Lorsque le quotient respiratoire $\left(\frac{CO^2}{O}\right)$ n'est plus réalisé, il entraîne fatalement la mort par asphyxie.

Cette terminaison est la plus fréquente, mais ne doit pas être considérée comme la terminaison fatale du surmenage ; elle n'en constitue qu'une forme, la mort pouvant survenir, comme nous le verrons dans la suite de cette étude, par d'autres processus : épuisement nerveux, syncope cardiaque, etc... Ces formes cliniques laissant peu ou pas de lésions à l'autopsie on s'explique, comme le fait remarquer judicieusement Boëllmann, qu'elles aient passé inaperçues à un examen superficiel.

Mort par intoxication. — Pour comprendre le mécanisme de la mort par intoxication, nous allons examiner rapidement la toxicité des produits résultant de la combustion intra-musculaire pendant le travail. Ces déchets sont nombreux et sont constitués par l'urée, l'acide lactique, paralactique, etc. ; normalement ils sont éliminés par les reins, la sueur.

Ces produits de déchets sont des toxines, des poisons extrêmement violents qui, s'ils ne sont pas éliminés, produiront une véritable intoxication du sang. La formation de ces produits résiduaires, étant intimement liée à la combustion intra-musculaire qui, elle-même, dépend de l'intensité du travail, le moyen prophylactique n'est pas douteux, il réside dans l'alternance des allures, les repos qui permettront aux émonctoires une évacuation rapide qui pourra rétablir l'équilibre.

Les rapports du raid Bruxelles-Ostende montrent que la principale cause de la mortalité des chevaux a été une sorte d'urémie, c'est-à-dire une auto-intoxication provenant de l'accumulation des produits de déchets dans le sang. Les émonctoires constitués, comme nous l'avons vu pour l'élimination d'un déchet moyen étaient impuissants à débarrasser l'économie des produits toxiques et la mort arrivait rapidement.

L'analyse du sang de ces chevaux a montré l'abondance de poisons (ptomaïnes) engendrés évidemment par le surmenage aigu.

C'est donc un véritable empoisonnement progressif qui s'opère dans l'organisme et dont les effets ne sont perceptibles pour le cavalier qu'au moment où l'envahissement des toxines est assez grand pour interrompre le fonctionnement des rouages de la machine. Éliminées à temps, quand elles sont encore peu nombreuses, ces ptomaïnes ne laissent pas de troubles pathologiques ; éliminées tardivement, l'intoxication se manifeste et, quand le sang en est saturé, c'est la mort à bref délai ; l'anurie que l'on observe fréquemment favorise, dans une large mesure, cette terminaison fatale.

Cette nouvelle forme clinique du surmenage montre que l'essoufflement qui, jusqu'à ce jour, constituait le critérium unique de la fatigue, est un symptôme qui n'a pas une valeur absolue, car bien avant son apparition l'intoxication de l'organisme peut être réalisée et amener la mort du sujet. Les raids nous en ont fourni les preuves : les chevaux mouraient sans avoir présenté le moindre signe d'essoufflement, ce n'étaient pas des « essoufflés » mais des « intoxiqués ».

Tant que l'élimination se fait bien, la température ne monte pas trop, mais quand l'organisme est impuissant à éliminer les produits de déchets, la température s'élève brusquement. De la normale (37°,8) elle peut atteindre chez un animal surmené 41°.

On peut attribuer la mort des chevaux des raids d'Ostende, de Deauville et d'Aix-les-Bains à l'intoxication ; il est certain que ces sujets devaient présenter des élévations thermiques élevées et que le relevé thermique eût évité bien des catastrophes.

Le degré d'entraînement, les allures, la température ambiante exercent une grande influence sur les variations thermiques observées : au pas allongé, au trot lent, au galop cadencé, l'élévation est faible (1°), au contraire, le déboulé, le saut déterminent une élévation accusée.

L'examen des graphiques des températures indique les variations de l'élimination et constitue le meilleur critérium de l'intoxication. Si la température atteint 40°, il y a indication formelle de diminuer l'allure ou d'arrêter quelques instants pour permettre aux émonctoires d'éliminer les produits toxiques, si cette précaution n'est pas prise, la mort fatale et à bref délai en est la conséquence.

Mort par épuisement nerveux. — Cette forme clinique correspond à l'asthénie. L'épuisement nerveux varie évidemment avec la facilité, la richesse d'emmagasinement du système cérébro-spinal et la manière dont la force nerveuse est dépensée.

Tout exercice prolongé s'accompagne toujours d'une dépense alimentaire et nerveuse : la production de la force excito-motrice est intimement liée à l'accomplissement des fonctions de nutrition dans les centres nerveux. L'arrêt de la circulation du sang qui apporte dans les tissus l'oxygène et les matériaux nécessaires aux mutations organiques, la suspend nécessairement. Elle ne s'accomplit d'ailleurs qu'en provoquant une dépense de ces matériaux qui appauvrit l'économie, et donne naissance à des produits de dénutrition à éliminer, de telle sorte qu'après un temps plus ou moins prolongé, suivant les circonstances et les individus, les centres nerveux deviennent inaptes à la produire en proportion suffisante pour assurer la continuation des grandes fonctions physiologiques. Il y a là un fait qu'il est important de constater au point de vue de l'hygiène, car il concourt à expliquer les pertes que fait l'économie sous l'influence de l'exercice et du travail, et à rendre compte d'une partie de la fatigue qui survient, et qui nécessite que le sujet prenne du repos, pour reconstituer la réserve de la force excito-motrice épuisée à provoquer des contractions musculaires exagérées ou trop longtemps prolongées.

Ces brèves données physiologiques nous permettent d'expliquer les morts foudroyantes signalées dans les annales hippiques. On voit en effet assez fréquemment dans les journaux sportifs, rendant compte de l'entraînement, « le cheval est mort dans un galop ».

L'autopsie des ces sujets révèle quelquefois la présence de déchirures organiques, d'hémorragies internes, mais le plus souvent elle est négative, et la mort foudroyante observée doit être attribuée, en l'absence de lésions des organes essentiels, au surmenage paré puisement nerveux.

Nous possédons dans nos observations cliniques quelques nécropsies qui viennent confirmer cette hypothèse et montrent que la mort par épuisement nerveux est malheureusement fréquente chez le cheval de course.

Cardiopathies. — Le surmenage de l'appareil circulatoire est la cause déterminante des cardiopathies observées chez le cheval de pur sang.

L'exercice musculaire violent est rapidement accompagné de l'impuissance du cœur, les systoles cardiaques, malgré leur fréquence extrême, restent insuffisantes pour alimenter convenablement le système artériel fortement dilaté à sa périphérie pour le fonctionnement musculaire.

MM. Trasbot et Cagny signalent la fréquence des affections cardiaques « cœur forcé » sur le cheval de course.

Ils expliquent ces lésions du cœur par la dépense d'énergie de celui-ci, lorsqu'il doit lutter contre les engouements pulmonaires, lors des épreuves sérieuses. Les symptômes du début sont assez vagues: les plus caractéristiques sont : une diminution de la puissance musculaire ainsi qu'une diminution de résistance au travail ; mais il est un symptôme qui, pour M. Trasbot, constitue un signe pathognomonique primordial de la fatigue du cœur, c'est le dédoublement du premier bruit.

Sanson rapporte des lésions cardiaques qui permettent d'affirmer l'existence du « forçage du cœur », il s'exprime ainsi :

« Le *cœur* a un volume d'un tiers supérieur à la normale, sa teinte est plus foncée et comme marbrée ; les oreillettes sont flasques, minces et non congestionnées. *Le ventricule gauche considérablement épaissi*, offre peu de résistance à l'instrument à cause de son ramollissement ; même à l'œil nu il est facile de constater que le tissu cellulaire qui unit les *fibres charnues est infiltré de sérosité*, ce qui donne à la coupe une teinte jaunâtre ; cette infiltration est plus marquée dans le tissu de la cloison médiane.

« Le ventricule droit est plus enflammé que le gauche.

« Le premier contient un caillot jaune citrin prolongé dans les vaisseaux et presque pas de *caillot noir*. L'endocarde reflète une teinte rouge brun uniforme. La cavité du ventricule est rétrécie par l'augmentation de ses colonnes charnues, sa séreuse dépolie n'a plus l'aspect nacré ordinaire. »

Comme troubles se rattachant aux cardiopathies, il convient de signaler les épistaxis. Les hémorragies nasales reconnaissent fréquemment comme causes étiologiques le surmenage de l'appareil circulatoire ; fréquentes pendant la période de l'entraînement elles obligent le sujet à un repos prolongé et quelquefois définitif.

La syncope cardiaque est le résultat du surmenage du cœur qui lutte contre l'intoxication, se fatigue, s'épuise. Le cœur cessant de se contracter assez énergiquement et le sang n'arrivant plus au cerveau, ou étant saturé de produits de déchets, l'action de ce dernier organe s'anéantit faute de son excitant naturel.

La syncope cardiaque est caractérisée par la suppression subite et momentanée de l'action du cœur avec interruption de la respiration, cessation de la sensibilité et de la motricité.

Le pronostic varie avec le degré d'intoxication ; la terminaison est toujours rapide : guérison immédiate sous l'influence du repos ou mort foudroyante dans le cas d'intoxication profonde.

Surmenage de l'appareil locomoteur. — L'intégrité de l'appareil locomoteur, condition indispensable pour la bonne utilisation du cheval de course, est fortement compromise sous l'influence du surmenage ; l'excès de travail joue un rôle important dans la genèse des lésions articulaires, tendineuses ou osseuses.

Suffisamment prolongée, l'action du surmenage peut modifier profondément la texture et la résistance du squelette et donner lieu à une diathèse spéciale, l'ostéite de fatigue, dont la transmission héréditaire semble nettement établie. Les sujets atteints d'ostéitisme sont d'un entraînement difficile et fournissent un fort contingent dans les non-valeurs qui encombrent les écuries d'entraînement.

Il nous paraît inutile d'insister plus longuement sur les conséquences du surmenage de l'appareil locomoteur qui aboutissent fatalement dans un délai plus ou moins éloigné, à la ruine prématurée du moteur.

Les annales sportives sont riches en exemples de chevaux d'avenir qui ont été transformés à bref délai en « tarés » et n'ont fourni qu'une carrière médiocre.

Ces victimes du surmenage jouent un rôle néfaste quand ils sont utilisés comme procréateurs car certaines de leurs tares, en plus de la déchéance physique, sont transmissibles héréditairement.

Traitement du surmenage. — Le diagnostic des formes cliniques du surmenage a une grande importance car de sa pathogénie découle le traitement qui est en opposition complète avec celui des affections internes (états typhoïdes, etc.) avec lequel on peut le confondre.

Dans les affections internes, en effet, la saignée, la révulsion, et les antithermiques constituent la base du traitement et, comme nous allons le voir plus loin, ces interventions, surtout la révulsion, sont contre indiquées dans le traitement des formes cliniques du surmenage. En effet les irritants (moutarde, essence de térébenthine provoquent des mouvements désordonnés qui augmentent encore la gêne respiratoire, provoquent chez le surmené la dyspnée et aggravent les phénomènes d'auto-intoxication.

Il n'entre pas dans le cadre de cette étude qui doit rester dans le domaine de l'hygiène, d'étudier les divers traitements des différentes localisations du surmenage, aussi allons-nous, en nous basant sur les données étiologiques, indiquer brièvement le traitement général.

Le repos, la diète, l'antisepsie intestinale et rénale sont la base du traitement du surmenage aigu : éliminer les produits de déchet, causes de l'intoxication, telle est l'indication thérapeutique à réaliser.

Le repos est le seul remède physiologique du surmenage, il est la dominante du traitement. Quand le degré d'intoxication de l'organisme est accusé, on peut recourir à l'émission sanguine dans le but d'évacuer les produits toxiques; leur dilution peut être obtenue, dans les cas graves, par l'injection de sérum artificiel.

L'antisepsie intestinale sera réalisée par l'emploi de purgatifs qui expulsent les toxines : elle peut être complétée utilement par l'administration d'un antiseptique (naphtol). On pourra faire absorber et neutraliser les toxines par l'administration des lavements antiseptiques (acide phénique, crésyl, etc.).

On utilisera tous les émonctoires (peau, reins) pour lutter contre l'intoxication : l'emploi des sudorifiques et des diurétiques jouera un rôle utile dans le processus de guérison.

Dans les cas graves où il y a faiblesse extrême, adynamie, on emploiera à haute dose les toniques et les excitants (caféine, éther, cacodylate).

Le pronostic des formes cliniques du surmenage est très variable, il est intimement lié au degré d'intoxication ; les symptômes les plus alarmants peuvent disparaître en quelques instants sous l'influence du repos, mais si l'on a dépassé dans une large mesure la résistance organique, des complications mortelles peuvent en résulter.

Le traitement préventif peut se résumer en deux mots : l'hygiène du travail.

CHAPITRE X

MÉTHODES D'ENTRAINEMENT

On sait que les muscles grossissent par le fait de l'exercice et il est inutile d'insister pour faire comprendre combien des muscles devenus plus volumineux augmentent la force du cheval ; mais il est nécessaire d'expliquer l'efficacité des évacuations pour augmenter et résister à la fatigue ; on sait que toute déperdition subie par l'organisme tend à augmenter le pouvoir absorbant des vaisseaux. Les sueurs profuses, les diurèses abondantes, les évacuations intestinales répétées, les saignées copieuses, augmentent très sensiblement le besoin d'assimiler des liquides. Ce besoin excite à produire une sorte de compensation entre les pertes et les acquisitions du sang. Il se satisfait habituellement aux dépens des aliments liquides apportés du dehors, et se traduit par l'augmentation de la soif, mais il se manifeste aussi par une tendance à l'absorption de certains matériaux de l'organisme lui-même. Dans ce cas, le mouvement d'assimilation s'appelle résorption.

Le travail compensateur de résorption ne s'arrête pas aux liquides et se fait souvent sentir à des tissus solides peu stables, tels que la graisse. On voit des sujets perdre leur embonpoint sous l'influence d'une transpiration excessive. C'est en vertu d'une résorption compensatrice que la graisse d'un sujet entraîné peut diminuer sous l'influence des purgations, et sous celle des suées que provoquent les manœuvres dites « de déperdition ».

Quel est maintenant l'avantage de la résorption des graisses au point de vue de la résistance à la fatigue ? Nous avons eu l'occasion d'en parler à plusieurs reprises et il nous suffira de rappeler sommairement : 1° que la graisse augmente le poids inutile, le poids mort du sujet ; 2° qu'elle empêche la réfrigération du corps pendant le travail; 3° qu'elle augmente, par la combustion de ses éléments carbonés, la production de l'acide carbonique. Augmentation de travail mécanique pour les mêmes mouvements : augmentation des souffrances dues à l'échauffement excessif du corps; augmentation de l'essoufflement pour le même effort musculaire : telles sont les causes de fatigue dues à l'excès de tissus adipeux.

L'amaigrissement du sujet est donc la première étape de l'entraînement. Ce résultat s'obtient par le fait même du travail, par suite de la combustion des tissus de réserve, mais il est rendu plus rapide par une foule de moyens accessoires, les frictions, les massages, etc.

On peut se convaincre par expérience que la disparition de la graisse amène toujours une diminution de certains malaises de la fatigue, et surtout de l'échauffement du corps, et de l'essoufflement.

Les autres pratiques de l'entraînement peuvent se résumer en trois préceptes : 1° éviter dans l'alimentation tout ce qui peut favoriser la reproduction de la graisse perdue ; 2° favoriser le fonctionnement de la peau ; 3° fournir à la respiration un air bien oxygéné.

Les fonctions de la peau ont une grande importance et leur régularité parfaite est nécessaire à deux points de vue. En premier lieu, la peau est organe de sécrétion, elle élimine les déchets liquides ou gazeux qui résultent des combustions du travail, et l'on sait que les malaises de la fatigue sont dus pour la plupart à une intoxication du sang par ces déchets. Il y a donc tout avantage au point de vue de la résistance à la fatigue, à favoriser leur prompte sortie de l'organisme. En second lieu, la peau est un organe respiratoire qui absorbe l'oxygène de l'air, et on sait combien un sang bien oxygéné est vivifiant.

Il est une autre prescription à laquelle les entraîneurs attachent une très grande importance : c'est la tranquillité du sujet. Le cheval en condition doit être tenu à l'écart de toute émotion dépressive. Il faut éviter à ses nerfs toute espèce d'ébranlement, et le mettre à l'abri de toute sensation trop vive.

Enfin l'aération parfaite du box habité par le poulain est considérée comme une condition capitale du succès de l'entraînement.

Mais, parmi tous les agents modificateurs de l'organisme utilisés par les entraîneurs, le plus important est le travail. Il peut remplacer tous les autres, et aucun d'eux ne peut le suppléer. Le travail, en effet, est capable à lui seul de produire le double résultat cherché :

augmentation du volume des muscles, et diminution des tissus de réserve. Il brûle directement les graisses en les utilisant pour alimenter la contraction musculaire : il les use aussi indirectement en élevant la température du sang, et en échauffant le corps autant que pourrait le faire une surcharge de couvertures. Sous l'influence du travail, des combustions plus intenses se produisent dans les tissus, et une transpiration plus abondante produit la déperdition cherchée par l'entraîneur.

Outre ces effets qui sont communs au travail musculaire et aux moyens accessoires usités dans l'entraînement, il est des résultats que le travail seul peut donner. Et d'abord, la contraction musculaire souvent répétée est le seul moyen de développer les muscles et par conséquent d'augmenter la force. De plus, il est une forme de la fatigue qui ne peut être atténuée, comme l'essoufflement, par la résorption des tissus graisseux : c'est la courbature. Nous savons en effet que cette forme de la fatigue n'est pas due à des produits résultant de la combustion des graisses, mais bien à des produits dus à la désassimilation de certains tissus azotés de réserve qui s'accumulent dans les fibres du muscle inactif.

Or, le travail semble avoir prise sur ces réserves azotées. Les suées et les déperditions artificielles, qui diminuent beaucoup la tendance à l'essoufflement, ne donnent pas la moindre immunité pour la courbature.

Si nous jetons un coup d'œil sur un cheval modifié par l'entraînement, nous verrons qu'il s'est produit dans son organisme de profondes transformations qui en ont fait pour ainsi dire un être nouveau. Il diffère par la structure de ses tissus, par la conformation et par le fonctionnement de ses organes de ce qu'il était avant l'entraînement.

Au point de vue physiologique, le caractère essentiel du cheval entraîné, c'est l'augmentation des tissus destinés à mouvoir le corps, et la disparition presque complète de ceux qui ont pour rôle d'alimenter les combustions sans lesquelles les mouvements ne seraient pas possibles.

Il est certainement légitime de dire que l'organisme du sujet entraîné a subi des modifications assez profondes pour en faire un être physiologiquement très différent d'un autre sujet qui n'est pas soumis au même régime. Sa conformation est pour ainsi dire différente, la structure de ses tissus a changé. Ses organes ont subi une transformation et leur fonctionnement n'est plus le même.

Chez le cheval en parfaite « condition », les produits d'excrétion que chassent hors du corps les organes éliminateurs ne seront plus les mêmes qu'avant l'entraînement, puisque les tissus dont la désassimilation leur donnait naissance auront été modifiés dans leur structure. Le poumon rejettera moins d'acide carbonique à travail égal, et n'éliminera plus certains produits gazeux encore mal définis, mais qu'on sait résulter de la combustion de matériaux tenus trop longtemps en réserve dans l'organisme. La peau n'exhalera plus ces acides gras volatils dont l'odeur est quelquefois si caractérisée. Les reins, enfin, à la suite d'un travail musculaire intense, ne rejetteront plus au dehors ce surcroît d'urates et d'autres déchets azotés qu'on retrouve dans les sédiments urinaires et qui sont si abondants chez les sujets non entraînés atteints par la courbature de fatigue.

La physiologie de l'entraînement peut se résumer ainsi, d'après les données de M. Baron :

a Faculté puissante d'emmagasinement dynamique du système neuro-musculaire, sang ;

b Habileté innée ou acquise de la fibre musculaire à consommer sur le champ l'apport nerveux ou sanguin (muscles excitables, fermes, denses, réflexes rapides) ;

c Bonne facture des rouages locomoteurs, belles proportions (perfectionnement du mécanisme le rendant apte à agir avec force, aisance, précision ;

d Habileté innée ou acquise de l'organisme à se débarrasser vite et bien des déchets par ses diverses surfaces émonctoires (poumons spacieux, exercés ; surface du corps étendue relativement à la masse ;

e Habitude de l'appareil locomoteur à exécuter facilement tels ou tels mouvements (entraînement du cheval ; économie de force et de temps pour l'exécution d'un travail déterminé) ;

f Qualités de l'aliment et des tissus, tendant à atténuer le dépôt des déchets ou permettant à l'organisme de s'en débarrasser à plus rares intervalles (aliments substantiels, peu encombrants ; bonne assimilation).

Entrainement dans l'eau. — La natation constitue une véritable gymnastique de l'appareil locomoteur et ce mode d'entraînement peu connu est employé en Californie : l'eau courante dérivée d'une rivière est amenée dans un emplacement spécial, véritable piscine, où les chevaux sont soumis deux ou trois fois la semaine pendant environ une demi-heure à la natation, la profondeur ne permettant pas au sujet de prendre un point d'appui.

Ce mode original d'entraînement qui tend à se généraliser en Amérique est surtout réservé aux chevaux dont l'état des membres (les tendons principalement) inspire de vives inquiétudes; on réduit de cette façon, dans une large mesure, la fatigue consécutive aux longues et fréquentes épreuves du pas, trot, galop.

Les effets obtenus sont excellents, et l'on arrive par ce procédé combiné avec la promenade à mettre le cheval en condition. Cet exercice pendant une demi-heure n'est pas fatigant et il arrive qu'on soumet le cheval, le jour de l'épreuve, à ce travail.

Comme exercice, la natation doit être mise au rang des plus salutaires, car elle fortifie l'organisme tout entier et développe la puissance musculaire. Enfin elle agit sur le système nerveux par la stimulation qu'elle exerce sur les systèmes musculaire et cutané.

Cet entrainement conforme à l'hygiène mériterait d'être employé plus fréquemment.

Les journaux de sport français signalent quelques chevaux entraînés avec succès par ce moyen.

Après ces exercices, il convient de prendre certains soins hygiéniques (frictions sèches des membres, onctions légères), pour éviter l'action irritante de l'eau froide qui pourrait se traduire chez quelques sujets sensibles par des lésions eczémateuses.

La région digitée doit être l'objet de soins spéciaux pour éviter l'évaporation consécutive au bain qui se traduirait par une dessiccation de la corne.

Cet entraînement par la gymnastique fonctionnelle spéciale qu'il impose aux pectoraux détermine leur développement, condition défavorable pour la vitesse.

Travail de vitesse ou déboulés. — Les déboulés courts et rapides auxquels les entraîneurs, et plus particulièrement les Américains soumettent les chevaux qui leur sont confiés présentent de très grands avantages au point de vue de l'entraînement, parce qu'ils peuvent produire la même quantité de travail, que les longs galops et exciter avec la même intensité le besoin de respirer... De plus, ils augmentent l'activité des fonctions respiratoires avec moins de fatigue pour le poumon et pour le cœur, à cause de l'absence de l'effort qui n'intervient qu'exceptionnellement dans les déboulés rapides, et qui est obligatoire sur de longues distances parcourues à l'allure qu'on désigne sous l'appellation de « train soutenu ». De là une première cause de préférence à donner aux exercices de vitesse quand il s'agit d'augmenter la consommation d'oxygène si nécessaire aux chevaux de course.

Du côté du système musculaire, l'exercice de vitesse pour un nombre égal de kilogrammètres, en un temps donné, produira moins de fatigue que le travail long et exposera moins l'appareil moteur aux divers accidents qui résultent des tiraillements et des froissements des parties mobiles.

Il est un point particulièrement intéressant à étudier dans la physiologie des déboulés rapides : c'est la dépense excessive d'influx nerveux qu'ils occasionnent. La vitesse exige, de la part des centres nerveux, un surcroît de travail qui tend à diminuer le temps qu'emploie l'excitation à cheminer à travers les nerfs. On a donné le nom de temps perdu à cette période de silence pendant laquelle l'organe moteur, ayant déjà entendu l'appel de la volonté, n'y a pas encore répondu pleinement. Cette diminution due au travail de vitesse est opérée beaucoup plus aisément par les flyers, dont le nombre augmente peu à peu dans notre race française, sous l'influence des importations des représentants de familles anglaises plus spécialisées dans les épreuves de vitesse.

Les exercices de vitesse qui exigent la répétition très fréquente des mouvements, c'est-à-dire le passage alternatif et très rapide du relâchement à la contraction, du repos au mouvement, nécessiteront donc un effort de volonté supplémentaire destiné à hâter la réponse des muscles à l'appel qui leur est fait : de là un supplément de dépense nerveuse qui ne se traduit pas par une contraction plus énergique, mais par une contraction plus soudaine, qui n'aboutit pas à une augmentation du travail effectué, mais à une diminution du temps perdu. Telle est l'explication que nous croyons pouvoir donner de l'avantage des déboulés rapides dans l'entraînement des chevaux de plat, c'est là sans doute qu'il faut chercher la raison des succès obtenus en course par les professionnels américains.

Ajoutons encore l'heureuse influence de la vitesse sur le rendement des moteurs animés. Si l'on prend la formule algébrique générale qui donne dans l'unité de temps l'énergie nécessaire à l'accomplissement d'un parcours, on voit qu'en faisant varier la vitesse et le temps de l'opération le cheval produit toujours le même travail extérieur. L'expression de l'énergie dépensée variant nous permet de dire que la dépense de force est d'autant plus grande que la course dure plus longtemps. On arrive donc à la conclusion suivante : Quand on veut faire effectuer un parcours à un cheval, l'opération est d'autant plus économique que l'on use d'une plus grande vitesse. Cela paraît tout d'abord paradoxal, mais nous devons nous incliner devant les découvertes récentes de mécanique animale dues aux physiologistes les plus éminents d'Europe. Ces découvertes justifient la méthode des jockeys yankees de la course en avant, dans laquelle la perte d'énergie est considérablement diminuée et nous montrent l'inanité des courses d'attente.

Travail de fond. — Le train soutenu, le canter, le trotting sont les allures qui constituent le travail lent du cheval de course. Dans ces exercices, la dépense de force est déterminée moins par l'intensité et la succession rapide des efforts que par leur durée. Il faut, dans ces exercices, que l'effort musculaire ne soit pas trop considérable et que les mouvements ne soient pas trop rapides, afin que la fatigue sous ses diverses formes ne vienne pas les interrompre trop tôt. Aussi l'exercice de fond n'est-il qu'un exercice modéré quand il dure peu, tandis qu'il peut devenir exercice forcé s'il se prolonge outre mesure.

Dans ces exercices, la somme du travail exécuté au bout d'un laps de temps prolongé peut être très considérable, mais la dépense de force se fait par fractions trop faibles pour coûter aux muscles un effort pénible, ou pour porter un trouble accentué dans le jeu des fonctions organiques. Aussi peut-on, à l'aide des exercices de fond, faire passer presque inaperçues pour le sujet de fortes doses de travail musculaire.

La machine animale est construite de façon à pouvoir exécuter sans fatigue des mouvements d'une intensité et d'une vitesse déterminées. Quand on ne dépasse pas cette mesure, il ne se produit dans l'organisme aucun ébranlement appréciable et le travail s'exécute au milieu de la tranquillité presque complète des fonctions vitales. C'est grâce à l'équilibre parfait qui existe entre l'effort musculaire et la résistance du sujet, dans les exercices de fond, que le travail peut se prolonger longtemps et accumuler insensiblement ses effets utiles, sans faire subir aucun ébranlement aux rouages divers qui sont chargés de son exécution.

On voit du premier coup l'importance et l'utilité des exercices de fond quand il s'agit d'un organisme faible, d'un sujet peu résistant auquel on cherche à donner les bénéfices du travail musculaire en lui évitant les dangers de la fatigue.

Le fractionnement du travail en quantités assez faibles pour que l'organisme supporte chacune d'elles sans sortir sensiblement de son fonctionnement normal, telle est la condition essentielle de l'exercice de fond.

Une autre condition est nécessaire pour constituer un exercice de fond : il faut que les efforts musculaires soient suffisamment espacés pour que l'effet de celui qui précède ne vienne pas s'ajouter à l'effet de celui qui suit. Il faut qu'entre deux doses successives de travail il y ait un temps de repos suffisant.

L'exercice de fond est caractérisé par la nécessité d'un équilibre parfait entre l'intensité de l'effort musculaire et la résistance de l'organisme. Or, rien n'est variable comme la résistance individuelle de chaque sujet. Aussi ce qui est pour l'un exercice de vitesse devient-il pour un autre plus fort, qui a plus de classe ou est mieux préparé, un simple exercice de fond.

Certains sujets ne peuvent supporter l'exercice le plus modéré sans donner, au bout d'un temps très court, des signes de fatigue extrême. Il en est d'autres qui soutiennent avec une résistance surprenante les exercices les plus violents et pour lesquels les travaux de vitesse deviennent des exercices de fond.

La plupart du temps, ces différences dans la résistance, dans les qualités de fond des sujets viennent de l'inégalité qu'ils présentent dans la puissance de la respiration.

On peut dire que l'aptitude respiratoire du sujet est le véritable régulateur du travail de fond.

Pour qu'un exercice puisse être longtemps continué, la première condition est qu'il n'amène pas l'essoufflement. Un cheval peut continuer à galoper malgré la fatigue des jambes et l'endolorissement des pieds : il ne peut pas continuer à courir quand il est essoufflé. Nous avons vu, en étudiant l'essoufflement, que cette forme de la fatigue est due à une intoxication du sang par un excès d'acide carbonique. Pour échapper à cette intoxication qui rend la continuation du travail impossible, il faut que le sujet élimine son excès d'acide carbonique à mesure qu'il se forme, et, la formation de l'acide carbonique étant proportionnelle à la quantité du travail effectué dans un temps donné, on peut conclure en définitive que, dans l'exercice de fond, le travail des muscles doit être subordonné à celui que peut faire le poumon. Ainsi, toutes les conditions qui augmentent la puissance respiratoire du sujet augmentent aussi son aptitude à soutenir longtemps un travail intense, et un sujet a « du fond » quand il a du « souffle ».

Les effets de l'exercice de fond peuvent se déduire exactement des conditions dans lesquelles ces exercices s'exécutent. On doit s'attendre à ce qu'un exercice qui est incompatible avec l'essoufflement n'amène aucun des accidents de la respiration forcée. Au cours de ces exercices, on n'aura pas à craindre les ruptures des tendons, les déchirures ou les tiraillements excessifs des fibres musculaires, puisque les mouvements ne doivent jamais atteindre un degré de violence supérieur à la résistance des organes; en revanche l'exercice de fond ne troublant pas sensiblement le jeu des organes, on n'obtiendra pas avec lui une très énergique association des grandes fonctions de l'économie au travail musculaire. Il n'y aura pas, chez le cheval qui canterre par exemple, cette rapide élévation de la température, cette abondance de transpiration, cette accélération excessive du pouls, et ces violentes inspirations qu'on observe chez le cheval qui vient de disputer une course.

Pourtant il ne faut pas croire que les exercices même les plus modérés, quand ils sont soutenus pendant un temps très long, puissent être compatibles avec le maintien des fonctions dans leur état absolument calme et normal. La contraction musculaire la plus modérée et la plus localisée finit, quand elle se prolonge, par obliger les grandes fonctions de l'économie à s'associer au travail.

Les exercices de fond ont pour effets physiologiques de ménager les organes, tout en activant dans une salutaire mesure le jeu des fonctions. Leur caractère le plus essentiel est de donner à l'organisme la possibilité de réparer pendant le travail même la plupart des troubles que le travail occasionne dans la machine. C'est ainsi que l'essoufflement n'a pas lieu pendant l'exercice de fond; l'acide carbonique produit par les muscles n'atteignant jamais une dose supérieure à ce que le poumon peut éliminer, il est chassé du sang à mesure qu'il s'y forme et passe inaperçu pour l'organisme.

En résumé, les exercices de fond permettent de faire beaucoup de travail avec une grande économie de fatigue. Ils donnent à l'organisme le bénéfice d'une acquisition supplémentaire d'oxygène sans l'exposer aux dangers de la respiration forcée. Ils activent la circulation du sang sans fatiguer le cœur et distendre violemment les vaisseaux. En un mot, ils ménagent toute la machine pendant le travail.

Mais, s'ils préservent l'organisme des accidents de la fatigue immédiate, ils ne le mettent pas à l'abri de la fatigue consécutive. S'ils peuvent empêcher l'essoufflement, ils ne peuvent empêcher la courbature.

L'exercice modéré et prolongé, celui dans lequel le travail total est considérable, mais très bien divisé, convient aux sujets dont il faut ménager la respiration.

L'exercice de vitesse s'adapte bien aux jeunes sujets, qui éliminent

Pretty Polly, pouliche alezane, née en Angleterre en 1901, par Gallinule et Admiration.

facilement l'acide carbonique. L'exercice de fond convient mieux aux sujets adultes dont les tissus azotés résistent mieux aux mouvements de désassimilation et forment moins de déchets.

C'est ce que nous démontrent les épreuves de course dont les distances s'allongent au fur et à mesure pour les sujets de deux, trois et quatre ans.

La forme. — La forme s'acquiert progressivement au jour le jour, à condition de ne jamais procéder par à-coups et de faire fournir quotidiennement au cheval un travail musculaire en rapport avec le degré de résistance du moment même, ce moment dépend du repos du corps ou de sa fatigue, de la régularité ou de l'irrégularité du régime alimentaire, de la température, du sommeil ou de la veille, du temps qu'il fait : du chimisme intérieur, — la forme coïncide avec un chimisme spécial du corps, — au-dessus ou au-dessous d'une certaine composition la forme ne saurait être parfaite.

La mise en forme demande beaucoup de temps, il faut environ un mois ou deux à un sujet sain précédemment bien entraîné pour la reprendre au commencement d'un nouvel entraînement. Il faut quatre, six mois, un an et même plus à un cheval qui n'a jamais été entraîné.

L'intégrité de toutes les fonctions de l'économie doit être absolue, quand on désire faire atteindre à un cheval le dernier degré de la forme ; d'ailleurs, dans le cas contraire, celle-ci ne peut être obtenue, parce que le corps du cheval ne se prêterait pas à un régime d'entraînement trop intense.

Parmi les moyens qui permettent de s'assurer, que le cheval se rapproche de la condition parfaite, nous signalerons quelques expériences pratiques qui, sur nos conseils, ont été tentées avec succès en ces derniers temps. C'est d'abord l'examen de la sécrétion urinaire chez le cheval de course, qui permet d'affirmer que plus le racer se rapproche de la forme, moins abondants sont les dépôts pour une même quantité de travail. Rien d'intéressant comme de suivre pas à pas cette progression inverse des deux phénomènes : résistance à la fatigue de l'entraînement et émission sédimenteuse. Si on soumet un cheval en travail à l'expérience, il arrive que son exercice, après lui avoir donné au fur et à mesure qu'il s'élève des courbatures, ne produit plus au bout de quelque temps, qu'un malaise insignifiant. Il arrive aussi que la sécrétion urinaire, après avoir donné lieu à des précipités très abondants au début, ne présente plus en dernier lieu qu'un imperceptible nuage.

A mesure que les sédiments deviennent plus rares, la sensation de fatigue consécutive que procure le travail quotidien tend à diminuer et le jour où l'urine garde après le travail toute sa limpidité, l'exercice ne laisse plus à sa suite aucune espèce de malaise : le cheval a atteint la forme. Il y a donc un lien étroit, une coïncidence constante entre la disparition des sédiments uratiques et la condition de course.

Un autre fait intéressant touchant la conservation de la forme a été établi récemment par un de nos amis que nous avions engagé à faire usage des inhalations d'oxygène, avant comme après la course : voici les résultats obtenus : Après les inhalations d'oxygène on constate chez le cheval une excitation plus vive de toutes les fonctions, il devient gai, l'œil se dilate et tel animal qui était réputé comme un spécialiste du mile ou de 1.800 mètres, gagne, couvrant facilement 3.000 et 3.200 mètres. Voilà ce que l'on obtient avant la course. Après l'épreuve, l'oxygène agit comme réparateur du système musculaire, il empêche les courbatures et rétablit l'irritabilité normale des muscles très rapidement, et par conséquent aide puissamment à la conservation de la forme.

A la suite d'une course dure, il n'est pas rare qu'il se développe une fièvre légère. La température s'élève, on remarque une certaine augmentation d'excitabilité du système nerveux. Ces faits sont si connus qu'on pourrait même appeler cela « la fièvre du pur sang » qui se produit à la suite d'efforts en course trop intenses. Parmi les symptômes subjectifs qui apparaissent à la suite de très violents efforts musculaires, les plus connus sont : l'agitation, l'insomnie, l'inappétence qui surviennent pendant la période fébrile. Tous ces inconvénients peuvent être évités par l'emploi des inhalations d'oxygène, que nous ne saurions trop recommander aux praticiens.

Après les inhalations, on constate chez le cheval une excitation plus vive de toutes les fonctions, une combustion plus rapide, et peut-être plus complète, des éléments hydrocarbonés, et des matières azotées : et néanmoins le thermomètre n'indique que de faibles variations dans la température du corps.

Les sujets augmentent de poids lors de l'usage de l'oxygène.

Chose curieuse, le gaz qu'on pourrait croire très excitant se conduit un peu dans l'organisme du cheval comme ces médicaments dits d'épargne qui ralentissent les combustions organiques.

En effet l'analyse démontre dans l'urine la diminution de l'urée et de l'acide urique. On peut résumer l'ensemble des effets physiologiques de l'oxygène en disant qu'il se conduit comme un stimulant.

Le cheval qui inhale de l'oxygène paraît éprouver une sensation de bien-être, qu'il manifeste par des bonds de gaieté. Le pouls est plus fréquent, les yeux saillants. Une légère moiteur apparaît à la surface du corps. La respiration est plus facile, les forces paraissent accrues, et il y a chez lui un besoin impérieux d'activité musculaire. L'appétit augmente ainsi que la soif.

Loi des saisons. — Une longue série d'observations nous a permis de constater que la force physique des poulains s'accroît d'octobre à juillet, mais non d'une façon uniformément accélérée, la courbe d'ascension offre des dépressions et des montées assez brusques. Cette irrégularité est d'ailleurs plus grande chez les pouliches que chez les poulains.

Au mois de mars l'activité baisse sur toute la ligne.

Ce fait est à rapprocher de certaines constatations relatives à la croissance.

Nous avons étudié les variations de la force en prenant tous les poulains nés en janvier, puis tous ceux nés en février, etc. Il y a d'abord une période descendante (janvier, février, mars), puis une période ascendante (avril, mai, juin); la troisième période est descendante, et la quatrième (octobre, novembre et décembre) ascendante. La deuxième période ascendante est plus grande que la première; de même pour la deuxième période descendante.

Nous proposerons de nommer l'évolution de ce cycle la loi des saisons.

CHAPITRE XI

TRAVAIL TOTAL ET TRAVAIL DISPONIBLE

Comme la locomotive à laquelle on compare souvent le cheval, celui-ci exécute son travail utile en se déplaçant lui-même, c'est-à-dire qu'en changeant de lieu il entraîne avec lui la charge qu'il porte sur le dos. Ce travail se compose, en somme, de plusieurs parties.

Il y a d'abord le travail intérieur, celui qui se déploie pour mouvoir le sang par les contractions du cœur et mettre en jeu l'élasticité des vaisseaux, pour dilater et comprimer les poumons dans les mouvements respiratoires, pour contracter les intestins, afin d'y faire cheminer les matières alimentaires, pour contracter la vessie lors de l'expulsion de l'urine, pour maintenir les muscles des membres en état de tension, afin qu'ils s'opposent à la fermeture des angles osseux et assurent ainsi la station ; il y a enfin le travail moléculaire des actions nutritives déterminant les échanges d'éléments. C'est le travail de la vie proprement dite, exécuté dans l'intérêt unique de l'individu lui-même. Son intensité varie comme les individus. Il est alimenté par ce que nous nommons la ration d'entretien.

Ce travail intérieur, dans l'examen des questions relatives à l'entraînement des chevaux de course, n'a pas été jusqu'à présent l'objet d'une considération suffisante. En tenir compte comme il convient, d'après la connaissance théorique que nous en avons maintenant, conduit à des conclusions pratiques très importantes, ainsi que nous le verrons plus loin.

Après le travail intérieur, il y a ce que nous nommons le *travail extérieur*, ou celui qui s'effectue par un déplacement visible de la masse, par un changement de lieu de l'animal, à une vitesse quelconque. Il résulte de la contraction ou du raccourcissement des muscles actionnant les leviers osseux et leur imprimant des mouvements coordonnés que nous avons étudiés.

Contrairement à la théorie admise en mécanique générale, le cas n'est plus ici le même que celui de la locomotive. Les facteurs du travail sont différents. Ce n'est pas seulement la masse et la vitesse ou le chemin parcouru dans l'unité de temps qui font varier ce travail : c'est encore l'allure de la marche. Pour une même masse et une même vitesse, le travail du moteur animé se déplaçant lui-même peut différer du simple au double, ce qui ne saurait avoir lieu dans le cas de la locomotive, où il n'y a pas d'autre différence que celle de la vitesse entre l'allure rapide et l'allure lente.

En effet, chez le cheval à l'allure du pas, l'effort pour le porter en avant n'a pas d'autre résistance que celle opposée par la stabilité du centre de gravité, qui doit être déplacé suivant une ligne horizontale, toujours équidistante des points d'appui sur le sol.

Aux allures du trot et du galop, au contraire, il y a toujours, entre deux appuis, un instant, de durée variable selon la vitesse, pendant lequel le corps doit vaincre la pesanteur et être projeté en avant, à la manière d'un projectile. Il parcourt une trajectoire plus ou moins tendue et de forme différente, selon qu'il s'agit de l'allure du trot ou de celle du galop. Il est évident qu'ici l'effort nécessaire pour donner l'impulsion à la masse ne peut pas être le même que dans l'allure du pas. Il est nécessairement plus grand.

Dans les deux cas le déplacement étant également horizontal, l'effort n'est qu'une fraction du poids du corps. Il est représenté par la résultante des deux composantes horizontale et verticale, du chemin parcouru par le centre de gravité et de la pesanteur. Mais dans le second, celle-ci devant être vaincue tout entière, tandis que dans le premier elle ne doit l'être qu'à demi, il est clair que, dans l'allure du pas, la composante verticale sera moitié moindre que dans celles du trot et du galop, et que conséquemment la résultante, représentant la grandeur de l'effort, deviendra pour ces dernières allures d'une longueur double de celle de l'allure du pas.

Il n'est pas extrêmement rare de rencontrer des chevaux qui, à cette allure du pas, marchent à une vitesse égale à celle que d'autres chevaux de même poids ne peuvent atteindre qu'à l'allure du trot. C'est une question de conformation, sur laquelle nous aurons à nous expliquer en détail dans un ouvrage en préparation.

Pour l'instant, il suffit de poser le fait, qui n'est point contestable et que chacun peut vérifier. Eh bien! d'après ce que nous venons de dire, pour le même chemin parcouru, le travail extérieur des premiers est moitié moindre que celui des seconds, quoique le temps et la masse déplacée soient égaux.

On voit donc que cette masse et sa vitesse ne sont pas seules à considérer dans le calcul du travail extérieur des moteurs animés, parce que l'effort ne croît pas seulement en fonction de la vitesse, mais bien aussi en fonction de l'allure. Il ne croît en fonction de la vitesse seule, pour un même poids et un même temps, que pour la même allure.

Supposons maintenant que nous ayons la mesure du *travail total* qu'un moteur est capable de déployer, ce qui n'est point une supposition gratuite, et qu'il s'agisse de déterminer son *travail disponible*, ou en d'autres termes la charge qu'il pourra transporter durant un certain temps sans dépasser la somme d'énergie dont il dispose, sans ruiner sa constitution. Ce travail disponible sera évidemment représenté par la différence entre la somme du travail intérieur, plus celle du travail extérieur, d'une part, et de l'autre celle du travail total.

Le travail disponible étant seul utile, il est évident que dans l'exploitation des chevaux de course, nous avons intérêt à réduire au minimum le travail intérieur et le travail extérieur que leur fonctionnement exige afin de porter au maximum le travail disponible.

La science nous fournit-elle des moyens de résoudre ce problème? Il y a trop loin des résultats de l'expérimentation à ceux de l'application réelle; que de causes de grandes variations dans le nombre de kilogrammètres, déployés à la seconde et à la journée dans les différentes conditions d'entraînement du cheval, suivant qu'il canterre ou galope vite, se meut sur un terrain mouvant ou ferme, lourd ou dur, en ligne droite ou en ligne courbe, en montée ou en descente, etc.

On peut seulement affirmer qu'un cheval en se déplaçant fait un effort proportionné à sa masse et que quand il veut déplacer une charge, il est obligé de faire en plus un autre effort. Le premier est ce que l'on appelle l'effort automoteur ; ajouté au deuxième, il forme l'effort de déplacement à faire.

L'effort automateur ne croît pas seulement en raison de la masse ; il augmente aussi en raison de la vitesse ; d'où il suit que les chevaux de gros poids sont ceux dont l'utilisation est la plus indiquée pour les courses à allures relativement lentes (steeple-chases et haies) et les chevaux légers ceux qui sont désignés pour les courses plates ou courses de vitesse.

Nous emprunterons à Baron ces lignes intéressantes sur la dynamométrie du cheval.

« M. Sanson a supposé un peu bien hâtivement que le travail des animaux porteurs n'était qu'un corollaire du travail automoteur.

« Cette erreur n'est elle-même qu'une extension de l'erreur commise par presque tout le monde, au sujet de ce que l'on nomme « handicap ».

« On peut certes considérer le quadrupède comme un char à quatre roues déjantées, hoquetant sur les rais que représentent ici les membres rectifiés de l'animal. Mais sans sortir de cette comparaison d'ailleurs trop sommaire, il est facile de voir tout de suite qu'un char qui effectuerait un « pseudo-roulement » sur ses roues déjantées, n'aurait déjà plus un coefficient de tirage unique sur une route unique. En un mot : la résistance au tirage ne serait pas proportionnelle au poids dont les rais sont chargés ou surchargés.

« Quand on se rappelle que le cheval au démarrage doit vaincre la déformation des roues, on comprend, on soupçonne ce qu'il adviendrait si la roue était déjantée.

« Abstraction faite de toute considération scientifique, personne n'ignore qu'un coureur quelconque devient lourd passé un certain poids naturel, c'est-à-dire apparemment proportionné à la vigueur musculaire du sujet.

« Que sera-ce donc alors si le coureur devient lourd grâce à une surcharge artificielle ? Tout le monde connaît la boutade du commis voyageur qui taillé en hercule, voulait parier contre un coureur léger de 65 kilogrammes, à la condition que celui-ci porterait les 30 kilogrammes qui exprimaient la différence entre son poids et le poids du gros homme (95 kilogrammes). A ce compte aucun trotteur célèbre n'aurait tenu tête à tel colosse boulonnais de ma connaissance.

« Telle est, grossie au microscope, l'absurdité radicale des théories actuellement admises sur et la dynamométrie des animaux de selle.

« Remarquez bien que je ne prétends nullement incriminer les handicapeurs. Leur sens intuitif des courses les garantit précisément des monstruosités auxquelles les conduirait une prétendue application des sciences exactes!

« Voici, en attendant mieux, mon programme de recherches sur ce desideratum de la dynamométrie :

« 1° Expérimenter d'abord sur l'homme et non sur les animaux, au rebours de ce qui se fait généralement pour toutes les autres questions de physiologie comparée ;

« 2° Se défaire du préjugé en vertu duquel on suppose toujours que les grandeurs varient proportionnellement ;

« 3° Remarquer que les surcharges tendent à enfoncer les membres dans le sol et à introduire une nouvelle complication ;

« 4° Tenir compte de la surexcitation fonctionnelle qui apparaît aussitôt qu'on sort tant soit peu des conditions rigoureuses et nombreuses dans lesquelles la machine vivante fonctionne tout à fait normalement.

« Ce problème est légèrement humiliant pour notre orgueil! Il insinue assez clairement que le dynamotechnicien, tout en restant un véritable ingénieur, ne peut avoir la prétention de déduire les règles de l'exploitation des moteurs vivants avec la même rigueur que nos ingénieurs déduisent les règles de l'exploitation des moteurs non-vivants...

« Je ne saurais donc trop insister, quant à moi, sur une idée mise à l'ordre du jour, c'est que les machines animées subissent dans toute sa plénitude la loi de l'Optimum, dont les machines brutes sont d'ailleurs elles-mêmes quelque peu justiciables. Voici cette loi dans son expression la mieux adaptée au chapitre de la *dynamopoïèse*.

« En deçà comme au-delà d'un certain effort, d'une certaine vitesse, d'un certain débit kilogrammétrique (à la seconde), d'un certain débit journalier, d'un certain rythme d'alternance pour le travail et le repos, d'une certaine durée de la carrière économique totale du sujet, on n'obtient pas le maximum d'utilité mécanique réalisable par ce sujet. »

La démonstration empirique de ce théorème considérable est faite depuis longtemps, peut-on dire, bien que les animaliculteurs se soient à peine douté de notre formule précédente?

Il nous reste à détailler les conséquences graves, les corollaires accablants de cette vaste proposition.

MM. Crevat et Baron ont proposé de calculer le débit kilogrammétrique à la seconde, pour un bon cheval, en multipliant le carré du tour de la poitrine par 22,11. Or ce produit peut également être considéré comme résultant de la multiplication d'un effort optimum par une vitesse optima. M. Baron propose donc l'équation approchée :

$$\frac{30 \times c^2}{H} \times \frac{3}{4} H = 22,11 \times c^2,$$

dans laquelle c représente le tour orthogonal de la poitrine, et H la hauteur au garrot.

Plus simplement, le cheval fait avantageusement un effort égal à trente fois le carré du tour de sa poitrine divisé par sa hauteur au garrot et marche dès lors avantageusement à une vitesse égale aux trois quarts de sa hauteur au garrot.

Ce rendement assure, sauf accident, la durée la plus longue au moteur exploité.

L'exactitude des chiffres que nous donnons ci-dessus est susceptible d'une amélioration indéfinie, bien entendu, mais la loi reste certaine.

Aussitôt que l'effort moyen d'un cheval s'éloigne sensiblement de $\frac{30 \times c^2}{H}$ soit en plus, soit en moins, la vitesse exigée ou permise, afin de rétablir le débit $22,11 \times c^2$, entraîne un travail automoteur ou une surexcitation fonctionnelle excessive, ou même les deux à la fois, et le rendement journalier diminue, et le rendement hebdomadaire, mensuel, annuel diminue... Et enfin l'usure est plus précoce.

Si, au lieu d'obtenir $22.11 \times c^2$ (débit à la seconde) par le produit $\frac{30\, c^2}{H} \times \frac{3}{4}$ H, je multiplie $\frac{15\, c^2}{H}$ par $\frac{3}{2}$ H, un pur arithméticien déclarera *a priori* l'égalité absolue des deux opérations... Mais le mathématicien qui pense au-delà de sa technique étroite, fera entrer en ligne de compte la relation qui existe entre le multiplicande et le multiplicateur et il arrivera à dire que le débit à la seconde (D) n'est réellement significatif que lorsqu'on connaît les deux facteurs : effort et vitesse. De même pour le débit journalier (D*j*) :

Il ne devient pratiquement significatif que lorsqu'on donne la durée effective du service journalier, attendu que le même cheval apte à débiter 75 kilogrammètres à la seconde, fera un effort de 62^{kg},500 à la vitesse de 1'20 et pendant huit heures dans un cas, tandis qu'il ne fera qu'un effort de 30 kilogrammes à la vitesse de $2^m,10$ pendant quatre heures dans le second cas.

La différence se trouve mangée par le travail automoteur et la surexcitation fonctionnelle.

Si au lieu d'obtenir $22,11\ c^2$ par le produit de $\frac{30\ c^2}{H} \times \frac{3}{4}$ H, j'essaye le produit de $\frac{60\ c^2}{H} \times \frac{3}{8}$ H, je tombe dans une autre forme de surmenage qui constitue le « surmenage de l'effort », au lieu de constituer le « surmenage de la vitesse ».

Retenez bien que l'animal surmené en mode de rapidité marche sûrement à la ruine, par suite d'une abréviation déplorable de sa carrière économique totale.

CHAPITRE XII

SUBSTANCES PSEUDO-DYNAMOGÈNES

Le rendement énergétique maximum du moteur étant le but poursuivi dans l'utilisation du cheval de course, nous allons étudier l'action de certaines substances dites pseudo-dynamogènes, qui, en dehors de l'alimentation et de l'entraînement, peuvent augmenter dans une certaine mesure le potentiel dynamogénique.

Ces substances médicamenteusse (alcool, café, kola, etc.), qui auraient dû être utilisées à titre purement thérapeutique (période de convalescence), jouent un rôle important dans l'hygiène du cheval de course ; leur emploi tendant à se généraliser de plus en plus dans certaines écuries nous croyons devoir en faire une étude complète.

Substances pseudo-dynamogènes. — On a souvent préconisé l'usage de certaines substances soit pour augmenter momentanément la puissance musculaire, soit pour rendre aux muscles fatigués une énergie nouvelle et leur permettre, par suite, de prolonger leur fonctionnement au-delà de la limite correspondant à leur capacité de résistance normale.

Cette classe toute particulière de substances mérite le nom d'aliments, bien qu'elles ne soient que peu ou pas modifiées, dans leur trajet à travers l'économie et l'intimité des tissus. Ces substances paraissent agir par leur présence en diminuant les combustions, ou plutôt en les rendant plus utiles ; en un mot, elles favorisent la transformation de la chaleur en force, et permettent d'utiliser davantage les véritables substances alimentaires ingérées avant elles : de là le nom d'aliments d'épargne, de dynamophores, d'antidéperditeurs, de nervins.

On ne saurait invoquer, pour expliquer l'action de ces diverses substances, la présence de l'azote dans leur composition, et les regarder comme des aliments azotés. La caféine, la théine, etc., contiennent bien de l'azote, mais leur composition est à peu près celle de l'acide urique, de la xanthine, qui sont autant de produits excrémentitiels, de déchets de l'organisme ; la théine, la caféine doivent donc traverser simplement l'organisme et se retrouver dans les excréta, et c'est ce qu'a, en effet, confirmé l'expérience. Il semble plutôt que ces substances agissent en surexcitant les fonctions nerveuses.

L'alcool, le café, la kola, la coca sont les substances les plus employées aussi allons-nous, dans le chapitre suivant, en faire une étude physiologique complète et en montrer le mode d'action.

Ces substances médicamenteuses à l'inverse des alcaloïdes employés dans le doping, produisent une excitation faible et passagère ne se traduisant pas par des troubles organiques capables de compromettre l'avenir du moteur ; leur action est physiologique, et non nocive ; là, réside la différence capitale entre les substances pseudo-dynamogènes et le doping.

Il était important de mettre ce point en évidence au début de cette étude.

Alcool et substances alcooliques. — Nous allons étudier, avant d'aborder l'emploi des boissons alcooliques et pour en faire comprendre l'action, les effets physiologiques de l'alcool et relater les diverses théories contradictoires émises sur le rôle dynamogénique dévolu à cette substance.

Chauveau a constaté que la valeur du travail physiologique produit s'abaissait si l'on remplaçait dans la ration alimentaire d'un animal une partie des hydro-carbonés par de l'alcool ; et cependant l'absorption d'alcool n'est pas sans influence sur le fonctionnement musculaire ; mais c'est sans doute seulement par l'intermédiaire du système nerveux, comme tend à le prouver le caractère essentiellement transitoire de cette influence qui agit d'abord dans un sens favorable, puis se transforme en action défavorable. Cette mobilité et ce renversement des effets de l'alcool ont été observés par presque tous ceux qui ont étudié cette question. De plus, si de petites doses d'alcool paraissent susceptibles d'une action stimulante sur la contraction musculaire, des doses un peu plus fortes auraient au contraire une action paralysante.

H. Frey a surtout observé ces changements selon les doses ; quand le muscle est fatigué, l'absorption d'un peu d'alcool diminue la sensation de fatigue et rend la prolongation du travail quelque temps plus facile; mais si l'on augmente la dose d'alcool, le résultat sur le fonctionnement musculaire change du tout au tout : c'est à de l'impuissance, à de la paralysie des muscles que l'on a affaire. D'après Destrée, qui expérimente au moyen de l'ergographe, l'alcool exerce presque toujours immédiatement à la suite de son absorption une influence favorable sur le rendement en travail musculaire; mais ce phénomène est passager, et de plus on voit lui succéder une phase de dépression de la puissance musculaire, qui compense et au delà l'excitation première, en sorte qu'il est finalement préférable de ne pas recourir à l'alcool pour obtenir des muscles une somme de travail supérieure à celle qu'ils sont naturellement capables de produire. Pour Schumberg, l'alcool à petites doses n'élève la capacité du travail des muscles, et seulement d'une façon passagère, que si de véritables principes alimentaires sont aussi présents dans le sang; peut-être l'alcool favorise-t-il momentanément l'utilisation complète de ces principes. Toujours avec l'ergographe, Scheffer constate nettement, comme les précédents savants, l'élévation provisoire de la puissance dynamique des muscles sous l'influence de doses d'alcool modérées, puis bientôt après une diminution de cette puissance dynamique par rapport à son degré normal. Ces effets successifs différents doivent dépendre des modifications corrélatives et de même sens de l'excitabilité du système nerveux. Scheffer, Waller, Gad et Wérigo ont du reste acquis la preuve que l'alcool provoquait bien d'abord une augmentation, puis une diminution de l'excitabilité de l'appareil nerveux moteur périphérique : lorsque l'on élimine l'action de celui-ci en le paralysant à l'aide du curare, l'alcool ne paraît plus exercer aucune influence notable.

MM. Jacquet et Félix Regnault démontrent, par des exemples tirés du cyclisme, combien est fausse l'opinion qui attribue à l'alcool une action utile dans l'effort.

Rien de tenace comme un préjugé, disent-ils. Le public croira longtemps encore, quoi qu'on puisse lui dire, que l'alcool est un tonique et que, sans son emploi, on ne pourrait accomplir de travaux pénibles.

C'est, en réalité, le contraire qui est vrai : après une courte période d'excitation, l'alcool déprime profondément les forces.

Une preuve, entre tant d'autres, nous est fournie par l'observation des cyclistes : ils savent que dans une course de fond il faut s'abstenir absolument d'alcool. Les amateurs eux-mêmes disent que, dans une course de 60 à 80 kilomètres, un petit verre coupe les jambes, après une courte période d'excitation.

Pour les professionnels, cette observation a tant d'intérêt et de force que chez eux l'abstention est devenue un principe.

Cependant un des plus glorieux représentants de la science française, dont notre pays porte encore le deuil, Duclaux, a suscité quelque temps avant sa mort de violentes polémiques en proclamant la valeur alimentaire de l'alcool, d'après des expériences faites par des physiologistes américains renommés et pourvus de moyens d'investigation exceptionnels : Atwater et Bénédikt.

Le souci de la vérité scientifique exempte de toute autre préoccupation dans l'esprit de Duclaux disparut bientôt au contraire dans les polémiques qui suivirent ; on vit surtout en présence, d'un côté des intérêts matériels puissants et, d'autre part, les légitimes alarmes de ceux qui ont entrepris la lutte contre l'épouvantable fléau qu'est l'alcoolisme. Dans ces conditions, les faits exposés par Duclaux furent vite dénaturés.

Nous dirons seulement, après un examen sérieux du compte rendu des expériences d'Atwater et Bénédikt, que, sous forme d'un liquide très dilué, à dose très modérée, l'alcool peut être considéré comme un producteur d'énergie comme le sucre et l'amidon, auxquels il se montre d'ailleurs toujours légèrement inférieur à dose isodynamique égale dans les expériences d'Atwater.

Il y a évidemment loin de cette simple constatation qui contredit d'ailleurs les expériences de Chauveau à l'opinion que beaucoup de personnes s'empressèrent d'adopter que l'alcool est le complément nécessaire de toute ration.

Alcool. — L'action physiologique de l'alcool se trouve donc entièrement dans la propriété qu'il possède, d'exciter les centres nerveux, particulièrement le cerveau, et de stimuler les grandes fonctions ; l'alcool est un médicament sthénique par excellence, particulièrement efficace dans la lutte contre l'adynamie générale et la dépression organique.

Physiologiquement, l'alcool pourrait être rapproché des médicaments anesthésiques, chloroforme, éther : d'ailleurs la stimulation que produit l'alcool peut s'obtenir également au moyen de l'éther, avec plus de rapidité et d'intensité, en injectant ce dernier médicament sous la peau, dans des conditions où il ne peut pas produire l'effet déprimant, anesthésique, que réalise si facilement son administration massive par les voies respiratoires.

Boissons alcooliques. — Maintenant que nous connaissons les effets physiologiques de l'alcool, nous allons étudier brièvement l'action des boissons alcooliques sur l'organisme animal. Elles agissent par leur teneur en alcool et produisent, si les doses employées sont suffisantes, les mêmes effets stimulants et énergétiques.

En petite quantité l'alcool et les liquides dont il est la base (vin, eau-de-vie, champagne, etc.) excitent les animaux, leur faciès est plus expressif, plus animé, leurs mouvements sont plus énergiques, plus vigoureux : tout indique dans leur attitude une stimulation franche et nettement perceptible.

Dans la période de stimulation les mouvements du cœur et de la respiration sont accélérés, l'énergie des contractions cardiaques est notablement accrue ; on observe en somme, de ce côté, des modifications en rapport avec celles que manifeste le système nerveux. Par contre à la suite de l'administration de doses fortes on obtient la dépression circulatoire et respiratoire ; le cœur s'affaiblit, bat plus lentement, la respiration est lente.

En hygiène vétérinaire, sauf pour le pur sang, on fait usage rarement des boissons alcooliques.

Les Anglais, dit Magne, préparent une pâte dans laquelle ils font entrer des grains concassés, de la farine, du vin blanc, des plantes aromatiques, du miel et de l'huile ; ils forment avec cette substance des boules de la grosseur d'un œuf qu'ils donnent souvent aux chevaux de course, quelques instants avant de les conduire sur l'hippodrome.

Pour profiter des propriétés énergétiques dévolues à l'alcool, le lieutenant Muller dans le raid Paris-Rouen-Deauville donnait à sa monture un litre de vin blanc sucré à 300 grammes.

Cette dose introduisait dans l'organisme 100 à 150 grammes d'alcool. Le plus souvent on incorpore les liqueurs alcooliques à des matières solides : le pain, qui en est imbibé produit instantanément de très bon effets chez les sujets surmenés.

Chez le cheval de course les boissons alcooliques employées le plus fréquemment sont le champagne et le cherry.

L'administration du champagne, dont la teneur en alcool est d'environ 11 à 12 0/0, est pour ainsi dire classique et est tolérée sur les hippodromes : la dose utile varie dans une large mesure avec l'individualité, elle correspond dans la majorité des cas à 500 grammes.

Le cherry, le whisky, dont la teneur en alcool est plus élevée, sont employés au même titre que le champagne comme excitants pour les chevaux de course : la dose normale correspond à 500 grammes administrés en breuvage ; l'ingestion a lieu quinze à vingt minutes avant la course de façon que l'effet énergétique se produise pendant l'épreuve.

Dans quelques cas, loin de vouloir utiliser l'effet stimulant de l'alcool, l'on cherche à produire, sous l'influence de doses massives, l'effet stupéfiant ; à dose élevée, en effet, l'alcool produit une action sédative qui est utilisée pour combattre le nervosisme exagéré, la rétivité du cheval, soit qu'il ne veuille pas prendre son départ ou qu'il refuse de s'employer pendant le parcours. La question de dose à employer pour obtenir cet effet calmant sans produire la dépression accusée qui compromettrait le résultat de la course, est délicate à déterminer.

Doit-on considérer l'administration des boissons alcooliques comme un moyen dolosif comparable au doping ?

Non, car la suractivité fonctionnelle produite est incapable de modifier dans une large mesure le rendement énergétique du moteur ; de plus à l'inverse du doping on n'observe, après l'usage de ces excitants, aucun trouble organique sérieux, à peine chez quelques sujets constate-t-on après l'épreuve, une légère excitabilité qui du reste est toujours de courte durée.

Kola. — Les noix de kola ont un pouvoir excitant supérieur à celui du café et dû à la forte proportion de caféine qu'elles contiennent concurremment avec le rouge de kola, mélange d'alcaloïdes qui agit sur le système musculaire, alors que la caféine n'agit que sur le système nerveux.

Depuis longtemps les indigènes de l'Afrique tropicale les emploient pour soutenir leurs forces ; la thérapeutique moderne considère la kola comme un antidéperditeur des forces très efficace ; fraîche, elle contient une huile à propriétés excitantes, qui augmente encore son action et qui est détruite par dessiccation.

La kola est de toutes les substances pseudo-dynamogènes, celle dont l'action est la plus régulière et la plus sûre, et dont l'emploi est inoffensif. Ce médicament employé judicieusement est appelé à jouer un rôle important dans le régime diététique des débilités et des surmenés.

Le régime kolaté ne doit pas être permanent, il doit être réservé aux périodes sévères de l'entraînement et pendant la convalescence des maladies internes. Par son action stimulante il combat l'atonie du tube digestif et joue un rôle utile dans le processus de guérison.

L'action stimulante de ce médicament sur le système nerveux et musculaire a été utilisée par le capitaine Loir dans le raid Lyon-Vichy ; il donna avant le départ 200 grammes de kola gommelée que le cheval mangea avec avidité.

Certains entraîneurs mettent chaque soir dans la ration de la kola et du sucre ; sous l'influence de ce régime suffisamment prolongé l'aptitude au travail, la résistance à la fatigue augmentent dans une large mesure.

L'adjonction du sucre, de l'arsenic à la kola forme une trinité qui possède un pouvoir énergétique puissant; nous avons vu la condition de plusieurs sujets s'améliorer à bref délai par l'emploi combiné de ces substances; l'effet thérapeutique est bien plus accusé que si ces médicaments étaient donnés isolément.

Diverses préparations à base de kola existent dans le commerce, la forme granulée (incorporation au sucre) est celle qui est la plus appréciée — un industriel a même fait du champagne kolaté, spécialité qui ne s'est pas répandue.

Coca. — Les habitants du Pérou, de la Bolivie font usage de la coca depuis très longtemps. Ils mâchent les feuilles, et peuvent alors, dit-on, non seulement résister à la fatigue et au sommeil, mais aussi ne pas manger.

Le processus d'action de la coca montre que la coca est un pseudo-antidéperditeur et que, contrairement à la kola, son rôle dynamogénique est peu élevé.

Les feuilles de coca contiennent plusieurs alcaloïdes, dont le principal est connu sous le nom de cocaïne. La coca agit, en outre, en anesthésiant la bouche, de même la salive, entraînée dans l'estomac, et qui contient des traces d'alcaloïde, anesthésie cet organe et empêche la sensation de la faim.

Café. — Le café, périsperme du caféier, présente, après torréfaction, la composition suivante :

	GRAMMES
Eau	1,81
Substances azotées	12,20
Caféine	0,97
Matières grasses	12,93
Gommes, matières sucrées	1,01
Matières extractives	22,60
Cellulose	44,57
Matières minérales	4,81

C'est la torréfaction qui développe une huile empyreumatique, amère et aromatique à laquelle il doit ses propriétés excitantes.

L'infusion de café, par sa teneur en caféine agit comme stimulant du système nervo-sanguin.

Le tableau ci-dessous indique la teneur, différente en caféine des diverses denrées :

	GRAMMES
Café	1,20 0/0
Thé	3,5 —
Kola	2,35 —

La teneur élevée en caféine du thé lui donne des propriétés stimulantes plus accusées que le café, mais ce dernier est néanmoins le plus employé dans l'hygiène animale.

Le café agit donc par la caféine, nous allons étudier les propriétés physiologiques de cet alcaloïde.

La caféine est un tonique et un stimulant du cœur ; elle excite le système nerveux et augmente l'activité cérébrale. On a considéré longtemps la caféine comme un agent d'épargne ou antidéperditeur capable d'augmenter le rendement de la machine animale, tout en dépensant moins de combustible ; aujourd'hui, bien au contraire, on doit la considérer comme un stimulant général, permettant à l'organisme d'utiliser ses réserves.

Ces propriétés stimulantes ont été utilisées dans les raids pour augmenter le rendement énergétique des sujets : *Anatole*, le gagnant du raid Bordeaux-Paris prenait au moment du repos un litre de café.

La solution suivante :

Café	2/3
Sucre	1/5

constitue un breuvage doué de propriétés énergétiques puissantes.

Comme agent thérapeutique, le café est employé pour combattre les effets adynamiques (abattement, faiblesse, sidération) que l'on observe dans certaines maladies internes graves, et en particulier dans les états typhoïdes ; les doses à employer varient de 1 à 2 litres.

Le sucre comme antidéperditeur. — A l'inverse du sucre, toutes les substances étudiées dans ce chapitre (alcool, kola, etc.) ne constituent pas un aliment, mais doivent être rangées dans le groupe des médicaments antidéperditeurs ; elles ne peuvent dans aucun cas apporter les éléments de réparation aux tissus et assurer leur fonctionnement normal.

Le sucre, au contraire, possède en même temps que son pouvoir énergétique puissant, une action alimentaire indéniable et peut être considéré à juste titre comme le charbon du muscle.

Le sucre agit par un tout autre processus, en apportant les matériaux au fonctionnement des muscles, il constitue un véritable aliment d'épargne et à l'inverse des substances dynamogènes que nous venons d'étudier, son action n'est pas temporaire et ne reconnaît pas pour cause une excitabilité artificielle du système nerveux.

Nous étudierons en détail au chapitre *Alimentation*, le rôle hygiénique et alimentaire dévolu au sucre, nous nous contentons de citer ici son action antidéperditrice.

CHAPITRE XIII

LE DOPING

Le doping. — C'est un fait avéré que d'Amérique est venue, répandue dans tout l'ancien continent, l'idée d'augmenter la puissance énergétique du cheval, dans sa vitesse pour une période de temps donnée, en lui administrant certaines substances plus ou moins toxiques.

La nouvelle que la Société d'Encouragement instruisait contre le doping, les charges à fond de train poussées par tous les journaux contre les dopeurs, mirent, il y a près de deux ans sur le tapis cette question brûlante dont chacun ne parlait que par ouï-dire. Aujourd'hui les esprits se sont un peu calmés, et l'on estime, en général, que les sociétés de courses ont bien fait d'interdire l'usage des agents pharmacodynamiques et des poisons.

Les nombreux articles qu'a suscités l'histoire du doping ont bien peu éclairé cette importante question, qui, malgré les violentes controverses qu'elle a soulevées, est loin d'être tranchée.

Nous avons étudié dans le chapitre de l'*Hérédité* l'immunité ou l'accoutumance aux drogues ; nous examinerons ici le côté frauduleux de la question au point de vue des courses, et nous verrons quel est le mode d'action du doping, les effets physiologiques des principaux alcaloïdes employés, leur mode d'administration, etc.

Tout en considérant la pratique du doping comme préjudiciable à la prospérité de la race, tout en approuvant la sage mesure prise par les Sociétés de courses pour enrayer ce mal, nous sommes naturellement amenés à nous demander s'il est juste de considérer le doping comme un moyen frauduleux de donner une vigueur, et, par conséquent, une valeur factice à un cheval déjà prêt pour une course. Est-ce véritablement un dol introduit dans un contrat pour lequel les parties en cause sont nombreuses et les intérêts importants ? La vigueur et la valeur du cheval sont-elles factices ?

Le cheval de course arrivé à l'extrême limite de l'entraînement est, comme toute autre machine motrice vivante, un sujet qui a accumulé dans son organisme une somme considérable d'énergie sous forme de potentiel. A un moment donné, ce potentiel sera mis en liberté et l'animal rendra évidente ou actuelle l'énergie latente. Mais si un cheval peut spontanément actualiser le potentiel, il ne le fait pour ainsi dire jamais complètement, sans y être incité ou excité par divers moyens, que l'on peut appeler réflexes, tels sont : la cravache, l'éperon, voire le doping.

On sait très bien que tel bon cheval, monté par tel jockey, s'emploiera de son mieux et gagnera la course ; tandis que ce même animal, avec une autre monte, sera indignement battu. Ces résultats différents proviennent de ce que le premier jockey, très habile, aura su faire actualiser une plus grande partie de l'énergie potentielle accumulée dans les appareils musculaire et cardio-pulmonaire de sa monture.

Le professeur Baron, d'Alfort, a défini le doping un « système de déclenchement de la force accumulée à l'avance ». Rien de plus exact.

Dans toute machine motrice, la puissance énergétique est accumulée et ne produit ses effets que lorsqu'on le lui permet par un moyen quelconque de déclanchement. Il paraît en être de même pour la machine motrice vivante qu'est le cheval de course. Chez lui, l'énergie potentielle a besoin, pour devenir actuelle, d'un stimulant qui sera l'éperon, la cravache ou le dop. Mais il a fallu, avant tout, pour qu'un cheval ordinaire soit devenu un animal extraordinaire, que tous les agents de l'hygiène soient intervenus, Or, s'il en est ainsi physiologiquement, qu'importe la nature du stimulus, que ce soit le champagne qu'on donnait autrefois, ou la strychnine, l'arsenic ou toute autre substance, si le résultat est le même que celui obtenu par les instruments de torture, éperon ou cravache, ou même les deux à la fois.

On ne devrait donc pas, dans le monde des joueurs, considérer comme un acte dolosif le fait de doper un cheval, puisque le dopeur fait purement et simplement de la dynamotechnie, science dont le programme tient en ces deux mots : augmenter le plus possible le rendement des moteurs animés. Ici, ce rendement consiste à favoriser la puissance motrice en mode de vitesse chez le cheval destiné à disputer une course.

Par suite de l'attrait que tout ce qui paraît mystérieux a coutume d'exercer sur l'esprit des turfistes, il s'est trouvé, non seulement parmi les joueurs que la passion du jeu aveugle, mais même aussi parmi les sportsmen éclairés et compétents des personnes qui ont attribué tous les succès des écuries américaines à l'unique action exercée par de puissants excitants sur les chevaux de course. Tous les succès : nous ne le croyons pas ! Quelques-uns, oui, sans doute! L'on aurait mauvaise grâce, d'ailleurs, à ne pas en convenir. Mais il suffit de soumettre les faits à une calme investigation pour en déchirer le voile mystérieux et y reconnaître qu'on a beaucoup exagéré. On peut même dire que le doping a fait perdre un plus grand nombre de courses, qu'il n'en aura fait gagner. En fait, chaque fois qu'on a institué des expériences à l'abri de toute objection opératoire relativement à l'influence du doping sur l'organisme du cheval, les résultats en ont été le plus souvent ou négatifs ou inappréciables.

Il est évidemment impossible de nier l'influence des agents pharmacodynamiques et des poisons sur le système nerveux et musculaire du cheval, mais la difficulté est grande pour obtenir le degré d'intensité de l'excitant. Ce n'est que lorsque cette intensité atteint une certaine valeur que l'on voit l'animal répondre par une augmentation de puissance motrice d'autant plus énergique que la dose aura été plus élevée. Le doping n'agit donc qu'à partir d'un certain point et d'une dose déterminée. L'on peut désigner ce point sous le nom de « seuil de l'excitation ». Au-dessous ou au-dessus du seuil de l'excitation, le doping est sans effet, ou mieux produit parfois un effet négatif. De plus, pour chaque tempérament de cheval, la position du seuil de l'excitation est variable. Les difficultés sont donc nombreuses et il ne faudrait pas attribuer aux entraîneurs américains un ensemble de connaissances plus grand que celui qu'ils possèdent.

ÉTUDE PHYSIOLOGIQUE DES ALCALOÏDES EMPLOYÉS DANS LE DOPING

Caféine. — La caféine est l'alcaloïde le plus employé dans le doping, elle constitue la dominante des diverses formules usitées.

Nous allons étudier ses effets physiologiques, son mode d'action sur les divers appareils et son élimination.

La caféine est surtout un stimulant nerveux. Sous l'influence de ce médicament, l'excitabilité du système nerveux central est d'abord augmentée, puis survient l'action musculaire. L'influx nerveux moteur part du cerveau avec une plus grande énergie, et comme en même temps les muscles sont disposés à passer plus facilement de l'état de relâchement à l'état de contraction, on comprend que la caféine agisse admirablement comme sthénique, pour écarter la fatigue, prévenir l'épuisement et combattre l'adynamie.

Elle traverse l'organisme sans subir de décomposition et s'élimine très bien par la bile et par l'urine, sans qu'il y ait à craindre d'accumulation d'action.

A la dose de 50 centigrammes à 1 gramme, la caféine chez le cheval, produit ses influences sthéniques; l'animal a une attitude plus fière, il relève la tête, dresse les oreilles, il mâchonne comme s'il avait des aliments dans la bouche, son regard est vif et brillant; le faciès prend une expression hérissée et inquiète (Kaufmann).

La caféine à dose élevée a sur les muscles une action directe; mise en contact avec un de ces organes, elle y détermine d'abord une contracture énergique et le rend ensuite inexcitable.

A dose physiologique, l'action de la caféine sur les muscles a moins d'importance; elle se limite à une simple augmentation de l'énergie des contractions et doit surtout avoir pour résultat de mettre les muscles dans des conditions meilleures pour passer facilement et rapidement de l'état de repos à l'état d'activité.

Il est probable que la caféine peut ralentir le cœur, par excitation des autres modérateurs, en même temps qu'elle lui donne plus de force et plus d'énergie (Voit, Falck, Eustratiadès, Caron, Néplain, etc.), mais Leven a vu juste, en faisant remarquer que ce ralentissement est précédé d'une accélération passagère, due à l'exaltation des accélérateurs sympathiques.

Quant au pouls, il traduit les modifications de la tension sanguine, laquelle, aux doses faibles, est augmentée par vaso-constriction.

La température est peu modifiée par les doses faibles, mais elle est élevée par les doses franchement excitantes.

C'est une erreur physiologique que de considérer la caféine comme aliment d'épargne : au contraire par suite de la surexcitation fonctionnelle qu'elle occasionne, la caféine exagère la désassimilation.

L'augmentation du taux d'acide carbonique éliminé et l'élévation de la température observée sous l'influence de la caféine indiquent une surproduction mécanique qui se traduit fatalement par une désassimilation plus élevée.

De ce côté encore s'observent des effets d'exaltation; on les a notés sur les sécrétions salivaire et biliaire (Leven, Stuhlmann, Falck) mais ils sont surtout intéressants sur le rein.

Quelles que soient les contradictions, il est certain que la caféine a une action diurétique.

La caféine est très facilement absorbée par la muqueuse digestive. Le mode d'administration le plus pratique est l'introduction de cet alcaloïde dans une carotte creusée à cet effet; la saveur désagréable est masquée et l'ingestion plus facile que sous forme de bols ou de pilules.

Les doses introduites dans l'appareil digestif varient dans une large mesure avec l'individualité; la dose toxique de la caféine est très élevée pour le cheval et permet l'emploi dans les dopings, de doses massives de 10 à 15 grammes sans accident d'intoxication.

On préfère à la voie buccale, la voie hypodermique, les effets physiologiques se manifestant plus rapidement et plus régulièrement. Le mode d'action de la caféine (phase de dépression suivie d'une période d'excitation) nous montre la nécessité de faire coïncider l'heure où l'effort doit être fourni, avec le moment où doit se produire la période d'excitation. Cette coïncidence n'est indiquée que par une expérimentation préalable sur le sujet qui doit être soumis au doping.

L'excitation provoquée par la caféine n'atteint son maximum que quarante-cinq minutes après l'injection et cesse au bout de deux heures; les doses minimes, 25 centigrammes, suffisent pour déterminer une contraction musculaire plus énergique et transformer extérieurement l'apparence d'un cheval fatigué : la tête se redresse, les oreilles se pointent, les naseaux se dilatent.

La caféine par ses propriétés physiologiques étant un excitant du système nerveux-musculaire joue un grand rôle dans le doping et peut être considérée comme la substance type « dynamogène ».

Strychnine. — La strychnine est avant tout un excitant du pouvoir réflexe (sensibilité et motricité); les doses faibles, physiologiques, sont seulement celles qui augmentent la sensibilité générale et les sensibilités spéciales, rendent les animaux plus sensibles aux impressions, stimulent leur réflectivité, facilitent la promptitude et l'énergie de leurs mouvements, sans provoquer de spasme ou de convulsions tétaniques.

La strychnine agit sur les nerfs, notamment sur le grand sympathique; par eux, elle stimule tous les muscles lorsqu'elle est administrée à faible dose.

L'élimination se fait par l'urine et la salive, rapidement au dire de Vulpian, très lentement au contraire d'après la majorité des physiologistes; deux à trois jours seraient nécessaires pour qu'elle soit complète (Rabuteau, Dragendorf, Maing, Gay) et on aurait même trouvé des traces de strychnine dans l'urine huit jours après son administration (Plugge).

Cet alcaloïde est très dangereux à employer, il faut éviter avec soin les doses massives et tenir compte des dangers résultant de l'accumulation médicamenteuse.

L'arséniate de strychnine administré pendant les derniers mois de l'entraînement accumule dans l'organisme une puissance, une énergie que ne sauraient donner la gymnastique fonctionnelle, l'alimentation et l'hygiène même envisagées dans leur ensemble. Commencer par 5 granules de 1 milligramme chacun et aller progressivement jusqu'à 10 en tenant compte dans la progression de ce fait essentiel, que la strychnine met trois jours à s'éliminer de l'organisme.

Une question intéressante se pose : l'emploi prolongé de l'arséniate de strychnine doit-il être considéré comme un doping ou assimilé à un régime diététique?

Implicitement le doping est réservé exclusivement au jour de l'épreuve, si l'on admet cette façon de voir, l'administration prolongée de certaines substances médicamenteuses (arsenic, cacodylate, etc...) pendant la dernière période de l'entraînement ne constituerait pas un moyen dolosif et serait du ressort de l'hygiène.

Cocaïne. — La cocaïne a des propriétés plus caractérisées que la strychnine et la caféine, aussi constitue-t-elle la base des dopings.

On l'emploie sous forme de sulfate, la cocaïne n'étant pas soluble dans l'eau.

Elle donne une hyperexcitabilité générale qui pousse l'animal à qui l'on a fait une injection à se mettre en mouvement avec une brusquerie, une violence comme irrésistible. Une forte dose amène fatalement la mort mais auparavant l'excitabilité, l'impulsion motrice deviennent extrêmes : l'animal inquiet, le regard fixe, s'élance rapidement en avant et fuit d'une course rapide et comme affolée.

Ces phénomènes ont été constatés sur les cobayes et les chiens. Un chien de 8 à 9 kilogrammes, à qui l'on a injecté 6 à 8 centigrammes de sulfate de cocaïne a présenté tous ces symptômes : courant droit devant lui sans jamais s'arrêter, sans un instant de repos, se livrant à cette sorte de mouvement perpétuel pendant plus de deux heures.

La cocaïne après absorption atteint le système nerveux central qui est d'abord vivement excité, de telle sorte que les effets généraux produits se traduisent par une augmentation de l'excitabilité du sujet avec grande agitation.

Quand la dose physiologique est dépassée l'excitation s'exagère progressivement et l'emploi de fortes doses aboutit à des convulsions.

Atropine. — La dominante de cet alcaloïde est un effet paralysant sur le système glandulaire, sur les éléments nerveux moteurs des organes à fibres musculaires lisses et sur les appareils périphériques modérateurs du cœur.

Cet alcaloïde s'élimine en nature par le rein.

La sécrétion de toutes les glandes est diminuée ou complètement tarie : cette propriété explique son emploi pour atténuer les effets que provoquent les autres alcaloïdes (sudation, salivation) sécrétions révélatrices des autres dopings.

Cet alcaloïde employé judicieusement pour ses propriétés antisécrétoires serait le type du doping « sec ».

Un caractère très apparent et très constant de l'emploi de l'atropine est la dilatation considérable de la pupille : mydriase atropinique, qui s'observe aussi bien après l'absorption du médicament par une voie quelconque, que par son installation directe dans le cul-de-sac conjonctival.

Les effets principaux sur le système nerveux varient avec la dose, ils se traduisent par de l'excitation, puis de la dépression ; le moyen de contrôle facile (mydriase) fait que l'atropine est peu employée dans les formules de doping.

Cacodylate de soude. — Le cacodylate de soude, médicament arsenical, est un excitant de la nutrition : ce médicament serait, paraît-il, employé d'une façon courante dans les écuries d'entraînement américaines.

M. Dellis recommande l'emploi du cacodylate de soude dans les convalescences de maladies graves et spécialement dans celles des maladies de poitrine.

Il rapporte plusieurs observations de chevaux épuisés par la pasteurellose, qui se remirent promptement à la suite d'injections hypodermiques de $0^{gr},50$ à 1 gramme par jour de cacodylate de soude, continuées pendant vingt ou trente jours. Quelques-uns des sujets traités purent même figurer honorablement dans plusieurs courses régionales peu de temps après avoir reçu la médication précitée.

Le cacodylate de soude ne produit aucun trouble organique et pourrait être considéré comme le type du doping « hygiénique » il relève la tonalité générale et augmente, indirectement, l'aptitude au travail.

Nous continuerons cette étude en disant quelques mots sur quelques autres substances qui par leurs effets physiologiques se rapprochent de l'action des alcaloïdes employés dans le doping :

Éther. — L'éther est le type des excitants immédiats, il relève la thermogenèse et la circulation : injecté à petites doses, l'éther est un stimulant, il occasionne une élévation de la température, augmente la tension artérielle, la combustion pulmonaire et toutes les sécrétions, sauf l'urine ; il dilate la pupille.

L'éther combat aussi par injection hypodermique, à la dose de 20 centimètres cubes, les signes de la fatigue générale ; cette substance s'absorbe très vite et son action est beaucoup plus rapide, mais moins durable que celle de la caféine ; en quelques minutes on voit un cheval abattu prendre un tout autre aspect, s'ébrouer, remuer la tête, les mâchoires, accuser une excitation évidente, une vigueur nouvelle.

Acide formique et formiates. — Ces acides ont donné lieu à des expériences très précises qui ont démontré l'action toni-musculaire de ce médicament. Cette action se fait sentir rapidement en moins de vingt-quatre heures, et chez les sujets auxquels on l'administre aux doses que nous indiquerons plus loin, on a remarqué une force plus grande et plus facile. Les entraîneurs qui l'ont employé ont cru remarquer que, chez les sujets normaux ayant une ration alimentaire normale exécutant un même travail journalier, la fatigue disparaît plus vite.

D'après Clément, l'action de l'acide formique et des formiates sur le système musculaire est assez durable, elle persiste pendant huit à dix jours après l'administration. Sous son influence, la sensation douloureuse des muscles soumis à des contractions répétées est très notablement atténuée, et les muscles fatigués récupèrent très rapidement leur énergie. Cette action toni-musculaire s'exercerait encore sur le cœur et les vaisseaux, sur les tuniques gastro-intestinales, sur le diaphragme, sur le muscle vésical au point d'augmenter très notablement la puissance de l'émission urinaire, en un mot sur tous les muscles, striés ou lisses, de l'économie. Le fonctionnement cardio-vasculaire s'améliore, la tension artérielle se relève dans les cas où la musculature cardiaque est affaiblie, elle s'abaisse lorsque l'hypertension est surtout produite par un trouble de la circulation périphérique. L'acide formique augmente aussi la contractilité de tous les muscles respiratoires d'où l'agrandissement d'amplitude des mouvements respiratoires et l'atténuation très notable de l'anhélation produite par l'effort et la course, d'où enfin l'augmentation très nette de l'appétit et de la rapidité de l'évolution digestive.

Tels sont les effets remarquables attribués par Clément à l'action toni-musculaire de l'acide formique et des formiates.

Dose pour un cheval : 20 grammes par jour pendant six jours.

A la suite de la publication à l'Académie de Médecine, d'une communication de M. Huchard, faite après la publication des travaux de M. Clément, de Lyon, les grands journaux, sans qu'on sache trop pourquoi, ont fait une campagne assez saugrenue sur les propriétés mirobolantes de l'acide formique. Les observateurs précités avaient mis en relief les propriétés physiologiques de cet acide et des formiates, constatant que ces corps retardaient l'action de la fatigue musculaire et jouissaient d'une action diurétique réelle, ainsi que de propriétés toniques générales. On est parti de là pour exalter ces propriétés en somme banales, assez médiocres et communes à une infinité de corps qui, même, agissent beaucoup mieux, et pour prétendre que les formiates donnent une énergie extraordinaire.

C'est une mauvaise plaisanterie : M. Huchard cité maladroitement par les vendeurs de panacées, a remis les choses au point en publiant un article dont on ne saurait trop le féliciter, dans lequel il met en garde contre une exagération absurde et proteste contre l'abus de son nom et de son autorité. En conséquence : les entraîneurs qui ont eu l'idée d'appliquer les formiates au cheval de course à l'entraînement, ne doivent rien attendre d'extraordinaire de l'acide formique, qui n'est qu'un vinaigre inférieur, non plus de ses sels, qui n'ont pas une action supérieure à celle des autres sels d'acides gras, les acétates par exemple.

Antitoxine de la fatigue. — Le Dr Weichardt a trouvé une antitoxine qui, ingurgitée tous les jours à doses modérées, permet de dépenser une grande somme d'énergie musculaire sans éprouver de fatigue, et, prise d'une manière continue, cause une sensation de bien-être général avec augmentation de la capacité de travail. L'antitoxine de la fatigue est fournie par les chevaux à qui l'on injecte la toxine de la fatigue qui se trouve dans les muscles d'animaux soumis à un épuisement extrême.

Rien n'empêcherait de l'expérimenter en toute sécurité sur le cheval de course ; en toute sécurité parce que ce produit, bien dosé, ne peut que contribuer à lui donner une plus grande résistance.

Les sels de vanadium. — Le résultat le plus manifeste de l'administration du vanadium est certainement une augmentation marquée de l'appétit. Après quinze jours de traitement, on constate une augmentation notable de force. Le métavanadate de soude donne un coup de fouet à la nutrition et en augmentant les oxydations fait mieux assimiler les substances alimentaires. Si l'on donne le vanadium à doses continues à des chevaux ayant un ralentissement des oxydations, à des poulains trop gras, en particulier, on augmente leur combustion, ils ont moins de matériaux de déchet et doivent maigrir. Il y a là une indication pour la préparation rapide d'un poulain qui par suite d'accident a été arrêté dans son travail, a pris de l'embonpoint et est complètement hors de forme. On peut, par l'emploi du vanadate, arriver à le mettre en état de courir dans un temps relativement court.

Mais on ne doit pas abuser du vanadate, car nous avons vu sur un poulain intoxiqué par ce produit, un amaigrissement trop considérable.

Il semble donc qu'il puisse avoir une double action : 1° à petites doses, chez un sujet adynamique, le vanadium excite l'appétit, stimule les forces, augmente l'assimilation et par suite peut faire accroître le poids du poulain malade.

2° Chez un sujet qui a de l'embonpoint, dont les oxydations sont

Ambush II, steeple-chaser appartenant à S. M. Édouard VII.

ralenties et qui accumule de la graisse, et des matériaux de déchet, le vanadate en augmentant les oxydations doit tendre à ramener la nutrition à la normale et par suite l'adiposité doit diminuer.

En résumé, d'une manière générale on peut dire que le vanadate de soude, administré avec discernement et sur ordonnance d'un vétérinaire chez des poulains sains en plein travail, doit augmenter leur puissance musculaire et leur faire gagner par conséquent quelques livres sur leur meilleure forme.

Pour terminer, nous recommanderons de n'employer ce sel qu'avec la plus grande prudence en raison de son énorme toxicité. En injection intraveineuse, on peut avec une dose trop forte tuer un cheval avec la plus grande aisance. Mais on peut administrer sans inconvénient, chez des poulains de trois à quatre ans, le métavanadate de soude par la voie gastrique à la dose de 10 milligrammes en vingt-quatre heures.

On peut encore citer comme doping ou anti-doping : l'albumine qui, administrée à des doses équivalentes (au point de vue du nombre des calories) au sucre, exerce dans le même temps une action bienfaisante sur les muscles fatigués. L'opium excite à petites doses.

La digitaline et la spartéine sont des excitants de l'activité volontaire; l'augmentation de travail qu'elles provoquent est passagère et sur l'ensemble du travail leur action est déprimante.

Citons les expériences de Rossi qui constata une action hyperkinétique pour le camphre; une action hypokinétique pour le bromure de potassium, l'hydrate de chloral, l'hyoscyamine, la morphine, l'opium.

Un grand nombre de ces expériences sont sujettes à caution; c'est le cas quand les auteurs se sont contentés d'expérimenter l'action des substances médicamenteuses sur eux-mêmes, sans contrôler leurs expériences sur d'autres sujets non prévenus. La suggestion est inévitable dans ces conditions.

L'influence des xanthines méthylées sur la fatigue musculaire a été étudiée par Lusini en 1898, par Baldi en 1891, et par Paschkis et Pal en 1887. D'après Lusini, on constate une action toxique à échelle croissante de la monométhylxanthine à la di et triméthylxanthine; ces substances font diminuer progressivement la résistance à la fatigue.

Bezold, Rossbach, Mendelssohn, Waller, Weiss et Carvallo,

Ioteyko ont trouvé que des excitations poussées jusqu'à la fatigue font disparaître les effets de la vératrine (de même que l'anémie et les variations de température).

En général, les auteurs sont d'accord pour attribuer à la vératrine un effet excitant sur la fibre musculaire. Malgré cette influence, les signes de la fatigue apparaissent plus vite dans les muscles vératrinisés que dans les muscles normaux, c'est-à-dire que les contractions se font beaucoup plus petites et plus irrégulières, et le muscle devient plus rapidement inexcitable ; la vératrine n'est pas capable de faire disparaître du muscle les effets de la fatigue lorsqu'ils se sont produits.

J. Ioteyko a montré que le sérum normal de chien injecté à une grenouille produit une influence dynamogène intense. Vito Copriati étudia l'influence du suc testiculaire de Brown-Séquard et constata à l'ergographe une notable augmentation de force. On peut cependant objecter à ces expériences que l'entraînement du sujet eût suffi à produire le même effet, Zoth et Pregl éliminèrent l'entraînement de leurs expériences et constatèrent un accroissement notable de la force du muscle fatigué sous l'influence du suc testiculaire. Il reste sans effet sur le muscle non fatigué et n'augmente pas sa capacité au travail. Le type de la courbe n'est pas modifié. L'effet se prolonge après la cessation des injections. Le sentiment de la fatigue est amoindri, et sa diminution suit une marche parallèle à la diminution de la fatigue objective du sujet.

Mossé a constaté avec l'emploi du dynamomètre et de l'ergographe une augmentation d'amplitude et de durée de la courbe du travail au début du traitement thyroïdien et une atténuation assez rapide de cette influence tonique. Cette augmentation de force est tout aussi nette avec l'emploi de l'iodothyrine qu'avec celui de la glande thyroïde fraîche. Or cette action tonique est provoquée aussi par des sucs organiques autres que le suc thyroïdien (extrait orchitique, surrénal, etc.). Mossé s'appuie sur ce fait pour expliquer les effets de l'opothérapie : « Les sucs et extraits organothérapeutiques introduisent dans l'organisme, en même temps que la substance ou les substances spécifiques de la sécrétion interne qui les fournit, des principes communs à divers éléments des tissus (ferments, diastases, etc.). Ainsi s'explique ce fait que des sucs et extraits organiques différents puissent provoquer, en dehors de leur action spécifique particulière, certains effets communs. » Rien n'autorise, en effet, à reconnaître une action spécifique aux principes dynamogènes, contenus dans les sucs organiques. Mais un fait reste acquis, c'est que toutes les substances dynamogènes, sucs organiques ou produits chimiques déterminés, restent sans effet sur l'excitabilité du muscle frais : leur influence dynamogène ne s'exerce que sur le muscle fatigué.

D'après Sanzo, le muscle plongé dans une atmosphère d'anhydride carbonique perd au bout de plusieurs heures son excitabilité. Au bout de deux heures, l'excitabilité indirecte est abolie, et, après un séjour de sept heures, le muscle est en rigidité cadavérique. Ces expériences ont amené l'auteur à considérer avec Ranke l'anhydride carbonique comme un des facteurs de la fatigue musculaire. Plusieurs auteurs italiens ont donné les résultats de leurs recherches sur la respiration dans les tunnels et sur l'influence de l'oxyde de carbone. L'influence de ce gaz sur la contraction musculaire (Weymeyer), sur la courbe de la fatigue du gastrocnémien (Audenino), sur la courbe de la fatigue ergographique (Ug. Mosso), est exactement celle qu'exercerait une atmosphère d'hydrogène. En règle générale il y a diminution du travail, pouvant être attribuée à une diminution des oxydations intra-organiques (asphyxie). Chez l'homme la diminution est suivie d'une augmentation après la sortie de la cage en fer renfermant un mélange d'oxyde de carbone.

Diagnose du doping. — La diagnose du doping présente un intérêt pratique considérable, mais les moyens d'investigation actuels ne permettent pas de dévoiler d'une façon scientifique la fraude et nous verrons, dans la suite de cette étude, que les symptômes observés sur les chevaux dopés sont insuffisants pour constituer une entité morbide définie.

Nous allons les passer rapidement en revue et faire leur critique.

Les phénomènes de sudation, de salivation, d'agitation, de tremblement, l'expression du regard (œil vague, inexpressif, ouvert, atone, un peu injecté), la démarche légèrement titubante, constituent les signes cliniques du doping.

Cet ensemble de symptômes vagues ne permettent pas de poser un diagnostic sérieux car, comme nous le verrons plus loin, des systèmes nerveux peuvent réagir fort différemment sous la seule influence des causes ambiantes d'excitations si variées qui frappent les appareils sensoriels des chevaux de course avant leur arrivée sur l'hippodrome ou pendant qu'ils y stationnent.

Le nervosisme exagéré, la sudation ne peuvent constituer les signes cliniques du doping, ils n'ont qu'une valeur pratique restreinte et ne doivent être considérés, dans les cas suspects, que comme une présomption.

En effet l'action excitante du milieu, le bruit, la vue de la casaque, le son de la cloche produisent chez certains sujets impressionnables une période d'excitation se traduisant par une sudation abondante, une nervosité générale qu'il ne faut pas attribuer à l'usage du doping.

Les « nerveux » qui forment un fort contingent parmi les chevaux de course ne doivent donc pas être confondus avec les « dopés » ; un examen superficiel permettrait de faire cette confusion si l'on attribuait à la sudation la valeur d'un symptôme.

Ces signes ne peuvent acquérir une valeur pratique qu'autant qu'ils sont corroborés par des commémoratifs sérieux (changement de condition à bref délai, suspicion de l'écurie, etc.).

L'examen du cheval pendant l'épreuve peut fournir, à un œil exercé quelques renseignements utiles, les dopés ont une allure caractéristique.

Les troubles oculaires observés chez certains sujets peuvent être l'indice de l'emploi d'un doping ; la dilatation considérable de la pupille peut être attribuée à l'usage de l'atropine ou de l'éther.

La sudation abondante est considérée par quelques praticiens comme le véritable critérium du doping, ce signe clinique n'a qu'une valeur restreinte comme le fait remarquer judicieusement le professeur Barrier.

« La sudation, même par les temps froids serait jusqu'ici pour les membres de la commission, le signe le plus frappant, le plus net ; ils nous l'ont fait remarquer plusieurs fois sur des animaux provenant d'entraînements soupçonnés, et nous l'avons constaté aussi, sur des chevaux appartenant à des écuries inattaquables.

« Devant cette incertitude clinique nous estimons qu'on ne saurait accuser ou suspecter aussi gravement des propriétaires et des entraîneurs, sans avoir par devers soi la certitude scientifique, que les signes incriminés révèlent bien exclusivement la mise en œuvre des excitants chimiques et qu'ils ne peuvent résulter du nervosisme exagéré ou des influences ambiantes. »

Les lignes ci-dessous, empruntées au professeur Barrier, montrent combien est délicate la diagnose du doping et la prudence qui doit guider les membres de la commission technique.

« En ce qui concerne le doping, j'estime que les sociétés ont bien fait de résister avec prudence et fermeté aux injonctions de la foule ignorante en soumettant la question à l'étude d'une Commission technique. Mais quelle tâche délicate et ardue ! Rechercher sur tous nos hippodromes les chevaux qui présentent des phénomènes de surexcitation anormale ; rattacher sûrement ces phénomènes à l'action des nombreux agents chimiques qui peuvent en provoquer d'analogues ; déceler l'emploi de ces agents, sur les animaux soupçonnés d'avoir été drogués... cela suppose la connaissance parfaite des effets de ces substances sur l'organisme du cheval, et, qui plus est, du cheval à l'état d'entraînement.

« Or, à quoi vise par dessus tout l'entraînement? A développer méthodiquement et progressivement par la gymnastique fonctionnelle, l'alimentation, les soins, la puissance mécanique des sujets que leur conformation rend aptes à travailler en mode de vitesse pour les amener à faire des foulées aussi nombreuses et aussi étendues que possible pendant l'unité de temps.

« Comme bien vous pensez, une pareille dépense d'énergie implique pour le système nerveux des qualités de tout premier ordre que l'entraîneur s'efforce de cultiver et d'accroître au plus haut degré. En sorte qu'un cheval parvenu à sa forme, c'est-à-dire prêt pour la course, est souvent une sorte de névrosé, impressionnable à l'extrême et capable de transformer en réactions motrices les excitations externes ou internes les plus légères. Toutefois, ce nerveux a son individualité ; il ne réagit pas fatalement comme son voisin et il diffère souvent de lui-même devant le même excitant. Pourquoi ? On l'ignore.

« L'observation et l'expérimentation ont établi le fait ; il faut l'enregistrer.

« On voit par là, à quelles causes d'erreurs sont exposés mes distingués confrères de la Commission, si l'on réfléchit que l'action du doping sur l'organisme de l'animal surexcité par l'entraînement est encore mal connue. »

L'état actuel de la question ne permet pas de déceler scientifiquement la fraude ; les signes cliniques vagues ne constituent qu'une présomption et ne permettent pas dans la majorité des cas, d'émettre un avis formel.

Il convient donc d'être réservé surtout en songeant aux conséquences graves qui peuvent en résulter, en dehors du préjudice moral causé à l'écurie, une mesure de rigueur, la disqualification peut porter un préjudice matériel considérable, pouvant engager dans une certaine mesure la responsabilité pécuniaire.

Le propriétaire ou l'entraîneur, en raison de la gravité du préjudice causé, a le droit d'exiger la preuve que le sujet a été dopé et nous devons avouer que les recherches médico-légales ne permettent pas actuellement de résoudre scientifiquement la question.

Des expériences en cours, laissaient espérer que l'examen microscopique du sérum d'un cheval dopé permettra de mettre en évidence les alcaloïdes employés. Il serait à souhaiter que ces recherches soient couronnées de succès et que cette technique simple permette de faire une diagnose exacte.

On sait que l'expertise chimique (recherche des alcaloïdes dans les excréta : sueur, salive, urine) est très compliquée, les réactions pour mettre en évidence et identifier ces substances étant des plus délicates.

L'autopsie du sujet, en plus qu'elle entraînerait fatalement la responsabilité en cas de résultat négatif, ne peut donner que des renseignements peu précis.

Au point de vue médico-légal l'expérimentation physiologique (injection de l'alcaloïde isolé à un cobaye) permettrait seule, par l'identité des symptômes cliniques observés, d'établir la preuve irréfutable ; le propriétaire devant une accusation aussi grave aurait le droit, pensons-nous, d'exiger ce contrôle scientifique.

Modes d'administration du doping. — Il y a trois façons d'administrer le doping :

1° L'injection hypodermique ;

2° L'introduction par la bouche ;

3° L'introduction par la voie rectale (suppositoire).

Le doping est administré par la voie hypodermique ou par la voie interne. En injection sous-cutanée, l'effet physiologique est plus rapide et plus certain. Jusqu'au jour où une surveillance active n'était pas exercée sur les champs de courses, le mode exclusif d'administration était l'injection ; mais, depuis qu'un contrôle sérieux existe, les entraîneurs ont dû recourir à l'ingestion sous forme de bols, qui sont généralement administrés quarante minutes avant la course. L'on comprend qu'une foule de facteurs (état de réplétion de l'estomac, présence de l'enveloppe de gélatine, etc.) peuvent faire varier dans une large mesure le délai dans lequel doivent se manifester les effets physiologiques des médicaments employés. Il est rare, par ce procédé, que l'effet utile (période d'excitation) coïncide exactement avec le moment précis où le cheval doit courir, inconvénient qu'il n'y avait pas à redouter quand le doping était administré par voie hypodermique.

A l'action excitante des principaux alcaloïdes employés succède une action déprimante marquée, et il peut arriver que le cheval soit utilisé à cette période : l'effet produit est donc contraire au but poursuivi.

La manifestation des effets physiologiques des alcaloïdes varie dans une large mesure avec l'individualité, aussi pour être fixé à ce sujet convient-il de faire, avant l'épreuve décisive, des essais expérimentaux qui fixeront sur le temps nécessaire à l'absorption médicamenteuse.

Formules de doping. — Les alcaloïdes employés le plus fréquemment sont la strychnine, la caféine, la cocaïne, l'atropine ; on y adjoint le cacodylate de soude et l'éther.

La triade la plus usitée est la suivante :

	GRAMMES
Strychnine ou arséniate de strychnine	0,25
Caféine	0,50
Sulfate de cocaïne	1,00

Les formules ci-dessous sont d'un usage fréquent.

1° Arséniate de strychnine, 20 milligrammes donnés par la bouche en deux fois, pendant les cinq jours qui précèdent l'épreuve.

Le jour de celle-ci, 1 gramme de caféine et 0gr,50 d'atropine, une demi-heure avant le départ.

2° Arséniate de strychnine, 0,05 en injection hypodermique pour arriver progressivement à 0,15 et même 0,20 suivant les sujets ;

3° Caféine, administrée à la dose de 1 à 2 grammes.

Nous jugeons inutile, dans un but que le lecteur comprendra facilement, de multiplier ici les formules de doping ; de l'association judicieuse des alcaloïdes et des substances dynamogènes, dépend le rendement énergétique du moteur. Le point délicat à déterminer consiste à ne pas dépasser, par un dosage calculé, la tolérance organique : la méthode expérimentale, ainsi que nous l'ont prouvé de nombreux essais, permet d'obtenir ce résultat.

Nocivité du doping. — L'étude des effets physiologiques des alcaloïdes employés, fait prévoir les désordres graves que l'organisme peut subir sous leur action. On sait, en effet, qu'ils manifestent leur activité en provoquant l'accélération des grandes fonctions et en donnant lieu à toutes les formes cliniques du surmenage qui aboutissent en termes ultimes à la ruine prématurée du moteur.

La nocivité du doping est intimement liée à sa fréquence, à la nature des alcaloïdes employés et aux doses plus ou moins élevées : l'usage répété des alcaloïdes détermine une accoutumance médicamenteuse nécessitant l'emploi de doses massives dont les effets néfastes pourront déterminer une intoxication plus ou moins complète.

Malgré les soins donnés postérieurement, l'excès de fatigue, le surmenage qui résultent de l'effort exagéré, occasionné par le doping, laissent des traces ineffaçables.

En effet sur des jeunes chevaux qui ne sont pas complètement formés, par la suractivité fonctionnelle qu'il exerce sur les différents organes, il compromet leur intégrité fonctionnelle. On a alors des inachevés, des chevaux qui devenant adultes ne réaliseront pas les projets que l'on a pu former sur leur pedigree, qui déjoueront même toutes les prévisions qu'on a pu faire sur leurs formes extérieures.

Sur les adultes l'excès de fatigue consécutif au doping n'est pas moins à déplorer, car il amène fatalement l'usure prématurée. Dans l'un et l'autre cas, si ces sujets sont employés à la reproduction, destinée probable, on obtiendra des produits certainement médiocres comme on l'a constaté en Russie, où l'on a remarqué que les poulains issus des juments trotteuses qui pendant leur carrière de course, avaient été soumises à l'influence du doping, étaient d'une musculature flasque, d'ossature molle et de tempérament lymphatique.

En un mot, les produits présentaient tous les signes d'une déchéance physique. Ces épuisés fourniront un fort contingent dans la morbidité et dans la mortalité.

La disparition brusque de certains chevaux de course appartenant à des écuries réputées pour employer le doping, semble indiquer que ces cas de mort suspects doivent être attribués à des lésions organiques (asthénie, cardiopathies etc.) consécutives au surmenage.

Combien de fois le doping administré à dose massive n'a-t-il pas dépassé le but et provoqué une dépression musculaire au lieu d'une excitation nerveuse.

Les sujets, dans ce cas, ont pendant la période d'excitation l'œil hagard, la peau mouillée de sueur, ils sont agités de tremblements nerveux, s'irritent au moindre bruit, puis trois quarts d'heure après, une période de coma succède à cette surexcitation : ils ruissellent encore de sueur, mais si on les promène, ils suivent automatiquement leurs lads, indifférents à ce qui se passe autour d'eux; s'ils sont en boxe, ils restent hébétés, immobiles, ahuris.

Sous l'influence de dopings répétés, l'organisme subit une déchéance physique dont la transmission héréditaire n'est pas douteuse, cette fraude joue donc un rôle néfaste non seulement pour le sujet, mais encore dans sa descendance.

La Société d'Encouragement a donc agi sagement en interdisant le doping, comme cela avait déjà été fait en Amérique, en Angleterre et en Russie.

CHAPITRE XIV

AÉROTHÉRAPIE — ÉLECTROTHÉRAPIE — MASSOTHÉRAPIE — HYDROTHÉRAPIE

L'entraînement est fonction dans une large mesure, en dehors de la gymnastique fonctionnelle, de l'hygiène ; tous les agents qui peuvent relever la tonalité de l'organisme sont donc des auxiliaires précieux de la gymnastique du cheval de course.

En dehors de l'alimentation qui joue un rôle dominant nous pouvons citer l'aérothérapie, la massothérapie, l'hydrothérapie et l'électrothérapie qui tiennent sous leur dépendance la résistance vitale du sujet.

Ces agents de l'hygiène, en élevant la tonalité générale, expliquent sans qu'il soit besoin d'invoquer la pratique du doping ou des secrets d'écurie, les changements de forme observés chez certains sujets.

L'étude complète que nous allons en faire, montrera les avantages multiples, tant hygiéniques qu'énergétiques dont pourra profiter le racer pendant la période d'entraînement.

Aérothérapie. — Tout le monde est d'accord sur les effets curatifs de la cure d'air.

Sous l'influence de la suraération, il entre dans l'organisme plus d'oxygène qu'il n'en dépense. Or l'oxygène se comporte comme *un aliment;* sous son influence l'appétit augmente, la digestion devient plus active, l'absorption et l'assimilation se font mieux, en résumé, la suraération augmente la tonalité générale.

Pour aider encore à l'augmentation volumétrique de l'oxygène dans les boxes nous avons conseillé l'emploi des dégagements continus de ce gaz obtenus à froid, par un mélange d'hypochlorite de chaux et de peroxyde de manganèse. Les effets obtenus ont donné pleine satisfaction à tous les éleveurs ou entraîneurs qui les ont employés.

L'aération permanente et la lumière sont des agents de l'hygiène indispensables à la conservation de la santé, et malheureusement le cheval de course est soustrait dans la majorité des cas à leur action bienfaisante.

Toutefois, quelques entraîneurs se sont affranchis des préjugés actuels; abandonnant la routine, ils ont soumis le pur sang à une hygiène nouvelle. A la séquestration ils opposent la suraération; à la température élevée de l'écurie ils donnent la préférence à une température moyenne; ils suppriment les couvertures qui entravent les fonctions cutanées. Toutes ces pratiques conformes aux règles de l'hygiène ont pour résultat d'augmenter la tonalité générale; on supprime par ces procédés l'hématose incomplète qui se traduit toujours par une dépression organique. Les succès sportifs remportés par ces écuries, attribués à l'emploi du doping, reconnaissent l'hygiène sévère.

La délicatesse ancestrale du pur sang semble pour beaucoup justifier les soins méticuleux dont on l'entoure, mais il ne faut pas oublier que son origine noble ne l'affranchit pas des règles de l'hygiène et l'y soustraire constitue une lourde faute.

Électrothérapie. — L'électricité, comme la chaleur, comme la lumière, constitue un agent physique d'une importance extrême, par les merveilleux effets qu'il permet de produire, comme par les applications qu'on en fait journellement à l'art de guérir.

Les effets physiologiques varient dans une large mesure avec la source, l'intensité, la fréquence des courants. L'électricité statique est aujourd'hui celle que la médecine utilise le moins, par la raison que ses effets sont trop rapides, et qu'on éprouve une difficulté très grande à les graduer dans une juste mesure. Des contractions cloniques, des contractures plus ou moins persistantes peuvent résulter de l'emploi intempestif de l'électricité (intensité ou fréquence trop grande de courants).

Les effets physiologiques, pour qu'ils se manifestent sont liés à l'emploi régulier de cet agent thérapeutique puissant.

L'électricité est quelquefois employée en médecine vétérinaire pour remédier à des boiteries procédant, soit de paralysie des nerfs des membres, soit de rhumatismes ou de diverses lésions articulaires. On s'en est également servi avec avantage pour le traitement de la paraplégie du cheval et à titre résolutif pour combattre certains engorgements indurés des membres ou des dilatations synoviales. On a enfin utilisé les effets calorifiques de l'électricité pour l'amputation du pénis chez le cheval.

Telles sont les principales circonstances dans lesquelles l'électricité a été employée chez les animaux. Cependant, si l'on considère que, de toutes les forces répandues dans la nature, l'électricité est celle dont les manifestations sur les organes sont les plus variées et les plus puissantes, on sera conduit à penser qu'il y aurait lieu de multiplier les applications que l'on peut en faire aux animaux.

Au préalable, il faut préciser le sens de certains mots employés en électrologie.

Nous appellerons galvanisation, toute manœuvre opératoire exécutée au moyen des appareils voltaïques ou piles, et nous désignerons par faradisation toute opération dans laquelle interviennent les appareils d'induction voltaïque ou magnétique.

En médecine vétérinaire l'électricité statique, c'est-à-dire celle qui est fournie par les machines électriques proprement dites, n'est pas employée.

Nous allons indiquer brièvement la technique de l'électrothérapie car l'effet thérapeutique varie dans une large mesure avec la nature des courants (galvaniques, faradiques), leur intensité, et leur fréquence.

L'application a lieu sur le cheval fixé dans un travail avec les membres libres, de façon à permettre certains mouvements et à mettre l'opérateur et les aides à l'abri des réactions violentes de l'animal.

On peut avoir recours aux courants de piles (courants galvaniques), ou aux courants induits (courants faradiques) ; les premiers semblent surtout convenir dans les paralysies d'origine cérébrale ou médullaire, les seconds dans les paralysies d'origine périphérique et les atrophies musculaires.

On fait le plus souvent usage des courants induits, qui sont d'un emploi commode. Le courant doit être faible. Le pôle positif est placé sur le ou les muscles desservis par le nerf atteint, le pôle négatif est appliqué sur le nerf au point où il est le plus superficiel.

Parmi les appareils utilisés, l'appareil magnéto-électrique de Gaiffe est le plus commode et le plus répandu.

Pour faciliter le passage du courant, on mouille au préalable avec de l'eau salée, la région. On a conseillé aussi, dans le même but, de mettre à demeure, de place en place, de petits anneaux de laiton traversant la peau dans toute son épaisseur et de faire passer le courant par l'intermédiaire de ces anneaux.

Quoi qu'il en soit, le courant doit toujours être prolongé un certain temps. Durant son passage, on promène les électrodes à la surface de la région humectée ; les séances doivent être répétées plusieurs fois par jour. Sous l'influence du courant faradique les chevaux se débattent avec violence et les contractions musculaires qu'il provoque sont toujours considérables. Le plus souvent, ces contractions entraînent des défécations et déterminent l'émission de l'urine contenue dans la vessie.

Les indications thérapeutiques de l'électrothérapie sont nombreuses, nous allons citer les plus fréquentes.

Pour faciliter le passage du courant, on mouille au préalable, avec de l'eau salée, la région lombaire, la croupe et les cuisses pour la paraplégie.

Les courants faradiques sont tout à fait indiqués pour combattre la paralysie du nerf facial.

Dans la paralysie persistante du nerf fémoral et contre l'atrophie musculaire qui en résulte, les courants faradiques sont encore indiqués et donnent à la longue de bons résultats. L'observation ci-dessous est concluante :

Peuch et Toussaint rapportent un cas de guérison concernant la paralysie du nerf femoral. L'animal a été soumis à douze séances d'électrisation, dont les premières avaient une durée de dix minutes, et les suivantes, une durée moindre, environ six à huit minutes. Dans chaque séance, on appliquait un des excitateurs un peu au-dessous de l'angle de la hanche, et l'autre au niveau de la rotule : puis on les promenait sur le triceps crural. On voyait alors les muscles rotuliens se contracter et on les sentait durcir sous le doigt explorateur. Un intervalle de deux à cinq jours séparait chaque séance, et, deux mois après la première électrisation, l'animal était complètement guéri.

La paralysie du nerf sus-scapulaire est tributaire, comme l'observation clinique suivante le prouve, du traitement électrique. Il s'agit d'un cheval boiteux depuis près de deux mois. Ne connaissant pas la cause du mal, on supposait que c'était un coup contre l'épaule. On avait pratiqué dans cette région des frictions irritantes et finalement un vésicatoire. Le muscle sus-scapulaire paraissait légèrement atrophié, on décida l'application de l'électricité pensant avoir affaire à une paralysie du nerf sus-scapulaire. Après quelques applications des électrodes, la boiterie diminua.

L'emploi de l'électricité dans les cas de paralysie radiale joue un rôle utile dans le processus de guérison.

L'atrophie du nerf laryngé qui produit le cornage, peut être améliorée dans une large mesure par l'électricité. L'observation clinique suivante publiée dans un journal vétérinaire italien, est concluante.

Le cornage se manifestait sur un cheval de six ans après quelques minutes de trot à la main. L'examen au rhinolaryngoscope Palansky et Schindelka permit de constater que les mouvements de la corde vocale gauche étaient nuls, comparés à ceux de la corde vocale droite.

A titre d'essai, on pratiqua une fois une injection de strychnine de 5 centigrammes, une autre fois une de 7 centigrammes, sans résultat favorable. On appliqua ensuite l'électricité sur ce cheval debout, maintenu par un palefrenier à l'aide d'un tord-nez. On appliqua les électrodes plates de l'appareil de Sparner sur le côté gauche du larynx. On fit ainsi quatorze applications de dix minutes chacune. Le résultat fut une amélioration notable du cornage, la vente de l'animal empêcha de continuer le traitement.

Ce traitement est des plus rationnels, car la cause étiologique la plus fréquente du cornage chronique réside dans la paralysie du nerf laryngé supérieur et l'électricité constitue comme on le sait, la base du traitement des parésies.

Contre l'atonie du tube digestif, la paralysie des parois de la vessie, les courants faradiques peuvent être utilisés, mais ils devront dans ces cas être prolongés pendant un certain temps pour permettre d'obtenir un résultat positif.

Dans les accrochements de la rotule, lorsqu'il est impossible d'opérer la réduction et de vaincre la résistance des muscles contractés, qui maintiennent l'os accroché, un courant faradique prolongé exagère la contraction de ces muscles, en déterminant une douleur très vive; mais lorsque ce courant cesse, les muscles se relâchent et il devient alors facile d'opérer la réduction.

M. Laquerrière s'est également servi, avec le plus grand avantage chez le cheval, soit de la faradisation humide, soit de la faradisation sèche, soit enfin de ces deux modes réunis, pour combattre des engorgements chroniques des membres, des boiteries procédant d'écarts ou de rhumatismes, des hydropisies synoviales des engorgements tendineux, etc.

L'électricité a été employée dans la pratique obstétricale et son efficacité serait indéniable d'après une foule d'auteurs : Ludlow, Althaus, Hamilton, Williams entre autres. Ce dernier auteur dit textuellement : la faradisation dispense la parturiente de tout travail inutile, assouplit et fortifie les muscles abdominaux en même temps qu'elle produit des contractions fortes et uniformes de la fibre utérine et de plus agit aussi à travers le cordon spinal, en transmettant au cerveau ses effets sédatifs.

D'autres auteurs, par contre, trouvent dangereux d'appliquer la faradisation, qui peut être funeste au produit. De nombreuses expériences ont cependant démontré l'innocuité de cette pratique.

Baird, qui a publié un mémoire sur l'emploi de l'électricité en obstétrique, résume de la façon suivante le résultat de ses observations qui ont porté sur un grand nombre de cas : « L'électricité est indiquée dans tous les cas où il faut : 1° diminuer les douleurs du travail ; 2° accélérer la dilatation du col ; 3° provoquer des contractions utérines énergiques ; 4° tonifier et fortifier les muscles ; 5° prévenir l'épuisement ; 6° abréger la durée du travail.

Un autre auteur, Brivois, dit que la faradisation est le remède par excellence dans le cas de mise bas languissante. On peut compter, dit-il, sur une action sûre et rapide. C'est un médicament plus fidèle et plus prompt que l'ergot, plus actif que l'eau chaude. Aussi, dès ce moment, l'électricité commence à être appliquée en obstétrique vétérinaire et nous voyons à l'étranger les traités classiques faisant une énumération des moyens employés pour vaincre l'inertie utérine, dire que dans la plupart des cas, on doit recourir à la faradisation de l'utérus.

Pour cela on a recours à un petit appareil du modèle de ceux de Gaiffe, facilement transportable et d'un emploi fort simple.

Dans les divers traitements de la stérilité, nous avons indiqué l'emploi de l'électricité.

L'électrothérapie, en rétablissant l'ovulation troublée ou abolie, peut jouer un rôle important : l'observation suivante faite par nous est démonstrative :

Un éleveur de pur sang nous ayant montré, une jument de sept ans qui était restée inféconde pendant les quatre années qu'elle avait passées au haras, nous conseillâmes l'emploi de l'électricité. Il s'agissait de cette forme de stérilité si fréquente, sinon la plus commune et qui tient à un développement incomplet de l'utérus : col hypertrophié en longueur, orifice du museau de tanche punctiforme, corps rudimentaire. Nous fîmes appliquer l'électricité négative qui permit rapidement à l'électrode de franchir le col utérin, l'électrode indifférente étant sur l'abdomen. Après un certain nombre d'applications, et quelque temps de repos, la jument fut saillie et fut fécondée.

Nous pensons donc que c'est là une méthode qui mérite d'être essayée, elle pourra donner des résultats satisfaisants.

L'électrothérapie, comme l'hydrothérapie constitue donc un excitant vital qui pourrait être utilisé avec profit dans l'hygiène du cheval de course; les Américains nous ont déjà devancés dans cette voie si féconde en résultats et leur exemple est à imiter; avant de terminer cette question nous allons parler des bains électriques pour chevaux.

C'est le traitement par la lumière électrique et par la chaleur. L'animal est placé dans un box spécial et soumis à un bain de lumière et de chaleur produites par des lampes électriques.

Les effets de ce traitement sont surprenants; un cheval très fatigué soumis pendant une demi-heure à ce bain devient plein de vie, de sorte que toutes les écuries de travail devraient posséder un de ces appareils.

Pour faire suer les chevaux, on a l'habitude de les soumettre à un exercice fatigant qui occasionne des troubles dans les organes internes, troubles qui ne se produisent pas avec ces bains et n'arrêtent pas la digestion qui se fait normalement.

Exclusivement utilisée en Amérique, il serait à souhaiter que cette méthode conforme aux données de l'hygiène soit appliquée dans les écuries d'entraînement. Le pur sang souvent déprimé par les épreuves sévères du turf trouverait sous l'influence des rayons lumineux et caloriques un excitant vital qui combattrait avec avantage la nutrition languissante des fatigués et des surmenés.

Une application en dehors du domaine médical doit être signalée, elle consiste dans l'emploi de l'électricité pendant la période de dressage des chevaux vicieux, irritables.

Sous l'influence du courant électrique, le cheval par suite de la commotion plus ou moins douloureuse qu'il ressent et de la surprise qu'il éprouve se calme instantanément. Il faut employer judicieusement les courants, graduer leur intensité avec la fréquence et la violence des réactions.

Massothérapie. — Le massage employé si fréquemment dans l'hygiène du pur sang constitue un agent hygiénique et thérapeutique puissant. Son importance est indéniable, aussi allons-nous en faire une étude complète pour en montrer le mode d'action (effets locaux, effets généraux). Nous insisterons particulièrement sur les avantages de la massothérapie dans la prophylaxie de la fatigue.

Le massage produit une action directe purement mécanique et une action indirecte ou réflexe. Examinons les effets de la « massothérapie » sur la peau, sur les muscles, sur la circulation, sur les nerfs, sur la nutrition.

Au point de vue purement mécanique les manœuvres du massage débarrassent la peau des matières grasses mélangées aux cellules épidermiques en desquamation ; le massage assouplit le tégument et favorise l'élimination des produits des glandes sudoripares.

Le massage agit sur le muscle considéré dans son ensemble, mais il exerce aussi une action propre sur la fibre musculaire dans laquelle il provoque des contractions fibrillaires; son action mécanique suffit à provoquer des contractions, sans qu'il soit nécessaire d'invoquer l'intervention du système nerveux, grâce aux simples déplacements qu'il a fait naître au sein des fibres musculaires.

Cette contraction due à l'action purement mécanique du massage, est encore favorisée et augmentée d'une façon indirecte par l'intermédiaire du système nerveux et de la suractivité de la circulation. Sans aucun doute les manœuvres du massage exécutées sur les muscles impriment au système nerveux et aux vaisseaux qui s'y distribuent une vitalité plus grande.

Ces particularités montrent le rôle important que doit jouer la massothérapie dans le traitement des atrophies musculaires. Ces lésions atrophiques se manifestent assez souvent chez le cheval à la suite de boiterie intense, par suite du défaut d'appui et de fonctionnement du membre malade. La région scapulaire est la plus souvent atteinte. On observe ces lésions atrophiques dans certains cas de paraplégie et quelquefois à la suite de la paralysie radiale.

L'action du massage sur la circulation est directe et indirecte; directe mécaniquement, indirecte par l'intermédiaire du système nerveux vaso-moteur.

Les pressions exercées sur les parois des veines hâtent leur réplétion, d'où diminution de la stase veineuse ; la tension veineuse diminuant la circulation artérielle se trouve facilitée d'autant.

Cette suractivité de la circulation se généralise de la partie massée à tout l'appareil circulatoire. Des effets généraux consécutifs à ces effets locaux se produisent : le pouls devient plus large, plus soutenu, plus régulier.

Sous l'influence du massage se produit une augmentation de l'absorption interstitielle par la suractivité imprimée à la circulation de retour et aussi par la division infime des produits normaux ou pathologiques accumulés dans les interstices musculaires.

Ainsi donc, le massage provoque une véritable augmentation d'énergie intéressant les fonctions absorbantes des lymphatiques, d'où résorption des exsudats et accroissement dans l'activité des fonctions normales.

L'action du massage est complexe, elle détermine la destruction de la graisse, elle augmente la force musculaire, produit une suractivité des fonctions vitales et donne de la souplesse dans les mouvements.

Examinons maintenant son action, spéciale sur le tissu musculaire ; le docteur Maggiora émet les conclusions suivantes :

Dans le muscle fatigué, on peut par le massage, améliorer notablement les conditions de résistance au travail.

Le massage peut empêcher que la fatigue ne s'accumule dans le muscle qui vient d'exécuter un travail soutenu. Il permet d'obtenir un travail mécanique notablement supérieur à celui fourni après les périodes équivalentes de repos.

L'augmentation dans la résistance au travail du muscle est, entre certaines limites, proportionnelle à la durée du massage ; 10 minutes de massage donnent le maximum.

En plus de l'action spéciale sur le tissu musculaire, il convient de citer l'influence du massage sur l'appareil digestif.

Les manœuvres du massage développent des reflexes qui favorisent la péristaltique intestinale et la sécrétion des glandes du tube digestif ; il suit de là que le travail de la digestion est plus rapide et plus parfaitement exécuté. L'appétit des animaux se trouve accru ainsi du reste que leur capacité digestive pour les divers aliments. Ce fait a été confirmé dans les raids et le comte de Comminges, relatant les soins donnés par le capitaine Bausil dit qu'après un massage énergique effectué par deux hommes, les chevaux mangèrent avec un grand appétit.

Le massage est donc un agent thérapeutique puissant pour combattre l'atonie du tube digestif, si fréquente chez le pur sang.

Ces données physiologiques montrent le rôle important dévolu à la massothérapie dans la prophylaxie de la fatigue et justifient la pratique du massage chez le pur sang.

Le massage électrique, employé en Amérique, serait à utiliser chez le cheval de course ; il donne, lorsqu'il est pratiqué avec méthode, de la tonicité au tissu musculaire.

Localisé sur l'appareil locomoteur et suffisamment prolongé, il peut jouer un rôle utile dans la résorption des engorgements tendineux ou articulaires.

Le massage ne consiste pas toujours en frictions sèches, il peut être effectué avec des liquides médicamenteux (alcool camphré, vinaigre, etc.) qui viennent ajouter leur action thérapeutique.

En Amérique, aussi bien pour le pur sang que pour le trotteur, dès que la course est terminée on frictionne le sujet en pleine sudation avec la mixture suivante :

	GRAMMES
Rhum / Teinture Arnica } ãã	50
Eau tiède	900

Des frictions énergiques suivies d'un massage sont faites sur toutes les régions. Aussitôt après la friction on enlève la sueur et on sèche avec des torchons ; on donne quelques gorgées d'eau et on soumet le sujet à une promenade au pas. A la rentrée à l'écurie on l'astreint pendant une demi-heure environ à des pédiluves chauds.

Après les épreuves sévères, on applique sur tout le corps une grosse couverture trempée dans de l'eau chaude ; la température doit être la plus élevée possible.

Cette fomentation tiède a pour but de prévenir ou d'annihiler les effets de la courbature musculaire ; cette pratique constitue un traitement rationnel préventif de la myosite.

On sait que les épreuves de trotting se courent en Amérique dans un délai de vingt secondes, certaines courses nécessitent huit à douze épreuves.

Ces particularités expliquent l'importance des soins hygiéniques (massages, frictions) qui, appliqués après chaque épreuve, doivent augmenter la force de résistance du sujet et faire disparaître les signes de la fatigue. Il arrive souvent, grâce à ces soins hygiéniques, que la deuxième épreuve est courue dans un temps plus court.

Après l'épreuve définitive, l'animal reçoit, outre les soins indiqués ci-dessus, une friction supplémentaire sur tout le corps avec un produit dénommé « Witch-Hand ». La pratique en Amérique a sanctionné la valeur hygiénique de ce produit de composition secrète. C'est un stimulant énergique, il relève la tonalité générale de l'organisme et prévient les effets de la fatigue, tant généraux que locaux. Cette spécialité figure dans toutes les écuries de courses américaines. Les frictions sont faites après addition de moitié d'eau.

Le prix élevé de cette spécialité en fait réserver l'emploi pour les sujets qui ont été soumis à des épreuves sévères et chez lesquels le surmenage et tout son cortège clinique est à redouter.

Examinons maintenant les indications thérapeutiques du massage :

Le massage non seulement favorise la résorption du sang épanché dans les parties molles, entorses périarticulaires, mais tout en rétablissant la circulation, conserve aux muscles leur énergie, leur vitalité.

Le massage est bien supérieur aux antiphlogistiques, aux compresses résolutives, au repos absolu, à l'immobilisation dans le traitement des entorses.

Les caillots sanguins et fibrineux, qui jouent dans les mailles du tissu cellulaire le rôle de corps étrangers, sont écrasés, réduits à un état voisin de la forme liquide et par suite sont résorbés plus facilement.

Les kystes œdèmes (consécutifs aux blessures de harnachement), lésions très fréquentes, sont sous la dépendance du massage, qui, lorsqu'il est pratiqué méthodiquement amène une résorption rapide.

La myosite du surmenage, quand il y a traumatisme du muscle, et c'est le cas le plus fréquent, cède au massage qui active le processus de guérison.

La contractilité du muscle est réveillée, le massage met en œuvre l'élasticité, l'extensibilité et la rétractibilité du muscle. On sait que la rétractibilité augmente au moment d'une excitation, en raison directe de l'excitation.

Le pétrissage du muscle détermine une stimulation particulière du système neuro-musculaire nécessaire au réveil de la puissance physiologique du muscle.

Le massage doit donc constituer la base du traitement de l'atrophie musculaire.

L'effet utile de la massothérapie sur l'intégrité de l'appareil locomoteur est complété par l'emploi de bandages spéciaux (flanelles) qui possèdent une action thérapeutique marquée et dont l'importance est si considérable dans l'hygiène des membres du cheval de courses.

Hydrothérapie. — L'hydrothérapie est regardée, à juste titre, comme un agent hygiénique de premier ordre, ayant pour effet de régulariser les fonctions de l'économie et de maintenir leur intégrité.

Administrée sous forme de bains, de douches, l'eau froide donne généralement, pourvu que son application soit de courte durée, une activité plus grande aux actes fonctionnels; elle entretient la souplesse des muscles et augmente leur force, elle régularise l'action du système nerveux.

Nous allons examiner l'action thérapeutique de l'eau.

Quoique l'eau ne possède pas par elle-même de propriétés médicales bien tranchées, elle n'en occupe pas moins un rang très élevé parmi les agents dont la thérapeutique dispose. Son emploi méthodique à l'extérieur a pris une très grande importance.

Elle est l'objet d'applications externes très fréquentes, sous forme de bains, de douches, de lotions, de fomentations, etc. Les effets qu'elle produit varient nécessairement avec la température qu'elle possède, selon le temps pendant lequel elle agit, et selon le contact, plus ou moins intime, qu'elle présente avec les surfaces.

L'impression ressentie à la peau provoque, dans d'autres parties de l'organisme, des actions réflexes se traduisant par une stimulation.

Cet effet excito-moteur devrait être utilisé dans l'hygiène du pur sang dans tous les cas où on observe une dépression organique sérieuse.

La sudation n'est pas un obstacle aux douches, mais pour que cette application soit inoffensive il faut qu'il n'y ait aucune accélération, ni des battements du cœur, ni des mouvements respiratoires.

Examinons maintenant les effets résolutifs.

L'eau possède une action antiphlogistique reconnue et c'est grâce à la puissance de cette action qu'elle parvient à amener la résolution d'un état inflammatoire.

De plus, par ses effets excito-moteurs et révulsifs, elle est capable de faciliter la résolution ou la résorption des engorgements, des épanchements, des infiltrations et des tuméfactions articulaires.

L'hydrothérapie est loin de jouer un rôle aussi considérable en vétérinaire qu'en médecine humaine ; néanmoins, depuis quelques années, elle a pris une importance plus grande dans le traitement de certaines affections.

L'hydrothérapie est prescrite sous les formes suivantes :

Enveloppement humide :

- Froid ;
- Chaud ;
- Aseptique ;
- Antiseptique.

Lotions ou affusions :

- Chaudes ;
- Froides.

Bains :

- Simples ;
- Médicinaux.

Douches :

- Froides ;
- Chaudes.

Irrigation continue.

L'enveloppement humide froid est indiqué contre les phlegmasies; chaud, il agit comme émollient, calme la douleur et tend de plus en plus à remplacer les cataplasmes; il est utilisé contre les crevasses, l'érythème de l'extrémité inférieure des membres.

Les lotions froides peuvent surtout rendre de grands services, lorsqu'on les utilise pour abaisser la température dans le traitement de la pneumonie, de la pleurésie, des pasteurelloses, du surmenage, etc.; pratiquées sur tout le corps, avec une éponge légèrement mouillée, ces lotions entraînent toujours un abaissement thermique, qui peut atteindre plusieurs degrés. Comme elles peuvent être répétées aussi souvent qu'on le juge utile, on conçoit tout le parti qu'il est possible de tirer de ce mode de traitement, qui se rapproche beaucoup au point de vue du résultat, de l'usage des bains froids préconisés en médecine humaine dans le traitement de la pneumonie, de la fièvre typhoïde, etc.

Plus utilisé à l'étranger, et notamment en Allemagne qu'en France, ce traitement mérite de retenir l'attention des praticiens.

Les affusions froides ont été recommandées dans le traitement de la paraplégie : elles jouent un rôle utile dans le processus de guérison.

Nous allons étudier maintenant l'effet thérapeutique des lotions tièdes ou fomentations.

La fomentation remplace avantageusement au point de vue thérapeutique, les douches et les flanelles mouillées dont le but est d'activer, par réaction, la circulation sanguine et d'empêcher l'engorgement de certaines parties des membres.

Après la rentrée du travail, et après avoir donné les soins de propreté au cheval, on plonge son membre dans un seau d'eau chaude à 40°. Puis, peu à peu, on verse de l'eau bouillante, jusqu'à ce que la main n'en puisse plus supporter la température (environ 60°), alors, avec l'aide d'une éponge, on lotionne abondamment pendant quelques minutes la région malade.

Puis on place sur cette partie une large et épaisse couche de ouate de tourbe, préalablement trempée dans l'eau à 60° ; une flanelle, également trempée dans l'eau à 60°, est appliquée.

Par dessus ce pansement on enroule une bande de caoutchouc, de façon à intercepter complètement l'air, éviter l'évaporation et conserver la chaleur. La fixation de cette bande de caoutchouc est obtenue par la mise d'une flanelle.

La durée de la fomentation doit être de deux heures ; après l'enlèvement du pansement humide on enveloppe les jambes de l'animal avec des flanelles sèches pour éviter le refroidissement.

L'effet curatif varie avec le nombre de fomentations, qui lui-même est sous la dépendance du degré de gravité de la lésion. Pour les engorgements, sans lésions graves une ou deux fomentations suffisent pour en amener la résolution : dans les cas graves (entorse) les fomentations doivent être appliquées trois fois par jour.

Moller, partisan des fomentations, recommande de disposer sur le tendon ou l'articulation malade une compresse d'ouate humide et chaude que l'on serre par un bandage de flanelle. Le pansement doit être renouvelé toutes les quatre à cinq heures. Ce procédé aurait surtout une action remarquable contre les suffusions et les infiltrations paratendineuses ; il préviendrait aussi les indurations consécutives.

La balnéothérapie constitue un mode de traitement précieux de nombreuses affections de l'appareil locomoteur et principalement de la région digitée.

Nous allons indiquer brièvement les effets physiologiques et les indications thérapeutiques des bains généraux et locaux.

Nous allons résumer les précautions à prendre pour l'administration des bains généraux et mettre en évidence leur mode d'action sur l'organisme.

La prudence commande de ne pas mettre les sujets à l'eau immédiatement après le repas, ou lorsqu'ils sont en sueur, eu égard aux congestions que produiraient les réflexes sur les organes des cavités splanchniques.

Il faut se garder d'immobiliser le cheval au milieu de l'eau, il se refroidirait trop vite ; la promenade ou la natation activent la circulation et favorisent la réaction.

La durée de l'immersion variera en raison inverse de la température ; un bain frais de dix minutes est suffisant, tandis que pour un bain tempéré il faut un temps double.

Il y a lieu de surveiller attentivement les animaux et de juger par leur attitude s'ils éprouvent du plaisir ou de la gêne. Ceux qui frissonneraient doivent être immédiatement ramenés.

Après le bain il faut sécher rapidement, mettre une couverture et promener l'animal.

Nous allons examiner les effets produits par les bains généraux : au début on constate des frissons, des tremblements consécutifs à la sensation de froid, mais leur durée est passagère, s'ils persistaient il y aurait indication de retirer les animaux.

Si le bain est trop long, vingt à trente minutes, on constate l'apparition du deuxième frisson : aussitôt que les sujets sont à l'air et se réchauffent, la réaction se produit et ils témoignent leur bien-être.

La balnéothérapie appliquée d'après ces données tonifie les tissus, tempère les effets de la température et produit un effet stimulant chez les animaux surmenés ou fatigués.

La balnéothérapie est devenue dans certains cas, non plus un mode de traitement, mais une méthode spéciale d'entraînement.

La gymnastique fonctionnelle imposée par la natation fait acquérir aux muscles des avant-bras un grand développement et par son action tonifiante, une grande fermeté. Ce mode d'entraînement est particulièrement indiqué chez les sujets dont l'intégrité de l'appareil locomoteur est gravement compromis.

Les journaux de sport ont relaté des exemples de chevaux entraînés dans l'eau qui ont remporté, grâce à ce mode d'entraînement hygiénique, de brillants succès.

Les bains locaux constituent un mode de traitement précieux contre la fourbure, les efforts de boulets, de tendons, les entorses, les hydarthroses tendineuses ou articulaires des extrémités des membres.

Les bains médicinaux sont fréquemment employés chez le cheval dans le traitement des affections du pied : ils nécessitent un appareil spécial en cuir, ayant la forme d'une vaste botte.

Les bains astringents (solution de sulfate de cuivre, 30 à 40 grammes par litre) conviennent contre les blessures de la boîte cornée, survenues à la suite de clou de rue, de bleime, etc.

Les bains antiseptiques (sublimé, phéniqué, crésylé, etc.) sont indiqués pour combattre les plaies de mauvaise nature (crevasses, javarts, fistules synoviales et tendineuses, etc.).

Les pédiluves sont employés froids ou chauds et jouent un grand rôle dans l'hygiène des fourbus et des fatigués ; il faut avoir soin de graisser les pieds après l'action du bain pour éviter l'évaporation de l'eau absorbée qui rendrait nul l'effet utile.

Les douches jouent un grand rôle dans l'hygiène vétérinaire aussi allons-nous en étudier le mécanisme et le mode d'action.

Les douches ont des effets généraux qui jouent un rôle important dans la médication par l'eau. En dehors de la peau, qui est débarrassée des poussières et des corps étrangers qui peuvent la salir, et dont le fonctionnement normal est maintenu ; en dehors de l'accoutumance au froid, par conséquent de l'augmentation de résistance organique, il se produit une régularisation plus ou moins complète des grandes fonctions : circulation, hématose, nutrition. C'est pourquoi les chevaux fatigués, surmenés se trouvent si bien d'une application méthodique et raisonnée de l'hydrothérapie froide.

Le liquide agit mécaniquement et physiquement en proportion de sa force de projection. Lorsque la masse d'eau arrive en faisceau serré à la surface du corps, la douche s'appelle colonne, tandis que quand elle frappe en se divisant, comme au sortir d'une pomme d'arrosoir, elle prend le nom de douche en pluie. Elle est d'ailleurs « générale » ou « locale ».

Selon l'action curative désirée, on doit employer la douche en pluie ou en colonne, ou les deux.

Avec de l'eau à 25° la durée d'une douche générale ne doit pas dépasser dix minutes.

Ses effets sont ceux des bains ordinaires renforcés par l'action percutante du liquide qui est tonique au premier chef.

Les indications thérapeutiques des douches sont nombreuses, un très grand nombre de lésions des extrémités des membres peuvent être combattues par l'hydrothérapie, notamment les entorses, les efforts, les périostoses, les hydarthroses articulaires et tendineuses.

Ce mode de traitement convient particulièrement au début de ces affections; il a en outre, l'avantage de permettre au praticien d'attendre la fixation d'un diagnostic pour instituer un traitement approprié à la nature et à la gravité de la lésion.

Les douches en pluie conviennent encore contre le renversement du rectum, du vagin. Nous appellerons aussi particulièrement l'attention sur les avantages qu'on peut tirer des douches prolongées dans le traitement de la hernie inguinale.

Les douches chaudes sont d'un usage bien moins fréquent, elles sont cependant utilisées seules ou combinées avec le massage, contre les œdèmes des membres provoqués par de l'érythème ou par des bandes de flanelle trop serrées.

La réfrigération produite par l'écoulement permanent de l'eau est utilisée à titre d'antiphlogistique pour le traitement des traumas. Il est à noter qu'au froid produit par l'écoulement du liquide, vient se joindre celui qui est la conséquence de son évaporation.

On emploie généralement pour les irrigations continues, l'eau à la température ordinaire. On y a ajouté avec avantage des antiseptiques (acide phénique, permanganate, crésyl, etc.), afin de la rendre légèrement désinfectante. Ces différents mélanges trouvent dans la pratique leurs indications spéciales.

La réfrigération obtenue au moyen des irrigations continues constitue un puissant modérateur des phénomènes inflammatoires et de la douleur.

La réfrigération locale peut être obtenue par l'emploi de la terre glaise; l'évaporation lente de la glaise produit un sensible abaissement de la température et remplace très avantageusement les bains locaux et les douches par la simplicité de son emploi.

Les membres sont enduits d'une épaisse couche de terre glaise dans laquelle on mélange pour un seau de glaise un demi-litre de vinaigre et 200 grammes de sulfate de fer; les membres restent dans la glaise jusqu'au lendemain matin, ils sont lavés à l'eau froide avant le travail. Les paturons sont enduits de vaseline pour éviter les crevasses.

Cette brève étude montre que l'hydrothérapie et la balnéothérapie constituent des agents thérapeutiques précieux qui joueront, tant par leurs effets locaux que généraux, un rôle important dans l'hygiène du cheval de course.

QUATRIÈME PARTIE

ALIMENTATION

CHAPITRE I

ALIMENTATION

Lavoisier a dit de la vie qu'elle était une fonction chimique. L'être vivant en effet dépense continuellement des forces vives et c'est par une continuelle mutation de matières qu'il peut trouver la source nécessaire d'énergie pour sa croissance et son entretien.

Le cheval ne peut donc assurer sa croissance, son entretien et l'intégrité de toutes les fonctions vitales, que par une continuelle mutation de matière.

Ces mutations entraînent forcément la formation des produits de déchets qui doivent être éliminés et remplacés par d'autres substances possédant l'énergie latente. Ces substances nouvelles introduites dans l'organisme sont les aliments.

La définition exacte et précise du mot aliment reste encore à trouver. Les physiologistes à cet égard, en ont donné de nombreuses, aucune n'a trouvé grâce devant une critique sévère (Richet, *Dictionnaire de Physiologie*, fasc. 1) et sans avoir la prétention de donner la définition idéale, Richet conclut ainsi : « Nous dirons que les aliments sont des substances introduites dans l'organisme pour : 1° subvenir à ses dépenses en forces vives; 2° fournir des matériaux de réparation ou de croissance. »

Classification. — La composition même du corps de l'animal vivant permet de prévoir quels sont les éléments mêmes qui constituent les aliments. En réalité, la liste des corps simples qui entrent dans les groupements moléculaires, bases de l'organisme sont nombreux. Métalloïdes et métaux s'y trouvent en proportion variable.

La classification chimique est la seule acceptable. On peut la présenter ainsi :

1° Aliments ne contenant pas de carbone, ou inorganiques : oxydes, sels, eau ;

2° Aliments contenant du carbone ou organiques. Ce second groupe comprend une première subdivision :

a) Aliments organiques ne contenant pas d'azote ;

b) Aliments organiques contenant de l'azote.

Le groupe *a* se subdivise en deux sous-groupes :

a') Aliments organiques non azotés dont l'hydrogène et l'oxygène sont dans le rapport (en volumes gazeux) de 2 à 1 : ce sont les hydrates de carbone.

b') Aliments organiques non azotés, contenant de l'hydrogène dans des proportions plus grandes par rapport à l'oxygène, que dans les hydrates de carbone : ce sont les aliments gras.

En résumé, on a le tableau suivant :

A. Aliments inorganiques sans C :	
a) Sans azote...............................	*a'* hydrates de carbone, *b'* corps gras.
B. Aliments organiques avec C :	
b) Avec azote...............................	*a"* albuminoïdes, *b"* non albuminoïdes.

Bien que jamais, ou presque jamais, le cheval n'absorbe des principes simples, tels que de l'albumine pure, des hydrates de carbone purs, il est indispensable pour établir un bilan de la nutrition d'étudier les besoins de l'organisme pour chacun de ses principes.

Substances azotées. — Principes quaternaires, principes albuminoïdes, protéiques, ou simplement protéine sont les désignations qui correspondent à ce que l'école de Liebig appelait les principes plastiques. On sait que cela s'entendait des produits susceptibles de servir à la constitution des tissus. En fait, nous les rencontrons dans tout l'organisme : l'albumine de l'œuf, la fibrine, la myosine, l'osséine, etc., etc., sont des matières albuminoïdes. Celles qui sont apportées par l'aliment sont appelées à se transformer en celles-là.

L'organisme a constamment besoin de protéiques, car la matière vivante est dans un continuel état de destruction. Cette destruction de l'albumine des tissus trouve sa preuve dans la permanence de l'excrétion azotée. L'animal perd constamment de l'azote par ses urines; perte qui se constate également chez l'individu en état d'inanition : le besoin d'albuminoïdes est si impérieux que cet individu, soumis au jeûne protéique, succombe comme si on lui imposait un jeûne absolu; il résiste plus longtemps, mais la mort est fatale.

Il reste acquis que les matières protéiques sont destinées à jouer un rôle important parce qu'il est multiple; et il est multiple parce que ces produits peuvent se dissocier facilement par hydratation, par combustion ou en présence de tissus agissant comme ferments.

Lorsque les matières azotées se fixent tout entières, elles servent à la composition ou à la réparation des tissus; ainsi se trouve motivée la désignation exclusive des anciens chimistes; lorsque la destruction s'accomplit, elle aboutit, suivant le stade que l'on considère, à la formation d'hydrates de carbone (glycose, glycogène) ou à la formation de graisse.

Lorsque cette destruction est totale, la matière albuminoïde donne de l'eau, de l'acide carbonique, et un déchet azoté, l'urée qui entraîne hors de l'organisme l'azote de la substance quaternaire primitive.

Voilà ce que devient la partie assimilable et vraiment nutritive des substances azotées de la ration; son rôle est de réparer les tissus, de former du glycose, et du glycogène, de donner des graisses de réserve. La haute importance de ces transformations motive la valeur accordée aux aliments riches en matière azotée; mais il faut remarquer que dans la matière azotée totale existe une proportion variable de matière non assimilable. La richesse alimentaire est en effet immédiatement subordonnée à la digestibilité des principes. Nous savons aussi que, dans la série des albuminoïdes, on connaît tout un groupe, celui des amides, qui ne peuvent jouer dans la nutrition qu'un rôle très restreint.

Une simple indication de la façon dont on procède actuellement pour doser la matière azotée, nous montrera la cause des erreurs de détermination de la portion vraiment alimentaire de cette matière.

On dose l'azote de l'aliment (par des procédés que nous n'avons pas à exposer) et on multiplie le chiffre obtenu par la constante 6,25 :

$$6{,}25 = \frac{100}{16};$$

16 étant le dosage de l'azote dans l'albumine, les choses se passent

donc comme si tout l'azote déterminé par l'analyse provenait des albuminoïdes. Or cela n'est pas. Cet azote est apporté : par des nitrates qui sont quelquefois en forte proportion ; par de la chlorophylle et des composés analogues ; par des amides qui sont des formes non nutritives ; enfin par les substances albuminoïdes proprement dites.

Les chiffres obtenus ne sont donc pas rigoureux ; même, déduction faite des amides, il reste, pour la teneur en protéine brute, un chiffre généralement supérieur à la réalité.

Hydrates de carbone. — Le règne végétal fournit abondamment aux animaux les matières hydrocarbonées : les substances amylacées, amidon, fécule, cellulose, etc., appartiennent en effet au groupe des substances ternaires que l'on nomme encore les extractifs non azotés.

Ce groupe est formé par deux catégories de substances :

1° Les sucres proprement dits et les amylacées ;

2° Les pentosanes.

La première catégorie comprend la saccharose, le glucose, l'amidon, la fécule, substances qui, après avoir subi dans l'organisme les modifications chimiques qui les rendent assimilables, sont susceptibles de jouer le même rôle dans la nutrition.

Les pentosanes ont été assez récemment dégagés du groupe des extractifs non azotés, où ils étaient confondus avec les gommes et la cellulose saccharifiable.

Les pentosanes sont des hydrates de carbone à cinq éléments de carbone (C^5) donnant par saccharification un sucre en C^5 ($C^5H^{10}O^5$), au lieu d'un sucre en C^6 comme le glucose ($C^6H^{12}O^6$). Sauf cette caractéristique, les pentosanes sont comparables à l'amidon et à la cellulose qui, par saccharification, donnent du glucose en $C^6H^{12}O^6$.

Exemple : la gomme arabique, ou gomme de cerisier, donne par ébullition avec les acides un sucre en C^5, l'aubinose ; la gomme de bois donne également par ébullition avec les acides, un sucre en C^5 différent du précédent, la xylose.

En 1896, Wheeler et Tollens, en Allemagne, avaient extrait les gommes donnant de la xylose des bois de jute, de hêtre, de sapin et des drèches provenant de la fabrication de la bière. Depuis, Hébert et différents autres chercheurs ont trouvé ces gommes dans tous les végétaux. On dose les pentosanes en saccharifiant le produit à étudier par l'acide sulfurique à 2 0/0 à 100° pendant cinq heures, et en dosant la xylose obtenue par la liqueur de Frehling.

Hébert a ainsi trouvé pour la paille :

Paille de blé	19,71 0/0 de xylose	
— d'avoine	27,70 —	—

Parmi les autres aliments nous citerons :

Foin	10,15 0/0 de pentosanes	
Avoine	12,13 —	—
Son	4,5 —	—

Dans l'avoine, la proportion de pentosanes, plus élevée que dans la plupart des grains, est due à la présence des glumelles qui ont une composition et une valeur alimentaire peu différentes de celles de la paille.

Les deux groupes de principes hydrocarbonés diffèrent encore par leur coefficient de digestibilité ; égal à 100 pour les sucres vrais et les amylacés qui sont entièrement digérés, ce coefficient s'abaisse à 60 0/0 et même à 40 0/0 pour les pentosanes et la cellulose saccharifiable.

La cellulose brute ou ligneuse est un corps assez mal défini chimiquement ; on est convenu de donner ce nom à la partie qui résiste à l'action successive des dissolvants neutres, des acides et des alcalis étendus. Il en résulte que les incertitudes du dosage sont très grandes ; pour que les résultats fussent comparables, les chimistes devraient adopter un procédé uniforme.

Le dosage des hydrates de carbone se fait souvent par différence ; après avoir évalué l'eau, les cendres, les matières grasses et azotées, la cellulose, on totalise ces nombres, et, la somme étant retranchée de 100, on obtient les extractifs non azotés. Ce procédé, tout à fait défectueux, entraîne des erreurs dans la détermination d'un des plus importants parmi les éléments de la ration.

Il est plus exact de doser les sucres et les amidons, et de mettre à part les pentosanes, après quoi il reste encore un groupe de corps indéterminés. La théorie de l'alimentation est subordonnée aux progrès de l'analyse chimique des aliments ; aussi doit-on tendre vers une détermination de plus en plus précise des principes immédiats qui entrent dans la constitution des fourrages ; il appartient aux chimistes de donner sur ce point, satisfaction aux physiologistes.

L'analyse des tissus animaux révèle une faible teneur en hydrocarbonés; ces principes, livrés en grande quantité par l'alimentation directe, puis par l'élaboration intestinale, sont, en effet, utilisés immédiatement.

Ils servent à l'entretien de toutes les fonctions physiologiques normales ou suractivées, en assurant les apports de glycogène nécessaires à l'accomplissement de ces fonctions. C'est en eux que l'individu trouve la source de l'énergie qu'il dépense sous mille formes, ils aboutissent finalement à la régulation de la température interne, à l'entretien de la chaleur animale. Ce rôle physiologique est tellement important que c'est en cela que se résolvent les matériaux venus d'autre part, les protéiques non fixées dans l'organisme, les graisses qui ne sont pas mises en réserve dans les tissus, sont susceptibles de fournir des hydrocarbonés lorsque l'alimentation directe n'en importe pas suffisamment.

Matières grasses. — Les graisses de l'aliment sont toutes les matières solubles dans l'éther; on les englobe quelquefois sous la désignation d'extrait éthéré. A côté de la matière grasse proprement dite se placent des résines, des cires, etc., qui n'ont pas de valeur alimentaire; de telle sorte que la détermination de ces principes gras n'est pas extrêmement rigoureuse.

Quel sera leur rôle dans l'organisme?

Les graisses sont un aliment de réserve destiné à régulariser les dépenses physiologiques dès que les apports de l'alimentation directe sont insuffisants, toute la graisse n'est cependant pas emmagasinée; quand l'alimentation est exactement mesurée, quand l'animal reçoit juste de quoi satisfaire à ses dépenses, les graisses alimentaires sont immédiatement employées, et donnent du glycogène. Lorsqu'elles ont été déposées dans les tissus, c'est toujours après avoir été réduites en glycogène que ces matières ternaires sont utilisées.

La graisse alimentaire n'est pas la source unique à laquelle s'adresse la formation des réserves; il est admis aujourd'hui que tous les principes immédiats concourent à la formation des graisses organiques, dans une mesure qui varie avec leurs proportions relatives dans la ration.

Cette origine multiple nous explique pourquoi la graisse, bien que non azotée, doit être distinguée des autres substances ternaires, les sucres. Les matières grasses, dérivant des graisses alimentaires, ou des hydrates de carbone, ou de matières albuminoïdes qui ont éliminé leur azote, nécessitent une élaboration beaucoup plus parfaite, surtout pour celles qui proviennent de la transformation régressive des principes azotés. Leur valeur énergétique est aussi plus considérable.

Alimentation minérale. — Au même titre que la matière protéique, l'apport minéral constitue une nécessité physiologique qui, lorsqu'elle n'est pas réalisée, se traduit, comme nous le verrons dans la suite de cette étude, par des troubles sérieux de la nutrition.

La teneur minérale des différents tissus organiques montre que les matières minérales prennent une part essentielle à la constitution et à la formation de tous les organes, qu'elles sont indispensables à l'entretien de l'activité vitale.

En effet, les substances inorganiques se rencontrent en plus ou en moins grande quantité dans tous les tissus animaux, elles en constituent les cendres. Elles sont formées principalement par des phosphates et des sulfates alcalins, des phosphates de chaux, de magnésie, de l'oxyde de fer, du chlorure de potassium, du chlorure de sodium, etc.

Dans l'organisme vivant la plupart de ces produits se présentent sous d'autres combinaisons que celles sous lesquelles on les retrouve dans les cendres qui résultent de la combustion des substances animales. C'est ainsi que le soufre entre en proportion déterminée dans la constitution des matières protéiques et fait partie intégrante de ces combinaisons azotées.

Nous allons examiner la teneur minérale des différents tissus organiques.

Le sang renferme toujours des sels alcalins et une certaine quantité de chlorure de sodium, dont la présence est indispensable à l'exécution des phénomènes chimiques de la respiration et de l'assimilation qui se passent dans ce milieu ; il contient en outre du fer qui entre dans la constitution de la matière colorante rouge des globules sanguins ; le suc musculaire présente toujours à côté d'autres sels une proportion assez élevée de chlorure de potassium. La fibre musculaire comme la fibre nerveuse est particulièrement riche en acide phosphorique. Ce corps prend d'ailleurs une part active à toutes les formations des cellules et des tissus.

Combiné à la chaux et à la magnésie il forme la partie principale des os. Suivant que ceux-ci sont denses ou spongieux la proportion de phosphates qu'ils renferment varie ; dans le premier cas elle peut atteindre 58 0/0 de la substance sèche des os. La plus grande partie de la matière minérale des os est constituée par du phosphate de chaux, le phosphate de magnésie n'y figure que pour 1 à 2 0/0, à côté de ces sels on trouve du carbonate de chaux dont la proportion peut aller jusqu'à 4 0/0 et plus, dans les os compacts, tandis qu'elle est 4 fois moindre dans les os spongieux. Une telle prédominance de l'élément minéral ne se rencontre d'ailleurs que dans la substance osseuse.

En outre, on constate la présence des matières minérales dans toutes les sécrétions : salive, sucs digestifs, sueur, lait, etc., urine, fèces...

Le rôle important des substances inorganiques montre que la privation ou la diminution des sels minéraux amènera des troubles dans la nutrition des tissus dans la constitution desquels ils entrent.

L'importance physiologique du besoin minéral est mise en évidence par les expériences suivantes :

Forster, après s'être assuré qu'un chien de 32 kilogrammes se maintenait dans de bonnes conditions, avec une ration journalière de 700 grammes de viande et de 150 grammes de graisse, substitua à cette ration de plus fortes quantités de viande et de graisse, mais totalement privées de sels. Soumis à ce régime, l'animal dépérit rapidement et mourut au bout de trois semaines.

Les conséquences de la déminéralisation ont été constatées par Chaussat ; des pigeons privés de matières minérales ont maigri, ont eu de la diarrhée et sont morts au bout de huit jours.

Liebig a reconnu que les sels minéraux sont aussi indispensables aux animaux que les matières organiques, cela se conçoit à l'évidence, si l'on considère que tous les solides et les liquides de l'économie en renferment.

Avant d'étudier les variations du besoin minéral, son rôle dans la pathogénie de diverses affections, nous allons examiner le rôle physiologique dévolu aux principaux principes inorganiques et étudier leur mode d'assimilation.

Nous commencerons cette étude par les phosphates, principes qui jouent un rôle primordial dans l'activité vitale.

Phosphates. — Le phosphate de chaux est essentiellement un aliment de croissance: les végétaux le puisent dans le sol; ils en sont d'autant plus riches que la terre en contient davantage; et cette considération est un des facteurs qui assurent la relation entre le format et le développement des animaux, et le sol sur lequel ils vivent.

Rappelons en quelques lignes le rôle prépondérant du phosphore dans l'organisme.

Partout on le rencontre; on le trouve en quantité considérable dans tous les tissus, dans toutes les cellules, dans tout organe d'origine animale ou végétale; mieux encore, il est dans le sol: il sert de base à l'engrais qui nourrit la terre, comme à l'aliment qui nourrit l'animal; et l'on a pu dire « qu'il n'y avait pas de vie sans phosphore ».

En ce qui concerne les phosphates, chacun sait que la plupart des terrains manquent d'acide phosphorique. D'après M. Risler, le savant géologue, ancien directeur de l'Institut agronomique, les 2/3 du sol français n'en sont pas suffisamment pourvus.

De là une pauvreté relative dans la composition des végétaux servant de nourriture aux animaux, et qui cause, non seulement certaines maladies, mais surtout un grand ralentissement dans la formation et l'évolution de la cellule vivante.

Nous allons résumer brièvement les diverses opinions contradictoires émises sur l'assimilation des phosphates minéraux; nous verrons que la majorité des auteurs nient cette assimilation.

Le professeur Gilbert a montré que les phosphates minéraux traversent le tube digestif sans être absorbés et que seuls les phosphates qui existent à l'état naturel, dans presque tous les produits d'origine végétale, graines, bulbes, tubercules, etc., sont vraiment actifs et tonifient l'organisme.

Les travaux de Heiden, de Weiske, de Sanson et d'autres savants à la suite d'expériences faites avec des phosphates minéraux sur des cobayes, sur des chiens, permettent d'affirmer que les composés de l'acide phosphorique passaient à travers l'organisme sans y laisser de traces, et se retrouvaient, à la sortie du tube digestif, en quantité égale à celle que l'on avait pesée à l'entrée.

Toutefois si l'utilité de l'alimentation phosphorée apparaît aujourd'hui indéniable pour tous, il n'en est pas de même de la forme de cette alimentation.

Mais ces phophates qui jouent un rôle si important dans l'organisme ne sont assimilables que sous une seule forme: les céréalophosphates ou phosphates extraits des céréales.

Administrés par le professeur Bouchard à deux petits chiens les céréalophosphates déterminèrent, comparativement au lot témoin, deux chiens de la même portée, un développement du double sur ceux soumis à ce régime.

L'alimentation phosphorée devra être employée dans tous les cas où l'organisme subit une perte de phosphore.

La période de gestation, d'allaitement entraîne un déficit phosphorique au profit du fœtus et de la sécrétion lactée ; la poulinière se déphosphorise, et il convient donc d'avoir recours, en plus des phosphates apportés dans l'alimentation, à l'administration d'acide phosphorique.

Pendant la période de croissance, les animaux seront soumis avec profit à ce régime qui exercera une influence prépondérante sur la précocité.

L'acide phosphorique étant un puissant stimulant de la nutrition trouvera son emploi chez les sujets malades qui subissent, du fait même de la maladie, une déminéralisation intense.

Les décoctions de céréales, blé, orge, avoine, seigle, maïs, etc., constituent la médication phosphorée par excellence.

En résumé quoique l'assimilation des phosphates minéraux ait été démontrée (Chossat et Boussingault, Gosselin et Milne-Edwards), il semble cependant que les combinaisons organiques du phosphore soient beaucoup mieux fixées par l'économie aussi bien pendant la période de l'ostéogenèse chez le poulain que chez l'adulte pour la régénération du tissu osseux.

Le professeur Fröhner (Berlin) relate la guérison d'un cas de rachitisme sur un poulain de 2 ans obtenu par un traitement phosphoré.

Le malade reçoit chaque jour 2 cuillerées à soupe du mélange suivant :

	GRAMMES
Phosphore	0,25
Huile de foie de morue	300,00

Au bout de dix jours, c'est-à-dire après absorption d'environ 0gr,50 de phosphore, le poulain est complètement guéri.

La chaux indispensable pour former le phosphate tribasique des os est fournie en quantité suffisante par les aliments grossiers, c'est presque exclusivement à l'état de phosphate que la chaux pénètre dans l'organisme.

La teneur en matières des différents tissus organiques montre l'importance du taux calcique.

Muscles. — 100 parties de cendres du tissu musculaire renferment :

	GRAMMES
Potasse	34 à 39
Chaux	1 à 7
Acide phosphorique	34 à 38

Sang. — Sur 1000 parties du plasma sanguin, il y a 8,10 de cendres sur 100 parties desquelles il y a, d'après Gorup Besanez :

	GRAMMES
Potasse	7 à 22
Chaux	0,7 à 2
Acide phosphorique	4 à 10

Ces proportions montrent clairement le rôle important des sels minéraux dans les échanges nutritifs en général, et en particulier dans les réactions qui ont pour conséquence l'édification du tissu osseux.

L'expérience ci-dessous montre les inconvénients du déficit calcique :

Weiske, ayant alimenté de jeunes lapins avec de l'avoine, aliment riche en acide phosphorique et pauvre en chaux, ne put réaliser un développement normal de l'animal ; l'adjonction d'une ration de foin ou d'une petite quantité de carbonate de chaux a permis de réaliser l'accroissement régulier du système osseux.

L'équilibre calcique lorsqu'il n'est pas réalisé joue, comme nous l'avons vu, un rôle prépondérant dans la pathogénie de l'ostéisme alimentaire et dans l'étiologie des tares osseuses.

Chlorure de sodium. — Il est d'observation courante que les chevaux consomment volontiers le sel marin ; l'explication rationnelle de ces faits a pu être fournie par Bunge, qui, en faisant ingérer aux animaux des sels de potasse, remarqua que les sels de soude qui existent normalement dans l'organisme s'éliminaient dans une proportion sensible. Or, la plupart des aliments qui constituent les rations ordinaires renferment une proportion appréciable de potasse ; c'est donc pour remédier aux pertes de sels de soude déterminées par l'absorption de ces sels potassiques que les animaux recherchent le sel marin.

Le chlorure de sodium, outre son action condimentaire a, donc un double rôle physiologique : il intervient dans les phénomènes vitaux comme élément indispensable de la constitution des tissus, et il est l'agent d'élimination de la potasse.

Un certain nombre d'observations récentes ont montré que le chlorure de sodium, corps de première nécessité, peut, quand il est donné en surabondance aux animaux domestiques, amener des accidents allant jusqu'à la mort des sujets (Mayr, Lamoureux, Caperon, Mathis).

La dose journalière est de 8 à 20 grammes; le mode d'administration est variable.

De préférence on disposera des pierres de sel gemme à proximité des animaux, ou bien on mélangera le chlorure de sodium à la ration alimentaire soit à l'état de nature, soit mieux, en arrosant les fourrages de solutions salines obtenues en dissolvant le sel marin dans 3 ou 4 fois son poids d'eau.

Potasse. — A la potasse est dévolu un rôle tout différent. C'est grâce à elle, que les produits de l'activité vitale des cellules dyalisent incessamment vers les plasmas extra-cellulaires.

D'après M. le professeur A. Gautier, ces produits échangent leur potasse pour la soude. La potasse rentre en partie dans la circulation intra-cellulaire, tandis que les sels de soude accompagnent les déchets jusqu'aux voies d'élimination. Il résulte de ces faits que les sels de soude parcourent, dans l'organisme, de grands circuits, apportant aux cellules les éléments de leur nutrition, puis les reprenant pour les emporter jusqu'aux reins; la potasse, au contraire, « fait la navette » entre le protoplasma cellulaire et la lymphe qui, au point de vue de la croissance, constitue le véritable milieu intérieur.

Les recherches de M. Hugounenq ont démontré que la teneur en potasse est en rapport avec le degré de développement et aussi avec la vigueur du sujet.

La potasse joue donc un rôle si actif dans l'énergie de croissance que M. Dehérain a pu dire que, lorsque la potasse manque, la croissance est arrêtée.

Oxydases. — Avec les oxydases, nous assistons à la mise en train des forces vives de l'énergie de croissance. Ces ferments, comme tous les ferments, sans changer de composition chimique, transforment en les adaptant à la vie, de grandes quantités de substance provenant des aliments. C'est grâce à eux, que ces matériaux de la nutrition franchissent cette étape décisive qui les élève dans la hiérarchie biologique pour les constituer en substance vivante.

Dès lors, la vie nous apparaît comme la traduction objective de la fermentation cellulaire de l'organisme. La période de croissance est caractérisée comme dans toute fermentation par l'activité du processus vital. L'apport de l'oxygène est d'autant plus grand que l'organisme est plus jeune : d'autre part, le nombre de calories produites par kilogramme de substance vivante décroît avec l'âge, ce qui prouve que les oxydations diminuent.

Il en est de même des résultats que donne la recherche de la quantité d'acide carbonique exhalée par heure et par kilogramme de matière vivante.

On connaissait le bilan de la nutrition pendant la croissance, et on savait que la quantité de substance incorporée dépendait de la différence de l'assimilation et de la désassimilation. Mais on ignorait par quel mécanisme intime s'effectuaient ces phénomènes.

Les recherches de M. G. Bertrand ont permis de franchir cette barrière.

Il a démontré que les organes en voie de développement rapide sont les plus riches en oxydases. Plus ce ferment est abondant, plus la croissance est rapide.

Le fer. — Le fer est, pour les animaux mammifères, le seul métal vraiment normal (il est bien entendu qu'on en excepte les métaux terreux ou alcalins) : tous les autres tels que le cuivre, le plomb, qu'on rencontre habituellement dans le foie ou les intestins des animaux, ne sont nullement utiles à leur constitution, tandis que la présence du fer est intimement liée à la composition du sang. Voici quelques remarques très dignes d'attention : le fer ne se trouve dans l'économie animale, d'une façon normale, que dans les globules du sang ; il y existe en proportion toujours constante ; il est le seul élément qui distingue le principe immédiat, caractéristique des globules, des matières albumineuses. L'énergie des fonctions vitales étant en raison directe de la proportion des globules dans le sang, on comprend sans peine combien grande doit être l'importance de la présence d'une quantité suffisante de fer dans l'économie. Heureusement que c'est un des métaux les plus répandus dans la nature, qu'il intervient toujours pour une proportion quelconque dans les aliments des animaux, et qu'il est difficilement éliminé de l'économie.

A l'état ordinaire, le rein n'en sépare que des traces; le foie n'en élimine que l'excédent de ce qui est introduit dans la circulation.

Le fer a donné lieu sous le rapport de l'assimilation aux mêmes discussions que le phosphate de chaux. Pour Bunge il n'est absorbable que dans une combinaison organique (substance hématogène); introduit sous forme minérale dans le tube digestif, il limite simplement la destruction de cette dernière substance.

En somme il faut compter surtout sur le fer contenu dans les aliments: sous ce raport, l'avoine mérite une place à part: 100 grammes d'avoine contiennent, en effet, 0,013 de fer, tandis que le même poids de viande de bœuf n'en contient que 0gr,004.

L'Eau. — Pour que les différentes substances que nous venons de passer en revue présentent toute leur action dynamogénique, il faut qu'elles trouvent dans l'organisme une proportion définie d'eau.

La proportion de l'eau est donc d'autant plus grande que les besoins du développement sont plus intenses. Le rôle de l'eau est sans doute complexe.

L'eau ne représente par elle-même qu'un faible apport comme quantité d'énergie, mais, par sa présence, elle contribue puissamment aux transformations des diverses modalités de l'énergie. L'énergie de croissance réclame une proportion d'eau d'autant plus forte que ses besoins sont plus impérieux. Comme eau d'imbibition, l'eau pénètre les substances solides de l'organisme et fait ainsi partie intégrante des éléments et des tissus. Comme eau de constitution, elle entre dans la constitution même de certaines substances organiques. Mais la grande proportion de l'eau des organismes en voie de croissance résulte de la fonction importante qu'elle remplit, comme véhicule des substances dissoutes. C'est pourquoi la quantité d'eau d'un tissu ou d'un organe est en général en rapport avec son degré d'activité vitale.

Nous venons d'indiquer quelques-unes des substances qui interviennent dans la production et l'utilisation de l'énergie de croissance. Mais nous n'avons envisagé cette énergie que sous sa forme latente, potentielle. En étudiant le rôle de l'eau, l'énergie nous apparaît avec sa force vive, active, dynamique et elle revêt la forme de la force la plus importante.

On peut donc dire que les principes inorganiques que nous venons d'étudier sont indispensables, dans les rations; ils contribuent tous à établir les différents équilibres alimentaires.

Variations du besoin minéral. — Pendant le jeune âge, l'animal assimile une proportion considérable de chaux et d'acide phosphorique pris totalement à la matière minérale du lait; l'acide phosphorique est absorbé dans la proportion de 72,6 0/0, la chaux dans la proportion de 96,7 0/0 (8 kilogrammes de lait renferment 62 grammes de matières minérales).

Lorsque l'allaitement cesse, il importe de constituer des rations contenant une proportion d'acide phosphorique et de chaux suffisante aux besoins de l'animal en période de croissance.

L'organisme a besoin de quantités à peu près équivalentes de chaux et d'acide phosphorique, et cette règle justifie le mélange des aliments grossiers (foins, pailles riches en chaux) aux aliments concentrés (grains riches en acide phosphorique).

Le besoin minimum de matières minérales nécessaires au développement et à l'entretien de l'organisme n'a pas été l'objet d'expériences nombreuses; néanmoins nous possédons quelques données intéressantes qui serviront de guide dans l'établissement des rations.

Les analyses de Boussingault précisent le rôle des sels dans la nutrition du jeune : le poulain à la mamelle reçoit par jour 52 grammes de sels.

A six mois, il a besoin de 36 grammes de phosphate de chaux.

Un cheval adulte exige, d'après cet auteur, pour que l'équilibre minéral existe, un apport journalier de 150 à 180 grammes de sels.

Henneberg et Stohmann donnent les chiffres suivants pour des bœufs de travail par 1000 kilogrammes de poids vif.

	GRAMMES
Acide phosphorique	36
Sels alcalins	22
Chaux	76 à 78

Dans une expérience de M. Boussingault, une vache laitière en gestation recevait par jour avec sa ration 50 grammes d'acide phosphorique et 100 grammes de chaux, dont la moitié environ $24^{gr},5$ et 25 grammes n'était pas éliminée avec les excréments et les urines.

Le poulain qui recevrait par jour et par 50 kilogrammes de poids vif 8 litres de lait absorberait environ $17^{gr},6$ d'acide phosphorique et $13^{gr},6$ de chaux.

A cette période il est intéressant d'obtenir la « suralimentation minérale » qui jouera un rôle prépondérant dans la précocité et la croissance du jeune sujet.

Le besoin minéral varie dans de larges mesures avec :

L'âge ;

La gestation ;

L'allaitement.

C'est pendant les deux derniers mois de la gestation que l'organisme fœtal élabore et constitue les deux tiers de sa masse totale, qu'il s'agisse de matières albuminoïdes ou minérales.

La fixation des sels minéraux a lieu électivement : si toutes les substances augmentent au cours du développement, l'accroissement est surtout marqué pour la chaux et l'acide phosphorique. Des résultats relatifs à l'ensemble des substances minérales et à l'une des plus importantes, le fer, on peut déduire les constatations suivantes :

La fixation des éléments minéraux par l'embryon ne s'effectue pas avec la même intensité à toutes les périodes de la gestation, elle est peu marquée au début, très active à la fin.

Au cours des trois derniers mois, le poids global des sels fixés par le fœtus est environ deux fois plus considérable que pendant les six premiers mois de la gestation.

Au moment de la naissance, le poulain de poids normal a soustrait à l'organisme maternel un poids de 300 grammes environ de sels minéraux.

Dans ce chiffre, le fer n'est représenté que par $0^{gr},921$ de peroxyde (Fe^2O^3), soit $0^{gr},794$ de fer métallique.

Il est probable que cette fixation, qui s'exerce surtout pendant les dernières semaines, n'est pas étrangère à la pathogénie des troubles de la nutrition, qui compliquent fréquemment la fin de la gestation.

Il serait utile de lutter contre l'« anémie minérale » par un régime diététique spécial riche en phosphore et en chaux.

Ces données physiologiques montrent que les matières minérales prennent une part essentielle à la constitution et à la formation de tous les organes, qu'elles sont indispensables à l'entretien de l'activité vitale de l'organisme.

Examinons maintenant comment elles sont introduites dans l'organisme :

Cet apport minéral est réalisé par l'alimentation et les boissons.

Dans les denrées alimentaires la plupart des bases minérales sont combinées à des acides végétaux, c'est donc sous cette forme de sels végétaux que l'animal reçoit la majeure partie des principes minéraux qu'il utilise.

Les aliments au point de vue de leur teneur minérale peuvent être divisés en deux catégories :

1° Les aliments riches en chaux et pauvres en acide phosphorique (aliments grossiers contenant une forte proportion de ligneux : foins, etc.) ;

2° Les aliments pauvres en chaux, riches en acide phosphorique (aliments concentrés, graines, tourteaux, racines, tubercules).

Nous donnons, dans le tableau suivant, la teneur minérale des différentes denrées susceptibles d'être employées dans l'alimentation du pur sang.

L'examen de ce tableau permettra de faire une sélection dans le cas où l'on devra recourir à la suralimentation minérale.

1.000 parties des plantes désignées ci-après renferment :

	ACIDE PHOSPHORIQUE	POTASSE	CHAUX
	GRAMMES	GRAMMES	GRAMMES
a) Fourrages secs :			
Foin de prairie sec	4,1	17,1	7,7
Luzerne	5,1	15,2	28,3
b) Fourrages verts :			
Herbe de prairies en fleurs	1,5	6,0	2,7
Maïs vert	0,7	2,9	1,2
Luzerne	1,5	4,5	8,5
Sainfoin	1,2	4,6	3,7
c) Racines :			
Carottes	1,1	3,2	0,9
d) Pailles :			
Paille de blé	2,3	4,9	2,6
e) Grains :			
Blé	8,2	5,5	0,6
Seigle	8,2	5,4	0,5
Orge	7,2	4,8	0,5
Avoine	5,5	4,2	1
Maïs	5,3	3,3	0,3
Pois	8,8	9,8	1,2
Vesces	7,9	6,3	0,6
Féveroles	11,6	12,0	1,5
f) Son	15,00	»	2,25
Lait	2,2	»	1,70

Ce tableau permettra de calculer la teneur minérale des rations et de vérifier si le rapport physiologique est réalisé.

Les substances minérales que l'on rencontre dans les eaux naturelles varient nécessairement selon la nature des terrains qu'elles traversent.

Celles qu'on y trouve le plus généralement sont : 1° du carbonate de chaux ; 2° du sulfate de chaux, du sulfate de soude, du chlorure de sodium, du chlorure de magnésium, de l'iode, de la silice et des silicates alcalins.

Il est rare que les eaux potables contiennent plus de 3 décigrammes par litre de matières salines et celles-ci consistent presque entièrement en sels calcaires.

En admettant une dose journalière de 25 litres d'eau de boisson, l'apport minéral serait représenté par environ $7^{gr},5$; c'est donc l'alimentation qui doit combler presque exclusivement le déficit minéral.

Déficit minéral. — Dans l'établissement des rations, on se borne au calcul de la teneur en protéine, en matière grasse et l'on néglige l'apport minéral dont l'importance est capitale et constitue, au même titre que le besoin minimum d'azote, une nécessité physiologique.

Le déficit minéral suffisamment prolongé conduit l'organisme à la déminéralisation ; nous allons indiquer, en plus de l'arrêt de la croissance, tous les troubles pathologiques qu'il peut engendrer.

Les troubles du tissu osseux constituent la dominante : chez les jeunes individus privés de sels minéraux le squelette se développe mal; chez les adultes les os deviennent fragiles, c'est-à-dire susceptibles de laisser se dérouler tout le cortège des affections multiples si graves en certaines contrées d'élevage (ostéomalacie, etc.).

La déminéralisation engendre, dans un délai variable avec l'âge et l'individualité, une entité morbide bien définie, l'ostéite d'origine alimentaire qui joue un rôle important dans la pathogénie des tares osseuses.

Cette diathèse, dont la transmission héréditaire semble nettement établie, est intimement liée à un apport minéral insuffisant.

D'après les travaux de M. Drouin, l'ostéite aseptique peut provenir aussi bien de la déminéralisation que de l'imperfection de la trame élastique du tissu osseux, ou des deux causes réunies.

On invoque de préférence la déminéralisation. Il semble en effet, que cette prédisposition se produise surtout dans deux conditions :

1° Par l'ingestion d'aliments trop pauvres en phosphate de chaux ;

2° Par l'alimentation acide.

M. Pecus, vétérinaire à l'école de Saint-Cyr, dans une note *Sur la pathogénie des tares osseuses*, s'exprime ainsi au sujet du rôle étiologique de l'alimentation.

« L'alimentation doit-elle être accusée comme cause de ces ostéites ? Nous ne saurions le préciser. La chose est probable cependant, l'arthrite sèche étant généralement causée par une nutrition défectueuse... »

S'il est vrai que les traumatismes peuvent parfois provoquer des irritations osseuses, particulièrement au niveau du fibro-cartilage du troisième phalangien, on ne comprend pas bien qu'ils puissent avoir une action semblable sur les différents rayons des membres.

Ce n'est pas la première fois, dit M. Drouin, que notre attention est appelée sur les *endémies ostéitiques*. Je pourrai citer, pour ma part, quelques remarquables observations d'ostéite enzootique. Je me contenterai de rappeler qu'en 1894, notre confrère, M. Tapon, de Nalliers, nous signalait l'extrême fréquence des formes cartilagineuses dans le Marais vendéen.

En 1896, M. le vétérinaire J. Dumas, en nous faisant remarquer la fréquence des fractures sur les chevaux des marais de Rochefort et de Luçon, appelait notre attention sur les exostoses volumineuses qui se développent si facilement sur les animaux de cette partie des Charentes.

Ces exemples qu'il serait facile de multiplier, suffisent à nous rappeler la véritable importance d'un élément étiologique un peu trop négligé dans la pathogénie des tares osseuses : la prédisposition manifeste de l'os à la végétation sous l'influence d'une nutrition défectueuse.

On peut supposer chez les animaux entretenus dans des terrains, dont le sol est à la fois acide et pauvre en phosphates, que l'os en formation ne reçoit pas l'apport minéral auquel il a droit, et que même sur l'os adulte, l'alcalinité du sang tend à se rétablir aux dépens de la matière minérale de l'os. Les expériences de Hoffmann, Salkowsky, Lassar, Walter, ont démontré qu'on n'arrive pas à faire varier l'alcalinité du sang, lequel trouve dans les parties fixes de l'organisme des éléments de neutralisation : l'os semble tout indiqué pour les lui fournir. Tout ce qui tend à diminuer l'alcalinité du sang met l'os en péril.

Des travaux de M. Drouin, que nous avons résumés brièvement, il résulte nettement qu'il existe une variété d'ostéitisme d'*origine alimentaire*, dont l'importance pratique est considérable.

S'il est nécessaire de mettre l'éleveur en garde contre les dangers de l'hérédité, et en particulier contre celle des conformations défectueuses, il ne l'est pas moins de lui rappeler que, quelle que soit la perfection des reproducteurs, les élèves seront rapidement exposés à la tare osseuse s'ils ne trouvent point dans leur ration les éléments indispensables à la formation de l'os. Les grains, par leur richesse en phosphates, devront fournir le complément de ce qui manque dans la ration de foin. Les prairies humides, tourbeuses, *acides* ne donneront jamais que de médiocres chevaux jusqu'au jour où l'assèchement et le phosphatage auront changé la nature de leur production végétale. Tout aliment acide devra être exclu de la ration du cheval.

Parmi les aliments acides il faut ranger les fourrages récoltés sur les terrains à sous-sol tourbeux, terrains dont la réaction est elle-même acide, et qui sont en même temps pauvres en phosphates. Ces fourrages sont plus dangereux à l'état vert qu'après dessiccation.

L'*ostéomalacie* est fonction dans une large part du déficit minéral.

L'analyse des os ostéomalaciques (Bibra, Schmidt), indique en effet, une diminution des sels de chaux.

Les recherches de Cantiget viennent confirmer cette thèse.

Cet auteur a montré, par des analyses de différents terrains, que la cachexie osseuse est intimement liée à la teneur en phosphate de chaux.

	TERRAIN où LA CACHEXIE n'existe pas	TERRAIN OÙ LA CACHEXIE existe parfois	TERRAIN où LA CACHEXIE est fréquente
Azote	7,184	3,076 à 2,164	3,016
Acide phosphorique	4,048	1,280 à 1,32	940
Potasse	14,688	5,100 à 5,032	1,464
Chaux	245,952	10,752 à 25,872	9,148

La recherche de la quantité d'acide phosphorique que renferme le foin récolté sur chacun de ces terrains donne les résultats suivants :

1° $2^{kg},500$ de foin provenant de terrains à cachexie laissent environ 170 grammes de cendres renfermant 2 grammes pour 100 d'acide phosphorique ;

2° 2^{kg},500 de foin provenant de terrains où la cachexie est rare donnent à peu près autant de cendres, mais on y trouve 2^{gr},70 et même 2^{gr},80 pour 100 d'acide phosphorique ;

3° Enfin, 2^{kg},500 de foin récolté sur des terrains où la cachexie est inconnue donnent moins de cendres (145 à 150 grammes), mais celles-ci renferment jusqu'à 3^{gr},85 pour 100 d'acide phosphorique.

Ces analyses démontrent péremptoirement que la pauvreté du sol et du foin en phosphates est la cause déterminante de la cachexie osseuse.

La suralimentation minérale doit constituer la base de la thérapeutique.

Sous l'influence du déficit minéral les os deviennent fragiles. Les expériences de Chossat sur les pigeons, celles de Bérard sur de jeunes poulets ne peuvent laisser de doute à cet égard. Cette modification dans la résistance du tissu osseux explique les fractures fréquentes observées sur les chevaux de course.

Ces fractures sur les sujets ostéitiques s'observent non pas à la suite d'une chute, d'un saut, mais en plat sur un terrain dur; les annales sportives relatent souvent ces accidents.

Le déficit minéral pendant la période de croissance explique les mauvais effets diététiques observés sous divers régimes ; l'étude chimique des rations montre que l'apport minéral qui constitue, comme nous l'avons montré, une nécessité physiologique, n'est pas réalisé.

Pour fixer les idées nous, allons relater ci-dessous une étude chimique des rations employées par un éleveur de pur sang. Nous verrons que les mauvais effets hygiéniques observés, développement tardif, diminution de la vitalité, arrêt de la croissance tenaient à l'anémie minérale.

COMMÉMORATIFS

TYPES DES RATIONS EMPLOYÉES

A Avant 8 mois	kilogr.	B Après 8 mois	kilogr.
Avoine	2.250	Avoine	3
Fèves	0,720	Fèves	1
Luzerne	0,500	Luzerne	0,500
Paille	0,500	Paille	0,500
Foin	3	Foin	3

Les tableaux ci-dessous vont indiquer la teneur minérale des différentes rations employées.

A

DENRÉES	QUANTITÉS	ACIDE PHOSPHORIQUE	POTASSE	CHAUX
	KILOGR.	GRAMMES	GRAMMES	GRAMMES
Avoine	3	16,50	12,60	3,00
Fèves	1	11,60	12,00	1,50
Luzerne	0,500	2,50	7,60	14,40
Paille	0,500	1,15	2,45	1,30
Foin	3	12,30	51,30	23,10
		44,05	85,95	43,30

B

DENRÉES	QUANTITÉS	ACIDE PHOSPHORIQUE	POTASSE	CHAUX
	KILOGR.	GRAMMES	GRAMMES	GRAMMES
Avoine	2,500	13,75	10,30	2,50
Fèves	0,750	8,70	9,00	1,12
Luzerne	0,500	2,05	7,60	14,40
Paille	0,500	1,15	2,45	1,30
Foin	3	12,30	51,30	23,10
		37,95	80,65	42,40

Ces calculs montrent qu'il existe dans les rations A et B un déficit considérable en chaux (près de 50 0/0); ce déficit calcique explique les mauvais effets hygiéniques observés (développement tardif, arrêt de la croissance).

L'emploi d'autres rations où le taux calcique était réalisé a fait disparaître en peu de temps ces troubles de la nutrition.

Que de fois quand le développement du sujet est retardé, tardif... on accuse les procréateurs alors que la cause véritable réside non dans l'hérédité, mais dans l'alimentation vicieuse.

Inconvénients de la suralimentation minérale chez l'adulte. — L'alimentation ordinaire des herbivores contient des quantités considérables de bases alcalines (potasse, soude), et alcalino-terreuses (chaux, magnésie). Ces bases ne rencontrant pas dans les autres éléments de l'alimentation ni dans l'économie animale une quantité d'acide phosphorique suffisante pour les tenir à l'état de dissolution, il se forme dans les vaisseaux des dépôts de phosphates insolubles phosphates de chaux et de magnésie), par lesquels les différents organes s'encombrent peu à peu. Le résultat de cette invasion joue un rôle important dans la pathogénie des tares osseuses qui rendent le cheval impropre à tout service, bien avant qu'il ait fourni sa carrière normale.

M. Joulie attribue les exostoses (suros, formes, périostoses articulaires, etc.) à la goutte phosphatique.

CHAPITRE II

ALIMENTS PHOSPHORÉS

Le précédent chapitre montre l'importance biologique des matières minérales sur la précocité et la croissance. L'avenir du poulain dépendant en grande partie de sa première alimentation, il serait à souhaiter que les éleveurs évitent, en s'entourant des conseils de personnes compétentes, les inconvénients graves du déficit minéral, qui peut compromettre à tout jamais l'avenir d'un animal, qui a le plus souvent une origine brillante et dont le prix de revient est toujours très élevé.

Pour ne pas pénétrer plus avant dans le domaine spéculatif et rester sur le terrain plus certain des faits démontrés, nous allons indiquer quelques-unes des préparations qui par leur richesse en principes minéraux, jouent un rôle important dans l'organisme du cheval de pur sang.

Lécithines. — Pour les *lécithines*, ce fait apparaît avec toutes les allures d'une loi de biologie générale, chez les animaux, comme chez les végétaux. On constate que la lécithine qui a présidé à la croissance de certains organes abandonne ceux-ci dès qu'ils sont développés, pour affluer vers les tissus de nouvelle formation. Et comme, suivant Schulze, les lécithines végétales auraient la même composition chimique que les lécithines animales et l'ovolécithine, on peut suivre les pérégrinations de ce phosphore organique, dont l'origine première se trouve dans la terre végétale du sol.

Ce qui montre, par exemple, que cette substance est bien en rapport avec l'énergie de croissance, c'est que les terrains pauvres en phosphates, produisent comme nous l'avons déjà dit, par l'intermédiaire de la végétation, des races animales petites et peu développées.

Les lécithines jouent un rôle des plus importants dans la vie cellulaire. Ces substances amènent avec elles dans l'organisme une puissante énergie de croissance. On les rencontre en abondance dans les tissus qui sont le siège d'une prolifération active, d'un développement intense.

Elles prédominent dans le jaune d'œuf et constituent l'agent chimique des premières phases de l'évolution cellulaire. Elles apparaissent dans certaines tumeurs à développement rapide. On les trouve en grande quantité dans les semences de beaucoup de plantes, dans les spores, dans les pousses; les graines des céréales en contiennent de très notables proportions.

Quand les phénomènes de croissance se manifestent, la lécithine est la plus abondante, aussi bien dans le règne animal que dans le végétal. Il s'agit donc d'une loi de biologie générale.

Et, en effet, l'histochimie démontre la présence des lécithines, dans la plupart des organes. Mais elles prédominent dans ceux qui ont un rôle prépondérant dans la nutrition ; le système nerveux en renferme une forte proportion, mais ce sont surtout les globules sanguins qui apportent les lécithines aux éléments anatomiques.

Tandis que le sérum du sang ne fournit par litre que 0^{gr},032 d'acide phosphorique provenant de la lécithine, les globules pour une même quantité de sang renferment environ 0^{gr},120 d'acide phosphorique extrait de la lécithine : et d'après P. Massé les globules rouges contiennent 1^{gr},867 0/0 de lécithine.

D'autre part, Maxwell a constaté que certaines graines qui, au moment de leur maturité, contiennent 0,933 de lécithine pour 100, en renferment pendant leur période de développement jusqu'à 3^{gr},230 0/0. Dans l'œuf de poule, la lécithine disparaît et participe aux premiers actes de croissance. Le système osseux en absorbe une grande partie.

L'identité de ces phénomènes démontre que les lécithines animales et les lécithines végétales ont des propriétés analogues.

Reprenant l'étude de la décoction d'orge, déjà recommandée par Hippocrate, qui lui attribuait une action spécifique contre la pneumonie, Springer a associé, dans la même décoction, le blé, l'orge, l'avoine, le seigle, le maïs et le son. Il a pensé qu'en solubilisant les sels qui se trouvent dans l'enveloppe de ces graines on pouvait obtenir une boisson contenant des sels encore en combinaison avec la substance vivante des végétaux et que cette décoction fraîchement préparée possédait les propriétés d'affinité qui caractérisent par leur action physiologique, les substances qui viennent d'être élaborées et qui se trouvent à ce qu'on appelait l'état naissant.

L'analyse a justifié la réalité des prévisions de Springer.

Elle a été faite par un chimiste distingué et, suivant ses recherches, chaque litre de décoction renferme :

	GRAMMES
Matière organique	13,65
— minérales	0,95

soit 14^{gr},60 par litre.

La plus grande partie de ces matières est en suspension dans l'eau ; on trouve les chiffres suivants par litre :

	GRAMMES
Matières insolubles	13,40
— solubles	1,20

Les matières organiques sont constituées par un mélange d'amidon, de cellulose, de gluten, d'albumine végétale, de dextrine, de matières grasses.

L'analyse complète des cendres nous révèle la prédominance des substances suivantes :

Potasse	0,126
Chaux	0,279
Acide phosphorique	0,338
Soude	0,061
Chlore	0,074
Acide sulfurique	0,017

Ces matières minérales proviennent de deux origines : 1° des graines mises en décoction : et 2° de l'eau employée à faire cette décoction.

L'analyse de cette eau donne les chiffres suivants pour le résidu calciné au rouge sombre dans les mêmes conditions que le produit de la décoction.

Chaux	0,112	par litre
Chlore	0,036	—
Acide sulfurique	0,005	—
Autres éléments et perte	0,002	—
TOTAL	0,155	—

Comme on emploie deux litres d'eau pour obtenir un litre de décoction, il faut retrancher le double de 0,155 pour avoir l'apport des céréales. On a donc pour un litre :

	GRAMMES
Matières minérales provenant des graines	0,64
— — de l'eau	0,31

Laissant de côté les substances minérales qui se trouvent dans l'eau, il convient d'envisager les substances provenant des céréales. Tout d'abord, il faut remarquer que les proportions seules sont intéressantes à considérer, car les quantités n'ont rien d'absolu et sont très variables. Il suffit de soumettre à la décoction une quantité de graines triple ou quadruple de celle que nous avons prise comme mesure, et de prolonger la durée de la décoction pour que les quantités de matières minérales provenant des graines soient considérablement augmentées. On peut donc faire varier ces quantités dans des limites très grandes.

Il résulte de cette analyse que les substances qui prédominent dans cette décoction sont le phosphate de chaux et la potasse.

Or, quand on fait ingérer ces substances minérales, les résultats sont insignifiants. Les éleveurs ont reconnu leur utilité. Elles sont éliminées en totalité et on les retrouve dans les excreta.

Les bons effets que donne l'absorption de cette décoction dépendent de l'état dans lequel se trouvent ces éléments, car, dans les graines de céréales, ces substances minérales sont en combinaison avec la matière vivante.

Tandis que, dans la préparation chimique de ces produits, on est obligé de recourir à une température élevée qui détruit la combinaison de la matière vivante avec les substances inorganiques, mettant ainsi en liberté les éléments minéraux, par la décoction prolongée cette combinaison n'est pas détruite. Les sels se trouvent en grande quantité dans l'enveloppe des graines de céréales. Grâce à l'ébullition, ces graines se ramollissent et se laissent pénétrer par l'eau qui dissout les substances solubles.

Puis, quand la coction se prolonge, il se produit un éclatement des graines : l'eau pénètre plus avant dans l'intérieur de celles-ci et entraîne au dehors un certain nombre de substances d'une grande valeur alimentaire.

Dans ces premières recherches, l'analyse chimique, pratiquée suivant les procédés alors classiques, ne m'avait donné, dit Springer, que des résultats portant sur la matière inorganique de la substance vivante décomposée. Cependant j'attribuais l'effet de ces substances minérales à l'état où elles se trouvent incorporées et combinées à la matière végétale, état inaccessible à l'analyse chimique qui la détruit.

Danielewski, dans deux mémoires communiqués à l'Académie des Sciences par M. Chauveau, en 1895 et 1896, fit connaître les résultats de ses recherches expérimentales sur la lécithine.

Il montra qu'elle agissait comme excitant de la croissance, les expériences de Séréno en 1897 confirmèrent ces faits.

En 1900, parurent les expériences négatives de Wildiers qui furent vivement critiquées.

Puis se succédèrent les communications de MM. Desgrez et A. Zaky sur l'influence des lécithines dans les échanges nutritifs de MM. Gilbert et Fournier, de M. Claude et de M. A. Zaky, puis celle de M. Carrière qui démontrent d'une manière plus nette et plus précise les effets stimulants de l'ovolécithine sur la croissance.

En étudiant ces différentes observations et expériences, on est frappé de la ressemblance des résultats obtenus par ces auteurs avec ceux que l'on constate depuis longtemps dans les haras où l'on administre de la décoction de céréales : on a donc été conduit à envisager que la lécithine pouvait bien jouer un rôle dans l'action de la décoction de céréales.

La présence de la lécithine est aujourd'hui démontrée, puisqu'après de nombreuses recherches on est arrivé à démontrer que la teneur moyenne en lécithine de graisses de céréales est 0,57 à 0,74 0/0.

« Voici, à ce sujet, les résultats d'une expérience exécutée avec beaucoup de soin, et dans laquelle le double dosage de l'acide phosphorique (avant et après calcination), a été fait à plusieurs reprises, après une, deux, trois et quatre heures d'ébullition de l'eau avec les graines. On a effectué cette série de dosages pour savoir du même coup s'il était utile de prolonger aussi longtemps la durée de la décoction.

« Les proportions de graines employées, égales en volume, étaient les suivantes :

	GRAMMES
Blé (Japhet)	750
Maïs (jaune gros)	760
Seigle (d'hiver)	730
Orge (carrée d'hiver)	560
Avoine (noire)	420
Son	220

« Toutes ces substances ont été mises à bouillir dans une grande marmite émaillée, avec 20 litres d'eau. La marmite et son contenu étant tarés, il était facile de compenser exactement l'eau qui disparaissait par évaporation. Toutes les heures, une certaine quantité du mélange fut puisée dans la marmite, passée à travers un tamis fin, puis filtrée. Cette dernière partie de l'opération, rendue très difficile par la présence de l'empois, surtout après trois et quatre heures d'ébullition, a été réalisée à l'aide de deux papiers, l'un gros et l'autre fin; on a pu de cette façon retenir toutes traces de particules solides, qui auraient faussé les dosages.

« Avec chacun des liquides limpides, on a procédé à deux déterminations. 100 centimètres cubes ont été précipités immédiatement par le chlorure de magnésium en présence d'acide citrique et d'ammoniaque. Les précipités, recueillis après vingt-quatre heures, lavés, séchés et calcinés, ont permis de calculer l'acide phosphorique dissous ou, comme on l'a indiqué dans le tableau ci-après, le phosphore minéral.

« D'autre part, 100 nouveaux centimètres cubes ont été évaporés à sec au bain-marie, après addition d'un peu de nitrate de potassium, destiné à favoriser plus tard l'oxydation des matières organiques; puis, le résidu a été calciné. On a repris les cendres par l'acide chlorhydrique, évaporé à sec pour insolubiliser la silice, redissous dans l'acide et dosé le phosphate par précipitation, comme dans le liquide primitif. Les résultats figurent au tableau sous le titre de phosphore total.

« Voici ce qu'on a trouvé, tous les chiffres étant rapportés à un litre de décoction:

DURÉE	PHOSPHORE MINÉRAL	PHOSPHORE TOTAL	DIFFÉRENCES
	GRAMMES	GRAMMES	GRAMMES
Après une heure	0,025	0,034	0,009
— deux heures.........	0,044	0,113	0,069
— trois —	0,047	0,130	0,083
— quatre —	0,051	0,150	0,099

« Ces résultats démontrent, de la façon la plus évidente, l'existence des composés organiques phosphorés dans la décoction de céréales. La proportion de ces composés augmente peu à peu sous l'influence de l'ébullition et après quatre heures, elle peut atteindre une teneur correspondant à près de un décigramme de phosphore par litre.

« Quels sont ces composés phosphorés, que l'on a reconnus être, en partie, solubles dans l'alcool ? D'après les recherches très précises de Schulze et de ses élèves, les graines des céréales contiennent une certaine quantité de lécithines : 0,57 à 0,74 0/0. Ces lécithines renferment un peu moins d'un vingt-cinquième de leur poids de phosphore: sous l'influence de l'eau bouillante, elles se scindent en composés plus simples, renfermant de l'acide phosphorique, plus ou moins combiné avec de la glycérine et de la choline. A supposer que la totalité du phosphore qu'elles renferment passe en dissolution dans l'expérience ci-dessus, les 3.400 grammes de graines employées auraient pu fournir de $0^{gr},78$ à $1^{gr},02$ de phosphore aux 20 litres de décoction, soit donc 0,039 à 0,050 par litre. Ces chiffres atteignent la moitié ou plus de ceux qui ont été trouvés.

« Une semblable différence ne peut être interprétée que d'une seule façon ; en admettant qu'il existe dans les grains de céréales des combinaisons organiques phosphorées différentes de la lécithine.

« En résumé, les résultats rapportés plus haut, joints à ceux obtenus dans plusieurs essais qualitatifs, il faut conclure que la décoction de céréales renferme, à côté d'une certaine proportion de phosphate, des composés phosphorés organiques dont les uns dérivent d'un commencement d'hydrolyse des lécithines et dont les autres sont, à l'heure actuelle, de constitution tout à fait inconnue (Springer[1]).

« Tout d'abord, un premier point important se dégage de ces analyses, c'est que la décoction de céréales contient de fortes proportions de phosphore qui se trouve sous forme de phosphore minéral et de phosphore organique.

« Les résultats sont résumés dans le tableau suivant :

PHOSPHORE EN MILLIGRAMMES PAR LITRE

DURÉE DE LA DÉCOCTION	PHOSPHORE MINÉRAL	PHOSPHORE ORGANIQUE	PHOSPHORE MINÉRAL / PHOSPHORE ORGANIQUE
GRAMMES			
Après 1 heure (7,197)...	79	30	2,63
MATIÈRES SOLIDES			
Après 2 heures (11,697)...	141	184	0,76
— 3 — (12,108)...	150	262	0,57
— 4 — (14,877)...	162	304	0,51

On remarquera avec quelle prudence sont formulées les conclusions de G. Bertrand, qui s'abrite derrière les expériences de Schulze. Car c'est grâce à ses importants travaux que nous pouvons affirmer que le phosphore organique des grains de céréales appartient aux différentes variétés de lécithines.

Sous l'influence de ces substances, on a constaté chez les juments

1. *L'Énergie de Croissance*, Masson et Cie, Paris.

que la nutrition était rapidement surachevée ;ce qui se produit par les effets suivants : 1° augmentation de la sécrétion lactée ; 2° amélioration de la quantité de lait ; 3° accroissement du poids de la poulinière ; 4° accroissement plus rapide du foal. Quelques éleveurs l'emploient également avec succès dans des cas de fièvre typhoïde et de maladie infectieuse. En donnant toutes les deux heures la boisson salutaire aux juments malades, à digestion difficile par conséquent, on leur fait absorber une forte quantité de phosphore minéral, de phosphore organique, de lécithines, de potasse et de plusieurs autres produits phosphorés dont la nature nous est inconnue, mais dont la valeur est indéniable. L'amaigrissement ne survient pas chez les malades, les masses musculaires conservent leur aspect et leur forme normale, la mortalité est presque nulle.

Chez les poulains normaux, une plus grande augmentation de la taille a été obtenue. Entre autres exemples : dans une jumenterie de demi-sang près Le Pin, un poulain trotteur, traité par les lécithines, a atteint un développement véritablement athlétique. Chez les poulains malingres, souffreteux ou malades, atteints d'arrêt de croissance, les succès constatés sont inespérés. Dans deux grands haras des environs de Paris, plusieurs foals de pur sang considérés comme perdus ont été sauvés par ce traitement.

Albuminoïde phosphoré. — Quand un poulain se développe mal, pour appliquer une thérapeutique non pas empirique, mais réellement efficace, il faut tout d'abord chercher à établir pourquoi sa croissance est ralentie ou arrêtée. La première cause, aussi bien en date que dans la hiérarchie des facteurs pathogènes, c'est l'hérédité. Un très grand nombre de poulains sont mal développés parce qu'ils sont issus de juments anémiées, ou atteintes de maladies générales intérieures ou d'infections microbiennes.

Cette notion oriente déjà toute une série d'indications thérapeutiques. L'observation démontre que l'on possède des moyens puissants pour lutter contre ces tares.

Indépendamment de ces causes qui modifient l'état général, l'hérédité peut encore agir par des dystrophies organiques : telles sont l'aplasie artérielle, les lésions congénitales du cœur, l'atonie du tube gastro-intestinal, les lésions du foie, du rein, etc... Les organes essentiels pour le fonctionnement de la vie étant tarés, sont inaptes à fournir le surcroît de travail imposé à l'organisme par les besoins impérieux des poussées de croissance. N'étant pas à la hauteur de leur tâche, le poulain végète et ne peut atteindre son développement normal. La thérapeutique doit donc viser à guérir ces organes et à leur donner les aptitudes physiologiques nécessaires pour remplir leur mission.

Un certain nombre de poulains viennent au monde sans tare apparente et c'est au moment où les poussées de développement devraient se produire que l'on constate qu'ils restent en retard.

C'est cette préoccupation qui nous a incités à établir sur une base

N., pouliche, par Saint-Simon, le jour de sa naissance.

scientifique, et à l'aide de nos connaissances actuelles sur la pathologie générale, l'action de diverses substances sur l'organisme pendant la période de croissance.

Nous avons cherché et obtenu un produit qui nous procure le moyen de régler, pour ainsi dire, la croissance; incorporé dans la ration que le poulain absorbe journellement, il renferme les éléments dont l'action sur le jeune organisme est des plus importantes. Autre considération capitale, au point de vue pratique : il ne remplace pas les aliments ordinaires et, loin de déterminer la satiété du poulain, il apporte sous une forme particulière des substances qui stimulent son appétit.

Pour obtenir ces résultats, il semble qu'il suffit de donner aux poulains des aliments qui renferment, avant tout, de l'acide phosphorique. Mais, lorsque cette substance est empruntée directement au règne minéral, comme c'est le cas pour tous les produits employés actuellement par les éleveurs, elle n'a aucune action : il en est de même lorsqu'on donne des phosphates des os ; c'est qu'en effet on retrouve les phosphates dans les excreta en quantité égale à celle qui est introduite dans le tube digestif. Des expériences concluantes ne laissent aucun doute sur ce point.

Ces résultats concordent avec le fait que nous nous sommes

La même pouliche, deux mois après le traitement par l'albuminoïde phosphoré.

efforcés d'établir : l'acide phosphorique, la chaux, la potasse, etc..., empruntés au règne minéral, sont inutiles et inefficaces. Puisées dans le règne végétal, extraites des céréales, ces mêmes substances ont une action manifeste et prépondérante sur le développement du système osseux, du tissu musculaire et sur la nutrition de l'organisme, en général.

On savait, depuis longtemps, que la nature des aliments, c'est-à-dire leur composition et la proportion où s'y trouvent les différents sels et matières azotées et ternaires, agissait sur la croissance : mais on n'était point encore en état de formuler à cet égard de conclusion précise. On n'était surtout pas en état de dire quelles préparations artificielles étaient de nature à compenser telles lacunes dans les aliments, et tout ce que racontent les marchands d'aliments de croissance, à cet égard, n'est qu'un tissu d'hypothèses. Pour le phosphate de chaux, pour la potasse comme pour tout les autres éléments si nécessaires à l'organisme en période de croissance, on ne savait sous quelle forme les donner. Le mieux est, de beaucoup, de les administrer sous forme de végétaux et de céréales; et encore ne serviront-ils que s'il n'y a pas de vice de nutrition.

Il ne suffit pas de donner un aliment : il faut qu'il soit assimilable ; il faut qu'il soit assimilé. La question extrêmement complexe et embrouillée vient d'être résolue. Après des expériences très délicates, conduites dans un grand haras de pur sang, avec dosages des rentrées et sorties, avec rations bien connues et mensurations constantes de poids et de stature, nous sommes arrivés à une conclusion de la plus grande valeur sur les effets du produit que nous allons examiner.

Nous inspirant des travaux qui ont établi la valeur des lécithines, des oxyades, de la potasse, de la chaux, des sels de manganèse, de fer, nous avons grâce à des procédés chimiques très compliqués pu obtenir un mélange de ces substances auxquelles nous avons ajouté une bonne proportion de caséine pour constituer un aliment dans le sens précis du mot et un agent thérapeutique de la plus grande valeur.

Nous lui avons donné le nom d'*albuminoïde phosphoré*, en raison de sa richesse en albumine et en acide phosphorique.

Les matières qui composent l'albuminoïde phosphoré possèdent, outre toutes leurs propriétés chimiques et physiques, des propriétés spéciales d'ordre biologique, grâce auxquelles ces substances participent à l'évolution de la matière vivante.

L'albuminoïde phosphoré convient à tous les poulains : chez les sujets normaux, une augmentation de croissance a été obtenue. Mais cette croissance n'est pas caractérisée seulement par l'élongation des os ; l'augmentation des masses musculaires est en harmonie avec la taille. Tous les poulains alimentés avec ce produit au moment du sevrage, ont profité dans les conditions les plus satisfaisantes, présentant des excédents de poids hebdomadaires très sensibles sur ceux qui, du même âge et à la même époque de sevrage, étaient nourris avec la ration ordinaire. Quelques-uns ont atteint un développement véritablement athlétique.

Chez les poulains malingres, souffreteux ou malades, frappés d'un arrêt de croissance, les succès constatés sont au-dessus de toutes les espérances.

L'albuminoïde phosphoré convient donc à tous les poulains auxquels on veut faire atteindre le plus haut degré de précocité : il est indiqué *a fortiori* chez ceux dont la croissance se fait anormalement. Les conditions dans lesquelles cette préparation paraît indiquée peuvent être résumées ainsi qu'il suit : toutes les fois que les foals sont, comme nous venons de le dire, chétifs et insuffisamment développés; dans les maladies des appareils digestifs et urinaires; dans la fièvre typhoïde et les maladies infectieuses; chez les sujets rhumatisants, ataxiques et arthritiques...

Chez les poulains en période de croissance, l'usage de l'albuminoïde phosphoré doit être continué pendant longtemps; par sa teneur en matières minérales, il favorise l'ossification et le développement du squelette et met à l'abri des accidents qui surviennent alors du côté des articulations et des os. Les photographies ci-contre montrent le résultat obtenu par l'emploi du produit que nous préconisons sur un poulain atteint d'une déviation très prononcée du membre antérieur gauche.

La première de ces gravures représente le poulain le jour de sa naissance; la seconde le représente deux mois après le traitement par l'albuminoïde phosphoré. Les effets de cette substance se constatent pour ainsi dire à la simple vue. Les animaux qui en reçoivent dans leur ration acquièrent un développement musculaire et nerveux bien mieux coordonné; sans être gras, ils ont les muscles plus denses, l'œil vivant; ils sont gais et éprouvent un besoin impérieux de galoper dans les paddocks. Les yearlings sont plus résistants au dressage : ils ne « fondent » pas au travail comme les poulains engraissés que l'on voit présenter dans les ventes.

Chez les two years old et les three years old à l'entraînement, l'albuminoïde phosphoré dirige la croissance et aide au maintien de l'équilibre entre le travail physiologique et le travail mécanique proprement dit. Il agit comme régulateur, contribue au maintien de la forme, accroît la vigueur musculaire et prévient le claquage.

Les proportions de phosphates, de potasse et des autres sels que renferme l'albuminoïde phosphoré, font qu'il paraît agir surtout par le surcroît d'énergie qu'il importe dans l'organisme; nous pouvons dire qu'il agit en augmentant la pression osmotique et en apportant l'électricité potentielle dont il est le substratum. Les molécules dissoutes de l'organisme se trouvent être animées d'une force électro-motrice plus intense, qui facilite leur mouvement de translation dans les cellules. C'est ainsi que la nutrition se trouve renforcée. A l'appui de cette explication, on peut citer surtout l'effet de l'albuminoïde phosphoré chez les poulinières.

Sous l'influence de cet aliment, on a constaté chez les juments que la nutrition était rapidement suractivée, ce qui s'est traduit par les mêmes effets constatés avec les lécithines, mais avec plus d'intensité :

1° Augmentation de la sécrétion lactée;

2° Amélioration de la quantité de lait;

3° Accroissement du poids de la poulinière;

4° Accroissement plus rapide du foal.

Il est évident que pour les juments pleines et les juments suitées l'albuminoïde phosphoré constitue un véritable aliment de choix, car il permet de pourvoir aux dépenses minérales, et aux pertes phosphatées qu'entraîne la gestation et l'évolution du fœtus, et il favorise la sécrétion lactée. Il est constant que le lait des poulinières, qui reçoivent le produit qui nous occupe, est plus riche en beurre et en matières minérales ; et, toutes choses égales d'ailleurs, la composition et la richesse du lait sont un élément essentiel de la santé et de la vigueur du foal.

L'albumine étant le corps à la formation duquel la vie est inséparablement liée, il n'est pas surprenant que sa combinaison avec l'acide phosphorique dans l'albuminoïde phosphoré constitue un excitant de la fonction génératrice chez les étalons. En outre, la richesse du produit en chlorure de sodium augmente encore ses vertus prolifiques, dont l'importance ne saurait échapper aux éleveurs de pur sang.

L'albuminoïde phosphoré se présente sous forme de semoule fine ; sa couleur est jaune brun ; son odeur et sa saveur sont des plus agréables. Les chevaux le consomment avec avidité, mélangé à une ration composée d'avoine, de maïs concassé et de cossettes de betteraves.

Chez les foals, il peut être donné huit jours après la naissance, additionné d'eau sous forme de breuvage à raison de 150 grammes pour un litre. Au moment du sevrage, on commencera par 300 grammes par jour, pour arriver progressivement à 400 grammes.

Cette dernière quantité conviendra au yearling jusqu'au moment de son départ du stud pour l'écurie d'entraînement.

Le yearling au dressage recevra	500 grammes.
Le two year old	600 —
Le three year old	800 —
La poulinière pleine	800 —
— suitée	1 kilog.
L'étalon jusqu'à 12 ans	800 grammes.
— après 12 ans	1 kilogr.

Ces doses peuvent être fractionnées en autant de repas que feront les animaux auxquels elles sont respectivement destinées.

CHAPITRE III

ALIMENT COMPLET — ÉNERGÉTIQUE SUBSTITUTIONS ALIMENTAIRES

De l'aliment complet. — Pour satisfaire à toutes les exigences, l'aliment complet doit contenir :

1° Des éléments organiques, principes azotés et principes non azotés ;

2° Des éléments minéraux ; eau et sels, — dans des proportions en rapport avec les exigences de l'organisme appelé à les utiliser.

Ces aliments sont peu nombreux : nous citerons le lait, les œufs, la viande, l'herbe.

Pour produire tous les effets que nous en attendons, l'alimentation doit être formée de substances diverses : cette variété de composition satisfait aux conditions suivantes, qui sont également intéressantes :

1° La présence de tous les principes nutritifs ;

2° La réunion des qualités physiques nécessaires (consistance, volume) ;

3° L'excitation de l'appétit par suppression du dégoût et de la satiété.

L'énergétique. — La vie étant une usure continuelle, on conçoit que les matériaux alimentaires réparent les parties usées ; mais les organismes vivants manifestent leur existence par l'accomplissement de fonctions vitales dont l'essence propre est la consommation d'énergie disponible ; en même temps que réparer les pertes, les aliments doivent subvenir à ces besoins énergétiques.

A ne considérer comme critérium de la bonne alimentation que la reconstitution des tissus usés, l'eau pure deviendrait l'aliment par excellence puisqu'elle entre dans le corps pour 63 0/0 ; il s'en perd par l'évaporation pulmonaire et cutanée, par l'urine : ces pertes doivent être compensées; de là, le rôle de l'eau dans l'alimentation; pourtant, il répugne à tout le monde d'admettre que l'eau nourrit, car elle n'introduit pas de force de tension : ce n'est pas une source d'énergie. L'aliment complet doit donc être un véhicule d'énergie potentielle; reste à savoir dans quel groupe de principes cette énergie est incorporée.

A l'époque où il était scientifiquement admis que la chaleur est la source du mouvement, on cherchait l'origine de l'énergie dans les principes susceptibles de fournir de la chaleur par leur combustion immédiate; aux principes ternaires, à ceux que l'école de Liebig nommait principes respiratoires, était dévolu ce rôle énergétique essentiel : plus tard, les matières albuminoïdes furent considérées comme les vrais aliments dynamophores, propriété due à la présence de l'azote. On interpréta ainsi le rôle essentiel que jouent les albuminoïdes dans l'alimentation; et on en conclut qu'il était utile de constituer dans la plupart des cas de la pratique des rations concentrées, c'est-à-dire des rations riches en principes azotés.

Les investigations récentes de la physiologie dans le domaine de l'énergétique musculaire viennent de préciser l'origine de l'énergie mise en œuvre dans l'organisme et de délimiter le rôle qui appartient à chacun des trois grands groupes de principes immédiats.

C'est dans la riche provision de glycogène qui les irrigue que les muscles puisent incessamment l'énergie qui leur est nécessaire pour accomplir leurs fonctions d'une manière générale, c'est dans ce glycogène que l'organisme trouve l'énergie potentielle qu'il actualise sous diverses formes, au cours du travail physiologique interne, aussi bien que lors du travail musculaire extérieur.

Si l'alimention est assez riche en hydrocarbonés, ceux-ci sont directement utilisés : dans la situation opposée, ou bien l'animal transforme en hydrates de carbone les graisses et les albuminoïdes de sa ration, ou bien il consomme ses réserves graisseuses, ou bien les deux phénomènes se passent en même temps.

Il apparaît même, d'après les conclusions les plus récentes, que « les éléments de la ration alimentaire semblent moins destinés à une consommation immédiate, pour subvenir aux dépenses énergétiques, qu'à la reconstitution et à l'entretien des réserves qui assurent d'une manière permanente à l'organisme le potentiel nécessaire à l'exercice de ses fonctions.

« Et alors se dégage nettement l'idée scientifique que l'on doit se faire des aliments vrais. Ce sont des aliments capables de s'incorporer à l'organisme, pour pourvoir au renouvellement nécessaire de ses tissus et à l'entretien de ses réserves de potentiel énergétique » (Chauveau).

Et alors nous apparaît nettement aussi le rôle dévolu aux divers groupes de principes alimentaires.

Les hydrates de carbone sont chargés d'assurer la conservation du potentiel énergétique, et fournissent aux dépenses continues; de même les graisses, soit par consommation immédiate, soit après s'être constituées en réserves.

Les matières albuminoïdes apparaissent ensuite comme suffisant au rôle imposé à toute alimentation.

Au titre de matières azotées elles servent à l'entretien, au renouvellement de la substance vivante; au titre de principes susceptibles, par perte d'azote, de donner des substances ternaires, elles servent à l'entretien du potentiel énergétique.

Voilà pourquoi les aliments concentrés possèdent tant de titres à entrer dans la composition des rations; et cela explique, en dehors de toute hypothèse sur le rôle dynamogénétique de l'azote, la haute valeur qui leur a toujours été accordée.

Mais cela fait comprendre aussi pourquoi des aliments plus riches en matières hydrocarbonées que les précédents, sont aussi de bons aliments; leurs matières quaternaires sont employées à la reconstitution des éléments et leurs hydrates de carbone sont consommés immédiatement ou transformés en réserves graisseuses.

Cela nous démontre enfin que l'exclusivisme peut conduire à l'erreur scientifique, comme pratiquement il aboutit quelquefois à des fautes économiques!

En faisant des matières azotées le véhicule essentiel de l'énergie, on se trouve conduit à assurer l'alimentation des moteurs à l'aide d'aliments très riches en azote, c'est-à-dire d'aliments le plus souvent très coûteux. En ce qui concerne le pur sang, cette considération n'entre pas en ligne de compte.

Il arrive même que, l'azote étant donné en excès, se trouve en partie rejeté dans les excreta; pour toutes ces raisons, l'entretien du moteur est fort onéreux.

Il est démontré que le muscle en travaillant consomme du glycogène, allons-nous en conclure que notre moteur n'a pas besoin d'azote, et qu'une ration composée uniquement d'hydrates de carbone va lui suffire? Nous avons vu par ailleurs qu'il n'en est pas ainsi.

Le muscle qui travaille, en même temps qu'il travaille, et parce qu'il travaille, use sa substance, élimine constamment des déchets azotés. L'alimentation doit lui fournir de quoi réparer ces pertes; il est donc nécessaire qu'elle renferme des matières albuminoïdes.

L'habileté du praticien consiste à savoir combiner la proportion des matières azotées et des matières non azotées, de telle sorte que l'animal tire de sa ration le profit maximum.

La connaissance des rapports nutritifs et des règles des substitutions alimentaires, va nous aider à résoudre cet important problème.

Les rapports nutritifs. — La relation nutritive d'un aliment ou d'une ration est le rapport des matières azotées aux matières non azotées. Elle s'exprime sous la forme :

$$\frac{MA}{MnA} = \frac{1}{Q}.$$

Le numérateur de la fraction (MA) est la teneur en matière azotée de l'aliment, ou la somme des teneurs des éléments de la ration.

Le dénominateur (MnA) comprend les hydrates de carbone et les graisses, on calcule actuellement tous ces chiffres en prenant les quantités de principes digestibles, et en exprimant les graisses par leur valeur en hydrates de carbone, en les multipliant par le coefficient 2,4.

Ce qui donne l'expression ci-dessous :

$$\frac{MA}{MnA} = \frac{\text{Matière azotée}}{\text{Extractifs non azotés} + \text{graisses} \times 2,4} = \frac{1}{Q}.$$

Exemple :

Soit une ration renfermant :

Matière azotée	1,524
Graisses	623
Hydrates de carbone	7,230

La relation nutritive est:

$$\frac{1.524}{7.230 + 623 \times 2,4} = \frac{1.524}{8.725} = \frac{1}{5,7}.$$

On fait varier $\frac{1}{Q}$ avec les besoins d'azote qu'imposent l'âge de l'animal et l'entreprise zootechnique considérée. Les jeunes recevront plus de matériaux azotés que les adultes, cet azote étant nécessaire à la constitution des tissus : la relation nutritive du lait est comprise entre $\frac{1}{2}$ et $\frac{1}{3}$; celle de la ration du sevrage se maintiendra au voisinage de $\frac{1}{3}$, pour s'abaisser progressivement à $\frac{1}{4}$ et $\frac{1}{5}$.

$\frac{1}{5}$ est considéré comme le rapport type autour duquel doivent osciller les relations réelles ; pour les moteurs, eu égard au rôle joué par les hydrates de carbone dans la production de la force, on peut s'écarter de cette donnée et constituer des rations où la proportion de matériaux azotés fait descendre la relation nutritive au-dessous de $\frac{1}{5}$ on ne peut pas faire descendre ce rapport jusqu'à donner une très faible quantité de substance quaternaire, parce que, dans ce cas, l'animal manquerait des matériaux nécessaires à la réparation de ses muscles ; la durée de sa carrière de moteur se trouverait abrégée par suite de l'usure de son système locomoteur.

Dans la pratique, les rapports $\frac{1}{6}$, $\frac{1}{7}$ sont ceux au voisinage desquels se maintiendront les éléments de la ration.

Le rapport adipo-protéique exprime la relation qui doit exister entre la matière grasse et la matière albuminoïde.

$$\frac{A}{P} = \frac{1}{Q}.$$

Les graisses exercent une grande influence sur la disgestibilité des autres principes, et en particulier sur celle des albuminoïdes. La ration doit, en conséquence, renfermer une proportion convenable de principes gras.

D'autre part, cette quantité ne peut pas être augmentée indéfiniment ; il est d'observation courante que l'organisme supporte mal de fortes doses de graisses (il accepte plus volontiers un excès d'hydrates de carbone).

Le rapport $\frac{A}{P}$ précise cette détermination, puisqu'on doit le maintenir entre $\frac{1}{2}$ et $\frac{1}{3,5}$, moyenne $\frac{1}{2,75}$.

Dans l'exemple ci-dessous :

$$\frac{A}{P} = \frac{623}{1.524} = \frac{1}{2,44}.$$

Substitutions alimentaires. — Pour établir une alimentation raisonnée, on a besoin de procéder à des mélanges, qui entraînent le remplacement de tel aliment par tel autre : sur quelles données physiologiques, ces substitutions doivent-elles être opérées ?

Elles doivent réaliser un minimum de trois conditions essentielles (c'est à dessein que nous laissons en dehors le côté économique, qui ne saurait être envisagé dans l'exploitation du pur sang.

On tiendra compte :

1° De la digestibilité des aliments ;

2° D'un besoin minimum d'azote ;

3° De la capacité du tube digestif.

De la possibilité de substituer à l'avoine des aliments concentrés quelconques. — Parmi tous les aliments considérés comme susceptibles de fournir aux moteurs une importante réserve d'énergie, l'*avoine* a toujours obtenu la préférence ; ce grain est donné comme l'aliment type des moteurs : il serait par excellence l'*aliment dynamophore*. De multiples raisons appuient en effet cette manière de voir.

L'avoine est un grain très apprécié des animaux qui le consomment toujours avec plaisir, souvent avec avidité ; sa distribution est commode parce que son état normal est suffisamment favorable à la digestibilité pour que, dans la majorité des cas, il ne soit pas utile de lui faire subir une préparation quelconque ; nous verrons que l'aplatissement et le concassage de l'avoine ne sont pratiquement indiqués que dans des cas particuliers ; pour l'emploi courant et les manipulations habituelles, l'avoine reste telle qu'elle a été récoltée.

L'avoine, étant donnée sa réputation, jouit d'un débouché régulier lequel conséquemment est alimenté par une offre non moins régulière : les avoines se trouvent sur tous les marchés ; le commerce en est toujours abondamment pourvu ; cette circonstance permet d'établir dans le rationnement d'une écurie importante toute la continuité désirable.

Enfin, la composition chimique de ce grain permet de constituer de bonnes rations ; en même temps qu'elle s'associe facilement au foin, dans le régime, on peut la substituer à celui-ci dans une proportion voisine de 1 à 2, ce qui rend facile le calcul des rations. La teneur en matière azotée est suffisamment forte pour que les partisans du rôle énergétique de l'azote trouvent satisfaction dans son emploi : la proportion d'hydrates de carbone digestibles est également telle, que l'organisme y puise les éléments nécessaires à la glycogénie, source du travail musculaire. Grâce à cette favorable composition, l'organisme du moteur peut se jouer des variations dans les opinions qui président à l'établissement de son régime.

Pour toutes ces raisons, il semble impossible que l'avoine puisse être remplacée dans la ration des moteurs; beaucoup de personnes s'en tiennent encore à la trinité classique: foin, avoine et paille. Ceux qui poussent la hardiesse des concessions jusqu'à admettre que les gros chevaux qui travaillent au pas peuvent se passer d'avoine, considèrent celle-ci comme indispensable pour les chevaux utilisés aux allures vives. Enfin les plus téméraires, après avoir accepté que l'avoine puisse être remplacée dans la ration des chevaux de service, soutiennent que ce grain est indispensable au cheval en qui se concentrent pour eux toutes les qualitités de l'espèce, pour le cheval de pur sang.

Quelle est la raison qui fait que cette opinion puisse prévaloir, avec toute apparence de justesse; pourquoi peut-on soutenir que l'avoine est indispensable aux chevaux de services rapides et ne peut cesser de former l'aliment type du cheval de pur sang.

Est-ce un préjugé routinier que rien n'explique; et que, dans ce cas il serait extrêmement difficile de déraciner? Peut-être, mais cela repose surtout sur cette opinion que l'avoine serait, entre tous les grains, le substratum unique d'un principe excitant spécial auquel serait dévolue la propriété d'exciter le système nerveux des moteurs et conséquemment de faire rendre à ceux-ci le maximum de leur énergie disponible. C'est là un point fondamental dont nous devons aborder immédiatement la discussion, afin que rien ne vienne s'opposer, dans la suite, à l'exposé méthodique de la possibilité des substitutions alimentaires, tant en matière de grains que pour tous autres produits.

L'avoine et l'avénine. — On désigne sous le nom d'*avénine* un alcaloïde qui existerait dans les enveloppes du grain d'avoine et auquel cet aliment devrait des propriétés excitantes spéciales. La présence de cet alcaloïde a été affirmée par Sanson; cette découverte a été discutée puis infirmée; il est donc nécessaire d'exposer les vues de Sanson, puis d'analyser les opinions émises, afin d'étayer solidement le fait de la non-existence de l'avénine. Bien qu'il s'agisse d'un fait, c'est-à-dire d'une chose nullement hypothétique, nous sommes obligés de procéder de cette manière en raison de l'influence regrettable que la pseudo-découverte de Sanson a exercée sur la pratique des substitutions alimentaires.

L'avénine d'après Sanson. — Lorsque l'avoine est traitée par l'alcool, on obtient un extrait qui laisse au fond de la capsule, après évaporation de l'alcool, un résidu d'une couleur brune plus ou moins foncée suivant sa quantité; en couche mince, cette coloration tourne vers le jaune. Sa densité est inférieure à celle de l'eau dans laquelle il ne se dissout en aucune proportion, pas plus à chaud qu'à froid. Il se montre très hygroscopique. L'alcool le dissout à froid avec une grande facilité; chauffé, il exhale une odeur qui rappelle faiblement celle de la vanille; à la température ordinaire il est à peu près inodore. Il brûle difficilement avec une odeur désagréable. L'examen au microscope ne décèle pas la présence de cristaux; la substance est exclusivemennt constituée par de fines granulations. L'odeur constatée ne peut donc pas être due à la vanilline, car ce produit se décélerait par ses cristaux caractéristiques.

Sanson donne de la substance ainsi isolée par l'alcool, la formule $C^{56}H^{21}AzO^{18}$ qui lui paraît être celle d'un alcaloïde; il proposa de lui donner le nom d'*avénine* pour le distinguer des autres principes immédiats des végétaux.

La recherche de la teneur en résidus secs des principales sortes d'avoine a donné à Sanson les résultats suivants :

	Poids du résidu sec 0/0 d'avoine séchée à l'air.
Avoine blanche de Russie	0,625
— grise de Beauce	0,525
— blanche de Grignon	0,775
— — de Libau	0,525
— — de Suède	0,900
— noire de Grignon	1,175
— — de Suède	0,950

Ces chiffres montrent que les avoines blanches, celle de Suède exceptée, sont beaucoup moins riches en principe excitant que les avoines noires.

Pour mettre en évidence l'excitabilité particulière produite par l'avoine, Sanson a expérimenté de la manière suivante : Il a pris un cheval de réforme vieux et à nervosité peu développée, et il en a apprécié la sensibilité à l'aide d'un courant électrique empiriquement mesuré. Il a ainsi observé une excitabilité plus grande de l'animal après la consommation de l'avoine que quand la ration ne se composait que de foin; et que cette excitabilité était plus grande au moment de la digestion de la ration à l'avoine ; plus grande aussi avec l'avoine noire qu'avec l'avoine blanche.

Dans une seconde série d'expériences (1888), Sanson a repris le produit provenant de ses expériences antérieures, l'a ajouté à une ration exempte d'avoine et l'a fait consommer à l'animal qui avait servi aux premiers essais. L'excitabilité a été décelée par la méthode électrique déjà employée, tandis que la ration témoin n'a rien produit.

Comme conclusions de ses analyses et de ses expériences, Sanson a formulé les propositions suivantes :

1° Le péricarpe du fruit de l'avoine contient une substance soluble dans l'alcool qui jouit de la propriété d'exciter les cellules motrices du système nerveux;

2° Cette substance n'est point le principe excitant de la vanille ou vanilline ; elle n'a même avec celle-ci aucune analogie. C'est une matière azotée qui semble appartenir au groupe des alcaloïdes. Incristallisable, elle a une constitution physique finement granuleuse ; de couleur brune en masse, elle communique à l'alcool en solution étendue une teinte ambrée. On pourrait la nommer avénine. Sa composition paraît correspondre sauf vérification à la formule $C^{56}H^{21}AzO^{18}$;

3° Toutes les variétés de l'avoine cultivée paraissent aptes à élaborer le principe excitant : mais il est certain qu'elles possèdent cette aptitude à des degrés très différents ;

4° Ces différences ne sont point qualitatives, mais seulement quantitatives ; la substance élaborée est identique dans toutes les variétés ;

5° Ces différences ne dépendent pas seulement de la variété de la plante, mais du lieu où celle-ci a été cultivée ;

6° Les avoines de variété blanche contiennent moins de principe excitant que celles de variété noire : mais pour certaines des premières, notamment pour celle cultivée en Suède, la différence est minime ;

7° Au-dessous de la proportion de 0,9 de principe excitant pour 100 d'avoine séchée à l'air, la dose est insuffisante pour mettre sûrement en jeu l'excitabilité neuro-musculaire du cheval. A partir de cette proportion, l'action excitante est certaine ;

8° L'aplatissement du grain d'avoine ou sa mouture affaiblit considérablement sa propriété excitante en altérant, selon toute probabilité, la substance à laquelle cette propriété est due ;

9° La durée totale de l'effet d'excitation ou d'accroissement de l'excitabilité neuro-musculaire a toujours paru, dans les expériences, être d'environ une heure par kilogramme d'avoine ingéré.

Critique des observations précédentes. — Des conclusions aussi nettement formulées paraissent à l'abri de toute critique ; en fait, l'autorité qui s'est attachée au nom de leur promoteur les a fait accepter sans contrôle par la majorité des lecteurs ; cependant elles ne résistent pas à un sérieux examen soit au point de vue chimique, soit au point de vue physiologique. — Est-il nécessaire d'ajouter que, dans cet examen critique, nous n'avons d'autre souci que celui de la vérité scientifique, et que nous nous appuyons d'ailleurs sur des remarques et des critiques faites depuis longtemps par des personnes autorisées.

A prendre la question de l'avénine par le côté purement chimique de la présence ou de la non-existence de ce produit, il n'y a rien dans les observations de Sanson qui puisse permettre de conclure à l'existence d'un composé défini. Les propriétés de la substance ne sont pas décrites ; aucune réaction n'est indiquée ; son analyse n'a pas été faite sur un produit pur.

Cette dernière remarque est de première importance. Il est aisé de voir, en effet, que l'alcool par lequel on traite l'avoine emporte en dissolution toute une série de produits disparates : graisses, sucres, matières azotées, substances qui n'ont de commun que la propriété d'entrer pour une part plus ou moins variable dans la solution alcoolique. Le résidu sec laissé par l'évaporation du dissolvant a donc une composition qui n'est ni définie, ni homogène. La présence d'hydrates de carbone solubles ayant donné pendant le traitement des matières humiques est presque établie rien que par le fait de cette coloration brune signalée par l'auteur.

Conséquemment on est autorisé à dire, ou bien que l'avénine n'existe pas, ou bien que, si elle existe, ses propriétés chimiques ne sont point celles qui ont été décrites par Sanson.

Entre autres opinions, corroborant cette manière de voir, nous citerons celles de M. Balland, chimiste bien connu par ses nombreux travaux sur les *Denrées alimentaires* et de M. Lavalard.

Dans une communication faite à l'Académie des sciences, Balland s'exprime ainsi :

« En traitant les avoines par l'alcool, on obtient des extraits de composition très différente suivant la force de l'alcool employé :

« Avec de l'alcool absolu, l'extrait n'est formé que de matière grasse comme avec l'éther.

« Avec l'alcool à 95°, il y a eu plus un peu de matière azotée, et celle-ci va en augmentant avec des alcools de plus en plus faibles.

« Il n'y a pas d'alcaloïde spécial auquel on puisse rattacher la propriété excitante de l'avoine sur le cheval. »

M. Lavalard a remis à MM. Schlœsing et Müntz le produit obtenu par Sanson; ces chimistes, dont l'autorité est indiscutable, l'ont trouvé constitué par du *sulfate de chaux*. Devant une constatation aussi nette serait-il nécessaire de pousser plus loin l'examen critique; ne peut-on pas affirmer que Sanson n'a pas retiré de l'avoine un principe particulier méritant un nom nouveau; rien surtout n'autorise à penser qu'il se soit trouvé en présence d'une substance alcaloïdique. Au début du second mémoire qu'il a publié (*Journal de l'Anatomie et de la Physiologie*, 1888), Sanson regrette qu'aucun jeune chimiste n'ait repris l'étude chimique de son produit; cette abstention n'est-elle pas due à ce qu'aucun chercheur n'a pu retrouver la substance annoncée?

Continuons encore un instant à admettre l'existence de l'avénine et voyons si l'expérimentation directe sur les animaux a pu donner des résultats inattaquables.

La méthode physiologique instituée pour mettre en évidence et pour doser l'excitabilité du sujet, est aussi des plus critiquables; pas plus que la méthode chimique dont nous venons de voir la faiblesse, elle n'est conforme aux principes de l'expérimentation précise. Elle ne départage pas, en effet, les multiples facteurs qui font varier d'une manière notable la nervosité du sujet; l'alimentation n'est pas la seule cause des variations de celle-ci; sans parler des circonstances ambiantes de tous ordres, la nature et l'intensité du travail entrent en ligne de compte. Aussi eût-il été préférable de mesurer cette aptitude au travail en se servant du dynamomètre. Les résultats eussent été plus précis, d'une vérification plus facile et par conséquent plus concluants. On aurait pu, aussi, afin de supprimer la part revenant à l'individualité du moteur, rechercher cette force excito-motrice sur plusieurs animaux.

Les résultats négatifs de l'analyse chimique nous ont enfin été confirmés par l'expérimentation directe. Nous avons effectué des expériences de vérification qui, bien que très simples, nous paraissent d'une grande valeur démonstrative.

On a vu précédemment que, d'après Sanson, l'avénine aurait son siège non pas dans l'amande du grain, mais dans les enveloppes de celui-ci, dans les glumelles ou écales; le grain décortiqué n'aurait plus aucune action excitante sur le système nerveux. Nous avons donc fait préparer une quantité suffisante de glumelles provenant de grains d'avoine noire, employés à la fabrication des gruaux (on sait que dans cette industrie on décortique l'amande afin d'utiliser celle-ci sous forme de farine dans l'alimentation humaine).

Les quantités de glumelles consommées en supplément de ration ont été de 1kg,800. D'après les analyses de Sanson, cela équivaudrait à la teneur en avénine de 6 kilogrammes d'avoine, en supposant à celle-ci la proportion normale de 30 0/0 d'écales contre 70 0/0 d'amande.

Or, à cette dose, sur aucun animal, nous n'avons observé d'effet excitant.

Devant ce résultat négatif, la quantité d'enveloppes a été progressivement portée à 1kg,800 à 2 kilogrammes, puis à 2kg,500 et 3 kilogrammes. A ces doses élevées, l'appétence étant faible, l'incorporation à la mélasse a permis d'assurer l'ingestion de la totalité du produit.

Même avec des doses aussi fortes, la période excito-motrice n'a pas été observée: les grandes fonctions (circulation, respiration) n'ont subi aucune variante, l'attitude, le faciès, l'habitus extérieur du sujet n'ont pas été modifiés. La mise en service des chevaux montre que l'aptitude au travail, comparativement à l'épreuve faite avant l'ingestion de glumelles, n'a subi aucune variation; sur aucun sujet on n'a pu constater une augmentation du rendement dynamométrique.

Par ce que nous avons établi au sujet de la non existence de l'avénine en tant que corps chimique, ces résultats négatifs étaient à prévoir: pourtant, afin de pousser plus loin les observations à ce sujet, nous avons procédé à une seconde série d'expériences basées, non plus sur l'ingestion de glumelles, mais sur les injections hypodermiques.

Nous avons épuisé l'avoine par l'alcool suivant la technique indiquée par Sanson et nous avons injecté le résidu sous la peau de quatre sujets d'expériences. Sur aucun de ceux-ci nous n'avons constaté d'effet excitant; les mouvements du cœur et du poumon, l'état général n'ont subi aucune modification. Comme dans l'expérience précédente, la mise en service n'a pas indiqué une augmentation de l'aptitude au travail.

L'importance pratique de la question qui nous occupe est telle qu'il ne sera pas inutile de grouper ici les opinions émises par plusieurs auteurs compétents.

« Déjà, en 1886, les résultats des analyses de Sanson ont été déclarés comme inexacts ; néanmoins de divers côtés on y ajoutait encore créance. Tout nouvellement M. S. Weiser, à Budapesth, a soumis cette question à un nouvel examen et il résulte de ses analyses qu'il est impossible de trouver des traces de l'existence de la substance décrite sous le nom d'avénine. Cet expérimentateur affirme que l'avénine n'existe pas dans l'avoine et de plus, que l'avoine ne contient aucun alcaloïde. Si donc l'avoine contiendrait un principe excitant, ce qui n'est nullement prouvé, ce n'est pas un alcaloïde[1]. »

A. Reul, professeur d'hygiène et de zootechnie à l'école vétérinaire de Cureghem (Belgique), ne croit pas à la présence de l'avénine et cite en ces termes l'opinion du savant chimiste allemand E. Wolff :

« Il n'est pas démontré dans quelle mesure l'avoine exerce une action excitante spécifique sur le système nerveux du cheval et qui serait due à un corps particulier. »

Au surplus, ajoute A. Reul, l'avénine existât-elle, et son action fût-elle marquée, elle n'agirait sur le cheval qu'à l'instar du coup de fouet. Nourrir et réparer les forces par l'énergie accumulée dans les éléments digestibles des rations est tout autre chose qu'exciter l'animal.

Les expériences de Sanson aboutissent à cette conclusion que la propriété excitante de l'avoine est proportionnelle à la quantité d'avénine qu'elle renferme ; or celle-ci est proportionnelle, ajoute-t-on, à la quantité de glumelles, puisqu'elle se trouve localisée dans cette partie du végétal. Nous aboutissons donc à cette conclusion paradoxale que les avoines les moins nutritives sont les meilleures, puisque la valeur alimentaire est en raison inverse de la proportion des glumelles.

Par les considérations qui viennent d'être exposées, la non-existence de l'avénine nous paraît suffisamment démontrée ; de nombreux faits tirés de l'observation journalière montrent que le pouvoir dynamogénétique des rations n'est pas proportionnel à la quantité d'avoine qu'elles renferment, et qu'il est possible d'obtenir la même aptitude au travail et le même rendement avec des rations où l'avoine est totalement remplacée par un mélange de grains (maïs, orge, féverole, etc.).

1. *Presse agricole allemande*, 30 mars 1904 : *Nouvelles recherches sur la teneur en avénine des avoines*.

L'opinion que nous venons de discuter a eu pour conséquence de faire considérer pendant longtemps l'avoine comme un aliment indispensable aux moteurs. C'est en considération des propriétés particulières dont l'avoine serait douée que, dans beaucoup de rations industrielles, la substition n'est jamais totale. Cette substitution est cependant parfaitement possible et tout à fait logique. Pour les chevaux de service, elle est de toute nécessité lorsque, après une année de faible production, l'avoine atteint des prix excessifs. Pour les chevaux de luxe, vis-à-vis desquels la considération du prix de revient de la ration n'est plus la condition déterminante, elle est encore utile pour des raisons que nous allons voir, à propos du cas particulier du cheval de pur sang.

Résumons cette longue dissertation en disant que l'avoine que nous savons dépourvue de ce principe excitant autour duquel il a été fait tant de bruit, n'est ni plus ni moins indispensable aux moteurs que tout autre aliment qui apporte à l'organisme la quantité nécessaire de principes immédiats dans des proportions qui satisfont aux exigences nutritives.

EXEMPLES DE RATIONS SANS AVOINE

En Allemagne, on emploie les rations suivantes :

A la paille hachée (aliment de lest) on ajoute en ration de grains :

Maïs	2/3
Son de blé	1/3

A une ration composée de :

	KILOGR.
Foin	4
Paille hachée	1,500
Avoine	6

la substitution suivante :

	KILOGR.
Foin	5
Maïs	4
Farine de viande	0,250

a procuré une économie de 100 marks (125 francs) par cheval et par an.

Dans plusieurs exploitations on emploie encore :

	KILOGR.
Orge	4
Maïs	2

en remplacement du même poids d'avoine.

Les expériences de M. Leurs, échevin des travaux publics de la ville de Bruxelles, ont porté sur un effectif de 90 chevaux et sur une période de neuf mois.

Les chevaux de la ferme des boues et des pompiers ne reçoivent plus un grain d'avoine.

Leur ration est composée de :

	KILOGR.
Mélasse	0,800
Maïs concassé	7
Foin	5
Paille hachée	1

Avec cette nouvelle alimentation les chevaux ont pu faire leur service sans rien perdre de leur vigueur ni de leur embonpoint.

M. Van Hersten fils, de Bruxelles, a supprimé complètement l'avoine aux chevaux de la société du Tram-Car, Nord-Midi.

Les expériences en 1900 portaient sur un total de 120 chevaux et pendant une période de 11 mois.

La ration était la suivante :

	KILOGR.
De bucéphale (produit mélassé	1,500
— maïs	7,500
— paille	4
— foin	2,500

L'état d'embonpoint a plutôt augmenté. Leur aptitude au travail n'a pas diminué et la transpiration était plutôt moindre ; enfin, chose remarquable, les cas de coliques, qui auparavant étaient de 3 à 4 par semaine, sont presque nuls.

Après quatre ans de ce régime les avantages hygiéniques indiqués ci-dessus ont persisté.

Cette observation, en outre de sa longue durée, a une grande importance pratique, car elle se rapporte à un pays où l'action excitante du climat sur le moteur ne peut être invoquée.

COMPAGNIES DE TRANSPORT (D'APRÈS LAVALARD)

ALIMENTS	TRAMWAYS de Vienne	TRAMWAYS DE BERLIN			TRAMWAYS de Liverpool	TRAMWAYS de Manchester	OMNIBUS de Londres
	KILOGR.	KILOGR.	KILOGR.	KILOGR.	KILOGR.	KILOGR.	KILOGR.
Foin	5	4,500	4	4,500	6,350	6,800	3
Paille	2,500	1,500	2	3,500			1,500
Maïs	8,500	7,500	8	8,500	5,450	6,800	7,500
Féveroles	»	»	»	»	1,800	»	»
Son	»	»	»	»	0,450	0,450	»

RATIONS AVEC FAIBLE PROPORTION D'AVOINE

ALIMENTS	COMPAGNIES ANGLAISES			TRAMWAYS de Dublin	TRAMWAYS de Berlin[1]	CHEVAUX Autrichiens
	KILOGR.	KILOGR.	KILOGR.	KILOGR.	KILOGR.	KILOGR.
Foin	3,500	5,450	5	5,150	3	7 à 9
Paille	1,360	0,450	»	»	2	1 à 2
Avoine	1,360	1,360	1,360	1,360	1,500	2
Maïs	5,900	3,200	5,450	6,350	4	2
Fèves	0,450	»	0,450	»	»	»
Pois	0,450	1,360	»	»	»	»
Son	»	»	0,450	0,225	2,500	»

Dans ces rations l'avoine ne figure sur la quantité totale de grains que pour une faible proportion (1/6 environ, pour les quatre premières), les dominantes étant le maïs et la fève.

RATIONS DES CHEVAUX DE LA COMPAGNIE GÉNÉRALE DES OMNIBUS DE PARIS

1° Ration classique :

	KILOGR.
Foin	4 à 5
Paille	4 à 5
Avoine	8 à 8,500
Son	0,500 à 1

2° Ration avec maïs :

	KILOGR.
Foin	3,750
Paille (1/2 p. litière)	4,700
Avoine	5
Maïs	3

3° Ration avec plusieurs aliments concentrés :

	KILOGR.
Foin	3
Paille (litière comprise)	6
Avoine	3
Maïs	4
Féveroles	0,200
Tourteaux de maïs	2
Son (Lavalard)	0,200

4° Ration moyenne pour l'année 1901 :

	KILOGR.
Avoine	3,639
Foin	1,834
Paille	2,076
Son	0,019
Maïs	4,160
Féveroles	0,531
Mélasse	0,310
Caroubes	0,032

1. Chevaux de 485 à 500 kilogrammes, de la Prusse Orientale, hongrois, danois, français et belges. En 1894, effectif 5.800 chevaux.

COMPAGNIE GÉNÉRALE DES VOITURES A PARIS

5° Ration moyenne pour 1902 :

	KILOGR.
Foin	Néant
Paille	2,457
Tourteaux (amidonnerie)	0,795
Avoine	0,955
Maïs	3,657
Drèche	0,364
Granules (drèches)	0,258
Pain mélasse	0,299
Orge	0,151
Son	0,089
Divers	0,019

A remarquer, dans cette ration, l'absence de foin, l'emploi exclusif comme aliment de lest, de la paille, le plus souvent de la paille d'avoine, et la diversité d'origine des aliments concentrés dans lesquels l'avoine entre pour une très faible part (moins de 1 kilogramme).

RATIONS DE LA COMPAGNIE DES OMNIBUS DE LONDRES

	KILOGR.
Foin haché	4
Avoine	1,360
Maïs	4,535
Orge	1,810
Féveroles	0,450

Nous pourrions citer d'autres exemples de rations dans lesquelles l'avoine est supprimée ou réduite à une proportion minime ; la liste précédente est suffisante pour montrer que la valeur énergétique de la ration n'est pas liée à la quantité d'avoine, mais à la somme d'éléments ou d'unités nutritives que cette ration met à la disposition du moteur. Non seulement l'emploi judicieux des succédanés permet d'établir des rations économiques, mais il donne satisfaction aux exigences d'un service régulier et dans maintes circonstances il assure, grâce à la variété du régime, une meilleure hygiène de l'appareil digestif.

Les substitutions alimentaires en général et chez le cheval de pur sang en particulier. — Le principe des substitutions d'une denrée à une autre dans la nourriture d'un animal, pourvu que, au total, il y ait équivalence dans la valeur nutritive des substances dont se compose la ration, ce principe est devenu la base la plus solide de l'alimentation économique et rationnelle des animaux domestiques. On s'étonne, pour peu que l'on y réfléchisse, de la résistance qu'il a rencontrée et qu'il rencontre encore de la part d'esprits cultivés. En ce qui concerne le cheval, il est certain que la légende de l'avénine propagée par un savant à qui ses travaux antérieurs donnaient une réelle autorité, a retardé considérablement la mise en pratique des substitutions, car elle est venue donner, en quelque sorte, une confirmation officielle, aux méthodes routinières jusqu'alors adoptées : ce semblant de raison scientifique a plus fait contre le progrès de l'alimentation économique que toutes les routines antérieures. Combien sont nombreux ceux qui proclament encore que le foin, la paille et l'avoine sont les seules denrées capables d'entretenir le noble animal et de lui fournir l'énergie nécessaire à l'accomplissement du travail considérable qu'on réclame de lui, dans les conditions si variées où on l'exploite.

« Si ceux qui soutiennent cette thèse regardaient au-delà de nos frontières ils verraient l'Arabe demander à l'orge la vigueur et la vitesse de sa monture : l'Italien leur vanterait les vertus nutritives de la caroube et de la féverole ; le Mexicain leur montrerait une ration composée presque exclusivement de maïs, etc. » (Grandeau.)

« C'est un préjugé assez répandu en France, dit Crevat, que rien ne puisse remplacer l'avoine pour le cheval de travail ; c'est presque le seul grain qu'on lui donne ; tandis qu'en Espagne, en Afrique et dans tout l'Orient on donne de l'orge, en Amérique du maïs, très souvent des féveroles en Angleterre, dans l'Inde des pois chiches, et au Bengale des vesces.

« En général on peut composer une très bonne ration avec toutes les espèces de fourrages riches sous un faible volume et d'une digestion assez facile, pourvu qu'elle présente dans son ensemble une quantité convenable des trois classes de principes alimentaires, sucres, protéine et graisses : il suffit d'y habituer peu à peu l'animal[1]. »

La pratique des substitutions n'a aucun effet fâcheux sur l'économie ; elle a même parfois une influence bienfaisante ; par quelques exemples il est facile de montrer l'exactitude de ces deux remarques.

Il arrive, à l'état de nature, que des bêtes sauvages, pressées par le besoin, changent d'elles-mêmes complètement leur régime. Les organismes, poussés par la lutte pour l'existence, doivent s'adapter

1. Crevat, *Traité de l'Alimentation rationnelle du bétail.*

aux conditions de milieu qui les entourent ou périr ; aussi voit-on le loup se nourrir d'herbes et d'écorces à défaut de chair et l'élan être poussé à dévorer les cadavres des mammifères et des oiseaux que la froidure a durcis. (Boucher.)

Les animaux domestiques peuvent aussi accepter un régime tout différent de leur régime naturel. Le veau, le mouton peuvent devenir carnassiers : dans les îles de la mer du Nord, en Islande, les herbivores vivent de poisson ; ailleurs ils acceptent la viande cuite (Laquerrière) ou des résidus d'origine animale.

Il y a donc là autant de faits qui déposent en faveur de la thèse des substitutions. Celles-ci, avons-nous dit, peuvent avoir une influence bienfaisante ; cela s'observe en effet chez les individus qui, fatigués par une alimentation trop aqueuse ou trop riche, sont soumis à un régime ou plus concentré ou plus aqueux. Les substitutions permettent d'opérer des mélanges qui rompent la monotonie du régime, assurent une meilleure consommation des denrées en maintenant à un degré suffisant l'appétit de l'animal. Ces mélanges ont une action particulièrement favorable quand il s'agit de femelles en lactation ; l'association d'aliments concentrés et d'aliments aqueux accroît le rendement des mamelles ; ceci a un intérêt pratique immédiat dans le régime des juments poulinières.

Pour donner les heureux résultats qu'on est en droit d'en attendre, la substitution doit être faite sur des bases rationnelles : c'est-à-dire qu'elle doit tenir compte de la composition chimique des aliments, de leur digestibilité, de l'appétence que les animaux manifestent à leur endroit. Elle ne doit laisser aucun déficit nutritif. Lorsque les calculs ont été bien établis, les animaux continuent à recevoir les matières azotées, hydro-carbonées, grasses et minérales dont ils ont besoin. Peu importe que ces principes soient tirés de l'avoine, du maïs, de l'orge, de la féverole, etc., etc... N'est-il pas démontré que les phénomènes de la nutrition ont précisément pour effet d'effacer les inégalités ou les intermittences de l'alimentation intestinale pour y substituer la continuité de l'alimentation interne.

Le principe des substitutions ainsi posé dans sa généralité, il reste à en montrer l'application possible au régime du cheval de pur sang.

Des rations précédemment citées prouvent que l'équivalence nutritive chez un moteur peut être obtenue par des substitutions rationnelles. Aux avantages économiques qu'elles assurent vient s'ajouter le bénéfice de la disparition des accidents consécutifs à un régime intensif à base d'avoine.

Les éleveurs ont certainement reconnu les inconvénients hygiéniques de la suralimentation (inappétence, entérites, etc.); mais ils persistent dans cette voie parce qu'ils sont persuadés que leurs chevaux alimentés autrement, quoique plus rationnellement, seraient impropres aux courses. Il y a pourtant des faits qui montrent que ceci n'est pas la condition *sine qua non* de la réussite. Les nombreux succès sportifs remportés par l'écurie Lieux, où l'avoine ne joue qu'un rôle tout à fait secondaire dans l'alimentation, la dominante étant le maïs, montrent que l'avoine est considérée à tort comme un aliment indispensable pour le pur sang.

M. Lavalard, dont la haute compétence dans les questions qui nous occupent est unanimement reconnue, a été amené à traiter au Congrès de la Société d'alimentation rationnelle du bétail en 1898, la question du régime diététique du pur sang. Répondant à une communication faite par un distingué vétérinaire M. Paul Cagny, de Senlis, M. Lavalard s'est exprimé ainsi :

« Je viens d'écouter avec un certain étonnement la communication que vient de nous faire notre confrère M. Cagny. Je croyais trouver dans cette communication des indications précieuses sur ce que doivent faire ceux d'entre nous qui s'occupent de chevaux au point de vue de l'alimentation. M. Cagny a bien en effet apporté ses procédés et expliqué la manière de faire dans les écuries de courses : malheureusement, j'ai constaté que dans ces écuries, comme dans les fermes, il existait bien des préjugés, quelquefois ils sont même beaucoup plus ancrés et plus difficiles à disparaître.

« Le premier que je veux signaler est celui-ci : M. Cagny vous a dit qu'il n'y avait que l'avoine et le foin qui permettaient de nourrir des chevaux. Eh bien, je m'inscris absolument contre cette manière de voir. On peut très bien donner aux chevaux d'autre nourriture que du foin et de l'avoine.

« J'en parle savamment, et même au point de vue spécial des chevaux de course, car j'ai dirigé pendant vingt ans une écurie de courses : par conséquent, je puis savoir de quoi ils peuvent se nourrir.

« Il y a des chevaux qui sont fatigués par l'avoine ; M. Cagny vous a dit tout à l'heure qu'on leur donnait de 12 à 14 litres par jour. A ce propos j'ai noté la distribution qu'il a indiquée au début, et j'ai constaté que ses chiffres variaient. La distribution journalière peut monter jusqu'à 16 ou 18 litres ; c'est absolument une question de convenance. Vous avez des poulains de pur sang à qui vous donnez 10 litres, et à qui cela suffira, et d'autres qui consommeront 20 litres. M. Cagny a eu raison de dire que la puissance digestive des chevaux de course avait été développée par l'hérédité.

« Mais je vous disais qu'un cheval pouvait être fatigué par l'avoine. J'ai même eu entre les mains une pouliche qui est arrivée seconde au Grand Prix, il y a une dizaine d'années. Cette jument était, comme on dit, séchée par l'avoine, sucée dans le langage des entraîneurs. Eh bien; je l'ai mise à l'alimentation par le maïs, et, bien que continuant à travailler, elle s'est remise très rapidement, les muscles ont repris leur développement et leur consistance.

« On vous a dit tout à l'heure qu'il ne fallait pas changer le grain donné aux chevaux, c'est vrai en principe, mais je crois surtout qu'on n'apporte pas toujours assez de soin dans le choix des aliments.

« Je sais bien qu'il y a des entraîneurs qui emportent même leur eau à Deauville, sous prétexte que les chevaux ne voudraient pas boire celle du pays. Il suffirait d'un jour pour que le cheval l'acceptât. Je comprends que le temps peut manquer; si vous arrivez aujourd'hui pour courir demain, vos chevaux ne seraient pas acclimatés, mais c'est la seule excuse.

« Je tiens à déclarer qu'un cheval peut aussi bien se nourrir d'orge, de maïs et de féveroles, que de foin et d'avoine. Nous avons fait des expériences et obtenu d'excellents résultats non seulement dans mon écurie de courses, mais dans l'armée, aux grandes manœuvres de l'année dernière. Certains chevaux ont même été exclusivement nourris au maïs et ont continué à manœuvrer dans les mêmes conditions que ceux nourris à l'avoine.

« M. Tisserand, notre ancien directeur de l'agriculture, doit aussi se rappeler les expériences que nous avons faites sur des poulains au camp de Châlons. Nous avions là de 100 à 150 jeunes poulains, tous âgés de trois ans à trois ans et demi. On leur a donné des rations dans lesquelles entraient certaines quantités de féveroles, et nous avons obtenu des résultats remarquables ; ces chevaux se sont développés dans des conditions excellentes tout en faisant beaucoup d'exercice tous les jours.

« Donnez de bons aliments, quels qu'ils soient, à vos chevaux; celui qui gagnera sera celui qui aura la plus grande puissance digestive et d'assimilation. »

M. Lavalard condamne donc, d'une façon absolue, la trinité classique, foin, avoine, paille; il montre que le régime du pur sang peut être varié, et que les effets hygiéniques ne sont pas obtenus au détriment de l'aptitude au travail.

L'adage : « L'avoine est une nourriture fondamentale pour le cheval de course » est exagéré; la précocité, l'endurance, l'aptitude à donner en peu de temps une dépense considérable d'énergie, résultats cherchés par tous les éleveurs de pur sang, peuvent être réalisés avec d'autres régimes. Mais aux arguments physiologiques que nous avons exposés, on a toujours opposé que la présence de l'avénine communiquait à l'avoine des propriétés spéciales la rendant irremplaçable dans l'alimentation des moteurs en mode de vitesse.

Nous avons démontré que la théorie de l'avénine est condamnée chimiquement, physiologiquement et pratiquement; elle ne repose sur rien de scientifique; elle doit être abandonnée. Elle a eu pour conséquence de faire considérer pendant longtemps l'avoine comme l'aliment essentiel des moteurs; elle a fait hésiter souvent devant l'emploi de substances alimentaires données comme dépourvues du principe excitant, et par conséquent comme insuffisamment actives. Il ne doit plus en être tenu compte; et nous voudrions que s'effaçât bientôt une opinion dont la persistance est aussi nuisible aux intérêts de la pratique qu'à ceux de la science.

« En résumé, pendant bien des siècles, on a donné aux chevaux l'avoine préférablement aux autres grains, et les héros d'Homère nourrissaient déjà leurs chevaux avec de l'avoine pure et du foin sec. Le préjugé est tellement enraciné qu'il semble qu'il est impossible de nourrir autrement les solipèdes. Nous avons déjà cité devant vous toutes les expériences qui modifient profondément cet état ancien de choses, et par les dernières qui viennent d'être terminées, nous pouvons affirmer qu'on peut sans inconvénient pour la santé des chevaux et avec avantage au point de vue économique, remplacer dans la ration une partie ou la totalité de l'avoine par d'autres grains et les fourrages par d'autres plantes. » (Lavalard.)

Rations Leigh. — Contrairement aux idées régnantes dans la majorité des écuries d'entraînement où l'avoine est donnée à doses massives, Leigh a diminué dans une forte mesure l'emploi de cette denrée qui est considérée comme fondamentale pour le cheval de course.

A la suralimentation à l'avoine, il substitue la suralimentation au foin. Nous allons étudier les conséquences physiologiques de cette substitution.

Pour fixer les idées, nous indiquons comparativement la ration Leigh et une ration type.

Ration Leigh : avoine $5^{kg},500$, foin 5 kilogrammes, luzerne 5 kilogrammes.

Ration type : avoine 8 kilogrammes, foin 5 kilogrammes.

Un examen superficiel pourrait faire croire que les rations employées par Leigh, où la quantité d'avoine est réduite, possèdent un pouvoir nutritif faible.

L'étude chimique et calorimétrique de ces rations prouve le contraire, le potentiel énergétique est beaucoup plus élevé que dans les rations types où figure l'avoine à doses massives.

En plus de l'aptitude au travail élevée les rations de Leigh possèdent un pouvoir hygiénique puissant, le sujet, n'étant pas soumis à la suralimentation à l'avoine, ne présentera pas les troubles digestifs (inappétence, inflammation intestinale) qui se manifestent toujours dans un délai plus ou moins éloigné, avec le régime des aliments condensés.

Les chevaux de Leigh qui ne sont pas soumis à une alimentation échauffante, ont une aptitude digestive élevée qui leur permet d'ingérer de fortes quantités de fourrages.

L'on sait, dans les autres écuries d'entraînement, la difficulté énorme que l'on rencontre chez les suralimentés à l'avoine pour faire consommer le fourrage. Non seulement il en résulte un déficit nutritif pour le sujet, mais les fonctions digestives, l'aliment de lest n'étant pas réalisé, sont déprimées et la digestibilité totale de la ration est diminuée dans une notable mesure.

Il en résulte donc un effet dépressif qui diminue la résistance vitale du sujet.

L'étude de ces rations constitue la preuve expérimentale de la non-existence de l'avénine, et elle montre en outre que l'avoine n'est pas indispensable au cheval de course, que cette denrée ne constitue pas une nécessité, un besoin, puisque le rendement énergétique, ainsi que le prouvent les succès sportifs remportés par cette écurie, n'a pas été diminué avec des rations où le foin était la dominante (fourrage 10 kilogrammes, avoine $5^{kg},500$).

Il convient de remarquer que cet entraîneur ne doit attacher aucune importance à l'avénine, car il emploie indifféremment l'avoine blanche qui, d'après Sanson, serait très pauvre en ce principe.

L'avoine peut donc être remplacée partiellement, même pour le cheval de course, par d'autres denrées ; à moins de parti pris, la simple logique l'indique. Pourquoi les matières azotées, ternaires grasses, empruntées à l'avoine, auraient-elles une valeur énergétique supérieure?

La chimie nous apprend que la matière protéique, grasse, etc., est une : que ces principes immédiats soient empruntés à l'avoine, au maïs, aux fèves, au foin, etc., leur équivalent mécanique, à digestibilité égale, est toujours le même.

Il convient de rendre justice à cet entraîneur qui s'est affranchi des données empiriques, et a adopté une hygiène et une alimentation rationnelles.

Ses méthodes ont été vivement critiquées, mais les avantages indéniables qu'il en retire montrent la supériorité de son entraînement ; loin d'abaisser la vitalité par une hygiène défectueuse (alimentation vicieuse, défaut d'aération, etc.), il l'élève, par des pratiques inverses, à son plus haut degré.

Nous critiquons la suralimentation à l'avoine, non pas que nous voulions dire qu'il faille supprimer cette denrée au cheval de course, mais pour montrer qu'on peut substituer aux doses massives employées (7 à 8 kilogrammes), des quantités moindres (4 à 5 kilogrammes) et combler le déficit alimentaire par d'autres denrées.

La ration ainsi modifiée aura, si la substitution est faite rationnellement, la même valeur nutritive et le même débit kilogrammétrique; elle possédera en outre, et c'est là le point important, des propriétés hygiéniques puissantes, car les accidents multiples de la suralimentation à l'avoine (inappétence, entérite), ne seront plus à redouter.

« Savoir nourrir est plus difficile que de savoir entraîner. » Les grands vainqueurs sont souvent de grands mangeurs; tous les efforts doivent tendre, pendant la période de l'entraînement, à augmenter la puissance digestive et à porter le facteur appétence à son maximum.

La multiplicité des repas, la variété de la ration, l'emploi des condiments sucrés, le tout combiné à une bonne hygiène, sont des facteurs qui permettent d'obtenir ce résultat. Puissent les entraîneurs comprendre l'importance hygiénique de ces substitutions alimentaires et abandonner la routine qui jusqu'à ce jour a été leur seul guide.

Hélas! nous craignons que nos efforts soient stériles et qu'on ne taxe d'utopie nos idées qui sont conformes à l'hygiène et à l'énergétique.

Digestibilité des aliments. — La digestibilité est un facteur très important ; l'animal n'utilise pas la totalité des substances qu'il ingère ; aussi détermine-t-on pour chaque aliment, et aussi pour chacun des groupes de principes immédiats le rapport de la partie digestible à la quantité totale ingérée ; ce rapport est le coefficient de la digestibilité.

Voici comment on le calcule ;

Soit P le poids de l'aliment ingéré ; p, le résidu excrémentitiel.

$$P - p = \text{Quantité retenue dans l'organisme.}$$

$$\frac{P - p}{P} = \text{Coefficient cherché.}$$

On a obtenu par cette méthode des coefficients moyens pour chaque groupe d'aliments :

Foin de pré	62 0/0
Regain	70 —
Paille de blé	39 —

et des coefficients moyens pour chaque principe, suivant l'espèce animale qui le consomme.

Ces chiffres varient encore suivant que le principe est fourni par tel ou tel aliment.

Besoin minimum d'azote. — L'organisme, dans ses transformations continuelles, dédouble les matières azotées ; avec leurs éléments il en fabrique de nouvelles qui se dédoublent et se détruisent à leur tour ; l'azote qui ne sert plus à la nutrition des organes s'élimine, comme déchet, par le rein et ses annexes.

La permanence de cette excrétion azotée implique la nécessité d'introduire par la ration un minimum d'azote.

On estime que le minimum d'albumine indispensable est de 1 gramme par kilogramme de poids vif et par jour. Est-il besoin de faire remarquer que ces chiffres sont des moyennes que des variations individuelles peuvent modifier sensiblement, et que la multiplicité des conditions d'existence imposées à nos animaux entraîne la variabilité de leurs besoins azotés.

Le travail en mode de vitesse, en particulier, accélère notablement la destruction de l'albumine, en raison de l'usure qui se produit dans le tissu musculaire.

Capacité digestive. — La ration doit se maintenir, comme volume et comme poids, dans des limites imposées par la capacité digestive de l'animal auquel elle est destinée.

Les chevaux, dont l'appareil digestif offre une large surface, ne peuvent pas être nourris exclusivement avec des aliments très concentrés, nutritifs sous un faible volume. Avec une ration de cette nature, des troubles nutritifs ne tarderaient pas à se manifester. Si on veut introduire des aliments riches et peu encombrants, il est indispensable de les mélanger avec des aliments grossiers, qu'on appellera aliments de lest, et grâce auxquels l'estomac et l'intestin seront sollicités à fonctionner sur toute leur surface.

Le volume de la ration d'un cheval s'apprécie, d'une manière générale, par la teneur totale en matière sèche des fourrages, des grains et des pailles : pour un cheval de 500 kilogrammes, la ration contiendra en moyenne 12 à 14 kilogrammes de matière sèche. Au dessus de 14 kilogrammes on a pour ce poids de 500 kilogrammes pris comme exemple, des rations trop volumineuses qui ne conviennent pas aux chevaux soumis à un travail intensif et régulier.

Si donc, dans la ration, on remplace un aliment faiblement concentré (avoine) par un autre très nutritif sous un volume réduit, (fèves, tourteaux), on devra augmenter la quantité d'aliments grossiers (paille) afin que la ration conserve le volume nécessaire : mais on aura soin de ne pas dépasser la limite normale, au voisinage de laquelle on arrivera d'ailleurs à se maintenir, si l'on tient compte des données précédemment acquises sur la relation nutritive et le rapport adipo-protéique.

Afin de donner à ces considérations un peu de précision, on peut calculer le poids de la ration (fourrage sec et grains) en fonction du périmètre thoracique C, mesuré en arrière des épaules, au niveau du passage des sangles, derrière les coudes. Cet élément corporel que nous allons utiliser bientôt pour le calcul du travail, enregistre assez bien dans ses variations, celles du poids de l'animal, ainsi que celles de la surface cutanée ; on le choisit dans le calcul de la ration, préférablement au volume du ventre, parce que celui-ci est précisément influencé, dans une proportion notable, par les écarts de régime que l'on veut éviter.

Crevat calcule le poids de la ration en foin d'un cheval par la formule :

$$R = 5\,C^2.$$

Un cheval de 500 kilogrammes, dont le périmètre thoracique est de $1^m,84$ en moyenne, nourri exclusivement au foin devrait consommer :

$$1,84 \times 1,84 \times 5 = 16^{kg},900.$$

Cette ration exclusive en foin serait beaucoup trop volumineuse. L'addition des aliments concentrés réduisant le poids total, sans le faire tomber au-dessous de la limite physiologique, nous conduit à abaisser le coefficient jusqu'à 4 ; ce qui donne :

$$P = 4\,C^2$$

comme expression du poids moyen de la matière sèche d'une ration composée de fourrages grossiers et d'aliments concentrés et satisfaisant en outre aux conditions requises précédemment pour les rapports nutritifs.

On estime empiriquement à 1 0/0 du poids vif la ration de foin nécessaire à un cheval ce qui correspond à 4,50 pour le cheval de course.

Le calcul du travail et de la ration des racers que nous allons traiter, a une importance capitale ; il n'en est pas qui doive tenir une place plus grande dans la préoccupation de ceux qui ont la charge de préparer les poulains aux fatigues du turf. Il s'agit de réaliser un type d'alimentation qui puisse augmenter l'aptitude des chevaux à fournir la quantité de travail, la somme d'efforts, la force de résistance qu'on aura à leur demander le jour des épreuves. Les grands vainqueurs seront toujours ceux qui se présenteront avec des muscles et des nerfs bien préparés à l'effort par l'excellence de l'alimentation antécédente, avec des réserves de potentiel énergétique empruntées aux éléments de cette alimentation. Il faudra donc chercher à constituer pour les chevaux au haras et à l'entraînement des rations capables d'assurer aux systèmes nerveux et locomoteur le maximum d'aptitude à faire du bon travail, au moyen du potentiel qu'ils consomment dans ce but.

L'étude pratique de cette question n'a guère été entreprise méthodiquement sur le cheval que par des agronomes. Pour le cheval d'hippodrome on ne nous a rien appris de précis ou à peu près rien. Il ne faut pas espérer trouver encore, dans l'étude des aliments, la solution de la dynamique animale, un des plus difficiles problèmes de physiologie, rien n'étant plus incertain que la mesure du travail réel effectué par le cheval de course. De sorte qu'il nous faudra en attendant les découvertes de chimie et de physique biologiques qui établiront les lois exactes du travail autemoteur et de la surexcitation fonctionnelle nous contenter d'approximations assez vagues.

CHAPITRE IV

CALCUL DU TRAVAIL

Le but pratique du calcul est d'établir l'équation entre l'alimentation du moteur, où se trouve la source de l'énergie qu'il doit transformer en travail et la quantité de celui-ci qu'il doit déployer pour pouvoir « courir » utilement.

Si cette équation n'existe point, il peut arriver de deux choses l'une : ou bien l'alimentation dépasse la mesure du nécessaire, et alors, l'excédent est consommé en pure perte et produit des effets pernicieux ou elle reste en dessous, et en ce cas le moteur, dégageant de l'énergie aux dépens de sa propre substance, altère sa constitution et périclite, perd sa forme ou mieux, ne l'acquiert jamais.

L'équation exacte entre le travail disponible et le travail utilisé est la première condition de conservation des chevaux de course, et celle qui assure leur plus longue durée.

On trouverait facilement, dans l'histoire du turf, de nombreuses preuves à l'appui de la proposition. Que de sujets de valeur sont restés dans l'ombre par suite de l'ignorance dans laquelle se trouvaient ceux qui avaient pour mission de les préparer aux épreuves de l'hippodrome.

Voici comment on peut poser l'équation entre l'alimentation et le travail :

Alimentation = Travail		Équilibre nutritif, Durée maxima du moteur.
Alimentation > Travail	suralimentation	Adipogénie, Pléthore, Troubles organiques.
Alimentation < Travail	alimentation insuffisante	Misère physiologique, Ruine du moteur.

Le problème à résoudre est celui-ci :

Combien une quantité donnée d'un aliment donné peut-elle fournir d'unités de force?

L'unité de mesure du travail est le *kilogrammètre* (kgm.), qui correspond à la quantité de travail nécessaire pour élever un poids de un kilogramme à une hauteur de un mètre.

Les savants, guidés par des considérations d'origines différentes, ont cherché la solution du problème posé, les uns dans la valeur kilogrammétrique des substances azotées, les autres dans la valeur calorimétrique totale de tous les éléments disponibles de la ration.

Équivalent mécanique de la protéine. — De Gasparin apprécie par sa teneur en *azote* la valeur dynamophore d'un aliment; il calcule que pour un travail de 1000 kilogrammètres il faut donner 84 milligrammes d'azote protéique fourni par (0,084 × 6,25) = 0,525 de protéine.

Hervé-Mangon estime qu'il faut donner :

0gr,544	pour 1000 kilogrammètres d'effet utile	au pas.
1gr,200	— — —	au trot.

Bailliet admet les moyennes suivantes :

0gr,535	pour 1000 kilogrammètres	au pas.
1gr,372	— —	aux allures vives.

Sanson calcule que 1 kilogramme de protéine alimentaire a comme équivalent mécanique 1.600.000 kilogrammètres.

Crevat trouve pour cet équivalent 2.103.750 kilogrammètres. Sachant que la protéine efficace, qui est la seule dont Crevat ait tenu compte, représente les 0,65 environ de la protéine brute, l'équivalent de Crevat modifié (2.103.750 × 0,65) tombe un peu au-dessous du chiffre de Sanson : 1.367.437 kilogrammètres.

Les nombres trouvés oscillent au voisinage de 1.500.000 kilogrammètres et ce chiffre a été pris comme *équivalent mécanique de un kilogramme de protéine* (Baron). Bailliet a calculé que cette quantité était contenue dans 8kg,334 de bonne avoine.

En se basant sur ces déterminations, on apprend qu'un cheval qui reçoit en ration de production environ 8kg,500 d'avoine peut fournir un débit utile de 1.500.000 kilogrammètres.

Les données actuelles de l'*énergétique musculaire* conduisent à déterminer la valeur énergétique d'une ration, non plus d'après sa teneur en protéine, mais d'après la valeur calorimétrique de ses principes immédiats[1].

Valeur calorimétrique des aliments. — Comment calcule-t-on la *valeur calorimétrique des aliments?*

L'énergie est représentée par la *chaleur de combustion* des principes immédiats (chaleur de combustion égale la quantité de chaleur produite par la combustion de un gramme).

On estime que les albumines et les hydrates de carbone ont à peu près la même chaleur de combustion ($4^{cal},10$) ; les graisses ont une chaleur 2,4 fois plus grande.

Pour mesurer l'énergie que contient une ration on multiplie les quantités des principes immédiats qui la forment par les chaleurs de combustion correspondantes et on fait le total des produits obtenus. Pour simplifier, on s'appuie sur les constatations précédentes relatives à l'égalité des albuminoïdes et des hydrocarbonés ; on exprime les graisses en albuminoïdes en les multipliant par 2,4 ; on additionne ce produit avec la quantité d'albumines et celle de sucres, et on multiplie le tout par $4^{cal},1$. On dira par exemple avec Crevat que l'entretien d'un cheval de 500 kilos réclame 5 kilo-

1. Deux théories sont en présence pour le calcul de l'équivalence nutritive des principes immédiats : théorie des *poids isodynamiques*, théorie des *poids isoglycosiques*.

Dans cette dernière il est admis que le pouvoir nutritif des principes immédiats est proportionnel à leur rendement en glycose. La puissance de ces principes aurait pour mesure, non la quantité de chaleur que donne leur combustion, mais la quantité de glycose qu'ils livrent aux opérations extractives du foie (Chauveau). Partant de là, on a calculé les poids isoglycosiques ou équivalents isoglycosiques dont voici le tableau :

Graisse	100
Amidon	156
Sucre de canne	153
Albumine	201
Glycose	161

Ces divers principes produiront les mêmes effets nutritifs quand on les substituera dans la proportion indiquée par les poids isoglycosiques.

La théorie des poids isodynamiques établit l'équivalence d'après la quantité de principes immédiats qui produirait par combustion la même quantité de chaleur. On a donné le tableau des poids isodynamiques ou équivalents thermiques :

Graisse	100
Amidon	229
Sucre de canne	235
Albumine	235
Glycose	255

Le principe de l'équivalence thermique étant admis, on peut, lors de l'établissement d'une ration, remplacer les aliments les uns par les autres, proportionnellement aux coefficients ci-dessus. Sous une forme quelconque, l'organisme aura reçu la quantité de calories nécessaire ; aussi bien que tout à l'heure, sous une forme quelconque, il aurait reçu la quantité convenable de glycose.

grammes de principes nutritifs (graisse $\times$ 2,4 + H. de C. + alb.) contenant : 5.000 $\times$ 4.1 = 20.500 calories.

Partant de la composition moyenne de l'avoine :

Protéine...	83
Graisse	40
Hydrates de carbone	473

on dira que 1 kilogramme de ce grain renfermant :

$$83 + 473 + (40 \times 2,4) = 652 \text{ éléments}$$

correspond à :

$$652 \times 4,1 = 2.673 \text{ calories.}$$

Les bases actuelles de l'énergétique musculaire (voir les travaux de Chauveau et de Laulanié) demandent lors du calcul de la valeur énergétique d'une ration, l'intervention de tous les principes qui y sont contenus, dans la mesure où ils sont aptes à fournir des hydrates de carbone.

La ration d'un moteur étant donnée, nous devons aboutir à la détermination de la quantité d'énergie dont cet animal dispose, en tenant compte, d'une part, des dépenses nécessitées par l'entretien de la vie (*ration d'entretien*), d'autre part, des dépenses commandées par le travail imposé (*ration de production*).

Nous prendrons comme point de départ le cas classique du cheval de 500 kilogrammes.

Rationnement d'un cheval de 500 kilogrammes. — Crevat calcule que l'entretien d'un animal de 500 kilogrammes exige :

	KILOGR.
Sucres	4,500
Protéine	0,285
Graisses	0,090

Ce qui correspond à un total de :

$$4.500 + 285 + (90 \times 2.4) = 5.000 \text{ éléments nutritifs.}$$

Ce cheval, mis au travail, reçoit la ration totale suivante :

	KILOGR.
Foin	5
Avoine	6
Fèves	1

dont la composition s'établit comme suit :

		Protéine.	Matières solubles dans l'éther.	Extractifs non azotés.
Foin	5 kilos	600	140	2.060
Avoine	6 —	630	288	3.480
Fèves	1 —	250	16	480
		1.480	444	6.029

$$\text{Relation nutritive} = \frac{1.480}{6.029 + (444 \times 2,4)} = \frac{1}{5,5}.$$

$$\text{Rapport adipo-protéique} \ \frac{444}{1.480} = \frac{1}{2,8}.$$

La ration fournit :

$$1.480 + 6.029 + (444 \times 2,4) = 8.374 \text{ grammes de principes nutritifs.}$$

En déduisant la dépense d'entretien, telle qu'elle a été calculée par Crevat, il reste pour la production :

$$8.374 - 5.000 = 3.374$$

correspondant à :

$$3.374 \times 4,1 = 13.833 \text{ calories.}$$

Sommes-nous autorisés à considérer ces calories comme entièrement disponibles pour le travail utile ? Nullement et voici pourquoi :

Les moteurs animés sont obligés pour actualiser leur énergie disponible à une dépense supplémentaire puisqu'ils consomment pour se transporter eux-mêmes une certaine quantité d'énergie. Ce *travail de transport* ou *travail automoteur* (Baron) est très onéreux ; il dépend du poids naturel de l'animal ainsi que de la vitesse et de la forme de l'allure.

L'influence de la vitesse est certainement très marquée et reconnue depuis longtemps (Hervé-Mangon, Moreau-Chaslon, Bailliet, Sanson) ; elle a pour conséquence de rendre les gros chevaux inutilisables aux allures vives ; l'énergie qu'ils ont accumulée suffit tout juste à les transporter eux-mêmes ; la ration de production se réduit à la ration de transport ; si on exige de la vitesse, ces chevaux se fatiguent vite et se ruinent prématurément.

Il n'en serait pas de même si l'accumulation de l'énergie par les moteurs pouvait être indéfinie ; mais elle est, au contraire, strictement limitée par leur puissance digestive et assimilatrice.

Le *fonctionnement des organes* est aussi une source non négligeable de dépense kilogrammétrique, également suractivée lorsque la vitesse augmente. Le travail normal des organes internes chez l'animal au repos fait partie des dépenses d'entretien; mais le travail supplémentaire imposé par le fonctionnement intensif lors de l'utilisation de l'animal est autant de pris sur la ration de production; c'est la dépense de *surexcitation fonctionnelle* (Baron).

Crevat essaie de donner la mesure de ces dépenses supplémentaires par ce qu'il appelle la *ration d'entretien productif.*

Pour cet auteur, un cheval de 500 kilogrammes pour fournir un travail journalier complet (égal à 2.160.000 kilogrammètres) est obligé à une dépense supplémentaire de :

	KILOGR.
Sucres	2,620
Protéine	2,285
Graisses	0,293

Soit à un total de 3.618 éléments nutritifs.

Or, nous savons que l'entretien pur et simple nécessite environ 5.000 éléments.

Il est évident que cette ration supplémentaire varie avec la quantité de travail produite; le rapport que nous cherchons à établir entre la dépense onéreuse et la dépense totale, doit être trouvé en fonction de la ration totale de production, et non en fonction de la ration d'entretien qui ne change pas.

Rendement des moteurs animés comparé à celui des machines brutes. — Les machines ne rendent, en *travail utile*, qu'une partie de l'énergie qui leur est fournie. Le rapport de l'énergie fournie à l'énergie utilisée constitue le rendement de la machine.

La question du rendement des machines vivantes comparé au rendement des machines brutes, se présente avec des divergences considérables qui tiennent aux diverses méthodes de calcul employées.

Pour quelques auteurs (Sanson, Wolff) le rendement de la machine animale dépasserait de beaucoup celui des moteurs industriels. Chez le cheval il serait supérieur à 20 0/0 atteindrait même 50 0/0 (Wolff).

D'après Zuntz et Lehmann, le rendement du cheval serait de 22 à 26 0/0.

Ces chiffres nous paraissent beaucoup trop élevés. Le calcul qui nous a permis de déterminer le *quantum* de principes nutritifs nécessaires à un cheval en plein travail, montre que sur 10.000 principes fournis à un cheval de 500 kilogrammes 1.250 seulement sont utilisés ; soit un rendement de 12.50 0/0.

M. Lezé estime que le rendement du cheval est égal à $\frac{1}{12}$ ou $\frac{1}{13}$ de la quantité totale de calories qu'il emmagasine dans ses aliments ; soit un rendement de 85 0/0 environ.

« Théoriquement, ajoute M. Lezé, l'animal est donc une mauvaise machine à transformations énergétiques.

« Cette conclusion est admise dans la pratique depuis longtemps ; on sait que le moteur animé coûte plus cher que le moteur thermique ; c'est ce dernier que l'on adopte et que l'on préfère aussitôt que les circonstances le permettent, c'est-à-dire quand le travail à obtenir dépasse plusieurs chevaux. Le moteur thermique présente encore une supériorité incontestable énorme sur le cheval considéré comme moteur : c'est de ne consommer que quand il est utile et par conséquent de ne consommer que proportionnellement au travail produit. »

D'accord avec M. Lezé, nous pensons que, dans le cas des moteurs animés, la ration d'entretien d'une part, le travail de transport et le travail de surexcitation fonctionnelle, d'autre part, sont une cause de dépenses extrêmement onéreuses, qui abaissent dans une forte proportion le rendement de la machine. La comparaison du prix de revient du travail fourni par des machines brutes ou des moteurs vivants, tout à l'avantage des premières, devrait aboutir à un résultat inverse, si les rendements des machines vivantes étaient aussi élevés que l'indiquent les auteurs allemands. Le rendement des chevaux étant extrêmement variable avec l'*individualité* et les circonstances du travail (durée, allure, mode de conduite, état des routes et des véhicules, etc.) ; le chiffre de 12,50 0/0 correspond à des chevaux bien alimentés travaillant sur une bonne route horizontale.

CHAPITRE V

RAPPORT TECHNIQUE SUR L'ALIMENTATION

D'UNE

ÉCURIE D'ENTRAINEMENT DE CHANTILLY

Commémoratifs. — *a* TYPES DES RATIONS EMPLOYÉES. — D'après les documents fournis, la ration type fondamentale, avec quelques variantes, est représentée par :

Avoine	11 livres.
Fèves	6 —
Fourrage	3 kilogrammes.

Provenance des denrées :

Avoine	Villers-Cotterets.
Fèves	Égypte.

La distribution de la ration a lieu en quatre repas de la façon suivante :

	MATIN	MIDI	4 HEURES 1/2	SOIR
Avoine	1 litre	4 litres	2 litres	4 litres
Fèves	1 —	2 —	1 —	2 —

OBSERVATION. — Les féveroles sont macérées dans l'eau froide pendant plusieurs heures.

En hiver, au repas du soir, les chevaux reçoivent *tous les jours* des mashes, quelques sujets, lorsqu'il y a indication hygiénique reçoivent comme boisson de l'eau de graine de lin.

Produit mélassé. — 750 grammes du produit mélassé répondant à la composition ci-dessous sont donnés journellement.

Mat. alb	12 à 14 0/0
— gr	1 0/0
Sucre	28

Cette ration introduit dans l'organisme 375 grammes de mélasse soit environ, en admettant une teneur en saccharine à 44°, 154 grammes de sucre.

En résumé, la ration totale est donc représentée par :

	KILOGR.
Avoine	5,500
Fèves	3
Sucre	0,154
Foin	3

L'année précédente, les chevaux avaient été soumis quelques mois au régime arsenical.

Dose employée :

	GRAMMES
Arsenic	1 à 1,50
Liqueur de Fowler	10

b) Travail effectué. — *a*) Les chevaux sont soumis à l'entraînement à l'âge de dix-huit mois à 2 ans ;

b) Le travail effectué comprend une promenade au pas (durée une heure et demie à deux heures) ; les chevaux de trois ans et plus font une fois par jour un canter de 1.600 à 1.800, quelquefois, mais rarement, 2.000 mètres ; les chevaux de deux ans sont soumis au même travail, mais la distance du canter est réduite à 800 mètres.

Les chevaux soumis à l'entraînement reçoivent quinze jours ou trois semaines avant le travail, une dose d'aloès.

c) Effets observés sous le régime. — Sous l'influence de ce régime, d'après les renseignements fournis, les effets diététiques ont été néfastes tant sous le rapport de l'aptitude au travail que sous celui de l'état général ; les chevaux ne « formaient pas de muscles » et fournissaient un travail irrégulier.

De plus on a observé une inappétence partielle ou totale sur 10 à 15 sujets soit sur plus de 25 0/0 de l'effectif.

Les crottins à la suite d'un exercice violent, d'un travail sérieux, perdaient leurs caractères normaux et étaient « coiffés ».

Tels sont, résumés succinctement, les renseignements qui nous ont été fournis.

Le problème à résoudre est donc le suivant :

a Rechercher scientifiquement la cause des mauvais effets diététiques observés (diminution de l'aptitude au travail, manque d'état).

b Rechercher la cause et prévenir l'inappétence qui s'est déclarée sur plus de 25 0/0 des sujets.

Le travail fourni étant normal, toute cause d'entraînement irrationnel et de surmenage devant être écartée, les recherches vont porter exclusivement dans le domaine de l'alimentation.

Pour arriver à une conclusion sérieuse nous allons vérifier si la ration type employée répond aux nécessités physiologiques (besoin minimum d'azote, rapport adipo-protéïque, besoin minéral) et si l'équation exacte entre le travail et l'alimentation est réalisée.

CALCUL DE LA TENEUR EN PRINCIPES IMMÉDIATS

(Les chiffres ci-dessous indiquent les éléments digestibles.)

DENRÉES	QUANTITÉS	ALBUMINE	H. C.	GRAISSE	A. ÉLÉMENTS digestibles	SUCRE
Avoine	5,5	440	2,458	236,5	374	»
Fèves	3	660	1,500	42	72	»
Luzerne	3	282	0,849	30	99	»
P^t^ mélassé	0,750	75	»	6	»	154
		1.457	4,807	314,5	545	154

Interprétation. — *a Relation nutritive.* — Le rapport nutritif de cette ration est de $\frac{1}{3,9}$ · $\frac{1}{5}$ est considéré comme le rapport type autour duquel doivent osciller les relations réelles ; pour les moteurs, eu égard au rôle joué par les hydrates de carbone dans la production de la force, on peut s'écarter de cette donnée et constituer des rations où la proportion des matériaux azotés fait descendre la relation nutritive au-dessous de $\frac{1}{5}$.

Dans la pratique, les rapports $\frac{1}{6}$, $\frac{1}{7}$ sont ceux au voisinage desquels se maintiendront les éléments de la ration.

Le rapport $\frac{1}{3,9}$ est donc vicieux il indique un excédent de matières azotées et un déficit de matières ternaires qui sont le véhicule de l'énergie.

Examinons maintenant le rapport adipo-protéique de la ration type.

Le rapport adipo-protéique exprime la relation qui doit exister entre la matière grasse et la matière albuminoïde. Les graisses exercent une grande influence sur la digestibilité des autres principes, et en particulier sur celle des albuminoïdes. Ce rapport doit varier entre $\frac{1}{2}$ et $\frac{1}{3,5}$ soit en moyenne $\frac{1}{2,75}$.

Le rapport adipo-protéique de la ration est de $\frac{1}{4,6}$.

Comme pour la relation nutritive ce rapport est vicieux et indique un excédent de matières protéiques et un manque de matière grasse.

Les mauvais effets diététiques observés avec cette ration s'expliquent facilement, car les deux nécessités physiologiques indispensables, relation nutritive, rapport adipo-protéique ne sont pas réalisées.

Nous allons calculer dans le chapitre suivant la teneur en matières minérales de la ration.

CALCUL DE LA TENEUR EN MATIÈRES MINÉRALES

DENRÉES	QUANTITÉS	ACIDE PHOSPHORIQUE	POTASSE	CHAUX
Avoine	5,5	30,25	23,10	5,5
Fèves	3	34,80	36,00	4,5
Luzerne	3	15,3	45,60	86,4
Mélasse	0,750	»	8,00	»
		80,35	112,70	96,4

D'après Boussingault, les doses normales de matières minérales sont les suivantes :

	GRAMMES
Acide phosphorique	36
Matières minérales	98

D'après ces données, la ration présente une surcharge minérale considérable (80 grammes d'acide phosphorique au lieu de 36; 208 grammes de potasse et de chaux au lieu de 98 grammes).

Cet excès de matière minérale est dû à l'emploi de la fève (acide phosphorique) et de la luzerne (chaux) à dose massive.

Il est regrettable qu'une analyse d'urine n'ait pas été faite, car elle eût indiqué la présence de phosphaturie consécutive à cette suralimentation phosphatée.

Calcul de la valeur calorimétrique de la ration et débit kilogrammétrique. — Avec ces deux éléments nous pourrons vérifier si l'équation exacte entre l'alimentation et le travail existe :

Les calculs appliqués à cette ration prouvent qu'elle renferme 7.717 éléments nutritifs qui représentent 31.639 calories.

En déduisant la dépense d'entretien, telle qu'elle a été calculée par Crevat (5.000 éléments), il reste pour la production :

$$7.717 - 5.000 = 2.717 \text{ éléments}$$

correspondant à 11.139 calories.

Les recherches de Müntz, de Grandeau et de Leclerc sur les cavaleries des Omnibus et de la Compagnie générale des Voitures permettent de dire que les dépenses de surexcitation fonctionnelle et de travail de transport absorbent les $\frac{3}{4}$ de la ration totale de production.

Soit :

$$2.717 \times 0,75 = 2.037 \text{ éléments.}$$

Il reste pour le travail utile 2.037 éléments.

Ces éléments apportent $2.037 \times 4,1 = 8.351$ calories. L'équivalent dynamique de la chaleur étant de 425 kilogrammètres pour 1 calorie, la ration disponible correspond à un travail de :

$$8.351 \times 425 = 3.549.175 \text{ kilogrammètres.}$$

Calcul du débit kilogrammétrique. — Calculons, d'après les données fournies par le travail à l'entraînement, le débit kilogrammétrique.

a) Travail au pas (durée, deux heures), poids léger (40 kilogrammes) :

$$40 \times 0,05 \times 1 \times 14.400 = 28.800 \text{ kilogrammètres.}$$

b) Canter et galop soutenu :

40 × 0,10 × 2,20 × 900 = 7.920 kilogrammètres.

c) Travail au trot (800 à 1200 mètres) :

40 × 0,10 × 4 × 300 = 4.800 kilogrammètres.

	KILOGRAMMÈTRES
Travail journalier total	415.200
— disponible de la ration	3.549.175

Ces chiffres n'ont rien d'absolu, car ils peuvent varier dans une large mesure avec le travail fourni à l'entraînement, mais en tenant compte des dépenses énormes dues à la surexcitation fonctionnelle consécutive à l'augmentation progressive de la vitesse et en multipliant par le coefficient 10 les chiffres obtenus, le travail journalier pouvant être évalué à environ 415.200 kilogrammètres, on voit encore l'excédent considérable du travail disponible contenu dans la ration.

L'équation exacte entre l'alimentation et le travail n'est donc pas réalisée et nous verrons, dans la suite, le rôle important qu'elle joue dans la pathogénie de l'inflammation intestinale.

Interprétation. — De l'étude chimique et physiologique de la ration donnée, il résulte très nettement que les mauvais effets diététiques observés reconnaissent pour causes :

a) Une alimentation irrationnelle aboutissant à un rapport nutritif et adipo-protéique vicieux ;

b) A l'emploi exclusif d'aliments condensés ;

c) A une suralimentation intensive.

Ces trois facteurs peuvent être considérés comme la cause déterminante de l'inflammation intestinale (gastro-entérite) se traduisant par de l'inappétence.

L'étiologie de l'inappétence chez le pur sang à l'entraînement peut tenir à plusieurs causes :

1° A la suralimentation ;

2° A un état pathologique ;

3° Au mauvais état des tables dentaires (faire un examen sérieux de la dentition et procéder au nivellement, s'il y a lieu) ;

4° A la sensibilité des barres indiquant une inflammation buccale provoquée par des manœuvres brutales et maladroites des jeunes lads ;

5° A l'isolement.

Dans cette étude, il ne sera traité que de l'inappétence consécutive à la suralimentation.

La suralimentation obtenue avec l'emploi exclusif et à dose massive d'aliments échauffants (avoine, fèves), est la cause déterminante de l'inflammation intestinale observée sur plus de 25 0/0 des sujets qui se traduit par le syndrôme : inappétence, faiblesse, perte de condition.

L'aptitude digestive n'est pas illimitée et lorsqu'on la dépasse par l'emploi de rations intensives, on observe fatalement des troubles fonctionnels: ces symptômes : inappétence, dépression organique, faiblesse, etc., se manifestent dans un délai variable avec la durée du régime et la résistance individuelle, mais, pour être retardés, ils n'en sont pas moins inévitables.

L'équation exacte, d'où dépend la conservation du moteur, entre les recettes (matériaux nutritifs) et les dépenses (travail effectué) n'existe pas pendant la période d'entraînement; l'organisme reçoit beaucoup plus qu'il dépense et ce manque d'harmonie, en déterminant l'état pléthorique, joue un rôle énorme dans le processus inflammatoire intestinal.

La règle suivante, érigée en axiome, et qui sert de base à l'alimentation du pur sang mérite d'être discutée.

« Est-il exact de dire : plus on donne d'avoine ou d'aliments condensés, plus l'aptitude au travail est élevée. »

Oui, il y a une relation étroite, jusqu'à une certaine dose, mais lorsque dans la suralimentation on dépasse l'aptitude digestive, l'excès protéique est non seulement consommé en pure perte, mais il peut déterminer des troubles pathologiques se traduisant par les signes d'une inflammation intestinale ou par de la phosphaturie.

La preuve expérimentale en est fournie par l'emploi des rations étudiées qui, malgré un pouvoir nutritif puissant, n'ont donné que des résultats déplorables et notre conviction est, bien que cela paraisse paradoxal, que la diminution de l'aptitude au travail, que l'état de maigreur observés tiennent à une suralimentation irrationnelle.

Ce qu'il faut déterminer, et là est le point délicat, c'est la dose maxima compatible avec l'aptitude digestive.

Le nouveau problème à résoudre est donc le suivant : trouver une ration qui ait un pouvoir nutritif élevé et possède en même temps des propriétés hygiéniques.

RATIONS PROPOSÉES

I. — RATION TRÈS INTENSIVE

(A utiliser dans la dernière période de l'entraînement

DENRÉES	QUANTITÉS	MAT. ALB.	H. C.	GRAISSE	A. ÉLÉMENTS digestibles	SUCRE
Avoine	5	400	2.235	215	340	»
Maïs	2	160	1.262	80	180	»
Fèves	1	220	500	14	24	»
P^t mélassé	1,500	150	»	12	»	330
Luzerne	3	282	849	30	99	»
		1.212	4.846	351	643	330

a) Rapport nutritif .... $\frac{1}{5}$ } rapports rationnels ;
b) — adipo-protéique .... $\frac{1}{3}$ }
c) Valeur calorimétrique .... 9.138 ;
d) — nutritive .... 2.229 éléments ;
e) Travail disponible .... 3.885.339 kilogrammètres.

Observation. — Cette ration possède un pouvoir énergétique *plus élevé* que la ration type et n'en présente pas les inconvénients (pouvoir échauffant).

II. — RATION MOYENNE

DENRÉES	QUANTITÉS	MAT. ALB.	H. C.	GRAISSE	A. ÉLÉMENTS digestibles	SUCRE
Avoine	3	240	1.341	129	204	»
Maïs	2	160	1.262	80	180	»
Fèves	0.500	110	250	7	12	»
P^t mélassé	1	100	»	8	»	220
Luzerne	3	282	849	30	99	»
		892	3.702	254	495	220

a) Rapport nutritif .... $\frac{1}{5,2}$;
b) — adipo-protéique .... $\frac{1}{3,5}$;
c) Valeur nutritive .... 696 éléments ;
d) — calorimétrique .... 2.853 calories ;
e) Travail disponible .... 1.212.525 kilogrammètres.

III

DENRÉES	QUANTITÉS	MAT. AZ.	H. C.	GRAISSE	A. ÉLÉMENTS digestibles	SUCRE
Avoine	4	320	1.788	172	272	»
Maïs	2	160	1.262	80	180	»
Fèves	0.750	165	375	10,5	18	»
Pt mélassé	1.500	150	»	12	»	330
Luzerne	3	282	849	30	99	»
		1.077	4.274	304,5	569	330

a Rapport nutritif .... $\frac{1}{5}$ } rapports rationnels;
b — adipo-protéique .... $\frac{1}{33}$ }
c Valeur nutritive .... 1.485 éléments;
d — calorimétrique .... 6.088 calories;
e Travail disponible .... 2.587.400 kilogrammètres.

Interprétation. — Le but poursuivi dans l'établissement de ces rations a été de faire disparaître les inconvénients signalés dans la ration type.

a Suralimentation protéique;

b Suralimentation minérale;

c Rapports nutritifs vicieux;

d Pouvoir échauffant de la ration.

Ces résultats ont été obtenus par l'introduction à doses convenables de denrées nouvelles et je vais brièvement, dans ce chapitre, en justifier l'emploi.

Emploi du maïs[1]. — L'emploi de ce grain est indiqué, car, en plus de son pouvoir nutritif puissant par sa teneur élevée en matière grasse, il constitue un palliatif précieux du régime échauffant (fèves et avoine).

Le comte de Sainte-Chapelle relate qu'en Autriche beaucoup de chevaux de course sont entraînés exclusivement au maïs et se comportent aussi bien sur le turf que leurs concurrents nourris à l'avoine.

Lavalard cite le cas d'une pouliche « séchée » par l'avoine, qui, nourrie au maïs, est arrivée seconde dans le Grand Prix de Paris.

1. Le maïs doit être donné concassé et mélangé à l'avoine. Commencer par des doses minimes pour éviter toute transition brusque, et augmenter progressivement pour arriver en quatre à cinq jours aux doses indiquées.

Le tableau ci-dessous montre contrairement à l'idée régnante, le pouvoir nutritif élevé du maïs comparé à l'avoine :

DENRÉES	ÉLÉMENTS NUTRITIFS DANS UN KILOGRAMME	CALORIES
Avoine	698	2.861
Maïs	897	3.667

L'emploi du maïs permet de présenter un cheval « en muscles » résultat impossible, dans la majorité des cas, à obtenir avec le régime exclusif à l'avoine. Je connais un entraîneur qui, malgré les avis des propriétaires, emploie sur nos conseils le maïs et obtient des résultats merveilleux tant sous l'aptitude au travail que sous le rapport de l'état général.

Fèves. — La fève étant un aliment condensé, il convient sur des sujets d'un poids peu élevé (450 kilogrammes) de ne pas dépasser la dose de un kilogramme.

En France, les entraîneurs emploient la fève, mais à dose très faible (1 à 2 litres); ce régime même n'est pas *permanent*, ces doses de fèves sont seulement administrées au moment du travail intensif.

Les doses élevées de fèves employées (3 kilogrammes) ont déterminé la suralimentation protéique et la surcharge minérale; elles ont joué un rôle prépondérant dans l'inflammation intestinale.

La macération dans l'eau froide pendant quelques heures ne peut qu'exercer une action très faible sur la digestibilité, car la quantité d'eau absorbée est minime. Les chiffres ci-dessous indiquent le taux d'absorption des fèves :

En macération, eau froide, pendant douze heures	50 0/0
— — chaude	70 0/0
Cuisson pendant deux heures	110 0/0

La cuisson est un procédé avantageux, elle augmente le coefficient de digestibilité et fait acquérir des propriétés moins échauffantes à la fève.

Dans le cas où les crottins indiquent un degré d'inflammation intestinale, il y a indication formelle de diminuer ou de supprimer temporairement l'emploi de la fève et d'insister sur l'emploi du régime mélassique.

Emploi du sucre et de la mélasse. — La dose du produit mélassé qui figure dans les rations, est insuffisante pour que l'organisme puisse bénéficier des avantages hygiéniques du régime mélassique.

La dose journalière du produit mélassé représente environ 154 grammes de sucre et 37gr,5 de matières minérales.

L'état actuel de la science, les expériences de MM. Chauveau, Grandeau, etc., montrent le rôle physiologique du sucre dans la production de l'énergie musculaire.

Ces nouvelles données scientifiques, vérifiées par la pratique, paraissent avoir renversé l'ancienne théorie qui attribuait un rôle prépondérant aux matières azotées, et ont amené un changement complet dans les règles de l'alimentation.

Il n'entre pas dans le cadre de cette étude d'étudier le rôle alimentaire, condimentaire et hygiénique des dérivés du sucre (produits mélassés et autres). Nous renvoyons le lecteur à un ouvrage traitant de ce sujet[1], et nous nous bornons à en indiquer dans le cas spécial qui nous occupe, le mode d'emploi.

a) On utilisera les propriétés hygiéniques du sucre (Voir *Rôle préventif dans les affections intestinales*) et son action condimentaire pendant la période d'inappétence consécutive à l'inflammation intestinale.

Doses.......................... 500 à 850 grammes de sucre pur.

b) Au moment de la période d'entraînement la dose sera augmentée pour utiliser le pouvoir énergétique du sucre (résistance à la fatigue).

Dose.. 1 kil. à 1 kil., 500.

c) Pendant les quelques jours qui précèdent la période où le cheval doit courir on donnera des doses massives de sucre (1kg,500 à 2 kil.).

Ces doses n'ont rien d'absolu et l'initiative de l'entraîneur doit les régler; dans tous les cas les résultats fournis à l'entraînement sous l'influence du régime sucré (aptitude au travail élevée, résistance à la fatigue, état général satisfaisant) seront des guides précieux.

Observation dans l'emploi de la mélasse ou des produits mélassés. — La forte teneur en matières minérales de la mélasse en fait un aliment spécial qu'il faut employer avec beaucoup de précaution. L'examen des excreta (fèces et urine) servira de contrôle à la dose; si sous ce régime on observe de la diarrhée ou de la polyurie, il y

1. E. Curot. *Le Sucre dans l'alimentation des Animaux*. L. Laveur, éditeur, Paris.

a indication de diminuer ou de supprimer temporairement l'emploi de cette denrée.

Personnellement depuis de longues années nous avons été à même d'observer sur un effectif nombreux les bons effets de l'alimentation sucrée, et nous ne saurions trop insister sur son emploi ; mais pour que les avantages hygiéniques se manifestent il faut deux conditions : dose rationnelle, régime prolongé.

Par cette alimentation les deux facteurs, appétence et digestibilité, qui jouent un rôle prépondérant dans l'entretien du sujet et dans le rendement en travail, sont portés à leur maximum.

CHAPITRE VI

LES ALIMENTS

L'alimentation comprend l'étude des solides et des liquides qui doivent concourir à l'entretien et à la mise en état de production de la machine animale. Les aliments diffèrent quant à leur composition, leur digestibilité et leur nutritivité. Leur action sur l'organisme est subordonnée à leur valeur quantitative et qualitative, à la façon dont ils sont préparés, associés, administrés, digérés et assimilés. Des tableaux comparatifs de la valeur nutritive des aliments ont été dressés depuis longtemps, mais la diversité des résultats obtenus par les observateurs sur les mêmes substances indique qu'il ne faut pas accorder une valeur absolue aux chiffres ainsi obtenus. La valeur nutritive d'un aliment donné, d'un foin ou d'une luzerne, varie suivant la nature du terrain, celle des engrais et l'abondance des pluies, de même que l'effet de ces mêmes plantes dépend aussi de la manière dont elles ont été préparées et administrées aux animaux.

L'avoine, le foin et la paille sont les trois substances qui composaient naguère la ration des chevaux de course : aujourd'hui, un grand nombre d'autres denrées sont entrées dans la diététique courante du pur sang.

Le cadre de ce livre ne nous permettant pas d'étudier chacune de ces denrées en particulier, nous renverrons le lecteur, pour l'usage courant et le calcul des régimes, au livre de MM. Dechambre et Curot : *Les Aliments du cheval*[1], et aux travaux de M. Fournier[2].

Nous nous contenterons donc d'étudier ici à cause de leur importance les questions relatives à l'alimentation sucrée, aux condiments, et aux aliments d'origine animale.

1. Asselin et Houzeau, Paris.
2. *Sport Universel Illustré.*

ALIMENTATION SUCRÉE

Le rôle de plus en plus important que prend l'alimentation sucrée dans l'hygiène du pur sang, ses avantages hygiéniques et énergétiques nous obligent à en faire une étude complète.

Le rôle des sucres dans la nutrition générale n'a pu être connu des physiologistes que grâce à la découverte de la fonction glycogénique du foie, c'est-à-dire du phénomène physiologique par lequel les principes nutritifs fournis par l'alimentation sont appelés à la transformation en sucres assimilables.

Le 25 septembre 1855, Claude Bernard communiqua à l'Académie des sciences le résultat des expériences qu'il poursuivait depuis deux ans en vue de découvrir le mécanisme de la production du sucre dans l'organisme.

Il prouva que ce sucre ne se forme pas d'emblée dans le sang, mais que sa présence est intimement liée à une matière spéciale fabriquée par le foie et qui lui donne immédiatement naissance ; cette matière est le glycogène.

Claude Bernard avait pensé tout d'abord que le foie jouissait du monopole de la glycogénie. Rouget, Colin montrèrent que le glycogène se rencontre dans un grand nombre d'organes et de tissus. Chez l'adulte, ce sont surtout les muscles qui contiennent du glycogène; la quantité en est variable, mais il semble que la totalité du système musculaire renferme à peu près la moitié de ce que renferme le foie. Ce dernier organe n'en est pas moins le véritable foyer de la glycogénie.

La glycogénie hépatique se ralentit ou disparaît dans un grand nombre de conditions; à l'influence du jeûne, s'ajoutent l'échauffement, le refroidissement, la fatigue.

Glycogénie musculaire. — Comme l'a montré Külz, un exercice violent fait disparaître le glycogène des muscles et du foie et, comme l'ont reconnu MM. Chauveau et Kaufmann, quand le muscle se contracte, le foie verse plus abondamment de sucre dans le sang.

Nous arrivons donc à cette conclusion que le foie, en fournissant aux muscles le sucre nécessaire à leur activité, représente la principale source de la chaleur animale.

Les recherches de Pettenkobfer et Voit, de Fick et Willicenus, de Seegen, de Chauveau et Kaufmann ont démontré que ce n'est pas la combustion des matières azotées qui entretient la chaleur animale; c'est la combustion du sucre. Dans leurs expériences bien connues, MM. Chauveau et Kaufmann ont constaté que le muscle masseter, quand il se contracte, consomme trois fois plus de sucre que pendant le repos; les mêmes auteurs ont établi que le glycogène musculaire diminue en même temps; sa quantité tombe de 0,177 à 0,139.

Le coefficient de consommation du glucose fut l'objet d'expériences nombreuses :

1 gramme de muscle pendant 1 minute à l'état de repos consomme 0,00003644 de glucose.
1 gramme de muscle pendant 1 minute à l'état de travail consomme 0,00014027 de glucose.

C'est-à-dire que le muscle à l'état de travail consomme 38 fois plus de glucose qu'à l'état de repos.

Nous sommes donc bien autorisés à dire que le sucre est, avant tout, producteur de l'énergie, et cette considération qui découle directement des travaux du grand physiologiste, Claude Bernard, domine aujourd'hui toute l'alimentation rationnelle.

Dans la nutrition générale, tant au point de vue de la formation qu'à celui de l'utilisation des réserves alimentaires, le glycogène joue donc un rôle considérable, il importait de mettre ce point en évidence dès le début de notre étude.

Les investigations récentes de la physiologie, dans le domaine de l'énergétique musculaire, ont permis de préciser le rôle important dévolu au sucre.

L'influence du sucre sur la production de l'énergie a été directement mise en évidence par les expériences suivantes :

Le Dr Harley a opéré sur lui-même en faisant effectuer un travail au médius de chacune de ses mains et enregistrant les forces musculaires produites au moyen d'un appareil appelé « ergographe », du Dr Mosso, de Turin.

Il s'est soumis à une série de périodes en faisant varier son alimentation et en se soumettant même à des jeûnes prolongés.

Pour ne citer qu'une de ses nombreuses expériences, le Dr Harley, après deux jours de jeûne, ne prend rien que de l'eau le premier jour et de l'eau sucrée en solution chaude et concentrée le lendemain, savoir :

200 grammes sucre	à 8 h. 30 matin.		
100 —	—	à 11 h.	»
100 —	—	à 2 h.	»
100 —	—	à 5 h.	»
500 grammes au total.			

Le travail effectué pendant ces deux jours fut inscrit et on constata 76 0/0 de travail en plus avec le médius gauche soulevant 3 kilogrammes et 61 0/0 en plus avec le médius droit, soulevant 4 kilogrammes, le jour où il prit du sucre ; en outre, la fatigue fut retardée dans la même proportion.

De ces expériences il résulte en outre :

1° Qu'un régime exclusivement sucré communique à l'homme presque autant de force qu'un repas bien réglé ;

2° L'absorption du sucre à jeun accroît la puissance musculaire dans la proportion de 61 à 76 0/0 ;

3° Si l'on ajoute à un repas composé d'une quantité insuffisante de nourriture une quantité de 250 grammes de sucre, absorbée en huit heures ; le rendement du travail musculaire est presque doublé et passe de 22 à 36 0/0 ;

4° Enfin vers le moment où les muscles font la sieste, c'est-à-dire vers la fin de l'après-midi leur énergie se réveille grâce à l'ingestion de 50 grammes de sucre.

Nous allons étudier maintenant la digestibilité du sucre.

Seul de tous les hydrates de carbone peut-être, le sucre est intégralement digéré.

Dans l'économie, la saccharose est transformée dans l'intestin grêle par le suc intestinal en glucose et lévulose ; le suc intestinal renferme en effet un ferment que Claude Bernard, qui a découvert cette propriété, a appelé ferment inverse, que les chimistes modernes nomment invertine ou sucrase, et qui transforme la saccharose en sucre interverti.

Marcker s'exprime ainsi au sujet de la digestibilité du sucre :

« La plus haute valeur alimentaire doit nécessairement être attribuée aux principes extractifs qui, à côté de l'équivalent calorifique élevé ont cet autre avantage de ne demander, pour leur digestion, qu'un travail physiologique nul ou le plus faible possible. Sous ce rapport, le sucre prime tous les autres composés hydrocarbonés. Soluble dans l'eau, il n'exige pas l'action des sucs digestifs dont la sécrétion entraîne une dépense de travail et d'énergie pour l'organisme. De plus, le sucre est diffusible et pénètre directement à travers la membrane du tube digestif, dans le torrent circulatoire, tandis que les autres principes extractifs non azotés, comme l'amidon, les pentosanes, les différentes gommes, etc., doivent être modifiés profondément.

Le sucre, à la faveur de son pouvoir osmotique élevé, arrive dans le temps le plus court au sang et y accumule une si grande quantité de substance organique que celle-ci, ne pouvant pas s'oxyder complètement aux dépens de l'eau du sang, met à la disposition de l'organisme une provision notable de substance destinée à l'accroissement des tissus et notamment à la production de la graisse.

Enfin les hydrates de carbone peu digestibles et l'amidon lui-même, prennent part, d'après Kellner, à la formation de méthane dans l'intestin, tandis que le sucre, très rapidement diffusible, échappe à cette transformation et sert entièrement à la production organique. Ainsi s'explique la valeur extrêmement élevée du sucre pour la production du travail qu'a mis en évidence le grand développement de l'emploi de la mélasse dans l'alimentation des animaux.

La synthèse assimilatrice qui constitue l'acte essentiel de la digestion nécessite avec les aliments ordinaires un travail digestif considérable entraînant une dépense élevée de calories ; avec l'alimentation sucrée ce travail est considérablement réduit.

Un autre point important, qu'il convient de mettre en évidence est *l'influence du sucre sur la digestibilité des autres aliments.*

Outre la digestibilité élevée du sucre, cet élément, en proportion convenable, exerce une action favorable sur la digestibilité des autres principes de la ration et permet leur meilleure utilisation.

Mais, pour que cet effet utile se produise, il faut que la dose de sucre employée soit rationnelle et que le rapport nutritif de la ration remplisse les nécessités physiologiques dont une, le besoin protéique, a une influence considérable sur l'entretien du sujet.

Donné en excès, on observerait au contraire, comme dans tous les cas de suralimentation obtenue avec des principes ternaires, une dépression de la digestibilité se traduisant chez l'animal, dans un délai plus ou moins éloigné, par une perte de poids vif et une diminution de l'aptitude au travail.

Une observation superficielle dans ce dernier cas ferait attribuer le mauvais effet diététique observé au sucre, tandis qu'en réalité c'est son mauvais emploi, le rapport vicieux de la ration, qu'il faut incriminer.

Il est rationnel d'attribuer cette action favorable sur la digestibilité à l'action condimentaire du sucre, qui non seulement favorise l'appétence, mais excite la vitalité de la muqueuse digestive (hypersécrétion) et combat l'atonie du tube digestif.

I. — RÔLE ALIMENTAIRE DU SUCRE. — PRODUCTION DE L'ÉNERGIE

Ce que nous avons dit relativement au rôle du glycogène et à la production de la force musculaire, montre bien qu'il est facile de prévoir théoriquement la grande valeur alimentaire des hydrates de carbone et, en particulier, du sucre, et le rôle prépondérant que ces éléments doivent jouer dans la production de l'énergie.

Cependant ce n'est que l'expérimentation directe qui peut trancher la question. Aussi nous citerons tout d'abord les expériences et observations qui viennent confirmer ce que la théorie fait prévoir.

Les données de la physiologie, les observations faites dans différentes circonstances par de nombreux observateurs sur les hommes, et les expériences systématiques entreprises sur des animaux sont absolument d'accord.

Les notions que les muscles trouvent la source de leur énergie dans le sucre qui les traverse ou les imprègne, éveillent immédiatement l'idée d'administrer le sucre en nature ; on a le droit de penser en effet, qu'en fournissant directement aux muscles l'aliment qu'ils réclament, on obtiendra des effets plus rapides et plus puissants. On a au moins la certitude d'écarter complètement les opérations plus ou moins laborieuses de la digestion et de la transformation en glycogène, qui diminuent la puissance alimentaire des autres principes immédiats et notamment des albuminoïdes. L'expérience confirme ces légitimes présomptions, et témoigne de l'influence favorable exercé par le sucre sur le travail musculaire.

Les recherches de U. Mosso et Paoletti sont à cet égard très démonstratives. Elles sont fondées sur l'emploi de l'ergographe, appareil imaginé par Mosso, pour opérer à jeun ou deux heures au moins après le repas. Toutes les dix minutes on recueille la courbe de la fatigue du doigt médius, jusqu'au complet épuisement des muscles fléchisseurs. On prend ensuite des doses variables de sucre et on constate que dans les dix minutes qui suivent l'ingestion, les muscles fatigués retrouvent une nouvelle énergie qui va croissant et atteint son maximum à la quarantième minute.

De semblables résultats, nous dit le savant professeur Laulanié, ont été ultérieurement obtenus par un grand nombre d'expérimentateurs (Frautner, Sowaner, Vaughan, Harley, etc.). Il est aussi pleinement démontré que l'ingestion d'une quantité, même faible, de sucre produit très rapidement une augmentation marquée de la force musculaire et éloigne très notablement la sensation de fatigue.

Ces faits ne sont pas seulement usités dans le laboratoire, et l'emploi du sucre est aujourd'hui de pratique courante parmi les fervents du footing et du cyclisme, qui cherchent et trouvent de nouvelles forces dans cet aliment.

Au cours des manœuvres de 1898, les médecins de l'armée allemande ont éprouvé la valeur alimentaire du sucre à l'aide d'expériences instituées sur un certain nombre de compagnies. Dans chacune d'elles on choisit, d'une part, dix hommes médiocrement constitués qui reçurent un supplément de 30 à 60 grammes de sucre par jour, et, d'autre part, dix hommes soumis au régime normal et réservés comme témoins.

On observa entre les deux groupes des différences très sensibles. Les hommes qui reçurent du sucre augmentèrent de poids et se firent remarquer par une vigueur et une résistance à la fatigue qu'on ne trouvait pas au même degré chez les témoins. Enfin, pendant les marches, le sucre avait pour effet d'éloigner la sensation de la faim et d'apaiser la soif.

D'autres observations, plus récentes, sont venues confirmer les premières expériences, et c'est au point que le sucre occupe aujourd'hui une large place dans l'alimentation du soldat allemand.

Le *Lyon médical* et la *Médecine moderne* rapportent qu'on vient de faire dans l'armée allemande, pendant les dernières manœuvres d'automne, une série d'expériences intéressantes sur la valeur nutritive et tonique du sucre.

Dix hommes par compagnie furent choisis parmi les moins vigoureux comme sujets d'expériences et 10 autres comme sujets de contrôle. Les premiers reçurent d'abord 7 morceaux de sucre par jour; puis progressivement la ration quotidienne s'éleva à 10 et 12 morceaux.

Les résultats furent les suivants : pendant les manœuvres, le poids des hommes alimentés à l'aide du sucre s'accrut dans une proportion plus forte que celui des hommes de contrôle. Ils se trouvaient en même temps mieux portants et plus vigoureux qu'avant les expériences.

Dans les marches, un morceau de sucre calmait la faim et apaisait la soif. La fatigue et les coups de chaleur furent facilement combattus par l'usage de cet aliment.

Comme conclusion de ces expériences, M. Leitenstorfer, qui les a dirigées, propose d'introduire le sucre dans l'alimentation des troupes de trois manières différentes : 1° comme allocation supplémentaire, en vue d'améliorer la ration journalière du soldat; 2° comme partie intégrante des vivres de réserve et des approvisionnements des places fortes, des hôpitaux et des vaisseaux ; 3° comme allocation temporaire pour fortifier les soldats et relever leur vigueur pendant les marches.

La *Revue scientifique*, qui donne le résumé des expériences faites par M. Leitenstorfer, ajoute que le sucre paraît tout indiqué pour remplacer l'alcool ou le vin dans les diverses circonstances où l'on croit devoir en distribuer des rations. Le sucre donne en effet la même stimulation que l'alcool, mais sans aucun danger. Il a, en outre, l'avantage incontestable d'être un aliment musculaire de premier ordre, combattant et prévenant en même temps la fatigue.

M. G. Bornié préconise l'usage du sucre comme aliment dans les climats tempérés et estime qu'il a également une haute valeur dans l'alimentation des pays chauds.

Les rameurs de Palembang se donnent des forces en absorbant du sucre et, à Java, on admire la bonne santé des ouvriers des sucreries, qui absorbent une grande quantité de sucre et produisent beaucoup de travail musculaire.

Leitenstorfer et le Dr Holwerda, médecin de l'armée hollandaise des Indes, ont rapporté que, pendant les expéditions dans l'Insulinde, on avait mis du sucre à la disposition des soldats, chacun étant libre d'en prendre à sa guise et de le consommer de la façon qui lui conviendrait le mieux, et la plupart attestaient qu'en prenant du sucre ils supportaient mieux les fatigues de la marche.

Les médecins ont constaté que le coup de chaleur fut extrêmement rare dans ces expéditions.

Les soldats indigènes aimaient à mâcher, pendant la marche, de la canne à sucre, surtout pendant les heures les plus chaudes de la journée.

Avec le Dr Holwerda, qui a une pratique de plus de vingt ans à Java et à Sumatra, le Dr Vincent, médecin en chef de la marine, recommande aussi bien pour les expéditions coloniales que pour les voyages et les explorations dans les pays chauds, 100 à 150 grammes de sucre de canne, par homme et par jour.

Des conséquences pratiques fort intéressantes sont à tirer des expériences de M. Chauveau.

Les idées nouvelles commencent à recevoir, dans plusieurs milieux, des applications. C'est ainsi que les alpinistes mâchent des pruneaux secs, que M. Janssen offre à ceux qui visitent son observatoire du Mont-Blanc des infusions extrêmement sucrées, afin, dit-il, de leur donner des jambes à la descente. Les cyclistes prennent des fruits sucrés, du thé sucré, et non du jus de viande pour soutenir leurs forces, bien que l'entraînement au sucre ne soit pas encore classique dans les vélodromes.

Dans l'armée française, le sucre joue un rôle très secondaire à titre de condiment. Il est donné au soldat pour édulcorer le café du matin, à raison de 10gr,50 en temps de paix : quantité à coup sûr insuffisante. La ration de manœuvres est de 21 grammes, et la ration forte de campagne est de 31 grammes, cette dernière est encore inférieure à la ration quotidienne du soldat anglais qui est de 37gr,7. La consommation du sucre dans l'armée française pourrait donc être augmentée avec profit. (Dr L'Homme, *Bulletin médical.*)

Les propriétés énergétiques du sucre ont été mises en évidence par Schumberg :

A la suite d'une fatigue exceptionnelle imposée aux hommes d'un régiment, il a fait donner à chacun d'eux une ration supplémentaire de sucre, qui a suffi pour rendre pendant plusieurs heures à ses soldats l'énergie nécessaire pour continuer la manœuvre.

L'expérimentation sur des ouvriers touchant une ration supplémentaire en sucre a donné un rendement supérieur en travail de 22 à 36 0/0.

Des expériences de Vaughan, Harley et de Mosse il résulte qu'on peut accroître le pouvoir musculaire normal de 26 à 30 0/0 par le sucre ; comme en même temps on retarde l'apparition de la fatigue, on peut accroître la production journalière de force de 61 à 76 0/0.

En général, ces diverses observations ou expériences, dès qu'elles ont eu lieu hors du laboratoire n'ont pas fait l'objet de mesures précises; aussi, malgré le grand intérêt qu'elles présentent, nous attachons plus d'importance encore aux expériences faites sur les animaux, parce qu'elles ont pu, en général, être instituées sous une forme plus rigoureuse. Nous citerons d'abord les expériences aujourd'hui classiques de Grandeau, dont on peut dire qu'elles ont définitivement établi pour le zootechnicien la nécessité de recourir à l'alimentation sucrée.

Voici ce que dit M. Grandeau :

« Des expériences rigoureusement conduites sur des chevaux de service pendant près de deux ans, en collaboration avec M. Alekan, nous ont permis de mettre en évidence de la façon la plus nette le rôle prépondérant du sucre dans l'économie au point de vue de la production de l'énergie musculaire. Les quantités de sucre pur ajoutées progressivement à différentes rations plus ou moins riches en matières azotées ont varié dans le cours de ces expériences, prolongées près de trois années, entre 600 grammes et 5kg,500 par jour et par tête.

« On aura une idée des résultats généraux de ces expériences en jetant un coup d'œil sur les chiffres qui les résument.

« Le tableau ci-dessous indique la teneur de la ration des chevaux pendant la période de travail qui, pour chacun d'eux, a été de six mois environ ; il résume : 1° pour chacune des six rations expérimentées, les poids de substance azotée et de matière non azotée, amidon, cellulose, sucre qu'elles contenaient ; 2° la quantité totale de matière digestible correspondant à 100 kilogrammes de poids vif ; 3° la relation nutritive de la ration, c'est-à-dire le poids de substance non azotée consommée par rapport à l'unité de matière azotée.

Nos	RÉGIME	MATIÈRE DIGESTIBLE par CHEVAL ET PAR JOUR		MATIÈRE DIGESTIBLE TOTALE pour 100 kg. de poids vif	RELATION NUTRITIVE
		Matière azotée	Matière non azotée		
		GRAMMES	GRAMMES	KILOGR.	KILOGR.
1	Foin seul...........	263,8	2.979,5	7,800	1 : 11,2
2	Foin et sucre........	314,8	4.298,2	11,300	1 : 13,6
3	Maltine	778,1	4.388,6	13,100	1 : 5,6
4	Granules seuls.......	870,5	4.692,1	14,000	1 : 5,4
5	Granules et sucre...	395,7	5 291,6[1]	14,000	1 : 13,4
6	Maïs et sucre.......	243,0	5.422[1]	13,900	1 : 22,3

1. Dont 2kg,400 de sucre nature (*Revue* du 28 juin 1901).

« Les rations composées dans les six séries d'expériences ont été, on le voit, extrêmement différentes sous le rapport de leur composition.

« Quel a été le retentissement de ces énormes écarts de teneurs en matières azotées dans la ration : 1° sur le poids de l'animal ; 2° sur la quantité de travail qu'ils ont fournie exprimée en kilogrammètres.

« C'est ce qu'indiquent les chiffres suivants :

N°	RÉGIME	TRAVAIL EFFECTUÉ en KILOGRAMMÈTRES	EAU BUE par KILOGRAMME de substance sèche	VARIATIONS JOURNALIÈRES du poids du cheval
			KILOGR.	KILOGR.
1	Foin seul	230.189	3,833	— 0,300
2	Foin et sucre	230.497	3,000	+ 0,120
3	Maltine	221.906	3,900	+ 0,128
4	Granules seuls	247.138	3,000	+ 0,013
5	Granules et sucre	254.381	2,700	+ 0,053
6	Maïs et sucre	262.920	1,900	— 0,200

« On voit par là que le travail maximum a été obtenu avec les rations les plus riches en matières non azotées et notamment en sucre (5 et 6) et les plus pauvres en éléments azotés. Fait très intéressant à noter, le poids vif moyen des chevaux au régime du sucre n'a pour ainsi dire pas varié dans le cours d'une expérience qui durait quinze jours ; il était, le premier jour de l'expérience, de 407^{kg},200 et le dernier de 407^{kg},200, d'où cette conclusion que ces rations ont suffi à l'alimentation des animaux.

« La quantité considérable de sucre administrée chaque jour aux chevaux (2^{kg},400 par tête) a été toujours intégralement utilisée par eux : aucune trace de sucre n'étant éliminée par le rein dans l'urine ni avec les résidus intestinaux des autres aliments. »

Il résulte des expériences faites par M. Grandeau et ses collaborateurs que :

a) Le travail maximum a été obtenu avec la ration la plus pauvre en matières azotées et la plus riche en matières hydrocarbonées, notamment en sucre ;

b) Le travail produit a augmenté avec la valeur calorique de la ration ;

c) L'entretien du poids vif de l'animal a été obtenu par les diverses rations ;

d) Une dose élevée de sucre dans la ration n'a pas augmenté la soif de l'animal. C'est avec la ration au sucre que la quantité d'eau bue a été la moindre ;

e) Ces expériences montrent dans quelles proportions considérables peut varier la relation nutritive de la ration d'un animal sans porter préjudice à son entretien et à la somme d'énergie transformée en travail utile.

C'est le cheval à la ration sucrée qui a accompli le plus fort travail, alors que la ration n'avait qu'une relation de $\frac{1}{22}$ et c'est le cheval à la ration la plus azotée dont la relation était de $\frac{1}{5}$ qui a produit le moindre travail.

La conclusion générale de mes expériences, dit M. Grandeau, est la démonstration rigoureuse de la haute valeur alimentaire de cette substance. Cette conclusion est en accord parfait avec les résultats des longues et délicates expériences de M. Chauveau sur l'importante question du rôle du sucre dans l'économie et dans l'alimentation.

Jusqu'à présent, on s'est encore peu occupé de faire consommer en France du sucre brut aux animaux ; rien ne s'oppose cependant à son introduction dans la ration.

M. Lavalard, dans son livre *le Cheval*, rapporte l'observation suivante :

« John Stewart raconte, dans son ouvrage sur *les Chevaux*, que M. Black, vétérinaire du 11e régiment de dragons légers, lui a fait connaître que le sucre avait été essayé comme nourriture pour les chevaux pendant la guerre de la Péninsule. L'expérience en fut faite au dépôt de Brighton sur 10 chevaux pour une période de trois mois. Chaque cheval recevait 4 kilogrammes de sucre par jour, partagé en quatre rations, et le mangeait avec beaucoup de plaisir ; et l'on remarqua que le pelage devint fin et brillant. On ne leur donna aucun grain et seulement 3kg,500 de foin. »

II. — RÔLE CONDIMENTAIRE DU SUCRE

Les condiments sont les substances que l'on mélange aux denrées alimentaires, afin d'exciter l'appétit et de favoriser la digestion. En dehors de toute action alimentaire, ils apportent un stimulant aux fonctions gustatives, excitent l'insalivation, et, dans une mesure variable avec leur nature, rendent plus abondantes et plus actives les sécrétions digestives.

Grâce à l'assaisonnement qu'ils ont subi, les aliments sont acceptés avec plaisir et digérés avec profit.

Les produits sucrés, quels qu'ils soient, joignent à leur action alimentaire des propriétés condimentaires qui sont utilisées depuis longtemps. Les eaux sucrées ou mélassées servent à arroser les fourrages de faible valeur alibile et d'odeur désagréable, que les animaux accepteraient difficilement sans cette préparation.

Le sucre ajouté à la ration normale joue véritablement le rôle d'un condiment, c'est-à-dire d'un élément qui facilite la digestibilité. Les recherches de M. Grandeau sur l'influence du sucre vis-à-vis de la digestibilité des divers composants de la ration ne laissent aucun doute à cet égard et confirment les expériences de M. Chauveau.

« Si, en effet, on compare les coefficients de digestibilité d'une ration composée exclusivement d'une ration de maïs et de paille avec ceux des mêmes aliments associés au sucre, on aboutit aux constatations suivantes :

DIGESTIBILITÉ POUR 100	RATIONS Maïs-paille.	RATIONS Maïs-paille et sucre.
Matière organique totale	71,95	78,40
Matière azotée	61,14	65,09
Cellulose	48,06	43,65
Amidon	98,00	99,70
Substances indéterminées	16,70	50,40

« Cette comparaison est des plus intéressantes : elle montre que, loin d'exercer une dépression sur la digestibilité de la masse organique et des produits essentiels de la ration, le sucre donné à l'état naturel, et en quantité relativement énorme (2kg,500 par jour à des chevaux du poids vif moyen de 523 kilogrammes), favorise, au contraire, l'assimilation des divers constituants du fourrage. »

Cette augmentation de la digestibilité totale de la ration, en assurant sa meilleure utilisation, explique pourquoi, dans les substitutions alimentaires faites poids pour poids, on obtient généralement sous le régime sucré un meilleur effet diététique, se traduisant par une surproduction dans les produits zootechniques exploités (travail, lait, viande).

Mais, pour que cet effet utile se produise, ainsi que nous l'avons fait remarquer, il faut que la dose de sucre employée soit rationnelle et que le rapport nutritif de la ration remplisse les nécessités physiologiques, dont une, le besoin protéique, a une influence considérable sur l'entretien du sujet.

Donné en excès on observerait, comme dans tous les cas de suralimentation obtenue avec des principes ternaires, une dépressibilité de la digestion se traduisant chez l'animal, dans un délai plus ou moins éloigné, par une perte de poids vif.

Une observation superficielle dans ce dernier cas ferait attribuer le mauvais effet diététique observé au sucre, tandis qu'en réalité ce sont son mauvais emploi et le rapport vicieux de la ration qu'il faut incriminer.

Influence sur la soif. — Contrairement à une idée préconçue qu'on aurait pu avoir, une dose élevée de sucre dans la ration n'augmente pas la soif de l'animal; c'est avec la ration sucrée que la quantité d'eau bue a été la moindre ; à la fois par rapport au poids de la substance sèche et absolument parlant. Avec la ration paille, maïs et sucre, la quantité d'eau bue est tombée à 1kg,900 par kilogramme de substance sèche ; elle a atteint le maximum de 9kg,900 avec la ration la plus riche en matière azotée.

Les matières sucrées favorisant l'appétence et la digestion, la mélasse est l'aliment de choix pendant la période de convalescence des maladies internes graves, où l'atonie du tube digestif détermine une inappétence plus ou moins marquée.

La mélasse constitue la base du régime diététique où les aliments alibiles de facile digestion sont toujours indiqués.

Il est un problème zootechnique d'une importance toute particulière que l'emploi des produits sucrés permet de réaliser, c'est celui de la suralimentation des chevaux à l'entraînement. On sait que l'alimentation du cheval de course présente des difficultés spéciales : ce que nous venons de dire au sujet du rôle condimentaire du sucre en même temps que ce que l'on sait de sa valeur énergétique exceptionnelle montrent bien que c'est l'alimentation toute indiquée pour l'animal à qui on demande un travail sévère.

III. — RÔLE THÉRAPEUTIQUE DU SUCRE

Dans l'hygiène animale, les aliments sucrés constituent la base du régime diététique pendant la période de convalescence où les aliments alibiles et de facile digestion sont toujours indiqués.

Dans les affections des premières voies respiratoires, la mélasse employée comme succédané du miel peut jouer un rôle utile dans le processus de guérison.

Il convient de mettre en évidence les avantages précieux du régime sucré pour les chevaux poussifs, l'observation ayant montré depuis longtemps l'efficacité des matières sucrées dans ce cas d'emphysème pulmonaire.

Les observations ci-dessous ne laisseront aucun doute à ce sujet, étant donnée la haute autorité scientifique des auteurs.

Trasbot recommandait, il y a longtemps, l'introduction des mélasses dans l'alimentation du cheval pour combattre la pousse; la mélasse facilite la respiration, régularise le rythme respiratoire altéré par la pousse et donne aux animaux, avec un poil brillant, les apparences de la santé.

Cornevin déclare que la mélasse n'agit pas seulement comme aliment, mais que c'est un véritable agent thérapeutique efficace dans les cas si communs d'altération du rythme respiratoire qu'on désigne sous le nom de pousse.

On savait depuis longtemps que le miel et le sucre améliorent l'état des chevaux poussifs ; mais, dans le courant du siècle dernier, plusieurs praticiens parmi lesquels il faut citer MM. Mannechez, vétérinaire à Arras, et Decrombecque, agriculteur à Lens, ont démontré combien est agissante sur la pousse l'alimentation au fourrage haché et additionné de mélasse.

Dechambre, dans son remarquable rapport au Congrès de l'alimentation en 1889, cite les avantages résultant de l'emploi des matières sucrées dans le régime hygiénique et thérapeutique des chevaux emphysémateux.

M. Lavalard a remarqué que, depuis l'emploi de l'alimentation sucrée sur les chevaux de la Compagnie des Omnibus, les cas de congestion pulmonaire, si fréquents pendant la période d'été, avaient diminué dans une forte proportion.

La même remarque a été faite par les médecins militaires au sujet de la rareté des coups de chaleur sous l'influence du régime sucré.

L'effet stimulant et tonique du sucre en fait un analeptique de premier ordre, dont l'emploi sera avantageux pendant la période de convalescence des maladies internes graves.

Son rôle antidéperditeur permet à l'organisme d'utiliser intégralement les matériaux de rénovation apport protéique, et lui fait jouer un rôle utile dans le processus de guérison.

Le pouvoir osmotique du sucre, sa diffusion rapide permettent de l'employer avec avantage dans les cas où l'alimentation rectale est indiquée (tétanos).

C'est vraisemblablement à son rôle antidéperditeur, qui a un retentissement sur tout l'organisme, qu'il faut rapporter cette influence heureuse du sucre pour la guérison des fractures.

En ce qui concerne le traitement des fractures, MM. Hennequin et Lœvy furent un jour fort surpris de l'extrême promptitude avec laquelle se consolidait une fracture. C'était chose surnaturelle. Ils interrogèrent le blessé sur sa profession et apprirent qu'il était ouvrier dans une sucrerie et consommait de fortes quantités de sucre.

Une nouvelle propriété thérapeutique, l'emploi du sucre en obstétrique, mérite d'être signalée.

Le Dr L. Rossi, professeur d'obstétrique à la faculté de Gènes, a eu l'idée d'utiliser le pouvoir énergétique du sucre pendant le travail de l'accouchement chez la femme. Il a trouvé que le sucre est un bon excitant des contractions utérines.

Les données du docteur-professeur Rossi viennent d'être à nouveau confirmées par le Dr Payer, dans sa clinique obstétricale et gynécologique de la faculté de médecine de Gratz (Autriche); ses expériences ont porté sur trente-quatre parturientes. Tout le monde connaît le sucre, comme excellent réconfortant du muscle fatigué, mais on ignorait généralement l'excellent parti que l'on peut en tirer en gynécologie.

M. Eloire, faisant allusion au rôle du sucre en obstétrique, confesse d'abord qu'il n'a jamais voulu s'opposer à cette fantaisie de certaines personnes d'administrer, après le part, une bonne bouteille de vin chaud bien sucré, mais qu'il considérait le sucre comme étant au moins inutile. Après avoir eu connaissance des observations du professeur Rossi, de la Faculté de Médecine de Gênes, M. Eloire non seulement toléra, mais recommanda même l'emploi des breuvages sucrés; le sucre, en effet, favoriserait les contractions de l'utérus et serait employé avec succès dans les parts languissants et, après le part, pour favoriser l'expulsion des enveloppes fœtales. Chez la jument, on donnerait le sucre en breuvage par doses de 100 grammes chacune répétées jusqu'à effet.

On peut donc utiliser avec profit dans l'obstétrique le pouvoir dynamogène et énergétique du sucre : ses indications sont les suivantes : part languissant, non délivrance, adynamie consécutive à une parturition laborieuse, etc.

Les doses doivent être fractionnées et répétées de dix en dix minutes pour obtenir le maximum d'effet utile.

SUCRE ROUX

La manière la plus simple d'employer le sucre dans l'alimentation serait de recourir au sucre blanc que les raffineries modernes livrent presque chimiquement pur ; mais, même avec la réduction récente de l'impôt, l'alimentation humaine elle-même ne peut y avoir recours sans quelque restriction.

Ce n'est que pour des cas particuliers (chevaux de course, raids, etc.), où la dépense n'entre pas en ligne de compte, qu'on peut y songer.

Dans tout autre cas, il faut avoir recours au sucre sous une forme telle qu'il soit libéré d'impôt, c'est-à-dire employer des plantes saccharifères, ou des déchets de l'industrie sucrière qui soient naturellement impropres à la consommation humaine ou rendus tels par une dénaturation convenable.

Une loi récente vient d'être votée par la Chambre des députés (Juin 1904), qui autorise l'emploi du sucre roux exempt d'impôt pour la nourriture des animaux.

Les sucres roux ou sucres de deuxième et de troisième jet sont constitués par des cristaux plus ou moins entourés de l'eau mère constituant la mélasse.

Voici des analyses de différents échantillons de sucre roux d'origines diverses :

SUCRE CRISTALLISABLE	SUCRE INCRISTALLISABLE	CENDRE	MATIÈRES INCONNUES
90,0	0	3,90	3,99
88,3	traces	4,20	4,71
92,1	0	2,40	2,91
94	0	1,96	1,05
94,3	0	2,50	1,70

La teneur du sucre roux en matières salines est très faible, 2 1/2 0/0 en moyenne : elle ne viendra donc pas, comme cela se produit pour la mélasse, limiter la dose de sucre à introduire dans l'alimentation : cette limite ne reconnaîtra d'autre cause que la nécessité de maintenir entre les différents éléments de la ration des rapports nutritifs convenables.

En Allemagne, le sucre roux destiné à l'alimentation des animaux est exempt de droits après dénaturation. Celle-ci était obtenue au début par l'addition de 30 0/0 de farine de riz ou 20 de farine de viande. D'après un arrêté ministériel de 1902, la dénaturation est effectuée de la façon suivante :

Sucre	93 0/0
Suie	2
Farine de poisson	5

ou bien

Sucre	93 0/0
Suie	2
Farine de viande	5

On peut remplacer la farine de viande par 5 0/0 de poussières de pulpes de diffusion desséchées.

On comprend aisément que beaucoup de ces produits, ceux par exemple qui sont dénaturés avec de la suie de la farine de viande ou de la farine de poisson soient peu appétés par les animaux. C'est le mélange du sucre avec 30 0/0 de poudre de balles de riz admis aussi par l'alimentation, qui est le plus employé.

En Belgique, on a recours à des mélanges de sucre avec :

Son	10 0/0
Sel	3

Le goût de ce sucre salé ne plaît pas toujours beaucoup aux animaux.

Le sucre roux par son prix élevé et par son peu d'appétence n'est pas appelé à jouer un rôle important dans l'alimentation. Nous avons eu l'occasion de faire la remarque suivante : sur les rares chevaux qui acceptaient ce régime, nous avons constaté une teinte brunâtre, acajou des dents : il est logique d'attribuer cette coloration aux nombreuses impuretés organiques contenues dans le sucre roux.

Les données récentes de l'énergétique musculaire montrent que le sucre, considéré avec raison comme le « charbon du muscle », possède un pouvoir calorique élevé : de plus, sa rapidité de diffusion lui permet de faire face immédiatement aux besoins du tissu musculaire, sa transformation ultime en eau et en acide carbonique évite, comme avec les autres principes immédiats (matières protéiques, graisse), l'encrassement de la machine consécutif à la formation des produits de déchets (urée, etc.).

Par l'alimentation sucrée la limite de résistance de l'organisme est portée à son maximum : ces données théoriques, confirmées par la pratique journalière, justifient l'emploi du sucre chez les cyclistes, les alpinistes, chez les moteurs utilisés en mode de vitesse (cheval d'armes, de course) où le rendement en travail est très élevé.

Des expériences précises ont été faites par M. Grandeau[1], dont les résultats mettent nettement en évidence le rôle du sucre dans l'augmentation de la vitesse.

CHEMIN PARCOURU A L'HEURE

	KILOMÈTRES
Avec ration de foin seul	9.780
— de maltine, produit très azoté	9.445
— de maïs et sucre	11.193

L'utilisation du sucre pour augmenter l'activité musculaire est un principe généralement connu et utilisé aujourd'hui, ainsi que le prouve le fait suivant (*Sport universel* du 15 décembre 1899) :

« Dans une épreuve de fond comprenant un parcours de 300 kilomètres sur une route à dénivellation de plus de 600 mètres et présentant des parties accidentées et mauvaises, le vainqueur, le major de cavalerie de Lays, a couvert la distance en trente-sept heures sept minutes. Cette perfomance constitue un véritable record. Le cheval avait reçu en plus de sa ration 1 kilogramme de sucre. Il a terminé très frais et a repris son service le lendemain. »

C'est surtout l'intéressante épreuve suivante qui mérite de retenir notre attention.

Raid Bruxelles-Ostende. — Le 27 août, s'est couru entre Bruxelles et Ostende le grand raid militaire de 132 kilomètres, organisé par le ministre de Belgique, qui devait mettre en présence les représentants des principales cavaleries d'Europe. 20 officiers français furent désignés pour prendre part à cette épreuve, les autres nations européennes, sauf l'Autriche, la Sibérie, la Roumanie, la Turquie et l'Espagne, ont envoyé des représentants. Sur un total

1. Application à l'entraînement (*Études*).

de 141 inscriptions, il n'y avait que 37 chevaux de pur sang, le reste étant de demi-sang.

Plusieurs concurrents avaient donné du sucre à leurs chevaux, mais en si minime quantité que les effets de cette addition à la ration ordinaire ne pouvaient se manifester. A noter cependant le succès du lieutenant Deremetz (8e hussards), arrivant second et qui avait, en cours de route, donné à son cheval et pris lui-même une quantité de sucre dont le poids n'est pas indiqué. Pendant l'entraînement, son cheval consommait par jour 1 kilogramme de mélasse.

Dans la même épreuve, courait le lieutenant Bausil, qui, lui aussi, avait mis sa jument *Mante* au régime mélassé, ainsi qu'il l'avait fait antérieurement pour son cheval *Midas*, arrivé, en 1901-1902, deux fois second au championnat du cheval d'armes et premier au prix de l'Étrier. Dans l'épreuve Bruxelles-Ostende, il couvrit les 100 premiers kilomètres en quatre heures vingt-neuf minutes, atteignant ainsi le record des officiers suédois. Malheureusement la jument *Mante* ne put soutenir cette vitesse de 23 kilomètres à l'heure et succomba au 115e kilomètre.

Raid Sedan-Bruxelles. — Le lieutenant Bausil, dans cette nouvelle épreuve, prouva une fois de plus ce que des chevaux bien entraînés et bien conduits peuvent donner.

En compagnie du maréchal des logis Peyneau, il fit couvrir par ses chevaux *Midas* et *Jobourg* 400 kilomètres, le premier en quarante-neuf heures quarante-cinq, le second en quarante-sept heures quarante et sur un mauvais terrain : Sedan-Bruxelles-Sedan.

Pendant l'entraînement, *Midas* et *Jobourg* reçurent 1 kilogramme de mélasse, soit environ 450 grammes de sucre par jour.

En cours de route, à chacune des courtes haltes de Givet, Namur et Bruxelles, à l'aller, Namur et Givet, au retour, on présentait aux chevaux un seau d'eau tiède sucrée (6 litres d'eau pour 1 kilogramme de sucre) ; les chevaux recevaient en même temps un peu de foin et d'avoine. Comme ils ne buvaient pas tout le liquide qui leur était présenté, on évalua entre 300 et 400 grammes la quantité de sucre que chacun d'eux absorba à chaque halte. A l'arrivée, malgré cette longue étape, les deux chevaux étaient aussi frais qu'au départ.

Raid Paris-Deauville. — Après Ostende, après Vichy, c'est le raid Paris-Deauville qui captive l'attention générale des sportsmen.

L'épreuve comprenait 32 partants sur 46 inscrits. La première étape Paris à Rouen (130 kilomètres), sur l'itinéraire fixé, Saint-Germain, Mantes, Gaillon, Pont-de-l'Arche, devait être parcourue en un minimum de treize heures et un maximum de quinze. Le but de ce raid était de constater si des chevaux ayant parcouru une distance de 130 kilomètres à l'allure réglementée de 10 kilomètres à l'heure pourraient, après un repos de 15 à 20 heures, couvrir, en train de course, une distance de 80 kilomètres environ.

Nous empruntons à M. Grandeau les détails ci-dessous :

« Trois officiers du 28e dragons y prirent part : le capitaine Branca et les lieutenants Bausil et Allut. Sur les conseils de M. Alquier, tous trois se décidèrent à donner à leurs chevaux des quantités de sucre bien supérieures à celles qu'on avait employées dans les précédents raids.

« Voici comment a procédé le lieutenant Bausil, vainqueur, on le sait, du raid Paris-Deauville.

« Pendant les huit derniers jours de l'entraînement, *Midas* reçut en supplément de sa forte ration, 3 kilogrammes de sucre cristallisé. On le lui donnait partie dissous dans l'eau à raison de 100 grammes par litre, partie en poudre répandue sur les aliments dans la mangeoire.

« La ration d'entraînement était la suivante :

	KILOGR.
Avoine	9 à 10
Foin	2 à 2,500
Sucre pur	3

« Dans la journée du départ de Paris, le cheval qu'avait dépaysé le voyage de Sedan ne mangea pas toute sa ration d'avoine. Il reçut dans l'après-midi 2kg,500 de sucre et à cinq heures, c'est-à-dire deux heures avant le départ, 500 grammes de sucre dissous dans 5 litres d'eau.

« A Mantes (57 kilomètres de Paris), le cheval boit 2 litres d'eau sucrée (soit 200 grammes de sucre); à Gaillon (94 kilomètres de Paris), tout en mangeant 3 ou 4 litres d'avoine, *Midas* reçoit en plusieurs fois 5 litres d'eau sucrée (500 grammes de sucre), ce qui porte à 700 grammes la quantité de sucre prise en cours de route pendant la première partie de l'épreuve.

« A l'arrivée à Rouen (126 kilomètres de Paris), le cheval boit tout de suite 3 litres d'eau sucrée (300 grammes de sucre), mange un peu de foin et boit de nouveau 3 litres d'eau sucrée : il est en parfait état et de l'avis du vétérinaire chargé d'examiner les montures des concurrents, il n'a pas le plus léger mouvement fébrile, pas même un léger échauffement des membres : les battements du cœur sont absolument réguliers.

« L'arrêt à Rouen dure de 10 heures et demie du matin au lendemain matin quatre heures et demie, le cheval reçoit, outre sa ration réglementaire d'avoine et de foin, 2^{kg},100 de sucre mélangé à la ration ou dissous dans l'eau.

« Pour la course de vitesse, Rouen-Deauville, deux heures avant le départ qui a lieu à cinq heures vingt-cinq du matin, *Midas* boit 3 litres d'eau sucrée (soit 300 grammes de sucre). Le premier arrêt a lieu à Bourg-Achard, à 22 kilomètres de Rouen, parcourus en une heure 18 minutes.

« Le cheval boit 1 litre d'eau sucrée (100 grammes de sucre) ; à Toutainville, deuxième arrêt (53 kilomètres de Rouen, en deux heures cinquante), 3 litres d'eau sucrée (300 grammes), à Saint-Benoît (63 kilomètres en trois heures trente minutes), *Midas* boit 4 litres, soit 400 grammes de sucre.

« A l'arrivée à Deauville (85 kilomètres), le cheval reçoit, comme à son arrivée à Rouen, 6 litres d'eau sucrée qu'il boit en 2 fois (600 grammes de sucre) ; et dans le reste de sa journée on distribue dans sa mangeoire 2^{kg},400 de sucre.

« Si nous récapitulons les consommations de sucre pendant les deux jours du raid, nous trouvons que le cheval a pris par vingt-quatre heures, entre chaque départ et chaque arrivée, 3 kilogrammes de sucre, dont 300 grammes deux heures avant le départ, 600 grammes aussitôt l'arrivée. En cours de route, il a reçu, en plus des 3 kilogrammes de ration quotidienne, 700 grammes de sucre le premier jour et 800 grammes le second, soit, au total, 10^{kg},500 de sucre en soixante heures environ.

« Le lieutenant Bausil est arrivé premier, effectuant le parcours Rouen-Deauville en 4^{h}14′45″. Le lieutenant Allut, du même régiment, qui, lui aussi, avait fait consommer du sucre à son cheval dans les mêmes proportions et conditions que le lieutenant Bausil, s'est classé troisième après avoir effectué le parcours en 4^{h}18′9″, soit deux minutes de plus que le deuxième.

« Le vainqueur du raid Paris-Deauville estime que le régime sucré a beaucoup contribué à son succès. En cours de route, a-t-il dit à M. Alquier, après chaque buvée sucrée mon cheval avait un regain de vigueur et de gaieté incontestable ; il était presque aussi frais à l'arrivée qu'au départ et n'a jamais eu de raideur ni de fatigue. M. Bausil a également confirmé nos observations sur la diminution de la soif causée par l'ingestion du sucre. A ceux qui lui demandaient s'il avait dopé son cheval, le lieutenant répondait : « Mon doping, c'est le sucre. »

« Une autre particularité de ce raid est à noter. Le lieutenant Bausil et ses camarades du 28e dragons, pour soulager leurs chevaux, ont exécuté au pas gymnastique toutes les fortes montées, en courant à côté de leurs montures. De Paris à Rouen, les trois officiers du 28e ont fait environ 55 kilomètres à pied, moitié au pas, moitié au pas gymnastique. A cette dernière allure, la vitesse du lieutenant Bausil était, en palier, en moyenne de 220 mètres à la minute, soit 13km.200 à l'heure, aux côtes, de 200 mètres, et aux descentes, de 240 à 260, c'est-à-dire au moins 15 kilomètres à l'heure.

« Pour atteindre sans fatigue ces vitesses, le lieutenant Bausil a pris, durant le trajet, 360 grammes environ de sucre en morceaux et mangé, en outre, 3 œufs crus. De Rouen à Deauville, pour l'épreuve à toute allure, il n'a fait que 7 à 8 kilomètres à pied, toujours aux descentes et le plus vite possible au pas gymnastique. Il a pris alors 200 grammes de sucre, soit 25 à 30 morceaux. »

Avant de terminer ce chapitre et pour le résumer, nous allons citer l'opinion du lieutenant Bausil sur l'alimentation sucrée. La compétence de l'auteur, ses connaissances hippiques donnent à ses conclusions une grande valeur pratique.

Le lieutenant Bausil, dans son livre si intéressant *Paris-Rouen-Deauville*[1], s'exprime ainsi au sujet de l'alimentation sucrée :

« Il y a plusieurs années j'essayai de donner de la mélasse à un cheval délicat, à l'entraînement. Le résultat fut tel que depuis j'en donnai à tous mes chevaux. Avant le raid d'Ostende, j'eus l'idée sur la fin de remplacer la mélasse par du sucre pur. Je revins d'Ostende avec, entre autres convictions, celle qu'il ne fallait faire boire ni manger les chevaux au cours d'une épreuve, à moins qu'elle ne soit de très longue durée et qu'on puisse après les repas assurer une digestion tranquille. Mais, frappé des bons effets du sucre, j'habituai, avant de faire ma route de Bruxelles, mes chevaux à boire de l'eau sucrée, l'eau servant simplement de véhicule pour

1. Sylva et Leclerc, *Paris*.

l'introduction du sucre et rendant son absorption plus rapide et plus facile. »

Après avoir examiné le rôle physiologique et la valeur énergétique des différents principes immédiats, le lieutenant Bausil conclut ainsi : « La meilleure alimentation que l'on puisse fournir au moteur animé est donc celle qui gorgera son organisme de matière sucrée ; tout en lui apportant en même temps les albuminoïdes nécessaires à la réparation de la machine elle-même, c'est-à-dire du muscle qui s'use constamment. »

Après avoir signalé le rôle physiologique du sucre dans la production de l'énergie musculaire, ses propriétés condimentaires (influence sur la digestibilité), le lieutenant Bausil dit : « Habituez vos chevaux à boire de l'eau sucrée : certains refusent pendant longtemps, qui cependant sont très friands de sucre donné à la main ou dans la mangeoire. Il est indispensable de les habituer à l'eau sucrée, parce que : 1° les solutions rendent l'absorption du sucre beaucoup plus rapide, l'aliment arrivant en un quart d'heure aux muscles ; et 2° parce que l'eau employée pour dissoudre le sucre à l'état sec n'est pas enlevée à l'organisme. La meilleure dose pour les solutions est 100 grammes par litre d'eau. »

Examinons maintenant quelles sont les quantités de sucre à introduire dans l'organisme et voyons dans quel délai elles manifestent leur action.

Des nombreuses expériences faites, il résulte que ce sont les doses minimes ou moyennes (600 grammes à 2 kilogrammes) qui, absorbées en une fois, développent dans le muscle fatigué le maximum d'énergie. Au-dessus de 2 kilogrammes (pris en une fois), la production d'énergie décroît avec l'augmentation de la quantité de sucre ingérée.

L'observation montre qu'une dose de 50 grammes de sucre est déjà apte à communiquer au muscle fatigué une activité appréciable, mais de courte durée.

Voyons maintenant quel doit être le degré de concentration des solutions à employer.

La quantité d'eau à dissoudre le sucre a une importance considérable : 6 à 10 fois le volume du sucre conviennent le mieux : des dissolutions trop concentrées ou trop étendues agissent beaucoup moins bien.

Le sucre permet au cheval le maximum de travail mécanique,

lorsqu'on en ingère de petites doses, 50 à 100 grammes ; de dix minutes en dix minutes cela paraît être le meilleur mode de restitution au muscle de l'énergie qu'il a perdue pendant le travail.

Les effets énergétiques se manifestent à bref délai, l'action du sucre est très rapide ; dans l'espace de cinq à six minutes, elle se fait sentir sur l'activité du muscle ; il résulte de là que les chevaux de courses, obligés de demander à leurs muscles un travail considérable, peuvent trouver dans l'usage rationnel du sucre un potentiel énergétique considérable.

Dans le régime diététique du pur sang les indications de l'alimentation sucrée sont nombreuses.

a) On utilisera les propriétés hygiéniques du sucre et son action condimentaire pendant la période d'inappétence consécutive à l'inflammation intestinale

Doses .... 500 à 800 grammes.

sous forme de poudre incorporée aux denrées.

b) Au moment de l'entraînement, la dose sera augmentée pour utiliser le pouvoir énergétique du sucre (résistance à la fatigue)

Doses .... 1 kilogr. à 1 kilogr. 500

L'administration aura lieu sous forme d'eau sucrée, la diffusion étant plus rapide. Le fractionnement des doses est préférable aux doses massives ; le degré de la solution ne sera pas trop accusé.

Dans la dernière période où le cheval doit courir, on utilisera les doses massives 1 kg. 500 à 2 kg. 500 pour bénéficier des propriétés énergétiques dévolues au sucre.

L'emploi du sucre est conforme aux données de l'énergétique musculaire, et dans quelques écuries de courses, l'alimentation sucrée tend à se généraliser ; mais les timides essais portent sur des doses peu élevées qui sont impuissantes à augmenter le potentiel énergétique.

Les résultats positifs obtenus par l'emploi du sucre dans les épreuves sportives, dans les raids, consacrent le pouvoir énergétique du sucre et permettent d'affirmer que cette substance est le meilleur « doping ». A l'inverse des alcaloïdes, il exerce, au contraire, des propriétés hygiéniques et agit par un tout autre processus. L'excitation de l'activité musculaire n'est pas produite par l'intermédiaire du système nerveux, mais par la combustion directe du sucre ; bien entendu, la combustion au sein des tissus se fait sans aucune usure grave des organes, car c'est un acte physiologique, dont l'exagération même n'entraîne que des avantages.

Il ne nous paraît pas utile de nous étendre davantage sur les considérations qui sont de nature à montrer de quelle manière le sucre se comporte dans la nutrition des moteurs animés. Que si l'on veut faire produire à ces moteurs leur maximum d'énergie, l'alimentation sucrée permet d'arriver à un résultat auquel n'osaient songer ceux qui, autrefois, craignaient les rations copieuses, parce que trop riches en matière azotée. Que si l'on désire, en dehors de toute considération économique, obtenir de ces mêmes moteurs une dépense énergétique considérable, le sucre interviendra encore pour donner le coup de fouet nécessaire en même temps que pour suffire à cette dépense.

Aliment, condiment, excitant, n'y a-t-il pas là, pour le sucre, un ensemble de hautes qualités qu'il est seul à posséder et qui motivent le rôle important que ce produit nous paraît appelé à jouer dans la ration des chevaux de course.

Cossettes de betteraves. — Nous allons étudier brièvement un produit nouveau qui, par sa teneur saccharine élevée, son prix minime, est appelé à jouer, selon nous, un rôle important dans l'alimentation du pur sang. Nous voulons parler des cossettes de betteraves desséchées.

Les betteraves, après lavage, sont découpées en minces tranches, ou cossettes, comme au début de leur traitement pour la fabrication du sucre ; les cossettes sont ensuite desséchées à une température suffisante pour les stériliser. Le produit contient, après dessiccation, 10 à 12 0/0 d'eau.

Voici des analyses de cossettes desséchées :

	I.	II.	III.
Eau	7,00		
Sucre	59,73	63,52	64,12
Matières minérales	7,80	8,42	8,42
— grasses	0,11	0,12	0,12
— azotées totales	5,26	5,66	5,68
Cellulose brute	4,50	4,84	4,84
Matières hydro-carbonées	15,60	16,84	16,84

Les données fournies par l'analyse chimique teneur élevée en sucre, taux faible en cellulose, permettent d'affirmer la haute valeur alimentaire du produit.

La teneur saccharine élevée de ce produit, environ 600 grammes par kilo, lui fait jouer un rôle prépondérant dans la production de l'énergie musculaire; mais pour que les effets énergétiques se manifestent il faut que la dose de sucre introduite dans l'organisme soit massive, 1^{kg},500 à 2^{kg},500.

L'emploi des aliments mélassés, par suite de la dose limitative imposée par la teneur minérale, ne permet pas d'obtenir ce résultat; le sucre roux, en plus de son prix élevé, par son peu d'appétence ne permet pas de résoudre la question.

Seules, les cossettes de betteraves résolvent scientifiquement et économiquement le problème si complexe de l'alimentation sucrée.

CONDIMENTS

Il est possible de favoriser très sérieusement l'ingestion et l'utilisation des aliments par l'organisme en les additionnant de certaines substances, les condiments, qui ne renferment que peu ou point d'énergie potentielle ou de matériaux de réparation, mais qui sont douées de propriétés organoleptiques capables d'agir sur l'odorat, le goût, voire sur le système nerveux central, de manière à donner lieu à des sensations agréables, à augmenter l'appétit, à exciter la sécrétion des sucs digestifs.

La fréquence des cas d'inappétence chez le pur sang à l'entraînement donne une importance capitale à l'étude des condiments; leur emploi judicieux permettra de vaincre l'atonie du tube digestif si fréquente à cette période.

D'après leur origine, les condiments forment les groupes suivants : condiments salins, acidulés, toniques, excitants, sucrés et gras.

Nous allons les passer rapidement en revue.

Condiments salins. — Le plus important est le *chlorure de sodium* ou sel marin : on l'emploie en nature ou bien dénaturé, soit sous forme de sel gemme déposé dans les mangeoires, ou d'eau salée avec laquelle on arrose les fourrages. Dans le premier cas les animaux le prennent à leur guise; sous le second mode il permet de mettre en distribution des fourrages poussiéreux, secs, ou de qualité inférieure qui, sans cet assaisonnement, seraient inutilisables.

Donner directement aux animaux des cristaux de sel est une

pratique blâmable, à dose élevée le sel marin étant irritable ou toxique ; la dose normale est de 50 à 60 grammes.

Examinons rapidement le rôle physiologique et condimentaire. A dose modérée le chlorure de sodium exerce une action excitante sur toutes les sécrétions, augmente la quantité des liquides digestifs et, par suite, le coefficient de digestibilité.

En exagérant les sécrétions digestives il augmente la soif et agit indirectement comme aliment galactophore. Le sel peut être préconisé pour les poulinières dont le rendement lacté est insuffisant.

Condiments acidulés. — Pendant les grandes chaleurs, ou bien lorsqu'ils ont les voies digestives fatiguées par un régime intensif, les chevaux se trouvent bien de l'usage de ces condiments qui sont dits rafraîchissants. Les herbes et les fruits acides qui jouissent de cette propriété étant surtout réservés aux ruminants, on emploiera des boissons aiguisées par l'acide sulfurique, l'acide chlorhydrique (4 0/0), le vinaigre (50 0/0).

Les médicaments tempérants, dont le vinaigre représente le type le plus employé, ont pour but de remédier à l'excès d'excitation.

Le vinaigre étendu d'eau dans une proportion telle qu'il n'est qu'une saveur aigrelette et agréable, forme des breuvages dont on fait un grand usage dans les inflammations buccale et intestinale.

Condiments toniques. — La nombreuse série des médicaments amers exerce sur l'appareil gastro-intestinal une action stimulante qui tend à augmenter l'appétit et à faciliter la digestion ; mais la saveur désagréable de ces médicaments, rend leur emploi difficile et exige leur administration sous forme d'électuaire, l'incorporation directe à la ration étant impossible par suite de leurs propriétés organoleptiques.

En imprimant une activité plus grande au dynamisme des organes digestifs, en augmentant la contractilité de leurs fibres musculaires, en suractivant les glandes sécrétoires, ils provoquent l'appétit, appellent une plus grande quantité de matières alibiles, en hâtent la conversion en suc nutritif et introduisent ainsi dans l'économie affaiblie un surcroît d'éléments reconstituants. De stomachiques qu'ils sont primitivement, ils deviennent ainsi toniques et excitants.

Les indications peuvent se ranger en deux catégories spéciales, l'affaiblissement primitif de la fonction digestive, ou son effet secondaire, la débilité générale, suite d'une nutrition insuffisante.

Le mode d'administration a une grande influence sur leur effet thérapeutique. S'agit-il de provoquer l'appétit? On donnera l'amer quelques instants avant la distribution de la ration. Veut-on au contraire aider la digestion? On l'administrera aussitôt après l'ingestion des aliments. Rarement on les donnera en dehors des repas.

Les nombreuses spécialités, dont quelques-unes jouissent du succès mérité, employées pour lutter contre l'inappétence sont à base d'amers (gentiane, noix vomique, quinquina, quassia), sont les substances les plus employées.

L'eau rouillée, préparation des plus simples, possède un effet thérapeutique qui n'est pas négligeable.

On prescrit utilement les préparations ferrugineuses aux animaux surmenés, anémiés ; elles sont indiquées dans les maladies qui s'accompagnent de débilité. On reconnaît l'opportunité de leur administration à la pâleur des conjonctives, à l'engorgement des membres, à la prédominance de la matière séreuse du sang sur la matière colorante.

Concurremment aux ferrugineux, il convient d'administrer des aliments salés.

L'eau rouillée s'obtient en laissant séjourner quelques poignées de vieux clous dans l'eau. Elle contient du carbonate de fer en dissolution et du peroxyde de fer en suspension.

Elle est utile pour ranimer les forces des sujets surmenés et débilités.

Condiments excitants. — Pendant la période de l'entraînement, l'appétit est souvent capricieux et l'on observe fréquemment l'atonie du tube digestif. Lorsque ce symptôme n'est pas lié à un état maladif, on donne aux chevaux des stomachiques, des poudres amères et excitantes mêlées au son et à l'avoine ou sous forme de bols.

Un certain nombre de substances peuvent être considérées comme condiments par l'action spéciale qu'elles exercent sur les phénomènes de la digestion, notamment les graines aromatiques de fenouil, d'anis, de coryandre, de cumen, de fenu grec : les plantes aromatiques de la famille des labiées ou des ombellifères : le thym, la camomille, la menthe, la gentiane, l'absinthe, etc. On trouve dans le commerce des poudres spéciales constituées par les principes de ces végétaux, dont le prix est toujours hors de proportion de leur valeur diététique réelle.

Condiments gras. — En raison de leur grande puissance thermogène, les condiments gras viennent utilement s'ajouter à une ration insuffisamment riche en graisse.

Les émollients, dont les condiments gras sont le type, peuvent être considérés comme des aliments très légers ; ils agissent surtout par l'eau qu'ils contiennent. Ils tempèrent, relâchent les tissus. On les administre dans toutes les maladies aiguës et ils forment la base de toute médecine expectante. Il n'est pas d'agents pharmaceutiques plus innocents, il n'en est pas non plus auxquels on ait plus souvent recours.

De toutes les graines riches en graisse, la plus employée est la graine de lin.

Graine de lin. — Les semences sont très mucilagineuses ; bouillies, elles donnent une décoction visqueuse et filante qui possède des propriétés thérapeutiques sérieuses ; son effet laxatif et diurétique est utilisé dans les affections des voies digestives et urinaires.

	BOUSSINGAULT	GRANDEAU	KUHN
Eau	12,50	12,15	11,80
Matières azotées	20,30	22,36	21,70
— grasses	39,00	33,13	37,00
— hydrocarbonées	19,00	22,42	17,50
Cellulose	3,20	5,68	8,00
Matières minérales	6,00	4,26	4,00

La forte teneur en matière grasse donne à ce produit des propriétés émollientes puissantes, qui lui font jouer un rôle précieux dans le processus de guérison des affections intestinales.

Son prix élevé fait utiliser cette denrée au point de vue hygiénique. Le succédané est le tourteau de lin dont la teneur en matière grasse est trois fois moins élevée.

La graine de lin par son taux protéique élevé est à la fois un aliment et un médicament, à ce double titre, elle sera employée fréquemment dans le régime diététique des maladies internes graves où les aliments alibiles et de facile digestion doivent en constituer la base.

Ses propriétés émollientes et stomachiques produisent un effet utile dans les affections chroniques des voies respiratoires (toux invétérée).

Pendant les raids on utilise à la dose de deux poignées la graine de lin pour activer le fonctionnement des reins et hâter l'expulsion des produits de déchets.

Nous verrons dans la suite que ce produit est la dominante des mashes; nous allons en indiquer les principales indications thérapeutiques ou hygiéniques.

Emploi dans le régime diététique des jeunes. — La farine des graines oléagineuses est très propre à préparer pour les jeunes animaux, des boissons alimentaires que l'on donne pour remplacer le lait. Comme ce dernier liquide, elle contient en forte proportion des matières minérales pour la constitution des os, des aliments azotés pour la production des muscles, des matières grasses et hydrocarbonées pour suffire au développement et à la respiration. Cependant, les matières grasses s'y trouvant en plus forte proportion que dans le lait, il peut être utile de leur associer celles des farines de céréales où les glycosides tendent à prédominer.

Emploi pour les surmenés. — On connaît des entraîneurs qui ajoutent une petite quantité de graine de lin à la ration journalière de leurs chevaux pendant la période sévère de l'entraînement, et qui s'en trouvent bien. Le duc de Guiche, cité par Magne, en donnait jusqu'à 2 ou 3 litres aux étalons et aux juments qu'il préparait à la monte.

Dans le régime diététique du pur sang, la graine de lin joue un rôle important, elle combat chez les « surmenés » et les « suralimentés », les effets néfastes de la fatigue et les propriétés échauffantes des aliments condensés.

Sous l'influence d'un régime prolongé, l'état général du sujet se modifie avantageusement, le système pileux est brillant.

L'usage de ce régime ne doit pas être trop prolongé, car il amènerait un effet débilitant consécutif à l'atonie du tube digestif.

Lorsque la graine de lin n'est pas utilisée sous forme de mash on la mélange, après cuisson, ou infusion avec l'avoine.

La graine de lin est appétée des chevaux; mais on la donnera écrasée ou mélangée à l'avoine pour en assurer la mastication.

Le breuvage suivant possède des propriétés adoucissantes et émollientes puissantes.

Lin	40 grammes
Eau	1 litre
Mélasse	100 grammes

Mashes. — Nous allons étudier maintenant les mashes, préparations qui jouent un rôle important dans la diététique du pur sang.

Les effets hygiéniques des mashes sont sanctionnés par la pratique ; la macération des grains, la présence de la graine de lin donnent à ces mélanges des propriétés émollientes, diurétiques qui seront utilisées avec profit dans l'hygiène des fatigués, des surmenés ou des sujets atteints d'affections de l'appareil digestif et urinaire.

Cette alimentation émolliente employée fréquemment est débilitante, aussi l'usage des mashes est-il proscrit dans la dernière période de l'entraînement.

Les indications hygiéniques et thérapeutiques des mashes sont nombreuses.

Les mashes constituent une nourriture rafraîchissante que l'on donne avec avantage, une fois par semaine, aux chevaux soumis à une ration intensive ; ils conviennent aussi aux chevaux dont on arrête brusquement le travail.

Les mashes constituent la base du régime diététique des surmenés et des suralimentés qui sont légion chez le pur sang soumis à l'entraînement.

L'emploi régulier des mashes chez les « brûlés d'avoine » est un adjuvant indispensable au traitement médicamenteux et il joue un rôle utile dans le processus de guérison.

Les mashes, par leur coefficient élevé d'hydratation, constituent la base du régime des poulinières ; par leur effet calmant, sédatif, ils peuvent être utilisés pour abaisser le nervosisme de certains sujets.

La graine de lin joue un rôle important dans la confection des mashes. Les Anglais préparent ces mélanges de la façon suivante :

On cuit une poignée de graine de lin, dans un litre d'eau. Cette graine est ensuite mélangée avec environ 21 kilogrammes d'avoine et 1 kilogramme de son de froment, dans un seau d'écurie, puis on verse sur le tout de un à un litre et demi d'eau bouillante. On ajoute à ce mélange un peu de sel ordinaire ou de sel de nitre, et on recouvre le tout d'une couche de farine d'orge.

Après macération et refroidissement, lorsque le mélange présente un aspect homogène on le distribue aux chevaux.

Dans certaines écuries pour pallier aux effets de la suralimentation, on donne une ou deux fois par semaine un repas de mashe composé de gros son, d'orge, de graine de lin et d'avoine. L'orge et la graine de lin cuits sont versés et mélangés bouillants à l'avoine et au son, dans un baquet que l'on recouvre avec un sac. Une heure après on distribue le mashe dans la proportion de 6 litres de graines de lin et 12 litres d'orge pour 20 chevaux.

Au moment du vert, celui-ci remplace en partie le foin et les carottes hachées.

Par les grandes chaleurs les mashes sont donnés froids. Quelquefois l'orge et la graine de lin sont données concassées au lieu de cuites.

Il y a plusieurs sortes de mashes, voici quelques formules qui possèdent des propriétés hygiéniques puissantes :

	GRAMMES	
Foin haché	200	Infusés dans 2 litres d'eau et donnés en sus de la ration. Pour chevaux maigres à appétit capricieux.
Paille —	200	
Avoine	300	
Son	160	
Farine d'orge	80	
Sel marin	10	

Foin haché	200	Infusés dans 2 litres d'eau tiède. Pour chevaux échauffés par l'avoine ou atteints d'inflammation intestinale chronique.
Paille —	200	
Avoine	300	
Son	160	
Graine de lin	30	
Farine d'orge	80	
Sel marin	15	

MASHE ÉMOLLIENT ET RESTAURANT

Avoine cuite	2	litres.
Farine de graine de lin	1/2	—
Carottes crues coupées par tranches	2	kilogr.
Farine d'orge	1/2	litre.
Eau chaude	4	—

Seigle cuit	2	litres.
Farine de lin	1/2	—
Lentilles ou fèves cuites	1/2	—
Eau chaude	3	—

Le but cherché étant un effet émollient, la graine de lin et la farine d'orge figurent dans toutes les formules de mashes.

Huile de foie de morue. — Avant de terminer les condiments gras, nous allons dire quelques mots sur l'emploi thérapeutique de l'huile de foie de morue et de l'huile de lin.

Leurs indications sont plutôt du domaine médical que de l'hygiène.

L'huile de foie de morue est employée avec succès par Denman pour remonter les fatigués, les surmenés, les débilités. Outre les principes phosphorés renfermés, les matières grasses constituent une réserve énergétique puissante dont bénéficient les surmenés.

Pour obtenir un effet utile, il faut l'administrer à dose massive, 500 grammes à 1000 grammes; sous l'influence de ce régime, suffisamment prolongé, la tonalité générale se relève et l'aptitude au travail est augmentée dans une notable mesure.

Emploi chez les foals. — L'huile de foie de morue apporte à l'organisme les éléments phosphorés dont il a besoin pour son développement, et joue un rôle utile dans la précocité.

Huile de lin. — Certaines écuries d'entraînement emploient l'huile de lin en mélange avec l'avoine (un verre à chaque repas); sous l'influence de ce régime suffisamment prolongé, le système pileux est modifié avantageusement, cette modification cutanée coïncide avec un état sanitaire excellent.

Arsenic. — Pour terminer nous allons étudier les effets physiologiques et le rôle condimentaire de l'arsenic qui joue un rôle important dans l'hygiène du pur sang.

L'action générale de cet acide est d'abord excitante, puis tonique et reconstituante. A petites doses, ce médicament modifie la nutrition, augmente l'appétit, facilite le travail de la digestion, favorise les fonctions respiratoires, relâche les contractions cardiaques et augmente sensiblement la vigueur. A forte dose, il se déclare une intoxication arsénicale, caractérisée par les lésions d'une gastro-entérite.

La dose toxique, pour l'administration par la bouche, est de 10 à 15 grammes pour le cheval; sous forme de liqueur de Fowler, elle varie de 70 à 80 grammes.

Les usages thérapeutiques de cette substance sont nombreux :

Comme reconstituant contre l'anémie, l'inappétence, l'atonie du tube digestif, etc.

Comme expectorant et antidyspnéique, contre la bronchite chronique et surtout l'emphysème pulmonaire. Dans ce dernier cas, pour obtenir de bons résultats, il faut que son usage soit prolongé pendant des semaines et même des mois entiers et, puisque la maladie est incurable, on a au moins la satisfaction, en rendant plus résistant le parenchyme des alvéoles saines, de rendre les chevaux poussifs utilisables à tous genres de travaux.

POSOLOGIE

Acide arsénieux	0,50 à 1	grammes.
Liqueur de Fowler	10 à 50	—

En commençant par une faible dose, on pourra élever progressivement celle-ci à mesure qu'il se manifeste une tolérance plus grande pour le médicament. Quand la médication est continuée pendant assez longtemps, comme pendant la période d'entraînement, on doit avant de supprimer complètement le traitement, diminuer ou éloigner les doses et ne pas faire cette suppression d'une façon subite. On arrête l'administration, si les signes prémonitoires de l'empoisonnement arsénical (coliques plus ou moins violentes, constipation suivie d'une diarrhée sanguinolente) viennent à se déclarer.

La possibilité d'un manque d'équilibre entre l'absorption et l'élimination proportionnelle de l'arsenic introduit à petite dose n'est pas improbable en théorie et peut se rencontrer en pratique, d'où l'indication d'interrompre le traitement pour éviter l'accumulation médicamenteuse.

Dans l'emploi de l'arsenic, il ne faut pas oublier que la suspension brusque de l'arsenic est souvent suivie d'une dépression organique; il faudra donc, si l'on veut bénéficier de l'effet énergétique dévolu à cette substance, diminuer progressivement les doses. L'importance de la posologie arsénicale est démontrée par les accidents qui peuvent se manifester : les perforations des parois de l'estomac ou de l'intestin par l'acide arsénieux, administré sous forme pulvérulente, en suspension dans un véhicule liquide ou incorporé dans les aliments, ne sont pas rares. M. Trélut, vétérinaire à Tarbes, en signale un nouveau cas, constaté sur un poulain de cinq mois qui avait reçu, pendant trente jours consécutifs, de l'arsenic en nature, à la dose de 35 centigrammes.

Cette observation montre combien il est prudent de suspendre de temps en temps, pendant quelques jours, l'usage de l'acide arsénieux sous forme solide.

Les propriétés condimentaires, stimulantes et surtout l'action élective sur l'appareil respiratoire font que ce médicament joue un grand rôle dans les écuries d'entraînement.

La pratique semble consacrer les propriétés énergétiques de cette substance, elles ne sont qu'indirectes et résultent d'une nutrition plus élevée, d'une assimilation plus grande ainsi qu'en témoignent les modifications avantageuses, observées sur l'état général et le système pileux.

Certains entraîneurs attribuent une action marquée à cette substance, d'autres n'ont qu'une confiance modérée dans son action stimulante. Le mode d'administration différent (arsenic, liqueur de Fowler), la posologie différente, peuvent expliquer ces résultats contradictoires.

Quoi qu'il en soit, la pratique semble confirmer les effets condimentaires, toniques de la médication arsénicale, et son emploi est indiqué dans les cas fréquents, chez le pur sang, d'atonie du tube digestif se traduisant par une assimilation défectueuse et une adynamie plus ou moins marquée. Le régime suffisamment prolongé chez les anémiés, les surmenés, modifiera avantageusement leur état général.

L'action sur l'appareil respiratoire fait utiliser l'arsenic dans le traitement de l'emphysème pulmonaire du cheval comme eupnéïque. Dans ce cas, on le donne en poudre dans du son frisé et on cesse le traitement — pour éviter l'accumulation médicamenteuse et ses dangers (intoxication, perforations intestinales) — au bout de huit à dix jours; on le reprend trois semaines ou un mois après pour la même durée.

C'est surtout l'action élective sur l'appareil respiratoire qui est utilisée dans l'hygiène du pur sang. Dans certaines écuries l'arsenic est employé d'une façon systématique et les entraîneurs lui reconnaissent une efficacité réelle; ils affirment en se basant sur des essais comparatifs que le potentiel énergétique et le quotient respiratoire sont augmentés sous l'influence de ce régime.

L'arsenic pourrait donc être considéré, en plus de son action condimentaire, comme une substance pseudo-dynamogène.

La liqueur de Fowler doit être préférée à l'emploi de l'arsenic, car on n'a pas à redouter avec cette préparation l'effet caustique de l'arsenic en poudre qui peut produire des perforations intestinales. La bibliographie vétérinaire possède plusieurs observations relatives à ce sujet.

La formule de la liqueur de Fowler est la suivante :

Acide arsénieux / Carbonate de sodium	āā	1 partie
Eau		100 —

Un grand point dans la posologie à observer est que cette solution est dix fois plus active que sous forme solide.

Il faut commencer par l'emploi de doses faibles, on les augmente graduellement.

Les doses normales à employer varient de 10 à 50 grammes.

ALIMENTS D'ORIGINE ANIMALE

Bouillons. — Ces boissons sont très alimentaires et nous voyons fréquemment, dit Magne, des chevaux qui en sont très friands. Cette nourriture tiède est adoucissante et convient pour les femelles qui viennent de mettre bas.

L'eau dans laquelle on a fait cuire la viande contient des matières animales solubles, de la graisse et des matières salines. Elle est alimentaire et les animaux s'habituent facilement à en prendre.

Les Bédouins ont observé que la nourriture animale, non seulement soutient bien le cheval, mais qu'elle le remet en très peu de temps quand il est exténué de fatigue. Les Arabes du Nedji donnent à leurs chevaux du bouillon d'agneau et de chameau dégraissé. M. James Mouson rapporte qu'il a souvent, dans de longues traversées, soutenu avec des bouillons très concentrés, administrés en lavements, des chevaux qui étaient arrivés à un état d'épuisement et de dépérissement qui pouvait les conduire à la mort.

Les bouillons peuvent être employés à titre thérapeutique dans le régime des malades, ils augmenteront, donnés par la voie buccale ou rectale, la résistance organique et joueront un rôle utile dans le processus de guérison.

Œufs. — Les œufs ne sont guère utilisés que dans un but médical, dans le régime diététique des chevaux atteints de maladies internes graves ou pendant la période de croissance ou de convalescence.

Mais pour que l'organisme en retire un effet utile, il faut qu'ils soient administrés en grande quantité (50 à 60 par jour).

Les lécithines constituent, en effet, un tonique analeptique de premier ordre qui peut jouer un rôle utile dans le développement hâtif du jeune sujet.

Généralement on les mélange avec les électuaires ou on les casse directement dans la bouche du cheval; ce dernier mode d'administration n'est pas recommandable par suite de la perte qu'il occasionne.

On peut les administrer après les avoir délayés préalablement dans du miel ou dans du lait.

Lait. — Le lait maternel est, pour le jeune sujet, l'aliment complet par excellence. Il contient dans les proportions les plus conformes aux nécessités physiologiques, tous les éléments qui entrent dans la constitution des tissus animaux, et ces éléments utiles atteignent, chez le jeune animal à la mamelle, leur coefficient maximum de digestibilité.

La relation nutritive du lait est sensiblement égale à 1/2. C'est donc de toutes les substances alimentaires, celle qui est proportionnellement la plus riche en protéine. Sur 12 parties de matière sèche, en moyenne, le lait contient 0,75 de cendres, et sur 100 de ces cendres il y a, par exemple, dans le lait de vache, d'après les analyses de Weber, de 28 à 29 d'acide phosphorique, 23 de potasse et 17 de chaux; d'après celles de Vaidlen, de 25 à 26 d'acide phosphorique et de 24 à 25 de chaux.

On conçoit qu'avec une telle composition, le lait active le développement du jeune animal qui en fait sa nourriture exclusive.

Le lait n'est guère employé en dehors de la période de l'allaitement où il est l'aliment physiologique par excellence, qu'à titre médical.

Le lait devient une ressource alimentaire précieuse pour les chevaux atteints de maladies graves, au cours de la période aiguë: quand on peut arriver à faire absorber à ces malades 10, 15 et même jusqu'à 20 litres de lait, on augmente considérablement les chances de guérison en prolongeant la résistance organique. Le lait agit en même temps comme médicament: il possède des propriétés diurétiques qui doivent être attribuées à la lactose, ou sucre de lait; comme ce principe se retrouve entièrement dans le *petit lait*, ce sous-produit a conservé les propriétés diurétiques du lait pur, et, en médecine vétérinaire, peut être utilisé au lieu de ce dernier.

Enfin, le lait sera administré dans les inflammations du tube digestif et comme antidote, dans les empoisonnements par les sels métalliques et les alcaloïdes. Dans les cas d'empoisonnement par le phosphore et la cantharide, il faut donner le lait écrémé ; la graisse pourrait dissoudre ces substances et favoriser leur absorption.

Les propriétés diurétiques du lait justifient son emploi dans les raids car tout en apportant les matériaux nutritifs sous une forme très digestible, il empêche par la diurèse, l'accumulation des produits de déchet qui jouent un rôle dominant dans la pathogénie de la fatigue.

M. Cottu, dans le raid Paris-Vienne (1.251 kilomètres en treize jours) a ajouté d'une façon régulière à la ration normale l'emploi du lait. Au début, 3 litres de lait étaient mélangés à l'avoine, dans la suite, la dose journalière était portée à 6 litres pour s'élever progressivement à 10, 12 et 18 litres de lait.

La composition du lait varie avec la race, l'individualité, le mode d'alimentation :

COMPOSITION MOYENNE

	MINIMA	MAXIMA
Eau	83 0/0	90
Caséine	1,90	4,30
Beurre	1,50	4,50
Lactose	3	5,50
Sels	0,65	1

(CORNEVIN).

L'analyse des cendres permet de reconnaître sur 1.000 parties :

Sodium	6,38
Potassium	24,71
Chlore	14,39
Oxyde de calcium	19,31
— de magnésium	1,90
Acide phosphorique	29,13
Acide sulfurique	1,15
Oxyde de fer	0,33
Silice	0,09

(SCHMIDT).

La valeur alimentaire du lait est indéniable ; d'après le major Denham, les chevaux de Thilesos sont entièrement nourris avec du lait de chamelle ; ils reçoivent ce liquide doux ou aigre. Ce voyageur n'a jamais vu, dit-il, des chevaux en aussi bel état, en meilleure santé.

M. Gayot rapporte avoir prolongé les services d'un vieil étalon arabe en le nourrissant en partie de lait mélangé de farine.

Le lait peut être administré nature ou mélangé à du son ou de la farine d'orge; souvent on y ajoute un peu de sel. Certains chevaux sont très friands de ces sortes de mashes.

TABLE DES MATIÈRES

PREMIÈRE PARTIE

HYGIÈNE — LOIS NATURELLES — CROISEMENTS

DEUXIÈME PARTIE

ÉLEVAGE

TROISIÈME PARTIE

ENTRAINEMENT

QUATRIÈME PARTIE

[illegible]ENTATION

www.ingramcontent.com/pod-product-compliance
Ingram Content Group UK Ltd.
Pitfield, Milton Keynes, MK11 3LW, UK
UKHW021903190726
13853UKWH00003B/1393